LEZIONI

DI

GEOMETRIA DIFFERENZIALE

DI

LUIGI BIANCHI

PROFESSORE ORDINARIO DI GEOMETRIA ANALITICA

NELLA R. UNIVERSITÀ DI PISA

PISA

ENRICO SPOERRI

LIBRAIO-EDITORE

1894

ALLA MEMORIA

DI

ENRICO BETTI

IL DISCEPOLO RICONOSCENTE

PREFAZIONE

Fin da quando, nel 1886, pubblicai litografate le *Lezioni di geometria differenziale* era mia intenzione, introdotte successivamente nel corso quelle modificazioni ed aggiunte, che la pratica dell'insegnamento e i recenti progressi della teoria mi avrebbero consigliato, di darle più tardi alla stampa. L'utilità del lavoro progettato non mi sembrava dubbia, mancando allora fra le pubblicazioni italiane e straniere un libro, che trattasse per esteso le applicazioni del calcolo alla geometria delle superficie.

Oggidì le cose sono ben cangiate. Per tacere di altre opere minori, possediamo ora i tre primi volumi della magistrale opera di Darboux: *Leçons sur la théorie générale des surfaces*, che contiene un quadro completo di tutti i risultati ottenuti fin qui nel campo della geometria infinitesimale. Se ho dato tuttavia effetto al mio primitivo disegno, vi sono stato indotto dal considerare che lo scopo ed il piano del mio lavoro differivano essenzialmente da quelli dell'illustre geometra francese. Limitandomi alla esposizione delle parti fondamentali della teoria e delle principali applicazioni, io ho avuto principalmente in mira di raccogliere in un volume di non grande mole quanto è necessario ai giovani, che desiderano approfondire le applicazioni geometriche del calcolo, per impadronirsi dei metodi generali e porsi in grado di studiare le memorie originali. A questo riguardo, dirò subito che diversi capitoli del libro e precisamente i capitoli VIII, XI, XII, XIII, XV e XX possono essere omessi in un primo studio.

Il metodo, a cui il presente corso è totalmente informato, è quello che ripete le sue origini dalle celebri *Disquisitiones generales circa superficies curvas* di Gauss e consiste nel riguardare la geometria differenziale come lo studio di una forma differenziale quadratica o di due tali forme simultanee.

Per ciò, dopo un primo capitolo che tratta delle principali proprietà delle curve a doppia curvatura, si troverà un secondo capitolo ove sono esposti, in tutta brevità, i fondamenti della teoria delle forme differenziali quadratiche. Gli algoritmi, che da questa teoria derivano, hanno il grande vantaggio di dare alle formole un aspetto semplice ed elegante, che facilmente si imprime nella memoria, mentre permettono di conservare alle linee coordinate tutta la loro generalità; essi vengono usati costantemente nel seguito del libro, a cui questo capitolo serve di preliminare.

Lo studio generale delle superficie e cioè tanto delle proprietà inerenti alla loro forma effettiva nello spazio, quanto di quelle invariabili per flessione della superficie (teoria dell'applicabilità) si trovano esposte nei seguenti sette capitoli (III, IX). Fanno seguito tre capitoli (X, XI, XII), che trattano delle due teorie, così intimamente legate fra loro, dei sistemi doppiamente infiniti di raggi (congruenze) e delle deformazioni infinitesime delle superficie o, se si vuole, della corrispondenza per ortogonalità d'elementi; esse hanno già dato molti risultati importanti per la teoria delle superficie ed altri ancora promettono di darne. Il capitolo XIII è dedicato alla teoria dei sistemi ciclici interamente dovuta a *Ribaucour*, che si lega per più rapporti colle due precedenti. Passo quindi a trattare delle due classi particolari più importanti di superficie finora studiate: delle superficie d'area minima (c. XIV, XV) e delle superficie a curvatura costante (c. XVI, XVII). Nel cap. XIV, partendo dalle formole di Weierstrass, che nel modo più semplice ed elegante collegano la teoria delle superficie minime con quella delle funzioni di variabile complessa, espongo le generalità relative a queste superficie. Il cap. XV porta alcune indicazioni generali relative al problema di Plateau; ma invece di addentrarmi in questo studio, che presupporrebbe nel lettore la cognizione della moderna teoria delle equazioni differenziali lineari, ho preferito trattare per disteso il classico esempio della superficie di Schwarz, ove poche nozioni sulle rappresentazioni conformi bastano per arrivare allo scopo. La continuazione analitica della superficie di Schwarz viene qui studiata con mezzi più elementari di quelli usati da Schwarz nella sua memoria, avendo solo riguardo al contorno, che definisce una prima porzione della superficie, ed utilizzando poi le proprietà dei gruppi di movimenti.

Nel primo capitolo sulle superficie pseudosferiche (c. XVI) viene studiata la geometria di queste superficie e dato un cenno della geometria non-euclidea, col sussidio di quella loro rappresentazione conforme sul semipiano, che tanta importanza ha ricevuto dalle moderne ricerche sulla teoria dei gruppi di sostituzioni lineari e delle funzioni automorfe (Klein-Poincarè). Il capitolo seguente (XVII) è dedicato ai metodi di trasformazione delle superficie pseudosferiche, in particolare alla trasformazione di Bäcklund. Il nuovo teorema relativo alla permutabilità di due tali trasformazioni, dà colle sue conseguenze il massimo grado di semplicità all'applicazione successiva del metodo e pone in maggior rilievo l'importanza della trasformazione di Bäcklund, che da diversi geometri non mi sembra abbastanza riconosciuta.

Il libro si chiude con tre capitoli sulle coordinate curvilinee nello spazio e sui sistemi tripli di superficie ortogonali. Nel primo di essi (c. XVIII) si trattano le generalità relative a questi sistemi sino a stabilire l'importante trasformazione di Combescure-Darboux. Nel c. XIX mi occupo nuovamente dei sistemi ciclici di Ribaucour, e applicandovi la trasformazione di Combescure, ne derivo con sole quadrature i sistemi tripli ortogonali più generali con una serie di linee di curvatura piane. Il seguito di questo capitolo tratta delle coordinate ellittiche, con applicazioni allo studio delle linee geodetiche sull'ellissoide. L'ultimo capitolo in fine è un riassunto delle mie memorie sui sistemi tripli ortogonali, che contengono una serie di superficie a curvatura costante.

Mi preme da ultimo di avvertire che per le citazioni nel testo mi sono limitato alle più importanti, in particolare a rilevare i luoghi dell'opera di Darboux, dai quali talora ho attinto.

Per supplire alla scarsità delle citazioni, ho posto alla fine del libro un elenco delle principali opere consultate.

CAPITOLO I.

Curve a doppia curvatura.

Tangente e piano normale — Prima curvatura o flessione — Piano osculatore — Normale principale e binormale — Seconda curvatura o torsione — Formole di Frenet — Equazioni intrinseche di una curva — Eliche cilindriche — Superficie sviluppabili — Sviluppabile polare di una curva — Sfera osculatrice — Evolute ed evolventi — Traiettorie ortogonali di un sistema ∞^1 di piani — Curve di Bertrand.

1. Per definire analiticamente una curva C, riferiamola ad un sistema di assi Cartesiani ortogonali Ox, Oy, Oz, ed esprimiamo le coordinate x, y, z di un punto mobile sulla curva in funzione di un parametro u:

$$x = x(u)\ ,\quad y = y(u)\quad z = z(u).$$

Rispetto alle funzioni $x(u)$, $y(u)$, $z(u)$ diciamo una volta per tutte che si suppongono *finite e continue insieme alle loro derivate prime, seconde e terze, tranne tutto al più in punti speciali.*

Ad ogni valore speciale u_1 del parametro u, entro l' intervallo in cui sono definite le funzioni

$$x(u)\ ,\quad y(u)\ ,\quad z(u),$$

corrisponderà una posizione speciale M_1 del punto generatore M e, variando u con continuità, il punto M si muoverà nello spazio con legge continua, descrivendo la curva C. Supporremo poi sempre che il senso, secondo cui il punto generatore M si muove quando cresce il parametro u, sia preso per senso *positivo* della curva C, l' opposto per senso negativo.

Il più delle volte assumeremo per parametro o variabile ausiliaria u, l'arco s della curva C contato a partire da un punto fisso (origine) sulla curva. In ogni caso per definire s in funzione di u abbiamo la ben nota formola

$$\frac{ds}{du} = \sqrt{\left(\frac{dx}{du}\right)^2 + \left(\frac{dy}{du}\right)^2 + \left(\frac{dz}{du}\right)^2}\ ,$$

ove, fissando di contare s nel verso crescente di u, dovremo scegliere pel radicale il segno positivo.

In un punto M della curva C consideriamo la tangente e assumiamone la direzione positiva concordante col senso positivo della curva. Indicando allora, come faremo costantemente in seguito, con

$$\cos\alpha \;,\; \cos\beta \;,\; \cos\gamma$$

i coseni di direzione positiva della tangente, avremo le formole:

$$\cos\alpha = \frac{\frac{dx}{du}}{\sqrt{\left(\frac{dx}{du}\right)^2+\left(\frac{dy}{du}\right)^2+\left(\frac{dz}{du}\right)^2}} \;,\; \cos\beta = \frac{\frac{dy}{du}}{\sqrt{\left(\frac{dx}{du}\right)^2+\left(\frac{dy}{du}\right)^2+\left(\frac{dz}{du}\right)^2}} \;,$$

$$\cos\gamma = \frac{\frac{dz}{du}}{\sqrt{\left(\frac{dx}{du}\right)^2+\left(\frac{dy}{du}\right)^2+\left(\frac{dz}{du}\right)^2}}$$

ovvero:

$$\text{(1)} \qquad \cos\alpha = \frac{dx}{ds} \,,\quad \cos\beta = \frac{dy}{ds} \,,\quad \cos\gamma = \frac{dz}{ds} \,.$$

In queste formole (1) è indifferente considerare i secondi membri come quozienti di differenziali o come derivate prese rispetto all' arco.

Il piano normale in M alla tangente dicesi piano normale della curva; esso ha per equazione

$$(X-x)\cos\alpha + (Y-y)\cos\beta + (Z-z)\cos\gamma = 0 \,,$$

essendo X, Y, Z le coordinate correnti di punto.

2. Dalla deviazione più o meno rapida che il punto, descrivente la curva, subisce dalla direzione rettilinea noi giudichiamo della maggiore o minore flessione della curva stessa. Per precisare questo concetto e renderlo suscettivo di misura, consideriamo un punto M della curva ed un punto vicino M_1 ; se dividiamo l' angolo piccolissimo $\Delta\varepsilon$ che formano fra loro le direzioni delle due tangenti in M, M_1 per la lunghezza d' arco MM_1 , il quoziente

$$\frac{\Delta\varepsilon}{\text{arco } MM_1} \,,$$

quando M_1 si accosta indefinitamente ad M, converge verso un limite determinato e finito che si assume come misura della *prima curvatura* o *flessione* della curva in M. Indicheremo questo limite con $\frac{1}{\rho}$ e la sua inversa ρ, interpretata come lunghezza, si dirà il raggio di 1ª curvatura.

Per provare l'esistenza di questo limite e trovarne in pari tempo l'espressione, facciamo uso delle considerazioni seguenti. Col centrò nell'origine e con raggio eguale all'unità descriviamo una sfera e intercettiamo colla sua superficie i raggi condotti parallelamente alle direzioni positive delle successive tangenti alla curva. Il luogo degli estremi di questi raggi si dirà l'*indicatrice sferica* delle tangenti; ad ogni posizione del punto generatore $M \equiv (x, y, z)$ sulla curva C corrisponderà un punto $M' \equiv (x', y', z')$ sull'indicatrice sferica C' delle tangenti e si avrà evidentemente

$$x' = \cos\alpha\,, \quad y' = \cos\beta\,, \quad z' = \cos\gamma\,. \tag{2}$$

Ora se consideriamo un punto M_1 della curva C vicino ad M, l'angolo $\Delta\varepsilon$ sarà misurato precisamente dall'arco di cerchio massimo, che sulla sfera rappresentativa unisce i punti immagini M', M_1'. Trattandosi di calcolare il limite

$$\frac{1}{\rho} = \lim_{\Delta s = 0} \frac{\Delta\varepsilon}{\Delta s}\,,$$

potremo sostituire a $\Delta\varepsilon$ il corrispondente arco dell'indicatrice, che per $\Delta\varepsilon$ convergente a zero, è un infinitesimo il cui rapporto a $\Delta\varepsilon$ converge verso l'unità. Indicando con ds' l'arco elementare dell'indicatrice sferica, avremo dunque senz' altro

$$\frac{1}{\rho} = \frac{ds'}{ds}$$

ovvero per le (2)

$$\frac{1}{\rho} = \sqrt{\left(\frac{d\cos\alpha}{ds}\right)^2 + \left(\frac{d\cos\beta}{ds}\right)^2 + \left(\frac{d\cos\gamma}{ds}\right)^2}\,. \tag{3}$$

Ove si assuma s per variabile indipendente, questa formola si può scrivere per le (1)

$$\frac{1}{\rho} = \sqrt{\left(\frac{d^2x}{ds^2}\right)^2 + \left(\frac{d^2y}{ds^2}\right)^2 + \left(\frac{d^2z}{ds^2}\right)^2}\,. \tag{3*}$$

In queste formole, *convenendo di attribuire alla prima curvatura soltanto un valore assoluto,* intenderemo sempre scelto il valore positivo del radicale.

Osserviamo subito che una curva C non può avere *per un tratto* nulla la flessione senza essere rettilinea per quel tratto, giacchè per le conseguenti equazioni

$$\frac{d\cos\alpha}{ds} = 0 \quad \frac{d\cos\beta}{ds} = 0 \quad \frac{d\cos\gamma}{ds} = 0$$

sarebbero $\cos\alpha$, $\cos\beta$, $\cos\gamma$ costanti e però avremmo le formole

$$x = s\cos\alpha + a\,,\quad y = s\cos\beta + b\,,\quad z = s\cos\gamma + c\,,$$

con a, b, c, costanti, che definiscono una linea retta.

3. Fra tutti i piani che passano per il punto M della curva C ve ne ha uno che, nelle vicinanze di M, si scosta meno di ogni altro piano dalla curva e dicesi il *piano osculatore* in M alla curva. Scriviamo infatti l'equazione di un piano qualsiasi condotto pel punto $M \equiv (x, y, z)$ sotto la forma

$$(X - x)\cos a + (Y - y)\cos b + (Z - z)\cos c = 0\,, \tag{4}$$

ove $\cos a$, $\cos b$, $\cos c$ indicano i coseni di direzione della sua normale. Prendendo per parametro u l' arco s della curva, consideriamo un punto M' vicino ad M corrispondente al valore $s+h$ dell' arco, essendo h infinitesimo (del 1° ordine). Se Δx, Δy, Δz sono gli accrescimenti corrispondenti di x, y, z nel passaggio da s a $s+h$, per la distanza d del punto M' dal piano (4) avremo la formola

$$d = \Delta x \cos a + \Delta y \cos b + \Delta z \cos c\,.$$

Ora abbiamo

$$(a)\quad \begin{cases} \Delta x = \dfrac{dx}{ds}h + \dfrac{d^2x}{ds^2}\dfrac{h^2}{2} + \varepsilon_1 \\[2ex] \Delta y = \dfrac{dy}{ds}h + \dfrac{d^2y}{ds^2}\dfrac{h^2}{2} + \varepsilon_2 \\[2ex] \Delta z = \dfrac{dz}{ds}h + \dfrac{d^2z}{ds^2}\dfrac{h^2}{2} + \varepsilon_3 \end{cases}$$

ove ε_1 ε_2, ε_3 sono infinitesimi del 3° ordine e però

$$d = \left(\cos a\,\frac{dx}{ds} + \cos b\,\frac{dy}{ds} + \cos c\,\frac{dz}{ds}\right)h +$$
$$+ \left(\cos a\,\frac{d^2x}{ds^2} + \cos b\,\frac{d^2y}{ds^2} + \cos c\right)\frac{h^2}{2} + \eta$$

essendo η infinitesimo del 3° ordine. Il piano individuato dalle condizioni

$$\begin{cases} \cos a\,\dfrac{dx}{ds} + \cos b\,\dfrac{dy}{ds} + \cos c\,\dfrac{dz}{ds} = 0 \\[2ex] \cos a\,\dfrac{d^2x}{ds^2} + \cos b\,\dfrac{d^2y}{ds^2} + \cos c\,\dfrac{d^2z}{ds^2} = 0, \end{cases}$$

la prima delle quali esprime che il piano in questione passa per la tangente, è adunque quello che nelle vicinanze di M meno degli altri si scosta dalla curva. Così abbiamo dimostrata la esistenza del piano osculatore, la cui equazione, per quanto precede, possiamo scrivere sotto forma di determinante: (*)

$$(5)\qquad \begin{vmatrix} X-x & Y-y & Z-z \\ \frac{dx}{ds} & \frac{dy}{ds} & \frac{dz}{ds} \\ \frac{d^2x}{ds^2} & \frac{d^2y}{ds^2} & \frac{d^2z}{d^2s} \end{vmatrix} = 0.$$

Un caso d' eccezione si presenta quando pel punto M considerato i tre minori della matrice:

$$\left\| \begin{matrix} \frac{dx}{ds} & \frac{dy}{ds} & \frac{dz}{ds} \\ \frac{d^2x}{ds^2} & \frac{d^2y}{ds^2} & \frac{d^2z}{ds^2} \end{matrix} \right\|$$

siano contemporaneamente nulli; allora il piano osculatore in M è indeterminato. Ora ciò potrà bensì avvenire per punti isolati (singolari); ma, se accadesse per un tratto, la curva sarebbe per quel tratto rettilinea. E infatti, tenendo conto delle identità

$$\left(\frac{dx}{ds}\right)^2 + \left(\frac{dy}{ds}\right) + \left(\frac{dz}{ds}\right)^2 = 1$$

$$\frac{dx}{ds}\frac{d^2x}{ds^2} + \frac{dy}{ds}\frac{d^2y}{ds^2} + \frac{dz}{ds}\frac{d^2z}{ds^2} = 0,$$

si vede che il quadrato della matrice sopra scritta eguaglia per la (3) il quadrato della flessione. Accenneremo anche ad altre definizioni pel piano osculatore che conducono sempre alla equazione (5). Se per la

(*) È chiaro che se la variabile indipendente u fosse qualunque l'equazione del piano osculatore conserverebbe la medesima forma

$$\begin{vmatrix} X-x & Y-y & Z-z \\ \frac{dx}{du} & \frac{dy}{du} & \frac{dz}{du} \\ \frac{d^2x}{du^2} & \frac{d^2y}{du^3} & \frac{dz^2}{du^2} \end{vmatrix} = 0.$$

tangente in M e per un punto M' di C vicino ad M si fa passare un piano, questo, al convergere di M' verso M, tende al piano osculatore come piano limite. Similmente il piano per M e per due altri punti vicini M', M'' sulla curva tende alla posizione limite del piano osculatore in M, quando si facciano convergere simultaneamente M', M'' verso M (in guisa che le differenze fra le coordinate di M', M'' non diventino infinitesime d'ordine superiore rispetto alle corrispondenti differenze con M). Per quest'ultima proprietà si dice anche, in modo abbreviato, che il piano osculatore in M è il piano condotto per M e per due punti consecutivi M', M'' della curva.

4 Il piano osculatore ed il piano normale alla curva in M si segano secondo una retta uscente da M normalmente alla curva, che prende il nome di *normale principale* in M alla curva; essa è quella normale della curva che giace nel piano osculatore. Chiamasi invece *binormale* la normale in M al piano osculatore.

Conviene fissare in modo conveniente le direzioni della normale principale e della binormale che riguarderemo in seguito come positive e a tale oggetto premetteremo le osservazioni seguenti.

Consideriamo il piano della tangente e della binormale, la cui equazione si scrive

$$(6) \qquad (X-x)\frac{d^2x}{ds^2}+(Y-y)\frac{d^2y}{ds^2}+(Z-z)\frac{d^2z}{ds^2}=0\,,$$

poichè questa, a causa dell' identità

$$\frac{dx}{ds}\frac{d^2x}{ds^2}+\frac{dy}{ds}\frac{d^2y}{ds^2}+\frac{dz}{ds}\frac{d^2z}{ds^2}=0\,,$$

e della equazione (5) del piano osculatore, rappresenta appunto il piano condotto per la tangente normalmente al piano osculatore.

Calcoliamo ora la distanza δ di un punto M' della curva prossimo ad M dal piano (6). Indicando con h l'accrescimento (infinitesimo) dell'arco s nel passaggio da M ad M' e con Δx, Δy, Δz gli accrescimenti delle coordinate, avremo

$$\delta=\frac{\Delta x\,\dfrac{d^2x}{ds^2}+\Delta y\,\dfrac{d^2y}{ds^2}+\Delta z\,\dfrac{d^2z}{ds^2}}{\sqrt{\left(\dfrac{d^2x}{ds^2}\right)^2+\left(\dfrac{d^2y}{ds^2}\right)^2+\left(\dfrac{d^2z}{ds^2}\right)^2}}\,,$$

ovvero per le formole (a) del numero precedente

$$\delta=\frac{h^2}{2\rho}+\eta\,,$$

ove η è un infinitesimo di 3° ordine rispetto ad h. Da questa formola, il segno di δ risultando indipendente da quello di h, (*) si conclude che: *Nell' intorno di ogni suo punto la curva giace tutta da una parte del piano della tangente e della binormale.* Per faccia positiva di questo piano si assumerà quella che, nell'intorno di M, è rivolta verso la curva; la direzione positiva della normale principale che è appunto la normale a questo piano, ne viene conseguentemente fissata come quella verso cui è rivolta la faccia positiva del piano stesso. Indicando adunque, come costantemente in seguito, con

$$\cos\xi, \quad \cos\eta, \quad \cos\zeta$$

i coseni di direzione positiva della normale principale, avremo per quanto precede

$$(7) \qquad \cos\xi = \rho\,\frac{d^2x}{ds^2}\,, \quad \cos\eta = \rho\,\frac{d^2y}{ds^2}\,, \quad \cos\zeta = \rho\,\frac{d^2z}{ds^2}\,.$$

In fine per direzione positiva della binormale converremo di fissare quella, che, rispetto alle direzioni positive gia fissate della tangente e normale principale, è orientata come la direzione positiva dell' asse Oz rispetto a quelle degli assi Ox, Oy. Adottando pei coseni di direzione della binormale la notazione

$$\cos\lambda\,, \quad \cos\mu\,, \quad \cos\nu\,,$$

avremo per ben note formole della geometria analitica (**)

$$\cos\lambda = \cos\beta\cos\zeta - \cos\gamma\cos\eta\,, \quad \cos\mu = \cos\gamma\cos\xi - \cos\alpha\cos\zeta$$
$$\cos\nu = \cos\alpha\cos\eta - \cos\beta\cos\xi$$

ovvero:

$$(8) \quad \cos\lambda = \rho\begin{vmatrix} \frac{dy}{ds} & \frac{dz}{ds} \\ \frac{d^2y}{ds^2} & \frac{d^2z}{ds^2} \end{vmatrix}, \quad \cos\mu = \rho\begin{vmatrix} \frac{dz}{ds} & \frac{dx}{ds} \\ \frac{d^2z}{ds^2} & \frac{d^2x}{ds^2} \end{vmatrix}, \quad \cos\nu = \rho\begin{vmatrix} \frac{dx}{ds} & \frac{dy}{ds} \\ \frac{d^2x}{ds^2} & \frac{d^2y}{ds^2} \end{vmatrix}.$$

(*) Esclusi i puuti singolari pei quali $\frac{1}{\rho} = 0$.

(**) Si ricordi che il determinante

$$\begin{vmatrix} \cos\alpha & \cos\beta & \cos\gamma \\ \cos\xi & \cos\eta & \cos\zeta \\ \cos\lambda & \cos\mu & \cos\nu \end{vmatrix}$$

risulta eguale all'unità positiva ed ogni suo elemento eguaglia il minore del 2° ordine complementare.

Il triedro trirettangolo individuato dalle direzioni positive della tangente, normale principale e binormale si dirà, per abbreviare, il *triedro principale* in M della curva C.

5. Se la curva C è piana, il suo piano osculatore coincide in ogni punto col piano della curva. Per una curva gobba invece esso varia al variare del punto M d'osculazione e la rapidità della sua deviazione, cioè dello scostarsi della curva dalla giacitura piana, si misura colla *seconda curvatura* o *torsione* della curva.

Per precisare anche qui tale concetto, considereremo un punto M della curva ed un punto vicinissimo M_1; i due piani osculatori in M, M_1 comprenderanno fra loro un angolo piccolissimo $\Delta\sigma$ e il quoziente

$$\frac{\Delta\sigma}{\text{arco } M M_1} = \frac{\Delta\sigma}{\Delta s},$$

al convergere di M_1 verso M, convergerà verso un limite determinato e finito che si assumerà come misura della *torsione* della curva e, preso con un segno conveniente, si indicherà con $\frac{1}{T}$. La sua inversa T si chiamerà il raggio di torsione. Per trovare l'espressione di $\frac{1}{T}$ cominciamo dall'osservare che l'angolo $\Delta\sigma$ dei due piani osculatori è misurato dall'angolo delle due binormali successive in M, M_1. Se quindi in modo del tutto analogo al N.° 2, costruiamo la *indicatrice sferica delle binormali,* il cui punto generatore ha le coordinate

$$x_1 = \cos\lambda\,, \quad y_1 = \cos\mu\,, \quad z_1 = \cos\nu\,,$$

e con ds_1 indichiamo il suo elemento d'arco

$$ds_1 = \sqrt{dx_1^{\,2} + dy_1^{\,2} + dz_1^{\,2}}\,,$$

avremo manifestamente

$$\frac{1}{T} = \pm\frac{ds_1}{ds}$$

cioè

$$(9) \qquad \frac{1}{T} = \pm\sqrt{\left(\frac{d\cos\lambda}{ds}\right)^2 + \left(\frac{d\cos\mu}{ds}\right)^2 + \left(\frac{d\cos\nu}{ds}\right)^2}.$$

Il segno della torsione sarà fissato convenientemente nel prossimo numero; intanto osserviamo che le uniche curve a torsione nulla sono le curve piane. E infatti da $\frac{1}{T} = 0$ segue per la (9) che $\cos\lambda$, $\cos\mu$, $\cos\nu$

sono costanti; prendendo per semplicità la direzione fissa della binormale per asse delle z avremo dunque $\cos\gamma = 0$ e però

$$z = \text{costante},$$

cioè la curva è tracciata in un piano parallelo al piano xy.

6. Andiamo ora a stabilire le importantissime formole che esprimono le derivate dei nove coseni delle tre direzioni principali per i coseni stessi e pei raggi ρ, T di 1ª e 2ª curvatura.

Tre di queste formole risultano immediatamente dalle (7) n. 4 (pag. 7) che danno

$$(a) \quad \frac{d\cos\alpha}{ds} = \frac{\cos\xi}{\rho}, \quad \frac{d\cos\beta}{ds} = \frac{\cos\eta}{\rho}, \quad \frac{d\cos\gamma}{ds} = \frac{\cos\zeta}{\rho}.$$

Ora se deriviamo l' identità

$$\cos\alpha\cos\lambda + \cos\beta\cos\mu + \cos\gamma\cos\nu = 0$$

rapporto ad s osservando le precedenti, deduciamo

$$(b) \qquad \cos\alpha\frac{d\cos\lambda}{ds} + \cos\beta\frac{d\cos\mu}{ds} + \cos\gamma\frac{d\cos\nu}{ds} = 0;$$

l' altra identità

$$\cos^2\lambda + \cos^2\mu + \cos^2\nu = 1$$

derivata rapporto ad s dà

$$(c) \qquad \cos\lambda\frac{d\cos\lambda}{ds} + \cos\mu\frac{d\cos\mu}{ds} + \cos\nu\frac{d\cos\nu}{ds} = 0$$

e dalle (b) (c) combinate risulta

$$\frac{d\cos\lambda}{ds} : \frac{d\cos\mu}{ds} : \frac{d\cos\nu}{ds} = \begin{vmatrix} \cos\beta & \cos\gamma \\ \cos\mu & \cos\nu \end{vmatrix} : \begin{vmatrix} \cos\gamma & \cos\alpha \\ \cos\nu & \cos\lambda \end{vmatrix} : \begin{vmatrix} \cos\alpha & \cos\beta \\ \cos\lambda & \cos\mu \end{vmatrix}$$

cioè

$$\frac{d\cos\lambda}{ds} : \frac{d\cos\mu}{ds} : \frac{d\cos\nu}{ds} = \cos\xi : \cos\eta : \cos\zeta.$$

Ne segue

$$\frac{d\cos\lambda}{ds} = \pm\cos\xi\sqrt{\left(\frac{d\cos\lambda}{ds}\right)^2 + \left(\frac{d\cos\mu}{ds}\right)^2 + \left(\frac{d\cos\nu}{ds}\right)^2}$$

$$\frac{d\cos\mu}{ds} = \pm\cos\eta\sqrt{\left(\frac{d\cos\lambda}{ds}\right)^2 + \left(\frac{d\cos\mu}{ds}\right)^2 + \left(\frac{d\cos\nu}{ds}\right)^2}$$

$$\frac{d\cos\nu}{ds} = \pm\cos\zeta\sqrt{\left(\frac{d\cos\lambda}{ds}\right)^2 + \left(\frac{d\cos\mu}{ds}\right)^2 + \left(\frac{d\cos\nu}{ds}\right)^2}$$

e convenendo ora che il segno lasciato indeterminato nella (9) si assuma concordante con quello determinato dalle formole precedenti, avremo:

$$(a') \quad \frac{d\cos\lambda}{ds} = \frac{\cos\xi}{T}, \quad \frac{d\cos\mu}{ds} = \frac{\cos\eta}{T}, \quad \frac{d\cos\nu}{ds} = \frac{\cos\zeta}{T}.$$

Così alla torsione verrà attribuito non soltanto un valore assoluto ma ben anche un segno determinato e resterà solo da esaminarsi, ciò che faremo fra breve, a quale circostanza geometrica corrisponda il segno positivo o negativo della torsione.

Completiamo le formole (a) (a') con quelle relative a

$$\frac{d\cos\xi}{ds}, \quad \frac{d\cos\eta}{ds}, \quad \frac{d\cos\zeta}{ds}.$$

Per ciò osserviamo che si ha

$$\cos\xi = \cos\gamma\cos\mu - \cos\beta\cos\nu$$

e derivando rapporto ad s, osservando le (a) (a'), otteniamo

$$\frac{d\cos\xi}{ds} = \frac{1}{\rho}(\cos\zeta\cos\mu - \cos\eta\cos\nu) + \frac{1}{T}(\cos\gamma\cos\eta - \cos\beta\cos\zeta)$$
$$= -\frac{\cos\alpha}{\rho} - \frac{\cos\lambda}{T}$$

e analogamente per le altre due derivate.

Riassumendo adunque le formole ottenute, abbiamo il quadro seguente:

$$(A)\left\{\begin{array}{lll} \dfrac{d\cos\alpha}{ds} = \dfrac{\cos\xi}{\rho}, & \dfrac{d\cos\beta}{ds} = \dfrac{\cos\eta}{\rho}, & \dfrac{d\cos\gamma}{ds} = \dfrac{\cos\zeta}{\rho} \\ \dfrac{d\cos\xi}{ds} = -\dfrac{\cos\alpha}{\rho} - \dfrac{\cos\lambda}{T}, & \dfrac{d\cos\eta}{ds} = -\dfrac{\cos\beta}{\rho} - \dfrac{\cos\mu}{T}, & \dfrac{d\cos\zeta}{\rho} = -\dfrac{\cos\gamma}{\rho} - \dfrac{\cos\nu}{T} \\ \dfrac{d\cos\lambda}{ds} = \dfrac{\cos\xi}{T}, & \dfrac{d\cos\mu}{ds} = \dfrac{\cos\eta}{T}, & \dfrac{d\cos\nu}{ds} = \dfrac{\cos\zeta}{T}. \end{array}\right.$$

Sono queste le formole di *Frenet,* più comunemente note sotto il nome di formole di Serret.

7. Esaminiamo ora a quale circostanza geometrica corrisponda il segno positivo o negativo della torsione. Per questo considerando in un punto qualunque $M \equiv (x, y, z)$ della curva il piano osculatore.

$$(X-x)\cos\lambda + (Y-y)\cos\mu + (Z-z)\cos\nu = 0,$$

calcoliamo la distanza dei punti M′ della curva prossimi ad M da questo piano. Ora se il punto M' ha le coordinate

$$x+\Delta x \ , \ y+\Delta y \ , \ z+\Delta z$$

e corrisponde al valore $s+h$ di s abbiamo

$$\left\{ \begin{aligned} \Delta x &= \frac{dx}{ds} h + \frac{d^2x}{ds^2}\frac{h^2}{2} + \frac{d^3x}{ds^3}\frac{h^3}{6} + \varepsilon_1 \\ \Delta y &= \frac{dx}{ds} h + \frac{d^2y}{ds^2}\frac{h^2}{2} + \frac{d^3y}{ds^3}\frac{h^3}{6} + \varepsilon_2 \\ \Delta z &= \frac{dz}{ds} h + \frac{d^2z}{ds^2}\frac{h^2}{2} + \frac{d^3z}{ds^3}\frac{h^3}{6} + \varepsilon_3 \end{aligned} \right.$$

essendo ε_1 ε_2 ε_3 infinitesimi di ordine superiore al 3.° rapporto ad h. Per la distanza cercata, computata positiva o negativa secondo che verso M' è rivolta la faccia positiva o negativa dal piano osculatore, abbiamo

$$\delta = \Delta x \cos\lambda + \Delta y \cos\mu + \Delta z \cos\nu$$

e sostituendo per Δx, Δy, Δz i valori precedenti coll'osservare che si ha, per le formole di Frenet

$$\frac{dx}{ds} = \cos\alpha \ , \ \frac{d^2x}{ds^2} = \frac{\cos\xi}{\rho} , \ \frac{d^3x}{ds^3} = -\frac{1}{\rho}\left\{ \frac{\cos\alpha}{\rho} + \frac{\cos\lambda}{T} + \frac{\cos\xi}{\rho}\frac{d\rho}{ds} \right\}$$

risulta

$$\delta = -\frac{1}{6\rho T} h^3 + \eta$$

dove $\frac{\eta}{h^3}$ è infinitesimo con h. Supponendo che le due curvature $\frac{1}{\rho}$, $\frac{1}{T}$ non siano nulle in M (il contrario può aver luogo soltanto per punti speciali), si vede che il segno di δ cangia con quello di h cioè: *la curva traversa in* M *il piano osculatore* e precisamente, se $\frac{1}{T} > 0$, il punto generatore, movendosi nel senso positivo sulla curva, passa dalla faccia positiva alla negativa e invece dalla negativa alla positiva se $\frac{1}{T} < 0$. Per esprimere più concisamente questo risultato immaginiamo un osservatore collocato in M sopra l' una o l' altra faccia del piano osculatore e rivolto verso la direzione positiva dalla normale principale. La curva nell'*innalzarsi* rispetto all' osservatore passa in M dalla sinistra alla destra o dalla destra alla sinistra; nel 1.° caso si dirà che in M la curva è *destrorsa,* nel 2.° *sinistrorsa.* Ed ora se, per fissare le idee, supponiamo che sulla faccia positiva del piano xy la direzione positiva Ox giaccia a destra rispetto alla Oy avremo il risultato: *La torsione, calcolata dalle formole di Frenet, risulta positiva o negativa secondo che nel punto considerato la curva è sinistrorsa o destrorsa.* (*)

8. Possiamo applicare subito le formole di Frenet alla dimostrazione dell'importante teorema: *Una curva gobba C è pienamente determinata di forma dalle espressioni dei raggi* ρ T *di 1.ª e 2.ª curvatura in funzione dell'arco s.*

In altre parole diciamo che se due curve C, C′, ad eguale arco, hanno eguali la flessione e la torsione, esse sono sovrapponibili. Indicando cogli accenti le quantità relative alla C′, avremo intanto per ipotesi:

$$s' = s \qquad \rho' = \rho \qquad T' = T\,.$$

Ora muoviamo la curva C′ nello spazio in modo da sovrapporre un suo punto, p. e. l'origine $s=0$ degli archi al punto corrispondente di C e contemporaneamente il suo triedro principale a quello di C nel medesimo punto $s=o$. Avremo conseguentemente:

$$\left.\begin{array}{lll} \cos\alpha' = \cos\alpha & \cos\beta' = \cos\beta & \cos\gamma' = \cos\gamma \\ \cos\xi' = \cos\xi & \cos\eta' = \cos\eta & \cos\zeta' = \cos\zeta \\ \cos\lambda' = \cos\lambda & \cos\mu' = \cos\mu & \cos\nu' = \cos\nu \end{array}\right\} \text{per } s = 0\,.$$

Scriviamo le tre formole di Frenet della 1.ª colonna del quadro (A) n. 6 (pag. 10) tanto per la curva C come per la C′:

$$\frac{d\cos\alpha}{ds} = \frac{\cos\xi}{\rho}\,, \quad \frac{d\cos\xi}{ds} = -\frac{\cos\alpha}{\rho} - \frac{\cos\lambda}{T}\,, \quad \frac{d\cos\lambda}{ds} = \frac{\cos\xi}{T}$$

$$\frac{d\cos\alpha'}{ds} = \frac{\cos\xi'}{\rho}\,, \quad \frac{d\cos\xi'}{ds} = -\frac{\cos\alpha'}{\rho} - \frac{\cos\lambda'}{T}\,, \quad \frac{d\cos\lambda'}{ds} = \frac{\cos\xi'}{T}$$

moltiplicando le prime tre rispettivamente per $\cos\alpha'$ $\cos\xi'$ $\cos\lambda'$, le tre seconde per $\cos\alpha$ $\cos\xi$ $\cos\lambda$ e addizionando, il 2.° membro risulta identicamente nullo, onde segue

$$\frac{d}{ds}\left(\cos\alpha\,\cos\alpha' + \cos\xi\,\cos\xi' + \cos\lambda\,\cos\lambda'\right) = 0$$

(*) Così vediamo che il segno della torsione risulta indipendente dal senso positivo attribuito alla curva come risulta anche p. e. dalla formola

$$\frac{1}{\cos\xi}\,\frac{d\cos\lambda}{ds} = \frac{1}{T}$$

ove cangiando il senso positivo di s, muta il segno di $\cos\lambda$ rimanendo $\cos\xi$ invariato.

cioè

$$\cos\alpha\,\cos\alpha' + \cos\xi\,\cos\xi' + \cos\lambda\,\cos\lambda' = \text{cost}^{\text{te}}.$$

Ma inizialmente, per $s=0$, il valore del 1.° membro è eguale all'unità, onde sarà per ogni valore di s:

$$\cos\alpha\,\cos\alpha' + \cos\xi\,\cos\xi' = \cos\lambda\,\cos\lambda' = 1$$

e conseguentemente (*)

$$\cos\alpha' = \cos\alpha\ ,\quad \cos\xi' = \cos\xi\ ,\quad \cos\lambda' = \cos\lambda.$$

Similmente dedurremo

$$\cos\beta' = \cos\beta\ ,\quad \cos\eta' = \cos\eta\quad\ \cos\mu' = \cos\mu$$

$$\cos\gamma' = \cos\gamma\ ,\quad \cos\zeta' + \cos\zeta\quad\ \cos\nu' = \cos\nu$$

e però:

$$\frac{d\,(x'-x)}{ds} = 0\quad \frac{d\,(y'-y)}{ds} = 0\quad \frac{d\,(z'-z)}{ds} = 0\,.$$

Le differenze $x'-x$, $y'-y$, $z'-z$ sono dunque costanti ed essendo inizialmente nulle saranno sempre nulle, il che dimostra il nostro teorema.

Le equazioni

$$\rho = \rho\ (s)\qquad \mathrm{T} = \mathrm{T}\ (s)$$

possono dunque dirsi opportunamente le *equazioni intrinseche* della curva, come quelle che la individuano di forma, senza riguardo alla sua particolare posizione nello spazio.

9. Fondandoci sui teoremi che assicurano la esistenza degli integrali delle equazioni differenziali, vediamo poi facilmente che: *Date ad arbitrio le equazioni intrinseche*

$$\rho = \rho\ (s)\qquad \mathrm{T} = \mathrm{T}\ (s)$$

di una curva, la curva corrispondente esiste effettivamente.

Indicando con l, m, n tre funzioni incognite di s, scriviamo infatti il sistema delle tre equazioni lineari omogenee

$$\text{(10)}\qquad \frac{dl}{ds} = \frac{m}{\rho}\,,\quad \frac{dm}{ds} = -\frac{l}{\rho} - \frac{n}{\mathrm{T}}\,,\quad \frac{dn}{ds} = \frac{m}{\mathrm{T}}$$

(*) Invero da questa equazione, per le identità

$$\cos^2\alpha + \cos^2\xi + \cos^2\lambda = 1$$
$$\cos^2\alpha' + \cos^2\xi' + \cos^2\lambda' = 1$$

segue

$$(\cos\alpha' - \cos\alpha)^2 + (\cos\xi' - \cos\xi)^2 + (\cos\lambda - \cos\lambda)^2 = 0.$$

di cui, se la curva esiste, saranno appunto, per le formole di Frenet,

$$(\cos\alpha,\ \cos\xi,\ \cos\lambda)\ ,\quad (\cos\beta,\ \cos\eta,\ \cos\mu)\ ,\quad (\cos\gamma,\ \cos\zeta,\ \cos\nu)$$

tre sistemi integrali. Sappiamo dalla teoria delle equazioni differenziali che dati arbitrariamente i valori iniziali p. e. per $s=o$, delle funzioni incognite l, m, n esiste un sistema integrale (l, m, n) delle (10) che per $s=o$ si riduce al sistema iniziale assegnato $(l_0\ m_0\ n_0)$. Osserviamo di più che se (l, m, n), (l', m', n') sono due sistemi integrali delle (10) distinti o coincidenti, risulta dalle equazioni differenziali stesse

$$\frac{d}{ds}(l\,l' + m\,m' + n\,n') = 0$$

e però

$$l\,l' + m\,m' + n\,n' = \text{cost}^{\text{te}}.$$

Ciò posto prendiamo nove costanti

$$\begin{matrix} l_0 & l_0' & l_0'' \\ m_0 & m_0' & m_0'' \\ n_0 & n_0' & n_0'' , \end{matrix}$$

che formino i coefficienti di una sostituzione ortogonale e indichiamo con

$$(l,\ m,\ n,)\ ,\quad (l',\ m',\ n')\quad (l'',\ m'',\ n'')$$

tre sistemi integrali delle (10) che per $s=o$ si riducano rispettivamente a

$$(l_0\ m_0\ n_0)\ ,\quad (l_0'\ m_0'\ n_0')\quad (l_0''\ m_0''\ n_0'').$$

Risulta dall'osservazione superiore che *per tutti i valori di* s saranno

$$\begin{matrix} l & l' & l'' \\ m & m' & m'' \\ n & n' & n'' \end{matrix}$$

i coefficienti di una sostituzione ortogonale e in particolare sarà

$$l^2 + l'^2 + l''^2 = 1.$$

Pongasi ora

$$x = \int l\ ds\ ,\quad y = \int l'\ ds\ ,\quad z = \int l''\ ds$$

e interpretando x, y, z come coordinate di un punto M mobile nello spazio, la curva luogo del punto M avrà evidentemente s per arco e

$$l,\quad l',\quad l''$$

a coseni di direzione della tangente. Se inoltre si tien conto delle equazioni differenziali (10) cui soddisfano (l, m, n), (l', m', n') (l'', m'', n'') e delle formole di Frenet, si vedrà subito che i raggi di flessione e torsione della C hanno appunto le espressioni fissate.

Da ultimo dimostriamo con Darboux come l'integrazione del sistema (10) si riduca a quella di un'equazione differenziale del tipo di Riccati. Per ogni sistema integrale delle (10) si ha

$$l^2 + m^2 + n^2 = \text{cost}^{\text{te}}$$

e moltiplicando l, m, n per un conveniente fattore costante (con che si ottiene un nuovo sistema integrale a causa della omogeneità), si può supporre senz'altro

$$l^2 + m^2 + n^2 = 1 .$$

Esprimiamo allora l, m, n per due angoli θ, φ colle formole

$$l = \text{sen}\,\theta \cos\varphi \ , \quad m = \text{sen}\,\theta\ \text{sen}\,\varphi \ , \quad n = \cos\theta$$

e le (10) daranno per θ, φ le due equazioni simultanee

$$\frac{d\theta}{ds} + \frac{sen\,\varphi}{\mathrm{T}} = 0 \ , \quad \frac{d\varphi}{ds} + \frac{\cot\theta \cos\varphi}{\mathrm{T}} + \frac{1}{\rho} = 0 \ . \tag{11}$$

Introduciamo poi come incognita la funzione complessa

$$\sigma = \cot\frac{\theta}{2} \cdot e^{i\varphi}$$ (*)

e dalle (11) ne seguirà per σ la equazione

$$\frac{d\sigma}{ds} = \frac{i\sigma^2}{2\mathrm{T}} - \frac{i\sigma}{\rho} - \frac{i}{2\mathrm{T}} \ , \tag{12}$$

dalla quale inversamente, separando le parti reale ed immaginaria, seguono le (11). *Il problema di determinare una curva dalle sue equazioni intrinseche si riduce dunque alla integrazione della equazione* (12) *del tipo di Riccati.*

Per note proprietà delle equazioni di questo tipo, basta la conoscenza di una soluzione particolare per risalire con quadrature all'integrale generale.

10. Applichiamo ancora le formole di Frenet allo studio di un'importante classe di curve, conosciute sotto il nome di *eliche cilindriche.*

(*) Il significato di σ si riconoscerà nel Capitolo III come quello di *variabile complessa* sulla sfera.

Si dà un tal nome a quelle curve tracciate sopra una superficie cilindrica arbitraria, che ne tagliano sotto angolo costante le generatrici.

Distendendo la superficie cilindrica sopra un piano l'elica si distende secondo una linea retta, e poichè nello spiegamento le lunghezze lineari non si alterano, segue che una proprietà caratteristica dell'elica cilindrica consiste altresì nel segnare sul cilindro il più breve cammino fra due suoi punti.

Collochiamo l'asse delle z parallelo alle generatrici del cilindro e avremo in conseguenza

$$\cos\gamma = \text{cost}^{\text{te}}.$$

Dalle formole di Frenet

$$\frac{d\cos\gamma}{ds} = \frac{\cos\zeta}{\rho}, \quad \frac{d\cos\zeta}{ds} = -\frac{\cos\gamma}{\rho} - \frac{\cos\nu}{T}, \quad \frac{d\cos\nu}{ds} = \frac{\cos\zeta}{T}$$

segue

$$\cos\zeta = 0 \ (*), \quad \cos\nu = \text{cost}^{\text{te}}, \quad \frac{\rho}{T} = -\frac{\cos\gamma}{\cos\nu} = \text{cost}^{\text{te}}.$$

Abbiamo dunque:

1.° *In ogni punto di un'elica cilindrica la normale principale dell'elica coincide colla normale al cilindro.* Questa proprietà è evidentemente caratteristica per l'elica.

2. *Per ogni elica cilindrica è costante il rapporto delle due curvature.* Anche questa 2ª proprietà è invertibile col teorema di Bertrand: *Ogni curva che ha costante il rapporto delle due curvature è un'elica cilindrica.*

Per dimostrarlo supponiamo che per una curva C sia

$$\frac{\rho}{T} = k,$$

essendo k costante. Dalle formole di Frenet deduciamo

$$\frac{d\cos\lambda}{ds} = \frac{\rho}{T}\frac{d\cos\alpha}{ds}, \quad \frac{d\cos\mu}{ds} = \frac{\rho}{T}\frac{d\cos\beta}{ds}, \quad \frac{d\cos\nu}{ds} = \frac{\rho}{T}\frac{d\cos\lambda}{ds}$$

ossia per l'ipotesi fatta

$$\frac{d}{ds}(\cos\lambda - k\cos\alpha) = 0, \quad \frac{d}{ds}(\cos\mu - k\cos\beta) = 0, \quad \frac{d}{ds}(\cos\nu - k\cos\gamma) = 0,$$

da cui integrando

$$\cos\lambda - k\cos\alpha = A, \quad \cos\mu - k\cos\beta = B, \quad \cos\nu - k\cos\gamma = C$$

(*) Escluso il caso $\frac{1}{\rho} = 0$, che appartiene solo alla linea retta.

ove le costanti A, B, C soddisferanno evidentemente alla relazione

$$A^2 + B^2 + C^2 = 1 + k^2 .$$

Ponendo in conseguenza

$$\cos\lambda - k\cos\alpha = \sqrt{1+k^2}\cos a$$

$$\cos\mu - k\cos\beta = \sqrt{1+k^2}\cos b$$

$$\cos\nu - k\cos\gamma = \sqrt{1+k^2}\cos c ,$$

saranno $\cos a$, $\cos b$, $\cos c$ i coseni di una direzione *fissa* nello spazio, colla quale la tangente alla C farà un angolo costante a causa della formola

$$\cos\alpha\cos a + \cos\beta\cos b + \cos\gamma\cos c = -\frac{k}{\sqrt{1+k^2}} .$$

La curva C è adunque un' elica della superficie cilindrica che si forma conducendo pei punti di C le parallele alla direzione fissa.

11. Per stabilire le formole generali relative alle eliche cilindriche, prendiamo l' asse delle z parallelo alle generatrici del cilindro e, supposto che le coordinate x, y di un punto della sezione retta $z=0$ del cilindro siano espresse in funzione dell' arco u della sezione stessa dalle formole

$$x = x(u) \quad , \quad y = y(u) ,$$

vedremo subito che per le coordinate di un punto mobile sull' elica si avrà,

$$x = x(u) \quad , \quad y = y(u) \quad , \quad z = u\cot\varepsilon, \text{ (*)}$$

ove ε indica l' angolo costante d' inclinazione (che si può supporre acuto) dell' elica sulle generatrici del cilindro. Applicando le formole dei §§ precedenti troviamo

$$ds = \frac{du}{\operatorname{sen}\varepsilon} \quad , \quad s = \frac{u}{\operatorname{sen}\varepsilon} \text{ (**)}$$

$$\cos\alpha = \operatorname{sen}\varepsilon\, x'(u) \quad , \quad \cos\beta = \operatorname{sen}\varepsilon\, y'(u) \quad , \quad \cos\gamma = \cos\varepsilon$$

$$\frac{d\cos\alpha}{ds} = \operatorname{sen}^2\varepsilon\, x''(u) \quad , \quad \frac{d\cos\beta}{ds} = \operatorname{sen}^2\varepsilon\, y''(u) \quad ,$$

gli accenti indicando la derivazione rispetto a u.

(*) Per semplicità contiamo l'arco u dal punto ove la sezione retta incontra l' elica.
(**) Si conta l'arco dell' elica a partire dalla sua origine sulla sezione retta.

Di qui segue per la flessione dell'elica

$$\frac{1}{\rho} = \operatorname{sen}^2 \varepsilon \sqrt{x''^2(u) + y''^2(u)}$$

ovvero

$$(13) \qquad \frac{1}{\rho} = \frac{\operatorname{sen}^2 \varepsilon}{R},$$

essendo $\frac{1}{R}$ la curvatura della sezione retta. Per la torsione $\frac{1}{T}$ troviamo poi da

$$\frac{\rho}{T} = -\frac{\cos \gamma}{\cos \nu},$$

osservando che $\nu = \frac{\pi}{2} \pm \varepsilon$,

$$(14) \qquad \frac{1}{T} = \pm \frac{\operatorname{sen} \varepsilon \cos \varepsilon}{R}.$$

Il segno superiore vale per le eliche sinistrorse, l'inferiore per le destrorse (n. 4 pag. 11), come risulta anche dalla considerazione geometrica diretta.

Da queste formole segue che i raggi di flessione e torsione sono costanti solo per le eliche del cilindro circolare retto. Una tale elica dicesi *circolare* (*) e la sua proprietà caratteristica (secondo Puiseux) di avere costanti i raggi di curvatura corrisponde alla proprietà, che ha a comune soltanto colla retta e col cerchio, di essere in ogni sua parte sovrapponibile a sè stessa.

Fra le eliche merita ancora speciale menzione l'*elica cilindro-conica,* che definiamo come la curva individuata dalle equazioni intrinseche

$$\rho = as \quad , \quad T = bs$$

con a, b costanti. La sezione retta del cilindro, su cui tale elica è descritta, è caratterizzata dunque dalla proprietà che il suo raggio di curvatura è proporzionale all'arco; essa è quindi una spirale logaritmica. Ne segue che le equazioni della nostra elica possono porsi sotto la forma

$$x = A\, e^{ht} \cos t \quad , \quad y = A\, e^{ht} \operatorname{sen} t \quad , \quad z = B\, e^{ht}$$

dove t è il parametro variabile che individua i punti della curva e A, B, h

(*) Essa può considerarsi generata da un punto che scorre di moto uniforme lungo una generatrice del cilindro circolare, mentre questa ruota di moto uniforme attorno all'asse.

sono costanti. L' elica è quindi tracciata sulla superficie

$$x^2 + y^2 - \frac{A^2}{B^2} z^2 = 0,$$

che è un cono di rotazione attorno all' asse z col vertice nell' origine. Essa taglia sotto angolo costante le generatrici del cono, cioè è una *lossodromica* del cono (*). E infatti pei coseni di direzione della tangente all'elica si trova

$$\cos\alpha = \frac{A\,(h\cos t - \operatorname{sen} t)}{\sqrt{A^2+h^2(A^2+B^2)}},\ \cos\beta = \frac{A\,(h\operatorname{sen} t + \cos t)}{\sqrt{A^2+h^2\,(A^2+B^2)}},\ \cos\gamma = \frac{B\,h}{\sqrt{A^2+h^2\,(A^2+B^2)}}$$

e per quelli della generatrice del cono

$$\cos a = \frac{A\cos t}{\sqrt{A^2+B^2}},\ \cos b = \frac{A\operatorname{sen} t}{\sqrt{A^2+B^2}}\ \cos c = \frac{B}{\sqrt{A^2+B^2}}$$

onde

$$\cos a\cos\alpha + \cos b\cos\beta + \cos c\cos\gamma = \frac{h\sqrt{A^2+B^2}}{\sqrt{A^2+h^2\,(A^2+B^2)}} = \text{cost}^{\text{te}}.$$

Da ciò il nome di elica cilindro-conica (**).

12. Allo studio delle ulteriori proprietà delle curve gobbe è utile premettere alcune brevi nozioni sulle *superficie inviluppi.*

Sia

$$(15)\qquad f\,(x,\ y,\ z,\ \alpha) = 0$$

l'equazione di una superficie contenente un parametro arbitrario α, che supponiamo variabile con continuità entro un assegnato intervallo. Supponiamo inoltre che, nel campo di variabilità che si considera per x, y, z, α, la funzione f sia finita e continua ed ammetta le derivate parziali

$$\frac{\partial f}{\partial x},\quad \frac{\partial f}{\partial y},\quad \frac{\partial f}{\partial z},\quad \frac{\partial f}{\partial \alpha},\quad \frac{\partial^2 f}{\partial \alpha^2}$$

pure finite e continue. Ad ogni valore speciale α_1 di α corrisponde una particolare superficie del nostro sistema ∞^1 (15); variando α con continuità, la superficie stessa si muoverà deformandosi in modo continuo nello spazio.

Ora consideriamo una speciale superficie

$$(16)\qquad f\,(x,\ y,\ z,\ \alpha_1) = 0$$

(*) Sopra una superficie qualsiasi di rotazione dicesi lossodromica una linea che tagli sotto angolo costante i meridiani.

(**) Si osservi che, spiegando il cono in un piano, l'elica cilindro conica si distende secondo una spirale logaritmica.

del sistema ed una vicinissima corrispondente alla variazione h del parametro

$$f(x, y, z, \alpha_1 + h) = 0.$$

La curva intersezione di queste due superficie, al convergere di h a zero, converge sulla superficie (16) verso una posizione limite che si dice, secondo Monge, *la caratteristica* della superficie (16). E invero alle due equazioni simultanee precedenti possiamo sostituire il sistema equivalente

$$f(x, y, z, \alpha_1) = 0, \quad \frac{f(x, y, z, \alpha_1 + h) - f(x, y, z, \alpha_1)}{h} = 0.$$

La seconda di queste, al convergere di h a zero, converge verso l'equazione limite

$$\left[\frac{\partial f(x, y, z, \alpha)}{\partial \alpha}\right]_{\alpha = \alpha_1} = 0$$

e si può dimostrare rigorosamente che la curva determinata dalle equazioni simultanee

$$f(x, y, z, \alpha_1) = 0 \quad , \quad \left(\frac{\partial f}{\partial \alpha}\right)_{\alpha = \alpha_1} = 0$$

è appunto la curva limite cercata (caratteristica). Il luogo di tutte le caratteristiche prende il nome di superficie *inviluppo* del sistema, mentre ogni singola superficie del sistema dicesi un'*inviluppata*. L'equazione della superficie inviluppo si ottiene, per quanto precede, eliminando α fra le due equazioni.

$$f = 0 \quad , \quad \frac{\partial f}{\partial \alpha} = 0,$$

o, ciò che torna lo stesso, traendo il valore di α in funzione di x, y, z dalla seconda equazione e sostituendolo nella 1ª. L'equazione

$$f(x, y, z, \alpha) = 0,$$

che ci rappresenta l'inviluppata per α costante, rappresenta altresì l'inviluppo quando per α vi si sostituisca la funzione di x, y, z, che si trae dall'equazione

$$\frac{\partial f}{\partial \alpha} = 0.$$

Dopo ciò si vede subito che: *L'inviluppata tocca l'inviluppo lungo tutta la caratteristica.*

E invero l'equazione del piano tangente in un punto (x, y, z) dell'inviluppo è

$$\left(\frac{\partial f}{\partial x}+\frac{\partial f}{\partial \alpha}\frac{\partial \alpha}{\partial x}\right)(X-x)+\left(\frac{\partial f}{\partial y}+\frac{\partial f}{\partial \alpha}\frac{\partial \alpha}{\partial y}\right)(Y-y)+\left(\frac{\partial f}{\partial z}+\frac{\partial f}{\partial \alpha}\frac{\partial \alpha}{\partial z}\right)(Z-z)=0$$

ovvero, poichè $\frac{\partial f}{\partial \alpha}=0$:

$$\frac{\partial f}{\partial x}(X-x)+\frac{\partial f}{\partial y}(Y-y)+\frac{\partial f}{\partial z}(Z-z)=0\,,$$

che è l'equazione del piano tangente all'inviluppata.

Se la caratteristica della superficie (16) incontra la superficie vicina

$$f(x, y, z, \alpha_1+h)=0\,,$$

i punti d'intersezione si muoveranno sulla caratteristica al variare di h e al convergere di h a zero convergeranno verso certi punti limiti che determiniamo nel modo seguente. Per ciascuno dei detti punti d'intersezione sussistono le equazioni simultanee

$$(a)\qquad f_{\alpha=\alpha_1}=0\,,\quad \left(\frac{\partial f}{\partial \alpha}\right)_{\alpha=\alpha_1}=0\,,\quad f(x, y, z, \alpha_1+h)=0\,,$$

all'ultima delle quali possiamo sostituire

$$f+h\frac{\partial f}{\partial \alpha}+\frac{h^2}{2}\frac{\partial^2 f}{\partial \alpha^2}+\eta=0\,,$$

dove η è infinitesimo d'ordine superiore al 2° rispetto ad h. Al sistema (a) possiamo sostituire il sistema equivalente

$$f_{\alpha=\alpha_1}=0\quad \left(\frac{\partial f}{\partial \alpha}\right)_{\alpha=\alpha_1}=0\,,\quad \left(\frac{\partial^2 f}{\partial \alpha^2}\right)_{\alpha=\alpha_1}+\frac{2\eta}{h^2}=0\,.$$

L'ultima di queste, al convergere di h a zero, converge verso l'equazione limite

$$\left(\frac{\partial^2 f}{\partial \alpha^2}\right)_{\alpha=\alpha_1}=0\,.$$

I punti limiti cercati sulla caratteristica $\alpha=\alpha_1$ sono quindi determinati dalle tre equazioni simultanee

$$f_{\alpha=\alpha_1}=0\,,\quad \left(\frac{\partial f}{\partial \alpha}\right)_{\alpha=\alpha_1}=0\,,\quad \left(\frac{\partial^2 f}{\partial \alpha^2}\right)_{\alpha=\alpha_1}=0\,.$$

Il luogo dei punti limiti delle varie caratteristiche prende il nome di *spigolo di regresso* della superficie inviluppo; le sue equazioni si otterranno eliminando α fra le tre

$$f=0 \quad , \quad \frac{\partial f}{\partial \alpha}=0 \quad , \quad \frac{\partial^2 f}{\partial \alpha^2}=0 \quad ,$$

ovvero traendo α in funzione di x, y, z dalla terza equazione e sostituendolo nelle prime due. E poichè le prime due, per α costante, rappresentano la caratteristica, ne segue facilmente che ogni caratteristica tocca nei punti limiti lo spigolo di regresso: insomma lo spigolo di regresso (quando esiste) è sopra la superficie inviluppo l'inviluppo delle caratteristiche.

13. Per la teoria delle curve gobbe dovremo considerare esclusivamente il caso, in cui le superficie inviluppate sono piani, nel qual caso la superficie inviluppo prende il nome di *sviluppabile,* per una ragione che ora diremo.

La caratteristica di ogni piano del sistema sarà evidentemente una retta e tutte le rette caratteristiche saranno tangenti allo spigolo di regresso; la sviluppabile è adunque il luogo delle tangenti ad una curva, che ne è lo spigolo di regresso. Il piano mobile (inviluppata) è il piano osculatore dello spigolo di regresso. E infatti, ritenendo per questa curva le solite notazioni, l'equazione del piano osculatore è:

$$(X-x)\cos\lambda+(Y-y)\cos\mu+(Z-z)\cos\nu=0\,.$$

Per ottenere la caratteristica del piano osculatore associamovi quella che si ottiene derivando rapporto al parametro s cioè, secondo le formole di Frenet:

$$(X-x)\cos\xi+(Y-y)\cos\eta+(Z-z)\cos\zeta=0\,.$$

Questo secondo piano sega il piano osculatore lungo la tangente, che è adunque, come si era asserito, la caratteristica.

Per altro è da osservarsi che lo spigolo di regresso può ridursi ad un punto ed allora la sviluppabile diventa un cono od un cilindro, secondo che questo punto è a distanza finita o all'infinito.

Ogni piano inviluppato tocca la sviluppabile lungo tutta la retta caratteristica (generatrice) e però i piani tangenti di una sviluppabile costituiscono una infinità semplice, mentre per ogni altra superficie i piani tangenti formano un sistema ∞^2 (*).

Il nome di sviluppabile viene da ciò che, supposta la superficie flessibile ed inestendibile, si può spiegarla senza rottura nè duplicatura sul piano. Viceversa ogni superficie dotata di tale proprietà è necessariamente una sviluppabile, come sarà dimostrato in altro capitolo.

(*) In ogni trasformazione lineare reciproca dello spazio una superficie qualunque dà un'altra superficie; le sviluppabili invece corrispondono dualmente alle curve.

In relazione con ogni curva gobba vi sono da considerare tre sviluppabili inviluppate rispettivamente dalle tre faccie del triedro principale. Quella inviluppo del piano osculatore non è altro che il luogo delle tangenti alla curva data, come sopra si è visto. La superficie inviluppo del piano normale alla curva C prende il nome di *sviluppabile polare della curva* C e di questa particolarmente ci occuperemo.

Rispetto alla terza sviluppabile, inviluppo dei piani normali alle normali principali di C, diremo soltanto che porta il nome di *sviluppabile rettificante* della curva C; essa passa per la curva C e, spiegando la sviluppabile sul piano, la C si rettifica.

14. Per ricercare gli elementi della sviluppabile polare di una curva data C, in particolare del suo spigolo di regresso, applichiamo le regole generali del n. 12 partendo dall' equazione del piano normale della C (piano inviluppante)

$$(17)\qquad (X-x)\cos\alpha + (Y-y)\cos\beta + (Z-z)\cos\gamma = 0,$$

nella quale assumeremo naturalmente come parametro che individua le posizioni del piano mobile, l' arco s di C. Derivando la (17) rapporto ad s, otteniamo per le formole di Frenet:

$$(18)\qquad (X-x)\cos\xi + (Y-y)\cos\eta + (Z-z)\cos\zeta = \rho,$$

e queste due equazioni associate danno la caratteristica del piano (17), cioè la generatrice della sviluppabile polare. Questa è adunque perpendicolare al piano osculatore nel punto M_1 della normale principale che dista (nel verso positivo) del raggio ρ di curvatura dal punto M d'osculazione sulla curva. A tale punto M_1 si dà il nome di *centro di curvatura* della curva C in M e il circolo descritto nel piano osculatore col centro in M_1 e col raggio $M_1M=\rho$ dicesi *circolo osculatore* o di *curvatura* (*). La generatrice della sviluppabile polare è adunque la normale al piano del cerchio osculatore condotta pel suo centro, o, come si dice, *l'asse del cerchio osculatore.*

Ora per trovare il punto M_0 ove l' asse del circolo osculatore tocca lo spigolo di regresso della sviluppabile polare, dobbiamo associare alle (17) (18) quella che si ottiene derivando una seconda volta rapporto ad s. Tenendo conto delle formole di Frenet e della (17) stessa, questa terza equazione si scrive

$$(19)\qquad (X-x)\cos\lambda + (Y-y)\cos\mu + (Z-z)\cos\nu = -T\frac{d\rho}{ds}$$

e le coordinate $x_0\ y_0\ z_0$ del punto M_0 cercato, sostituite per X, Y, Z nelle

---

(*) Fra tutti i circoli per M, il circolo osculatore, come si potrebbe provare, è quello che nelle vicinanze di M meno si scosta dalla curva.

(17) (18) (19), debbono simultaneamente soddisfarle. Risolvendo le tre equazioni lineari rapporto alle differenze x_0-x, y_0-y, z_0-z, troviamo subito le formole

$$(20)\qquad \left\{\begin{aligned} x_0 &= x+\rho\cos\xi - T\frac{d\rho}{ds}\cos\lambda \\ y_0 &= y+\rho\cos\eta - T\frac{d\rho}{ds}\cos\mu \\ z_0 &= z+\rho\cos\zeta - T\frac{d\rho}{ds}\cos\nu\,. \end{aligned}\right.$$

La sfera descritta col centro nel punto $M_0\equiv(x_0\, y_0\, z_0)$ e con raggio M_0M dicesi la *sfera osculatrice* in M alla curva C, perchè, come si potrebbe dimostrare con un metodo del tutto simile a quello del n. 3, fra tutte le sfere che passano per M, essa è quella che nell'intorno di M meno si scosta dalla curva (*). È chiaro che il circolo osculatore è l'intersezione della sfera osculatrice col piano osculatore. Indicando poi con R il raggio della sfera osculatrice, abbiamo

$$R^2=(x_0-x)^2+(y_0-y)^2+(z_0-z)^2,$$

ossia per le (20):

$$(21)\qquad R^2=\rho^2+T^2\left(\frac{d\rho}{ds}\right)^2.$$

15. Andiamo ora a studiare in relazione colla curva data C la curva C_0 spigolo di regresso della sviluppabile polare, che è al tempo stesso, per quanto si è visto, il luogo dei centri delle sfere osculatrici.

Indichiamo con

$$s_0\,,\ \cos\alpha_0\,,\ \cos\beta_0\,,\ \cos\gamma_0\,,\ \ldots\ \rho_0\,,\ T_0$$

le quantità che per la C_0 sono le analoghe delle

$$s\,,\ \cos\alpha\,,\ \cos\beta\,,\ \cos\gamma\,,\ \ldots\ \rho\,,\ T$$

per la curva C. Per calcolarle basta differenziare successivamente le (20), facendo uso delle formole di Frenet. Una prima differenziazione dà:

$$(20')\quad dx_0=-\left\{\frac{\rho}{T}+\frac{d}{ds}\left(T\frac{d\rho}{ds}\right)\right\}\cos\lambda\, ds\,,\quad dy_0=-\left\{\frac{\rho}{T}+\frac{d}{ds}\left(T\frac{d\rho}{ds}\right)\right\}\cos\mu\, ds\,,$$

$$dz_0=-\left\{\frac{\rho}{T}+\frac{d}{ds}\left(T\frac{d\rho}{ds}\right)\right\}\cos\nu\, ds\,,$$

(*) Essa può anche definirsi, con minor rigore di linguaggio, come la sfera che passa per M e per tre punti successivi della curva.

da cui quadrando e sommando

$$ds_0{}^2 = \left\{ \frac{\rho}{T} + \frac{d}{ds}\left(T\frac{d\rho}{ds}\right)\right\}^2 ds^2$$

e però

$$(21') \qquad ds_0 = \varepsilon \left\{ \frac{\rho}{T} + \frac{d}{ds}\left(T\frac{d\rho}{ds}\right)\right\} ds,$$

dove ε è l'unità positiva o negativa; se conveniamo di contare s_0 crescente con s, il segno di ε sarà precisamente quello del fattore

$$\frac{\rho}{T} + \frac{d}{ds}\left(T\frac{d\rho}{ds}\right),$$

Ne risulta intanto

$$(22) \qquad \cos\alpha_0 = -\varepsilon\cos\lambda\,,\quad \cos\beta_0 = -\varepsilon\cos\mu\,,\quad \cos\gamma_0 = -\varepsilon\cos\nu\,,$$

dalle quali nuovamente differenziando

$$\frac{ds_0}{\rho_0}\cos\xi_0 = -\varepsilon\frac{ds}{T}\cos\xi\,,\quad \frac{ds_0}{\rho_0}\cos\eta_0 = -\varepsilon\frac{ds}{T}\cos\eta\,,\quad \frac{ds_0}{\rho_0}\cos\zeta_0 = -\varepsilon\frac{ds}{T}\cos\zeta\,.$$

Ne segue

$$(23) \qquad \frac{ds_0}{\rho_0} = \varepsilon'\frac{ds}{T}\,,$$

dove ε' indica nuovamente l'unità positiva o negativa, secondo che $\frac{1}{T}$ è positiva o negativa.

Abbiamo pertanto

$$(22') \qquad \cos\xi_0 = -\varepsilon\varepsilon'\cos\xi\;,\quad \cos\eta_0 = -\varepsilon\varepsilon'\cos\eta\;,\quad \cos\zeta_0 = -\varepsilon\varepsilon'\cos\zeta$$

e da queste confrontate colle (22) risulta ulteriormente

$$(22'') \qquad \cos\lambda_0 = -\varepsilon'\cos\alpha\;,\quad \cos\mu_0 = -\varepsilon'\cos\beta\quad \cos\nu_0 = -\varepsilon'\cos\gamma\,,$$

dalle quali infine differenziando coll'osservare le (22')

$$(24) \qquad \frac{ds_0}{T_0} = \varepsilon\frac{ds}{\rho}\,.$$

Le formole precedenti dimostrano che in ciascuna delle due curve C, C_0 la tangente dell'una è parallela alla binormale dell'altra mentre le normali principali delle due curve sono parallele, risultati che è ben facile vedere geometricamente.

Ricerchiamo ora se il raggio R della sfera osculatrice può essere una costante. Derivando la (21) in questa ipotesi, risulta

$$T \frac{d\rho}{ds} \left\{ \frac{\rho}{T} + \frac{d}{ds}\left(T \frac{d\rho}{ds}\right) \right\} = 0$$

quindi, T non essendo nullo, si avrà

$$a) \qquad \frac{d\rho}{ds} = 0 \quad , \quad \text{cioè} \quad \rho = \text{cost}^{\text{te}}$$

ovvero

$$b) \qquad \frac{\rho}{T} + \frac{d}{ds}\left(T \frac{d\rho}{ds}\right) = 0 \, .$$

Nel caso *a)* la curva è a flessione costante e, dalle (20) sparendo il 3.° termine, il luogo C_0 dei centri delle sfere osculatrici coincide col luogo C_1 dei centri di curvatura. Inoltre, per la (21'), è

$$ds_0 = \varepsilon \frac{\rho}{T} ds$$

ed essendo qui $\varepsilon = \varepsilon'$, le (23) (24) danno

$$\rho_0 = \rho \quad , \quad T_0 \, T = \rho^2$$

e le (22')

$$\cos \xi_0 = -\cos \xi \quad , \quad \cos \eta_0 = -\cos \eta \quad , \quad \cos \zeta_0 = -\cos \zeta \; ;$$

ne segue che la curva C_0 ha la stessa flessione costante della C, mentre il prodotto delle due torsioni eguaglia il quadrato di questa costante. Inoltre è chiaro che il luogo dei centri di curvatura della C_0 è la curva primitiva C. Le curve a flessione costante si presentano dunque a coppie aventi a comune le normali principali.

Esaminando ora il caso *b)*, abbiamo dalle (20')

$$x_0 = \text{cost}^{\text{te}} \quad , \quad y_0 = \text{cost}^{\text{te}} \quad , \quad z_0 = \text{cost}^{\text{te}}$$

e però la curva C è descritta sulla sfera

$$(X - x_0)^2 + (Y - y_0)^2 \, (Z - z_0)^2 = R^2$$

fissa nello spazio. Dunque *L' equazione intriseca*

$$\frac{\rho}{T} + \frac{d}{ds}\left(T \frac{d\rho}{ds}\right) = 0$$

è caratteristica delle curve sferiche (*).

(*) Si osserverà che per una curva qualunque C, se $\frac{\rho}{T} + \frac{d}{ds}\left(T \frac{d\rho}{ds}\right)$ si annulla in un punto, ivi la sfera osculatrice è stazionaria e la curva C_0 ha nel punto corrispondente un punto di regresso.

16. Sopra una curva C' piana o gobba immaginiamo avvolto un filo flessibile ed inestendibile e svolgiamolo dalla curva, cominciando da un suo punto qualunque, in modo che il filo resti sempre teso cioè in ogni istante il tratto rettilineo M'M di filo svolto sia tangente in M' alla curva C' e la sua lunghezza eguagli l' arco s' di svolgimento. L' estremità libera M del filo descrive una curva C, che si dice una *evolvente* della C' mentre C' prende il nome di *evoluta* della curva C.

Se con x', y', z', $\cos\alpha'$ ... indichiamo gli elementi relativi alla evoluta C' e con $x, y, z, \cos\alpha$ ... quelli relativi alla evolvente C, dalla costruzione indicata seguono immediatamente le formole

$$(25)\qquad x'-x=s'\cos\alpha', \qquad y'-y=s'\cos\beta', \qquad z'-z=s'\cos\gamma'.$$

Da queste si ha differenziando

$$dx=-\frac{s'ds'}{\rho'}\cos\xi', \quad dy=-\frac{s'ds'}{\rho'}\cos\eta', \quad dz=-\frac{s'ds'}{\rho'}\cos\zeta',$$

cioè *la tangente all' evolvente è parallela alla normale principale dell'evoluta.*

Il problema: *data l'evoluta, trovare le evolventi* è risoluto con una quadratura dalle (25), trattandosi soltanto di trovare s' in funzione del parametro che individua i punti di C'. Osserviamo che in s' entra una costante additiva arbitraria e perciò una curva data ammette ∞^1 evolventi tutte tracciate sulla sviluppabile luogo delle tangenti alla curva e traiettorie ortogonali di queste generatrici.

Occupiamoci ora del problema inverso: *Trovare tutte le evolute di una curva data* C. Le incognite del nostro problema essendo qui gli elementi relativi alla curva C', in particolare la posizione del punto M' dell'evoluta nel piano normale in M alla evolvente, prendiamo in questo piano per assi mobili ausiliari la normale principale e la binormale e indichiamo con u, v le coordinate di M' rapporto a questi assi; per le coordinate x', y', z' di M' avremo evidentemente

$$\left\{\begin{aligned} x'&=x+u\cos\xi+v\cos\lambda \\ y'&=y+u\cos\eta+v\cos\mu \\ z'&=z+u\cos\zeta+v\cos\nu. \end{aligned}\right.$$

Si tratta ora di determinare u, v in funzione di s in guisa che la tangente in M' alla curva luogo del punto M' sia precisamente la normale M'M della C; dovremo esprimere cioè che

$$\frac{dx'}{ds}, \quad \frac{dy'}{ds}, \quad \frac{dz'}{ds}$$

sono proporzionali rispettivamente a

$$u\cos\xi+v\cos\lambda, \quad u\cos\eta+v\cos\mu, \quad u\cos\zeta+v\cos\nu.$$

Eseguendo le derivazioni col tener conto delle formole di Frenet, troviamo che le condizioni necessarie e sufficienti cui debbono soddisfare u, v si risolvono nelle due seguenti

$$u=\rho\,, \quad \frac{1}{u}\left(\frac{du}{ds}+\frac{v}{\mathrm{T}}\right)=\frac{1}{v}\left(\frac{dv}{ds}-\frac{u}{\mathrm{T}}\right)$$

ovvero:

$$u=\rho\,, \quad \frac{\rho\dfrac{dv}{ds}-v\dfrac{d\rho}{ds}}{\rho^2+v^2}=\frac{1}{\mathrm{T}}\,,$$

l'ultima delle quali integrata dà

$$\operatorname{arc\,tg}\frac{v}{\rho}=\int_0^s\frac{ds}{\mathrm{T}}+c\,,$$

cioè

$$v=\rho\ \operatorname{tang}(\tau+c)$$

dove c è una costante arbitraria e si è posto

$$\tau=\int_0^s\frac{ds}{\mathrm{T}}\,.$$

Il problema proposto si risolve adunque con una quadratura dalle formole

$$(26)\qquad \left\{\begin{aligned} x'&=x+\rho\cos\xi+\rho\operatorname{tang}(\tau+c)\cos\lambda\\ y'&=y+\rho\cos\eta+\rho\operatorname{tang}(\tau+c)\cos\mu\\ z'&=z+\rho\cos\zeta+\rho\operatorname{tang}(\tau+c)\cos\nu\,.\end{aligned}\right.$$

Osserviamo le formole

$$(27)\qquad \left\{\begin{aligned} \cos\alpha'&=\cos(\tau+c)\cos\xi+\operatorname{sen}(\tau+c)\cos\lambda\\ \cos\alpha'&=\cos(\tau+c)\cos\eta+\operatorname{sen}(\tau+c)\cos\mu\\ \cos\beta'&=\cos(\tau+c)\cos\zeta+\operatorname{sen}(\tau+c)\cos\nu\,,\end{aligned}\right.$$

che seguono immediatamente da queste; ne risulta: l'angolo che *la tangente alla evoluta forma colla normale principale della evolvente è dato da* $\tau+c$.

17. Corrispondentemente agli infiniti valori delle costante c nelle (26) abbiamo ∞^1 evolute della curva data C tutte tracciate sulla sua sviluppabile polare. Si potrebbe vedere che, ove la sviluppabile polare si spieghi

in un piano, le ∞^1 evolute si cangiano nelle rette di un fascio (*). Se la evolvente è piana, essa ha un'evoluta piana cioè il luogo dei suoi centri di curvatura; le altre evolute sono eliche del cilindro retto (sviluppabile polare) che ha per base l'evoluta piana.

Un teorema molto importante per le sue applicazioni risulta dall'osservazione in fine del numero precedente. Se consideriamo due diverse evolute della curva data C corrispondenti ai valori c_1 c_2 della costante arbitraria c, la differenza $c_1 - c_2$ rappresenta, pel teorema notato, l'angolo compreso fra le due tangenti alle rispettive evolute, uscenti da un medesimo punto M della evolvente, onde risulta:

A) *Le tangenti a due diverse evolute uscenti da un medesimo punto della evolvente formano fra loro un angolo costante.*

È utile enunciare questo risultato sotto forma alquanto diversa così:

B) *Se le generatrici di una superficie sviluppabile si fanno ruotare attorno ai rispettivi punti d'incontro con una loro traiettoria ortogonale, nel piano normale di questa, di un angolo costante, il luogo delle nuove posizioni delle generatrici è un'altra superficie sviluppabile.*

18. Il metodo usato al n. 16 per trovare le evolute di una curva data può applicarsi alla risoluzione dell'altro problema: *Determinare tutte le curve* C′ *di cui una curva assegnata* C *è il luogo dei centri delle sfere osculatrici.* La ricerca proposta equivale evidentemente a quella delle curve C′ che tagliano ortogonalmente una serie assegnata ∞^1 di piani (piani osculatori della curva C). Se C′ è una tale curva ed M′ è il punto, ove essa incontra ortogonalmente il piano osculatore della C in M, fissiamo la posizione di M′ in questo piano mediante le sue coordinate cartesiane ortogonali u, v, riferite alla tangente e normale principale di C come assi. Indicando x', y', z' le coordinate di M′, riferite agli assi fissi nello spazio, avremo così:

$$(28)\qquad \left\{ \begin{aligned} x' &= x + u\cos\alpha + v\cos\xi \\ y' &= y + u\cos\beta + v\cos\eta \\ z' &= z + u\cos\gamma + v\cos\zeta \end{aligned} \right.$$

(*) Anticipando sulle nozioni dei prossimi capitoli osserviamo che se nelle (26) si considera c come variabile e ponendo

$$\frac{\rho}{\cos(\tau + c)} = \mathrm{R},$$

si costruisce il quadrato dell'elemento lineare della sviluppabile polare, si trova

$$dx'^2 + dy'^2 + dz'^2 = d\mathrm{R}^2 + \mathrm{R}^2\, dc,^2$$

elemento lineare del piano in coordinate polari, il che dimostra la proprietà indicata nel testo.

e la condizione imposta alla C, luogo di M', porta che $\frac{dx'}{ds}$, $\frac{dy'}{ds}$, $\frac{dz'}{ds}$ siano proporzionali rispettivamente a $\cos\lambda$, $\cos\mu$, $\cos\nu$, il che dà per le funzioni incognite u, v di s le equazioni

$$\frac{dv}{ds} = -\frac{u}{\rho}\ ,\quad \frac{du}{ds} = \frac{v}{\rho} - 1\,.$$

ovvero, cangiando la variabile indipendente s col porre

$$\sigma = \int \frac{ds}{\rho}\,,$$

le altre:

$$u = -\frac{dv}{d\sigma}\,,\quad \frac{du}{d\sigma} = v - \rho\,.$$

La v si determina adunque dall'equazione

$$\frac{d^2 v}{d\sigma^2} + v = \rho$$

che integrata dà:

$$v = c\cos\sigma + c'\,\mathrm{sen}\,\sigma - \cos\sigma\int \mathrm{sen}\,\sigma\, ds + \mathrm{sen}\,\sigma\int \cos\sigma\, ds\,,$$

dove c, c' sono costanti arbitrarie. Successivamente abbiamo $u = -\frac{dv}{d\sigma}$, cioè

$$u = c\,\mathrm{sen}\,\sigma - c'\cos\sigma - \mathrm{sen}\,\sigma\int \mathrm{sen}\,\sigma\, ds - \cos\sigma\int\cos\sigma\, ds.$$

Sostituendo i valori trovati di u, v nelle (28), avremo determinate con quadrature le curve C' richieste che costituiscono, come era evidente a priori, una doppia infinità.

19. Abbiamo osservato al n. 15 che le curve a flessione costante si presentano a coppie di curve *coniugate,* aventi a comune le normali principali. Ci proponiamo ora, con Bertrand, il problema generale di determinare le curve C, per ciascuna delle quali ne esiste una seconda C' avente le stesse normali principali di C. Indicando cogli accenti le quantità relative a C', per le coordinate x', y', z' del punto M' di C' corrispondente al punto M di C, avremo:

$$x' = x + k\cos\xi\ ,\quad y' = y + k\cos\eta\ ,\quad z' = z + k\cos\zeta\ , \tag{29}$$

ove $k = f(s)$ indica il tratto di normale principale M' M. Ora dobbiamo avere in primo luogo, essendo per ipotesi la M' M normale in M' alla C':

$$\cos\xi\frac{dx'}{ds} + \cos\eta\frac{dy'}{ds} + \cos\zeta\frac{dz'}{ds} = 0,$$

il che dà

$$\frac{dk}{ds} = 0\,, \quad \text{cioè } k = \text{cost}^{\text{te}}.$$

Dalle (29) segue poi derivando

$$(30) \qquad \begin{cases} \cos\alpha' = \cos\sigma\cos\alpha + \operatorname{sen}\sigma\cos\lambda \\ \cos\beta' = \cos\sigma\cos\beta + \operatorname{sen}\sigma\cos\mu \\ \cos\gamma' = \cos\sigma\cos\gamma + \operatorname{sen}\sigma\cos\nu \end{cases}$$

ove si è posto

$$\cos\sigma = \frac{1 - \frac{k}{\rho}}{\sqrt{\left(1 - \frac{k}{\rho}\right)^2 + \frac{k^2}{T^2}}}\,, \quad \operatorname{sen}\sigma = \frac{-\frac{k}{T}}{\sqrt{\left(1 - \frac{k}{\rho}\right)^2 + \frac{k^2}{T^2}}}$$

e σ indica evidentemente l'angolo delle due tangenti alle C, C′ in due punti corrispondenti.

Derivando nuovamente le (30), dalle formole di Frenet e dall'ipotesi che la C′ abbia le stesse normali principali della C risulta

$$\sigma = \text{cost}^{\text{te}}.$$

Dunque: *La curva supposta* C *ha le due curvature legate dalla equazione lineare*

$$\frac{k\cos\sigma}{T} - \frac{k\operatorname{sen}\sigma}{\rho} + \operatorname{sen}\sigma = 0\,.$$

Viceversa se una curva C ha le due curvature legate da una relazione lineare

$$\frac{A}{T} + \frac{B}{\rho} + C = 0\,,$$

senza che siano costanti insieme ρ e T, prendendo

$$k = -\frac{B}{C}\,,$$

si avrà una seconda curva pienamente individuata C′ colle stesse normali principali di C. Indeterminazione si presenta soltanto nel caso in cui ρ e T sono costanti, chè allora qualunque valore costante di k risponde alla questione. La C in tal caso è un'elica circolare; la superficie rigata delle sue normali principali si presenterà più tardi in questi studî col nome di *elicoide rigata d'area minima.* Come si vede, tutte le traiettorie ortogonali delle generatrici sono allora altrettante eliche circolari (dello stesso passo di C).

20. Terminiamo questo capitolo col dare per quadrature le equazioni esplicite delle curve di cui tratta il numero precedente, curve che si dicono di *Bertrand*. Ridurremo perciò la questione al caso delle curve a flessione costante colle considerazioni seguenti.

Data una curva C, proponiamoci di trovarne una seconda C′ che ad eguale arco abbia la normale principale parallela a quella di C. Indicando allora con σ l'angolo delle due tangenti in punti corrispondenti di C, C′ avremo manifestamente

$$(31)\quad \cos\alpha' = \cos\sigma\cos\alpha + \operatorname{sen}\sigma\cos\lambda\ ,\quad \cos\beta' = \cos\sigma\cos\beta + \operatorname{sen}\sigma\cos\mu\ ,$$
$$\cos\gamma' = \cos\sigma\cos\gamma + \operatorname{sen}\sigma\cos\nu\ .$$

Se si derivano queste formole osservando le formole di Frenet e l'ipotesi:

$$(31')\qquad \cos\xi' = \pm\cos\xi\ ,\quad \cos\eta' = \pm\cos\mu\ ,\quad \cos\zeta' = \pm\cos\zeta$$

risulta, come al numero precedente

$$\sigma = \text{cost}^{\text{te}}.$$

Viceversa se σ è costante, le formole

$$x' = \int(\cos\sigma\cos\alpha + \operatorname{sen}\sigma\cos\gamma)\,ds$$
$$y' = \int(\cos\sigma\cos\beta + \operatorname{sen}\sigma\cos\mu)\,ds$$
$$z' = \int(\cos\sigma\cos\gamma + \operatorname{sen}\sigma\cos\nu)\,ds$$

ci definiscono (a meno di una traslazione) una curva C′ che sta colla C nella relazione domandata. Insieme alle (31) (31′) notiamo le altre che ne seguono

$$(31'')\quad \cos\lambda' = \pm\cos\sigma\cos\lambda \mp \operatorname{sen}\sigma\cos\alpha\ ,\quad \cos\mu' = \pm\cos\sigma\cos\mu \mp \operatorname{sen}\sigma\cos\beta\ ,$$
$$\cos\nu' = \pm\cos\sigma\cos\nu \mp \operatorname{sen}\sigma\cos\gamma\ .$$

Dalle (31) (31′) (31″) seguono per derivazione le formole

$$(32)\qquad \left\{\begin{aligned} \frac{1}{\rho'} &= \pm\left\{\frac{\cos\sigma}{\rho} + \frac{\operatorname{sen}\sigma}{T}\right\} \\ \frac{1}{T'} &= \pm\left\{\frac{\operatorname{sen}\sigma}{\rho} \pm \frac{\cos\sigma}{T}\right\} \end{aligned}\right.$$

cioè le due curvature della C′ sono combinazioni lineari omogenee di quelle della C.

Se la C è una curva di Bertrand di equazione intrinseca:

$$\frac{A}{T} + \frac{B}{\rho} + C = 0,$$

basta porre

$$\operatorname{tang} \sigma = \frac{A}{B}$$

perchè la curva derivata C′ sia a flessione costante

Ora, per determinare tutte le curve a flessione costante $\frac{1}{a}$, osserviamo che per una tale curva è:

$$\left(\frac{d\cos\alpha}{ds}\right)^2 + \left(\frac{d\cos\beta}{ds}\right)^2 + \left(\frac{d\cos\gamma}{ds}\right)^2 = \frac{1}{a^2}$$

e le formole

$$x = \int \cos\alpha\, ds, \quad y = \int \cos\beta\, ds, \quad z = \int \cos\gamma\, ds$$

possono scriversi

(32) $$x = a \int \cos\alpha\, d\sigma, \quad y = a \int \cos\beta\, d\sigma, \quad z = a \int \cos\gamma\, d\sigma,$$

posto

(33) $$d\sigma = \sqrt{(d\cos\alpha)^2 + (d\cos\beta)^2 + (d\cos\gamma)^2}.$$

Viceversa prendiamo tre funzioni arbitrarie $\cos\alpha$, $\cos\beta$, $\cos\gamma$ di un parametro u legate dalla relazione

$$\cos^2\alpha + \cos^2\beta + \cos^2\gamma = 1$$

e le formole (32), ove $d\sigma$ ha il valore (33), definiranno, come subito si verifica, una curva a flessione costante $\frac{1}{a}$, che sarà d'altronde la curva più generale di questa classe.

Capitolo II.

Forme differenziali quadratiche.

Forme quadratiche algebriche — Definizione degli invarianti e parametri differenziali di una forma differenziale quadratica — Parametro differenziale 1.° $\Delta_1 U$ — Parametro differenziale misto $\nabla(U, V)$ — Equivalenza di due forme differenziali quadratiche — Simboli di Christoffel a tre indici $\begin{bmatrix} r s \\ t \end{bmatrix}$, $\begin{Bmatrix} r s \\ t \end{Bmatrix}$ — Derivate seconde covarianti — Parametro differenziale secondo $\Delta_2 U$ — Simboli a quattro indici — Curvatura di una forma differenziale binaria — Forma cubica covariante a due forme differenziali quadratiche simultanee — Riduzione di due forme differenziali binarie simultanee a forma ortogonale.

21. Per la trattazione sistematica della teoria delle superficie nell'indirizzo inaugurato da Gauss, a cui il presente corso è informato, è indispensabile che premettiamo alcune nozioni fondamentali sulla teoria delle forme differenziali quadratiche. Questo sarà l'oggetto dell'attuale capitolo, ove del resto ci limiteremo a quanto è necessario pel nostro scopo (*). I semplici algoritmi, che desumeremo da questa teoria, ci permetteranno di condensare in poche formole trasparenti le equazioni fondamentali della teoria delle superficie.

Conviene premettere alla nostra ricerca un breve cenno sui teoremi *algebrici* relativi alle forme quadratiche (**). Consideriamo una forma qua-

---

(*) Le principali memorie che hanno servito alla redazione di questo capitolo sono le seguenti:

Beltrami. — *Sulla teorica generale dei parametri differenziali.* (Atti dell'Accademia delle Scienze di Bologna, 25 febbraio 1869).

Christoffel. — *Ueber die Transformation der homogenen Differentialausdrücke zweiten Grades.* (Journal von Crelle, Bd. 70).

Ricci. — 1.a *Sui parametri e gli invarianti delle forme quadratiche differenziali.* (Annali di matematica, S.e 2.a, T. XIV).

2.a *Delle Derivazioni covarianti e contravarianti*, Padova 1888.

Weingarten. — *Ueber die Theorie der aufeinander abwickelbaren Oberflächen.* (Festschrift der Technischen Hochschule zu Berlin 1883).

(**) Cf. Beltrami l. c.

dratica f ad n variabili $x_1\, x_2 \dots x_n$

$$(1) \qquad f = \sum_{r,s} a_{rs}\, x_r\, x_s \qquad (a_{rs} = a_{sr}),$$

dove la sommazione indicata si riferisce a tutte le combinazioni degli indici r, s prese dalla serie $1, 2, \dots n$. Rispetto ai coefficienti (costanti) a_{rs} supporremo soltanto che il determinante

$$a = \begin{vmatrix} a_{11} & a_{12} & \dots & a_{1n} \\ a_{21} & a_{22} & \dots & a_{2n} \\ \cdot & \cdot & \cdot & \cdot \\ a_{n1} & a_{n2} & \dots & a_{nn} \end{vmatrix},$$

che dicesi il *discriminante* della forma f, sia *diverso da zero*. Cangiamo le variabili x nelle nuove variabili x' colla sostituzione lineare omogenea

$$(2) \qquad x_r = \sum_{i=1}^{i=n} p_{ri}\, x'_i \qquad (r=1, 2, \dots n),$$

gli n^2 coefficienti della sostituzione p_{ri} essendo soltanto supposti tali che il loro determinante

$$P = \begin{vmatrix} p_{11} & p_{12} & \dots & p_{1n} \\ p_{21} & p_{22} & \dots & p_{2n} \\ \cdot & \cdot & \cdot & \cdot \\ p_{n1} & p_{n2} & \dots & p_{nn} \end{vmatrix}$$

sia diverso da zero (chè altrimenti fra le x dovrebbe sussistere una relazione lineare, mentre si suppongono indipendenti). Per la sostituzione (2) la f si cangia in una nuova forma quadratica f' nelle x':

$$(3) \qquad f' = \sum_{r,s} a'_{rs}\, x'_r\, x'_s,$$

i nuovi coefficienti a'_{rs} essendo espressi per gli antichi e pei coefficienti p_{ik} della sostituzione colla formola

$$(4) \qquad a'_{rs} = \sum_{\lambda\mu} a_{\lambda\mu}\, p_{\lambda r}\, p_{\mu s}.$$

Dalle (4), indicando con a' il discriminante di f', segue per la regola di moltiplicazione dei determinanti, il teorema fondamentale espresso dalla formola

$$(5) \qquad a' = P^2 a.$$

Pongasi ora

$$(6) \qquad X_s = \frac{1}{2}\frac{\partial f}{\partial x_s} = \sum_r a_{rs}\, x_r\,,$$

da cui risulta, risolvendo rapporto alle x:

$$(6^*) \qquad x_k = \sum_s A_{ks}\, X_s\,,$$

dove con A_{ks}, come costantemente in seguito, si indica *il complemento algebrico di a_{ks} nel discriminante a diviso* per *a stesso*. Avendo riguardo alle (6), (6*), si formi la somma $\sum_r X_r\, x_r$ e risulterà

$$\sum_r X_r\, x_r = \sum_{r,s} a_{rs}\, x_r\, x_s = \sum_{r,s} A_{rs}\, X_r\, X_s\,.$$

La forma quadratica

$$(7) \qquad F = \sum_{r,s} A_{rs}\, X_r\, X_s$$

si trasforma nella f colla sostituzione (6), come inversamente la f nella F colla (6*), che può anche scriversi

$$x_k = \frac{1}{2}\frac{\partial F}{\partial X_k}\,.$$

Come si vede, la relazione fra f e F è reciproca e le due forme quadratiche f, F diconsi perciò *forme reciproche.*

Supponiamo ora che, mediante la sostituzione lineare (2), la f si trasformi nella f' e sia

$$F' = \sum_{r,s} A'_{rs}\, X'_r\, X'_s$$

la reciproca di f. È facile vedere che, colla sostituzione *trasposta* della (2)

$$(2^*) \qquad X'_r = \sum_i p_{ir}\, X_i\,,$$

la F' si cangia nella F. E invero la F' si muta nella reciproca f' per la sostituzione

$$(8) \qquad X'_r = \sum_s a'_{rs}\, x'_s\,,$$

la F nella f per la (6) e la f nella f' per la (2). Ora abbiamo per la (6):

$$\sum_i p_{ir}\, X_i = \sum_{i,k} a_{ik}\, p_{ir}\, x_k\,,$$

indi per la (2)

$$\sum_i p_{ir}\, X_i = \sum_{i,k,s} a_{ik}\, p_{ir}\, p_{ks}\, x'_s\,,$$

che possiamo scrivere per la (4)

$$\sum_i p_{ir}\, X_i = \sum_s a'_{rs}\, x'_s\,;$$

questa confrontata colla (8) dà appunto la (2*).

Risulta di qui che le A_{rs} si esprimono per le A'_{rs} come le a'_{rs} per le a_{rs}, scambiati gli indici delle p; si ha cioè

$$(9)\qquad A_{rs} = \sum_{\lambda,\mu} A'_{\lambda\mu}\, p_{r\lambda}\, p_{s\mu}\,,$$

formola che importa notare.

22. Essendo $x_1, x_2, \ldots x_n$, n variabili indipendenti, $dx_1, dx_2 \ldots dx_n$ i loro differenziali, consideriamo la *forma differenziale quadratica*

$$(10)\qquad f = \sum_{r,s} a_{rs}\, dx_r\, dx_s \qquad (a_{rs} = a_{sr})\,,$$

ove i coefficienti a_{rs} sono date funzioni delle x. Rispetto a queste funzioni supporremo che, nel campo di variabilità delle x da considerarsi, siano finite e continue e ammettano tutte le derivate parziali prime e seconde rispetto alle x pure finite e continue; inoltre nel campo stesso il discriminante a della f sarà supposto *sempre diverso da zero*.

Se esprimiamo le n variabili x per n nuove variabili arbitrarie x' colle formole

$$x_i = f_i\,(x'_1\, x'_2\, \ldots\, x'_n) \qquad (i = 1, 2, \ldots n)\,,$$

ove nuovamente per le funzioni f_i delle x' si riterranno le ipotesi precedenti, i differenziali

$$dx_1\quad dx_2\quad \ldots\quad dx_n$$

subiranno la sostituzione lineare

$$(11)\qquad dx_r = \sum_i p_{ri}\, dx'_i\,,\quad p_{ri} = \frac{\partial x_r}{\partial x'_i}$$

e la f si cangierà in una nuova forma differenziale quadratica

$$(12)\qquad f' = \sum_{r,s} a'_{rs}\, dx'_r\, dx'_s\,,$$

ove sarà

$$(13)\qquad a'_{rs} = \sum_{\lambda,\mu} a_{\lambda\mu}\, \frac{\partial x_\lambda}{\partial x'_r}\, \frac{\partial x_\mu}{\partial x'_s}\,.$$

Il modulo M della sostituzione lineare (11) sui differenziali è qui il determinante funzionale delle x rapporto alle x':

$$M = \frac{\partial (x_1, x_2 \ldots x_n)}{\partial (x'_1, x'_2, \ldots x'_n)},$$

e si ha

$$a' = M.^2 a,$$

essendo a, a' i rispettivi discriminanti di f, f'.

Serbando alle A_{rs}, A'_{rs} il significato del numero precedente, abbiamo dalla (9)

$$(14) \qquad A_{rs} = \sum_{\lambda,\mu} A'_{\lambda\mu} \frac{\partial x_r}{\partial x'_\lambda} \frac{\partial x_s}{\partial x'_\mu}.$$

Supponiamo ora di avere una espressione formata coi coefficienti a_{rs} della f e colle loro derivate, prime, seconde ...

$$\varphi\left(a_{rs}, \frac{\partial a_{rs}}{\partial x_t}, \frac{\partial^2 a_{rs}}{\partial x_t \partial x_u} \ldots\right)$$

di tale natura che, quando si operi un cangiamento qualsiasi delle n variabili x, essa si cangi nella espressione formata nello stesso modo coi coefficienti a'_{rs} della forma trasformata f' e delle loro derivate; diremo allora che: *φ è un invariante differenziale della forma f*. Se in un'espressione φ della natura precedente, oltre ai coefficienti della forma fondamentale f e alle loro derivate, entra un certo numero di funzioni arbitrarie U, V ... insieme colle loro derivate, di tal guisa che per un mutamento qualsiasi di variabili si abbia ancora

$$\varphi\left(a_{rs}, \frac{\partial a_{rs}}{\partial x_t} \ldots U, V .. \frac{\partial U}{\partial x_k}, \frac{\partial V}{\partial x_i} \ldots\right) = \varphi\left(a'_{rs} \frac{\partial a'_{rs}}{\partial x'_t} .. U', V' .. \frac{\partial U'}{\partial x'_k} \frac{\partial V'}{\partial x'_i} ..\right)$$

essendo U', V' ... le U, V .. stesse, cangiatevi le x nelle x', diremo che φ *è un parametro differenziale.*

Insomma i parametri differenziali, relativi ad una forma quadratica f, sono espressioni formate coi coefficienti della f, con un certo numero di funzioni arbitrarie e colle derivate dei coefficienti e delle funzioni, che non cangiano di forma per un mutamento qualsiasi di variabili. Ove in una tale espressione manchino le funzioni arbitrarie, si avrà un invariante differenziale.

Prima di procedere alla effettiva costruzione dei parametri differenziali, che ci occorrerà conoscere per le applicazioni alla teoria delle superficie, sarà bene chiarire il metodo che seguiremo (*) colle osservazioni seguenti.

(*) Cf. specialmente Ricci M. c.

Supponiamo di conoscere una forma differenziale quadratica o di grado superiore ψ, i cui coefficienti siano formati coi coefficienti della forma fondamentale f e colle loro derivate e insieme con un certo numero di funzioni arbitrarie e di loro derivate e la ψ sia di tale natura che, mutando comunque le variabili, si cangi nella forma differenziale ψ' formata nel medesimo modo rispetto alla forma trasformata f' e alle funzioni arbitrarie. Diremo in tal caso che la forma ψ è *covariante* alla f ed è chiaro che se consideriamo f, ψ come due forme algebriche (nei differenziali), costruendo i loro invarianti simultanei assoluti, otterremo appunto dei parametri o degli invarianti differenziali della f secondo che nei coefficienti della ψ entrano o no funzioni arbitrarie.

23. Se U è una funzione arbitraria di $x_1\, x_2 \ldots x_n$, nel quadrato del suo differenziale primo

$$(d\,\mathrm{U})^2 = \sum_{r,s} \frac{\partial \mathrm{U}}{\partial x_r} \frac{\partial \mathrm{U}}{\partial x_s}\, dx_r\, dx_s$$

abbiamo manifestamente una forma differenziale quadratica *covariante* alla forma data. Indicando con k una costante arbitraria sarà quindi anche

$$\varphi = \sum_{r,s} \left(a_{rs} + k \frac{\partial \mathrm{U}}{\partial x_r} \frac{\partial \mathrm{U}}{\partial x_s} \right) dx_r\, dx_s$$

una forma covariante a f. I coefficienti delle varie potenze di k nel quoziente del discriminante della φ pel discriminante della f saranno quindi altrettanti parametri differenziali colla funzione arbitraria U. In particolare il parametro differenziale, coefficiente della 1ª potenza di k, che indicheremo con $\Delta_1\,\mathrm{U}$, ha manifestamente il valore

$$(15) \qquad \Delta_1\,\mathrm{U} = \sum_{r,s} \mathrm{A}_{rs} \frac{\partial \mathrm{U}}{\partial x_r} \frac{\partial \mathrm{U}}{\partial x_s}\,;$$

esso porta, secondo Beltrami, il nome di *parametro differenziale primo* della funzione U.

Sia ora V una seconda funzione arbitraria: nel prodotto dei due differenziali

$$d\mathrm{U}\; d\mathrm{V} = \sum_{r,s} \frac{\partial \mathrm{U}}{\partial x_r} \frac{\partial \mathrm{V}}{\partial x_s}\, dx_r\, dx_s$$

abbiamo nuovamente una forma covariante a f e, ripetendo l' osservazione superiore, col sostituire alla forma φ l'altra

$$\varphi = \sum_{r,s} \left(a_{rs} + k \frac{\partial \mathrm{U}}{\partial x_r} \frac{\partial \mathrm{V}}{\partial x_s} \right) dx_r\, dx_s$$

vediamo che l' espressione

$$\sum_{r,s} \mathrm{A}_{rs} \frac{\partial \mathrm{U}}{\partial x_r} \frac{\partial \mathrm{V}}{\partial x_s}$$

è un parametro differenziale con due funzioni arbitrarie U, V. Questo si indicherà, con Beltrami, col simbolo

$$\nabla\,(\mathrm{U},\mathrm{V})$$

e si chiamerà il *parametro differenziale misto* di U , V. È chiaro che se nel parametro differenziale misto

$$(16)\qquad \nabla\,(\mathrm{U},\mathrm{V}) = \sum_{r,s} \mathrm{A}_{rs} \frac{\partial \mathrm{U}}{\partial x_r}\frac{\partial \mathrm{V}}{\partial x_s}$$

si fa $\mathrm{V} = \mathrm{U}$ si ottiene il parametro differenziale primo $\Delta_1 \mathrm{U}$.

24. Diciamo *equivalenti* due forme differenziali

$$f = \sum_{r,s} a_{rs}\, dx_r\, dx_s \quad , \qquad f' = \sum_{r,s} a'_{rs}\, dx'_r\, dx'_s$$

se è possibile dare a $x_1\, x_2 \ldots x_n$ tali valori in funzione di $x'_1\, x'_2 \ldots x'_n$ che la prima forma si cangi nella seconda. Se le due forme f, f' sono date, cioè sono date le a_{rs} in funzione delle x, le a'_{rs} in funzione delle x', nell' ipotesi della loro equivalenza, dovranno le funzioni incognite x delle x' soddisfare a certe equazioni alle derivate parziali, la cui ricerca è l'oggetto del presente numero. Partendo perciò dalla formola (13) n. 22 pag. 37

$$a'_{rs} = \sum_{ik} a_{ik} \frac{\partial x_i}{\partial x'_r}\frac{\partial x_k}{\partial x'_s},$$

deriviamola rapporto ad una qualunque delle x', sia x'_t; avremo (*)

$$(a)\quad \frac{\partial a'_{rs}}{\partial x'_t} = \sum_{ikl} \frac{\partial a_{ik}}{\partial x_l}\frac{\partial x_i}{\partial x'_r}\frac{\partial x_k}{\partial x'_s}\frac{\partial x_l}{\partial x'_t} + \sum_{ik} a_{ik}\left\{\frac{\partial^2 x_i}{\partial x'_r\,\partial x'_t}\frac{\partial x_k}{\partial x'_s} + \frac{\partial x_i}{\partial x'_r}\frac{\partial^2 x_k}{\partial x'_s\,\partial x'_t}\right\}.$$

Scambiamo in questa l'indice s con t, scambiando nello stesso tempo nella somma tripla del 2° membro gli indici di sommazione k, l onde risulta

$$(b)\quad \frac{\partial a'_{rt}}{\partial x'_s} = \sum_{ikl} \frac{\partial a_{il}}{\partial x_k}\frac{\partial x_i}{\partial x'_r}\frac{\partial x_k}{\partial x'_s}\frac{\partial x_l}{\partial x'_t} + \sum_{ik} a_{ik}\left\{\frac{\partial^2 x_i}{\partial x'_r\,\partial x'_s}\frac{\partial x_k}{\partial x'_t} + \frac{\partial x_i}{\partial x'_r}\frac{\partial^2 x_k}{\partial x'_s\,\partial x'_t}\right\}.$$

In quest'ultima scambiamo r con s, permutando nella somma tripla del 2° membro e nel secondo termine della somma doppia gli indici i, k.

(*) Si ricordi che le a'_{rs} sono funzioni immediate delle x', mentre le a_{rs} sono funzioni delle x' in quanto queste sono contenute nelle x e però:

$$\frac{\partial a_{ik}}{\partial x'_t} = \sum_{l} \frac{\partial a_{ik}}{\partial x_l}\frac{\partial x_l}{\partial x'_t} \quad \text{etc.}$$

La formola così ottenuta

$$(c)\qquad \frac{\partial a'_{st}}{\partial x'_r}=\sum_{ikl}\frac{\partial a_{kl}}{\partial x_i}\frac{\partial x_i}{\partial x'_r}\frac{\partial x_k}{\partial x'_s}\frac{\partial x_l}{\partial x'_t}+\sum_{ik}a_{ik}\left\{\frac{\partial^2 x_i}{\partial x'_r\partial x'_s}\frac{\partial x_k}{\partial x'_t}+\frac{\partial x_k}{\partial x'_s}\frac{\partial^2 x_i}{\partial x'_r\partial x'_t}\right\}$$

sommiamo colla (b) e dalla somma sottragghiamo la (a); otteniamo:

$$\frac{\partial a'_{rt}}{\partial x'_s}+\frac{\partial a'_{st}}{\partial x'_r}-\frac{\partial a'_{rs}}{\partial x'_t}=\sum_{ikl}\left(\frac{\partial a_{il}}{\partial x_k}+\frac{\partial a_{kl}}{\partial x_i}-\frac{\partial a_{ik}}{\partial x_l}\right)\frac{\partial x_i}{\partial x'_r}\frac{\partial x_k}{\partial x'_s}\frac{\partial x_l}{\partial x'_t}+$$
$$+\,2\sum_{ik}a_{ik}\frac{\partial^2 x_i}{\partial x'_r\partial x'_s}\frac{\partial x_k}{\partial x'_t}\,.$$

Dividendo l'ultima equazione per 2 e mutando nella somma doppia del 2° membro l'indice di sommazione k in l, avremo:

$$\frac{1}{2}\left(\frac{\partial a'_{rt}}{\partial x'_s}+\frac{\partial a'_{st}}{\partial x'_r}-\frac{\partial a'_{rs}}{\partial x'_t}\right)=\sum_l\frac{\partial x_l}{\partial x'_t}\left[\sum_{ik}\frac{1}{2}\left(\frac{\partial a_{il}}{\partial x_k}+\frac{\partial a_{kl}}{\partial x_i}-\frac{\partial a_{ik}}{\partial x_l}\right)\frac{\partial x_i}{\partial x'_r}\frac{\partial x_k}{\partial x'_s}+\right.$$
$$\left.+\sum_i a_{il}\frac{\partial^2 x_i}{\partial x'_r\partial x'_s}\right].$$

Introduciamo con Christoffel il simbolo a tre indici

$$(17)\qquad \begin{bmatrix} i\,k \\ l \end{bmatrix}=\frac{1}{2}\left(\frac{\partial a_{il}}{\partial x_k}+\frac{\partial a_{kl}}{\partial x_i}-\frac{\partial a_{ik}}{\partial x_l}\right)$$

e gli stessi simboli per la forma trasformata f' indichiamoli coll'accento; la formola precedente si scrive allora

$$\begin{bmatrix} r\,s \\ t \end{bmatrix}'=\sum_l\frac{\partial x_l}{\partial x'_t}\left[\sum_{ik}\begin{bmatrix} i\,k \\ l \end{bmatrix}\frac{\partial x_i}{\partial x'_r}\frac{\partial x_k}{\partial x'_s}+\sum_i a_{il}\frac{\partial^2 x_i}{\partial x'_r\partial x'_s}\right].$$

Moltiplichiamo quest'ultima per

$$A'_{\mu t}\,\frac{\partial x_\nu}{\partial x'_\mu}$$

e sommando rispetto a μ, t da 1 a n ricordando che per la (14) n. 22 pag. 38 è

$$\sum_{\mu,t}A'_{\mu t}\frac{\partial x_\nu}{\partial x'_\mu}\frac{\partial x_l}{\partial x'_t}=A_{\nu l}\,,$$

ed osservando che $\sum_l a_{il}A_{\nu l}=0$ se $i \gtrless \nu$ mentre è invece $\sum_l a_{il}A_{\nu l}=1$ per $i=\nu$, si ottiene

$$\sum_\mu\left(\sum_t A'_{\mu t}\begin{bmatrix} r\,s \\ t \end{bmatrix}'\right)\frac{\partial x_\nu}{\partial x'_\mu}=\sum_{ik}\frac{\partial x_i}{\partial x'_r}\frac{\partial x_k}{\partial x'_s}\left(\sum_l A_{\nu l}\begin{bmatrix} i\,k \\ l \end{bmatrix}\right)+\frac{\partial^2 x_\nu}{\partial x'_r\partial x'_s}$$

Introduciamo i nuovi simboli Christoffel a tre indici

$$(18) \qquad \left\{ {ik \atop \nu} \right\} = \sum_l A_{\nu l} \left[{ik \atop l} \right],$$

indicando cogli accenti i simboli analoghi costruiti per la forma trasformata. Otteniamo così le equazioni fondamentali che volevamo stabilire;

$$(\mathrm{I}) \qquad \frac{\partial^2 x_\nu}{\partial x'_r \partial x'_s} + \sum_{i,k} \left\{ {ik \atop \nu} \right\} \frac{\partial x_i}{\partial x'_r} \frac{\partial x_k}{\partial x'_s} = \sum_\mu \left\{ {rs \atop \mu} \right\}' \frac{\partial x_\nu}{\partial x'_\mu},$$

che esprimono tutte le derivate seconde delle funzioni incognite per le derivate prime.

25. I simboli di Christoffel a tre indici saranno usati costantemente in seguito ed è quindi necessario che ci tratteniamo alquanto sulle loro proprietà.

I simboli *di 1ª specie* $\left[{ik \atop l} \right]$, definiti dalla (17), godono evidentemente della proprietà:

$$\left[{ik \atop l} \right] = \left[{ki \atop l} \right],$$

onde per la (18) segue che anche in un simbolo *di 2ª specie* $\left\{ {ik \atop l} \right\}$ lo scambio dei due indici superiori non ne altera il valore.

Osserviamo poi che mentre i simboli $\left[{ik \atop l} \right]$ si esprimono per le derivate dei coefficienti della forma fondamentale, inversamente ciascuna di queste derivate si può esprimere come aggregato di due tali simboli. E invero si ha

$$(19) \qquad \frac{\partial a_{ik}}{\partial x_l} = \left[{il \atop k} \right] + \left[{kl \atop i} \right].$$

È da notarsi poi che mentre i simboli di 2ª specie si esprimono per quelli di 1ª colla (18), inversamente i secondi si esprimono per i primi colla formola

$$(18^*) \qquad \left[{i\,k \atop l} \right] = \sum_\nu a_{l\nu} \left\{ {i\,k \atop \nu} \right\}.$$

Notiamo in fine la formola che esprime la derivata logaritmica del discriminante a rapporto a una qualsiasi delle x come aggregato di simboli a tre indici di 2.ª specie.

Per la regola di derivazione dei determinanti abbiamo

$$\frac{1}{a} \frac{\partial a}{\partial x_l} = \sum_{i\,k} A_{ik} \frac{\partial a_{ik}}{\partial x_l}$$

ovvero per la (19)

$$\frac{1}{a}\frac{\partial a}{\partial x_l} = \sum_{ik} A_{ik} \begin{bmatrix} i\,l \\ k \end{bmatrix} + \sum_{ik} A_{ik} \begin{bmatrix} k\,l \\ i \end{bmatrix};$$

le due somme del 2.° membro sono eguali onde

$$\frac{1}{2a}\frac{\partial a}{\partial x_l} = \sum_i \sum_k A_{ik} \begin{bmatrix} i\,l \\ k \end{bmatrix}.$$

Introducendo i simboli di 2.ª specie, secondo la (18), abbiamo dunque per la formola richiesta

$$\frac{\partial \log \sqrt{a}}{\partial x_l} = \sum_i \begin{Bmatrix} i\,l \\ i \end{Bmatrix}. \tag{20}$$

Dalla (20) deduciamo una formola di cui dovremo far uso fra breve. Scriviamola perciò (come sopra)

$$\frac{\partial \log \sqrt{a}}{\partial x_l} = \sum_{ik} A_{ik} \begin{bmatrix} i\,l \\ k \end{bmatrix}$$

e aggiungendo da una parte e dall'altra $\sum_{ik} A_{ik} \begin{bmatrix} i\,k \\ l \end{bmatrix}$, osservando che

$$\begin{bmatrix} i\,l \\ k \end{bmatrix} + \begin{bmatrix} i\,k \\ l \end{bmatrix} = \frac{\partial a_{kl}}{\partial x_i}$$

avremo

$$\frac{\partial \log \sqrt{a}}{\partial x_l} + \sum_{ik} A_{ik} \begin{bmatrix} i\,k \\ l \end{bmatrix} = \sum_{ik} A_{ik} \frac{\partial a_{kl}}{\partial x_i}.$$

Ora essendo

$$\sum_k A_{ik}\, a_{kl} = \text{cost}^{\text{te}},$$

derivando rapporto a x_i e sommando rispetto ad i risulta

$$\sum_{ik} A_{ik} \frac{\partial a_{kl}}{\partial x_i} = - \sum_{ik} a_{kl} \frac{\partial A_{ik}}{\partial x_i},$$

onde la formola richiesta

$$\frac{\partial \log \sqrt{a}}{\partial x_l} + \sum_{ik} A_{ik} \begin{bmatrix} i\,k \\ l \end{bmatrix} = - \sum_{ik} a_{kl} \frac{\partial A_{ik}}{\partial x_i}. \tag{21}$$

26. Servendoci delle formole fondamentali (I) del n. 24 pag. 42, possiamo ora costruire una forma differenziale quadratica, covariante alla forma data f, i cui coefficienti siano formati con quelli di f e colle derivate prime e seconde di una funzione arbitraria U $(x_1\ x_2\ x_3\ ..\ x_n)$.

Indicando infatti con U′ ciò che diventa la U, sostituendovi per le x i loro valori in funzione delle x', abbiamo evidentemente

$$\frac{\partial U'}{\partial x'_r} = \sum_\nu \frac{\partial U}{\partial x_\nu} \frac{\partial x_\nu}{\partial x'_r},$$

indi

$$\frac{\partial^2 U'}{\partial x'_r \partial x'_s} = \sum_{\mu,\nu} \frac{\partial^2 U}{\partial x_\nu \partial x_\mu} \frac{\partial x_\nu}{\partial x'_r} \frac{\partial x_\mu}{\partial x'_s} + \sum_\nu \frac{\partial U}{\partial x_\nu} \frac{\partial^2 x_\nu}{\partial x'_r \partial x'_s},$$

cioè per la (I)

$$\frac{\partial^2 U'}{\partial x'_r \partial x'_s} - \sum_\mu \begin{Bmatrix} r\,s \\ \mu \end{Bmatrix}' \frac{\partial U'}{\partial x'_\mu} = \sum_{\mu,\nu} \frac{\partial^2 U}{\partial x_\nu \partial x_\mu} \frac{\partial x_\nu}{\partial x'_r} \frac{\partial x_\mu}{\partial x'_s} - \sum_{\nu, i, k} \begin{Bmatrix} i\,k \\ \nu \end{Bmatrix} \frac{\partial x_i}{\partial x'_r} \frac{\partial x_k}{\partial x'_s} \frac{\partial U}{\partial x_\nu}.$$

Se nella somma tripla del 2.° membro mutiamo gli indici di sommazione i, k, ν rispettivamente in ν, μ, i, la precedente si scrive

$$\frac{\partial^2 U'}{\partial x'_r \partial x'_s} - \sum_\mu \begin{Bmatrix} r\,s \\ \mu \end{Bmatrix}' \frac{\partial U}{\partial x'_\mu} = \sum_{\mu,\nu} \left\{ \frac{\partial^2 U}{\partial x_\nu \partial x_\mu} - \sum_i \begin{Bmatrix} \nu\,\mu \\ i \end{Bmatrix} \frac{\partial U}{\partial x_i} \right\} \frac{\partial x_\mu}{\partial x'_r} \frac{\partial x_\nu}{\partial x'_s}.$$

Introduciamo ora la notazione

$$\text{(22)} \qquad U_{\nu\mu} = \frac{\partial^2 U}{\partial x_\nu \partial x_\mu} - \sum_i \begin{Bmatrix} \nu\,\mu \\ i \end{Bmatrix} \frac{\partial U}{\partial x_i}$$

e servendoci della notazione analoga, cogli accenti, per la forma trasformata, avremo:

$$\text{(23)} \qquad U'_{rs} = \sum_{\mu,\nu} U_{\nu\mu} \frac{\partial x_\nu}{\partial x'_r} \frac{\partial x_\mu}{\partial x'_s}.$$

Questa formola dimostra che le combinazioni delle derivate prime e seconde della funzione arbitraria U indicate nella (22) col simbolo $U_{\nu\mu}$ sono appunto i coefficienti di una forma quadratica covariante alla fondamentale f, giacchè dalla (23) segue evidentemente

$$\sum_{r,s} U'_{rs}\, dx'_r\, dx'_s = \sum_{\nu,\mu} U_{\nu\mu}\, dx_\nu\, dx_\mu.$$

Perciò le U_{rs} si diranno le *derivate seconde covarianti* della funzione U rispetto alla forma quadratica fondamentale f.

Operando ora sulla forma covariante

$$\sum_{r,\,s} U_{rs}\, dx_r\, dx_s$$

(che può dirsi il differenziale secondo covariante della U), come al n. 23 sul quadrato del differenziale primo di U, concluderemo che i coefficienti delle varie potenze di k nel quoziente del discriminante della forma

$$\sum_{r,s} (a_{rs}+k\, U_{rs})\, dx_r\, dx_s$$

pel discriminante della forma primitiva sono altrettanti *parametri differenziali* (secondi) di U. In particolare il coefficiente di k, che indicheremo sempre con Δ_2 U e chiameremo il *parametro differenziale secondo di* U, sarà dato da

$$(24)\qquad \Delta_2 U = \sum_{r,s} A_{rs}\, U_{rs} = \sum_{r,s} A_{rs} \left\{ \frac{\partial^2 U}{\partial x_r \partial x_s} - \sum_i \begin{Bmatrix} r s \\ i \end{Bmatrix} \frac{\partial U}{\partial x_i} \right\}.$$

Osservando la (21) del numero precedente, possiamo dare all'espressione di Δ_2 U un'altra forma, che sarà poi quella più frequentemente usata nelle applicazioni. Sostituendo nella (24) ai simboli di 2.ª specie quelli di 1.ª, abbiamo

$$\Delta_2 U = \sum_{r,\,s} A_{rs} \frac{\partial^2 U}{\partial x_r \partial x_s} - \sum_{r,\,s,\,i,\,l} A_{rs}\, A_{il} \begin{bmatrix} r s \\ l \end{bmatrix} \frac{\partial U}{\partial x_i}\;;$$

ma si ha per la (21)

$$-\sum_{r,s} A_{rs} \begin{bmatrix} r s \\ l \end{bmatrix} = \frac{\partial \log \sqrt{a}}{\partial x_l} + \sum_{r,s} a_{sl} \frac{\partial A_{rs}}{\partial x_r},$$

onde

$$\Delta_2 U = \frac{1}{\sqrt{a}} \sum_r \sum_s \sqrt{a}\, A_{rs} \frac{\partial}{\partial x_s}\left(\frac{\partial U}{\partial x_r}\right) + \sum_{i,l} \frac{A_{il}}{\sqrt{a}} \frac{\partial \sqrt{a}}{\partial x_l} \frac{\partial U}{\partial x_i} +$$

$$+ \sum_{r s i} \frac{\partial U}{\partial x_i} \frac{\partial A_{rs}}{\partial x_r} \sum_l A_{il}\, a_{sl}$$

$$= \frac{1}{\sqrt{a}} \left\{ \sum_r \sum_s \sqrt{a}\, A_{rs} \frac{\partial}{\partial x_s} \frac{\partial U}{\partial x_r} + A_{rs} \frac{\partial \sqrt{a}}{\partial x_s} \frac{\partial U}{\partial x_r} \right\}$$

$$+ \sum_{r,\,s} \frac{\partial A_{rs}}{\partial x_r} \frac{\partial U}{\partial x_s},$$

che possiamo scrivere sotto la forma definitiva:

$$(25)\qquad \Delta_2 U = \frac{1}{\sqrt{a}} \sum_s \frac{\partial}{\partial x_s} \left[\sum_r A_{rs} \sqrt{a} \frac{\partial U}{\partial x_r} \right].$$

Osservazione. — Per la teoria delle forme binarie (che esclusivamente si presentano nelle applicazioni alla teoria delle superficie) i parametri differenziali introdotti

$$\Delta_1 U \,,\ \nabla (U, V) \,,\ \Delta_2 U$$

sono i fondamentali. E invero ogni altro parametro differenziale si riduce alla ripetuta applicazione dei tre simboli operatorii precedenti (*).

Sarà bene però considerare esplicitamente un altro parametro differenziale *secondo* molto importante nella teoria della applicabilità. Lo definiamo come il quoziente dei due discriminanti delle forme

$$U_{11}\, dx_1{}^2 + 2\, U_{12}\, dx_1\, dx_2 + U_{22}\, dx_2{}^2$$
$$a_{11}\, dx_1{}^2 + 2\, a_{12}\, dx_1\, dx_2 + a_{22}\, dx_2{}^2$$

e indicandolo con Δ_{22} U abbiamo:

$$\Delta_{22}\, U = \frac{U_{11}\, U_{22} - U_{12}{}^2}{a_{11}\, a_{12} - a_{12}{}^2}\,. \tag{26}$$

Esso si esprime del resto pei parametri fondamentali colla formola

$$\Delta_{22}\, U = \frac{2\, \Delta_2\, U . \nabla\, (U, \Delta_1\, U) - \Delta_1\, (\Delta_1\, U)}{4\, \Delta_1\, U}\,. \tag{26*}$$

27. Le forme covarianti alla fondamentale che f, abbiamo costruito sin qui, contenevano nei loro coefficienti delle funzioni arbitrarie. Andiamo ora a costruire una forma covariante di 4.° grado nei differenziali, i cui coefficienti sono formati con quelli della primitiva e le loro derivate (prime e seconde). Per tal modo saremo in grado di procurarci degli *invarianti differenziali.*

Tanto si può conseguire eliminando con opportune operazioni dalle equazioni fondamentali (I) n. 24 le derivate seconde.

A tale oggetto scriviamo le due formole (I):

$$\frac{\partial^2 x_\nu}{\partial x'_\alpha\, \partial x'_\beta} + \sum_{r,i} \begin{Bmatrix} r\, i \\ \nu \end{Bmatrix} \frac{\partial x_r}{\partial x'_\alpha} \frac{\partial x_i}{\partial x'_\beta} = \sum_t \begin{Bmatrix} \alpha\, \beta \\ t \end{Bmatrix}' \frac{\partial x_\nu}{\partial x'_t}$$

$$\frac{\partial^2 x_\nu}{\partial x'_\alpha\, \partial x'_\gamma} + \sum_{r,h} \begin{Bmatrix} r\, h \\ \nu \end{Bmatrix} \frac{\partial x_r}{\partial x'_\alpha} \frac{\partial x_h}{\partial x'_\gamma} = \sum_t \begin{Bmatrix} \alpha\, \gamma \\ t \end{Bmatrix}' \frac{\partial x_\nu}{\partial x'_t}\,.$$

Deriviamo la prima rispetto a x'_γ, la seconda rispetto a x'_β e sottragghiamo, omettendo i termini che si distruggono; troviamo così:

(*) Cf. DARBOUX — T. III, p. 260.

$$\sum_{r,i,h}\left[\frac{\partial \left\{ {ri \atop \nu} \right\}}{\partial x_h} - \frac{\partial \left\{ {rh \atop \nu}\right\}}{\partial x_i}\right]\frac{\partial x_r}{\partial x'_\alpha}\frac{\partial x_i}{\partial x'_\beta}\frac{\partial x_h}{\partial x'_\gamma} + \sum_{li}\left\{ {li \atop \nu}\right\}\frac{\partial^2 x_l}{\partial x'_\alpha \partial x'_\gamma}\frac{\partial x_i}{\partial x'_\beta} +$$

$$-\sum_{lh}\left\{{lh\atop\nu}\right\}\frac{\partial^2 x_l}{\partial x'_\alpha\partial x'_\beta}\frac{\partial x_h}{\partial x'_\gamma} = \sum_t\left[\frac{\partial\left\{{\alpha\beta\atop t}\right\}'}{\partial x'_\gamma} - \frac{\partial\left\{{\alpha\gamma\atop t}\right\}'}{\partial x'_\beta}\right]\frac{\partial x_\nu}{\partial x'_t} +$$

$$+\sum_t \left\{{\alpha\beta\atop t}\right\}'\frac{\partial^2 x_\nu}{\partial x'_t\,\partial x'_\gamma} - \sum_t\left\{{\alpha\gamma\atop t}\right\}'\frac{\partial^2 x_\nu}{\partial x'_t\,\partial x'_\beta}.$$

Sostituendo in questa per le derivate seconde delle x i valori dati dalle formole fondamentali (I), i termini contenenti i prodotti di due derivate prime si elidono e cangiando convenientemente in alcune delle somme la notazione degli indici, (sì da far comparire le stesse derivate nei varii termini del 1.° membro come in quelli del secondo) risulta la formola:

$$\sum_{r,i,h}\left[\frac{\partial \left\{ {ri \atop \nu} \right\}}{\partial x_h} - \frac{\partial \left\{ {rh \atop \nu}\right\}}{\partial x_i} + \sum_l\left(\left\{{ri\atop l}\right\}\left\{{lh\atop \nu}\right\} - \left\{{rh\atop l}\right\}\left\{{li\atop \nu}\right\}\right)\right]\frac{\partial x_r}{\partial x'_\alpha}\frac{\partial x_i}{\partial x'_\beta}\frac{\partial x_h}{\partial x'_\gamma} =$$

$$=\sum_t\left[\frac{\partial\left\{{\alpha\beta\atop t}\right\}'}{\partial x'_\gamma} - \frac{\partial\left\{{\alpha\gamma\atop t}\right\}'}{\partial x'_\beta} + \sum_u\left(\left\{{\alpha\beta\atop u}\right\}'\left\{{u\gamma\atop t}\right\}' - \left\{{\alpha\gamma\atop u}\right\}'\left\{{u\beta\atop t}\right\}'\right)\right]\frac{\partial x_\nu}{\partial x'_t}.$$

I coefficienti di $\frac{\partial x_\nu}{\partial x'_t}$ e del prodotto $\frac{\partial x_r}{\partial x'_\alpha}\frac{\partial x_i}{\partial x'_\beta}\frac{\partial x_h}{\partial x'_\gamma}$ nelle somme del 2.° e del 1.° membro sono costruiti colla stessa legge l'uno rispetto ai coefficienti dalla forma trasformata f', l'altro rispetto a quelli della primitiva e dipendono rispettivamente da quattro indici. Introducendo la nuova notazione

$$(27)\qquad \left\{ r\nu,\, ih \right\} = \frac{\partial \left\{ {ri \atop \nu} \right\}}{\partial x_h} - \frac{\partial \left\{ {rh \atop \nu}\right\}}{\partial x_i} + \sum_l\left(\left\{{ri\atop l}\right\}\cdot\left\{{lh\atop \nu}\right\} - \left\{{rh\atop l}\right\}\left\{{li\atop \nu}\right\}\right),$$

la precedente si scrive

$$(28)\qquad \sum_{r,i,h}\left\{ r\nu,\, ih\right\}\frac{\partial x_r}{\partial x'_\alpha}\frac{\partial x_i}{\partial x'_\beta}\frac{\partial x_h}{\partial x'_\gamma} = \sum_t\left\{\alpha t,\, \beta\gamma\right\}'\frac{\partial x_\nu}{\partial x'_t}.$$

Insieme ai simboli a quattro indici *di 2.ª specie* (27) introduciamo anche dei nuovi simboli a quattro indici (*di 1.ª specie*) colla notazione

(29) $$(r\,k,\,i\,h) = \sum_\nu a_{\nu k} \left\{ r\,\nu,\,i\,h \right\},$$

dalla quale formola segue poi risolvendo rispetto ai simboli di 2.ª specie

(29*) $$\left\{ r\,\nu,\,i\,h \right\} = \sum_k A_{\nu k}\,(r\,k,\,i\,h)\,.$$

Se moltiplichiamo la (28) per

$$a_{\nu k} \frac{\partial x_k}{\partial x'_\delta}$$

e sommiamo a tutti i valori di ν, k osservando che

$$\sum_{\nu,k} a_{\nu k} \frac{\partial x_k}{\partial x'_\delta} \frac{\partial x_\nu}{\partial x'_t} = a'_{t\delta}$$

risulta la formola

(30) $$(\alpha\,\delta,\,\beta\,\gamma)' = \sum_{r,i,h,k} (r\,k,\,i\,h) \frac{\partial x_r}{\partial x'_\alpha} \frac{\partial x_k}{\partial x'_\delta} \frac{\partial x_i}{\partial x'_\beta} \frac{\partial x_h}{\partial x'_\gamma}$$

onde

(30*) $$\sum_{\alpha,\beta,\gamma,\delta} (\alpha\,\delta,\,\beta\,\gamma)'\,dx'_\alpha\,dx'_\beta\,dx'_\gamma\,dx'_\delta = \sum_{r,k,i,h} (r\,k,\,i\,h)\,dx_r\,dx_k\,dx_i\,dx_h\,.$$

Nella forma di 4.° grado

(31) $$\varphi = \sum_{r,k,i,h} (r\,k,\,i\,h)\,dx_r\,dx_k\,dx_i\,dx_h$$

abbiamo dunque, come si voleva, una forma covariante a f costruita coi coefficienti di f e colle loro derivate.

28. Applicando la formola (30) al caso di una forma binaria, stabiliremo facilmente la esistenza di quell'importantissimo *invariante differenziale,* che prende il nome di *curvatura* della forma binaria.

Perciò osserviamo alcune proprietà del simbolo di 1.ª specie a quattro indici $(r\,k,\,i\,h)$, che esprimeremo innanzi tutto per i simboli a tre indici di 1.ª specie. Per le (27) (29) abbiamo:

$$(r\,k,\,i\,h) = \sum_\nu a_{\nu k} \frac{\partial \left\{ {r\,i \atop \nu} \right\}}{\partial x_h} - \sum_\nu a_{\nu k} \frac{\partial \left\{ {r\,h \atop \nu} \right\}}{\partial x_i} + \sum_l \left(\left\{ {r\,i \atop l} \right\} \cdot \sum_\nu a_{\nu k} \left\{ {l\,h \atop \nu} \right\} - \right.$$
$$\left. - \left\{ {r\,h \atop l} \right\} \sum_\nu a_{\nu k} \left\{ {l\,i \atop \nu} \right\} \right).$$

Ora si ha

$$\sum_\nu a_{\nu k} \begin{Bmatrix} r\,i \\ \nu \end{Bmatrix} = \begin{bmatrix} r\,i \\ k \end{bmatrix}, \quad \sum_\nu a_{\nu k} \begin{Bmatrix} r\,h \\ \nu \end{Bmatrix} = \begin{bmatrix} r\,h \\ k \end{bmatrix}$$

$$\sum_\nu a_{\nu k} \begin{Bmatrix} l\,h \\ \nu \end{Bmatrix} = \begin{bmatrix} l\,h \\ k \end{bmatrix}, \quad \sum_\nu a_{\nu k} \begin{Bmatrix} l\,i \\ \nu \end{Bmatrix} = \begin{bmatrix} l\,i \\ k \end{bmatrix}$$

e però

$$(r\,k\,,\,i\,h) = \frac{\partial \begin{bmatrix} r\,i \\ k \end{bmatrix}}{\partial x_h} - \frac{\partial \begin{bmatrix} r\,h \\ k \end{bmatrix}}{\partial x_i} - \sum_\nu \begin{Bmatrix} r\,i \\ \nu \end{Bmatrix} \frac{\partial a_{\nu k}}{\partial x_h} + \sum_\nu \begin{Bmatrix} r\,h \\ \nu \end{Bmatrix} \frac{\partial a_{\nu k}}{\partial x_i} +$$

$$+ \sum_l \left(\begin{Bmatrix} r\,i \\ l \end{Bmatrix} \begin{bmatrix} l\,h \\ k \end{bmatrix} - \begin{Bmatrix} r\,h \\ l \end{Bmatrix} \begin{bmatrix} l\,i \\ k \end{bmatrix} \right).$$

Sostituendo per $\dfrac{\partial a_{\nu k}}{\partial x_h}$, $\dfrac{\partial a_{\nu k}}{\partial x_i}$ i loro rispettivi valori

$$\begin{bmatrix} \nu\,h \\ k \end{bmatrix} + \begin{bmatrix} h\,k \\ \nu \end{bmatrix}, \quad \begin{bmatrix} \nu\,i \\ k \end{bmatrix} + \begin{bmatrix} i\,k \\ \nu \end{bmatrix},$$

ne segue

$$(r\,k\,,\,i\,h) = \frac{\partial \begin{bmatrix} r\,i \\ k \end{bmatrix}}{\partial x_h} - \frac{\partial \begin{bmatrix} r\,h \\ k \end{bmatrix}}{\partial x_i} + \sum_l \left(\begin{bmatrix} i\,k \\ l \end{bmatrix} \cdot \begin{Bmatrix} r\,h \\ l \end{Bmatrix} - \begin{bmatrix} h\,k \\ l \end{bmatrix} \begin{Bmatrix} r\,i \\ l \end{Bmatrix} \right),$$

ovvero

$$(32) \qquad (r\,k\,,\,i\,h) = \frac{\partial \begin{bmatrix} r\,i \\ k \end{bmatrix}}{\partial x_h} - \frac{\partial \begin{bmatrix} r\,h \\ k \end{bmatrix}}{\partial x_i} + \sum_{l,m} A_{l\,m} \left(\begin{bmatrix} r\,h \\ m \end{bmatrix} \begin{bmatrix} i\,k \\ l \end{bmatrix} - \begin{bmatrix} r\,i \\ m \end{bmatrix} \begin{bmatrix} h\,k \\ l \end{bmatrix} \right).$$

Sviluppando effettivamente i primi due termini, che soli contengono le derivate seconde, abbiamo:

$$(32^*) \qquad (r k\,,\,i h) = \frac{1}{2} \left(\frac{\partial^2 a_{rh}}{\partial x_i \partial x_k} + \frac{\partial^2 a_{ik}}{\partial x_r \partial x_h} - \frac{\partial^2 a_{ri}}{\partial x_h \partial x_k} - \frac{\partial^2 a_{hk}}{\partial x_r \partial x_i} \right) +$$

$$+ \sum_{l,m} A_{l,m} \left(\begin{bmatrix} r\,h \\ m \end{bmatrix} \begin{bmatrix} i\,k \\ l \end{bmatrix} - \begin{bmatrix} r\,i \\ m \end{bmatrix} \begin{bmatrix} h\,k \\ l \end{bmatrix} \right).$$

Da quest' ultima formola discendono subito le proprietà seguenti del simbolo, che importa notare:

$$(a) \qquad (kr, ih) = -(rk, ih)$$

$$(b) \qquad (rk, hi) = -(rk, ih),$$

onde segue che, se i due primi indici o i due secondi sono fra loro eguali, il valore del simbolo è identicamente nullo (*).

Nel caso delle forme differenziali *binarie* essendo $n = 2$, quattro solo dei simboli (rk, ih) sono diversi da zero e cioè

$$(12, 12), \quad (12, 21), \quad (21, 12) \quad (21, 21),$$

ma per le (a) (b) il quarto è eguale al primo, il secondo e il terzo al primo col segno cangiato.

La (30), numero precedente, diventa quindi:

$$(12, 12)' = (12, 12)\left(\frac{\partial x_1}{\partial x'_1}\frac{\partial x_2}{\partial x'_2} - \frac{\partial x_1}{\partial x'_2}\frac{\partial x_2}{\partial x'_1}\right)^2$$

e poichè indicando, come al solito, con a, a' i discriminanti della forma primitiva f e della trasformata f' si ha pure

$$a' = a\left(\frac{\partial x_1}{\partial x'_1}\frac{\partial x_2}{\partial x'_2} - \frac{\partial x_1}{\partial x'_2}\frac{\partial x_2}{\partial x'_1}\right)^2,$$

ne segue

$$\frac{(12, 12)'}{a'} = \frac{(12, 12)}{a}.$$

L' espressione

$$(33) \qquad K = \frac{(12, 12)}{a}$$

è adunque un invariante differenziale della forma binaria f.

Essa si chiama la *curvatura* della forma f.

29. Importa ora che diamo della curvatura K le diverse espressioni, cui dovremo ricorrere per le applicazioni alla teoria delle superficie.

Dalla (29), per le proprietà surriferite del simbolo (rk, ih) nel caso $n=2$, seguono le formole

$$Ka_{11} = \{12, 12\}, \quad Ka_{12} = \{11, 21\}, \quad Ka_{12} = \{22, 12\}, \quad Ka_{22} = \{21, 21\},$$

(*) Il simbolo (rk, ih) gode pure delle proprietà espresse dalle equazioni

$$(ih, rk) = (rk, ih)$$

$$(rk, ih) + (ri, hk) + (rh, ki) = 0,$$

che nel caso nostro $n = 2$ è superfluo di considerare.

che sviluppate effettivamente si scrivono:

$$
(\mathrm{II})\quad
\left\{
\begin{aligned}
\mathrm{K}\,a_{11} &= \frac{\partial}{\partial x_2}\begin{Bmatrix}11\\2\end{Bmatrix}-\frac{\partial}{\partial x_1}\begin{Bmatrix}12\\2\end{Bmatrix}+\begin{Bmatrix}11\\1\end{Bmatrix}\begin{Bmatrix}12\\2\end{Bmatrix}+\begin{Bmatrix}11\\2\end{Bmatrix}\begin{Bmatrix}22\\2\end{Bmatrix}-\begin{Bmatrix}12\\1\end{Bmatrix}\begin{Bmatrix}11\\2\end{Bmatrix}-\begin{Bmatrix}12\\2\end{Bmatrix}^2\\
\mathrm{K}\,a_{12} &= \frac{\partial}{\partial x_1}\begin{Bmatrix}12\\1\end{Bmatrix}-\frac{\partial}{\partial x_2}\begin{Bmatrix}11\\1\end{Bmatrix}+\begin{Bmatrix}12\\1\end{Bmatrix}\begin{Bmatrix}12\\2\end{Bmatrix}-\begin{Bmatrix}11\\2\end{Bmatrix}\begin{Bmatrix}22\\1\end{Bmatrix}\\
\mathrm{K}\,a_{12} &= \frac{\partial}{\partial x_2}\begin{Bmatrix}12\\2\end{Bmatrix}-\frac{\partial}{\partial x_1}\begin{Bmatrix}22\\2\end{Bmatrix}+\begin{Bmatrix}12\\2\end{Bmatrix}\begin{Bmatrix}12\\1\end{Bmatrix}-\begin{Bmatrix}22\\1\end{Bmatrix}\begin{Bmatrix}11\\2\end{Bmatrix}\\
\mathrm{K}\,a_{22} &= \frac{\partial}{\partial x_1}\begin{Bmatrix}22\\1\end{Bmatrix}-\frac{\partial}{\partial x_2}\begin{Bmatrix}12\\1\end{Bmatrix}+\begin{Bmatrix}22\\2\end{Bmatrix}\begin{Bmatrix}12\\1\end{Bmatrix}+\begin{Bmatrix}22\\1\end{Bmatrix}\begin{Bmatrix}11\\1\end{Bmatrix}-\begin{Bmatrix}12\\2\end{Bmatrix}\begin{Bmatrix}22\\1\end{Bmatrix}-\begin{Bmatrix}12\\1\end{Bmatrix}^2.
\end{aligned}
\right.
$$

Ora scriviamo la 1.ª delle (II) nel modo seguente

$$
\mathrm{K}\,a_{11} = \frac{\partial}{\partial x_2}\begin{Bmatrix}11\\2\end{Bmatrix}-\frac{\partial}{\partial x_1}\begin{Bmatrix}12\\2\end{Bmatrix}-\begin{Bmatrix}12\\2\end{Bmatrix}\left[\begin{Bmatrix}11\\1\end{Bmatrix}+\begin{Bmatrix}12\\2\end{Bmatrix}\right]+\begin{Bmatrix}11\\2\end{Bmatrix}\left[\begin{Bmatrix}22\\2\end{Bmatrix}+\begin{Bmatrix}12\\1\end{Bmatrix}\right]+
$$
$$
+\,2\left(\begin{Bmatrix}11\\1\end{Bmatrix}\begin{Bmatrix}12\\2\end{Bmatrix}-\begin{Bmatrix}12\\1\end{Bmatrix}\begin{Bmatrix}11\\2\end{Bmatrix}\right),
$$

ricordando che per la (20) n. 25 (pag. 43), è:

$$
\begin{Bmatrix}11\\1\end{Bmatrix}+\begin{Bmatrix}12\\2\end{Bmatrix}=\frac{1}{\sqrt{a}}\frac{\partial\sqrt{a}}{\partial x_1}\,,\qquad \begin{Bmatrix}22\\2\end{Bmatrix}+\begin{Bmatrix}12\\1\end{Bmatrix}=\frac{1}{\sqrt{a}}\frac{\partial\sqrt{a}}{\partial x_2}
$$

e sostituendo risulterà

$$
\mathrm{K}=\frac{1}{\sqrt{a}}\left\{\frac{\partial}{\partial x_2}\left[\frac{\sqrt{a}}{a_{11}}\begin{Bmatrix}11\\2\end{Bmatrix}\right]-\frac{\partial}{\partial x_1}\left[\frac{\sqrt{a}}{a_{11}}\begin{Bmatrix}12\\2\end{Bmatrix}\right]\right\}+\frac{1}{a_{11}^2}\left[\begin{Bmatrix}11\\2\end{Bmatrix}\frac{\partial a_{11}}{\partial x_2}-\begin{Bmatrix}12\\2\end{Bmatrix}\frac{\partial a_{11}}{\partial x_1}+\right.
$$
$$
\left.+\,2\,a_{11}\left(\begin{Bmatrix}11\\1\end{Bmatrix}\begin{Bmatrix}12\\2\end{Bmatrix}-\begin{Bmatrix}12\\1\end{Bmatrix}\begin{Bmatrix}11\\2\end{Bmatrix}\right)\right].
$$

Ma si ha

$$
\begin{Bmatrix}11\\2\end{Bmatrix}\frac{\partial a_{11}}{\partial x_2}-\begin{Bmatrix}12\\2\end{Bmatrix}\frac{\partial a_{11}}{\partial x_1}+2\,a_{11}\left(\begin{Bmatrix}11\\1\end{Bmatrix}\begin{Bmatrix}12\\2\end{Bmatrix}-\begin{Bmatrix}12\\1\end{Bmatrix}\begin{Bmatrix}11\\2\end{Bmatrix}\right)=0,
$$

a causa delle formole

$$
\frac{\partial a_{11}}{\partial x_2}=2\begin{bmatrix}12\\1\end{bmatrix}=2\,a_{11}\begin{Bmatrix}12\\1\end{Bmatrix}+2\,a_{12}\begin{Bmatrix}12\\2\end{Bmatrix}
$$
$$
\frac{\partial a_{11}}{\partial x_1}=2\begin{bmatrix}11\\1\end{bmatrix}=2\,a_{11}\begin{Bmatrix}11\\1\end{Bmatrix}+2\,a_{12}\begin{Bmatrix}11\\2\end{Bmatrix};
$$

resta quindi:

$$(\text{III}) \qquad K = \frac{1}{\sqrt{a}}\left[\frac{\partial}{\partial x_2}\left(\frac{\sqrt{a}}{a_{11}}\begin{Bmatrix}11\\2\end{Bmatrix}\right) - \frac{\partial}{\partial x_1}\left(\frac{\sqrt{a}}{a_{11}}\begin{Bmatrix}12\\2\end{Bmatrix}\right)\right].$$

In questa formola si suppone naturalmente che a_{11} non sia nullo e possiamo evidentemente scrivere (se a_{12} non è nullo) la formola simmetrica:

$$(\text{III}^*) \qquad K = \frac{1}{\sqrt{a}}\left[\frac{\partial}{\partial x_1}\left(\frac{\sqrt{a}}{a_{22}}\begin{Bmatrix}22\\1\end{Bmatrix}\right) - \frac{\partial}{\partial x_2}\left(\frac{\sqrt{a}}{a_{22}}\begin{Bmatrix}12\\1\end{Bmatrix}\right)\right].$$

Notiamo infine che se

$$a_{11} = a_{22} = 0 ,$$

le (II) intermedie, essendo allora

$$\begin{Bmatrix}12\\1\end{Bmatrix} = \begin{Bmatrix}12\\2\end{Bmatrix} = \begin{Bmatrix}11\\2\end{Bmatrix} = \begin{Bmatrix}22\\1\end{Bmatrix} = 0$$

$$\begin{Bmatrix}11\\1\end{Bmatrix} = \frac{1}{a_{12}}\frac{\partial a_{12}}{\partial x_1} , \quad \begin{Bmatrix}22\\2\end{Bmatrix} = \frac{1}{a_{12}}\frac{\partial a_{12}}{\partial x_2} ,$$

danno

$$(\text{IV}) \qquad K = -\frac{1}{a_{12}}\frac{\partial^2 \log a_{12}}{\partial x_1 \partial x_2}.$$

Un'applicazione importante di questa formola è la seguente. Sia

$$f = a_{11}\, dx_1^2 + 2\, a_{12}\, dx_1\, dx_2 + a_{22}\, dx_2^2$$

una forma binaria *indefinita* ($a_{11}\, a_{22} - a_{12}^2 < 0$) a curvatura nulla; con un cangiamento reale di variabili essa si potrà ridurre alla forma

$$2\, a'_{12}\, dx'_1\, dx'_2 ,$$

per il che decomponendo f nei suoi due fattori lineari (reali)

$$f = (\alpha\, dx_1 + \beta\, dx_2)\, (\gamma\, dx_1 + \delta\, dx_2)$$

basta porre

$$x'_1 = \int \lambda\, (\alpha\, dx_1 + \beta\, dx_2) \quad , \quad x'_2 = \int \mu\, (\gamma\, dx_1 + \delta\, dx_2)$$

$$a'_{12} = \frac{1}{2\lambda\mu} ,$$

essendo λ, μ due rispettivi fattori integranti di

$$\alpha\, dx_1 + \beta\, dx_2 \quad , \quad \gamma\, dx_1 + \delta\, dx_2 .$$

Ma se, come supponiamo, $K = 0$ segue dalla (IV)

$$a'_{12} = X_1 \, X_2 \, ,$$

essendo X_1 funzione di x'_1 e X_2 di x'_2 soltanto, onde ponendo

$$\sqrt{2} \int X_1 \, dx'_1 = y_1 \quad , \quad \sqrt{2} \int X_2 \, dx'_2 = y_2 \, ,$$

risulterà

$$a_{11} \, dx_1^2 + 2 \, a_{12} \, dx_1 \, dx_2 + a_{22} \, dx_2^2 = dy_1 \, dy_2 \, .$$

Per trovare effettivamente $y_1 \, y_2$, basta osservare che in questo caso esiste un fattore integrante di $\alpha \, dx_1 + \beta \, dx_2$, che indichiamo con e^ν, la cui inversa $e^{-\nu}$ è fattore integrante di $\gamma \, dx_1 + \delta \, dx_2$ e però

$$\left\{ \begin{aligned} \frac{\partial (e^\nu \alpha)}{\partial x_2} &= \frac{\partial (e^\nu \beta)}{\partial x_1} \\ \frac{\partial (e^{-\nu} \gamma)}{\partial x_2} &= \frac{\partial (e^{-\nu} \delta)}{\partial x_1} \end{aligned} \right.$$

da cui (essendo $\alpha \delta - \beta \gamma \gtrless 0$) risultano individuate le derivate parziali

$$\frac{\partial \nu}{\partial x_1} \, , \quad \frac{\partial \nu}{\partial x_2} \, .$$

Dunque con una quadratura si ha ν e con due altre quadrature $y_1 \, y_2$. Abbiamo quindi il risultato: *Una forma binaria indefinita a curvatura nulla si può ridurre, con sole operazioni di quadrature, al prodotto di due differenziali* (*).

30. Riprendendo ora a considerare il caso generale di n variabili, prendiamo a studiare due forme quadratiche simultanee

$$\left\{ \begin{aligned} f &= \sum_{r,s} a_{rs} \, dx_r \, dx_s \\ \varphi &= \sum_{r,s} b_{rs} \, dx_r \, dx_s \end{aligned} \right.$$

(*) Per una forma definita il risultato è perfettamente simile; soltanto $y_1 \, y_2$ sono coniugati immaginari e ponendo

$$y_1 = \alpha + i \beta \qquad y_2 = \alpha - i \beta \, ,$$

la forma si riduce con quadrature alla espressione

$$d\alpha^2 + d\beta^2 \, .$$

Cf. Cap. VI n. 87.

per costruire una forma differenziale *cubica* covariante a f, φ la cui considerazione è importantissima per la teoria delle superficie. Supposto per ciò che per una trasformazione delle variabili x nelle x' le f, φ si cangino rispettivamente in:

$$f' = \sum_{r,s} a'_{rs}\, dx'_r\, dx'_s\ , \quad \varphi' = \sum_{r,s} b'_{rs}\, dx'_r\, dx'_s\ ,$$

prendiamo la formola

$$b'_{rs} = \sum_{i,k} b_{ik} \frac{\partial x_i}{\partial x'_r} \frac{\partial x_k}{\partial x'_s}$$

e derivandola rispetto a x'_t, col sostituire alle derivate seconde i valori dati dalle (I) n. 24 (pag. 42), otteniamo

$$(34)\quad \frac{\partial b'_{rs}}{\partial x'_t} - \sum_\mu \begin{Bmatrix} s\,t \\ \mu \end{Bmatrix}' b'_{r\mu} - \sum_\mu \begin{Bmatrix} r\,t \\ \mu \end{Bmatrix}' b'_{s\mu} = \sum_{ik\lambda} \left[\frac{\partial b_{ik}}{\partial x_\lambda} - \sum_\mu \begin{Bmatrix} i\,\lambda \\ \mu \end{Bmatrix} b_{k\mu} - \sum_\mu \begin{Bmatrix} k\,\lambda \\ \mu \end{Bmatrix} b_{i\mu} \right] \frac{\partial x_i}{\partial x'_r} \frac{\partial x_k}{\partial x'_s} \frac{\partial x_\lambda}{\partial x'_t}\ ,$$

i simboli di Christoffel essendo costruiti per la f e la sua trasformata f'. Questa formola dimostra che nella forma cubica

$$\sum_{ik\lambda} \left[\frac{\partial b_{ik}}{\partial x_\lambda} - \sum_\mu \begin{Bmatrix} i\,\lambda \\ \mu \end{Bmatrix} b_{k\mu} - \sum_\mu \begin{Bmatrix} k\,\lambda \\ \mu \end{Bmatrix} b_{i\mu} \right] dx_i\, dx_k\, dx_\lambda$$

abbiamo già conseguita una forma covariante a f e φ. Ma per lo scopo nostro la forma da costruirsi è invece la seguente.

Dalla (34) si sottragga quella che se ne deduce per lo scambio di s con t e risulterà

$$\frac{\partial b'_{rs}}{\partial x'_t} - \frac{\partial b'_{rt}}{\partial x'_s} + \sum_\mu \begin{Bmatrix} r\,s \\ \mu \end{Bmatrix}' b'_{t\mu} - \sum_\mu \begin{Bmatrix} r\,t \\ \mu \end{Bmatrix}' b'_{s\mu} = \sum_{ik\lambda} \left[\frac{\partial b_{ik}}{\partial x_\lambda} - \frac{\partial b_{i\lambda}}{\partial x_k} + \sum_\mu \begin{Bmatrix} i\,k \\ \mu \end{Bmatrix} b_{\lambda\mu} - \sum_\mu \begin{Bmatrix} i\,\lambda \\ \mu \end{Bmatrix} b_{k\mu} \right] \frac{\partial x_i}{\partial x'_r} \frac{\partial x_k}{\partial x'_s} \frac{\partial x_\lambda}{\partial x'_t}\ .$$

Ponendo adunque

$$(35)\qquad b_{rst} = \frac{\partial b_{rs}}{\partial x_t} - \frac{\partial b_{rt}}{\partial x_s} + \sum_\mu \begin{Bmatrix} r\,s \\ \mu \end{Bmatrix} b_{t\mu} - \sum_\mu \begin{Bmatrix} r\,t \\ \mu \end{Bmatrix} b_{s\mu}\ ,$$

la forma

$$\sum_{r,s,t} b_{rst}\ dx_r\ d^{(1)}x_s\ d^{(2)}x_t\,,$$

trilineare nei tre sistemi diversi di differenziali dx_r, $d^{(1)}x_r$, $d^{(2)}x_r$ è covariante a f, φ. Essa si indicherà con

$$(f, \varphi) = \sum_{r,s,t} b_{rst}\ dx_r\ d^{(1)}x_s\ d^{(2)}x_t\,,$$

avendo b_{rst} il significato dato dalla (35), e si dirà la *forma trilineare costruita per la forma φ rapporto alla f.*

Osserviamo che, se si fa $\varphi = f$, la forma trilineare (f, φ) svanisce identicamente. In generale poi, a causa del significato invariantivo di (f, φ), *l'annullarsi identico della forma trilineare (f, φ) esprime una relazione fra le due forme fondamentali f, φ, che non varia per cangiare di variabili.*

Le espressioni a tre indici b_{rst} godono delle proprietà espresse dalle formole seguenti

$$b_{rst} + b_{rts} = 0$$

$$b_{rst} + b_{str} + b_{trs} = 0\,,$$

dalla prima delle quali segue che sono nulle le b_{rst} coi due ultimi indici eguali.

Nel caso $n=2$ abbiamo quattro sole b_{rst} non identicamente nulle e cioè

$$b_{112}\ ,\quad b_{121}\ ,\quad b_{212}\ ,\quad b_{221}\,,$$

delle quali però le due prime e le due ultime sono eguali e di segno contrario. *Allora l'annullarsi identico della forma trilineare (f, φ) è espresso dalle due relazioni*

$$b_{112} = 0\quad ,\quad b_{221} = 0\,,$$

ovvero, sviluppando colla formola (35):

$$(\text{V})\quad \begin{cases} \dfrac{\partial b_{11}}{\partial x_2} - \dfrac{\partial b_{12}}{\partial x_1} - \begin{Bmatrix}12\\1\end{Bmatrix} b_{11} + \left[\begin{Bmatrix}11\\1\end{Bmatrix} - \begin{Bmatrix}12\\2\end{Bmatrix}\right] b_{12} + \begin{Bmatrix}11\\2\end{Bmatrix} b_{22} = 0 \\[2ex] \dfrac{\partial b_{22}}{\partial x_1} - \dfrac{\partial b_{12}}{\partial x_2} + \begin{Bmatrix}22\\1\end{Bmatrix} b_{11} + \left[\begin{Bmatrix}22\\2\end{Bmatrix} - \begin{Bmatrix}12\\1\end{Bmatrix}\right] b_{12} - \begin{Bmatrix}12\\2\end{Bmatrix} b_{22} = 0\,. \end{cases}$$

31. Consideriamo due forme binarie quadratiche simultanee:

$$\begin{cases} f = a_{11}\ dx_1^2 + 2\ a_{12}\ dx_1\ dx_2 + a_{22}\ dx_2^2 \\ \varphi = b_{11}\ dx_1^2 + 2\ b_{12}\ dx_1\ dx_2 + b_{22}\ dx_2^2\,, \end{cases}$$

delle quali la prima almeno supponiamo a discriminante

$$a = a_{11}\, a_{22} - a_{12}^2$$

diverso da zero.

Nelle espressioni

$$\mathrm{H} = \frac{a_{11}\, b_{22} - 2\, a_{12}\, b_{12} + a_{22}\, b_{11}}{a_{11}\, a_{22} - a_{12}^2}\ ,\quad \mathrm{K} = \frac{b_{11}\, b_{22} - b_{12}^2}{a_{11}\, a_{22} - a_{12}^2}$$

abbiamo due invarianti *algebrici* simultanei di f, φ (*). Se costruiamo il jacobiano

$$\begin{vmatrix} a_{11}\, dx_1 + a_{12}\, dx_2 \ , & a_{12}\, dx_1 + a_{22}\, dx_2 \\ b_{11}\, dx_1 + b_{12}\, dx_2 \ , & b_{12}\, dx_1 + b_{22}\, dx_2 \end{vmatrix},$$

abbiamo una forma che, per un cangiamento qualsiasi di variabili, acquista per fattore il modulo della sostituzione, precisamente come la radice quadrata di a. Ne segue che la forma quadratica

$$\Theta = \frac{1}{\sqrt{a_{11}\, a_{22} - a_{12}^2}} \begin{vmatrix} a_{11}\, dx_1 + a_{12}\, dx_2 \ , & a_{12}\, dx_1 + a_{22}\, dx_2 \\ b_{11}\, dx_1 + b_{12}\, dx_2 \ , & b_{12}\, dx_1 + b_{22}\, dx_2 \end{vmatrix}$$

è un covariante (irrazionale) simultaneo di f, φ. Per questa terza forma covariante

$$\Theta = c_{11}\, dx_1^2 + c_{12}\, dx_1\, dx_2 + c_{22}\, dx_2^2$$

il discriminante $4\, c_{11}\, c_{22} - c_{12}^2$ si pone identicamente sotto la forma

$$4\, c_{11}\, c_{22} - c_{12}^2 = -\frac{1}{a}\left\{\left[a_{11}\, b_{22} - a_{22}\, b_{11} - \frac{2\, a_{12}}{a_{11}}\,(a_{11}\, b_{12} - a_{12}\, b_{11})\right]^2 + \right.$$
$$\left. + \frac{4\, a}{a_{11}^2}\,(a_{11}\, b_{12} - a_{12}\, b_{11})^2\right\}$$

nell'ipotesi che a_{11} non sia nullo. *Supponiamo ora che la forma f sia definita,* cioè $a_{11}\, a_{22} - a_{12}^2 > 0$; ne risulta che $4\, c_{11}\, c_{22} - c_{12}^2$ è negativo, nè può essere nullo, se non sussiste la proporzione $b_{11} : b_{12} : b_{22} = a_{11} : a_{12} : a_{22}$, cioè se φ non differisce da f per un fattore.

L'equazione differenziale quadratica

$$\Theta = 0$$

(*) H e K sono i coefficienti della prima e seconda potenza della costante k nel quoziente

$$\frac{1}{a}\begin{vmatrix} a_{11} + kb_{11} \ , & a_{12} + kb_{12} \\ a_{12} + kb_{12} \ , & a_{22} + kb_{22} \end{vmatrix}.$$

si decompone adunque, se escludiamo questo caso, in due fattori lineari reali distinti

$$(a) \qquad \alpha\, dx_1 + \beta\, dx_2 = 0$$

$$(b) \qquad \gamma\, dx_1 + \delta\, dx_2 = 0\,,$$

Se indichiamo con

$$x'_1 = \text{cost}^{te} \quad , \quad x'_2 = \text{cost}^{te}$$

i rispettivi integrali delle equazioni (a), (b) e introduciamo per nuove variabili $x'_1\; x'_2$, nelle due forme trasformate

$$f' = a'_{11}\, dx'^2_1 + 2a'_{12}\, dx'_1\, dx'_2 + a'_{22}\, dx'^2_2$$

$$\varphi' = b'_{11}\, dx'^2_1 + 2b'_{12}\, dx'_1\, dx'_2 + b'_{22}\, dx'^2_2$$

risulterà ad un tempo

$$a'_{12} = 0 \quad , \quad b'_{12} = 0\,.$$

E infatti il covariante

$$\Theta' = \frac{1}{\sqrt{a'}} \begin{vmatrix} a'_{11}\, dx'_1 + a'_{12}\, dx'_2\,, & a'_{12}\, dx'_1 + a'_{22}\, dx'_2 \\ b'_{11}\, dx'_1 + b'_{12}\, dx'_2\,, & b'_{12}\, dx'_1 + b'_{22}\, dx'_2 \end{vmatrix}$$

deve ridursi per ipotesi, salvo un fattore, al prodotto $dx'_1\, dx'_2$ e però sarà

$$(c) \left\{ \begin{array}{l} a'_{11}\, b'_{12} - a'_{12}\, b'_{11} = 0 \\ a'_{12}\, b'_{22} - a'_{22}\, b'_{12} = 0\,. \end{array} \right.$$

Moltiplicando la prima per b'_{22} la seconda per b'_{11} e sommando risulta

$$b'_{12}\,(a'_{11}\, b'_{22} - a'_{22}\, b'_{11}) = 0$$

e poichè l'ipotesi $a'_{11}\, b'_{22} - a'_{22}\, b'_{11} = 0$ è da escludersi, risultandone per le due precedenti

$$b'_{11} : b'_{12} : b'_{22} = a'_{11} : a'_{12} : a'_{22}\,,$$

avremo necessariamente $b'_{12} = 0$, dopo di che le (c) danno anche $a'_{12} = 0$.

Inversamente si vede subito, per le proprietà invariantive di $\Theta = 0$, che se cangiando le variabili x_1, x_2 in x'_1, x'_2 nelle forme trasformate f', φ' si ha contemporaneamente $a'_{12} = 0$, $b'_{12} = 0$, gli integrali delle (a), (b) saranno appunto $x'_1 = \text{cost}^{te}$, $x'_2 = \text{cost}^{te}$. Abbiamo dunque il teorema: *Date due forme differenziali quadratiche binarie, di cui una almeno definita, si può con una trasformazione reale di variabili ridurle a mancare contemporaneamente del termine medio. Le nuove variabili da introdursi sono quelle che, eguagliate a costanti, danno gli integrali dell'equazione* $\Theta = 0$.

È evidente che nel caso escluso (della proporzionalità delle due forme) la riduzione si può fare in infiniti modi.

Capitolo III.

Coordinate curvilinee sulle superficie. Rappresentazione conforme.

Coordinate curvilinee sopra una superficie — Elemento lineare — Angoli di una curva sulla superficie colle linee coordinate — Simboli di Christoffel, parametri differenziali e curvatura — Sistemi isotermi — Parametri isometrici — Teorema di Lie — Rappresentazione conforme di una superficie sopra il piano o di una superficie sopra un'altra — Sistemi isotermi sulle superficie di rotazione — Proiezione stereografica polare della sfera — Sistemi doppî ortogonali di circoli sulla sfera e sul piano — Movimenti della sfera complessa in sè medesima rappresentati da sostituzioni lineari (Cayley).

32. Una curva che si muova deformandosi con continuità nello spazio genera una superficie. Potremo ottenere la determinazione analitica di una superficie con un processo analogo a quello tenuto al n. 1 per le curve. Per questo supponiamo che le coordinate

$$x = x(u) \quad , \quad y = y(u) \quad , \quad z = z(u)$$

di un punto mobile sopra una curva, oltre alla variabile u, i cui singoli valori individuano i punti della curva, contengano un parametro v, siano cioè funzioni (finite e continue in un certo campo) delle variabili u, v, talchè si possa scrivere

$$(1) \qquad x = x(u, v) \; , \; y = y(u, v) \; , \; z = z(u, v) \, .$$

Ad ogni valore particolare v_1 di v corrisponderà una curva speciale

$$x = x(u, v_1) \quad , \quad y = y(u, v_1) \quad , \quad z = z(u, v_1)$$

e variando v con continuità, questa curva si muoverà con continuità nello spazio, descrivendo una superficie, la quale risulta analiticamente definita dalle formole (1). Fra le tre equazioni (1) eliminando u, v, si ottiene evidentemente una relazione

$$f(x, y, z) = 0 \, ,$$

che è l'equazione ordinaria della superficie.

Questa superficie sarà ricoperta dal sistema di linee ora considerate, ciascuna delle quali corrisponderà ad un valore particolare di v e si dirà perciò *una linea* $v=cost^{te}$, o più brevemente una linea v.

Ora è manifesto che quanto si è detto rispetto alle equazioni (1) per la variabile v, si può ripetere per la u. Dando cioè ad u un valore costante u_1, la curva

$$x=x\ (u_1, v)\ ,\quad y=y\ (u_1, v)\ ,\quad z=z\ (u_1, v)$$

sarà tutta sulla superficie (1) e, variando u con continuità, questa curva, si muoverà descrivendo la superficie. Otteniamo così un secondo sistema di linee sulla superficie che diremo *le linee* $u=cost^{te}$ ovvero *le linee* u.

Un punto P della superficie sarà noto quando si conoscano i valori u_1, v_1 delle variabili u, v in esso punto. In altro modo possiamo dire che il punto P è individuato come punto d'intersezione delle due linee

$$u = u_1\quad ,\qquad v = v_1\ ,$$

appartenenti rispettivamente l'una al sistema u, l'altra al sistema v. I valori u_1, v_1 dei parametri diconsi le *coordinate curvilinee* del punto, mentre le linee u, v assumono il nome di *linee coordinate*.

Una equazione

$$\varphi\ (u, v) = 0 \tag{2}$$

fra le coordinate curvilinee del punto mobile P ne limiterà evidentemente il corso ad una linea tracciata sopra la superficie; diremo per ciò che la (2) è l'equazione di questa linea.

Infiniti sono i sistemi di coordinate curvilinee che possono scegliersi sopra una superficie data

$$f\ (x, y, z) = 0. \tag{3}$$

Se ne ottiene uno ogni qualvolta si esprimano le coordinate x, y, z di un suo punto mobile per due variabili indipendenti α, β, in modo che eliminando α, β fra le due corrispondenti equazioni

$$x=x\ (\alpha, \beta)\ ,\quad y=y\ (\alpha, \beta)\ ,\quad z=z\ (\alpha, \beta)$$

si ritorni all'equazione (3) della superficie. Quando poi sia già stabilito sulla superficie un sistema di coordinate curvilinee (u, v) se ne ottiene, nel modo più generale, uno nuovo (α, β) ponendo u, v eguali a funzioni di α, β:

$$u = u\ (\alpha, \beta)\quad ,\qquad v = v\ (\alpha, \beta).$$

Per altro è da osservarsi che se per es. $u\ (\alpha, \beta)$ contenesse una sola delle nuove variabili, poniamo α, le linee coordinate u non verrebbero cangiate per tale trasformazione, essendo α costante con u e viceversa; soltanto il parametro che le individua nel loro sistema verrebbe cangiato da u in α.

In fine notiamo che rispetto alle funzioni

$$x\,(u,\,v)\quad,\quad y\,(u,\,v)\quad,\quad z\,(u,\,v)\;,$$

che danno le coordinate cartesiane dei punti della superficie, si supporrà sempre in seguito che: *in tutto il campo di variabilità da considerarsi per u, v esse siano finite e continue ed ammettano, rispetto ad u, v le derivate parziali prime, seconde e terze pure finite e continue, tranne tutto al più in punti singolari o linee singolari isolate.*

Le coordinate curvilinee che abbiamo così introdotto diconsi anche *coordinate di Gauss*. Esse sono utilissime nell'analisi delle proprietà delle superficie, come quelle che per loro natura sono già intimamente legate alla superficie in sè, astrazion fatta dalla sua posizione nello spazio.

33. Supponiamo scelto sopra una superficie S un sistema di coordinate curvilinee (u, v) ed espresse quindi colle formole (1) le coordinate correnti di un punto della superficie.

Se consideriamo una linea qualunque

$$(a)\qquad \varphi\,(u,\,v) = 0$$

tracciata sulla superficie e con ds indichiamo il suo elemento d'arco, avremo

$$ds^2 = dx^2 + dy^2 + dz^2\,,$$

ove per x, y, z si sostituiscano i valori (1) e in questi u, v siano legati dalla (a). Ora abbiamo

$$dx = \frac{\partial x}{\partial u}\,du + \frac{\partial x}{\partial v}\,dv\;,\quad dy = \frac{\partial y}{\partial u}\,du + \frac{\partial y}{\partial v}\,dv\;,\quad dz = \frac{\partial z}{\partial u}\,du + \frac{\partial z}{dv}\,dv\;,$$

quindi ponendo con Gauss

$$(4)\qquad \begin{cases} E = \left(\dfrac{\partial x}{\partial u}\right)^2 + \left(\dfrac{\partial y}{\partial u}\right)^2 + \left(\dfrac{\partial z}{\partial u}\right)^2 \\[2ex] F = \dfrac{\partial x}{\partial u}\dfrac{\partial x}{\partial v} + \dfrac{\partial y}{\partial u}\dfrac{\partial y}{\partial v} + \dfrac{\partial z}{\partial u}\dfrac{\partial z}{\partial v} \\[2ex] G = \left(\dfrac{\partial x}{\partial v}\right)^2 + \left(\dfrac{\partial y}{\partial v}\right)^2 + \left(\dfrac{\partial z}{\partial v}\right)^2, \end{cases}$$

avremo

$$(5)\qquad ds^2 = E\,du^2 + 2\,F\,du\,dv + G\,dv^2\,,$$

dove, essendo u, v legate dalla (a), saranno conseguentemente i differenziali

du, dv vincolati dalla relazione

$$\frac{\partial\varphi}{\partial u}\,du + \frac{\partial\varphi}{\partial v}\,dv = 0\,.$$

Valendo la (5) per qualunque linea tracciata sulla superficie, l'espressione data per ds dalla (5) si dirà l'*elemento lineare* della superficie.

La forma differenziale quadratica

$$\mathrm{E}\,du^2 + 2\,\mathrm{F}\,du\,dv + \mathrm{G}\,dv^2\,,$$

che ne eguaglia il quadrato, si dirà la *prima forma quadratica fondamentale*. Il suo discriminante

$$\mathrm{E}\,\mathrm{G} - \mathrm{F}^2 = \left\| \begin{matrix} \dfrac{\partial x}{\partial u} & \dfrac{\partial y}{\partial u} & \dfrac{\partial z}{\partial u} \\ \\ \dfrac{\partial x}{\partial v} & \dfrac{\partial y}{\partial v} & \dfrac{\partial z}{\partial v} \end{matrix} \right\|^2$$

è positivo, cioè la forma stessa è *definita*.

È chiaro che i suoi coefficienti E, F, G dati dalle (2) sono funzioni finite e continue di u, v ed ammettono (per le ipotesi fatte) le derivate parziali prime e seconde pure finite e continue. Inoltre E, G, come $\mathrm{E}\,\mathrm{G}-\mathrm{F}^2$, sono sempre positivi e coi simboli

$$\sqrt{\mathrm{E}}\;,\quad \sqrt{\mathrm{G}}\;,\quad \sqrt{\mathrm{E}\,\mathrm{G}-\mathrm{F}^2}$$

denoteremo sempre in seguito i valori positivi dei radicali.

In ogni punto di una linea coordinata u, o v distingueremo la direzione *positiva* della linea dalla opposta negativa e converremo di assumere per direzione positiva delle linee u quella secondo cui cresce l'altro parametro v, e così per direzione positiva delle linee v quella del parametro u crescente. Ne segue che se ds_u, ds_v indicano gli archi elementari positivi delle linee u, v, si avrà per la (5)

$$ds_u = \sqrt{\mathrm{G}}\,dv \quad , \quad ds_v = \sqrt{\mathrm{E}}\,du\,.$$

Se

$$\cos\,(\widehat{ux}) \quad , \quad \cos\,(\widehat{uy}) \quad , \quad \cos\,(\widehat{uz})$$

$$\cos\,(\widehat{vx}) \quad , \quad \cos\,(\widehat{vy}) \quad , \quad \cos\,(\widehat{vz})$$

denotano i coseni di direzione (positiva) delle tangenti alle linee coordinate u, v avremo dunque:

$$(b)\quad\begin{cases}\cos(\widehat{ux}) = \dfrac{1}{\sqrt{G}}\dfrac{\partial x}{\partial v}, \cos(\widehat{uy}) = \dfrac{1}{\sqrt{G}}\dfrac{\partial y}{\partial v}, \cos(\widehat{uz}) = \dfrac{1}{\sqrt{G}}\dfrac{\partial z}{\partial v}\\[2ex] \cos(\widehat{vx}) = \dfrac{1}{\sqrt{E}}\dfrac{\partial x}{\partial u}, \cos(\widehat{vy}) = \dfrac{1}{\sqrt{E}}\dfrac{\partial y}{\partial u}, \cos(\widehat{vz}) = \dfrac{1}{\sqrt{E}}\dfrac{\partial z}{\partial u}\,.\end{cases}$$

Indicando con ω l'angolo, compreso fra 0 e π, formato in un punto della superficie dalle direzioni positive delle linee coordinate u, v che vi passano, avremo

$$\cos\omega = \cos(\widehat{ux})\cos(\widehat{vx}) + \cos(\widehat{uy})\cos(\widehat{vy}) + \cos(\widehat{uz})\cos(\widehat{vz})\,,$$

ovvero per le precedenti e per le (4):

$$(6)\qquad \cos\omega = \frac{F}{\sqrt{EG}}\,;$$

ne risulta poi

$$(6^*)\qquad \operatorname{sen}\omega = \frac{\sqrt{EG-F^2}}{\sqrt{EG}}\,,$$

i valori adottati pei radicali essendo al solito i positivi.

Dalla (6) risulta: *La condizione necessaria e sufficiente affinchè le linee coordinate u, v siano ortogonali fra loro è che nella espressione* (5) *dell'elemento lineare sia* $F=0$.

Osservazione. — Consideriamo il quadrilatero infinitesimo racchiuso sulla superficie dalle quattro linee coordinate u, $u+du$, v, $v+dv$; esso, a meno d'infinitesimi d'ordine superiore, può riguardarsi come un parallelagrammo e poichè

$$\sqrt{E}\,du\quad,\quad\sqrt{G}\,dv$$

sono le lunghezze dei suoi lati mentre l'angolo ω racchiuso dai due primi lati (u, v) è dato dalla (6^*) la sua area sarà

$$\sqrt{EG-F^2}\,du\,dv$$

onde il teorema: *L'elemento d'area $d\sigma$ della superficie è dato dalla formola*

$$d\sigma = \sqrt{EG-F^2}\,du\,dv\,.$$

34. Consideriamo una linea qualunque C tracciata sulla superficie, per la quale sia fissata arbitrariamente la direzione positiva dell'arco s. Per misurare senza ambiguità gli angoli che in ogni suo punto la curva C fa

colle linee coordinate u, v, immaginiamo in ogni punto P della superficie il piano tangente e conveniamo di riguardare come faccia positiva di questo piano quella in cui la rotazione della tangente nel senso positivo alla linea v verso la tangente alla linea u, attraverso l'angolo ω sopra definito, avviene nel senso positivo delle rotazioni, che sarà per noi quello da destra verso sinistra (*). Ciò premesso, indichiamo con θ l'angolo fra 0 e 2π, di cui deve rotare nel senso positivo sul piano tangente la direzione positiva della tangente alla linea v per sovrapporsi a quella della tangente alla curva C.

Se un punto mobile M si sposta lungo C, le sue coordinate curvilinee u, v e le cartesiane x, y, z possono riguardarsi come funzioni di s e se con

$$\cos(\widehat{Cx}) \quad , \quad \cos(\widehat{Cy}) \quad , \quad \cos(\widehat{Cz})$$

indichiamo i coseni di direzione della tangente alla curva C, si avrà quindi:

$$(c) \qquad \cos(\widehat{Cx}) = \frac{\partial x}{\partial u}\frac{du}{ds} + \frac{\partial x}{\partial v}\frac{dv}{ds}, \quad \cos(\widehat{Cy}) = \frac{\partial y}{\partial u}\frac{du}{ds} + \frac{\partial y}{\partial v}\frac{dv}{ds},$$
$$\cos(\widehat{Cz}) = \frac{\partial z}{\partial u}\frac{du}{ds} + \frac{\partial z}{\partial v}\frac{dv}{ds},$$

indi

$$\cos\theta = \cos(\widehat{Cx})\cos(\widehat{vx}) + \cos(\widehat{Cy})\cos(\widehat{vy}) + \cos(\widehat{Cz})\cos(\widehat{vz}),$$

ossia per le (b) del numero precedente:

$$(7) \qquad \cos\theta = \frac{1}{\sqrt{E}}\left(E\frac{du}{ds} + F\frac{dv}{ds}\right).$$

Ora a causa della (5) abbiamo l'identità

$$\frac{1}{E}\left(E\frac{du}{ds} + F\frac{dv}{ds}\right)^2 + \frac{EG-F^2}{E}\left(\frac{dv}{ds}\right)^2 = 1,$$

onde

$$\operatorname{sen}\theta = \pm\frac{\sqrt{EG-F^2}}{\sqrt{E}}\frac{dv}{ds}.$$

L'incertezza del segno si toglie osservando che, pel modo secondo cui

(*) In ciò teniamo ferma la convenzione già fatta al n. 7 (pag. 11) rispetto alla orientazione degli assi; supponiamo cioè che sulla faccia positiva del piano $\widehat{xy}$ la direzione positiva di Oy giaccia a sinistra di quella di Ox.

abbiamo convenuto di contare θ, sen θ è positivo se v cresce con s, negativo nel caso opposto. Abbiamo dunque

$$\text{sen}\,\theta = \frac{\sqrt{EG-F^2}}{\sqrt{E}}\frac{dv}{ds}\,. \tag{7*}$$

Da queste e dalle (6), (6*) del numero precedente deducesi anche

$$\text{sen}\,(\omega-\theta) = \frac{\sqrt{EG-F^2}}{\sqrt{G}}\frac{du}{ds}\,. \tag{8}$$

Come si vede dalla formola

$$\text{tang}\,\theta = \sqrt{EG-F^2}\,\frac{dv}{E\,du+F\,dv}\,, \tag{9}$$

l'angolo d'inclinazione d'una curva tracciata sulla superficie sulle linee coordinate dipende soltanto dal rapporto degli incrementi du, dv delle coordinate curvilinee lungo la curva stessa.

Se le linee coordinate u, v sono ortogonali ($F=0$) le nostre formole diventano semplicemente

$$\cos\theta = \sqrt{E}\,\frac{du}{ds}\,,\quad \text{sen}\,\theta = \sqrt{G}\,\frac{dv}{ds}\,,\quad \text{tg}\,\theta = \sqrt{\frac{G}{E}}\,\frac{dv}{du}\,. \tag{10}$$

Supponiamo ora che sulla superficie S da un punto M della curva C esca una seconda curva C′ ortogonale alla C e cerchiamo di esprimere la condizione per la loro ortogonalità.

Nel punto M i coseni di direzione della tangente alla C sono dati dalle (c) e se con δs indichiamo l'elemento d'arco della C′, con δu, δv gli incrementi delle coordinate curvilinee spostandosi da M nella direzione della C′, avremo similmente:

$$\cos(C'x) = \frac{\partial x}{\partial u}\frac{\delta u}{\delta s} + \frac{\partial x}{\partial v}\frac{\delta v}{\delta s}\,,\quad \cos(C'y) = \frac{\partial y}{\partial u}\frac{\delta u}{\delta s} + \frac{\partial y}{\partial v}\frac{\delta v}{\delta s}\,,$$

$$\cos(C'z) = \frac{\partial z}{\partial u}\frac{\delta u}{\delta s} + \frac{\partial z}{\partial v}\frac{\delta v}{\delta s}$$

e la condizione d'ortogonalità

$$\cos(Cx)\cos(C'x) + \cos(Cy)\cos(C'y) + \cos(Cz)\cos(C'z) = 0$$

diventa quindi

$$E\,du\,\delta u + F\,(du\,\delta v + dv\,\delta u) + G\,dv\,\delta v = 0\,. \tag{11}$$

Essa esprime insomma la condizione perchè i due elementi lineari spiccati dal punto (u, v) della superficie ai due punti infinitamente vicini $(u+du, v+dv)$, $(u+\delta u, v+\delta v)$ siano fra loro ortogonali.

Per mezzo della (11) possiamo facilmente risolvere il problema: *Dato un sistema ∞^1 di curve sulla superficie, trovare l'equazione differenziale delle loro traiettorie ortogonali.* L'equazione delle curve del sistema dato, risoluta rispetto alla costante arbitraria c, sia

$$\varphi(u, v) = c.$$

Se δu, δv sono gli incrementi delle coordinate curvilinee (u, v) di un punto, spostandosi lungo la linea φ che vi passa, si avrà evidentemente:

$$\frac{\partial\varphi}{\partial u}\,\delta u + \frac{\partial\varphi}{\partial v}\,\delta v = 0\,,$$

cioè

$$\delta u : \delta v = \frac{\partial\varphi}{\partial v} : -\frac{\partial\varphi}{\partial u}$$

e la (11) dà quindi per l'equazione differenziale cercata delle traiettorie ortogonali

$$(12)\qquad \left(E\frac{\partial\varphi}{\partial v} - F\frac{\partial\varphi}{\partial u}\right)du + \left(F\frac{\partial\varphi}{\partial v} - G\frac{\partial\varphi}{\partial u}\right)dv = 0.$$

Ma importa notare che anche se le curve del sistema φ non sono note, ma soltanto definite da un' equazione differenziale del 1.° ordine

$$M\,du + N\,dv = 0\,,$$

avendosi la proporzione

$$M : N = \frac{\partial\varphi}{\partial u} : \frac{\partial\varphi}{\partial v}\,,$$

potremo immediatamente scrivere l'equazione differenziale delle traiettorie ortogonali sotto la forma

$$(13)\qquad (EN - FM)\,du + (FN - GM)\,dv = 0.$$

35. Nelle questioni trattate al numero precedente, come in tutte quelle che concernono soltanto la così detta *geometria della superficie*, intervengono esclusivamente i coefficienti E, F, G della prima forma fondamentale. È utile quindi che fin d'ora calcoliamo i valori espliciti dei simboli di Christoffel, dei parametri differenziali e della curvatura per la nostra forma

$$E\,du^2 + 2F\,du\,dv + G\,dv^2,$$

ove considerando u come prima e v come seconda variabile faremo

$$u = x_1 \quad , \quad v = x_2$$

$$a_{11} = \mathrm{E} \quad , \quad a_{12} = \mathrm{F} \quad , \quad a_{22} = \mathrm{G} \ ,$$

quindi

$$\mathrm{A}_{11} = \frac{\mathrm{G}}{\mathrm{EG} - \mathrm{F}^2} \, , \ \mathrm{A}_{12} = - \frac{\mathrm{F}}{\mathrm{EG} - \mathrm{F}^2} \, , \ \mathrm{A}_{22} = \frac{\mathrm{E}}{\mathrm{EG} - \mathrm{F}^2} \ .$$

I simboli di Christoffel di 1.ª e 2.ª specie hanno quindi i valori che riuniamo nella tabella seguente:

$$(\mathrm{A}) \left\{ \begin{aligned}
&\begin{bmatrix} 11 \\ 1 \end{bmatrix} = \frac{1}{2}\frac{\partial \mathrm{E}}{\partial u} \, , \quad \begin{bmatrix} 12 \\ 1 \end{bmatrix} = \frac{1}{2}\frac{\partial \mathrm{E}}{\partial v} \, , \quad \begin{bmatrix} 22 \\ 1 \end{bmatrix} = \frac{\partial \mathrm{F}}{\partial v} - \frac{1}{2}\frac{\partial \mathrm{G}}{\partial u} \\
&\begin{bmatrix} 11 \\ 2 \end{bmatrix} = \frac{\partial \mathrm{F}}{\partial u} - \frac{1}{2}\frac{\partial \mathrm{E}}{\partial v} \, , \quad \begin{bmatrix} 12 \\ 2 \end{bmatrix} = \frac{1}{2}\frac{\partial \mathrm{G}}{\partial u} \, , \quad \begin{bmatrix} 22 \\ 2 \end{bmatrix} = \frac{1}{2}\frac{\partial \mathrm{G}}{\partial v} \\
&\begin{Bmatrix} 11 \\ 1 \end{Bmatrix} = \frac{\mathrm{G}\dfrac{\partial \mathrm{E}}{\partial u} + \mathrm{F}\dfrac{\partial \mathrm{E}}{\partial v} - 2\,\mathrm{F}\dfrac{\partial \mathrm{F}}{\partial u}}{2\,(\mathrm{EG} - \mathrm{F}^2)} \, , \quad \begin{Bmatrix} 11 \\ 2 \end{Bmatrix} = \frac{-\mathrm{F}\dfrac{\partial \mathrm{E}}{\partial u} + 2\,\mathrm{E}\dfrac{\partial \mathrm{F}}{\partial u} - \mathrm{E}\dfrac{\partial \mathrm{E}}{\partial v}}{2\,(\mathrm{EG} - \mathrm{F}^2)} \\
&\begin{Bmatrix} 12 \\ 1 \end{Bmatrix} = \frac{\mathrm{G}\dfrac{\partial \mathrm{E}}{\partial v} - \mathrm{F}\dfrac{\partial \mathrm{G}}{\partial u}}{2\,(\mathrm{EG} - \mathrm{F}^2)} \, , \quad \begin{Bmatrix} 12 \\ 2 \end{Bmatrix} = \frac{\mathrm{E}\dfrac{\partial \mathrm{G}}{\partial u} - \mathrm{F}\dfrac{\partial \mathrm{E}}{\partial v}}{2\,(\mathrm{EG} - \mathrm{F}^2)} \\
&\begin{Bmatrix} 22 \\ 1 \end{Bmatrix} = \frac{-\mathrm{F}\dfrac{\partial \mathrm{G}}{\partial v} + 2\,\mathrm{G}\dfrac{\partial \mathrm{F}}{\partial v} - \mathrm{G}\dfrac{\partial \mathrm{G}}{\partial u}}{2\,(\mathrm{EG} - \mathrm{F}^2)} \, , \quad \begin{Bmatrix} 22 \\ 2 \end{Bmatrix} = \frac{\mathrm{E}\dfrac{\partial \mathrm{G}}{\partial v} + \mathrm{F}\dfrac{\partial \mathrm{G}}{\partial u} - 2\,\mathrm{F}\dfrac{\partial \mathrm{F}}{\partial v}}{2\,(\mathrm{EG} - \mathrm{F}^2)} .
\end{aligned} \right.$$

I parametri differenziali 1.° e 2.° di una funzione arbitraria φ e il parametro differenziale misto di due funzioni arbitrarie φ, ψ assumono le rispettive espressioni:

$$(14) \qquad \Delta_1 \varphi = \frac{\mathrm{E}\left(\dfrac{\partial \varphi}{\partial v}\right)^2 - 2\,\mathrm{F}\dfrac{\partial \varphi}{\partial u}\dfrac{\partial \varphi}{\partial v} + \mathrm{G}\left(\dfrac{\partial \varphi}{\partial u}\right)^2}{\mathrm{E\,G} - \mathrm{F}^2}$$

$$(15) \quad \Delta_2 \varphi = \frac{1}{\sqrt{\mathrm{E\,G} - \mathrm{F}^2}} \left\{ \frac{\partial}{\partial u} \left[\frac{\mathrm{G}\dfrac{\partial \varphi}{\partial u} - \mathrm{F}\dfrac{\partial \varphi}{\partial v}}{\sqrt{\mathrm{E\,G} - \mathrm{F}^2}} \right] + \frac{\partial}{\partial v} \left[\frac{\mathrm{E}\dfrac{\partial \varphi}{\partial v} - \mathrm{F}\dfrac{\partial \varphi}{\partial u}}{\sqrt{\mathrm{E\,G} - \mathrm{F}^2}} \right] \right\}$$

$$(16) \quad \nabla\,(\varphi, \psi) = \frac{\mathrm{E}\dfrac{\partial \varphi}{\partial v}\dfrac{\partial \psi}{\partial v} - \mathrm{F}\left(\dfrac{\partial \varphi}{\partial u}\dfrac{\partial \psi}{\partial v} + \dfrac{\partial \varphi}{\partial v}\dfrac{\partial \psi}{\partial u}\right) + \mathrm{G}\dfrac{\partial \varphi}{\partial u}\dfrac{\partial \psi}{\partial u}}{\mathrm{E\,G} - \mathrm{F}^2} .$$

Per la curvatura della nostra forma fondamentale (di cui impareremo più tardi a conoscere il significato geometrico come curvatura della superficie) dalla (III) n. 28 pag. (52), sostituendo ai simboli $\begin{Bmatrix} 11 \\ 2 \end{Bmatrix}$, $\begin{Bmatrix} 12 \\ 2 \end{Bmatrix}$ i valori effettivi dati nella tabella (A), abbiamo l'espressione:

$$(17) \qquad K = \frac{1}{2\sqrt{EG-F^2}} \left\{ \frac{\partial}{\partial u} \left[\frac{F}{E\sqrt{EG-F^2}} \frac{\partial E}{\partial v} - \frac{1}{\sqrt{EG-F^2}} \frac{\partial G}{\partial u} \right] + \right.$$

$$\left. + \frac{\partial}{\partial v} \left[\frac{2}{\sqrt{EG-F^2}} \frac{\partial F}{\partial u} - \frac{1}{\sqrt{EG-F^2}} \frac{\partial E}{\partial v} - \frac{F}{E\sqrt{EG-F^2}} \frac{\partial E}{\partial u} \right] \right\}.$$

Supponiamo in particolare che le linee coordinate siano ortogonali, cioè $F=0$; allora l'espressione precedente per K diventa:

$$(18) \qquad K = -\frac{1}{\sqrt{EG}} \left\{ \frac{\partial}{\partial u} \left(\frac{1}{\sqrt{E}} \frac{\partial \sqrt{G}}{\partial u} \right) + \frac{\partial}{\partial v} \left(\frac{1}{\sqrt{G}} \frac{\partial \sqrt{E}}{\partial v} \right) \right\}.$$

Ancor più in particolare se, essendo sempre $F=0$, è inoltre

$$E = G = \lambda$$

(ciò che si può ottenere per qualsiasi superficie come ora vedremo) ne risulterà per K l'espressione semplicissima:

$$(19) \qquad K = -\frac{1}{2\lambda} \left\{ \frac{\partial^2 \log \lambda}{\partial u^2} + \frac{\partial^2 \log \lambda}{\partial v^2} \right\}.$$

Per mezzo dei parametri differenziali, possiamo risolvere il problema di calcolare i coefficienti della forma trasformata della fondamentale

$$E\, du^2 + 2\, F\, du\, dv + G\, dv^2,$$

quando alle variabili u, v se ne sostituiscano due nuove arbitrarie φ, ψ. Sia infatti

$$E_1\, d\varphi^2 + 2\, F_1\, d\varphi\, d\psi + G_1\, d\psi^2$$

la forma trasformata. Per la proprietà fondamentale dei parametri differenziali, i valori di

$$\Delta_1 \varphi \quad , \quad \nabla(\varphi, \psi) \quad , \quad \Delta_1 \psi$$

calcolati per la forma primitiva sono eguali a quelli calcolati per la trasformata. Ma per quest'ultima risulta dalle (14) (16)

$$\Delta_1 \varphi = \frac{G_1}{E_1 G_1 - F_1^2}, \quad \nabla(\varphi, \psi) = -\frac{F_1}{E_1 G_1 - F_1^2}, \quad \Delta_1 \psi = \frac{E_1}{E_1 G_1 - F_1^2},$$

da cui

$$\Delta_1 \varphi \, \Delta_1 \psi - \nabla^2(\varphi, \psi) = \frac{1}{E_1 G_1 - F_1^2}$$

e però

$$(20) \qquad E_1 = \frac{\Delta_1 \psi}{\Delta_1 \varphi \, \Delta_1 \psi - \nabla^2(\varphi, \psi)}, \quad F_1 = \frac{-\nabla(\varphi, \psi)}{\Delta_1 \varphi \, \Delta_1 \psi - \nabla^2(\varphi, \psi)},$$

$$G_1 = \frac{\Delta_1 \varphi}{\Delta_1 \varphi \, \Delta_1 \psi - \nabla^2(\varphi, \psi)}.$$

Come si vede, la condizione perchè le nuove linee coordinate

$$\varphi = \text{cost}^{\text{te}} \quad , \quad \psi = \text{cost}^{\text{te}}$$

siano ortogonali è che si abbia:

$$\nabla(\varphi, \psi) = 0,$$

il che risulta altresì dal n. 34 (pag. 65).

Osserviamo poi che il denominatore comune nelle (20) si può mettere identicamente sotto la forma

$$\Delta_1 \varphi \, \Delta_1 \psi - \nabla^2(\varphi, \psi) = \frac{1}{EG - F^2} \begin{vmatrix} \frac{\partial \varphi}{\partial u} & \frac{\partial \varphi}{\partial v} \\ \frac{\partial \psi}{\partial u} & \frac{\partial \psi}{\partial v} \end{vmatrix}^2 .$$

Applichiamo subito le formole (20) alla dimostrazione dell'importante proprietà, già superiormente accennata, che cioè si può (in infiniti modi) eseguire un tale cangiamento di variabili, che ne risulti

$$E_1 = G_1 \quad , \quad F_1 = 0 .$$

A tale scopo prendiamo per φ una soluzione dell'equazione a derivate parziali del 2.° ordine

$$\Delta_2 \varphi = 0,$$

cioè:

$$\frac{\partial}{\partial u}\left(\frac{G \frac{\partial \varphi}{\partial u} - F \frac{\partial \varphi}{\partial v}}{\sqrt{EG - F^2}}\right) + \frac{\partial}{\partial v}\left(\frac{E \frac{\partial \varphi}{\partial v} - F \frac{\partial \varphi}{\partial u}}{\sqrt{EG - F^2}}\right) = 0 .$$

L' espressione

$$-\frac{E\frac{\partial\varphi}{\partial v}-F\frac{\partial\varphi}{\partial u}}{\sqrt{EG-F^2}}\,du+\frac{G\frac{\partial\varphi}{\partial u}-F\frac{\partial\varphi}{\partial v}}{\sqrt{EG-F^2}}\,dv$$

è dunque il differenziale esatto di una funzione, che indicheremo con ψ, e si ha:

$$(21)\qquad \begin{cases} \dfrac{\partial\psi}{\partial u}=-\dfrac{E\frac{\partial\varphi}{\partial v}-F\frac{\partial\varphi}{\partial u}}{\sqrt{EG-F^2}} \\[2ex] \dfrac{\partial\psi}{\partial v}=\dfrac{G\frac{\partial\varphi}{\partial u}-F\frac{\partial\varphi}{\partial v}}{\sqrt{EG-F^2}}\,. \end{cases}$$

Queste, risolute rapporto alle derivate di φ, danno

$$(21^*)\qquad \begin{cases} \dfrac{\partial\varphi}{\partial u}=\dfrac{E\frac{\partial\psi}{\partial v}-F\frac{\partial\psi}{\partial u}}{\sqrt{EG-F^2}} \\[2ex] \dfrac{\partial\varphi}{\partial v}=-\dfrac{G\frac{\partial\psi}{\partial u}-F\frac{\partial\psi}{\partial v}}{\sqrt{EG-F^2}}\,; \end{cases}$$

ne risulta che la funzione ψ, determinata a meno di una costante additiva dalle (21), è alla sua volta una soluzione di

$$\Delta_2\,\psi=0$$

e noi la diremo la *soluzione coniugata* di φ.

Segue inoltre che si ha

$$\nabla(\varphi,\psi)=0\quad,\quad \Delta_1\,\varphi=\Delta_1\,\psi$$

e però la forma trasformata, ponendo

$$\lambda=\frac{1}{\Delta_1\,\varphi}=\frac{1}{\Delta_1\,\psi}\,,$$

assume, per le (20), la forma enunciata

$$\lambda\,(d\varphi^2+d\psi^2)\,.$$

37. Il risultato ultimamente conseguito è di tanta importanza che sarà bene ritrovarlo per altra via.

Decomponiamo la forma quadratica

$$ds^2 = E\,du^2 + 2\,F\,du\,dv + G\,dv^2$$

nei suoi due fattori lineari immaginarii coniugati

$$ds^2 = \left\{ \sqrt{E}\,du + (F + i\sqrt{EG - F^2})\frac{dv}{\sqrt{E}} \right\} \left\{ \sqrt{E}\,du + (F - i\sqrt{EG - F^2})\frac{dv}{\sqrt{E}} \right\}.$$

Dal calcolo integrale si sa che esistono fattori integranti di

$$(a) \qquad \sqrt{E}\,du + (F + i\sqrt{E\,G - F^2})\frac{dv}{\sqrt{E}}\,;$$

uno di essi sia

$$\mu + i\,\nu$$

talchè avremo, indicando con $\varphi + i\,\psi$ la funzione (complessa) di cui la (a), moltiplicata per $\mu + i\,\nu$, diventa il differenziale esatto:

$$(\mu + i\,\nu) \left\{ \sqrt{E}\,du + (F + i\sqrt{E\,G - F^2})\frac{dv}{\sqrt{E}} \right\} = d\varphi + i\,d\psi$$

onde

$$(\mu - i\,\nu) \left\{ \sqrt{E}\,du + (F - i\sqrt{E\,G - F^2})\frac{dv}{\sqrt{E}} \right\} = d\varphi - i\,d\psi$$

e moltiplicando queste due ultime fra loro, col porre $\lambda = \dfrac{1}{\mu^2 + \nu^2}$, risulta

$$(22) \qquad ds^2 = \lambda\,(d\varphi^2 + d\psi^2)\,.$$

Questi particolari sistemi ortogonali (φ, ψ) che danno all'elemento lineare della superficie la forma caratteristica (22) diconsi *sistemi isotermi*. La loro ricerca dipende, come si vede, dall'integrazione dell'equazione

$$\sqrt{E}\,du + (F + i\sqrt{E\,G - F^2})\frac{dv}{\sqrt{E}} = 0\,,$$

ossia

$$ds^2 = E\,du^2 + 2\,F\,du\,dv + G\,dv^2 = 0\,.$$

Le linee *immaginarie* della superficie, determinate da questa equazione, diconsi perciò le linee di lunghezza nulla; esse sono caratterizzate dalla proprietà che le loro tangenti si appoggiano al circolo immaginario all'infinito.

I sistemi isotermi (φ, ψ) godono di una proprietà geometrica, che li caratterizza. Per enunciarla, osserviamo che il quadrilatero, racchiuso sulla superficie da due linee φ, ψ e dalle due infinitamente vicine nei rispettivi sistemi

$$\varphi + d\varphi \quad , \quad \psi + d\psi \, ,$$

può riguardarsi, a meno di infinitesimi di ordine superiore, come un rettangolo. Ora se il sistema (φ, ψ) è isotermo e si fanno crescere φ, ψ per incrementi infinitesimi $d\varphi$, $d\psi$ costanti, prendendo inoltre $d\varphi = d\psi$, si ha il risultato in questione: *I sistemi isotermi dividono la superficie in quadrati infinitesimi.*

In fine osserviamo, ritornando alle formole (21), che se il sistema primitivo (u, v) era già isotermo esse diventano semplicemente:

$$\begin{cases} \dfrac{\partial \varphi}{\partial u} = \dfrac{\partial \psi}{\partial v} \\[2ex] \dfrac{\partial \varphi}{\partial v} = -\dfrac{\partial \psi}{\partial u} \, . \end{cases}$$

Queste esprimono, come è ben noto, che

$$\varphi + i\,\psi$$

è funzione della variabile complessa $u + i\,v$.

Poichè inoltre, mutando ψ in $-\psi$, la forma caratteristica (22) non cangia, abbiamo il risultato. *Noto sulla superficie* S *un sistema isotermo* (φ, ψ), *ogni altro sistema isotermo* (φ', ψ') *si ottiene ponendo*

$$\varphi' + i\,\psi' = \mathrm{F}\,(\varphi \pm i\,\psi) \, ,$$

dove F *è il simbolo di una funzione arbitraria di variabile complessa.*

Aggiungiamo che ad ogni funzione complessa

$$\varphi + i\,\psi \, ,$$

formata con due soluzioni coniugate dell'equazione

$$\Delta_2\,\varphi = 0 \, ,$$

si dà il nome di *variabile complessa sulla superficie.*

38. Se in un sistema isotermo, che dà all'elemento lineare della superficie la forma

$$ds^2 = \lambda\,(du_1{}^2 + dv_1{}^2) \, ,$$

senza cangiare le linee coordinate u_1, v_1, si cangiano i parametri che le determinano ponendo

$$u_1 = \varphi(u) \quad , \quad v_1 = \psi(v),$$

l'elemento lineare prende la forma

$$ds^2 = \lambda\,(\varphi'^2(u)\,du^2 + \psi'^2(v)\,dv^2),$$

in cui il quoziente di

$$E = \lambda\,\varphi'^2(u) \text{ per } G = \lambda\,\psi'^2(v)$$

è evidentemente il quoziente (o il prodotto) di una funzione della sola u per una funzione della sola v. Inversamente, se in un sistema ortogonale (u, v)

$$ds^2 = E\,du^2 + G\,dv^2 \tag{23}$$

si ha

$$\frac{E}{G} = \frac{U}{V}, \tag{24}$$

essendo U funzione della sola u e V della sola v, si potrà scrivere anche

$$E = \lambda U \quad , \quad G = \lambda V,$$

onde

$$ds^2 = \lambda\,(U\,du^2 + V\,dv^2)$$

e cangiando i parametri (u, v) col porre

$$\int\sqrt{U}\,du = u_1 \quad , \quad \int\sqrt{V}\,dv = v_1,$$

avremo la forma

$$ds^2 = \lambda\,(du_1{}^2 + dv_1{}^2)\,.$$

Per questa ragione, se nel sistema ortogonale (u, v) è verificata la condizione (24), il sistema (u, v) dicesi ancora isotermo. I parametri u_1, v_1, che danno all'elemento lineare la forma caratteristica con E=G, diconsi *parametri isometrici*.

Dopo queste osservazioni, possiamo facilmente esprimere la condizione affinchè le linee

$$\varphi = \text{cost}^{\text{te}}$$

insieme con le traiettorie ortogonali, formino un sistema isotermo. Per ciò è necessario e sufficiente che, cangiando convenientemente il parametro φ col porre

$$\varphi_1 = F(\varphi),$$

risulti

$$\Delta_2\,\varphi_1 = 0\,.$$

Ma risulta subito dalla (15) n. 35 (pag. 66).

$$\Delta_2 [F(\varphi)] = F'(\varphi)\, \Delta_2 \varphi + F''(\varphi)\, \Delta_1 \varphi ,$$

gli accenti indicando derivate rapporto a φ e però

$$\frac{\Delta_2 \varphi}{\Delta_1 \varphi} = - \frac{F''(\varphi)}{F'(\varphi)} . \tag{25}$$

Il secondo membro è una funzione della sola φ e tale deve essere anche il primo. Inversamente se $\dfrac{\Delta_2 \varphi}{\Delta_1 \varphi}$ è funzione della sola φ, si può (dalla precedente) determinare $F(\varphi)$ in modo che risulti

$$\Delta_2 F(\varphi) = 0 .$$

Dunque: *La condizione necessaria e sufficiente affinchè le linee* $\varphi = \cos^{te}$, *insieme colle traiettorie ortogonali, formino un sistema isotermo è che il rapporto dei due parametri differenziali 1° e 2° di* φ *sia funzione di* φ *soltanto.*

39. Supposta soddisfatta la condizione ora enunciata, cioè note in un sistema doppio ortogonale isotermo le linee di uno dei due sistemi

$$\varphi = \cos^{te} ,$$

quelle dell'altro sistema si avranno con quadrature. E invero le (21) n. 36 (pag. 69), ove si cangi φ in $F(\varphi)$, danno

$$\left\{ \begin{aligned} \frac{\partial \psi}{\partial u} &= - F'(\varphi) \frac{E \dfrac{\partial \varphi}{\partial v} - F \dfrac{\partial \varphi}{\partial u}}{\sqrt{EG - F^2}} \\ \frac{\partial \psi}{\partial v} &= F'(\varphi) \frac{G \dfrac{\partial \varphi}{\partial u} - F \dfrac{\partial \varphi}{\partial v}}{\sqrt{EG - F^2}} , \end{aligned} \right.$$

mentre dalla (25) segue

$$F'(\varphi) = e^{- \int \frac{\Delta_2 \varphi}{\Delta_1 \varphi} d\varphi} .$$

Possiamo enunciare questo risultato sotto la forma: *Se le linee* $\varphi = \cos^{te}$ *appartengono ad un doppio sistema isotermo, scritta l'equazione differenziale delle traiettorie ortogonali sotto la forma* (pag. 65)

$$\frac{E \dfrac{\partial \varphi}{\partial v} - F \dfrac{\partial \varphi}{\partial u}}{\sqrt{EG - F^2}}\, du - \frac{G \dfrac{\partial \varphi}{\partial u} - F \dfrac{\partial \varphi}{\partial v}}{\sqrt{EG - F^2}}\, dv = 0 ,$$

se ne ha immediatamente un fattore integrante dato da

$$\mu = e^{-\int \frac{\Delta_2 \varphi}{\Delta_1 \varphi} d\varphi} .$$

Possiamo, con Lie, spingere più avanti la presente ricerca e dimostrare che: *se delle linee di un sistema isotermo si conosce soltanto un' equazione differenziale del 1.° ordine*

$$M\,du + N\,dv = 0 ,$$

di cui esse sono gli integrali, se ne potrà avere con quadrature l' equazione in termini finiti.

E invero risulta dalle (21) n. 36 (pag. 69) che esiste in tale ipotesi un fattore integrante λ di

$$M\,du + N\,dv ,$$

che è al tempo stesso fattore integrante di

$$\frac{EN - FM}{\sqrt{EG-F^2}}\,du + \frac{FN - GM}{\sqrt{EG-F^2}}\,dv .$$

Ponendo per un momento

$$M_1 = \frac{EN - FM}{\sqrt{EG-F^2}} ,\ N_1 = \frac{FN - GM}{\sqrt{EG-F^2}} ,$$

avremo quindi le due equazioni

$$\left\{ \begin{aligned} \frac{\partial(\lambda M)}{\partial v} &= \frac{\partial(\lambda N)}{\partial u} \\ \frac{\partial(\lambda M_1)}{\partial v} &= \frac{\partial(\lambda N_1)}{\partial u} \end{aligned} \right.$$

da cui

$$(26) \qquad \frac{\partial \log \lambda}{\partial u} = \frac{M_1\left(\frac{\partial N}{\partial u} - \frac{\partial M}{\partial v}\right) - M\left(\frac{\partial N_1}{\partial u} - \frac{\partial M_1}{\partial v}\right)}{M N_1 - M_1 N} ,$$

$$\frac{\partial \log \lambda}{\partial v} = \frac{N_1\left(\frac{\partial N}{\partial u} - \frac{\partial M}{\partial v}\right) - N\left(\frac{\partial N_1}{\partial u} - \frac{\partial M_1}{\partial v}\right)}{M N_1 - N M_1}$$

e però λ si ha con quadrature (*).

(*) Si noti che

$$-M N_1 + N M_1 = E N^2 - 2 F M N + G M^2 ,$$

a causa di $EG - F^2 > 0$, non può essere nullo.

Si osserverà che si ha qui al tempo stesso il modo di decidere dall'equazione differenziale

$$M\,du + N\,dv = 0\,,$$

se le linee integrali appartengono ad un sistema isotermo. Per le (26) è perciò necessario e sufficiente che l'espressione

$$\frac{M_1\left(\frac{\partial N}{\partial u} - \frac{\partial M}{\partial v}\right) + M\left(\frac{\partial N_1}{\partial u} - \frac{\partial M_1}{\partial v}\right)}{M N_1 - M_1 N}\,du + \\ + \frac{N_1\left(\frac{\partial N}{\partial u} - \frac{\partial M}{\partial v}\right) + N\left(\frac{\partial N_1}{\partial u} - \frac{\partial M_1}{\partial v}\right)}{M N_1 - M_1 N}\,dv$$

sia un differenziale esatto.

40. Supponiamo noto sopra una superficie un sistema isotermo ridotto ai parametri isometrici (u, v), che dia dunque all'elemento lineare la forma

$$ds^2 = \lambda\ (du^2 + dv^2)\,,$$

e interpretiamo u, v come coordinate cartesiane ortogonali ξ, η di un punto in un piano ausiliario (piano rappresentativo), ponendo

$$\xi = u\ ,\quad \eta = v\ .$$

Così ad ogni punto $P \equiv (u, v)$ della superficie, o di quella regione di superficie cui si estendono le nostre considerazioni, faremo corrispondere quel punto P' del piano rappresentativo $\xi\,\eta$, le cui coordinate cartesiane eguagliano le coordinate curvilinee di P; avremo insomma una *rappresentazione* della nostra superficie sul piano. Ed ora andiamo a stabilire che in questa rappresentazione *gli angoli sono conservati,* cioè l'angolo sotto cui si tagliano due linee qualunque della superficie è eguale a quello formato dalle linee rappresentative sul piano.

Per accertarsene, basta ricordare le formole fondamentali del n. 34, in particolare la (9) (pag. 64), che nel nostro caso diventa

$$\operatorname{tang}\,\theta = \frac{dv}{du}$$

e dimostra che ogni linea (obiettiva) sulla superficie taglia le linee $v = \text{cost}^{\text{te}}$ sotto lo stesso angolo; che la sua linea immagine sul piano fa colle rette $v = \text{cost}^{\text{te}}$.

In generale, se stabiliamo una corrispondenza fra i punti P, P' di due superficie S, S' (o regioni di superficie), in guisa che ad ogni punto P dell' una corrisponda un punto P' dell' altra e se P si muove con continuità sulla S il punto immagine P' si muova con continuità sulla S', diciamo che si fa *una rappresentazione dell' una superficie sull' altra.*

Se la rappresentazione è tale che gli angoli siano conservati, essa si dice *conforme*. Talora si esprime anche lo stesso fatto, dicendo che la rappresentazione conserva *la similitudine delle parti infinitesime*, il che corrisponde evidentemente appunto alla conservazione degli angoli.

Dietro il risultato ottenuto al principio di questo numero, è chiaro che, per risolvere il problema generale della rappresentazione conforme di una superficie S sopra una superficie S', basterà rappresentare l'una e l'altra superficie in modo conforme sopra un piano e domandare poi la più generale rappresentazione conforme dell'un piano sopra l'altro.

41. Per risolvere il problema ultimamente enunciato conviene distinguere il caso in cui gli angoli corrispondenti delle due figure piane sono eguali e dello stesso senso da quello, in cui pure essendo eguali, hanno senso contrario (*). Scelti nei due piani π, π' due sistemi di assi cartesiani ortogonali Ox, Oy; $O'x'$, $O'y'$, siano x, y le coordinate di un punto P di π, x', y' quelle del punto corrispondente P' di π'; la nostra rappresentazione sarà analiticamente espressa dalle formole:

$$x' = x'(x, y) \quad , \quad y' = y'(x, y)$$

e dobbiamo ora ricercare le condizioni, che debbono imporsi alle funzioni x', y' di x, y (che supporremo finite e continue insieme colle loro derivate parziali nella regione da rappresentarsi), perchè la rappresentazione riesca conforme.

Essendo $P \equiv (x, y)$ un punto di π, $P' \equiv (x', y')$ il corrispondente di π', consideriamo una curva di π uscente da P in una direzione arbitraria.

Per l'inclinazione θ della sua tangente sull'asse delle x, misurata nel verso positivo delle rotazioni, abbiamo la formola

$$\tag{27} \operatorname{tang} \theta = \frac{dy}{dx}$$

e per la curva C' immagine analogamente

$$\tag{27*} \operatorname{tang} \theta' = \frac{\partial y'}{\partial x'} = \frac{\dfrac{\partial y'}{\partial x} dx + \dfrac{\partial y'}{\partial y} dy}{\dfrac{\partial x'}{\partial x} dx + \dfrac{\partial x'}{\partial y} dy} .$$

Se per una seconda curva C_1, uscente da P, il valore di θ è θ_1 e il corrispondente di θ' è θ'_1 deve essere

$$\theta_1 - \theta = \theta'_1 - \theta'$$

(*) In ciò supponiamo che per l'uno e per l'altro piano si siano fissate le faccie positive e supponiamo che gli assi cartesiani ortogonali Ox, Oy; $O'x'$, $O'y'$ dei due piani siano egualmente orientati.

nel caso della conservazione diretta degli angoli e invece

$$\theta_1 - \theta = \theta' - \theta'_1$$

per la conservazione inversa. Ne segue

$$\theta' = \theta + \alpha$$

nel primo caso e

$$\theta' = -\theta + \alpha$$

nel 2.°, essendo α dipendente soltanto dal punto P, ma costante rispetto alla direzione fissata dal rapporto $\frac{dy}{dx}$. Ponendo per abbreviare

$$\tang \alpha = m,$$

avremo dunque

$$\tang \theta' = \frac{m \pm \operatorname{tg} \theta}{1 \mp m \operatorname{tg} \theta},$$

i segni superiori valendo nel 1.°, gli inferiori nel 2.° caso. Per le (27) (27*) ne risulta la equazione:

$$\frac{\frac{\partial y'}{\partial x} + \frac{\partial y'}{\partial y}\frac{dy}{dx}}{\frac{\partial x'}{\partial x} + \frac{\partial x'}{\partial y}\frac{dy}{dx}} = \frac{m \pm \frac{dy}{dx}}{1 \mp m\frac{dy}{dx}},$$

che deve valere per tutti i valori di $\frac{dy}{dx}$. Ne seguono le relazioni

$$\left\{\begin{aligned} \frac{\partial x'}{\partial x} &= \pm \frac{\partial y'}{\partial y} \\ \frac{\partial x'}{\partial y} &= \mp \frac{\partial y'}{\partial x}, \end{aligned}\right.$$

che caratterizzano $x' + i\, y'$ come funzione della variabile complessa $x \pm i\, y$. Ne concludiamo: *La più generale rappresentazione conforme di un piano sopra un altro si ottiene, ponendo la variabile complessa dell' un piano eguale ad una funzione (arbitraria) della variabile complessa dell' altro piano, o della coniugata. Nel primo caso si avrà conservazione diretta degli angoli, nel secondo gli angoli corrispondenti sono eguali e di senso contrario.*

Se ricordiamo ora il risultato al principio del numero precedente, ne deduciamo più in generale: *La più generale rappresentazione conforme di una superficie sopra un' altra si ottiene, ponendo la variabile complessa dell' una eguale a una funzione della variabile complessa sull' altra* (o della coniugata).

42. Applichiamo i risultati generali dei numeri precedenti ad una classe di superficie per le quali si sanno immediatamente determinare i sistemi isotermi, alle *superficie di rotazione*. Sopra una di tali superficie assumiamo a linee coordinate i meridiani ed i paralleli. Per parametro di un meridiano variabile prendiamo l' angolo ω, che il suo piano forma col piano di un meridiano fisso (longitudine), e per parametro del parallelo il suo raggio r, restando così escluso per ora il caso del cilindro (circolare retto). Se per asse delle z prendiamo l'asse di rotazione e per meridiano fisso, da cui si conta la longitudine ω, scegliamo quello del piano xz, le coordinate di un punto della superficie saranno date dalle formole

$$(28) \qquad x = r \cos \omega \ , \quad y = r \operatorname{sen} \omega \ , \quad z = \varphi(r) \ ,$$

essendo

$$z = \varphi(r)$$

l' equazione della curva meridiana. Per l'elemento lineare ds della superficie in coordinate r, ω abbiamo quindi

$$ds^2 = \left\{ 1 + \varphi'^2(r) \right\} dr^2 + r^2 \, d\omega^2 .$$

Cangiando il parametro r nell' arco u del meridiano, contato da un punto fisso, col porre

$$u = \int \sqrt{1 + \varphi'^2(r)\, dr} \ ,$$

avremo

$$r = \psi(u) \ ,$$

la natura della funzione ψ determinando la specie della curva meridiana, e si avrà

$$(29) \qquad ds^2 = du^2 + r^2 \, d\omega^2 .$$

Questa vale anche pel caso del cilindro, ove si ha

$$x = r \cos \omega \quad , \quad y = r \operatorname{sen} \omega \quad , \quad z = u \ ,$$

con r costante. E, poichè nella (29) r è funzione di u soltanto, ne segue pel n. 38 (pag. 72):

Sopra ogni superficie di rotazione i meridiani e i paralleli costituiscono un sistema ortogonale isotermo.

Se scriviamo poi la (29) sotto la forma

$$ds^2 = r^2 \left(\frac{du^2}{r^2} + d\omega^2 \right) ,$$

vediamo che: *I parametri isometrici sono* ω *e* $u_1 = \int \frac{du}{r}$.

Per ogni superficie di rotazione sappiamo dunque risolvere il problema di rappresentarla in modo conforme sul piano. In particolare ponendo

$$\xi = \omega \quad , \quad \eta = \int \frac{du}{r} ,$$

e riguardando ξ, η come coordinate cartesiane ortogonali di un punto sul piano rappresentativo, si avrà una rappresentazione conforme, in cui i meridiani e i paralleli hanno per rispettive immagini le rette parallele all'asse delle η o delle ξ (*).

43. Consideriamo la sfera

$$x^2 + y^2 + z^2 = 1 ,$$

il cui raggio abbiamo posto per semplicità eguale all' unità lineare. Essa può pensarsi come superficie di rotazione attorno all'asse z e le coordinate di un suo punto sono allora

$$x = \operatorname{sen} u \cos v \ , \quad y = \operatorname{sen} u \operatorname{sen} v \ , \quad z = \cos u ,$$

dove v è la *longitudine* ed u la distanza angolare del punto dal polo $u=0$, cioè il complemento della *latitudine* (colatitudine); per l'elemento lineare avremo quindi

$$ds^2 = du^2 + \operatorname{sen}^2 u \, dv^2$$

e i parametri isometrici essendo

$$u_1 = \int \frac{du}{\operatorname{sen} u} = \log \operatorname{tg} \frac{1}{2} u, \ v,$$

potremo prendere per variabile complessa sulla sfera $\tau = e^{-u_1 + iv}$, cioè

$$\tau = \cot \frac{1}{2} u \, . \, e^{+iv} . \tag{30}$$

Per variabile complessa ζ nel piano dell' equatore possiamo prendere

$$\zeta = \rho \, e^{i\theta}$$

ρ, θ essendo le coordinate polari e ponendo $\tau = \zeta$ cioè

$$\rho = \cot \frac{1}{2} u \quad , \quad \theta = v , \tag{31}$$

avremo una rappresentazione conforme della sfera sul piano dell' equatore. Questa rappresentazione può ottenersi geometricamente così. Dal polo $u=0$

(*) Si osservi che in questa rappresentazîone le *lossodromiche,* cioè le curve della superficie che tagliano sotto angolo costante i meridiani, hanno per immagini le rette del piano rappresentativo. Ne risulta p. e. il teorema seguente: *In ogni triangolo racchiuso sulla superficie di rotazione da tre archi lossodromici la somma degli angoli è eguale a due retti.*

si proietti il punto $M \equiv (u, v)$ della sfera sul piano equatoriale in m e questo sarà precisamente il punto rappresentativo, dato dalle formole (31). Tale rappresentazione della sfera sul piano prende perciò il nome di *proiezione stereografica polare.*

Oltre alla proprietà di conservare gli angoli, questa rappresentazione ha anche l'altra importantissima che ogni circolo della sfera ha per immagine un circolo sul piano e viceversa, proprietà che si può dimostrare con considerazioni geometriche elementari (*).

Dalle formole di rappresentazione (31) essa risulta subito osservando che l'equazione d'un circolo sulla sfera è

$$a \operatorname{sen} u \cos v + b \operatorname{sen} u \operatorname{sen} v + c \cos u + d = 0$$

con a, b, c, d costanti e la sua immagine piana avendo per equazione in coordinate polari (per le (31))

$$2\, a\, \rho \cos \theta + 2\, b\, \rho \operatorname{sen} \theta + c\,(\rho^2 - 1) + d\,(\rho^2 + 1) = 0\,,$$

è un circolo (o una retta). L'inversa è pur vera evidentemente.

44. Per mezzo della rappresentazione stereografica della sfera possiamo facilmente risolvere il problema: *Determinare tutti i possibili sistemi doppî ortogonali di circoli (o rette) sul piano.*

Questo sistema, riportato sulla sfera, deve pur dar luogo ad un sistema doppio ortogonale di circoli (C) (C'). Ora si vede subito che la condizione necessaria e sufficiente affinchè due circoli sulla sfera si taglino ad angolo retto, è che il piano dell'uno passi pel polo del piano dell'altro. Per ciò i poli dei piani dei circoli del sistema (C) dovendo essere situati sopra ogni piano di un circolo di (C'), il loro luogo è una retta r' per la quale passano tutti i piani del secondo sistema. Similmente tutti i piani dei circoli del sistema (C) passano per una retta r, che è evidentemente la polare reciproca di r' rispetto alla sfera.

Ne concludiamo che il modo più generale di costruire un sistema doppio ortogonale di circoli sulla sfera è d'intersecare la sfera con due fasci di piani, i cui assi siano rette polari reciproche rispetto alla sfera.

Se supponiamo dapprima che la retta r non sia tangente alla sfera, essa, o la sua polare reciproca r', intersecherà la sfera in due punti reali distinti, che saranno comuni a tutti i circoli del rispettivo sistema. Proiettando stereograficamente sul piano otteniamo:

(*) In modo molto semplice così. Si osservi dapprima che se M, M' sono due punti sulla sfera, m, m' i due punti immagini sul piano dell'equatore, il quadrilatero $M\,M'\,m'\,m$ è inscrittibile. Supponiamo che M descriva un circolo C sulla sfera e sia M' una posizione speciale di M, m' la sua immagine. La sfera che passa per C e per m' contiene, per quanto precede, tutto il circolo $M\ M'\ m'\ m$ (che ha sulla sfera tre punti) e però il luogo del punto immagine m è il circolo c d'intersezione della detta sfera col piano dell'equatore.

A) *Due fasci ortogonali di circoli l'uno coi due punti base reali, l'altro coi punti base immaginàrii.*

In particolare, se la r è l'asse polare della sfera, il sistema A) si cangia nelle rette di un fascio e nei circoli col centro nel centro del fascio.

Se r è tangente alla sfera, r' tocca la sfera nello stesso punto in direzione ortogonale a r e per proiezione stereografica si ottiene sul piano:

B) *Due sistemi di circoli che toccano nel medesimo punto due rette fra loro ortogonali.*

In particolare, se il punto di contatto di r, r' colla sfera è il polo di proiezione, abbiamo nel piano, come caso limite, un sistema doppio ortogonale di rette.

45. Supponiamo di far rotare attorno al centro la sfera su sè stessa e indicando i punti della sfera col valore della variabile complessa τ (n. 43) in esso punto (*), sia τ' il punto in cui va τ dopo il movimento. Poichè due figure descritte dai punti corrispondenti τ, τ' sono eguali, nonchè conformi, sarà τ' una funzione della variabile complessa τ ed ora diciamo che τ' è funzione lineare di τ:

$$\tau' = \frac{\alpha\,\tau + \beta}{\gamma\,\tau + \delta}\,. \tag{32}$$

Giovandoci dei teoremi fondamentali sulle funzioni di variabile complessa, ciò si dimostra subito osservando che τ' ha un valore soltanto per ogni valore di τ e inversamente. Più elementarmente lo proviamo osservando che sulla sfera, come sul piano rappresentativo, ad ogni circolo descritto da τ corrisponde un circolo descritto da τ'. Ora le rappresentazioni conformi del piano su sè stesso che cangiano i circoli in circoli sono date necessariamente da sostituzioni lineari (**).

(*) Ciò è evidentemente lecito, poichè vi ha corrispondenza univoca tra i valori della variabile complessa τ e i punti della sfera, non escluso il valore $\tau = \infty$, che ha luogo nel polo di proiezione.

(**) Che una sostituzione lineare

$$z' = \frac{\alpha z + \beta}{\gamma z + \delta} \tag{1}$$

cangi i circoli descritti da z' in circoli descritti da z (e viceversa) si prova nel modo seguente. Indicando (con Hermite) con a_0 la coniugata di una quantità arbitraria a, l'equazione di un circolo descritto da z' si scrive nel modo più generale

$$\mathrm{A}\,z'\,z'_0 + \mathrm{B}\,z' + \mathrm{B}_0\,z'_0 + \mathrm{C} = 0\,,$$

essendo A, C costanti reali. La corrispondente linea descritta da z ha per equazione, secondo la (1):

$$\mathrm{A}\,(\alpha\,z+\beta)\,(\alpha_0\,z_0+\beta_0) + \mathrm{B}\,(\alpha\,z+\beta)\,(\gamma_0\,z_0+\delta_0) + \mathrm{B}_0\,(\alpha_0\,z_0+\beta_0)\,(\gamma\,z+\delta) + \\ + \mathrm{C}\,(\gamma\,z+\delta)\,(\gamma_0\,z_0+\delta_0) = 0$$

ed è quindi nuovamente un circolo.

Il determinante $\alpha\,\delta - \beta\,\gamma$ della sostituzione lineare (32) essendo essenzialmente diverso da zero, si può supporre, senza alterare la generalità, eguale all' unità:

$$\alpha\,\delta - \beta\,\gamma = 1\,, \tag{33}$$

ed ora vogliamo ricercare quali particolari relazioni debbono aver luogo fra i coefficienti α, β, γ, δ perchè la (32) rappresenti effettivamente un puro movimento della sfera. Esprimiamo per ciò l' elemento lineare

$$ds^2 = du^2 + \text{sen}^2\, u\; dv^2$$

della sfera per la variabile complessa τ e la coniugata τ_0. Essendo

$$\tau = \cot\frac{1}{2}u\; e^{iv}\,,\quad \tau_0 = \cot\frac{1}{2}u\; e^{-iv}\,,$$

troviamo subito

$$ds^2 = \frac{4\, d\tau\, d\tau_0}{(\tau\,\tau_0 + 1)^2}\,.$$

Perchè la (32) rappresenti un movimento, è adunque necessario e sufficiente che ne risulti

$$\frac{d\tau'\, d\tau'_0}{(\tau'\,\tau'_0 + 1)^2} = \frac{d\tau\, d\tau_0}{(\tau\,\tau_0 + 1)^2}\,,$$

Osserviamo inoltre che se z_1 è un punto arbitrario del piano, la sostituzione lineare

$$z' = \frac{c}{z - z_1} \quad (c \text{ costante})$$

cangia i circoli tangenti nel pnnto fisso z_1 a una determinata direzione in rette parallele, che, prendendo c (l' argomento di c) convenientemente, possono rendersi parallele ad uno degli assi coordinati. Ciò posto sia

$$z'' = f\,(z)$$

una rappresentazione conforme del piano su sè stesso, che conservi i circoli. Le rette parallele agli assi coordinati nella figura (z'') si muteranno nella figura (z) in un sistema di circoli che toccano in un medesimo punto due rette ortogonali. Questi con una conveniente sostituzione lineare $z' = \dfrac{c}{z - z_1}$ si mutano nuovamente, sulla figura (z'), in rette parallele agli assi coordinati.

Ora, poichè ponendo $z'' = x'' + i\,y''$, $z' = x' + i\,y'$, deve risultare x'' fuuzione della sola x', o della y', e corrispondentemente y'' di y' soltanto, o di x', la relazione fra z'', z' è evidentemente

$$z'' = \alpha\, z'$$

con α costante reale (o puramente immaginaria).

Dunque z'' è legata linearmente a z c. d. d.

ovvero, avendosi per la (32)

$$d\tau' = \frac{d\tau}{(\gamma\,\tau + \delta)^2}\ ,\quad d\tau'_0 = \frac{d\tau_0}{(\gamma_0\,\tau_0 + \delta_0)^2}\ ,$$

$$(\alpha\,\tau + \beta)\,(\alpha_0\,\tau_0 + \beta_0) + (\gamma\,\tau + \delta)\,(\gamma_0\,\tau_0 + \delta_0) = \tau\,\tau_0 + 1\,.$$

L'ultima relazione, dovendo verificarsi per qualunque valore di τ, dà:

$$\begin{cases} \alpha\,\alpha_0 + \gamma\,\gamma_0 = 1 \\ \beta\,\alpha_0 + \delta\,\gamma_0 = 0 \end{cases} \qquad \begin{cases} \alpha\,\beta_0 + \gamma\,\delta_0 = 0 \\ \beta\,\beta_0 + \delta\,\delta_0 = 1\,. \end{cases}$$

Queste, per la (33), si risolvono nelle condizioni necessarie e sufficienti

$$\delta = \alpha_0\ ,\quad \gamma = -\,\beta_0\ ;$$

cioè δ è la coniugata di α e γ la coniugata di β, cangiata di segno. Ne concludiamo:

Il movimento più generale della sfera complessa in sè medesima si rappresenta colla sostituzione lineare sulla variabile complessa

$$(34)\qquad \tau' = \frac{\alpha\,\tau + \beta}{-\,\beta_0\,\tau + \alpha_0}\ ,\quad \alpha\,\alpha_0 + \beta\,\beta_0 = 1\,.$$

Questa formola è dovuta a Cayley.

In ogni tale movimento (34) della sfera in sè medesima i due punti, che corrispondono ai valori di τ radici dell'equazione di 2.° grado

$$\beta_0\,\tau^2 + (\alpha - \alpha_0)\,\tau + \beta = 0,$$

rimangono fissi. Essi sono, come è chiaro, diametralmente opposti e il movimento consiste in una pura rotazione attorno al diametro che li congiunge. Per l'ampiezza Θ di questa rotazione si trova facilmente la formola:

$$(35)\qquad \cos\left(\frac{\Theta}{2}\right) = \frac{\alpha + \alpha_0}{2}\ (*)$$

(*) La formola (35) è d'immediata evidenza nel caso $\beta = \beta_0 = 0$. Ora se con S indichiamo una qualunque sostituzione (34), con T una sostituzione (34) che porti i due punti fissi della S nei poli $\tau = 0$, $\tau = \infty$ della sfera, la trasformata di S per mezzo di T:

$$T\,S\,T^{-1}$$

è una rotazione della medesima ampiezza di S attorno all'asse polare. D'altronde S e $T\,S\,T^{-1}$ hanno la medesima somma del 1.° e del 4.° coefficiente, come si verifica subito col calcolo effettivo.

Capitolo IV.

Formole fondamentali della teoria delle superficie.

Le due forme quadratiche fondamentali $\begin{cases} \mathrm{E}\,du^2 + 2\,\mathrm{F}\,du\,dv + \mathrm{G}\,dv^2 \\ \mathrm{D}\,du^2 + 2\,\mathrm{D}'\,du\,dv + \mathrm{D}''\,dv^2 \end{cases}$ — Formole che danno le derivate seconde di x, y, z e le derivate prime di X, Y, Z — Equazioni di Gauss e Mainardi-Codazzi fra i coefficienti E, F, G, D, D', D'' delle due forme fondamentali — Esistenza e unicità della superficie corrispondente a due date forme fondamentali, per le quali le equazioni di Gauss e Codazzi sono soddisfatte — Linee di curvatura — Raggi di 1.ª curvatura delle linee tracciate sopra una superficie — Teorema di Meunier — Formola di Eulero — Indicatrice di Dupin — Curvatura totale e curvatura media — Sistemi coniugati — Linee assintotiche — Calcolo di parametri differenziali.

46. Nelle proprietà studiate nel Capitolo precedente abbiamo visto intervenire una sola forma differenziale, quella che dà l'elemento lineare della superficie

$$f = ds^2 = \mathrm{E}\,du^2 + 2\,\mathrm{F}\,du\,dv + \mathrm{G}\,dv^2,$$

cioè la *prima forma fondamentale.* Ma quando si studiano le proprietà inerenti alla effettiva forma, che la superficie ha nello spazio, insieme alla precedente interviene una seconda forma differenziale quadratica e, come fra breve vedremo: *La teoria delle superficie, considerata dal nostro punto di vista, si riduce essenzialmente allo studio di due forme differenziali quadratiche simultanee.*

Per introdurre la seconda forma differenziale accennata, cominciamo dal fissare i coseni di direzione positiva della normale alla superficie, che indicheremo costantemente con

$$\mathrm{X},\ \mathrm{Y},\ \mathrm{Z}\,.$$

Come al n. 34, fissiamo che la faccia positiva del piano tangente sia quella sulla quale la direzione positiva della tangente alla linea u giace alla sinistra rispetto a quella della linea v (*).

(*) Tenendo sempre fissa la convenzione: che sulla faccia positiva del piano xy la direzione positiva Oy giaccia a sinistra rispetto alla Ox.

La direzione positiva della normale sarà quella, verso cui è rivolta la faccia positiva del piano tangente. Per note formole di geometria analitica abbiamo allora:

$$X = \frac{1}{\operatorname{sen}\omega}\begin{vmatrix} \frac{1}{\sqrt{E}}\frac{\partial y}{\partial u}, & \frac{1}{\sqrt{E}}\frac{\partial z}{\partial u} \\ \frac{1}{\sqrt{G}}\frac{\partial y}{\partial v}, & \frac{1}{\sqrt{G}}\frac{\partial z}{\partial v} \end{vmatrix}, \quad Y = \frac{1}{\operatorname{sen}\omega}\begin{vmatrix} \frac{1}{\sqrt{E}}\frac{\partial z}{\partial u}, & \frac{1}{\sqrt{E}}\frac{\partial x}{\partial u} \\ \frac{1}{\sqrt{G}}\frac{\partial z}{\partial v}, & \frac{1}{\sqrt{G}}\frac{\partial x}{\partial v} \end{vmatrix},$$

$$Z = \frac{1}{\operatorname{sen}\omega}\begin{vmatrix} \frac{1}{\sqrt{E}}\frac{\partial x}{\partial u}, & \frac{1}{\sqrt{E}}\frac{\partial y}{\partial u} \\ \frac{1}{\sqrt{G}}\frac{\partial x}{\partial v}, & \frac{1}{\sqrt{G}}\frac{\partial y}{\partial v} \end{vmatrix},$$

ω essendo l'angolo delle linee coordinate definito al n. 33. Per la (6*) di questo numero (pag. 62) risulta adunque

$$(1) \qquad X = \frac{1}{\sqrt{EG-F^2}}\begin{vmatrix} \frac{\partial y}{\partial u} & \frac{\partial z}{\partial u} \\ \frac{\partial y}{\partial v} & \frac{\partial z}{\partial v} \end{vmatrix}, \quad Y = \frac{1}{\sqrt{EG-F^2}}\begin{vmatrix} \frac{\partial z}{\partial u} & \frac{\partial x}{\partial u} \\ \frac{\partial z}{\partial v} & \frac{\partial x}{\partial v} \end{vmatrix},$$

$$Z = \frac{1}{\sqrt{EG-F^3}}\begin{vmatrix} \frac{\partial x}{\partial u} & \frac{\partial y}{\partial u} \\ \frac{\partial x}{\partial v} & \frac{\partial z}{\partial v} \end{vmatrix}.$$

La seconda forma differenziale che introdurremo sarà

$$\varphi = -(dx\, dX + dy\, dX + dz\, dZ),$$

per la quale adopereremo costantemente la notazione

$$(2) \qquad \varphi = -\sum dx\, dX \text{ (*)} = D\, du^2 + 2\, D'\, du\, dv + D''\, dv^2.$$

Osserviamo subito le diverse forme che si possono dare ai coefficienti D, D', D'' di φ. Dalle identità

$$\sum X \frac{\partial x}{\partial u} = 0 \quad , \quad \sum X \frac{\partial x}{\partial v} = 0,$$

(*) Il simbolo sommatorio $\sum$ qui ed in seguito indica una somma di tre termini che si deducono dal primo, cangiando rispettivamente x, X in y, Y; z, Z.

derivando rapporto ad $u, v,$ seguono le altre:

$$\left\{\begin{aligned} &\sum X \frac{\partial^2 x}{\partial u^2} = -\sum \frac{\partial X}{\partial u}\frac{\partial x}{\partial u} \\ &\sum X \frac{\partial^2 x}{\partial u\,\partial v} = -\sum \frac{\partial X}{\partial v}\frac{\partial x}{\partial u} = -\sum \frac{\partial X}{\partial u}\frac{\partial x}{\partial v} \\ &\sum X \frac{\partial^2 x}{\partial v^2} = -\sum \frac{\partial X}{\partial v}\frac{\partial x}{\partial v}\,. \end{aligned}\right.$$

Abbiamo dunque:

$$(3)\qquad \left\{\begin{aligned} &D = \sum X \frac{\partial^2 x}{\partial u^2} = -\sum \frac{\partial x}{\partial u}\frac{\partial X}{\partial u} \\ &D' = \sum X \frac{\partial^2 x}{\partial u\,\partial v} = -\sum \frac{\partial x}{\partial u}\frac{\partial X}{\partial v} = -\sum \frac{\partial x}{\partial v}\frac{\partial X}{\partial u} \\ &D'' = \sum X \frac{\partial^2 x}{\partial v^2} = -\sum \frac{\partial x}{\partial v}\frac{\partial X}{\partial v}\,. \end{aligned}\right.$$

Per le (1), possiamo quindi anche scrivere D, D', D'', sotto forma di determinante:

$$(3^*)\ D = \frac{1}{\sqrt{EG-F^2}}\begin{vmatrix} \frac{\partial^2 x}{\partial u^2} & \frac{\partial^2 y}{\partial u^2} & \frac{\partial^2 z}{\partial u^2} \\ \frac{\partial x}{\partial u} & \frac{\partial y}{\partial u} & \frac{\partial z}{\partial u} \\ \frac{\partial x}{\partial v} & \frac{\partial y}{\partial v} & \frac{\partial z}{\partial v} \end{vmatrix},\quad D' = \frac{1}{\sqrt{EG-F^2}}\begin{vmatrix} \frac{\partial^2 x}{\partial u\,\partial v} & \frac{\partial^2 y}{\partial u\,\partial v} & \frac{\partial^2 z}{\partial u\,\partial v} \\ \frac{\partial x}{\partial u} & \frac{\partial y}{\partial u} & \frac{\partial z}{\partial u} \\ \frac{\partial x}{\partial v} & \frac{\partial y}{\partial v} & \frac{\partial z}{\partial v} \end{vmatrix},$$

$$D'' = \frac{1}{\sqrt{EG-F^2}}\begin{vmatrix} \frac{\partial^2 x}{\partial v^2} & \frac{\partial^2 y}{\partial v^2} & \frac{\partial^2 z}{\partial v^2} \\ \frac{\partial x}{\partial u} & \frac{\partial u}{\partial u} & \frac{\partial z}{\partial u} \\ \frac{\partial x}{\partial v} & \frac{\partial y}{\partial v} & \frac{\partial z}{\partial v} \end{vmatrix}.$$

Le due forme differenziali quadratiche

$$f = \sum dx^2 = E\,du^2 + 2\,F\,du\,dv + G\,dv^2$$

$$\varphi = -\sum dx\,dX = D\,du^2 + 2\,D'\,du\,dv + D''\,dv^2$$

si diranno la prima e la seconda forma fondamentale della superficie S.

È chiaro che, cangiando comunque le variabili u, v, esse si trasformano nelle nuove forme fondamentali.

47. In questo numero stabiliremo le *equazioni fondamentali* della nostra teoria. Premettiamo per ciò l'osservazione seguente. Se A, B, C sono tre funzioni qualunque di u, v, possiamo determinare tre coefficienti incogniti α, β, γ in guisa che si abbia:

$$(a)\quad \begin{cases} A = \alpha \dfrac{\partial x}{\partial u} + \beta \dfrac{\partial x}{\partial v} + \gamma X \\[2ex] B = \alpha \dfrac{\partial y}{\partial u} + \beta \dfrac{\partial y}{\partial v} + \gamma Y \\[2ex] C = \alpha \dfrac{\partial z}{\partial u} + \beta \dfrac{\partial z}{\partial v} + \gamma Z, \end{cases}$$

perchè il determinante

$$\begin{vmatrix} \dfrac{\partial x}{\partial u} & \dfrac{\partial x}{\partial v} & X \\[2ex] \dfrac{\partial y}{\partial u} & \dfrac{\partial y}{\partial v} & Y \\[2ex] \dfrac{\partial z}{\partial u} & \dfrac{\partial z}{\partial v} & Z \end{vmatrix} = \sqrt{EG - F^2}$$

non è zero.

Ciò premesso, riprendiamo per un momento la notazione cogli indici, ponendo

$$u = u_1 \quad , \quad v = u_2$$

$$E = a_{11} \quad ; \quad F = a_{12} \quad , \quad G = a_{22}$$

$$D = b_{11} \quad , \quad D' = b_{12} \quad , \quad D'' = b_{22} \, .$$

Essendo

$$a_{rs} = \sum \frac{\partial x}{\partial u_r} \frac{\partial x}{\partial u_s} ,$$

ne segue

$$\sum \frac{\partial x}{\partial u_t} \frac{\partial^2 x}{\partial u_r \partial u_s} = \begin{bmatrix} r\,s \\ t \end{bmatrix} .$$

Se nelle (a) facciamo

$$A = \frac{\partial^2 x}{\partial u_r \partial u_s} \quad , \quad B = \frac{\partial^2 y}{\partial u_r \partial u_s} \quad , \quad C = \frac{\partial^2 z}{\partial u_r \partial u_s} ,$$

indi, moltiplicandole ordinatamente una prima volta per $\frac{\partial x}{\partial u_1}, \frac{\partial y}{\partial u_1}, \frac{\partial z}{\partial u_1}$, una seconda per $\frac{\partial x}{\partial u_2}, \frac{\partial y}{\partial u_2}, \frac{\partial z}{\partial u_2}$, una terza per X, Y, Z, ogni volta sommiamo, risulta

$$\left\{\begin{aligned} a_{11}\,\alpha + a_{12}\,\beta &= \begin{bmatrix} rs \\ 1 \end{bmatrix} \\ a_{12}\,\alpha + a_{22}\,\beta &= \begin{bmatrix} rs \\ 2 \end{bmatrix} \end{aligned}\right.$$

$$\gamma = b_{rs},$$

da cui

$$\alpha = A_{11}\begin{bmatrix} rs \\ 1 \end{bmatrix} + A_{12}\begin{bmatrix} rs \\ 2 \end{bmatrix} = \begin{Bmatrix} rs \\ 1 \end{Bmatrix}$$

$$\beta = A_{21}\begin{bmatrix} rs \\ 1 \end{bmatrix} + A_{22}\begin{bmatrix} rs \\ 2 \end{bmatrix} = \begin{Bmatrix} rs \\ 2 \end{Bmatrix}$$

e però

$$\frac{\partial^2 x}{\partial u_r\, \partial u_s} = \begin{Bmatrix} rs \\ 1 \end{Bmatrix}\frac{\partial x}{\partial u_1} + \begin{Bmatrix} rs \\ 2 \end{Bmatrix}\frac{\partial x}{\partial u_2} + b_{rs}\,X,$$

o più brevemente colla notazione delle derivate seconde covarianti (n. 26)

$$x_{rs} = b_{rs}\,X.$$

Scrivendole per disteso, colla notazione antica, abbiamo il primo gruppo di equazioni fondamentali

$$(\mathrm{I})\quad\left\{\begin{aligned} \frac{\partial^2 x}{\partial u^2} &= \begin{Bmatrix} 11 \\ 1 \end{Bmatrix}\frac{\partial x}{\partial u} + \begin{Bmatrix} 11 \\ 2 \end{Bmatrix}\frac{\partial x}{\partial v} + D\,X \\ \frac{\partial^2 x}{\partial u\,\partial v} &= \begin{Bmatrix} 12 \\ 1 \end{Bmatrix}\frac{\partial x}{\partial u} + \begin{Bmatrix} 12 \\ 2 \end{Bmatrix}\frac{\partial x}{\partial v} + D'\,X \\ \frac{\partial^2 x}{\partial v^2} &= \begin{Bmatrix} 22 \\ 1 \end{Bmatrix}\frac{\partial x}{\partial u} + \begin{Bmatrix} 22 \\ 2 \end{Bmatrix}\frac{\partial x}{\partial v} + D''\,X, \end{aligned}\right.$$

dove omettiamo quelle per y, z perfettamente simili, che se ne deducono col cangiamento di X in Y, Z rispettivamente.

Il secondo gruppo di formole fondamentali sarà quello che esprime le derivate parziali prime di X, Y, Z per $\frac{\partial x}{\partial u}, \frac{\partial x}{\partial v}$, X ecc. Facendo nelle (a)

successivamente:

$$A = \frac{\partial X}{\partial u}\ ,\quad B = \frac{\partial Y}{\partial u}\ ,\quad C = \frac{\partial Z}{\partial u}\ ;$$

$$A = \frac{\partial X}{\partial v}\ ,\quad B = \frac{\partial Y}{\partial v}\ ,\quad C = \frac{\partial Z}{\partial v}\ ,$$

troviamo per le formole in questione:

$$\text{(II)}\quad \left\{ \begin{aligned} \frac{\partial X}{\partial u} &= \frac{F\,D' - G\,D}{E\,G - F^2}\,\frac{\partial x}{\partial u} + \frac{F\,D - E\,D'}{E\,G - F^2}\,\frac{\partial x}{\partial v} \\ \frac{\partial X}{\partial v} &= \frac{F\,D'' - G\,D'}{E\,G - F^2}\,\frac{\partial x}{\partial u} + \frac{F\,D' - E\,D''}{E\,G - F^2}\,\frac{\partial x}{\partial v}\ , \end{aligned} \right.$$

ove nuovamente si omettono quelle analoghe per Y, Z.

Come si vede, i coefficienti dei secondi membri nelle formole (I) (II) sono formati unicamente coi coefficienti delle due forme fondamentali f, φ (*).

48. I sei coefficienti

$$E,\ F,\ G\ ;\quad D,\ D',\ D''$$

delle due forme fondamentali non sono fra loro indipendenti, bensì legati da tre relazioni importanti che andiamo ora a stabilire. Per ciò scriviamo le condizioni d'integrabilità del sistema (I):

$$\frac{\partial}{\partial v}\left(\frac{\partial^2 x}{\partial u^2}\right) - \frac{\partial}{\partial u}\left(\frac{\partial^2 x}{\partial u\,\partial v}\right) = 0$$

$$\frac{\partial}{\partial u}\left(\frac{\partial^2 x}{\partial v^2}\right) - \frac{\partial}{\partial v}\left(\frac{\partial^2 x}{\partial u\,\partial v}\right) = 0\ ,$$

cioè:

$$(b)\quad \left\{ \begin{aligned} &\frac{\partial}{\partial v}\left[\begin{Bmatrix}11\\1\end{Bmatrix}\frac{\partial x}{\partial u} + \begin{Bmatrix}11\\2\end{Bmatrix}\frac{\partial x}{\partial v} + D\,X\right] - \frac{\partial}{\partial u}\left[\begin{Bmatrix}12\\1\end{Bmatrix}\frac{\partial x}{\partial u} + \begin{Bmatrix}12\\2\end{Bmatrix}\frac{\partial x}{\partial v} + D'\,X\right] = 0 \\ &\frac{\partial}{\partial u}\left[\begin{Bmatrix}22\\1\end{Bmatrix}\frac{\partial x}{\partial u} + \begin{Bmatrix}22\\2\end{Bmatrix}\frac{\partial x}{\partial v} + D''X\right] - \frac{\partial}{\partial v}\left[\begin{Bmatrix}12\\1\end{Bmatrix}\frac{\partial x}{\partial u} + \begin{Bmatrix}12\\2\end{Bmatrix}\frac{\partial x}{\partial v} + D'\,X\right] = 0\ . \end{aligned} \right.$$

È chiaro che facendo uso delle formole fondamentali stesse (I) (II) i

(*) In particolare, bisogna sempre ricordare che i simboli di Christoffel $\begin{Bmatrix} r\,s \\ t \end{Bmatrix}$, che compariscono nelle (I), sono costruiti *rispetto alla 1.ª forma fondamentale f.*

primi membri delle (*b*) si pongono identicamente sotto la forma

$$\alpha \frac{\partial x}{\partial u} + \beta \frac{\partial x}{\partial v} + \gamma \, X$$

$$\alpha' \frac{\partial x}{\partial u} + \beta' \frac{\partial x}{\partial v} + \gamma' \, X ,$$

onde dovendo sussistere insieme le equazioni

$$\left\{\begin{aligned} &\alpha \frac{\partial x}{\partial u} + \beta \frac{\partial x}{\partial v} + \gamma \, X = 0 \\ &\alpha \frac{\partial y}{\partial u} + \beta \frac{\partial y}{\partial u} + \gamma \, Y = 0 \\ &\alpha \frac{\partial z}{\partial u} + \beta \frac{\partial z}{\partial v} + \gamma \, Z = 0 \end{aligned}\right. \qquad \left\{\begin{aligned} &\alpha' \frac{\partial x}{\partial u} + \beta' \frac{\partial x}{\partial v} + \gamma' \, X = 0 \\ &\alpha' \frac{\partial y}{\partial u} + \beta' \frac{\partial y}{\partial v} + \gamma' \, Y = 0 \\ &\alpha' \frac{\partial z}{\partial u} + \beta' \frac{\partial z}{\partial v} + \gamma' \, Z = 0 , \end{aligned}\right.$$

avremo per le condizioni d'integrabilità:

$$\alpha = 0 \ , \ \beta = 0 \ , \ \gamma = 0$$

$$\alpha' = 0 \ , \ \beta' = 0 \ , \ \gamma' = 0 \, .$$

Le quattro condizioni

$$\alpha = 0 \ , \ \beta = 0 \ , \ \alpha' = 0 \ , \ \beta' = 0 ,$$

mediante i simboli a quattro indici di Christoffel (n. 27, c. II., pag. 47), si scrivono

$$\frac{D\,D'' - D'^2}{E\,G - F^2} \, E = \left\{ 12, 12 \right\}$$

$$\frac{D\,D'' - D'^2}{E\,G - F^2} \, F = \left\{ 11, 21 \right\}$$

$$\frac{D\,D'' - D'^2}{E\,G - F^2} \, F = \left\{ 22, 12 \right\}$$

$$\frac{D\,D'' - D'^2}{E\,G - F^2} \, G = \left\{ 21, 21 \right\} .$$

Indicando con K la curvatura della prima forma fondamentale, esse danno concordemente (pag. 51 formole (II)):

$$\text{(III)} \quad \frac{D\,D'' - D'^2}{E\,G - F^2} = K ,$$

in parole esprimono cioè che: *il quoziente dei discriminanti delle due forme fondamentali* φ, f *eguaglia la curvatura* K *della prima forma fondamentale* f.

Quanto alle altre due condizioni

$$\gamma = 0 \quad , \quad \gamma' = 0 \,,$$

sviluppate, diventano:

$$\text{(IV)}\quad\left\{\begin{aligned}&\frac{\partial D}{\partial v} - \frac{\partial D'}{\partial u} - \begin{Bmatrix}12\\1\end{Bmatrix} D + \left(\begin{Bmatrix}11\\1\end{Bmatrix} - \begin{Bmatrix}12\\2\end{Bmatrix}\right) D' + \begin{Bmatrix}11\\2\end{Bmatrix} D'' = 0\\&\frac{\partial D''}{\partial u} - \frac{\partial D'}{\partial v} + \begin{Bmatrix}22\\1\end{Bmatrix} D + \left(\begin{Bmatrix}22\\2\end{Bmatrix} - \begin{Bmatrix}12\\1\end{Bmatrix}\right) D' - \begin{Bmatrix}12\\2\end{Bmatrix} D'' = 0\end{aligned}\right.$$

ed esprimono, secondo il n. 30 (pag. 55), che *la forma covariante cubica* (f, φ) *costruita per la seconda forma fondamentale* φ *rispetto alla prima* f *è identicamente nulla.*

L'equazione (III) è data da Gauss nelle Disquisitiones etc., ove si trovano già tutti gli elementi per la deduzione delle (IV). Queste ultime si citano più comunemente sotto il nome di *formole di Codazzi,* perchè equivalenti appunto alle equazioni date da questo geometra (*); esse furono date assai prima, sotto altra forma, da *Mainardi* (1856) (**).

Alle formole (IV) si può dare un'altra forma utile ad osservarsi, giovandosi delle formole n. 25 (20) (pag. 43)

$$\left\{\begin{aligned}\frac{\partial \log \sqrt{EG-F^2}}{\partial u} &= \begin{Bmatrix}11\\1\end{Bmatrix} + \begin{Bmatrix}12\\2\end{Bmatrix}\\\frac{\partial \log \sqrt{EG-F^2}}{\partial v} &= \begin{Bmatrix}22\\2\end{Bmatrix} + \begin{Bmatrix}12\\1\end{Bmatrix}\,;\end{aligned}\right.$$

esse risultano infatti equivalenti al sistema seguente:

$$\text{(IV*)}\quad\left\{\begin{aligned}&\frac{\partial}{\partial v}\left(\frac{D}{\sqrt{EG-F^2}}\right) - \frac{\partial}{\partial u}\left(\frac{D'}{\sqrt{EG-F^2}}\right) + \begin{Bmatrix}22\\2\end{Bmatrix}\frac{D}{\sqrt{EG-F^2}} - 2\begin{Bmatrix}12\\2\end{Bmatrix}\frac{D'}{\sqrt{EG-F^2}} +\\&\qquad\qquad + \begin{Bmatrix}11\\2\end{Bmatrix}\frac{D''}{\sqrt{EG-F^2}} = 0\\&\frac{\partial}{\partial u}\left(\frac{D''}{\sqrt{EG-F^2}}\right) - \frac{\partial}{\partial v}\left(\frac{D'}{\sqrt{EG-F^2}}\right) + \begin{Bmatrix}22\\1\end{Bmatrix}\frac{D}{\sqrt{EG-F^2}} - 2\begin{Bmatrix}12\\1\end{Bmatrix}\frac{D'}{\sqrt{EG-F^2}} +\\&\qquad\qquad + \begin{Bmatrix}11\\1\end{Bmatrix}\frac{D''}{\sqrt{EG-F^2}} = 0\,.\end{aligned}\right.$$

(*) *Annali di mat.* T. II, p. 273 (1868).

(**) *Giornale dell' Istituto Lombardo* T. IX, p. 395.

Le relazioni (III) (IV), che esistono fra i coefficienti delle due forme fondamentali, danno le condizioni necessarie e sufficienti a cui essi debbono soddisfare. Enunciando questa proprietà sotto forma più precisa, abbiamo il seguente teorema fondamentale:

Date due forme differenziali quadratiche

$$f = \mathrm{E}\, du^2 + 2\, \mathrm{F}\, du\, dv + \mathrm{G}\, dv^2$$
$$\varphi = \mathrm{D}\, du^2 + 2\, \mathrm{D}'\, du\, dv + \mathrm{D}''\, dv^2,$$

delle quali la prima definita, perchè esista una superficie che le ammetta rispettivamente per prima e seconda forma fondamentale, è necessario e sufficiente che siano soddisfatte le relazioni (III), (IV). *Verificate queste condizioni, la superficie corrispondente è unica e determinata, prescindendo da movimenti nello spazio.*

Colla dimostrazione di questo teorema, che ora faremo, resta giustificato il nome di forme fondamentali dato ad f, φ e s'intende che tutte le proprietà inerenti alla forma della superficie non potranno dipendere che dai sei coefficienti delle forme fondamentali. In analogia col nome di equazioni intrinseche per una curva (cap. I n. 8), si potrà dire insomma che le equazioni

$$f = \mathrm{E}\, du^2 + 2\, \mathrm{F}\, du\, dv + \mathrm{G}\, dv^2$$
$$\varphi = \mathrm{D}\, du^2 + 2\, \mathrm{D}'\, du\, dv + \mathrm{D}''\, dv^2$$

sono le equazioni intrinseche della superficie.

49. Pel carattere invariantivo delle equazioni fondamentali (III) (IV), potremo, nella dimostrazione del teorema enunciato, introdurre le variabili indipendenti u, v più convenienti. E qui, utilizzando il risultato del n. 31 cap. II, assumeremo quelle variabili u, v che rendono simultaneamente

$$\mathrm{F} = 0 \quad , \quad \mathrm{D}' = 0 \,.$$

Come abbiamo visto al numero citato, eccettuato il caso in cui sussiste la proporzione

$$\mathrm{D} : \mathrm{D}' : \mathrm{D}'' = \mathrm{E} : \mathrm{F} : \mathrm{G},$$

la quale, come si vede facilmente, ha luogo soltanto nel caso di una superficie sferica (o piana) (*), queste nuove variabili u, v sono pienamente

---

(*) E invero si ha in tal caso

$$\mathrm{D} = \lambda\, \mathrm{E} \quad , \quad \mathrm{D}' = \lambda\, \mathrm{F} \quad , \quad \mathrm{D}'' = \lambda\, \mathrm{G} \,.$$

Ma sostituendo nelle (IV) col ricordare (n. 30) che si ha identicamente

$$\frac{\partial \mathrm{E}}{\partial v} - \frac{\partial \mathrm{F}}{\partial u} - \begin{Bmatrix} 12 \\ 1 \end{Bmatrix} \mathrm{E} + \left(\begin{Bmatrix} 11 \\ 1 \end{Bmatrix} - \begin{Bmatrix} 12 \\ 2 \end{Bmatrix} \right) \mathrm{F} + \begin{Bmatrix} 11 \\ 2 \end{Bmatrix} \mathrm{G} = 0$$

$$\frac{\partial \mathrm{G}}{\partial u} - \frac{\partial \mathrm{F}}{\partial v} + \begin{Bmatrix} 22 \\ 1 \end{Bmatrix} \mathrm{E} + \left(\begin{Bmatrix} 22 \\ 2 \end{Bmatrix} - \begin{Bmatrix} 12 \\ 1 \end{Bmatrix} \right) \mathrm{F} - \begin{Bmatrix} 12 \\ 2 \end{Bmatrix} \mathrm{G} = 0,$$

determinate. Esse, eguagliate a costanti, danno le così dette *linee di curvatura* della superficie (Cf. il numero 52).

Le equazioni fondamentali (III) (IV*), sostituendo in quest'ultime ai simboli i loro valori effettivi (tabella (A) n. 35 c. III) (pag. 66) e per K ponendo il valore dato dalla (18) n. 35); diventano

$$
(\mathrm{V})\quad \left\{
\begin{aligned}
&\frac{D\,D''}{\sqrt{E\,G}} + \frac{\partial}{\partial u}\left(\frac{1}{\sqrt{E}}\frac{\partial\sqrt{G}}{\partial u}\right) + \frac{\partial}{\partial v}\left(\frac{1}{\sqrt{G}}\frac{\partial\sqrt{E}}{\partial v}\right) = 0\\
&\frac{\partial}{\partial v}\left(\frac{D}{\sqrt{E}}\right) - \frac{D''}{G}\frac{\partial\sqrt{E}}{\partial v} = 0\\
&\frac{\partial}{\partial u}\left(\frac{D''}{\sqrt{G}}\right) - \frac{D}{E}\frac{\partial\sqrt{G}}{\partial u} = 0\,.
\end{aligned}
\right.
$$

---

risulta

$$E\,\frac{\partial\lambda}{\partial v} - F\,\frac{\partial\lambda}{\partial u} = 0$$

$$F\,\frac{\partial\lambda}{\partial v} - G\,\frac{\partial\lambda}{\partial u} = 0$$

e però

$$\lambda = \mathrm{cost}^{\mathrm{te}}\,,$$

Le (II) n. 47, pag. 89 danno quindi, ponendo

$$\lambda = -\frac{1}{R}\ (R\ \mathrm{cost}^{\mathrm{te}})\,,$$

$$
\left\{\begin{aligned}\frac{\partial x}{\partial u} &= R\,\frac{\partial X}{\partial u}\\ \frac{\partial x}{\partial v} &= R\,\frac{\partial X}{\partial v}\end{aligned}\right.
\qquad
\left\{\begin{aligned}\frac{\partial y}{\partial u} &= R\,\frac{\partial Y}{\partial u}\\ \frac{\partial y}{\partial v} &= R\,\frac{\partial Y}{\partial v}\end{aligned}\right.
\qquad
\left\{\begin{aligned}\frac{\partial z}{\partial u} &= R\,\frac{\partial Z}{\partial u}\\ \frac{\partial z}{\partial v} &= R\,\frac{\partial Z}{\partial v}\,,\end{aligned}\right.
$$

che integrate danno

$$x = R\,X + a\ ,\quad y = R\,Y + b\ ,\quad z = R\,Z + c$$

con a, b, c costanti e però

$$(x-a)^2 + (y-b)^2 + (z-c)^2 = R^2$$

equazione di una sfera di raggio R. Nel caso $\lambda=0$ risulta poi che X, Y, Z sono costanti cioè la superficie è un piano. E invero, senza alterare la generalità, possiamo supporre allora

$$X = 0\ ,\quad Y = 0\ ,\quad Z = 1$$

e dalle (1) pag. 85 risulta quindi

$$\frac{\partial z}{\partial u} = 0\ ,\quad \frac{\partial z}{\partial v} = 0\,,$$

cioè $z = \mathrm{cost}^{\mathrm{te}}$.

Per la superficie di cui vogliamo dimostrare l'esistenza e l'unicità (nell'ipotesi che le (V) siano verificate) considereremo in ogni punto un triedro trirettangolo, che diremo il *triedro principale,* formato dalle direzioni positive della tangente alla linea v, della tangente alla linea u e della normale alla superficie. Indicando con $(X_1\ Y_1\ Z_1)$, $(X_2\ Y_2\ Z_2)$, $(X_3\ Y_3\ Z_3)$ i rispettivi coseni di queste tre direzioni, avremo:

$$\left\{\begin{array}{lll} X_1 = \dfrac{1}{\sqrt{E}}\dfrac{\partial x}{\partial u}, & Y_1 = \dfrac{1}{\sqrt{E}}\dfrac{\partial y}{\partial u}, & Z_1 = \dfrac{1}{\sqrt{E}}\dfrac{\partial z}{\partial u} \\ X_2 = \dfrac{1}{\sqrt{G}}\dfrac{\partial x}{\partial v}, & Y_2 = \dfrac{1}{\sqrt{G}}\dfrac{\partial y}{\partial v}, & Z_2 = \dfrac{1}{\sqrt{G}}\dfrac{\partial z}{\partial v} \\ X_3 = X, & Y_3 = Y, & Z_3 = Z \end{array}\right.$$

Dalle formole fondamentali (I) (II) n. 47 pag. 88, 89, sostituendo ai simboli di Christoffel i loro valori effettivi attuali, deduciamo le formole seguenti:

$$\left\{\begin{array}{l} \dfrac{\partial X_1}{\partial u} = -\dfrac{1}{\sqrt{G}}\dfrac{\partial \sqrt{E}}{\partial v} X_2 + \dfrac{D}{\sqrt{E}} X_3 \\ \dfrac{\partial X_1}{\partial v} = \dfrac{1}{\sqrt{E}}\dfrac{\partial \sqrt{G}}{\partial u} X_2 \end{array}\right.$$

$$\left\{\begin{array}{l} \dfrac{\partial X_2}{\partial u} = \dfrac{1}{\sqrt{G}}\dfrac{\partial \sqrt{E}}{\partial v} X_1 \\ \dfrac{\partial X_2}{\partial v} = -\dfrac{1}{\sqrt{E}}\dfrac{\partial \sqrt{G}}{\partial u} X_1 + \dfrac{D''}{\sqrt{G}} X_3 \end{array}\right.$$

$$\left\{\begin{array}{l} \dfrac{\partial X_3}{\partial u} = -\dfrac{D}{\sqrt{E}} X_1 \\ \dfrac{\partial X_3}{\partial v} = -\dfrac{D''}{\sqrt{G}} X_2 . \end{array}\right.$$

Le funzioni incognite $X_1\ X_2\ X_3$ debbono dunque soddisfare alle tre equazioni lineari omogenee ai differenziali totali:

$$(4)\quad \left\{\begin{array}{l} dX_1 = \left\{ -\dfrac{1}{\sqrt{G}}\dfrac{\partial \sqrt{E}}{\partial v} X_2 + \dfrac{D}{\sqrt{E}} X_3 \right\} du + \dfrac{1}{\sqrt{E}}\dfrac{\partial \sqrt{G}}{\partial u} X_2\, dv \\ dX_2 = \dfrac{1}{\sqrt{G}}\dfrac{\partial \sqrt{E}}{\partial v} X_1\, du + \left\{ -\dfrac{1}{\sqrt{E}}\dfrac{\partial \sqrt{G}}{\partial u} X_1 + \dfrac{D''}{\sqrt{G}} X_3 \right\} dv \\ dX_3 = -\dfrac{D}{\sqrt{E}} X_1\, du - \dfrac{D''}{\sqrt{G}} X_2\, dv . \end{array}\right.$$

Al medesimo sistema (4) dovranno pur soddisfare $(Y_1\,Y_2\,Y_3)$, $(Z_1\,Z_2\,Z_3)$.

Ora il sistema (4) è un sistema *illimitatamente integrabile,* poichè le condizioni d'integrabilità si riducono appunto alle tre relazioni (V), che supponiamo soddisfatte.

50. Appoggiandoci ora sul noto teorema (*) che di un sistema di equazioni ai differenziali totali, illimitatamente integrabile, esiste sempre un sistema integrale, che pei valori iniziali

$$u = u_0 \quad , \quad v = v_0$$

delle variabili si riduce a valori iniziali arbitrariamente dati, possiamo facilmente condurre a termine la nostra dimostrazione. Per ciò conviene ancora osservare che se (X_1, X_2, X_3) (X'_1, X'_2, X'_3) sono due sistemi integrali, distinti o coincidenti, delle equazioni (4), a causa della forma speciale di queste equazioni, si avrà

$$X_1\,X'_1 + X_2\,X'_2 + X_3\,X'_3 = \text{cost}^{te},$$

poichè il differenziale totale del primo membro risulta identicamente nullo in forza delle equazioni (4) e delle analoghe per $X'_1\,X'_2\,X'_3$.

Ciò premesso, siano $(X_1\,X_2\,X_3)$, $(Y_1\,Y_2\,Y_3)$, $(Z_1\,Z_2\,Z_3)$ tre sistemi integrali della (4) che per $u{=}u_0$ $v{=}v_0$ si riducano ai nove coefficienti

$$\begin{matrix} X_1^{(0)} & X_2^{(0)} & X_3^{(0)} \\ Y_1^{(0)} & Y_2^{(0)} & Y_3^{(0)} \\ Z_1^{(0)} & Y_2^{(0)} & Z_3^{(0)}, \end{matrix}$$

di una sostituzione ortogonale. Dall'osservazione precedente risulta che per tutti i valori di u, v saranno

$$\begin{matrix} X_1 & X_2 & X_3 \\ Y_1 & Y_2 & Y_3 \\ Z_1 & Z_2 & Z_3 \end{matrix}$$

i coefficienti di una sostituzione ortogonale; in particolare, si avrà

$$X_1^2 + Y_1^2 + Z_1^2 = 1$$

$$X_1\,X_2 + Y_1\,Y_2 + Z_1\,Z_2 = 0$$

etc.

Ora, per le (4) stesse, le tre espressioni

$$\sqrt{E}\,X_1\,du + \sqrt{G}\,X_2\,dv, \sqrt{E}\,Y_1\,du + \sqrt{G}\,Y_2\,dv, \sqrt{E}\,Z_1\,du + \sqrt{G}\,Z_2\,dv$$

(*) Veggasi p. e. JORDAN — *Traitè d'Analyse* T. III.

sono differenziali esatti e ponendo

$$x = \int (\sqrt{E}\, X_1\, du + \sqrt{G}\, X_2\, dv)\,, \quad y = \int (\sqrt{E}\, Y_1\, du + \sqrt{G}\, Y_2\, dv),$$

$$z = \int (\sqrt{E}\, Z_1\, du + \sqrt{G}\, Z_2\, dv),$$

col riguardare x, y, z come coordinate correnti di un punto di una superficie, si verificherà che questa superficie ha per forme fondamentali le due forme assegnate.

In fine per la parte del teorema fondamentale che si riferisce all'unicità, essa risulta sia dalla forma lineare delle (4), sia dal ripetere il ragionamento già fatto al n. 8 c. I per le curve.

Osservazione. — Nel dimostrare il teorema enunciato ci siamo riferiti, per semplicità, ad un particolare sistema di linee coordinate (linee di curvatura); ma è bene osservare che si può anche, lasciando alle variabili indipendenti tutta la generalità, introdurre come triedro principale p. e. quello formato in ogni punto della superficie dalle bissetrici delle tangenti alle linee coordinate e dalla normale. Pei nove coseni di queste tre direzioni troveremmo ancora un sistema di equazioni ai differenziali totali, come il sistema (4), illimitatamente integrabile in virtù delle equazioni fondamentali (III) (IV). E, come al n. 9 c. I., si potrebbe ridurre il problema della determinazione della superficie alla integrazione di un'equazione (a differenziali totali) del tipo di Riccati, onde il risultato:

Per trovare effettivamente la superficie corrispondente a due date forme fondamentali occorre integrare un'equazione del tipo di Riccati.

51. Se si considera sopra una superficie S una linea qualunque L e lungo di essa si conducono le normali alla superficie, queste formano in generale una superficie *rigata non sviluppabile.* Nel caso particolare che questa superficie rigata sia sviluppabile, cioè le normali alla S lungo L siano le tangenti ad una curva dello spazio (ovvero passino per uno stesso punto), la linea L si dirà *linea di curvatura* della superficie.

Osserviamo subito che, secondo questa definizione, ogni linea tracciata sopra un piano od una sfera deve considerarsi come linea di curvatura, perchè la superficie rigata delle normali corrispondenti è un cilindro o un cono.

Per ogni altra superficie, come ora andiamo a dimostrare, esiste soltanto una semplice infinità di linee di curvatura, formanti un doppio sistema ortogonale di linee sempre reali.

Notiamo in primo luogo alcune proprietà delle linee di curvatura che seguono dalla loro definizione stessa e dai teoremi A) B) sulle evolute, dati al n. 17 c. I. (pag. 29).

Se l'intersezione C *di due superficie è linea di curvatura per ambedue, l'angolo sotto cui le superficie si tagliano lungo* C *è costante. Viceversa, se due superficie s' incontrano sotto angolo costante e la loro intersezione è linea di curvatura per l'una superficie, tale sarà anche per l'altra.*

E poichè sul piano e sulla sfera ogni linea è linea di curvatura, avremo come corollario:

Se un piano o una sfera tagliano una superficie S *lungo una linea di curvatura, taglieranno* S *sotto angolo costante. Viceversa, se un piano o una sfera tagliano* S *sotto angolo costante, la intersezione sarà linea di curvatura per* S.

Così p. e. sopra una superficie di rotazione i meridiani ed i paralleli sono linee di curvatura.

Cerchiamo da quale condizione analitica viene caratterizzata una linea L di curvatura. Lungo di essa $u, v; x, y, z;$ X, Y, Z sono da riguardarsi come funzioni di una sola variabile, p. e. l'arco s di L. Se $M \equiv (x, y, z)$ è un punto di L, $M_1 \equiv (x_1, y_1, z_1)$ il punto di contatto della normale in M collo spigolo di regresso C_1 della sviluppabile, generata dalle normali alla S lungo L, avremo

$$x_1 = x - r\,X \quad , \quad y_1 = y - r\,Y \quad , \quad z_1 = z - r\,Z \,, \tag{5}$$

indicando con r il valore algebrico del segmento $M_1\,M$ (dove dunque r è positivo o negativo secondo che la direzione da M_1 verso M coincide colla direzione positiva della normale o colla opposta).

Derivando le (5) rapporto ad s, ed osservando che per ipotesi

$$\frac{dx_1}{ds} \,,\quad \frac{dy_1}{ds} \,,\quad \frac{dz_1}{ds}$$

sono proporzionali a X, Y, Z, avremo

$$\left\{\begin{aligned} \lambda\,X &= \frac{dx}{ds} - r\,\frac{dX}{ds} - X\,\frac{dr}{ds} \\ \lambda\,Y &= \frac{dy}{ds} - r\,\frac{dY}{ds} - Y\,\frac{dr}{ds} \\ \lambda\,Z &= \frac{dz}{ds} - r\,\frac{dZ}{ds} - Z\,\frac{dr}{ds} \,. \end{aligned}\right.$$

Moltiplicando queste ordinatamente per X, Y, Z, e sommando risulta

$$\lambda = -\,\frac{dr}{ds} \,,$$

onde

$$\frac{dx}{ds} = r\,\frac{dX}{ds} \,,\quad \frac{dy}{ds} = r\,\frac{dY}{ds} \,,\quad \frac{dz}{ds} = r\,\frac{dZ}{ds} \,,$$

ovvero: *Spostandosi lungo la linea* L *di curvatura, deve sussistere la proporzione*

$$dx : dy : dz = dX : dY : dZ \,. \tag{6}$$

Viceversa, se lungo L ha luogo la proporzione (6), e con r indichiamo il valore comune dei tre rapporti

$$\frac{dx}{dX} = \frac{dy}{dY} = \frac{dz}{dZ} \,,$$

si vedrà subito che le (5) ci definiscono una curva C_1, le cui tangenti sono le normali alla S lungo L. Dunque: *la proporzione* (6) *è caratteristica delle linee di curvatura.*

Nè viene qui escluso il caso, in cui la curva C_1 si riduce ad un punto; soltanto, essendo allora

$$dx_1 = dy_1 = dz_1 = 0 \,,$$

sarà altresì $dr = 0$, cioè $r = \text{cost}^{\text{te}}$.

52. Trasformiamo ora le equazioni

$$dx = r\, dX \;, \quad dy = r\, dY \;, \quad dz = r\, dZ \,,$$

caratteristiche per una linea di curvatura, in coordinate curvilinee. Scrivendole per ciò:

$$\left\{ \begin{aligned} \frac{\partial x}{\partial u} du + \frac{\partial x}{\partial v} dv &= r \left(\frac{\partial X}{\partial u} du + \frac{\partial X}{\partial v} dv \right) \\ \frac{\partial y}{\partial u} du + \frac{\partial y}{\partial v} dv &= r \left(\frac{\partial Y}{\partial u} du + \frac{\partial Y}{\partial v} dv \right) \\ \frac{\partial z}{\partial u} du + \frac{\partial z}{\partial v} dv &= r \left(\frac{\partial Z}{\partial u} du + \frac{\partial Z}{\partial v} dv \right) , \end{aligned} \right.$$

possiamo sostituirvi il sistema equivalente che si ottiene moltiplicandole una prima volta per $\frac{\partial x}{\partial u}$, $\frac{\partial y}{\partial u}$, $\frac{\partial z}{\partial u}$, una seconda per $\frac{\partial x}{\partial v}$, $\frac{\partial y}{\partial v}$, $\frac{\partial z}{\partial v}$, una terza per X, Y, Z e ogni volta sommando.

L'ultima volta si ottiene un' identità e troviamo così le equazioni (Cf. n. 46):

$$\left\{ \begin{aligned} E\, du + F\, dv &= -\, r\, (D\, du + D'\, dv) \\ F\, du + G\, dv &= -\, r\, (D'\, du + D''\, dv) \,. \end{aligned} \right. \tag{7}$$

Eliminando r fra queste due, si ottiene:

$$(8)\qquad \begin{vmatrix} E\,du + F\,dv & F\,du + G\,dv \\ D\,du + D'\,dv & D'\,du + D''\,dv \end{vmatrix} = 0\,,$$

come equazione differenziale delle linee di curvatura.

Il determinante scritto è precisamente il Jacobiano delle due forme fondamentali; se escludiamo adunque il caso

$$D : D' : D'' = E : F : G\,,$$

in cui la superficie è una sfera o un piano (*), ricordando i risultati del n. 31 c. II. (pag. 57), abbiamo il teorema:

Sopra ogni superficie esiste un doppio sistema ortogonale sempre reale di linee di curvatura. Indeterminazione vi ha soltanto per la sfera e per il piano, ove ogni linea è linea di curvatura.

Per ogni punto M della superficie S passano due linee di curvatura L_1, L_2, che ivi s'incrociano ad angolo retto. La normale in M tocca lo spigolo di regresso della sviluppabile, generata dalle normali a S lungo L_1, in un punto che indicheremo con M_1; questo punto dicesi il *centro di curvatura* della superficie in M relativo alla linea di curvatura L_1. Similmente abbiamo sulla normale in M un secondo centro di curvatura M_2 relativo alla L_2 e i segmenti

$$r_1 = \overline{M_1 M}\,, \quad r_2 = \overline{M_2 M} \quad (^{**})$$

portano, per una ragione che ora vedremo, il nome di *raggi principali di curvatura* della superficie in M.

Se dalle nostre equazioni (7) eliminiamo il rapporto $du : dv$, otteniamo evidentemente il risultato:

(*) Alla dimostrazione analitica di questo fatto, data nella nota al n. 49, è facile ora aggiungere una semplice dimostrazione geometrica. Nel caso della proporzione

$$D : D' : D'' = E : F : G\,,$$

ogni linea tracciata sulla superficie S è, per la (8), linea di curvatura. Ne segue che se M, M' sono due punti qualunque di S, le normali in M, M' giacciono in un piano. Per la normale in M e per M' si faccia infatti passare un piano, che seghi S lungo la curva C. Le normali lungo C a S formano una sviluppabile, cioè sono tangenti ad una evoluta di C e poichè la normale in M giace nel piano di C, ogni altra normale lungo C, in particolare quella in M' giaceranno nel piano stesso. Dunque tutte le normali di S s'incontrano due a due e però, non potendo giacere in un piano, passeranno per un medesimo punto O. Se O è a distanza finita la S è in conseguenza una sfera (col centro in O), se O è all'infinito la S è un piano.

(**) Si ricordi che r_1, r_2 sono computati positivi o negativi, secondo che le direzioni da M_1 verso M (o da M_2 verso M) coincidono colla direzione positiva della normale o colla opposta.

I raggi principali di curvatura della superficie r_1, r_2 sono dati in ogni punto dalle radici dell' equazione di 2.º grado in r:

$$(9)\qquad (\mathrm{D\,D''}-\mathrm{D'^2})\,r+(\mathrm{E\,D''}+\mathrm{G\,D}-2\,\mathrm{F\,D'})\,r+\mathrm{E\,G}-\mathrm{F^2}=0\,.$$

53. Passiamo ora ad esaminare le relazioni che esistono fra i raggi di (prima) curvatura delle infinite linee, tracciate sopra una superficie per un medesimo punto M.

Sia C una tale curva, lungo la quale $u, v;\ x, y, z$ sono funzioni dell' arco s di C. Ritenendo per la C le notazioni del cap. I, avremo anzi tutto pei coseni di direzione della sua tangente (n. 34 c. III):

$$(10)\qquad \cos\alpha=\frac{\partial x}{\partial u}\frac{du}{ds}+\frac{\partial x}{\partial v}\frac{dv}{ds}\,,\quad \cos\beta=\frac{\partial y}{\partial u}\frac{du}{ds}+\frac{\partial y}{\partial v}\frac{dv}{ds}\,,$$

$$\cos\gamma=\frac{\partial z}{\partial u}\frac{du}{ds}+\frac{\partial z}{\partial v}\frac{dv}{ds}\,.$$

Indicando con σ l' angolo, fra 0 e π, formato dalle direzioni positive della normale principale di C e della normale alla superficie, abbiamo per le formole di Frenet:

$$\sum \mathrm{X}\,\frac{d\cos\alpha}{ds}=\frac{\cos\sigma}{\rho}\,,$$

onde per le (10)

$$\frac{\cos\sigma}{\rho}=\frac{\mathrm{D}\,du^2+2\,\mathrm{D'}\,du\,dv+\mathrm{D''}\,dv^2}{ds^2}\,,$$

ovvero

$$(11)\qquad \frac{\cos\sigma}{\rho}=\frac{\mathrm{D}\,du^2+2\,\mathrm{D'}\,du\,dv+\mathrm{D''}\,dv^2}{\mathrm{E}\,du^2+2\,\mathrm{F}\,du\,dv+\mathrm{G}\,dv^2}\,.$$

Per la normale in M alla superficie e per la tangente in M alla C facciamo passare un piano; esso produce nella superficie una sezione Γ, che dicesi la *sezione normale tangente a* C. La 1.ª curvatura $\frac{1}{\mathrm{R}}$ di Γ in M sarà data dalla formola stessa (11) ove si faccia

$$\cos\sigma=\pm 1\,,$$

secondo che la concavità di Γ è rivolta verso la direzione positiva o negativa della normale. Ne risulta intanto la formola

$$\rho=\pm\,\mathrm{R}\cos\sigma\,,$$

cioè il teorema di Meunier:

Il raggio di prima curvatura di una curva C *tracciata sopra una superficie* S *eguaglia in ogni punto* M *il raggio di curvatura della sezione normale tangente alla curva* C *in* M, *moltiplicato per il coseno dell' angolo, che il piano della sezione fa col piano osculatore alla curva.*

Potremo dunque limitare il nostro studio a quello delle sezioni normali.

Per le sezioni normali la formola (11) diventa

$$\frac{1}{R} = \pm \frac{D\,du^2 + 2\,D'\,du\,dv + D''\,dv^2}{E\,du^2 + 2\,F\,du\,dv + G\,dv^2},$$

la scelta del segno superiore o inferiore essendo legata alla circostanza sopra notata; con questa scelta (a seconda della convenzione fatta nella teoria delle curve di dare alla prima curvatura sempre un valore positivo) il segno effettivo del 2.° membro risulterà in ogni caso il positivo.

Ma qui, essendo tutte le lunghezze R (per le infinite sezioni normali) contate sulla medesima retta, la normale in M, sulla quale è già fissato un verso positivo, converrà meglio attribuire ad R anche un segno. E noi converremo di contare R positivo, se la direzione che va dal centro di curvatura della sezione normale al piede M della normale coincide col verso positivo di questa, negativo nel caso contrario (Cfr. numero precedente). *Con questa nuova convenzione,* avremo senz' altro in tutti i casi

$$\frac{1}{R} = -\frac{D\,du^2 + 2\,D'\,du\,dv + D''\,dv^2}{E\,du^2 + 2\,F\,du\,dv + G\,dv^2}. \tag{12}$$

54. Assumiamo ora a linee coordinate le linee di curvatura e indicando con r_1, r_2 rispettivamente le quantità introdotte al n. 52, avremo spostandoci lungo le linee di curvatura u:

$$dx = r_1\,dX \;,\quad dy = r_1\,dY \;,\quad dz = r_1\,dZ$$

e lungo le v:

$$dx = r_2\,dX \;,\quad dy = r_2\,dY \;,\quad dz = r_2\,dZ\,,$$

cioè:

$$\left\{\begin{aligned} \frac{\partial x}{\partial u} &= r_2\,\frac{\partial X}{\partial u}\,, & \frac{\partial y}{\partial u} &= r_2\,\frac{\partial Y}{\partial u}\,, & \frac{\partial z}{\partial u} &= r_2\,\frac{\partial Z}{\partial u} \\ \frac{\partial x}{\partial v} &= r_1\,\frac{\partial X}{\partial v}\,, & \frac{\partial y}{\partial v} &= r_1\,\frac{\partial Y}{\partial v}\,, & \frac{\partial z}{\partial v} &= r_1\,\frac{\partial Z}{\partial v}\,, \end{aligned}\right. \tag{13}$$

onde

$$D = -\frac{E}{r_2}\,,\quad D' = 0\,,\quad D'' = -\frac{G}{r_1}\,, \tag{14}$$

quindi per la (12):

$$\frac{1}{R} = \frac{\dfrac{E}{r_2}\,du^2 + \dfrac{G}{r_1}\,dv^2}{E\,du^2 + G\,dv^2} = \frac{E}{r_2}\left(\frac{du}{ds}\right)^2 + \frac{G}{r_1}\left(\frac{dv}{ds}\right)^2.$$

Questa, indicando con θ l'angolo che la sezione normale considerata fa colle linee v, ci dà la *formola di Eulero*

$$(15) \qquad \frac{1}{R} = \frac{\cos^2\theta}{r_2} + \frac{\operatorname{sen}^2\theta}{r_1}.$$

Di qui risulta intanto: r_1, r_2 *sono i raggi di curvatura delle sezioni normali tangenti alle linee di curvatura.* Queste sezioni diconsi *sezioni principali* ed r_1 r_2 chiamansi perciò, come sopra si è detto, *i raggi principali di curvatura;* i centri di curvatura delle sezioni principali sono i due punti M_1, M_2, considerati alla fine del n. 52, che si dicono *i centri di curvatura della superficie* in M.

Esaminiamo ora come varia il raggio R di curvatura della sezione normale, quando si fa ruotare il piano della sezione. L'immagine più chiara del modo di variazione si ottiene, facendo uso delle considerazioni seguenti:

1.° Supponiamo che nel punto in considerazione r_1, r_2 abbiano lo stesso segno, p. e. il positivo. Nel piano tangente in M stabiliamo un sistema di assi cartesiani ortogonali ξ η, coincidenti colle tangenti alle linee di curvatura u, v rispettivamente e consideriamo la ellisse, che ha per equazione:

$$(16) \qquad \frac{\xi^2}{r_1} + \frac{\eta^2}{r_2} = 1.$$

Un semidiametro di questa ellisse, inclinato dell'angolo θ sull'asse η (tangente alla v), ha una lunghezza ρ data dalla formola

$$\frac{1}{\rho^2} = \frac{\cos^2\theta}{r_2} + \frac{\operatorname{sen}^2\theta}{r_1},$$

ossia si ha per la (15)

$$\rho^2 = R.$$

Dunque: *Il quadrato di ogni semidiametro dell'ellisse* (16) *eguaglia il raggio di curvatura della sezione normale, il cui piano è condotto per il diametro stesso.*

Per questa ragione la ellisse (16) si dice *l'ellisse indicatrice.*

È da notarsi che, se $r_1 = r_2$, l'ellisse indicatrice diventa un circolo e tutte le sezioni normali per M hanno lo stesso raggio di curvatura. Il punto M dicesi allora un punto *circolare* o un *ombelico.* L'unica superficie a punti tutti circolari è la sfera (*).

(*) E infatti si ha allora

$$D : D' : D'' = E : F : G.$$

2.° Abbiano ora r_1, r_2 segno contrario e, per fissare le idee, supponiamo r_1 positivo r_2 negativo. Consideriamo allora nel piano tangente le due iperbole coniugate

$$(17)\qquad \begin{cases} \dfrac{\xi^2}{r_1} - \dfrac{\eta^2}{-r_2} = 1 \\[2ex] -\dfrac{\xi^2}{r_1} + \dfrac{\eta^2}{-r_2} = 1 , \end{cases}$$

e si avrà col sistema di queste due iperbole conseguita la rappresentazione geometrica stessa, che ci era dianzi fornita dalla ellisse (16).

La ellisse (16) nel 1.° caso e il sistema delle due iperbole (17) nel 2.° costituiscono la così detta *indicatrice di Dupin,* dal nome del geometra che primo diede la interpretazione geometrica superiore della formola di Eulero.

È da osservarsi che, mentre nel 1.° caso la superficie nell'intorno di M giace tutta da una parte del piano tangente (le sezioni normali volgendo tutte da una stessa parte della normale la loro concavità), nel 2.° caso invece la superficie giace ora da una parte ora dall'altra del piano tangente (*) e precisamente quelle sezioni normali, il cui piano incontra in punti reali la prima iperbola (17), volgono tutte da una parte le loro concavità, le rimanenti (i cui piani incontrano in punti reali l'iperbola coniugata) dalla parte contraria. Il passaggio dall'una all'altra specie di sezioni ha luogo, quando il piano normale passa per l'uno o per l'altro assintoto delle iperbole (17) e allora per la corrispondente sezione si ha:

$$\frac{1}{R} = 0 ,$$

che indica un *flesso* nella sezione corrispondente. Queste due speciali direzioni uscenti da M nel piano tangente prendono per ciò il nome di *direzioni assintotiche;* esse dividono la superficie nell'intorno di M in quattro settori che a vicenda passano dall'una all'altra parte del piano tangente.

(*) Allo stesso risultato arriviamo più brevemente così.

Consideriamo il piano tangente nel punto (u, v) della superficie e calcoliamo la distanza δ del punto infinitamente vicino $(u+h, v+k)$ (ove h, k si riguarderanno come infinitesimi di 1.° ordine) dal detto piano; troviamo

$$\delta = \frac{1}{2}(D\, h^2 + 2\, D'\, h\, k + D''\, k^2) + \eta$$

essendo η infinitesimo di 3.° ordine. Il segno di δ dipende adunque da quello di

$$(\alpha)\ D\, h^2 + 2\, D'\, h\, k + D''\, k^2.$$

Ora se $D\, D'' - D'^2 > 0$, cioè se il punto è ellittico, la forma (α) è definita e δ conserva sempre lo stesso segno; se $D\, D'' - D'^2 < 0$ (punto iperbolico) la forma (α), e quindi δ, assume valori positivi e negativi.

55. Il modo come una superficie S è incurvata nell'intorno di un suo punto M dipende essenzialmente, come ora si è visto, dai valori dei *due raggi principali di curvatura* $r_1\, r_2$. In luogo di $r_1\, r_2$ possono darsi, per definire questo modo d'incurvamento, due combinazioni di $r_1\, r_2$ dai cui valori possano inversamente trarsi quelli di $r_1\, r_2$. Le più importanti funzioni di $r_1\, r_2$, che occorre di considerare, sono il prodotto e la somma delle due curvature principali $\frac{1}{r_1}$, $\frac{1}{r_2}$. Le indicheremo rispettivamente con

$$K = \frac{1}{r_1\, r_2}\ ,\quad H = \frac{1}{r_1} + \frac{1}{r_2}\,.$$

La prima porta il nome di *curvatura totale* o di Gauss della superficie, la seconda quella di *curvatura media*. Se ricordiamo che, in coordinate curvilinee qualunque, i raggi principali di curvatura sono le radici della equazione di 2.° grado (9) n. 52 pag. 100, otteniamo senz'altro pei valori generali di K ed H:

$$(18)\qquad \begin{cases} K = \dfrac{D\, D'' - D'^2}{E\, G - F^2} \\[2ex] H = \dfrac{2\, F\, D' - E\, D'' - G\, D}{E\, G - F^2}\ , \end{cases}$$

ove i secondi membri sono *invarianti assoluti* delle due forme fondamentali (Cf. n. 31 c. II) (*).

Ma per la curvatura totale, secondo i risultati del n. 48, abbiamo di più l'importantissimo teorema: *La curvatura totale di una superficie eguaglia la curvatura della prima forma fondamentale.*

Questa proprietà della curvatura di Gauss, di dipendere soltanto dai coefficienti della forma che rappresenta l'elemento lineare, è quella (come si vedrà in appresso nel capitolo dell'applicabilità) che dà alla curvatura stessa l'importanza preponderante nelle applicazioni geometriche. Essa si designa spesso per ciò semplicemente col nome di *curvatura.*

La curvatura K è positiva nei punti a indicatrice ellittica, negativa in quelli a indicatrice iperbolica; i primi si dicono punti *ellittici* della superficie i secondi punti *iperbolici.*

In generale esiste sopra una superficie una regione di punti ellittici ed una regione di punti iperbolici, confinanti ad una linea di punti *parabolici,* ove cioè la curvatura K è nulla.

A complemento di queste osservazioni dimostriamo il teorema: *Una superficie a curvatura nulla in tutti i punti è una superficie sviluppabile.*

(*) Ciò corrisponde al fatto che la curvatura totale e la media hanno un significato affatto indipendente dalle coordinate curvilinee scelte sulla superficie.

Che le sviluppabili abbiano tutte la curvatura nulla risulta subito dall'osservare che, pei teoremi sulle evolute delle curve (n. 17 c. I), le linee di curvatura di una sviluppabile sono le generatrici e le loro traiettorie ortogonali; delle due curvature principali quella relativa alle generatrici è costantemente nulla.

Inversamente, se la superficie S è a curvatura K nulla, sarà

$$D\,D'' - D'^2 = 0$$

e, prendendo a linee coordinate u, v quelle di curvatura, sarà

$$D' = 0\,,$$

indi anche D, o D''. Poniamo che sia

$$D = 0 \quad , \quad D' = 0\,.$$

Per le formole fondamentali (II) n. 47 (pag. 89), sarà quindi

$$\frac{\partial X}{\partial u} = 0\,,\ \frac{\partial Y}{\partial u} = 0\,,\ \frac{\partial Z}{\partial u} = 0\,,$$

cioè X, Y, Z saranno funzioni di v soltanto. Ma dalle formole

$$\begin{cases} \dfrac{1}{\sqrt{E}}\dfrac{\partial x}{\partial u} X + \dfrac{1}{\sqrt{E}}\dfrac{\partial y}{\partial u} Y + \dfrac{1}{\sqrt{E}}\dfrac{\partial z}{\partial u} Z = 0 \\[2ex] \dfrac{1}{\sqrt{E}}\dfrac{\partial x}{\partial u}\dfrac{\partial X}{\partial v} + \dfrac{1}{\sqrt{E}}\dfrac{\partial y}{\partial u}\dfrac{\partial Y}{\partial v} + \dfrac{1}{\sqrt{E}}\dfrac{\partial z}{\partial u}\dfrac{\partial Z}{\partial v} = 0\,, \end{cases}$$

la seconda delle quali segue da $D'=0$, risulta allora che i coseni di direzione

$$\frac{1}{\sqrt{E}}\frac{\partial x}{\partial u}\,,\ \frac{1}{\sqrt{E}}\frac{\partial y}{\partial u}\,,\ \frac{1}{\sqrt{E}}\frac{\partial z}{\partial u}$$

della tangente alle linee di curvatura v sono funzioni di v soltanto, quindi costanti lungo ogni singola linea v. Le linee di curvatura v sono dunque rette e, pei teoremi ora citati sulle evolute, la S è quindi sviluppabile.

56. Due tangenti ad una superficie uscenti da un suo punto M diconsi, secondo Dupin, coniugate se esse sono coniugate rispetto alla indicatrice.

Riferendosi alle linee di curvatura u, v, e indicando con θ, θ' le inclinazioni di due tangenti coniugate sulla linea v, abbiamo, per la definizione stessa:

$$\operatorname{tg}\theta\ \operatorname{tg}\theta' = -\frac{r_1}{r_2}\,.$$

D'altronde se col simbolo d indichiamo gli incrementi delle coordinate curvilinee lungo la prima direzione, con δ quelli lungo la direzione coniugata, abbiamo

$$\operatorname{tg}\theta = \sqrt{\frac{G}{E}}\,\frac{dv}{du}\,,\quad \operatorname{tg}\theta' = \sqrt{\frac{G}{E}}\,\frac{\delta v}{\delta u}$$

e però

$$\frac{E}{r_2}\,du\,\delta u + \frac{G}{r_1}\,dv\,\delta v = 0\,. \tag{19}$$

A considerare le direzioni coniugate sulla superficie siamo anche condotti dall'osservazione seguente. Sia C una curva arbitraria tracciata sulla superficie S, riferita ad un sistema qualunque di coordinate curvilinee (u, v). I piani tangenti alla S lungo C inviluppano una sviluppabile circoscritta alla S lungo C. Dimostriamo che *in ogni punto di* C *la tangente a* C *e la generatrice della sviluppabile circoscritta sono tangenti coniugate* (*).

Scriviamo perciò l'equazione del piano tangente a S in un punto (x, y, z) di C

$$(\xi - x)\,X + (\eta - y)\,Y + (\zeta - z)\,Z = 0\,, \tag{20}$$

indicando con $\xi\ \eta\ \zeta$ le coordinate correnti. Spostandosi (x, y, z) lungo C, tanto x, y, z quanto X, Y, Z sono funzioni dell'arco s di C e derivando la (20) rapporto ad s, l'equazione risultante

$$(\xi - x)\,\frac{dX}{ds} + (\eta - y)\,\frac{dY}{ds} + (\zeta - z)\,\frac{dZ}{ds} = 0\,, \tag{21}$$

associata alla (20), dà la generatrice G dell'indicata sviluppabile uscente da (x, y, z). Indicando adunque col simbolo δ gli accrescimenti di x, y, z etc. spostandosi sulla superficie nella direzione G, osservando che i coseni di direzione di G sono proporzionali a

$$Y\,\frac{dZ}{ds} - Z\,\frac{dY}{ds}\,,\quad Z\,\frac{dX}{ds} - X\,\frac{dZ}{ds}\,,\quad X\,\frac{dY}{ds} - Y\,\frac{dX}{ds}\,,$$

come anche a δx, δy, δz, avremo

$$\delta x\; dX + \delta y\; dY + \delta z\; dZ = 0\,,$$

ovvero esprimendo x, y, z, X, Y, Z per u, v:

$$D\,du\,\delta u + D'\,(du\,\delta v + dv\,\delta u) + D''\,dv\,\delta v = 0\,. \tag{22}$$

Questa, se per linee u, v si prendono quelle di curvatura, coincide appunto per le (14) pag. 101) colla (19) e dimostra la proprietà enunciata.

(*) In particolare segue di qui: *Sulla sviluppabile circoscritta ad una superficie* S *lungo una linea di curvatura* C, *la curva* C *è traiettoria ortogonale delle generatrici.* È questa una proprietà caratteristica delle linee di curvatura, che potrebbe servire a definirle.

Si osserverà che la (22), la quale esprime che i due elementi lineari corrispondenti agli accrescimenti d, δ sono coniugati, è costruita rispetto alla 2.ª forma fondamentale, nel modo stesso come la condizione d'ortogonalità (11) n. 34 c. III (pag. 64)

$$E\, du\, \delta u + F\,(du\, \delta v + dv\, \delta u) + G\, dv\, \delta v = 0$$

rispetto ai coefficienti della prima forma fondamentale.

Un doppio sistema di linee tracciato sopra una superficie dicesi un *sistema coniugato,* se in ogni punto le direzioni delle linee dei due sistemi, che vi passano, sono coniugate.

È chiaro che uno dei due sistemi può prendersi ad arbitrio e se la sua equazione, risoluta rispetto alla costante arbitraria, è:

$$\varphi\,(u, v) = c\,,$$

le linee del sistema coniugato saranno le linee integrali dell'equazione differenziale del 1.° ordine (Cf. n. 34 c. III)

$$\left(D \frac{\partial \varphi}{\partial v} - D' \frac{\partial \varphi}{\partial u}\right) du + \left(D' \frac{\partial \varphi}{\partial v} - D'' \frac{\partial \varphi}{\partial u}\right) dv = 0\,.$$

In particolare si osservi: *La condizione necessaria e sufficiente affinchè le linee coordinate u, v formino un sistema coniugato è che si abbia* $D' = 0$.

Il doppio sistema delle linee di curvatura è insieme un sistema ortogonale e coniugato ed è l'unico dotato di questa doppia proprietà.

57. Una linea tracciata sopra una superficie dicesi *assintotica,* se in ogni suo punto la tangente della linea coincide colla propria coniugata. Dalla (22) segue che lungo un'assintotica deve essere soddisfatta la condizione

$$D\, du^2 + 2\, D'\, du\, dv + D''\, dv^2 = 0 \tag{23}$$

e viceversa, se una linea della superficie soddisfa l'equazione differenziale (23), essa è un'assintotica. Come le linee di curvatura, le assintotiche, che hanno la (23) per equazione differenziale, formano un doppio sistema (in generale non ortogonale) e in ogni punto della superficie le direzioni delle due assintotiche, che vi passano, coincidono cogli assintoti della indicatrice di Dupin.

Naturalmente le assintotiche sono reali soltanto se $D\,D'' - D'^2 < 0$, cioè nella regione dei punti iperbolici, immaginarie nella regione dei punti ellittici. Soltanto per le sviluppabili (n. 55) accade che i due sistemi di linee assintotiche coincidono (nelle generatrici della sviluppabile).

Osserviamo poi che dalla definizione stessa delle linee assintotiche risulta subito il teorema:

In ogni punto di una linea assintotica A *il piano osculatore della linea coincide col piano tangente della superficie. Viceversa, se una linea* A *gode di questa proprietà, essa è assintotica.*

Infatti la sviluppabile circoscritta alla superficie lungo l'assintotica A, ha per generatrici le tangenti di A, che ne è lo spigolo di regresso.

Viceversa, se la sviluppabile circoscritta alla superficie lungo A ha la linea stessa per spigolo di regresso, questa è assintotica.

58. Andiamo ora a dare con Darboux (*) alcune importanti proprietà dei sistemi coniugati e delle linee assintotiche.

Supponiamo che le formole

$$x = x\,(u, v) \quad , \quad y = y\,(u, v) \quad , \quad z = z\,(u, v)$$

ci definiscano una superficie riferita ad un sistema coniugato (u, v). Allora l'equazione media fra le fondamentali (I) del n. 47 (pag. 88), essendo $D'=0$, ci dà il teorema:

Le coordinate cartesiane x, y, z di un punto mobile sulla superficie sono soluzioni di una medesima equazione di Laplace della forma

$$\text{(24)} \qquad \frac{\partial^2 \theta}{\partial u\, \partial v} = a\frac{\partial \theta}{\partial u} + b\frac{\partial \theta}{\partial v}\left(a = \begin{Bmatrix} 12 \\ 1 \end{Bmatrix},\ b = \begin{Bmatrix} 12 \\ 2 \end{Bmatrix}\right).$$

Inversamente sussiste il teorema: *Se $x\,(u, v)$, $y\,(u, v)$, $z\,(u, v)$ sono soluzioni di una medesima equazione di Laplace* (24), *sulla superficie*

$$x = x\,(u, v) \quad , \quad y = y\,(u, v) \quad , \quad z = z\,(u, v)$$

le linee (u, v) segnano un sistema coniugato.

E infatti si ha allora

$$\begin{vmatrix} \dfrac{\partial^2 x}{\partial u\, \partial v} & \dfrac{\partial^2 y}{\partial u\, \partial v} & \dfrac{\partial^2 z}{\partial u\, \partial v} \\[2ex] \dfrac{\partial x}{\partial u} & \dfrac{\partial y}{\partial u} & \dfrac{\partial z}{\partial u} \\[2ex] \dfrac{\partial x}{\partial v} & \dfrac{\partial y}{\partial v} & \dfrac{\partial z}{\partial v} \end{vmatrix} = 0\,,$$

cioè $D' = 0$.

Supponiamo ora invece che le linee u, v siano le assintotiche. In tal caso avremo per la (23)

$$D = 0 \quad , \quad D'' = 0$$

e le equazioni (I) n. 47 (pag. 88) danno il teorema:

Le coordinate x, y, z di un punto mobile sopra una superficie, espresse

(*) T. I. p. 127 s. s.

in funzione dei parametri u, v delle linee assintotiche, soddisfano simultaneamente a due equazioni della forma

$$(25)\quad \begin{cases} \dfrac{\partial^2\theta}{\partial u^2} = \alpha \dfrac{\partial\theta}{\partial u} + \beta \dfrac{\partial\theta}{\partial v}, & \alpha = \left\{ \begin{matrix} 11 \\ 1 \end{matrix} \right\}, \quad \beta = \left\{ \begin{matrix} 11 \\ 2 \end{matrix} \right\} \\ \dfrac{\partial^2\theta}{\partial v^2} = \gamma \dfrac{\partial\theta}{\partial u} + \delta \dfrac{\partial\theta}{\partial v}, & \gamma = \left\{ \begin{matrix} 22 \\ 1 \end{matrix} \right\}, \quad \delta = \left\{ \begin{matrix} 22 \\ 2 \end{matrix} \right\}. \end{cases}$$

Inversamente, se due equazioni simultanee (25) ammettono tre soluzioni comuni x, y, z linearmente indipendenti (*), le formole:

$$x = x(u, v) \quad , \quad y = y(u, v) \quad , \quad z = z(u, v)$$

definiranno una superficie riferita alle sue linee assintotiche.

Queste proprieta possono servire a dare la dimostrazione analitica del teorema:

Le trasformazioni proiettive conservano i sistemi coniugati e le linee assintotiche di una superficie (**).

Una trasformazione proiettiva è data dalle formole

$$x' = \frac{\alpha}{\delta}, \; y_{\prime} = \frac{\beta}{\delta}, \; z' = \frac{\gamma}{\delta},$$

dove α, β, γ, sono espressioni lineari intere in x, y, z e però soluzioni della (24) se (u, v) è un sistema coniugato, o del sistema (25) se le u, v sono assintotiche. Ma, se si pone

$$\theta' = \frac{\theta}{\delta},$$

la (24) si trasforma per θ' in una equazione analoga e similmente il sistema (25) in un sistema della stessa forma, il che dimostra la proprietà enunciata. Nel prossimo capitolo, trattando delle coordinate tangenziali, si vedrà similmente che anche le trasformazioni dualistiche, o reciprocità dello spazio, godono della stessa proprietà (vedi n. 73).

Fra i sistemi coniugati (u, v) vi ha pure quello delle linee di curvatura. Possiamo quindi domandare quale proprietà speciale apparterrà allora alla equazione (24) cui soddisfano x, y, z. In tal caso possiamo vedere, con Darboux, che sarà pure

$$x^2 + y^2 + z^2$$

(*) Il sistema (25) deve per ciò costituire uu sistema illimitatamente integrabile.

(**) Geometricamente risulta subito dal fatto che la sviluppabile circoscritta a una superficie lungo una curva si cangia per trasformazione proiettiva nella sviluppabile circoscritta alla superficie trasformata lungo la curva trasformata.

una soluzione della (24). Posto infatti

$$\rho = x^2 + y^2 + z^2,$$

risulta dalle (I) n. 47 (pag. 88):

$$\frac{\partial^2 \rho}{\partial u \, \partial v} - \begin{Bmatrix} 12 \\ 1 \end{Bmatrix} \frac{\partial \rho}{\partial u} - \begin{Bmatrix} 12 \\ 2 \end{Bmatrix} \frac{\partial \rho}{\partial v} = 2\,\mathrm{F}$$

e però, se $\mathrm{F} = 0$ e *allora soltanto*, ρ è una soluzione della (24).

Da questa osservazione Darboux ha tratto un' elegante dimostrazione del teorema: *L' inversione per raggi vettori reciproci conserva le linee di curvatura.* Le note formole per quest' inversione sono, sotto la forma più semplice:

$$x' = \frac{\mathrm{R}^2 x}{x^2 + y^2 + z^2}, \quad y' = \frac{\mathrm{R}^2 y}{x^2 + y^2 + z^2}, \quad z' = \frac{\mathrm{R}^2 z}{x^2 + y^2 + z^2}.$$

Ora, poichè nel caso attuale

$$\rho = x^2 + y^2 + z^2$$

è una soluzione della (24), la trasformazione

$$\theta' = \frac{\mathrm{R}^2 \theta}{\rho}$$

cangia la (24) in una equazione della medesima specie, cui soddisfano evidentemente

$$x' \;,\quad y' \;,\quad z'$$

ed anche $x'^2 + y'^2 + z'^2 = \dfrac{\mathrm{R}^4}{\rho}$, giacchè $\theta = \mathrm{R}^2$ è una soluzione della (24) (*). Per l' osservazione precedente anche sulla superficie S' luogo del punto $(x'\, y'\, z')$ le linee (u, v) sono le linee di curvatura.

59. Diamo ora qualche applicazione dei risultati del numero precedente.

1.° Consideriamo l' equazione

$$\frac{\partial^2 \theta}{\partial u \, \partial v} = 0 \;(**),$$

il cui integrale generale è la somma di due funzioni arbitrarie, una della u, l' altra della v. Ponendo in conseguenza

$$(26) \quad x = f_1(u) + \varphi_1(v), \quad y = f_2(u) + \varphi_2(v), \quad z = f_3(u) + \varphi_3(v),$$

(*) DARBOUX T. I. pag. 208.

(**) DARBOUX T. I. pag. 98, s. s.

sulla superficie così definita le linee (u, v) formeranno un sistema coniugato. Queste superficie diconsi *superficie di traslazione* perchè sono generate dal moto traslatorio di una curva, i cui punti descrivono altrettante curve congruenti per traslazione. Basta infatti dare alla curva

$$x = f_1(u) \quad , \quad y = f_2(u) \quad , \quad z = f_3(u)$$

un moto traslatorio, in cui ciascun suo punto descrive una curva congruente colla curva

$$x = \varphi_1(v) \quad , \quad y = \varphi_2(v) \quad , \quad z = \varphi_3(v) .$$

È chiaro che il modo di generazione di queste superficie è doppio, cioè esse nascono sia dalla traslazione di una curva u sia da quella di una curva v.

Si può, con Lie, considerare le superficie di traslazione generate nel modo seguente. Prendiamo le due curve

$$x = 2\, f_1(u) \quad , \quad y = 2\, f_2(u) \quad , \quad z = 2\, f_3(u)$$
$$x = 2\, \varphi_1(v) \quad , \quad y = 2\, \varphi_2(v) \quad , \quad z = 2\, \varphi_3(v) .$$

La superficie è il luogo dei punti medii di tutti i segmenti, che congiungono un punto della prima curva con un punto della seconda.

Si osservi che l'equazione differenziale delle assintotiche per le superficie di traslazione è data da:

$$\begin{vmatrix} f_1''(u) , & f_2''(u) , & f_3''(u) \\ f_1'(u) , & f_2'(u) , & f_3'(u) \\ \varphi_1'(v) , & \varphi_2'(v) , & \varphi_3'(v) \end{vmatrix} du^2 + \begin{vmatrix} \varphi_1''(v) , & \varphi_2''(v) , & \varphi_3''(v) \\ f_1'(u) , & f_2'(u) , & f_3'(u) \\ \varphi_1'(v) , & \varphi_2'(v) , & \varphi_3'(v) \end{vmatrix} dv^2 = 0$$

e se si suppone in particolare

$$f_2 = 0 \quad , \quad \varphi_1 = 0 ,$$

le variabili si separano, cioè: *per una superficie di traslazione, le cui curve generatrici sono in piani perpendicolari, le assintotiche si ottengono con quadrature.*

2.° Consideriamo in 2.° luogo l'equazione (*)

$$(27) \qquad (u - v) \frac{\partial^2 \theta}{\partial u \, \partial v} = m \frac{\partial \theta}{\partial v} - n \frac{\partial \theta}{\partial u} .$$

Si vede subito che

$$\theta = \mathrm{A}\, (u - a)^m \, (v - a)^n$$

(*) Darboux T. I, p. 242.

ne è una soluzione, qualunque siano le costanti A, a. Prendiamo adunque

$$x = \mathrm{A}\,(u-a)^m\,(v-a)^n\,,\quad y = \mathrm{B}\,(u-b)^m\,(v-b)^n\,,\quad z = \mathrm{C}\,(u-c)^m\,(v-c)^n$$

ed avremo una superficie su cui le linee u, v tracciano un sistema coniugato. Per l'equazione differenziale delle assintotiche di queste superficie si trova

$$\frac{m\,(m-1)\,du^2}{(u-a)\,(u-b)\,(u-c)} = \frac{n\,(n-1)\,dv^2}{(v-a)\,(v-b)\,(v-c)}\,,$$

che s'integra per quadrature con funzioni ellittiche.

Se $m=n$, l'equazione della superficie è:

$$\left(\frac{x}{\mathrm{A}}\right)^{\frac{1}{m}}(b-c)+\left(\frac{y}{\mathrm{B}}\right)^{\frac{1}{m}}(c-a)+\left(\frac{z}{\mathrm{C}}\right)^{\frac{1}{m}}(a-b)=(a-b)\,(b-c)\,(a-c)$$

e l'integrale delle assintotiche è algebrico in u, v.

Consideriamo in particolare il caso

$$m = n = \frac{1}{2}$$

ed osservando che allora $u+v$ è un integrale della (27), si vede che prendendo

$$\mathrm{A}^2 + \mathrm{B}^2 + \mathrm{C}^2 = 0\,,$$

le linee u, v saranno precisamente le linee di curvatura della superficie di 2.° grado, giacchè $x^2+y^2+z^2$ è soluzione della (27). Così per l'ellissoide

$$\frac{x^2}{\alpha^2} + \frac{y^2}{\beta^2} + \frac{z^2}{\gamma^2} = 1\,,\quad \alpha^2 > \beta^2 > \gamma^2$$

basta prendere

$$x^2 = \frac{\alpha^2\,(\alpha^2+u)\,(\alpha^2+v)}{(\alpha^2-\beta^2)\,(\alpha^2-\gamma^2)}\,,\quad y^2 = \frac{\beta^2\,(\beta^2+u)\,(\beta^2+v)}{(\beta^2-\gamma^2)\,(\beta^2-\alpha^2)}\,,\quad z^2 = \frac{\gamma^2\,(\gamma^2+u)\,(\gamma^2+v)}{(\gamma^2-\alpha^2)\,(\gamma^2-\beta^2)}\,,$$

ove variando u fra $-\gamma^2$ e $-\beta^2$ e v fra $-\beta^2$, $-\alpha^2$ si avranno tutti i punti reali dell'ellissoide (in coordinate ellittiche).

60. Termineremo questo capitolo col dare le importanti espressioni dei parametri differenziali di x, y, z, X, Y, Z e delle due loro funzioni

$$\rho = \frac{1}{2}\,(x^2+y^2+z^2)\,,\quad \mathrm{W} = \mathrm{X}\,x + \mathrm{Y}\,y + \mathrm{Z}\,z\,,$$

che rappresentano rispettivamente, la prima la metà del quadrato della distanza dell'origine dal punto (x, y, z) della superficie e la seconda la distanza dell'origine dal piano tangente.

Per questo calcolo, giovandoci delle proprietà invariantive dei parametri differenziali ci riferiremo, ove più convenga, alle linee di curvatura come a linee coordinate ricordando che il determinante:

$$\begin{vmatrix} \frac{1}{\sqrt{E}}\frac{\partial x}{\partial u}, & \frac{1}{\sqrt{E}}\frac{\partial y}{\partial u}, & \frac{1}{\sqrt{E}}\frac{\partial z}{\partial u} \\ \frac{1}{\sqrt{G}}\frac{\partial x}{\partial v}, & \frac{1}{\sqrt{G}}\frac{\partial y}{\partial v}, & \frac{1}{\sqrt{G}}\frac{\partial z}{\partial v} \\ X & Y & Z \end{vmatrix} = +1$$

è il determinante di una sostituzione ortogonale e servendoci in tal caso delle formole

$$\frac{\partial x}{\partial u} = r_2 \frac{\partial X}{\partial u} \quad , \quad \frac{\partial x}{\partial v} = r_1 \frac{\partial X}{\partial v} \, .$$

Essendo

$$\Delta_1 \varphi = \frac{1}{E}\left(\frac{\partial \varphi}{\partial u}\right)^2 + \frac{1}{G}\left(\frac{\partial \varphi}{\partial v}\right)^2 , \quad \nabla(\varphi, \psi) = \frac{1}{E}\frac{\partial \varphi}{\partial u}\frac{\partial \psi}{\partial u} + \frac{1}{G}\frac{\partial \varphi}{\partial v}\frac{\partial \psi}{\partial v} ,$$

troviamo

$$(28) \qquad \Delta_1 x = 1 - X^2 \; , \quad \Delta_1 y = 1 - Y^2 \; , \quad \Delta_1 z = 1 - Z^2$$

$$(29) \qquad \nabla(x, y) = -XY \; , \quad \nabla(x, z) = -XZ \; , \quad \nabla(y, z) = -YZ \, .$$

Abbiamo poi

$$\Delta_1 X = \frac{1}{r_2^2}\frac{1}{E}\left(\frac{\partial x}{\partial u}\right)^2 + \frac{1}{r_1^2}\frac{1}{G}\left(\frac{\partial x}{\partial v}\right)^2$$

e analogamente per $\Delta_1 Y$, $\Delta_1 Z$, onde

$$(30) \qquad \Delta_1 X + \Delta_1 Y + \Delta_1 Z = \frac{1}{r_1^2} + \frac{1}{r_2^2} \, .$$

Per calcolare $\Delta_2 x$ ci possiamo riferire alla formola generale (n. 26 c. I)

$$\Delta_2 x = \frac{G x_{11} + E x_{22} - 2 F x_{12}}{EG - F^2} ,$$

le x_{rs} essendo le derivate seconde covarianti di x rispetto alla prima forma fondamentale; ma, secondo le formole (I) n. 47, si ha

$$x_{11} = D X \; , \quad x_{12} = D' X \; , \quad x_{22} = D'' X ,$$

onde

$$\Delta_2 x = \frac{G D + E D'' - 2 F D'}{E G - F^2} X$$

ovvero (n. 55):

$$(\mathrm{A})\ \Delta_2 x = -\mathrm{H}\,\mathrm{X} = -\left(\frac{1}{r_1} + \frac{1}{r_2}\right)\mathrm{X}.$$

Questa formola importante (Beltrami) dimostra che nelle superficie a curvatura media nulla (superficie minime) le sezioni fatte con un sistema di piani paralleli appartengono ad un sistema isotermo.

Un'altra formola, di grande importanza per la teoria dell' applicabilità, si ottiene costruendo il parametro differenziale (n. 26 c. II pag. 46)

$$\Delta_{22}\, x = \frac{x_{11}\, x_{22} - x_{12}^2}{\mathrm{E}\,\mathrm{G} - \mathrm{F}^2},$$

che per le formole testè ricordate e per le (28) dà

$$(\mathrm{B})\ \Delta_{22}\, x = (1 - \Delta_1\, x)\ \mathrm{K}.$$

Essa è un'equazione a derivate parziali del 2.° ordine per x (alla quale soddisfano pure y e z), i cui coefficienti sono formati soltanto con quelli della prima forma fondamentale.

A un'equazione della stessa natura soddisfa anche

$$\rho = \frac{1}{2}\,(x^2 + y^2 + z^2).$$

E invero troviamo in primo luogo (riferendoci alle linee di curvatura)

$$\Delta_1\, \rho = 2\,\rho - \mathrm{W}^2.$$

Indi, osservando che per le derivate seconde covarianti di ρ risulta

$$\rho_{11} = \mathrm{E} + \mathrm{D}\,\mathrm{W}\,,\quad \rho_{12} = \mathrm{F} + \mathrm{D}'\,\mathrm{W}\,,\quad \rho_{22} = \mathrm{G} + \mathrm{D}''\,\mathrm{W}\,,$$

avremo subito

$$\Delta_2\, \rho = 2 - \mathrm{W}\left(\frac{1}{r_1} + \frac{1}{r_2}\right),$$

$$\Delta_{22}\, \rho = 1 - \mathrm{W}\left(\frac{1}{r_1} + \frac{1}{r_2}\right) + \mathrm{W}^2\,\mathrm{K}$$

ed eliminando W, W^2 fra le espressioni di $\Delta_1\,\rho$, $\Delta_2\,\rho$, $\Delta_{22}\,\rho$, otterremo la formola richiesta:

$$(\mathrm{C})\ \Delta_2\,\rho - \Delta_{22}\,\rho = 1 + \mathrm{K}\,(\Delta_1\,\rho - 2\,\rho).$$

Capitolo V.

Rappresentazione sferica di Gauss — Coordinate tangenziali.

Rappresentazione sferica di Gauss e sue proprietà — Teorema di Enneper sulla torsione delle assintotiche — Formole generali di rappresentazione sferica — Le superficie riferite alle loro linee assintotiche — Formole di Lelieuvre — Le superficie a curvatura positiva riferite ad un sistema isotermo-coniugato — Formole di Weingarten relative alle coordinate tangenziali — Superficie con assegnata immagine di un sistema coniugato — Superficie con un sistema di linee di curvatura in piani paralleli.

61. Per lo studio di ogni superficie non sviluppabile è molto utile una rappresentazione geografica della superficie sulla sfera, che si chiama la *rappresentazione di Gauss* e si ottiene nel modo seguente. Sia S una superficie, M un punto mobile su di essa; descriviamo una sfera e pel suo centro conduciamo il raggio parallelo alla direzione positiva della normale in M alla S. L'estremità M' del raggio si dirà l'*immagine* del punto M e mentre M si muove sulla superficie S (o sopra una regione di questa), la sua immagine M' si muoverà sopra una regione corrispondente della sfera rappresentativa. In generale s'intende che questa immagine sferica ricoprirà con più strati la sfera, quando accada che, nella regione considerata di S, in punti diversi la normale di S abbia la stessa direzione positiva. Volendo, si può in generale scindere la regione di S in più regioni parziali, in guisa che l'immagine sferica di ogni regione parziale sia ad un solo strato.

Supponiamo per semplicità il centro della sfera nell'origine delle coordinate e il suo raggio eguale all'unità lineare. Allora è chiaro che se (x, y, z) sono le coordinate di un punto M di S, quelle del punto immagine M' sulla sfera saranno appunto i coseni di direzione (positiva) della normale X, Y, Z. Indicando con ds' l'elemento lineare della sfera rappresentativa, avremo dunque

$$ds'^2 = dX^2 + dY^2 + dZ^2$$

e ponendo

$$ds'^2 = e\, du^2 + 2\, f\, du\, dv + g\, dv^2 ,$$

dalle formole fondamentali (II) n. 47 c. IV (pag. 89) troveremo facilmente

(1) $e = -(K\,E + H\,D)\;,\quad f = -(K\,F + H\,D')\;,\quad g = -(K\,G + H\,D'')$ (*)

cioè

(2) $ds'^2 = -K(E\,du^2 + 2\,F\,du\,dv + G\,dv^2) - H(D\,du^2 + 2\,D'\,du\,dv + D''\,dv^2)$.

In generale in ogni rappresentazione per punti di una superficie sopra un' altra vi ha uno ed un solo sistema ortogonale (sempre reale) dell' una che si conserva ortogonale sull' altra, a meno che la rappresentazione non sia conforme, nel qual caso ogni sistema ortogonale sull' una si conserva ortogonale sull' altra (**). Ora si vede subito che in generale: *il sistema ortogonale della superficie che si conserva ortogonale nella rappresentazione sferica di Gauss è quello delle linee di curvatura.*

E infatti se il sistema (u, v) è ortogonale sulla superficie, si ha $F=0$ e se è anche ortogonale sulla sfera risulta

$$H\,D' = 0\,,$$

quindi (escluso il caso $H=0$) sarà $D'=0$. Ora le equazioni $F=0$ $D'=0$ caratterizzano il sistema (u, v) come quello delle linee di curvatura.

Nel caso $H=0$ ogni sistema ortogonale sulla superficie ha un' immagine sferica ortogonale, onde risulta: *La rappresentazione sferica di Gauss riesce conforme soltanto per le superficie a curvatura media nulla e per la sfera.*

Questa importante proprietà delle superficie così dette d' area minima (a curvatura media nulla) è il fondamento della relazione che esiste fra la teoria delle superficie minime e quella delle funzioni di variabile complessa, come si vedrà in appresso.

(*) K, H designano al solito la curvatura totale e media

$$K = \frac{D\,D'' - D'^2}{E\,G - F^2}\;,\qquad H = \frac{2\,F\,D' - E\,D'' - G\,D}{E\,G - F^2}\,.$$

(**) Questo teorema discende facilmente dai risultati sulle forme binarie quadratiche simultanee ottenuti al n. 31 c. II. Sulle due superficie si scelgano a linee coordinate due sistemi corrispondenti (u, v).

Le due forme quadratiche (definite)

$$ds^2 = E\,du^2 + 2\,F\,du\,dv + G\,dv^2\;,\quad ds'^2 = E'\,du^2 + 2\,F'\,du\,dv + G'\,dv^2\,,$$

che ne rappresentano gli elementi lineari, possono ridursi in uno ed un solo modo simultaneamente a forma ortogonale a meno che non sussista la proporzione

$$E' : F' : G' . = E : F : G$$

ed allora la rappresentazione è conforme, cioè tutti i sistemi ortogonali sono conservati e la riduzione può farsi in infiniti modi.

62. Dalle formole (1) possiamo trarre un'altra conseguenza, che merita di essere notata. Supponiamo che il sistema (u, v) sulla superficie sia coniugato, cioè

$$D' = 0 .$$

Le (1) danno

$$e = \frac{G\, D^2}{E\, G - F^2}\ , \quad f = -\frac{F\, D\, D''}{E\, G - F^2}\ , \quad g = \frac{E\, D''^2}{E\, G - F^2}$$

e se indichiamo rispettivamente con ω, Ω l'angolo formato dalle direzioni positive delle linee coordinate in ogni punto della superficie S e della sfera rappresentativa, dalle formole

$$\cos\omega = \frac{F}{\sqrt{E\, G}}\ , \quad \cos\Omega = \frac{f}{\sqrt{e\, g}} \ (*)$$

risulta

$$\cos\Omega = \pm \cos\omega\ ,$$

il segno superiore valendo se il punto in considerazione di S è iperbolico (D, D'' segno contrario), l'inferiore per un punto ellittico. Ne deduciamo: *Nella rappresentazione sferica l'angolo di due direzioni coniugate sulla superficie viene conservato in grandezza o cangiato nel supplementare, secondo che il punto da cui escono le due direzioni è iperbolico o ellittico.*

Con minore precisione questo teorema risulta anche dall'osservazione seguente. Siano t, t' due direzioni coniugate sulla superficie; adottando i simboli d, δ pei differenziali calcolati in quelle direzioni abbiamo (n. 50 c. IV)

$$\delta x\, dX + \delta y\, dY + \delta z\, dZ = 0$$

e, poichè dX, dY, dZ sono proporzionali ai coseni della direzione sferica corrispondente a t, risulta che questa direzione sferica è perpendicolare a t'.

Segue di qui che per *le direzioni principali e per queste soltanto la direzione sferica corrispondente riesce parallela alla obiettiva,* come si vede anche dalle formole di Rodrigues [n. 54 c. IV (13)].

Notiamo ancora che per le direzioni assintotiche si ottiene da quanto precede la definizione seguente: *le direzioni assintotiche sono quelle che nella rappresentazione sferica vengono deviate di un angolo retto.*

Ritornando alle formole generali (1), calcoliamo l'elemento d'area [n. 33 c. III]

$$d\sigma' = \sqrt{e\, g - f^2}\, du\, dv$$

(*) Si rammenti che i segni dei radicali da prendersi sono i positivi.

della sfera; otteniamo

$$d\sigma' = \mathrm{K}\sqrt{\mathrm{E}\,\mathrm{G}-\mathrm{F}^2}\,du\,dv = \mathrm{K}\,d\sigma\,,$$

essendo $d\sigma$ l'elemento d'area della superficie.

Se adunque attorno ad un punto M della superficie tracciamo una piccola curva chiusa e con σ indichiamo l'area racchiusa, con σ' quella dell'immagine sferica corrispondente il rapporto $\frac{\sigma'}{\sigma}$, all'impiccolire indefinito dell'area σ (con qualsiasi legge), converge verso il valore della curvatura totale

$$\mathrm{K} = \frac{1}{r_1\,r_2}$$

nel punto M. Questa definizione della curvatura, data da Gauss, presenta, come si vede, stretta analogia con quella della curvatura delle curve piane.

In fine dalle stesse equazioni (1) o (2) deduciamo il teorema di Enneper: *Il quadrato della torsione delle linee assintotiche in ogni punto è eguale alla curvatura totale* K *della superficie presa con segno contrario.* Per dimostrarlo, basta osservare che per una assintotica i coseni di direzione della binormale sono appunto

$$\mathrm{X},\ \mathrm{Y},\ \mathrm{Z}$$

e quindi

$$\frac{1}{\mathrm{T}^2} = \frac{d\mathrm{X}^2 + d\mathrm{Y}^2 + d\mathrm{Z}^2}{ds^2}\,;$$

ma per la (2), avuto riguardo che lungo un'assintotica risulta

$$\mathrm{D}\,du^2 + 2\,\mathrm{D}'\,du\,dv + \mathrm{D}''\,dv^2 = 0\,,$$

otteniamo

$$\frac{1}{\mathrm{T}^2} = -\,\mathrm{K}\,.$$

Questo teorema verrà ulteriormente precisato al seguente n. 65, dove, avendo riguardo anche al segno della torsione, si dimostrerà che: *in ogni punto (iperbolico) della superficie le due assintotiche, che vi si incrociano, hanno torsione eguale e di segno contrario.*

63. Per molte questioni della teoria generale delle superficie è importante lo studio delle superficie *con assegnata rappresentazione* sferica. E appunto in questo numero esporremo le formole generali in cui: *Data la terza forma differenziale*

$$ds'^2 = e\,du^2 + 2\,f\,du\,dv + g\,dv^2\,, \tag{3}$$

cioè assegnati e, f, g in funzione di u, v, si cercano le superficie corrispondenti.

Per ciò noi cercheremo le condizioni necessarie e sufficienti, cui debbono soddisfare i coefficienti D, D', D'' della 2.ª forma fondamentale; soddisfatte queste condizioni e supposte note X, Y, Z in funzione di u, v, si vedrà che la corrispondente superficie si ottiene con quadrature.

Importa anzitutto scrivere le formole fondamentali (I) n. 47 c. IV (pag. 88) applicate alla sfera rappresentativa. I coseni di direzione della normale della sfera, diretta verso l'esterno, essendo appunto X, Y, Z, la seconda forma fondamentale relativa alla sfera è identica alla prima, presa con segno contrario (*). Le citate formole diventano nel caso attuale:

$$(4)\qquad \left\{\begin{aligned} \frac{\partial^2 X}{\partial u^2} &= \begin{Bmatrix}11\\1\end{Bmatrix}'\frac{\partial X}{\partial u} + \begin{Bmatrix}11\\2\end{Bmatrix}'\frac{\partial X}{\partial v} - e\,X \\ \frac{\partial^2 X}{\partial u\,\partial v} &= \begin{Bmatrix}12\\1\end{Bmatrix}'\frac{\partial X}{\partial u} + \begin{Bmatrix}12\\2\end{Bmatrix}'\frac{\partial X}{\partial v} - f\,X \\ \frac{\partial^2 X}{\partial v^2} &= \begin{Bmatrix}22\\1\end{Bmatrix}'\frac{\partial X}{\partial u} + \begin{Bmatrix}22\\2\end{Bmatrix}'\frac{\partial X}{\partial v} - g\,X, \end{aligned}\right.$$

l'accento sui simboli di Christoffel indicando che essi sono costruiti coi coefficienti e, f, g della terza forma fondamentale (3) (**).

Scriviamo le formole fondamentali (n. 47 c. IV pag. 89) introducendo per mezzo delle (1) n. 61 i coefficienti e, f, g; troviamo:

$$(5)\qquad \left\{\begin{aligned} \frac{\partial x}{\partial u} &= \frac{f\,D' - g\,D}{e\,g - f^2}\frac{\partial X}{\partial u} + \frac{f\,D - e\,D'}{e\,g - f^2}\frac{\partial X}{\partial v} \\ \frac{\partial x}{\partial v} &= \frac{f\,D'' - g\,D'}{e\,g - f^2}\frac{\partial X}{\partial u} + \frac{f\,D' - e\,D''}{e\,g - f^2}\frac{\partial X}{\partial v}\ . \end{aligned}\right.$$

Ora scriviamo le condizioni d'integrabilità

$$\frac{\partial}{\partial v}\left(\frac{\partial x}{\partial u}\right) - \frac{\partial}{\partial u}\left(\frac{\partial x}{\partial v}\right) = 0,$$

esprimendo le derivate seconde di X colle (4) e alle derivate dei coefficienti e, f, g sostituendo i loro valori pei simboli di Christoffel. Dopo

(*) Qui adunque per faccia positiva della sfera si prende la esterna e, in armonia colle convenzioni fondamentali n. 46 c. IV, si suppone che su questa faccia positiva la direzione positiva u giaccia alla sinistra della v.

(**) Omettiamo, come sempre, di scrivere le formole analoghe in Y, Z.

semplici trasformazioni, troviamo per le condizioni richieste (*):

$$(6)\left\{\begin{aligned}&\frac{\partial D}{\partial v}-\frac{\partial D'}{\partial u}-\left\{\begin{matrix}12\\1\end{matrix}\right\}'D+\left[\left\{\begin{matrix}11\\1\end{matrix}\right\}'-\left\{\begin{matrix}12\\2\end{matrix}\right\}'\right]D'+\left\{\begin{matrix}11\\2\end{matrix}\right\}'D''=0\\&\frac{\partial D''}{\partial u}-\frac{\partial D'}{\partial v}+\left\{\begin{matrix}22\\1\end{matrix}\right\}'D+\left[\left\{\begin{matrix}22\\2\end{matrix}\right\}'-\left\{\begin{matrix}12\\1\end{matrix}\right\}'\right]D'-\left\{\begin{matrix}12\\2\end{matrix}\right\}'D''=0.\end{aligned}\right.$$

Queste sono le equazioni stesse di Codazzi (IV) n. 48 c. IV (pag. 91), sostituita la terza forma fondamentale alla prima. Se D, D', D'' le soddisfano, esiste la superficie corrispondente, che si ottiene dalle (5) con quadrature. Otteniamo così il semplice risultato: *Date le due forme differenziali*

$$D\,du^2+2\,D'\,du\,dv+D''\,dv^2$$
$$e\,du^2+2\,f\,du\,dv+g\,dv^2,$$

delle quali la seconda definita e a curvatura + 1, *perchè esista una superficie corrispondente che le ammetta per* 2.ª e 3.ª *forma fondamentale è necessario e sufficiente che siano soddisfatte le relazioni di Codazzi* (6). *La superficie corrispondente è unica e determinata e, note* X, Y, Z *in funzione di* u, v, *si ottiene per quadrature dalle* (5).

La ricerca di X, Y, Z quando siano noti soltanto i coefficienti e, f, g dipende da un'equazione di Riccati (n. 50 c. IV).

Come al n. 48 (pag. 91), si osserverà che le (6) possono scriversi sotto la 2.ª forma:

(*) Per eseguire in modo breve questo calcolo pongasi per un momento

$$\frac{f\,D'-g\,D}{e\,g-f^2}=M\ ,\quad \frac{f\,D-e\,D'}{e\,g-f^2}=N$$
$$\frac{f D''-g\,D'}{e\,g-f^2}=P\ ,\quad \frac{f\,D'-e\,D''}{e\,g-f^2}=Q$$

onde

$$M\,e+N\,f=-D\ ,\quad M\,f+N\,g=P\,e+Q\,f=-D'\ ,\quad P\,f+Q\,g=-D''.$$

Per le condizioni d'integrabilità si trova

$$\left\{\begin{aligned}&\frac{\partial M}{\partial v}-\frac{\partial P}{\partial u}-\left\{\begin{matrix}11\\1\end{matrix}\right\}'P+\left\{\begin{matrix}22\\1\end{matrix}\right\}'N+\left\{\begin{matrix}12\\1\end{matrix}\right\}'\left(M-Q\right)=0\\&\frac{\partial Q}{\partial u}-\frac{\partial N}{\partial v}-\left\{\begin{matrix}22\\2\end{matrix}\right\}'N+\left\{\begin{matrix}11\\2\end{matrix}\right\}'P-\left\{\begin{matrix}12\\2\end{matrix}\right\}'\left(M-Q\right)=0,\end{aligned}\right.$$

che si mutano subito nelle formole (6) del testo.

$$
(6^*)\left\{\begin{aligned}
&\frac{\partial}{\partial v}\left(\frac{D}{\sqrt{eg-f^2}}\right)-\frac{\partial}{\partial u}\left(\frac{D'}{\sqrt{eg-f^2}}\right)+\begin{Bmatrix}22\\2\end{Bmatrix}'\frac{D}{\sqrt{eg-f^2}}-2\begin{Bmatrix}12\\2\end{Bmatrix}'\frac{D'}{\sqrt{eg-f^2}}+\\
&\qquad+\begin{Bmatrix}11\\2\end{Bmatrix}'\frac{D''}{\sqrt{eg-f^2}}=0\\
&\frac{\partial}{\partial u}\left(\frac{D''}{\sqrt{eg-f^2}}\right)-\frac{\partial}{\partial v}\left(\frac{D'}{\sqrt{eg-f^2}}\right)+\begin{Bmatrix}22\\1\end{Bmatrix}'\frac{D}{\sqrt{eg-f^2}}-2\begin{Bmatrix}12\\1\end{Bmatrix}'\frac{D'}{\sqrt{eg-f^2}}+\\
&\qquad+\begin{Bmatrix}11\\1\end{Bmatrix}'\frac{D}{\sqrt{eg-f^2}}=0\,.
\end{aligned}\right.
$$

Da ultimo osserviamo le formole che danno i valori di

$$r_1+r_2 \quad , \quad r_1\, r_2 \ ,$$

essendo r_1, r_2 i raggi principali di curvatura della superficie. Per l'equazione di 2.° grado che li determina deduciamo, come al n. 52 c. IV

$$(7) \qquad (eg-f^2)\,r^2+(e\,D''+g\,D-2\,f\,D')\,r+DD''-D'^2=0\,,$$

onde:

$$
(8) \qquad \left\{\begin{aligned}
r_1+r_2 &= \frac{2\,f\,D'-e\,D''-g\,D}{eg-f^2}\\
r_1\, r_2 &= \frac{DD''-D'^2}{eg-f^2}\,.
\end{aligned}\right.
$$

Dalle (1) n. 61 troviamo pei coefficienti dell'elemento lineare della superficie:

$$(9) \qquad E=-(r_1+r_2)\,D-r_1\,r_2\,e\ ,\quad F=-(r_1+r_2)\,D'-r_1\,r_2\,f\,,$$
$$G=-(r_1+r_2)\,D''-r_1\,r_2\,g\,.$$

64. Applicheremo queste formole generali a due casi di speciale interesse. Nel 1.° caso a linee coordinate (u, v) sulla sfera prendiamo le *immagini delle linee assintotiche della superficie,* che supponiamo adunque, limitandoci ad enti reali, a punti iperbolici almeno nella regione che si considera.

Avremo in questo caso

$$D=D''=0$$

e ponendo

$$r_1\, r_2=-\rho^2\,,$$

cioè indicando con $-\frac{1}{\rho^2}$ la curvatura della superficie, avremo dalla (8)

$$\frac{D'}{\sqrt{eg-f^2}} = \rho \text{ (*)}.$$

Le equazioni (6*) di Codazzi diventano

$$(10) \qquad \frac{\partial \log \rho}{\partial u} = -2 \begin{Bmatrix} 12 \\ 2 \end{Bmatrix}' \quad , \quad \frac{\partial \log \rho}{\partial v} = -2 \begin{Bmatrix} 12 \\ 1 \end{Bmatrix}' \; ,$$

il significato geometrico di ρ essendo dato dalla formola

$$(11) \qquad K = -\frac{1}{\rho^2}\,.$$

Abbiamo dunque il risultato seguente trovato la prima volta dal Dini (**):

Perchè le linee sferiche (u, v) siano le immagini delle assintotiche di una superficie è necessario e sufficiente che i simboli $\begin{Bmatrix} 12 \\ 1 \end{Bmatrix}' \begin{Bmatrix} 12 \\ 2 \end{Bmatrix}'$, *calcolati per l'elemento lineare sferico, soddisfino la condizione*

$$(12) \qquad \frac{\partial}{\partial u} \begin{Bmatrix} 12 \\ 1 \end{Bmatrix}' = \frac{\partial}{\partial v} \begin{Bmatrix} 12 \\ 2 \end{Bmatrix}' \,.$$

Soddisfatta questa condizione, le (10) determinano ρ a meno di un fattore costante di proporzionalità e osservando le (5) abbiamo:

La corrispondente superficie è definita per quadrature, a meno di un' omotetia, dalle formole

$$(13) \qquad \begin{cases} \dfrac{\partial x}{\partial u} = \dfrac{\rho f}{\sqrt{eg-f^2}} \dfrac{\partial X}{\partial u} - \dfrac{\rho e}{\sqrt{eg-f^2}} \dfrac{\partial X}{\partial v} \\[2ex] \dfrac{\partial x}{\partial v} = -\dfrac{\rho g}{\sqrt{eg-f^2}} \dfrac{\partial X}{\partial u} + \dfrac{\rho f}{\sqrt{eg-f^2}} \dfrac{\partial X}{\partial v} \end{cases} .$$

Le (8) diventano poi

$$r_1 + r_2 = \frac{2 f \rho}{\sqrt{eg - f^2}} \; , \quad r_1 r_2 = -\rho^2$$

e conseguentemente le (9)

$$E = \rho^2 e \quad , \quad F = -\rho^2 f \quad , \quad G = \rho^2 g .$$

(*) Qui omettiamo il doppio segno e riguardiamo ρ, definito dalle seguenti formole (10), come positivo. Il cangiare il segno di D' equivale soltanto a cangiare i segni dei secondi membri nelle (5), cioè a sostituire alla superficie la sua simmetrica rispetto all'origine.

(**) *Annali di matematica*, S.e 2.a, t. IV.

Il quadrato dell' elemento lineare della superficie prende la forma

$$ds^2 = \rho^2 \,(e\, du^2 - 2\, f\, du\, dv + g\, dv^2)\,. \tag{14}$$

Conviene ancora che osserviamo le semplici relazioni che passano fra i simboli di Christoffel $\begin{Bmatrix} r s \\ t \end{Bmatrix}$, $\begin{Bmatrix} r s \\ t \end{Bmatrix}'$ costruiti rispettivamente per la superficie e per la sfera. Dalla tabella (A) n. 35 c. III troviamo semplicemente (*):

$$(a)\quad \left\{\begin{aligned}
&\begin{Bmatrix} 11 \\ 1 \end{Bmatrix} = \begin{Bmatrix} 11 \\ 1 \end{Bmatrix}' - 2\begin{Bmatrix} 12 \\ 2 \end{Bmatrix}' \,,\quad \begin{Bmatrix} 22 \\ 2 \end{Bmatrix} = \begin{Bmatrix} 22 \\ 2 \end{Bmatrix}' - 2\begin{Bmatrix} 12 \\ 1 \end{Bmatrix}' \\
&\begin{Bmatrix} 12 \\ 1 \end{Bmatrix} = -\begin{Bmatrix} 12 \\ 1 \end{Bmatrix}' \,,\quad \begin{Bmatrix} 12 \\ 2 \end{Bmatrix} = -\begin{Bmatrix} 12 \\ 2 \end{Bmatrix}' \\
&\begin{Bmatrix} 11 \\ 2 \end{Bmatrix} = -\begin{Bmatrix} 11 \\ 2 \end{Bmatrix}' \,,\quad \begin{Bmatrix} 22 \\ 1 \end{Bmatrix} = -\begin{Bmatrix} 22 \\ 1 \end{Bmatrix}'
\end{aligned}\right.$$

(*) È qui il luogo di far conoscere un gruppo di formole semplici e generali, osservate da Weingarten, e da questi comunicatemi in una lettera recente. Prendiamo le quattro formole:

$$D = -\sum \frac{\partial x}{\partial u}\frac{\partial X}{\partial u}\,,\quad D' = -\sum \frac{\partial x}{\partial u}\frac{\partial X}{\partial v}\,,\quad D' = -\sum \frac{\partial x}{\partial v}\frac{\partial X}{\partial u}\,,\quad D'' = -\sum \frac{\partial x}{\partial v}\frac{\partial X}{\partial v}\,,$$

e deriviamole ciascuna una volta rapporto ad u, una seconda rapporto a v. Se per le derivate seconde di x sostituiamo i valori dati dalle formole fondamentali (I) pag. 88, e similmente per quelle di X i valori (4) pag. 119, abbiamo le formole in discorso riportate nella tabella seguente:

$$\left\{\begin{aligned}
\frac{\partial D}{\partial u} &= \begin{Bmatrix} 11 \\ 1 \end{Bmatrix} D + \begin{Bmatrix} 11 \\ 2 \end{Bmatrix} D' + \begin{Bmatrix} 11 \\ 1 \end{Bmatrix}' D + \begin{Bmatrix} 11 \\ 2 \end{Bmatrix}' D' \\
\frac{\partial D}{\partial v} &= \begin{Bmatrix} 12 \\ 1 \end{Bmatrix} D + \begin{Bmatrix} 12 \\ 2 \end{Bmatrix} D' + \begin{Bmatrix} 12 \\ 1 \end{Bmatrix}' D + \begin{Bmatrix} 12 \\ 2 \end{Bmatrix}' D'
\end{aligned}\right.$$

$$\left\{\begin{aligned}
\frac{\partial D'}{\partial u} &= \begin{Bmatrix} 11 \\ 1 \end{Bmatrix} D' + \begin{Bmatrix} 11 \\ 2 \end{Bmatrix} D'' + \begin{Bmatrix} 12 \\ 1 \end{Bmatrix}' D + \begin{Bmatrix} 12 \\ 2 \end{Bmatrix}' D' \\
\frac{\partial D'}{\partial v} &= \begin{Bmatrix} 12 \\ 1 \end{Bmatrix} D' + \begin{Bmatrix} 12 \\ 2 \end{Bmatrix} D'' + \begin{Bmatrix} 22 \\ 1 \end{Bmatrix}' D + \begin{Bmatrix} 22 \\ 2 \end{Bmatrix}' D'
\end{aligned}\right.$$

$$\left\{\begin{aligned}
\frac{\partial D'}{\partial u} &= \begin{Bmatrix} 12 \\ 1 \end{Bmatrix} D + \begin{Bmatrix} 12 \\ 2 \end{Bmatrix} D' + \begin{Bmatrix} 11 \\ 1 \end{Bmatrix}' D' + \begin{Bmatrix} 11 \\ 2 \end{Bmatrix}' D'' \\
\frac{\partial D'}{\partial v} &= \begin{Bmatrix} 22 \\ 1 \end{Bmatrix} D + \begin{Bmatrix} 22 \\ 2 \end{Bmatrix} D' + \begin{Bmatrix} 12 \\ 1 \end{Bmatrix}' D' + \begin{Bmatrix} 11 \\ 2 \end{Bmatrix}' D''
\end{aligned}\right.$$

$$\left\{\begin{aligned}
\frac{\partial D''}{\partial u} &= \begin{Bmatrix} 12 \\ 1 \end{Bmatrix} D' + \begin{Bmatrix} 12 \\ 2 \end{Bmatrix} D'' + \begin{Bmatrix} 12 \\ 1 \end{Bmatrix}' D' + \begin{Bmatrix} 12 \\ 2 \end{Bmatrix}' D'' \\
\frac{\partial D''}{\partial v} &= \begin{Bmatrix} 22 \\ 1 \end{Bmatrix} D' + \begin{Bmatrix} 22 \\ 2 \end{Bmatrix} D'' + \begin{Bmatrix} 22 \\ 1 \end{Bmatrix}' D' + \begin{Bmatrix} 22 \\ 2 \end{Bmatrix}' D''\,.
\end{aligned}\right.$$

Confrontando opportunamente queste otto formole fra loro, si otterranno di nuovo le equazioni di Codazzi sia rispetto alla 1.ª, sia rispetto alla 3.ª forma fondamentale (pag. 91 e pag. 120). Se nelle formole di Weingarten ora scritte si fa $D = D'' = 0$, ne seguono subito le formole (a) del testo.

65. Dimostriamo in primo luogo come da queste formole discenda nuovamente il teorema di Enneper, completato nel senso già indicato al n. 62. Consideriamo sulla superficie S le linee assintotiche v il cui elemento d'arco ds_v è dato, secondo la (14), da

$$ds_v = \rho \sqrt{e}\, du.$$

Per la curva v, mantenendo tutte le notazioni della teoria delle curve, avremo

$$\cos\alpha = \frac{1}{\rho\sqrt{e}}\frac{\partial x}{\partial u}, \quad \cos\beta = \frac{1}{\rho\sqrt{e}}\frac{\partial y}{\partial u}, \quad \cos\gamma = \frac{1}{\rho\sqrt{e}}\frac{\partial z}{\partial u},$$

cioè per le (13)

$$\left\{\begin{aligned} \cos\alpha &= \frac{f}{\sqrt{e}\sqrt{eg-f^2}}\frac{\partial X}{\partial u} - \frac{\sqrt{e}}{\sqrt{eg-f^2}}\frac{\partial X}{\partial v} \\ \cos\beta &= \frac{f}{\sqrt{e}\sqrt{eg-f^2}}\frac{\partial Y}{\partial u} - \frac{\sqrt{e}}{\sqrt{eg-f^2}}\frac{\partial Y}{\partial v} \\ \cos\gamma &= \frac{f}{\sqrt{e}\sqrt{eg-f^2}}\frac{\partial Z}{\partial u} - \frac{\sqrt{e}}{\sqrt{eg-f^2}}\frac{\partial Z}{\partial v} . \end{aligned}\right.$$

Il piano osculatore della linea v coincidendo col piano tangente alla superficie, si ha poi

$$\cos\lambda = \pm X, \quad \cos\mu = \pm Y, \quad \cos\nu = \pm Z$$

e però

$$\cos\xi = \begin{vmatrix} \cos\mu & \cos\nu \\ \cos\beta & \cos\gamma \end{vmatrix} =$$

$$= \pm \begin{vmatrix} Y, & Z \\ +\frac{f}{\sqrt{e}\sqrt{eg-f^2}}\frac{\partial Y}{\partial u} - \frac{\sqrt{e}}{\sqrt{eg-f^2}}\frac{\partial Y}{\partial v}, & +\frac{f}{\sqrt{e}\sqrt{eg-f^2}}\frac{\partial Z}{\partial u} - \frac{\sqrt{e}}{\sqrt{eg-f^2}}\frac{\partial Z}{\partial v} \end{vmatrix}$$

colle formole analoghe per $\cos\eta$, $\cos\zeta$. Se $\frac{1}{T_v}$ indica la torsione della linea v, abbiamo per le formole di Frenet

$$\frac{1}{T_v} = \sum \cos\xi \frac{d\cos\lambda}{ds_v} = \pm\frac{1}{\rho\sqrt{e}}\sum\cos\xi\frac{\partial X}{\partial u},$$

cioè per la precedente:

$$\frac{1}{T_v} = \frac{1}{\rho\sqrt{e}} \begin{vmatrix} X & Y & Z \\ \frac{\partial X}{\partial u} & \frac{\partial Y}{\partial u} & \frac{\partial Z}{\partial u} \\ \frac{\sqrt{e}}{\sqrt{eg-f^2}}\frac{\partial X}{\partial v}, & \frac{\sqrt{e}}{\sqrt{eg-f^2}}\frac{\partial Y}{\partial v}, & \frac{\sqrt{e}}{\sqrt{eg-f^2}}\frac{\partial Z}{\partial v} \end{vmatrix}.$$

Ma si ha

$$\begin{vmatrix} X & Y & Z \\ \frac{\partial X}{\partial u} & \frac{\partial Y}{\partial u} & \frac{\partial Z}{\partial u} \\ \frac{\partial X}{\partial v} & \frac{\partial Y}{\partial v} & \frac{\partial Z}{\partial v} \end{vmatrix} = \sqrt{eg-f^2},$$

onde

$$\text{(15)} \qquad \frac{1}{T_v} = +\frac{1}{\rho}.$$

Similmente indicando con $\frac{1}{T_u}$ la torsione delle assintotiche u, troviamo

$$\text{(15*)} \qquad \frac{1}{T_u} = -\frac{1}{\rho}.$$

Come si vede, queste formole ci danno nuovamente il teorema di Enneper e dimostrano di più che le due assintotiche, uscenti da un punto della superficie, hanno bensì torsioni eguali, ma di segno contrario.

66. Le formole del n. 64 applicate a due classi importanti di superficie, che studieremo in seguito, le superficie d'area minima e le superficie pseudosferiche, danno immediatamente alcuni risultati che importa notare.

Come già fu accennato, diconsi *superficie d'area minima* quelle, che in ogni punto hanno i raggi principali di curvatura eguali e di segno contrario. Le loro linee assintotiche sono reali ed ortogonali fra loro, la indicatrice di Dupin in ogni punto essendo costituita da due iperbole (coniugate) equilatere. Dovendo qui aversi

$$r_1 + r_2 = \frac{2f\rho}{\sqrt{eg-f^2}} = 0,$$

segue $f=0$, $F=0$, cioè le linee (u, v) sono ortogonali sulla superficie e nell'immagine sferica, come ora si è detto. Ma di più segue dalla (12),

essendo

$$\begin{Bmatrix} 12 \\ 1 \end{Bmatrix}' = \frac{1}{2} \frac{\partial \log e}{\partial v}, \quad \begin{Bmatrix} 12 \\ 2 \end{Bmatrix}' = \frac{1}{2} \frac{\partial \log g}{\partial u},$$

$$\frac{\partial^2 \log e}{\partial u \, \partial v} = \frac{\partial^2 \log g}{\partial u \, \partial v}.$$

Questa esprime (n. 38 c. III) che le linee sferiche (u, v) sono isoterme e cangiando i parametri u, v, potremo fare senz'altro

$$e = g = \frac{1}{\rho}.$$

L'elemento lineare sferico e l'elemento lineare della superficie prendono quindi rispettivamente la forma

$$ds'^2 = \frac{1}{\rho} (du^2 + dv^2)$$

$$ds^2 = \rho \, (du^2 + dv^2).$$

Dunque: *Le linee assintotiche di una superficie minima e le loro immagini sferiche formano un doppio sistema ortogonale isotermo.* Le formole precedenti dimostrano nuovamente che la rappresentazione sferica di Gauss riesce conforme per le superficie minime. Poichè inoltre tutti i sistemi isotermi della sfera sono noti, tutte le superficie minime si avranno con quadrature dalle formole del n. 64.

67. Consideriamo una superficie a *curvatura costante negativa*

$$K = -\frac{1}{\rho^2} \quad (\rho \text{ costante});$$

queste superficie diconsi anche *pseudosferiche* e ρ si dice il loro *raggio.* Dalle (12) segue

$$\begin{Bmatrix} 12 \\ 1 \end{Bmatrix}' = 0 \qquad \begin{Bmatrix} 12 \\ 2 \end{Bmatrix}' = 0,$$

cioè

$$\begin{cases} g \dfrac{\partial e}{\partial v} - f \dfrac{\partial g}{\partial u} = 0 \\[2ex] f \dfrac{\partial e}{\partial v} - e \dfrac{\partial g}{\partial u} = 0 \end{cases}$$

da cui

$$\frac{\partial e}{\partial v} = 0, \quad \frac{\partial g}{\partial u} = 0.$$

Essendo e funzione della sola u e g della sola v, cangiando i parametri u, v si può fare semplicemente

$$e = 1 \quad , \quad g = 1$$

e chiamando ω l'angolo delle linee assintotiche della superficie risulterà

$$ds^2 = \rho^2 (du^2 + 2 \cos \omega \, du \, dv + dv^2) \tag{16}$$

$$ds'^2 = du^2 - 2 \cos \omega \, du \, dv + dv^2 \,. \tag{16*}$$

Consideriamo sulla superficie pseudosferica S il quadrilatero racchiuso da quattro linee assintotiche

$$u = u_0 \;,\quad u = u_1 \quad ,\quad v = v_0 \;,\quad v = v_1 \;.$$

Essendo $\rho \, du$ l'elemento d'arco delle v e $\rho \, dv$ quello delle u, i due lati opposti

$$v = v_0 \quad , \quad v = v_1$$

hanno la lunghezza $\rho \, (u_1 - u_0)$ e gli altri due la lunghezza $\rho \, (v_1 - v_0)$. Si ha dunque il teorema:

In ogni quadrilatero curvilineo, compreso fra quattro assintotiche di una superficie pseudosferica, gli archi opposti sono eguali.

È poi evidente, per la (16*), che *la medesima proprietà compete alle immagini sferiche delle assintotiche.*

Aggiungiamo che tanto l'una quanto l'altra proprietà sono *caratteristiche* delle superficie pseudosferiche. E invero la proprietà supposta per le linee sferiche (u, v) porta che, cangiando i parametri u, v, si può fare $e = 1$, $g = 1$ onde $\begin{Bmatrix} 12 \\ 1 \end{Bmatrix}' = 0$ $\begin{Bmatrix} 12 \\ 2 \end{Bmatrix}' = 0$ e però per le (10) $\rho = \text{cost}^{\text{te}}$. Osservando poi le formole (a) n. 64

$$\begin{Bmatrix} 12 \\ 1 \end{Bmatrix} = - \begin{Bmatrix} 12 \\ 1 \end{Bmatrix}' \;,\quad \begin{Bmatrix} 12 \\ 2 \end{Bmatrix} = - \begin{Bmatrix} 12 \\ 2 \end{Bmatrix}' \;,$$

è chiaro che si giunge alla medesima conclusione, supponendo che la proprietà in discorso appartenga alle assintotiche u, v sulla superficie.

Il problema di determinare le superficie pseudosferiche equivale a quello di trovare sulla sfera i sistemi (u, v) di linee, che danno all'elemento lineare la forma (16*), cioè i sistemi che dividono la sfera in quadrilateri curvilinei coi lati opposti eguali. Ora, se colla formola (17) n. 35 c. III (pag. 67) si esprime che la curvatura della forma (16*) è eguale a $+1$ (ovvero quella della (16) eguale a $-\dfrac{1}{\rho^2}$), si trova per ω l'equazione caratteristica.

$$\frac{\partial^2 \omega}{\partial u \, \partial v} = \operatorname{sen} \omega \,. \tag{17}$$

Ad ogni soluzione ω di questa equazione a derivate parziali corrisponde una superficie pseudosferica di raggio assegnato ρ e viceversa (*).

68. Le formole (13) n. 64 (pag. 122) sono suscettibili di un'elegante trasformazione, data da Lelieuvre (**), che ha grande importanza per la teoria delle *deformazioni infinitesime*. Tale trasformazione delle (13) si ottiene osservando le identità (***):

$$\left\{\begin{aligned} \frac{-f}{\sqrt{eg-f^2}}\frac{\partial X}{\partial u}+\frac{e}{\sqrt{eg-f^2}}\frac{\partial X}{\partial v} &= Y\frac{\partial Z}{\partial u}-Z\frac{\partial Y}{\partial u}\\ \frac{g}{\sqrt{eg-f^2}}\frac{\partial X}{\partial u}-\frac{f}{\sqrt{eg-f^2}}\frac{\partial X}{\partial v} &= -Y\frac{\partial Z}{\partial v}+Z\frac{\partial Y}{\partial v}\,; \end{aligned}\right.$$

esse possono quindi scriversi

$$\left\{\begin{aligned} \frac{\partial x}{\partial u} &= -\rho\begin{vmatrix} Y & Z\\ \frac{\partial Y}{\partial u} & \frac{\partial Z}{\partial u}\end{vmatrix}, & \frac{\partial x}{\partial v} &= +\rho\begin{vmatrix} Y & Z\\ \frac{\partial Y}{\partial v} & \frac{\partial Z}{\partial v}\end{vmatrix}\\ \frac{\partial y}{\partial u} &= -\rho\begin{vmatrix} Z & X\\ \frac{\partial Z}{\partial u} & \frac{\partial X}{\partial u}\end{vmatrix}, & \frac{\partial y}{\partial v} &= +\rho\begin{vmatrix} Z & X\\ \frac{\partial Z}{\partial v} & \frac{\partial X}{\partial v}\end{vmatrix}\\ \frac{\partial z}{\partial u} &= -\rho\begin{vmatrix} X & Y\\ \frac{\partial X}{\partial u} & \frac{\partial Y}{\partial u}\end{vmatrix}, & \frac{\partial z}{\partial v} &= +\rho\begin{vmatrix} X & Y\\ \frac{\partial X}{\partial v} & \frac{\partial Y}{\partial v}\end{vmatrix}. \end{aligned}\right.$$

(*) Risulta infatti dal teorema generale al n. 48 che, se ω soddisfa la (17), l'elemento lineare (16*) appartiene alla sfera. Dato ω, la ricerca della corrispondente superficie pseudosferica dipende dalla integrazione di un'equazione di Riccati (n. 50).

(**) *Bulletin des Sciences Mathèm.* t. 12, p. 126.

(***) Queste identità sono casi particolari delle altre che valgono per una superficie qualunque:

$$Y\frac{\partial z}{\partial u}-Z\frac{\partial y}{\partial u}=\frac{E}{\sqrt{EG-F^2}}\frac{\partial x}{\partial v}-\frac{F}{\sqrt{EG-F^2}}\frac{\partial x}{\partial u}$$

$$Y\frac{\partial z}{\partial v}-Z\frac{\partial y}{\partial v}=\frac{F}{\sqrt{EG-F^2}}\frac{\partial x}{\partial v}-\frac{G}{\sqrt{EG-F^2}}\frac{\partial x}{\partial u},$$

che si dimostrano sostituendo per Y, Z i loro valori (1) n. 46 c. IV. Così p. e.

$$Y\frac{\partial z}{\partial u}-Z\frac{\partial y}{\partial u}=\frac{1}{\sqrt{EG-F^2}}\left\{\frac{\partial z}{\partial u}\left(\frac{\partial z}{\partial u}\frac{\partial x}{\partial v}-\frac{\partial z}{\partial v}\frac{\partial x}{\partial u}\right)-\frac{\partial y}{\partial u}\left(\frac{\partial x}{\partial u}\frac{\partial y}{\partial v}-\frac{\partial x}{\partial v}\frac{\partial y}{\partial u}\right)\right\}$$

$$=\frac{1}{\sqrt{EG-F^2}}\left\{\frac{\partial x}{\partial v}\left[\left(\frac{\partial x}{\partial u}\right)^2+\left(\frac{\partial y}{\partial u}\right)^2+\left(\frac{\partial z}{\partial u}\right)^2\right]-\frac{\partial x}{\partial u}\left[\frac{\partial x}{\partial u}\frac{\partial x}{\partial v}+\frac{\partial y}{\partial u}\frac{\partial y}{\partial v}+\frac{\partial z}{\partial u}\frac{\partial z}{\partial v}\right]\right\}$$

$$=\frac{E}{\sqrt{EG-F^2}}\frac{\partial x}{\partial v}-\frac{F}{\sqrt{EG-E^2}}\frac{\partial x}{\partial u}.$$

Pongasi ora

$$\sqrt{\rho}\,X = \xi \ , \quad \sqrt{\rho}\,Y = \eta \ , \quad \sqrt{\rho}\,Z = \zeta$$

e risulteranno le formole di Lelieuvre:

$$(18)\quad \left\{ \begin{aligned} \frac{\partial x}{\partial u} &= - \begin{vmatrix} \eta & \zeta \\ \frac{\partial \eta}{\partial u} & \frac{\partial \zeta}{\partial u} \end{vmatrix} , \quad \frac{\partial x}{\partial v} = + \begin{vmatrix} \eta & \zeta \\ \frac{\partial \eta}{\partial v} & \frac{\partial \zeta}{\partial v} \end{vmatrix} \\ \frac{\partial y}{\partial u} &= - \begin{vmatrix} \zeta & \xi \\ \frac{\partial \zeta}{\partial u} & \frac{\partial \xi}{\partial u} \end{vmatrix} , \quad \frac{\partial y}{\partial v} = + \begin{vmatrix} \zeta & \xi \\ \frac{\partial \zeta}{\partial v} & \frac{\partial \xi}{\partial v} \end{vmatrix} \\ \frac{\partial z}{\partial u} &= - \begin{vmatrix} \xi & \eta \\ \frac{\partial \xi}{\partial u} & \frac{\partial \eta}{\partial u} \end{vmatrix} , \quad \frac{\partial z}{\partial v} = + \begin{vmatrix} \xi & \eta \\ \frac{\partial \xi}{\partial v} & \frac{\partial \eta}{\partial v} \end{vmatrix} . \end{aligned} \right.$$

Ora X, Y, Z sono, per la intermedia delle (4) n. 63 e per le (10) n. 64, soluzioni della equazione di Laplace

$$\frac{\partial^2 \varphi}{\partial u\,\partial v} + \frac{\partial \log \sqrt{\rho}}{\partial v}\frac{\partial \varphi}{\partial u} + \frac{\partial \log \sqrt{\rho}}{\partial u}\frac{\partial \varphi}{\partial v} + f\varphi = 0 ;$$

questa, essendo ad invarianti eguali (*), col porre

$$\sqrt{\rho}\,\varphi = \theta$$

si trasforma nell' altra

$$(19)\qquad \frac{\partial^2 \theta}{\partial u\,\partial v} = M\theta \ , \quad M = \frac{1}{\sqrt{\rho}}\frac{\partial^2 \sqrt{\rho}}{\partial u\,\partial v} - f .$$

Ne risulta: *Nelle formole* (18) *di Lelieuvre* ξ, η, ζ *sono tre soluzioni particolari dell' equazione* (19).

Ora importa osservare che inversamente: *Presa ad arbitrio un' equazione di Laplace della forma*

$$\frac{\partial^2 \theta}{\partial u\,\partial v} = M\,\theta ,$$

dove M *è una funzione qualunque di u, v, se ne conosciamo tre soluzioni particolari linearmente indipendenti* ξ, η, ζ, *le* (18) *daranno per quadrature*

(*) Cf. Darboux, t. II, p. 27.

una superficie, sulla quale le linee u, v saranno le assintotiche e la cui curvatura K *sarà data in ogni punto da*

$$K = -\frac{1}{(\xi^2 + \eta^2 + \zeta^2)^2}.$$

È chiaro infatti che le condizioni d'integrabilità delle (18) sono identicamente soddisfatte; nella superficie risultante

$$x = x\,(u, v)\quad,\quad y = y\,(u, v)\quad,\quad z = z\,(u, v)\,,$$

per le (18), ξ, η, ζ sono proporzionali ai coseni di direzione della normale onde, ponendo

$$\rho = \xi^2 + \eta^2 + \zeta^2\,,$$

sarà

$$X = \frac{\xi}{\sqrt{\rho}}\quad,\quad Y = \frac{\eta}{\sqrt{\rho}}\quad,\quad Z = \frac{\zeta}{\sqrt{\rho}}$$

e le formole

$$\sum \frac{\partial x}{\partial u}\frac{\partial X}{\partial u} = 0\,,\qquad \sum \frac{\partial x}{\partial v}\frac{\partial X}{\partial v} = 0\,,$$

che seguono dalle (18), provano appunto che le linee u, v sono le assintotiche. Dopo di ciò, ponendo ancora

$$dX^2 + dY^2 + dZ^2 = e\,du^2 + 2\,f\,du\,dv + g\,dv^2\,,$$

dalle (18) si ritorna alle (13), il che completa la dimostrazione.

Dal teorema precedente, prendendo delle convenienti equazioni (19), potremo avere infinite superficie sulle quali conosceremo immediatamente le linee assintotiche. Così p. e. se prendiamo l'equazione

$$\frac{\partial^2\theta}{\partial u\,\partial v} = 0$$

e scegliamo le tre soluzioni particolari

$$\xi = v\quad,\quad \eta = \psi\,(v)\quad,\quad \zeta = u\,,$$

essendo $\psi\,(v)$ una funzione arbitraria di v, le (18) integrate danno

$$(20)\qquad x = -u\,\psi\,(v)\;,\quad y = u\,v\;,\quad z = \int (v\,\psi'(v) - \psi(v))\,dv\,.$$

Queste formole ci definiscono una superficie, le cui assintotiche v sono evidentemente rette appoggiate normalmente all'asse, cioè una *conoide retta*. Stante l'arbitrarietà della funzione $\psi\,(v)$, essa è la più generale conoide retta.

69. Il secondo caso particolare, a cui applicheremo le formole generali del n. 64, sarà quello in cui *le linee sferiche* (u, v) *sono le immagini di un sistema coniugato sulla superficie.*

Allora avendosi $D' = 0$, le (6) (pag. 120) diventano semplicemente

$$(21) \qquad \left\{ \begin{aligned} \frac{\partial D}{\partial v} &= \begin{Bmatrix} 12 \\ 1 \end{Bmatrix}' D - \begin{Bmatrix} 11 \\ 2 \end{Bmatrix}' D'' \\ \frac{\partial D''}{\partial u} &= \begin{Bmatrix} 12 \\ 2 \end{Bmatrix}' D'' - \begin{Bmatrix} 22 \\ 1 \end{Bmatrix}' D . \end{aligned} \right.$$

Dato ad arbitrio un sistema sferico (u, v), esistono infinite superficie che lo ammettono per sistema coniugato. Se ne ottiene uno ogni qualvolta si assumano per D, D'' due funzioni di u, v che soddisfino le (21), o le equivalenti

$$(21^*) \qquad \left\{ \begin{aligned} \frac{\partial}{\partial v}\left(\frac{D}{\sqrt{e\,g-f^2}}\right) + \begin{Bmatrix} 22 \\ 2 \end{Bmatrix}' \frac{D}{\sqrt{e\,g-f^2}} + \begin{Bmatrix} 11 \\ 2 \end{Bmatrix}' \frac{D''}{\sqrt{e\,g-f^2}} &= 0 \\ \frac{\partial}{\partial u}\left(\frac{D''}{\sqrt{e\,g-f^2}}\right) + \begin{Bmatrix} 22 \\ 1 \end{Bmatrix}' \frac{D}{\sqrt{e\,g-f^2}} + \begin{Bmatrix} 11 \\ 1 \end{Bmatrix}' \frac{D''}{\sqrt{e\,g-f^2}} &= 0 \end{aligned} \right.$$

e indi si determinino x, y, z per quadrature dalle formole (5) (pag. 119), che diventano qui

$$(22) \qquad \left\{ \begin{aligned} \frac{\partial x}{\partial u} &= \frac{D}{e\,g-f^2}\left(-g\frac{\partial X}{\partial u} + f\frac{\partial X}{\partial v}\right) \\ \frac{\partial x}{\partial v} &= \frac{D''}{e\,g-f^2}\left(f\frac{\partial X}{\partial u} - e\frac{\partial X}{\partial v}\right), \end{aligned} \right.$$

e dalle analoghe in y, z.

Dalle (8) risulta

$$(23) \qquad r_1 + r_2 = -\frac{e\,D'' + g\,D}{e\,g-f^2}, \quad r_1\,r_2 = \frac{D\,D''}{e\,g-f^2}$$

e le (9) danno

$$(24) \qquad E = \frac{g\,D^2}{e\,g-f^2}, \quad F = -\frac{f\,D\,D''}{e\,g-f^2}, \quad G = \frac{e\,D''^2}{e\,g-f^2}.$$

Se calcoliamo con queste ultime i simboli $\begin{Bmatrix} rs \\ t \end{Bmatrix}$ per la superficie, avendo riguardo alle (21), troviamo (*):

(*) Le formole seguenti del testo seguono anche immediatamente dalle formole di Weingarten, date nella nota n. 64 pag. 123, facendovi $D'=0$.

$$
(25)\quad \left\{
\begin{aligned}
&\begin{Bmatrix}11\\1\end{Bmatrix}=\frac{\partial \log \mathrm{D}}{\partial u}-\begin{Bmatrix}11\\1\end{Bmatrix}', &&\begin{Bmatrix}22\\2\end{Bmatrix}=\frac{\partial \log \mathrm{D}''}{\partial v}-\begin{Bmatrix}22\\2\end{Bmatrix}'\\
&\begin{Bmatrix}12\\1\end{Bmatrix}=-\frac{\mathrm{D}''}{\mathrm{D}}\begin{Bmatrix}11\\2\end{Bmatrix}', &&\begin{Bmatrix}12\\2\end{Bmatrix}=-\frac{\mathrm{D}}{\mathrm{D}''}\begin{Bmatrix}22\\1\end{Bmatrix}'\\
&\begin{Bmatrix}22\\1\end{Bmatrix}=-\frac{\mathrm{D}''}{\mathrm{D}}\begin{Bmatrix}12\\2\end{Bmatrix}', &&\begin{Bmatrix}11\\2\end{Bmatrix}=-\frac{\mathrm{D}}{\mathrm{D}''}\begin{Bmatrix}12\\1\end{Bmatrix}'.
\end{aligned}\right.
$$

Supponiamo in particolare che il sistema sferico (u, v) sia ortogonale e però le (u, v) siano sulla superficie le linee di curvatura. Allora essendo

$$\mathrm{D} = -e\,r_2 \quad , \quad \mathrm{D}'' = -g\,r_1 \quad ,$$

sostituendo nelle (21), collo sviluppare i valori dei simboli di Christoffel, otteniamo:

$$
(26)\quad \left\{
\begin{aligned}
\frac{\partial r_2}{\partial v} &= (r_1 - r_2)\,\frac{\partial \log \sqrt{e}}{\partial v}\\
\frac{\partial r_1}{\partial u} &= (r_2 - r_1)\,\frac{\partial \log \sqrt{g}}{\partial u}\,.
\end{aligned}\right.
$$

Il problema di: *costruire le superficie con assegnata rappresentazione sferica delle linee di curvatura* viene così ridotto, in questo primo modo di trattazione, ad integrare il sistema (26).

Un altro modo più elegante e simmetrico si dedurrà fra breve dalle formole per le coordinate tangenziali.

70. Sopra una superficie (o una regione di superficie) a curvatura totale positiva esistono infiniti sistemi coniugati, che danno alla *2.ª forma fondamentale*

$$\mathrm{D}\,du^2 + 2\,\mathrm{D}'\,du\,dv + \mathrm{D}''\,dv^2$$

la forma isoterma, che rendono cioè, per una conveniente scelta di parametri u, v,

$$\mathrm{D} = \mathrm{D}'' \quad , \quad \mathrm{D}' = 0\,.$$

Per abbreviare, chiameremo questi sistemi *isotermo-coniugati.* Andiamo ora a stabilire le formole relative a questi sistemi, che per molti riguardi si comportano rispetto alle superficie a punti ellittici come il sistema delle assintotiche rispetto alle superficie a punti iperbolici. In particolare, senza rinunziare alla realità delle linee coordinate (*), potremo con essi dare

(*) L'equazione differenziale delle assintotiche diventando

$$du^2 + dv^2 = 0\,,$$

le loro equazioni in termini finiti sono

$$u + i\,v = \mathrm{cost^{te}} \quad , \quad u - i\,v = \mathrm{cost^{te}}$$

ed anche dietro questa osservazione potremmo effettuare il passaggio analitico dalle formole dei numeri 64-68 a quelle del numero presente.

per le prime superficie un sistema di formole affatto analogo alle formole di Lelieuvre.

L'ipotesi $D = D''$ nelle formole del numero precedente, ponendo

$$\frac{D}{\sqrt{eg-f^2}} = \frac{D''}{\sqrt{eg-f^2}} = \rho$$

e sostituendo nelle (21*), dà:

$$(27)\qquad \frac{\partial \log \rho}{\partial u} = -\left[\begin{Bmatrix}11\\1\end{Bmatrix}' + \begin{Bmatrix}22\\1\end{Bmatrix}'\right], \quad \frac{\partial \log \rho}{\partial v} = -\left[\begin{Bmatrix}22\\2\end{Bmatrix}' + \begin{Bmatrix}11\\2\end{Bmatrix}'\right],$$

ove il significato geometrico di ρ è dato dalla formola

$$(27^*)\qquad K = \frac{1}{\rho^2},$$

e le (22) diventano

$$(28)\qquad \left\{\begin{aligned} \frac{\partial x}{\partial u} &= \frac{\rho}{\sqrt{eg-f^2}}\left(-g\frac{\partial X}{\partial u} + f\frac{\partial X}{\partial v}\right)\\ \frac{\partial x}{\partial v} &= \frac{\rho}{\sqrt{eg-f^2}}\left(f\frac{\partial X}{\partial u} - e\frac{\partial X}{\partial v}\right), \end{aligned}\right.$$

onde

$$ds^2 = \rho^2\,(g\,du^2 - 2\,f\,du\,dv + e\,dv^2)\,.$$

Dunque: *Affinchè un sistema sferico (u, v) sia l'immagine di un sistema isotermo-coniugato sopra una superficie è necessario e sufficiente che i simboli di Christoffel* $\begin{Bmatrix}rs\\t\end{Bmatrix}'$, *calcolati per l'elemento lineare sferico, soddisfino la condizione*

$$\frac{\partial}{\partial v}\left(\begin{Bmatrix}11\\1\end{Bmatrix}' + \begin{Bmatrix}22\\1\end{Bmatrix}'\right) = \frac{\partial}{\partial u}\left(\begin{Bmatrix}22\\2\end{Bmatrix}' + \begin{Bmatrix}11\\2\end{Bmatrix}'\right).$$

Se questa è soddisfatta, dalle (27), (28) si avrà per quadrature la corrispondente superficie, che è definita a meno di un'omotetia.

Si può ancora osservare che essendo $D = D''$, $D' = 0$, le coordinate x, y, z di un punto della superficie soddisfano, a causa delle (I) n. 47 c. IV (pag. 88), le due equazioni simultanee:

$$\left\{\begin{aligned} \frac{\partial^2\theta}{\partial u\,\partial v} &= \begin{Bmatrix}12\\1\end{Bmatrix}\frac{\partial\theta}{\partial u} + \begin{Bmatrix}12\\2\end{Bmatrix}\frac{\partial\theta}{\partial v}\\ \frac{\partial^2\theta}{\partial u^2} - \frac{\partial^2\theta}{\partial v^2} &= \left[\begin{Bmatrix}11\\1\end{Bmatrix} - \begin{Bmatrix}22\\1\end{Bmatrix}\right]\frac{\partial\theta}{\partial u} + \left[\begin{Bmatrix}11\\2\end{Bmatrix} - \begin{Bmatrix}22\\2\end{Bmatrix}\right]\frac{\partial\theta}{\partial v}. \end{aligned}\right.$$

Viceversa, se due equazioni simultanee della forma

$$\left\{\begin{aligned} \frac{\partial^2\theta}{\partial u\,\partial v} &= a\,\frac{\partial\theta}{\partial u} + b\,\frac{\partial\theta}{\partial v} \\ \frac{\partial^2\theta}{\partial u^2} - \frac{\partial^2\theta}{\partial v^2} &= \alpha\,\frac{\partial\theta}{\partial u} + \beta\,\frac{\partial\theta}{\partial v} \end{aligned}\right.$$

costituiscono un sistema completamente integrabile (*) e

$$x\,(u, v) \quad , \quad y\,(u, v) \quad , \quad z\,(u, v)$$

ne sono tre soluzioni linearmente indipendenti, sulla superficie

$$x = x\,(u, v) \quad , \quad y = y\,(u, v) \quad , \quad z = z\,(u, v)$$

le linee (u, v) tracceranno un sistema isotermo-coniugato (**).

71. Per mezzo delle identità (a) del n. 68, possiamo nuovamente trasformare le formole (25) in altre perfettamente analoghe alle formole di Lelieuvre. Ponendo infatti

$$\sqrt{\rho}\,X = \xi \quad , \quad \sqrt{\rho}\,Y = \eta \quad , \quad \sqrt{\rho}\,Z = \zeta, \tag{29}$$

esse diventano, per le identità ora ricordate:

$$\left\{\begin{aligned} \frac{\partial x}{\partial u} &= +\begin{vmatrix} \eta & \zeta \\ \frac{\partial\eta}{\partial v} & \frac{\partial\zeta}{\partial v} \end{vmatrix} , \quad \frac{\partial x}{\partial v} = -\begin{vmatrix} \eta & \zeta \\ \frac{\partial\eta}{\partial u} & \frac{\partial\zeta}{\partial u} \end{vmatrix} \\ \frac{\partial y}{\partial u} &= +\begin{vmatrix} \zeta & \xi \\ \frac{\partial\zeta}{\partial v} & \frac{\partial\xi}{\partial v} \end{vmatrix} , \quad \frac{\partial y}{\partial v} = -\begin{vmatrix} \zeta & \xi \\ \frac{\partial\zeta}{\partial u} & \frac{\partial\xi}{\partial u} \end{vmatrix} \\ \frac{\partial z}{\partial u} &= +\begin{vmatrix} \xi & \eta \\ \frac{\partial\xi}{\partial v} & \frac{\partial\eta}{\partial v} \end{vmatrix} , \quad \frac{\partial z}{\partial v} = -\begin{vmatrix} \xi & \eta \\ \frac{\partial\xi}{\partial u} & \frac{\partial\eta}{\partial u} \end{vmatrix} . \end{aligned}\right. \tag{30}$$

Ora X, Y, Z soddisfano alle (4) n. 63; sommando la 1.ª e la 3.ª di queste, coll'osservare le (27), si vede che X, Y, Z sono soluzioni dell'equazione

$$\frac{\partial^2\varphi}{\partial u^2} + \frac{\partial^2\varphi}{\partial v^2} + \frac{\partial \log\rho}{\partial u}\,\frac{\partial\varphi}{\partial u} + \frac{\partial \log\rho}{\partial v}\,\frac{\partial\varphi}{\partial v} + (e + g)\,\varphi = 0\,.$$

(*) Un sistema come quello scritto nel testo può ammettere *al massimo* quattro soluzioni linearmente indipendenti (compresa la soluzione $\theta = \text{cost}^{\text{te}}$); se le ammette esso è appunto illimitatamente integrabile.

(**) Da questa osservazione, con un metodo di dimostrazione affatto analogo a quello del n. 58, pag. 109, si trae: *I sistemi isotermo-coniugati si conservano nelle trasformazioni proiettive.*

Questa, ponendo

$$\sqrt{\rho}\,\varphi = \theta ,$$

diventa

$$(31)\qquad \frac{\partial^2\theta}{\partial u^2} + \frac{\partial^2\theta}{\partial v^2} = \mathrm{M}\,\theta\ ,\quad \mathrm{M} = \frac{1}{\sqrt{\rho}}\left\{\frac{\partial^2\sqrt{\rho}}{\partial u^2} + \frac{\partial^2\sqrt{\rho}}{\partial v^2}\right\} - (e+g)$$

e per le (29) ξ, η, ζ sono tre soluzioni particolari di quest' ultima equazione.

Inversamente: *Presa ad arbitrio un' equazione della forma*

$$\frac{\partial^2\theta}{\partial u^2} + \frac{\partial^2\theta}{\partial v^2} = \mathrm{M}\,\theta ,$$

dove M *è una funzione qualunque di u, v, se ne conosciamo tre soluzioni linearmente indipendenti ξ, η, ζ, le* (30) *danno per quadrature una superficie*

$$x = x\ (u, v)\quad ,\quad y = y\ (u, v)\quad ,\quad z = z\ (u, v) ,$$

sulla quale le linee u, v tracciano un sistema isotermo-coniugato. La dimostrazione è la stessa come al n. 68 ed anche qui si osserverà che la curvatura K della superficie è data da

$$(32)\qquad \mathrm{K} = \frac{1}{(\xi^2 + \eta^2 + \zeta^2)^2} .$$

Esempio: Si consideri l' equazione

$$(33)\qquad \frac{\partial^2\theta}{\partial u^2} + \frac{\partial^2\theta}{\partial v^2} = 0$$

e si prendano

$$\xi = v\quad ,\quad \zeta = u\quad ,\quad \eta = \frac{\partial\alpha}{\partial v}$$

ove α è una soluzione qualunque della (33), la cui coniugata β è definita dalle condizioni

$$\frac{\partial\alpha}{\partial u} = \frac{\partial\beta}{\partial v}\ ,\quad \frac{\partial\alpha}{\partial v} = -\frac{\partial\beta}{\partial u} .$$

Le (30) integrate danno

$$x = -\alpha + u\frac{\partial\alpha}{\partial u}\ ,\quad y = \frac{u^2 + v^2}{2}\ ,\quad z = \beta - v\frac{\partial\alpha}{\partial u}$$

e ci definiscono una superficie sulla quale il sistema (u, v) è isotermo-coniugato. Si prenda p. e.

$$\alpha = -hv\quad ,\quad \beta = hu$$

e si avrà il paraboloide di rotazione

$$y = \frac{x^2 + z^2}{2\,h^2} \quad (h \text{ costante})\,.$$

Le linee u, v del sistema isotermo-coniugato sono in questo caso le sezioni paraboliche (eguali) della quadrica in piani paralleli ai piani principali

72. Alla teoria della rappresentazione sferica di una superficie si possono naturalmente collegare le formole relative alle *coordinate tangenziali*, di cui ora andiamo a trattare (*).

Pensiamo una superficie (non sviluppabile) come inviluppo del suo piano tangente e per definirla diamo le *coordinate* di questo piano in funzione di due parametri (coordinate curvilinee u, v). A coordinate del piano conviene per noi assumere i coefficienti della sua equazione, scritta sotto forma normale

$$\xi\,X + \eta\,Y + \zeta\,Z = W\;,$$

cioè i coseni di direzione (X, Y, Z) della normale alla superficie e la distanza W del piano tangente dall'origine. Essendo note X, Y, Z, W in funzione di u, v, quindi i coefficienti e, f, g dell'elemento lineare sferico rappresentativo (3) n. 63, ci proponiamo di calcolare le coordinate x, y, z del punto di contatto del piano tangente. Per ciò dalla formola

$$(a) \quad x\,X + y\,Y + z\,Z = W\;,$$

derivando rapporto ad u, v otteniamo

$$(b)\left\{\begin{aligned} x\frac{\partial X}{\partial u} + y\frac{\partial Y}{\partial u} + z\frac{\partial Z}{\partial u} &= \frac{\partial W}{\partial u}\\ x\frac{\partial X}{\partial v} + y\frac{\partial Y}{\partial v} + z\frac{\partial Z}{\partial v} &= \frac{\partial W}{\partial v}\,, \end{aligned}\right.$$

onde risolvendo il sistema lineare (a) (b) rispetto a x, y, z

$$x = \frac{1}{\sqrt{e\,g - f^2}}\begin{vmatrix} W & Y & Z \\ \dfrac{\partial W}{\partial u} & \dfrac{\partial Y}{\partial u} & \dfrac{\partial Z}{\partial u} \\ \dfrac{\partial W}{\partial v} & \dfrac{\partial Y}{\partial v} & \dfrac{\partial Z}{\partial v} \end{vmatrix}\,,$$

(*) WEINGARTEN — *Ueber die Theorie der auf einander abwickelbaren Oberflächen* (Festschrift etc. 1884)

ovvero per le identità (*a*) n. 68

$$x = \mathrm{W}\,\mathrm{X} + \frac{1}{e\,g - f^2}\left\{ g\,\frac{\partial \mathrm{W}}{\partial u}\frac{\partial \mathrm{X}}{\partial u} - f\left(\frac{\partial \mathrm{W}}{\partial u}\frac{\partial \mathrm{X}}{\partial v} + \frac{\partial \mathrm{W}}{\partial v}\frac{\partial \mathrm{X}}{\partial u}\right) + e\,\frac{\partial \mathrm{W}}{\partial v}\frac{\partial \mathrm{X}}{\partial v} \right\}.$$

Questa e le analoghe per y, z si scrivono

$$(34)\qquad x = \mathrm{W}\,\mathrm{X} + \nabla(\mathrm{W},\mathrm{X}),\; y = \mathrm{W}\,\mathrm{Y} + \nabla(\mathrm{W},\mathrm{Y}),\; z = \mathrm{W}\,\mathrm{Z} + \nabla(\mathrm{W},\mathrm{Z}),$$

il parametro differenziale misto ∇ (come gli altri che ora incontreremo) essendo calcolati per l'assegnata forma

$$e\,du^2 + 2\,f\,du\,dv + g\,dv^2$$

dell'elemento lineare sferico.

Per la superficie così individuata possiamo inoltre calcolare facilmente i coefficienti D, D', D'' della 2.ª forma fondamentale.

Dalle (*b*) segue infatti con una nuova derivazione rispetto ad u, v:

$$\mathrm{D} = \sum x\,\frac{\partial^2 \mathrm{X}}{\partial u^2} - \frac{\partial^2 \mathrm{W}}{\partial u^2},\quad \mathrm{D}' = \sum x\,\frac{\partial^2 \mathrm{X}}{\partial u\,\partial v} - \frac{\partial^2 \mathrm{W}}{\partial u\,\partial v},\quad \mathrm{D}'' = \sum x\,\frac{\partial^2 \mathrm{X}}{\partial v^2} - \frac{\partial^2 \mathrm{W}}{\partial v^2},$$

che osservando le formole fondamentali (4) n. 63 si scrivono

$$(35)\quad \left\{\begin{aligned} -\mathrm{D} &= \frac{\partial^2 \mathrm{W}}{\partial u^2} - \begin{Bmatrix}11\\1\end{Bmatrix}'\frac{\partial \mathrm{W}}{\partial u} - \begin{Bmatrix}11\\2\end{Bmatrix}'\frac{\partial \mathrm{W}}{\partial v} + e\,\mathrm{W} = \mathrm{W}_{11} + e\,\mathrm{W}\\ -\mathrm{D}' &= \frac{\partial^2 \mathrm{W}}{\partial u\,\partial v} - \begin{Bmatrix}12\\1\end{Bmatrix}'\frac{\partial \mathrm{W}}{\partial u} - \begin{Bmatrix}12\\2\end{Bmatrix}'\frac{\partial \mathrm{W}}{\partial v} + f\,\mathrm{W} = \mathrm{W}_{12} + f\,\mathrm{W}\\ -\mathrm{D}'' &= \frac{\partial^2 \mathrm{W}}{\partial v^2} - \begin{Bmatrix}22\\1\end{Bmatrix}'\frac{\partial \mathrm{W}}{\partial u} - \begin{Bmatrix}22\\2\end{Bmatrix}'\frac{\partial \mathrm{W}}{\partial v} + g\,\mathrm{W} = \mathrm{W}_{22} + g\,\mathrm{W},\end{aligned}\right.$$

dove le W_{rs} sono le derivate seconde covarianti di W rapporto alla forma

$$e\,du^2 + 2\,f\,du\,dv + g\,dv^2\,.$$

Per le formole che danno la somma e il prodotto dei due raggi principali di curvatura abbiamo conseguentemente dalle (8) n. 63 (pag. 121):

$$r_1 + r_2 = \frac{g\,\mathrm{W}_{11} - 2\,f\,\mathrm{W}_{12} + e\,\mathrm{W}_{22}}{e\,g - f^2} + 2\,\mathrm{W}$$

$$r_1\,r_2 = \frac{\mathrm{W}_{11}\,\mathrm{W}_{22} - \mathrm{W}_{12}^2}{e\,g - f^2} + \mathrm{W}\,\frac{g\,\mathrm{W}_{11} - 2\,f\,\mathrm{W}_{12} + e\,\mathrm{W}_{12}}{e\,g - f_2} + \mathrm{W}^2,$$

ovvero

$$(37)\qquad r_1 + r_2 = \Delta_2\,\mathrm{W} + 2\,\mathrm{W}$$

(38) $$r_1 r_2 = W^2 + W \Delta_2 W + \Delta_{22} W ,$$

dove i parametri differenziali secondi Δ_2, Δ_{22} sono calcolati per la solita forma fondamentale

$$e\, du^2 + 2 f\, du\, dv + g\, dv^2 .$$

Di queste due ultime formole la prima è specialmente notevole per semplicità; di essa daremo in seguito alcune importanti applicazioni.

73. Supponiamo ora che il sistema (u, v) sia sulla superficie un sistema coniugato. Dovrà risultare per ciò $D' = 0$ ossia per l'intermedia delle (35)

$$W_{12} + f W = 0 ,$$

cioè W deve essere una soluzione della equazione di Laplace

(38) $$\frac{\partial^2 \theta}{\partial u \partial v} = \begin{Bmatrix} 12 \\ 1 \end{Bmatrix}' \frac{\partial \theta}{\partial u} + \begin{Bmatrix} 12 \\ 2 \end{Bmatrix}' \frac{\partial \theta}{\partial v} - f \theta ,$$

di cui sono altresì soluzioni particolari (n. 63) X, Y, Z. Dunque: *Se il sistema (u, v) è coniugato, le coordinate tangenziali* X, Y, Z, W *sono soluzioni di una medesima equazione di Laplace* (38). Inversamente si vede subito che: *Se le coordinate tangenziali* X, Y, Z, W *sono soluzioni di una stessa equazione di Laplace della forma*

$$\frac{\partial^2 \theta}{\partial u \partial v} = a \frac{\partial \theta}{\partial u} + b \frac{\partial \theta}{\partial v} + c \theta ,$$

il sistema (u, v) è sulla superficie un sistema coniugato.

Il problema già accennato al n. 69 di: *costruire le superficie con assegnata rappresentazione sferica di un sistema coniugato* (u, v) viene così ricondotto all'integrazione dell'equazione (38) di Laplace; ogni soluzione di questa equazione (linearmente indipendente da X, Y, Z) ci dà una superficie che risponde alla questione.

Osserviamo ancora che se il sistema (u, v) è sulla superficie quello delle assintotiche, sarà simultaneamente $D = 0$ $D'' = 0$, cioè W sarà una soluzione comune delle equazioni

$$\left\{ \begin{aligned} \frac{\partial^2 \theta}{\partial u^2} &= \begin{Bmatrix} 11 \\ 1 \end{Bmatrix}' \frac{\partial \theta}{\partial u} + \begin{Bmatrix} 11 \\ 2 \end{Bmatrix}' \frac{\partial \theta}{\partial v} - e \theta \\ \frac{\partial^2 \theta}{\partial v^2} &= \begin{Bmatrix} 22 \\ 1 \end{Bmatrix}' \frac{\partial \theta}{\partial u} + \begin{Bmatrix} 22 \\ 2 \end{Bmatrix}' \frac{\partial \theta}{\partial v} - g \theta , \end{aligned} \right.$$

delle quali sono pure soluzioni comuni X, Y, Z.

Da queste osservazioni si può trarre la dimostrazione analitica del teorema già enunciato al n. 58 che: *Le trasformazioni dualistiche o reci-*

procità dello spazio conservano i sistemi coniugati e le linee assintotiche di una superficie.

In ciò, per quanto già si è visto al numero citato, basta limitarsi ad una particolare *reciprocità* e noi sceglieremo la trasformazione dualistica, che ad ogni piano

$$\xi X + \eta Y + \zeta Z = W$$

dello spazio fa corrispondere il suo polo rispetto alla sfera

$$\xi^2 + \eta^2 + \zeta^2 = 1 ,$$

cioè il punto (x, y, z) di coordinate

$$x = \frac{X}{W} , \quad y = \frac{Y}{W} , \quad z = \frac{Z}{W} .$$

Se il sistema (u, v) è coniugato, sulla superficie inviluppo del piano (X, Y, Z, W) l'equazione

$$\frac{\partial^2 \theta}{\partial u \partial v} = a \frac{\partial \theta}{\partial u} + b \frac{\partial \theta}{\partial v} + c\, \theta$$

cui soddisfano X, Y, Z, W, colla trasformazione

$$\theta = W \varphi ,$$

si cangia in un'equazione

$$\frac{\partial^2 \varphi}{\partial u \partial v} = \alpha \frac{\partial \varphi}{\partial u} + \beta \frac{\partial \varphi}{\partial v} ,$$

cui soddisfano simultaneamente x, y, z e però sulla superficie luogo del punto (x, y, z) le linee (u, v) tracciano un sistema coniugato.

Del tutto similmente si dimostra la proprietà pel caso delle linee assintotiche.

74. Abbiamo osservato in generale che la determinazione delle superficie con assegnata immagine sferica (u, v) di un sistema coniugato equivale alla integrazione della equazione (38) di Laplace. Ciò vale in particolare del problema *di determinare le superficie con assegnata immagine sferica delle linee di curvatura.* E noi, per darne qui una semplice applicazione, ci proponiamo *di determinare tutte le superficie le quali (come le superficie di rotazione) hanno un sistema di linee di curvatura in piani paralleli.*

Per ciascuna di queste linee l'immagine sferica sarà evidentemente un circolo in un piano parallelo al piano della linea (*) e però le super-

(*) Si ricordi che in ogni punto di una linea di curvatura la tangente è parallela a quella della immagine sferica.

ficie cercate sono caratterizzate dalla proprietà di avere per immagine sferica delle linee di curvatura un sistema di meridiani e paralleli della sfera rappresentativa. Ne risulta che le linee di curvatura del 2.° sistema sono ancora piane e i loro piani tagliano ortogonalmente la superficie.

Ora, essendo al solito

$$X = \operatorname{sen} u \cos v \quad , \quad Y = \operatorname{sen} u \operatorname{sen} v \quad , \quad Z = \cos u$$

le coordinate di un punto dell'immagine sferica in funzione dei parametri u, v dei paralleli e dei meridiani, e quindi

$$ds'^2 = du^2 + \operatorname{sen}^2 u \, dv^2$$

l'espressione dell'elemento lineare sferico, la equazione (38) da integrarsi diventa

$$\frac{\partial^2 \theta}{\partial u \partial v} = \cot u \frac{\partial \theta}{\partial v},$$

il cui integrale generale è dato da

$$W = \operatorname{sen} u \, \varphi(v) + \psi(u) \; ,$$

essendo $\varphi(v)$, $\psi(u)$ funzioni arbitrarie di v, u rispettivamente. Le (34) ci danno quindi per le superficie cercate le formole

$$\begin{cases} x = \cos v \, \varphi(v) - \operatorname{sen} v \, \varphi'(v) + \cos v \, [\psi(u) \operatorname{sen} u + \psi'(u) \cos u] \\ y = \operatorname{sen} v \, \varphi(v) + \cos v \, \varphi'(v) + \operatorname{sen} v \, [\psi(u) \operatorname{sen} u + \psi'(u) \cos u] \\ z = \psi(u) \cos u - \psi'(u) \operatorname{sen} u \, . \end{cases}$$

I piani delle linee $v = \text{cost}^{\text{te}}$ sono i piani normali condotti per le generatrici al cilindro parallelo all'asse z, la cui sezione retta sul piano x, y è la curva

$$(a) \begin{cases} x = \cos v \, \varphi(v) - \operatorname{sen} v \, \varphi'(v) \\ y = \operatorname{sen} v \, \varphi(v) + \cos v \, \varphi'(v) \end{cases}$$

e in ciascuno di essi le equazioni della linea v, riferita alla normale di questa curva e alla generatrice del cilindro come assi delle η, ζ, sono evidentemente

$$(b) \quad \eta = \psi(u) \operatorname{sen} u + \psi'(u) \cos u \quad , \quad \zeta = \psi(u) \cos u - \psi'(u) \operatorname{sen} u \, .$$

A causa della presenza delle due funzioni arbitrarie $\varphi(v)$, $\psi(u)$, tanto la forma del cilindro (a) (direttore) quanto quella del profilo piano (b) restano arbitrarie e però le superficie cercate si generano nel modo seguente: *Presa una superficie cilindrica e tracciato in un piano π un profilo* *arbitrario* Γ *e nel piano stesso una retta arbitraria r, si faccia muovere* π *in guisa che, coincidendo r successivamente colle generatrici del cilindro, il piano* π *si mantenga normale al cilindro; il profilo piano* Γ *descriverà la superficie domandata.*

Una tale superficie si dice una *superficie modanata a sviluppabile direttrice cilindrica* (moulure di Monge) (*). Le sue linee di curvatura sono le varie posizioni del profilo Γ e le sezioni fatte coi piani normali alle generatrici del cilindro direttore.

Modificando leggermente le notazioni, se con v indichiamo l'arco della sezione retta del cilindro direttore, con α l'angolo che la tangente alla sezione fa coll'asse delle x e con

$$x = x\ (v) \quad , \quad y = y\ (v)$$

le equazioni della sezione retta del cilindro, in fine con

$$\eta = U \quad , \quad \zeta = \int \sqrt{1 - U'^2}\ du$$

le equazioni del profilo generatore riferite al suo arco u, avremo evidentemente per le equazioni della superficie

$$(39) \quad x = x\ (v) + \text{sen}\ \alpha\ U \ , \ y = y\ (v) - \cos\alpha\ U \ , \ z = \int \sqrt{1 - U'^2}\ du\ ,$$

da cui per l'elemento lineare

$$(40) \qquad ds^2 = du^2 + \left(1 + \frac{U}{R}\right)^2 dv^2\ ,$$

essendo $R = R\ (v)$ il raggio di curvatura della sezione retta del cilindro direttore.

(*) In generale diconsi *superficie modanate* (moulures), quelle che hanno un sistema di linee di curvatura in piani normali alla superficie. Esse si generano col movimento di un profilo piano, il cui piano rotola senza strisciare sopra una qualsiasi superficie sviluppabile.

Capitolo VI.

Curvatura geodetica – Linee geodetiche.

Curvatura tangenziale o geodetica — Formola di Bonnet — Espressione di Liouville per la curvatura K — Linee geodetiche — Varie forme della loro equazione differenziale — Linee geodeticamente parallele — Ellissi e iperbole geodetiche — Torsione geodetica di una linea — Teoremi generali sulla integrazione della equazione delle geodetiche — Geodetiche sulle superficie di Liouville, in particolare sulle superficie di rotazione — Teorema di Gauss sulla curvatura totale di un triangolo geodetico — Sistemi doppî ortogonali di linee a curvatura geodetica costante.

75. Consideriamo sopra una superficie S una curva C uscente da un suo punto M e proiettiamo la C ortogonalmente sul piano tangente in M; la curvatura della sua proiezione γ in M dicesi la *curvatura tangenziale* o *geodetica* (*) della curva C nel punto M ed il centro m di curvatura della γ in M prende il nome di *centro di curvatura geodetica* della C, mentre il segmento M m, la cui inversa è la curvatura geodetica, prende il nome di raggio di curvatura geodetica. Indicandolo con

$$\rho_g = \overline{\mathrm{M}\,m}$$

ed osservando che esso è misurato a partire da M sul piano tangente nella direzione normale alla C, fissato su questa direzione il verso positivo, noi attribuiremo a ρ_g un valore positivo o negativo secondo che la direzione da M verso m procede nel verso positivo o negativo. Ciò posto, se con $\frac{1}{\rho}$ indichiamo la prima curvatura (presa come al solito in valore assoluto) della curva C in M e con ε l'angolo che la direzione positiva della normale principale in M alla C forma colla direzione positiva ora fissata nel piano tangente, normalmente a C, avremo

$$\frac{1}{\rho_g} = \frac{\cos\varepsilon}{\rho} \text{ (**)}.$$

(*) La ragione di questa seconda denominazione si vedrà in appresso (n. 80).

(**) È la formola di Meunier (n. 53 c. IV) applicata alla C e alla sezione retta γ del cilindro che proietta C sul piano tangente. Si vede che il centro m di curvatura geodetica è il punto ove l'asse del circolo osculatore di C in M incontra il piano tangente.

Andiamo dopo ciò a ricercare la espressione della curvatura tangenziale di una linea tracciata sopra una superficie, quando ne sia nota l'equazione

$$\varphi\ (u,\ v) = 0$$

in coordinate curvilinee. Esaminiamo dapprima il caso in cui le linee coordinate $(u,\ v)$ sono ortogonali, quindi

$$ds^2 = \mathrm{E}\ du^2 + \mathrm{G}\ dv^2$$

e si cercano le espressioni delle loro curvature geodetiche, che indicheremo con

$$\frac{1}{\rho_u}\ ,\quad \frac{1}{\rho_v}$$

rispettivamente; a queste, secondo le convenzioni precedenti e quelle già fatte rispetto alle direzioni positive delle linee coordinate, conviene un segno perfettamente determinato.

Per una linea $u = \mathrm{cost^{te}}$, mantenendo le solite notazioni della teoria delle curve (c. I), abbiamo

$$ds_u = \sqrt{\mathrm{G}}\ dv$$

$$\cos\alpha = \frac{1}{\sqrt{\mathrm{G}}}\frac{\partial x}{\partial v}\ ,\quad \cos\beta = \frac{1}{\sqrt{\mathrm{G}}}\frac{\partial y}{\partial v}\ ,\quad \cos\gamma = \frac{1}{\sqrt{\mathrm{G}}}\frac{\partial z}{\partial v}\ ,$$

onde derivando nuovamente rispetto all'arco della linea u e avendo riguardo alle formole di Frenet, risulta

$$\frac{\cos\xi}{\rho} = \frac{1}{\sqrt{\mathrm{G}}}\frac{\partial}{\partial v}\left(\frac{1}{\sqrt{\mathrm{G}}}\frac{\partial x}{\partial v}\right),\quad \frac{\cos\eta}{\rho} = \frac{1}{\sqrt{\mathrm{G}}}\frac{\partial}{\partial v}\left(\frac{1}{\sqrt{\mathrm{G}}}\frac{\partial y}{\partial v}\right),\quad \frac{\cos\zeta}{\rho} = \frac{1}{\sqrt{\mathrm{G}}}\frac{\partial}{\partial v}\left(\frac{1}{\sqrt{\mathrm{G}}}\frac{\partial z}{\partial v}\right)$$

essendo ρ il raggio (assoluto) di 1.ª curvatura della linea $u = \mathrm{cost^{te}}$. Ne deduciamo

$$\frac{1}{\rho_u} = \frac{\cos\varepsilon}{\rho} = \sum\frac{\cos\xi}{\rho}\frac{1}{\sqrt{\mathrm{E}}}\frac{\partial x}{\partial u} = \frac{1}{\sqrt{\mathrm{E\,G}}}\sum\frac{\partial x}{\partial u}\frac{\partial}{\partial v}\left(\frac{1}{\sqrt{\mathrm{G}}}\frac{\partial x}{\partial v}\right);$$

ora

$$\sum\frac{\partial x}{\partial u}\frac{\partial}{\partial v}\left(\frac{1}{\sqrt{\mathrm{G}}}\frac{\partial x}{\partial v}\right) = \frac{1}{\sqrt{\mathrm{G}}}\sum\frac{\partial x}{\partial u}\frac{\partial^2 x}{\partial v^2}\ ,$$

a causa di

$$\sum\frac{\partial x}{\partial u}\frac{\partial x}{\partial v} = 0\ ,$$

e inoltre da quest' ultima, derivata rapporto a v, risulta

$$\sum \frac{\partial x}{\partial u}\frac{\partial^2 x}{\partial v^2} = -\sum \frac{\partial x}{\partial v}\frac{\partial^2 x}{\partial u \partial v} = -\frac{1}{2}\frac{\partial G}{\partial u},$$

onde

$$\frac{1}{\rho_u} = -\frac{1}{\sqrt{EG}}\frac{\partial\sqrt{G}}{\partial u} \tag{1}$$

e similmente

$$\frac{1}{\rho_v} = -\frac{1}{\sqrt{EG}}\frac{\partial\sqrt{E}}{\partial v}. \tag{1*}$$

76. Possiamo porre la (1) o (1*) sotto un' altra forma introducendo i parametri differenziali. Abbiamo infatti

$$\Delta_1\, u = \frac{1}{E}\,,\quad \Delta_2\, u = \frac{1}{\sqrt{EG}}\frac{\partial}{\partial u}\sqrt{\frac{G}{E}}$$

$$\nabla\,(u, \sqrt{E}) = \frac{1}{E}\frac{\partial\sqrt{E}}{\partial u}$$

e però la (1) può scriversi

$$-\frac{1}{\rho_u} = \frac{\Delta_2\, u}{\sqrt{\Delta_1\, u}} + \nabla\left(u, \frac{1}{\sqrt{\Delta_1\, u}}\right). \tag{2}$$

Dopo ciò possiamo facilmente risolvere in tutta generalità il problema: *Riferita la superficie ad un sistema qualunque di linee coordinate* (u, v), *che diano all' elemento lineare la forma*

$$ds^2 = E\, du^2 + 2\, F\, du\, dv + G\, dv^2,$$

e l' equazione

$$\varphi\,(u, v) = \text{cost}^{\text{te}}$$

di un sistema di linee sulla superficie, esprimere la curvatura geodetica $\frac{1}{\rho_\varphi}$ *di queste linee.*

Per fissare anche il segno di ρ_φ, converremo di prendere per direzione positiva normale ad una linea $\varphi=\text{cost}^{\text{te}}$ nel piano tangente quella secondo cui cresce il parametro φ. Se prendiamo per linee coordinate le line $\varphi=\text{cost}^{\text{te}}$ e le loro traiettorie ortogonali $\psi=\text{cost}^{\text{te}}$, l' elemento lineare prenderà la forma

$$ds^2 = E_1\, d\varphi^2 + G_1\, d\psi^2$$

e per la (1) avremo

$$-\frac{1}{\rho_\varphi}=\frac{1}{\sqrt{E_1 G_1}}\frac{\partial\sqrt{G_1}}{\partial\varphi},$$

ovvero per la (2)

$$(3)\qquad -\frac{1}{\rho_\varphi}=\frac{\Delta_2\varphi}{\sqrt{\Delta_1\varphi}}+\nabla\left(\varphi,\frac{1}{\sqrt{\Delta_1\varphi}}\right).$$

Per la proprietà fondamentale dei parametri differenziali, è indifferente calcolarli nelle nuove coordinate (φ, ψ) o nelle antiche (u, v) e però la formola precedente ci dà l'espressione richiesta. Sviluppando il 2.° membro della (3), risulta

$$-\frac{1}{\rho_\varphi}=\frac{1}{\sqrt{EF-F^2}}\cdot\frac{1}{\sqrt{\Delta_1\varphi}}\left[\frac{\partial}{\partial u}\left(\frac{G\frac{\partial\varphi}{\partial u}-F\frac{\partial\varphi}{\partial v}}{\sqrt{EG-F^2}}\right)+\frac{\partial}{\partial v}\left(\frac{E\frac{\partial\varphi}{\partial v}-F\frac{\partial\varphi}{\partial u}}{\sqrt{EG-F^2}}\right)\right]+$$

$$+\frac{1}{\sqrt{EG-F^2}}\left[\frac{G\frac{\partial\varphi}{\partial u}-F\frac{\partial\varphi}{\partial v}}{\sqrt{EG-F^2}}\frac{\partial}{\partial u}\left(\frac{1}{\sqrt{\Delta_1\varphi}}\right)+\frac{E\frac{\partial\varphi}{\partial v}-F\frac{\partial\varphi}{\partial u}}{\sqrt{EG-F^2}}\frac{\partial}{\partial v}\left(\frac{1}{\sqrt{\Delta_1\varphi}}\right)\right]=$$

$$=\frac{1}{\sqrt{EG-F^2}}\left\{\frac{\partial}{\partial u}\left(\frac{G\frac{\partial\varphi}{\partial u}-F\frac{\partial\varphi}{\partial v}}{\sqrt{EG-F^2}\,\Delta_1\varphi}\right)+\frac{\partial}{\partial v}\left(\frac{E\frac{\partial\varphi}{\partial v}-F\frac{\partial\varphi}{\partial u}}{\sqrt{EG-F^2}\,\Delta_1\varphi}\right)\right\}.$$

Abbiamo così la formola di *Bonnet:*

$$(4)\quad \frac{1}{\rho_\varphi}=\frac{1}{\sqrt{EG-F^2}}\left\{\frac{\partial}{\partial u}\left(\frac{F\frac{\partial\varphi}{\partial v}-G\frac{\partial\varphi}{\partial u}}{\sqrt{E\left(\frac{\partial\varphi}{\partial v}\right)^2-2F\frac{\partial\varphi}{\partial u}\frac{\partial\varphi}{\partial v}+G\left(\frac{\partial\varphi}{\partial u}\right)^2}}\right)+\right.$$

$$\left.+\frac{\partial}{\partial v}\left(\frac{F\frac{\partial\varphi}{\partial u}-E\frac{\partial\varphi}{\partial v}}{\sqrt{E\left(\frac{\partial\varphi}{\partial v}\right)^2-2F\frac{\partial\varphi}{\partial u}\frac{\partial\varphi}{\partial v}+G\left(\frac{\partial\varphi}{\partial u}\right)^2}}\right)\right\},$$

il cui secondo membro è un parametro differenziale di φ. La circostanza ora accennata esprime un'importantissima proprietà della curvatura geodetica, di cui riconosceremo il significato geometrico nella teoria dell'applicabilità.

Se le linee

$$\varphi = \text{cost}^{\text{te}} ,$$

anzichè in termini finiti, sono definite da un'equazione differenziale del 1.º ordine

$$\mathrm{M}\, du + \mathrm{N}\, dv = 0 ,$$

possiamo evidentemente calcolarne la curvatura geodetica per la (4), osservando che

$$\frac{\partial\varphi}{\partial u} : \frac{\partial\varphi}{\partial v} = \mathrm{M} : \mathrm{N}$$

e però

$$(4^*) \quad \frac{1}{\rho_\varphi} = \frac{1}{\sqrt{\mathrm{EG-F^2}}} \left\{ \frac{\partial}{\partial u} \left(\frac{\mathrm{FN-GM}}{\sqrt{\mathrm{EN^2-2FMN+GM^2}}} \right) + \right.$$
$$\left. + \frac{\partial}{\partial v} \left(\frac{\mathrm{FM-EN}}{\sqrt{\mathrm{EN^2-2FMN+GM^2}}} \right) \right\} .$$

77. Alle formole precedenti si lega una notevole formola, data da Liouville, per la curvatura K della superficie espressa mediante le curvature geodetiche

$$\frac{1}{\rho_u} \quad \frac{1}{\rho_v}$$

delle linee coordinate. Dalla formola di Bonnet (4) abbiamo

$$(5) \quad \begin{cases} \dfrac{1}{\rho_u} = \dfrac{1}{\sqrt{\mathrm{EG-F^2}}} \left\{ \dfrac{\partial}{\partial v} \left(\dfrac{\mathrm{F}}{\sqrt{\mathrm{G}}} \right) - \dfrac{\partial \sqrt{\mathrm{G}}}{\partial u} \right\} \\[2ex] \dfrac{1}{\rho_v} = \dfrac{1}{\sqrt{\mathrm{EG-F^2}}} \left\{ \dfrac{\partial}{\partial u} \left(\dfrac{\mathrm{F}}{\sqrt{\mathrm{E}}} \right) - \dfrac{\partial \sqrt{\mathrm{E}}}{\partial v} \right\} . \end{cases}$$

Sostituendo nei secondi membri per le derivate dei coefficienti i loro valori pei simboli di Christoffel, troviamo le formole equivalenti

$$5^*) \quad \frac{1}{\rho_u} = \frac{\sqrt{\mathrm{EG-F^2}}}{\mathrm{G}\sqrt{\mathrm{G}}} \begin{Bmatrix} 22 \\ 1 \end{Bmatrix} , \quad \frac{1}{\rho_v} = \frac{\sqrt{\mathrm{EG-F^2}}}{\mathrm{E}\sqrt{\mathrm{E}}} \begin{Bmatrix} 11 \\ 2 \end{Bmatrix} .$$

Ora prendiamo la formola (III) n. 29 (pag. 52) per la curvatura K:

$$\mathrm{K} = \frac{1}{\sqrt{\mathrm{EG-F^2}}} \left\{ \frac{\partial}{\partial v} \left(\frac{\sqrt{\mathrm{EG-F^2}}}{\mathrm{E}} \begin{Bmatrix} 11 \\ 2 \end{Bmatrix} \right) - \frac{\partial}{\partial u} \left(\frac{\sqrt{\mathrm{EG-F^2}}}{\mathrm{E}} \begin{Bmatrix} 12 \\ 2 \end{Bmatrix} \right) \right\} ,$$

che per la 2.ª delle (5*) possiamo scrivere intanto

$$(a)\quad K = \frac{1}{\sqrt{EG-F^2}} \left\{ \frac{\partial}{\partial v}\left(\frac{\sqrt{E}}{\rho_v}\right) - \frac{\partial}{\partial u}\left(\frac{\sqrt{EG-F^2}}{E}\begin{Bmatrix}12\\2\end{Bmatrix}\right)\right\}.$$

Introduciamo l'angolo Ω delle linee coordinate (u, v) mediante le formole ben note

$$\cos\Omega = \frac{F}{\sqrt{EG}} \quad , \quad \text{sen}\,\Omega = \frac{\sqrt{EG-F^2}}{\sqrt{EG}} .$$

Derivando la prima rapporto a v e sostituendo per sen Ω il valore dato dalla seconda, abbiamo

$$-\frac{\partial\Omega}{\partial v} = \frac{1}{\sqrt{EG-F^2}}\left[\frac{\partial F}{\partial v} - \frac{F}{2E}\frac{\partial E}{\partial v} - \frac{F}{2G}\frac{\partial G}{\partial v}\right];$$

sostituendo nel 2.° membro alle derivate dei coefficienti i valori espressi pei simboli di Christoffel segue

$$-\frac{\partial\Omega}{\partial v} = \frac{\sqrt{EG-F^2}}{G}\begin{Bmatrix}22\\1\end{Bmatrix} + \frac{\sqrt{EG-F^2}}{E}\begin{Bmatrix}12\\2\end{Bmatrix},$$

ossia, per la 1.ª delle (5*)

$$\frac{\sqrt{EG-F^2}}{E}\begin{Bmatrix}12\\2\end{Bmatrix} = -\frac{\sqrt{G}}{\rho_u} - \frac{\partial\Omega}{\partial v} .$$

In conseguenza la (a) prende la forma elegante e simmetrica

$$(6)\qquad K = \frac{1}{\sqrt{EG-F^2}}\left\{\frac{\partial^2\Omega}{\partial u\,\partial v} + \frac{\partial}{\partial u}\left(\frac{\sqrt{G}}{\rho_u}\right) + \frac{\partial}{\partial v}\left(\frac{\sqrt{E}}{\rho_v}\right)\right\},$$

che è appunto la *formola di Liouville*.

Nel caso che le linee coordinate siano ortogonali $\left(\Omega = \frac{\pi}{2}\right)$ essa si può scrivere:

$$K = \frac{1}{\sqrt{E}}\frac{\partial}{\partial u}\left(\frac{1}{\rho_u}\right) + \frac{1}{\sqrt{G}}\frac{\partial}{\partial v}\left(\frac{1}{\rho_v}\right) + \frac{1}{\rho_u}\frac{1}{\sqrt{EG}}\frac{\partial\sqrt{G}}{\partial u} + \frac{1}{\rho_v}\frac{1}{\sqrt{EG}}\frac{\partial\sqrt{G}}{\partial v},$$

ovvero per le (1) (1*), osservando che

$$\sqrt{E}\,du \quad , \quad \sqrt{G}\,dv$$

sono gli archi elementari

$$ds_v \quad , \quad ds_u$$

delle linee coordinate:

$$(6^*)\qquad K=\frac{\partial}{\partial s_v}\left(\frac{1}{\rho_u}\right)+\frac{\partial}{\partial s_u}\left(\frac{1}{\rho_v}\right)-\left(\frac{1}{\rho_u}\right)^2-\left(\frac{1}{\rho_v}\right)^2\ (*).$$

78. Chiameremo *linea geodetica* di una superficie S una linea L tracciata sopra S, quando in ogni punto di L la normale principale della linea coincide colla normale alla superficie; in altre parole le linee geodetiche sono le linee a curvatura tangenziale nulla (**).

Partendo da questa definizione, cerchiamo l'equazione differenziale delle linee geodetiche.

Supposto per ciò che G sia una tale linea, immaginiamo espresse le coordinate curvilinee (u, v) di un punto mobile su G in funzione dell'arco s della G stessa; avremo intanto la relazione

$$(7)\qquad E\left(\frac{du}{ds}\right)^2+2F\frac{du}{ds}\frac{dv}{ds}+G\left(\frac{dv}{ds}\right)^2=1.$$

Per la linea G, adottando le solite notazioni del cap. I, avremo:

$$\cos\alpha=\frac{\partial x}{\partial u}\frac{du}{ds}+\frac{\partial x}{\partial v}\frac{dv}{ds},\quad \cos\beta=\frac{\partial y}{\partial u}\frac{du}{ds}+\frac{\partial y}{\partial v}\frac{dv}{ds},\quad \cos\gamma=\frac{\partial z}{\partial u}\frac{du}{ds}+\frac{\partial z}{\partial v}\frac{dv}{ds}.$$

Derivando nuovamente rapporto ad s, osservando che per ipotesi

$$\cos\xi=\pm X,\quad \cos\eta=\pm Y,\quad \cos\zeta=\pm Z,$$

risulta, per le formole fondamentali della teoria (I) n. 47, c. IV (pag. 88):

$$\pm\frac{X}{\rho}=\frac{\partial x}{\partial u}\frac{d^2u}{ds^2}+\frac{\partial x}{\partial v}\frac{d^2v}{ds^2}+\left[\begin{Bmatrix}11\\1\end{Bmatrix}\frac{\partial x}{\partial u}+\begin{Bmatrix}11\\2\end{Bmatrix}\frac{\partial x}{\partial v}+DX\right]\left(\frac{du}{ds}\right)^2+$$
$$+2\left[\begin{Bmatrix}12\\1\end{Bmatrix}\frac{\partial x}{\partial u}+\begin{Bmatrix}12\\2\end{Bmatrix}\frac{\partial x}{\partial v}+D'X\right]\frac{du}{ds}\frac{dv}{ds}+\left[\begin{Bmatrix}22\\1\end{Bmatrix}\frac{\partial x}{\partial u}+\begin{Bmatrix}22\\2\end{Bmatrix}\frac{\partial x}{\partial v}+D''X\right]\left(\frac{dv}{ds}\right)^2$$

colle analoghe per Y, Z. Se ne deduce che per una linea geodetica debbono aver luogo le equazioni *caratteristiche:*

$$(8)\qquad \left\{\begin{aligned}&\frac{d^2u}{ds^2}+\begin{Bmatrix}11\\1\end{Bmatrix}\left(\frac{du}{ds}\right)^2+2\begin{Bmatrix}12\\1\end{Bmatrix}\frac{du}{ds}\frac{dv}{ds}+\begin{Bmatrix}22\\1\end{Bmatrix}\left(\frac{dv}{ds}\right)^2=0\\&\frac{d^2v}{ds^2}+\begin{Bmatrix}11\\2\end{Bmatrix}\left(\frac{du}{ds}\right)^2+2\begin{Bmatrix}12\\2\end{Bmatrix}\frac{du}{ds}\frac{dv}{ds}+\begin{Bmatrix}22\\2\end{Bmatrix}\left(\frac{dv}{ds}\right)^2=0.\end{aligned}\right.$$

(*) È un'immediata conseguenza di queste formole il teorema: *Soltanto sulle superficie a curvatura costante negativa (pseudosferiche) esistono doppî sistemi ortogonali di curve, per le quali le linee di ciascun sistema hanno la stessa curvatura geodetica costante.*

(**) Quando la linea in discorso è una retta, basta ricorrere a questa seconda definizione per riconoscere che è una geodetica.

Queste, insieme colla (7), determinano il corso delle geodetiche sopra la superficie.

Alle (8) possiamo anche sostituire le due che se ne ottengono moltiplicando la 1.ª per E la 2.ª per F e sommando, e una seconda volta moltiplicando la 1.ª per F la 2.ª per G e sommando, cioè:

$$\left\{\begin{array}{l} E\frac{d^2u}{ds^2}+F\frac{d^2v}{ds^2}+\begin{bmatrix}11\\1\end{bmatrix}\left(\frac{du}{ds}\right)^2+2\begin{bmatrix}12\\1\end{bmatrix}\frac{du}{ds}\frac{dv}{ds}+\begin{bmatrix}22\\1\end{bmatrix}\left(\frac{dv}{ds}\right)^2=0 \\ F\frac{d^2u}{ds^2}+G\frac{d^2v}{ds^2}+\begin{bmatrix}11\\2\end{bmatrix}\left(\frac{du}{ds}\right)^2+2\begin{bmatrix}12\\2\end{bmatrix}\frac{du}{ds}\frac{dv}{ds}+\begin{bmatrix}22\\2\end{bmatrix}\left(\frac{dv}{ds}\right)^2=0\ ; \end{array}\right.$$

queste possono scriversi sotto la forma semplice:

$$(9)\quad \left\{\begin{array}{l} 2\frac{d}{ds}\left(E\frac{du}{ds}+F\frac{dv}{ds}\right)=\frac{\partial E}{\partial u}\left(\frac{du}{ds}\right)^2+2\frac{\partial F}{\partial u}\frac{du}{ds}\frac{dv}{ds}+\frac{\partial G}{\partial u}\left(\frac{dv}{ds}\right)^2 \\ 2\frac{d}{ds}\left(F\frac{du}{ds}+G\frac{dv}{ds}\right)=\frac{\partial E}{\partial v}\left(\frac{du}{ds}\right)^2+2\frac{\partial F}{\partial v}\frac{du}{ds}\frac{dv}{ds}+\frac{\partial G}{\partial v}\left(\frac{dv}{ds}\right)^2 \text{(*)}. \end{array}\right.$$

In fine, se lasciando indeterminato il parametro che individua i punti della geodetica G, vogliamo scrivere l'equazione differenziale delle geodetiche, basta dedurre dalle (8) l'equazione seguente:

$$(10)\quad du\,d^2v-dv\,d^2u+\begin{Bmatrix}11\\2\end{Bmatrix}du^3+\left(2\begin{Bmatrix}12\\2\end{Bmatrix}-\begin{Bmatrix}11\\1\end{Bmatrix}\right)du^2\,dv+$$
$$+\left(\begin{Bmatrix}22\\2\end{Bmatrix}-2\begin{Bmatrix}12\\1\end{Bmatrix}\right)du\,dv^2-\begin{Bmatrix}22\\1\end{Bmatrix}dv^3=0$$

(*) È bene osservare che delle due equazioni (9), o delle (8), l'una è conseguenza dell'altra e della (7). Derivando quest'ultima rapporto ad s, si ottiene infatti l'identità:

$$(a)\quad \alpha\frac{du}{ds}+\beta\frac{dv}{ds}=0\ ,$$

dove si è posto

$$\alpha=2\frac{d}{ds}\left(E\frac{du}{ds}+F\frac{dv}{ds}\right)-\frac{\partial E}{\partial u}\left(\frac{du}{ds}\right)^2-2\frac{\partial F}{\partial u}\frac{du}{ds}\frac{dv}{ds}-\frac{\partial G}{\partial u}\left(\frac{dv}{ds}\right)^2$$
$$\beta=2\frac{d}{ds}\left(F\frac{du}{ds}+G\frac{dv}{ds}\right)-\frac{\partial E}{\partial v}\left(\frac{du}{ds}\right)^2-2\frac{\partial F}{\partial v}\frac{du}{ds}\frac{dv}{ds}-\frac{\partial G}{\partial v}\left(\frac{dv}{ds}\right)^2.$$

Da questa identità (a), che vale per qualunque linea tracciata sulla superficie, segue che, *fatta astrazione dalle linee coordinate* u, v, per qualunque altra linea l'una delle due equazioni (9):

$$\alpha=0\quad ,\quad \beta=0\quad .$$

trae seco l'altra. Ma se si tratta di esprimere che una delle linee coordinate, p. e. una $v=\text{cost}^{\text{te}}$, è geodetica dovremo scrivere la seconda condizione $\beta=0$, la prima $\alpha=0$ essendo in ogni caso identicamente verificata.

che vale evidentemente qualunque sia la variabile indipendente. In particolare se prendiamo u per variabile indipendente e scriviamo l'equazione della geodetica

$$v = \varphi(u),$$

ponendo

$$v' = \frac{dv}{du}, \quad v'' = \frac{d^2v}{du^2},$$

abbiamo per la determinazione delle geodetiche l'equazione differenziale del 2.° ordine:

$$(10^*) \quad v'' - \begin{Bmatrix}22\\1\end{Bmatrix} v'^3 + \left(\begin{Bmatrix}22\\2\end{Bmatrix} - 2\begin{Bmatrix}12\\1\end{Bmatrix}\right) v'^2 + \left(2\begin{Bmatrix}12\\2\end{Bmatrix} - \begin{Bmatrix}11\\1\end{Bmatrix}\right) v' + \begin{Bmatrix}11\\2\end{Bmatrix} = 0.$$

Da queste diverse forme dell'equazione delle geodetiche risulta: *Sopra ogni superficie esiste una doppia infinità di linee geodetiche; una geodetica è individuata quando sia fissato un punto della superficie, per cui deve passare e la direzione che essa ha uscendo dal punto.*

79. Alla teoria delle linee geodetiche siamo condotti altresì dal seguente problema di calcolo delle variazioni: *Dati due punti* A, B *sopra una superficie, trovare la linea più breve che sulla superficie unisce* A *con* B. Se supponiamo che G sia la linea domandata, dovremo esprimere, secondo le regole del calcolo delle variazioni, che la variazione prima della lunghezza di G fra A e B, quando a G, supponendo fissi gli estremi, si dia una deformazione infinitesima è eguale a zero. Ora, se esprimiamo lungo G u, v per l'arco s di G, dobbiamo porre

$$\delta \int_A^B ds = 0,$$

essendo u, v legate dalla relazione

$$E\left(\frac{du}{ds}\right)^2 + 2F\frac{du}{ds}\frac{dv}{ds} + G\left(\frac{dv}{ds}\right)^2 = 1.$$

Applicando le regole del calcolo delle variazioni, troviamo per tal modo appunto le equazioni (9); ne concludiamo: *La linea più breve fra due punti della superficie è necessariamente una linea geodetica, cioè la normale principale della linea deve in ogni punto coincidere colla normale alla superficie.*

Però è da osservarsi che se sopra una linea geodetica G si segnano due punti A, B ad arbitrio, non si potrà affatto asserire che G sia la più breve linea che sulla superficie riunisce A con B. Tale proprietà avrà luogo soltanto sicuramente, come fra breve vedremo, quando A e B siano fra loro sufficientemente vicini. Basta considerare ad esempio sopra una sfera un arco di circolo massimo (geodetica) maggiore di una semicirconferenza o sopra un cilindro circolare retto un arco d'elica che faccia più di mezzo giro sul cilindro per convincersi geometricamente dell'esattezza della nostra asserzione. La proprietà permanente delle linee geodetiche in tutto il suo corso è quella da cui siamo partiti al numero precedente per definirle; l'altra di segnare il più breve cammino fra due suoi punti vale in generale soltanto per archi di lunghezza convenientemente piccola.

80. Gauss ha dato all'equazione differenziale delle geodetiche una forma notevole, facendovi comparire l'angolo θ d'inclinazione della geodetica sulle linee v. Misurando θ nel modo preciso del n. 34, c. III, abbiamo le formole

$$(a)\qquad \cos\theta = \frac{1}{\sqrt{E}}\left(E\frac{du}{ds}+F\frac{dv}{ds}\right),\ \operatorname{sen}\theta = \frac{\sqrt{EG-F^2}}{\sqrt{E}}\frac{dv}{ds}.$$

Ora, se supponiamo che la linea geodetica di cui si tratta non sia una v=cost[te], potremo esprimere la condizione perchè sia geodetica mediante la 1.ª delle (9) (vedi nota al numero precedente), che può scriversi:

$$(b)\qquad 2\,ds.\,d\,(\sqrt{E}\cos\theta) = \frac{\partial E}{\partial u}du^2+2\frac{\partial F}{\partial u}du\,dv+\frac{\partial G}{\partial u}dv^2\,;$$

ora abbiamo per le (a) stesse

$$2\,ds\,d\,(\sqrt{E}\cos\theta) = \frac{1}{E}(E\,du+F\,dv)\,dE-2\sqrt{EG-F^2}\,dv\,d\theta = \frac{\partial E}{\partial u}du^2+$$
$$+\frac{\partial E}{\partial v}du\,dv+\frac{F}{E}dv\left(\frac{\partial E}{\partial u}du+\frac{\partial E}{\partial v}dv\right)-2\sqrt{EG-F^2}\,dv\,d\theta.$$

Sostituendo nella (b) e togliendo il termine $\frac{\partial E}{\partial u}du^2$ comune ai due membri, indi dividendo per $2\,dv$, che per ipotesi non è zero, abbiamo l'equazione di Gauss

$$(11)\qquad \sqrt{EG-F^2}\,d\theta = \frac{1}{2}\frac{F}{E}\left(\frac{\partial E}{\partial u}du+\frac{\partial E}{\partial v}dv\right)+\frac{1}{2}\frac{\partial E}{\partial v}du-\frac{\partial F}{\partial u}du-\frac{1}{2}\frac{\partial G}{\partial u}dv.$$

Questa, come subito si vede, vale anche nel caso dapprima escluso di una geodetica v=cost[te].

In particolare, se le linee u, v sono ortogonali, avremo l'equazione semplice

$$\sqrt{EG}\,d\theta = \frac{1}{2}\frac{\partial E}{\partial v}du-\frac{1}{2}\frac{\partial G}{\partial u}dv\,,$$

che possiamo scrivere

$$(11^*) \qquad d\theta = \frac{1}{\sqrt{G}} \frac{\partial \sqrt{E}}{\partial v} du - \frac{1}{\sqrt{E}} \frac{\partial \sqrt{G}}{\partial u} dv .$$

Mediante queste formole possiamo dare un'altra definizione della curvatura tangenziale o geodetica di una linea, che giustifica appunto la seconda denominazione. Essendo l una linea qualunque sopra S, consideriamo un suo punto M e preso un punto M' di l vicinissimo ad M, tiriamo in M, M' le geodetiche tangenti che s'incontreranno in un punto N formando fra loro un angolo piccolissimo $\Delta\varepsilon$. Se dividiamo $\Delta\varepsilon$ per la lunghezza Δs dell'arco M M', dimostriamo che: *Il limite del rapporto* $\frac{\Delta\varepsilon}{\Delta s}$, *quando* M' *si avvicina indefinitamente ad* M, *eguaglia la curvatura geodetica della linea* l *nel punto* M.

Per dimostrarlo, prendiamo le linee coordinate (u, v) ortogonali e sia $u=0$ la linea l e siano (o, v) $(o, v+dv)$ le coordinate curvilinee di M, M'. Essendo g, g' le geodetiche tangenti in M, M' ad l, N il loro punto d'incontro, indichiamo con P il punto ove la geodetica g incontra la linea $v+dv$, sotto l'angolo $\frac{\pi}{2}+d\theta$. Per la (11*) sarà

$$d\theta = \frac{1}{\sqrt{G}} \frac{\partial \sqrt{E}}{\partial v} du - \frac{1}{\sqrt{E}} \frac{\partial \sqrt{G}}{\partial u} dv$$

e poichè in M si ha $\theta = \frac{\pi}{2}$, $du=0$, sarà

$$d\theta = -\frac{1}{\sqrt{E}} \frac{\partial \sqrt{G}}{\partial u} dv .$$

Ma il triangolo infinitesimo M' N P, a meno d'infinitesimi d'ordine superiore, può riguardarsi come rettilineo e l'angolo in N di g, g' è misurato da $d\theta$; si ha inoltre

$$\text{arc}\, \overline{\text{M M}'} = ds_u = \sqrt{G}\, dv$$

e però

$$\lim_{\Delta s=o} \frac{\Delta\varepsilon}{\Delta s} = \frac{d\theta}{ds_u} = -\frac{1}{\sqrt{EG}} \frac{\partial \sqrt{G}}{\partial u} .$$

Questo valore combina appunto con quello della curvatura tangenziale $\frac{1}{\rho_u}$ delle linee u, calcolato al n. 75 (pag. 144).

Definita in questo secondo modo, la curvatura geodetica di una linea tracciata sopra una superficie è la naturale estensione del concetto di curvatura ordinaria di una curva piana, alle rette (geodetiche) del piano sostituendosi le geodetiche della superficie.

Ne risulta altresì un'altra proprietà caratteristica della curvatura geodetica, secondo la quale essa può dirsi anche *curvatura di sviluppo*. Sussiste infatti il teorema: *La curvatura geodetica di una linea* L *tracciata sopra una superficie* S *è eguale alla curvatura ordinaria della linea piana in cui* L *si trasforma, quando si spieghi in un piano la sviluppabile* Σ *circoscritta a* S *lungo* L. E infatti poichè S e Σ si toccano lungo L, la L ha la medesima curvatura geodetica tanto se si pensa appartenente a S come a Σ. Ma, sviluppando Σ in un piano, le lunghezze lineari e gli angoli delle figure tracciate sopra Σ non si alterano e le geodetiche di Σ si cangiano nelle rette del piano.

Se applichiamo p. es. questo teorema alla determinazione della curvatura geodetica di un parallelo sopra una superficie di rotazione, osservando che in tal caso la sviluppabile circoscritta è un cono di rotazione attorno all'asse della superficie, abbiamo il risultato:

Il raggio di curvatura geodetica di un parallelo sopra una superficie di rotazione è eguale alla porzione di tangente al meridiano compreso fra il punto di contatto e l'asse di rotazione.

81. L'equazione differenziale delle linee geodetiche non si sa integrare che in pochi casi particolari; ciò non ostante, partendo dall'equazione differenziale stessa, si possono dimostrare alcune importanti proprietà delle linee geodetiche, di cui ora ci andiamo ad occupare.

Consideriamo in primo luogo un sistema semplicemente infinito di linee geodetiche e le loro traiettorie ortogonali. Assumiamo questo doppio sistema ortogonale a sistema coordinato (u, v) e supponiamo che le linee v siano le geodetiche; avremo allora

$$ds^2 = \mathrm{E}\, du^2 + \mathrm{G}\, dv^2$$

e per ipotesi

$$\frac{1}{\rho_v} = -\frac{1}{\sqrt{\mathrm{E\,G}}}\frac{\partial\sqrt{\mathrm{E}}}{\partial v} = 0\,,$$

cioè

$$\frac{\partial\sqrt{\mathrm{E}}}{\partial v} = 0\,,$$

ovvero

$$\sqrt{\mathrm{E}} = \mathrm{U}$$

essendo U funzione della sola u. Cangiamo ora il parametro u, che individua le traiettorie ortogonali, in $\int$ U du e l' elemento lineare assumerà la forma caratteristica

$$ds^2 = du^2 + G\, dv^2, \tag{12}$$

dalla quale si deducono conseguenze di grande importanza. Se consideriamo l'arco di una qualsiasi geodetica v compreso fra due linee fisse

$$u = u_0 \qquad u = u_1$$

del sistema u, la sua lunghezza sarà data da

$$\int_{u_0}^{u_1} du = u_1 - u_0,$$

che è affatto indipendente da v, onde il teorema:

A) *Gli archi intercetti sopra le geodetiche v da due loro traiettorie ortogonali hanno tutti eguale lunghezza.*

Questo teorema può anche enunciarsi sotto l'altra forma:

B) *Se pei punti di una linea* L *si conducono le geodetiche g ortogonali e sopra ciascuna di queste, a partire da* L, *si staccano archi di eguale lunghezza, il luogo degli estremi di questi archi è un'altra traiettoria ortogonale delle geodetiche g* (*).

Per ciò le traiettorie ortogonali di un sistema ∞^1 di linee geodetiche diconsi *geodeticamente parallele.* È notevole l' espressione della curvatura totale K della superficie nelle coordinate geodetiche u, v della formola (12); essa diventa (formola (18) pag. 67):

$$K = -\frac{1}{\sqrt{G}} \frac{\partial^2 \sqrt{G}}{\partial u^2}. \tag{13}$$

Cerchiamo ora di esprimere la condizione affinchè un sistema ∞^1 di linee, la cui equazione sia

$$\varphi(u, v) = \text{cost}^{\text{te}},$$

risulti costituito da un sistema di linee geodeticamente parallele. Se prendiamo a linee coordinate le $\varphi = \text{cost}^{\text{te}}$ e le loro traiettorie ortogonali $\psi = \text{cost}^{\text{te}}$, l'elemento lineare prenderà la forma

$$ds^2 = E_1\, d\varphi^2 + G_1\, d\psi^2$$

(*) È questa una proprietà caratteristica delle linee geodetiche, cioè se in un sistema doppio ortogonale (u, v) l'arco delle v compreso fra due traiettorie ortogonali qualunque u_0, u_1 è eguale per tutte le v, queste sono geodetiche. E infatti prendendo per parametro l'arco u delle v, contato da una traiettoria ortogonale fissa, riesce E=1.

e sarà

$$\Delta_1 \varphi = \frac{1}{E_1}$$

e però, se le ψ sono geodetiche, avremo:

$$\Delta_1 \varphi = f(\varphi),$$

essendo $f(\varphi)$ funzione della sola φ. Dunque: *Affinchè le linee* $\varphi = \text{cost}^{\text{te}}$ *siano geodeticamente parallele, è necessario e sufficiente che risulti:*

$$\Delta_1 \varphi = f(\varphi).$$

In questa ipotesi, se cangiamo il parametro φ nell'arco θ delle geodetiche ψ contato da una traiettoria ortogonale fissa, cioè poniamo

$$\theta = \int \frac{d\varphi}{\sqrt{f(\varphi)}},$$

avremo

$$\Delta_1 \theta = 1.$$

Abbiamo così l'importante risultato: *Se la funzione* $\theta(u, v)$ *è un integrale dell'equazione a derivate parziali*

$$\Delta_1 \theta = 1,$$

le linee $\theta = \text{cost}^{\text{te}}$ *sono geodeticamente parallele e* θ *è l'arco delle geodetiche ortogonali contato da una linea fissa* $\theta = \theta_0$.

82. Nel teorema B) del numero precedente la linea L è arbitraria e se supponiamo che essa sia una curva chiusa piccolissima descritta attorno ad un punto O della superficie e, restringendola indefinitamente attorno al punto O, la riduciamo da ultimo a questo punto, il teorema B) si muta nel seguente: *Se sulle geodetiche, spiccate da un punto* O *della superficie, si staccano a partire da* O *archi di eguali lunghezze, il luogo degli estremi di questi archi è una curva ortogonale a tutte le geodetiche.*

L'elemento lineare della superficie, prese a linee coordinate queste geodetiche e le loro traiettorie ortogonali, assume ancora la forma (12).

In modo più rigoroso e diretto possiamo dimostrare questo teorema come segue. A parametro v, che individua le singole geodetiche uscenti da O, prendiamo l'angolo che una geodetica variabile del fascio forma con una fissa e per linee u prendiamo il luogo degli estremi degli archi geodetici eguali ad u spiccati da O; l'elemento lineare della superficie assuma la forma

$$ds^2 = E\, du^2 + 2\, F\, du\, dv + G\, dv^2.$$

Poichè l'arco elementare delle geodetiche v è eguale a du, avremo intanto $E=1$ ed essendo le v geodetiche sarà (n. 77 (5))

$$\frac{1}{\rho_v} = \frac{1}{\sqrt{G - F^2}} \frac{\partial F}{\partial u} = 0$$

e però

$$F = \varphi(v),$$

dove $\varphi(v)$ indica una funzione della sola v. Ora se x_0, y_0, z_0 sono le coordinate di O, le funzioni

$$x(u, v) \quad , \quad y(u, v) \quad , \quad z(u, v)$$

si riducono per $u=0$, qualunque sia v, alle tre costanti x_0, y_0, z_0 e si ha perciò

$$\left(\frac{\partial x}{\partial v}\right)_{u=0} = 0 \quad \left(\frac{\partial y}{\partial v}\right)_{u=0} = 0 \quad \left(\frac{\partial z}{\partial v}\right)_{u=0} = 0$$

e però anche

$$\left(F\right)_{u=0} = 0 .$$

Ma, poichè F è indipendente da u, ne segue che è costantemente $F=0$, cioè le linee u, v sono ortogonali, come si era asserito. L'elemento lineare prende ancora qui la forma

$$ds^2 = du^2 + G\,dv^2 ;$$

ma alla funzione G competono nel caso attuale proprietà speciali che importa osservare. Sviluppiamo per ciò

$$x(u, v) \quad , \quad y(u, v) \quad , \quad z(u, v)$$

nell'intorno di O per le potenze di u, tenendo conto soltanto delle potenze seconde di u e per semplicità situiamo gli assi coordinati coll'origine in O, facendo coincidere l'asse delle z colla normale alla superficie e l'asse delle x colla tangente in O alla geodetica iniziale $v=0$. Abbiamo in conseguenza

$$x = u \cos v + \varepsilon_1$$

$$y = u \operatorname{sen} v + \varepsilon_2$$

$$z = \frac{u^2}{2\rho} + \varepsilon_3 ,$$

essendo $\varepsilon_1\ \varepsilon_2\ \varepsilon_3$ infinitesimi di 3.° ordine rispetto ad u e ρ indicando il raggio di 1.ª curvatura della geodetica. Ne segue

$$G = u^2 + \eta$$

con η infinitesimo del 3.° ordine e però

$$\left(\sqrt{G}\right)_{u=0} = 0 \quad \left(\frac{\partial\sqrt{G}}{\partial u}\right)_{u=0} = 1\,.$$

Se abbiamo poi riguardo alla formola (13)

$$\frac{\partial^2\sqrt{G}}{\partial u^2} = -\,K\,\sqrt{G}\,,$$

ne deduciamo ancora

$$\left(\frac{\partial^2\sqrt{G}}{\partial u^2}\right)_{u=0} = 0\,, \quad \left(\frac{\partial^3\sqrt{G}}{\partial u^3}\right)_{u=0} = -\,K_0\,,$$

essendo K_0 la curvatura della superficie in O.

Sviluppando adunque $\sqrt{G}$ per le potenze di u, abbiamo la formola

$$\sqrt{G} = u - \frac{K_0\,u^3}{6} + \dots \tag{14}$$

Nel caso che ora consideriamo le linee $u = \text{cost}^{\text{te}}$, che godono della proprietà di avere tutti i loro punti alla stessa distanza geodetica dal punto fisso O, diconsi *circoli geodetici* (*), O si dice il loro centro e questa distanza costante il loro raggio.

Dalla (14), per la circonferenza C di un circolo geodetico di raggio infinitesimo u, troviamo:

$$C = \int_0^{2\pi} \sqrt{G}\, dv$$

$$C = 2\,\pi\,u - \frac{\pi\,K_0\,u^3}{3} + \varepsilon\,, \tag{15}$$

essendo ε un infinitesimo d'ordine superiore al 3.°

Dalla forma geodetica (12) dell'elemento lineare possiamo dedurre in fine la dimostrazione del teorema: *Per due punti* A, B, *presi a distanza sufficientemente piccola sopra una geodetica* g, *questa è effettivamente il più breve cammino per andare da* A *a* B.

(*) Per la proprietà ora ricordata i circoli geodetici sono la naturale estensione dei circoli nel piano. Ma se si ha riguardo all'altra proprietà del circolo ordinario di avere costante la curvatura, si è invece condotti a definire per circoli geodetici le *linee a curvatura geodetica costante.* Alcuni autori, come Darboux, adottano appunto questa seconda definizione. Ciò che importa osservare si è che le due definizioni, concordanti nel caso del piano (e più in generale delle superficie a curvatura costante), caratterizzano per una superficie in generale curve di specie ben distinta.

Consideriamo infatti nella (12) per u, v un campo di variabilità, nel quale la funzione G si mantenga ad un sol valore, finita e continua e siano

$$A \equiv (u_0, v) \quad , \quad B \equiv (u_1, v)$$

due punti scelti sulla geodetica v in questo campo. La lunghezza dell'arco geodetico A B sarà data da

$$\int_{u_0}^{u_1} du = u_1 - u_0 \,;$$

per un'altra linea

$$v = \varphi(u)$$

che riunisca i medesimi punti A, B, restando nella regione considerata, la lunghezza s dell'arco fra A, B è data da

$$s = \int_{u_0}^{u_1} \sqrt{1 + G\,\varphi'^2(u)}\, du$$

e supera evidentemente $\int_{u_0}^{u_1} du = u_1 - u_0$.

83. Fissiamo sopra una superficie S due curve C, C′, che non siano geodeticamente parallele, e prendiamo a linee coordinate u, v le linee geodeticamente parallele a C, C′ assumendo a parametro u la distanza geodetica dalla curva *base* C e a parametro v quella dalla curva *base* C′. Se

$$ds^2 = E\, du^2 + 2\, F\, du\, dv + G\, dv^2$$

è l'espressione dell'elemento lineare, per il risultato alla fine del n. 81 dovremo avere

$$\Delta_1 u = 1 \quad , \quad \Delta_1 v = 1 \,,$$

cioè

$$\frac{G}{EG - F^2} = 1 \quad , \quad \frac{E}{EG - F^2} = 1$$

ovvero

$$E = G \quad , \quad F = \sqrt{E(E-1)} \,.$$

Indicando con ω l'angolo delle linee coordinate, sarà dunque

$$E = G = \frac{1}{\operatorname{sen}^2 \omega} \quad , \quad F = \frac{\cos \omega}{\operatorname{sen}^2 \omega}$$

e però

$$(16) \qquad ds^2 = \frac{du^2 + 2\cos\omega\, du\, dv + dv^2}{\operatorname{sen}^2\omega}.$$

Introduciamo ora a nuove linee coordinate le

$$u + v = \text{cost}^{\text{te}} \quad , \quad u - v = \text{cost}^{\text{te}},$$

col porre

$$u + v = 2\alpha \quad , \quad u - v = 2\beta,$$

ed avremo

$$(17) \qquad ds^2 = \frac{d\alpha^2}{\operatorname{sen}^2\left(\frac{\omega}{2}\right)} + \frac{d\beta^2}{\cos^2\left(\frac{\omega}{2}\right)}.$$

Le nuove linee coordinate sono dunque ortogonali cioè: *Sopra una superficie qualunque le curve luogo dei punti, pei quali la somma o la differenza delle distanze geodetiche da due curve basi fisse è costante, formano un sistema ortogonale.* (Weingarten).

Se le curve C, C' si riducono ciascuna, restringendosi indefinitamente, ad un punto, il sistema ora considerato è la generalizzazione del sistema di ellissi ed iperbole confocali nel piano. E in generale le curve

$$\alpha = \text{cost}^{\text{te}} \quad , \quad \beta = \text{cost}^{\text{te}} \quad ,$$

qualunque siano le curve basi, si dicono ellissi ed iperbole geodetiche.

La forma (17) dell'elemento lineare conviene, per quanto si è visto, a qualunque superficie ed è chiaro che, ogni qualvolta l'elemento lineare è ridotto a questa forma, le linee $\alpha = \text{cost}^{\text{te}}$ $\beta = \text{cost}^{\text{te}}$ saranno ellissi ed iperbole geodetiche rispetto a due convenienti curve basi. Per ridurre effettivamente l'elemento lineare di una *data* superficie alla forma (17) basterà conoscere le linee geodetiche della superficie ed il loro arco. Così p. e. pel piano e per la sfera sapremo ridurre nel modo più generale l'elemento lineare a questa forma (*).

84. Una linea geodetica è individuata dal passaggio per un punto P in assegnata direzione e noi ci proponiamo ora, conoscendo questi due elementi per una geodetica g, di calcolare la torsione $\frac{1}{T_g}$ in P, col segno che le appartiene.

(*) Per le formole effettive corrispondenti veggasi Darboux, t. II, p. 422.

Per una tale linea geodetica, ritenendo le solite notazioni, abbiamo

$$\cos\alpha = \frac{\partial x}{\partial u}\frac{\partial u}{ds} + \frac{\partial x}{\partial v}\frac{dv}{ds}\,,\ \cos\beta = \frac{\partial y}{\partial u}\frac{du}{ds} + \frac{\partial y}{\partial v}\frac{dv}{ds}\,,\ \cos\gamma = \frac{\partial z}{\partial u}\frac{du}{ds} + \frac{\partial z}{\partial v}\frac{dv}{ds}$$

$$\cos\xi = \pm X \quad , \quad \cos\eta = \pm Y \quad , \quad \cos\zeta = \pm Z$$

indi:

$$\cos\lambda = \begin{vmatrix} \cos\beta\,, & \cos\gamma \\ \cos\eta\,, & \cos\zeta \end{vmatrix} = \pm\left(Z\frac{\partial y}{\partial u} - Y\frac{\partial z}{\partial u}\right)\frac{du}{ds} \pm \left(Z\frac{\partial y}{\partial v} - Y\frac{\partial z}{\partial v}\right)\frac{dv}{ds}$$

colle formole analoghe per $\cos\mu$, $\cos\nu$. Osservando le identità (n. 68, pag. 128)

$$Z\frac{\partial y}{\partial u} - Y\frac{\partial z}{\partial u} = \frac{1}{\sqrt{EG - F^2}}\left(F\frac{\partial x}{\partial u} - E\frac{\partial x}{\partial v}\right)$$

$$Z\frac{\partial y}{\partial v} - Y\frac{\partial z}{\partial v} = \frac{1}{\sqrt{EG - F^2}}\left(G\frac{\partial x}{\partial u} - F\frac{\partial x}{dv}\right),$$

risulta

$$\left\{\begin{aligned} \cos\lambda &= \pm\frac{F\frac{\partial x}{\partial u} - E\frac{\partial x}{\partial v}}{\sqrt{EG-F^2}}\frac{du}{ds} \pm \frac{G\frac{\partial x}{\partial u} - F\frac{\partial x}{\partial v}}{\sqrt{EG-F^2}}\frac{dv}{ds} \\ \cos\mu &= \pm\frac{F\frac{\partial y}{\partial u} - E\frac{\partial y}{\partial v}}{\sqrt{EG-F^2}}\frac{du}{ds} \pm \frac{G\frac{\partial y}{\partial u} - F\frac{\partial y}{\partial v}}{\sqrt{EG-F^2}}\frac{dv}{ds} \\ \cos\nu &= \pm\frac{F\frac{\partial z}{\partial u} - F\frac{\partial z}{\partial v}}{\sqrt{EG-F^2}}\frac{du}{ds} \pm \frac{G\frac{\partial z}{\partial u} - F\frac{\partial z}{\partial v}}{\sqrt{EG-F^2}}\frac{dv}{ds}\,. \end{aligned}\right.$$

Ma, secondo le formole di Frenet, si ha

$$\frac{1}{T_g} = -\sum\cos\lambda\frac{d\cos\xi}{ds} = \mp\sum\cos\lambda\left(\frac{\partial X}{\partial u}\frac{du}{ds} + \frac{\partial X}{\partial v}\frac{dv}{ds}\right)$$

e sostituendo per $\cos\lambda$, $\cos\mu$, $\cos\nu$ i valori precedenti, sparisce l'incertezza del segno e si ottiene per la formola richiesta

$$(18)\qquad \frac{1}{T_g} = \frac{(FD - ED')\,du^2 + (GD - ED'')\,du\,dv + (GD' - FD'')\,dv^2}{\sqrt{EG - F^2}\,(E\,du^2 + 2F\,du\,dv + G\,dv^2)}\,,$$

che dà appunto la torsione della geodetica uscente dal punto (u, v) della superficie nella direzione fissata dal rapporto $\frac{dv}{du}$.

Si osserverà che il numeratore di questa formola è precisamente il Jacobiano

$$\begin{vmatrix} \mathrm{D}\,du + \mathrm{D}'\,dv \;, & \mathrm{D}'\,du + \mathrm{D}''\,dv \\ \mathrm{E}\,du + \mathrm{F}\,dv \;, & \mathrm{F}\,du + \mathrm{G}\,dv \end{vmatrix}$$

delle due forme fondamentali, che eguagliato a zero dà l'equazione differenziale delle linee di curvatura. Ne risultano i teoremi, che sarebbe facile stabilire direttamente (*):

1.° *Se una linea di curvatura è geodetica, essa è piana.*

2.° *Ogni linea geodetica piana è linea di curvatura.*

I risultati del numero precedente conducono a introdurre per una linea qualunque L tracciata sopra una superficie in ogni suo punto un altro elemento geometrico che è importante di considerare, la così detta *torsione geodetica.* Secondo Bonnet, s'indica con tal nome la torsione della geodetica tangente in un punto P alla L (**). La torsione geodetica $\frac{1}{\mathrm{T}_g}$ di una linea L è data dalla formola (18), ove per du, dv s'intendano gli incrementi delle coordinate curvilinee spostandosi lungo L.

Da questa formola segue evidentemente per le linee di curvatura l'altra definizione:

Le linee di curvatura sono quelle, che in ogni punto hanno nulla la torsione geodetica.

Osserviamo ora che dalla (18) seguono in particolare per le torsioni geodetiche $\frac{1}{\mathrm{T}_u}$, $\frac{1}{\mathrm{T}_v}$ delle linee coordinate le formole:

(*) Se si prendono a linee coordinate le linee di curvatura, la (18) prende la forma semplice:

$$\frac{1}{\mathrm{T}_g} = \sqrt{\mathrm{E\,G}}\left(\frac{1}{r_1} - \frac{1}{r_2}\right)\frac{du}{ds}\frac{dv}{ds} = \left(\frac{1}{r_1} - \frac{1}{r_2}\right)\cos\theta\ \mathrm{sen}\,\theta\,,$$

cioè

$$\frac{1}{\mathrm{T}_g} = \frac{1}{2}\left(\frac{1}{r_1} - \frac{1}{r_2}\right)\mathrm{sen}\,2\theta\,.$$

Di qui si vede che le direzioni delle linee di curvatura scindono il fascio delle geodetiche uscenti da P in due parti; le geodetiche dell'una metà sono tutte destrorse, quelle dell'altra metà tutte sinistrorse. Due geodetiche ortogonali hanno torsioni eguali in valore assoluto e di segno contrario. Le geodetiche bisettrici delle direzioni principali hanno la massima torsione $\frac{1}{2}\left(\frac{1}{r_1} - \frac{1}{r_2}\right)$.

(**) Si osserverà che il nome di torsione geodetica non è in analogia con quello di curvatura geodetica, poichè la curvatura della geodetica tangente sarebbe invece quella che abbiamo indicato come curvatura normale della linea.

$$
(19) \qquad \left\{
\begin{aligned}
\frac{1}{T_u} &= \frac{G D' - F D''}{G\sqrt{E G - F^2}} \\
\frac{1}{T_v} &= \frac{F D - E D'}{E\sqrt{E G - F^2}}
\end{aligned}
\right.
$$

e più in particolare se le linee u, v sono ortogonali $(F = 0)$

$$
(19^*) \qquad \frac{1}{T_u} = -\frac{1}{T_v} = \frac{D'}{\sqrt{E G}},
$$

onde si vede che due geodetiche uscenti da un punto in direzioni ortogonali hanno torsioni eguali e di segno contrario. (Cf. la nota precedente).

Ricerchiamo ora la relazione che passa fra la torsione geodetica e la torsione assoluta di una linea qualunque tracciata sopra una superficie. Per semplicità prendiamo per ciò a linee coordinate u, v un sistema ortogonale e la linea L in considerazione sia una linea del sistema u. Indichiamo con σ l'angolo che la normale della superficie fa colla normale principale di L e precisamente l'angolo di cui deve rotare in verso positivo, sul piano normale ad L in un punto P, la direzione positiva della normale alla superficie per sovrapporsi a quella della normale principale di L (*). Avremo, colle solite notazioni:

$$
\left\{
\begin{aligned}
&\cos\alpha = \frac{1}{\sqrt{G}}\frac{\partial x}{\partial v}\quad,\quad \cos\beta = \frac{1}{\sqrt{G}}\frac{\partial y}{\partial v}\quad,\quad \cos\gamma = \frac{1}{\sqrt{G}}\frac{\partial z}{\partial v} \\
&\cos\xi = \cos\sigma\, X + \operatorname{sen}\sigma \frac{1}{\sqrt{E}}\frac{\partial x}{\partial u},\quad \cos\eta = \cos\sigma\, Y + \operatorname{sen}\sigma \frac{1}{\sqrt{E}}\frac{\partial y}{\partial u}, \\
&\qquad\qquad \cos\zeta = \cos\sigma\, Z + \operatorname{sen}\sigma \frac{1}{\sqrt{E}}\frac{\partial z}{\partial u} \\
&\cos\lambda = -\operatorname{sen}\sigma\, X + \cos\sigma \frac{1}{\sqrt{E}}\frac{\partial x}{\partial u}, \cos\mu = -\operatorname{sen}\sigma\, Y + \cos\sigma \frac{1}{\sqrt{E}}\frac{\partial y}{\partial u}, \\
&\qquad\qquad \cos\nu = -\operatorname{sen}\sigma\, Z + \cos\sigma \frac{1}{\sqrt{E}}\frac{\partial z}{\partial u},
\end{aligned}
\right.
$$

quindi per la torsione assoluta $\frac{1}{T}$ della linea u

$$
\frac{1}{T} = \sum \cos\xi \frac{d\cos\lambda}{ds_u} = \frac{1}{\sqrt{G}} \sum \cos\xi \frac{\partial \cos\lambda}{\partial v} = \frac{D'}{\sqrt{EG}} - \frac{1}{\sqrt{G}}\frac{\partial \sigma}{\partial v},
$$

(*) S'intende che per faccia positiva del detto piano normale si prende quella rivolta verso la direzione positiva della tangente a L.

che si può scrivere per la (19*)

$$\frac{1}{T_u} = \frac{1}{T} + \frac{d\sigma}{ds_u}. \tag{20}$$

È questa la formola che si trattava di stabilire; essa ci dimostra che la torsione geodetica coincide coll'assoluta per tutte e sole quelle linee, la cui normale principale è inclinata di un angolo costante sulla superficie. Appartengono a questa classe le linee geodetiche e le assintotiche; per le prime si ha $\sigma=0$ (ovvero$=\pi$), per le seconde σ è un angolo retto. In generale le linee di questa specie corrispondenti ad un valore fisso costante per σ formano, come le linee geodetiche, un'infinità doppia, eccettuato nel caso limite di $\sigma = \frac{\pi}{2}$ (linee assintotiche) (*).

86. Ritornando ora alla equazione differenziale delle linee geodetiche, andiamo a dare alcuni teoremi generali che ne riguardano l'integrazione (**).

Osserviamo in primo luogo che la formola di Bonnet, (4*) n. 76, conduce subito al teorema seguente:

A) *Se le linee definite dall'equazione differenziale del 1.° ordine*

$$M\,du + N\,dv = 0$$

sono geodetiche, le loro traiettorie ortogonali si determinano con una quadratura.

Infatti l'equazione differenziale delle traiettorie ortogonali è data (n. 34) da:

$$(E\,N - F\,M)\,du + (F\,N - G\,M)\,dv = 0$$

e per la formola (4*) ora citata si ha per ipotesi

$$\frac{\partial}{\partial u}\left(\frac{F\,N - G\,M}{\sqrt{E\,N^2 - 2\,F\,M\,N + G\,M^2}}\right) = \frac{\partial}{\partial v}\left(\frac{E\,N - F\,M}{\sqrt{E\,N^2 - 2\,F\,M\,N + G\,M^2}}\right),$$

cioè l'espressione

$$\frac{E\,N - F\,M}{\sqrt{E\,N^2 - 2\,F\,M\,N + G\,M^2}}\,du + \frac{F\,N - G\,M}{\sqrt{E\,N^2 - 2\,F\,M\,N + G\,M^2}}\,dv$$

è un differenziale esatto. Ponendo adunque

$$\theta(u, v) = \int\left\{\frac{E\,N - F\,M}{\sqrt{E\,N^2 - 2\,F\,M\,N + G\,M^2}}\,du + \frac{F\,N - G\,M}{\sqrt{E\,N^2 - 2\,F\,M\,N + G\,M^2}}\,dv\right\},$$

(*) Per quanto si è detto nella nota al n. 84, risulta di qui nuovamente che le due assintotiche, uscenti da un punto, hanno torsioni eguali e di segno contrario (pag. 125).

(**) DARBOUX, t. II, p. 424 ss.

avremo

$$\Delta_1 \theta = 1$$

e in conseguenza (n. 81) le traiettorie ortogonali richieste hanno per equazione $\theta = \text{cost}^{\text{te}}$ e θ è l'arco delle geodetiche contato da una traiettoria ortogonale fissa.

Supponiamo ora che sia noto un integrale θ dell'equazione a derivate parziali

$$\Delta_1 \theta = 1 ,$$

il quale contenga una costante arbitraria a essenziale, cioè non additiva in θ. Se si deriva l'equazione

$$E \left(\frac{\partial \theta}{\partial v}\right)^2 - 2 F \frac{\partial \theta}{\partial u} \frac{\partial \theta}{\partial v} + G \left(\frac{\partial \theta}{\partial u}\right)^2 = E G - F^2$$

rispetto al parametro a, che entra soltanto in θ, si ottiene

$$\nabla \left(\theta, \frac{\partial \theta}{\partial a}\right) = 0 .$$

Ciò dimostra che, per ogni singolo valore di a, l'equazione

$$\frac{\partial \theta}{\partial a} = b \quad (b \text{ costante arbitraria}) \tag{21}$$

rappresenta le geodetiche ortogonali alle linee $\theta = \text{cost}^{\text{te}}$. L'equazione (21) contiene le due costanti arbitrarie a, b ed è l'equazione generale delle geodetiche sulla superficie. Per provarlo basta dimostrare che una linea

$$\theta = \text{cost}^{\text{te}}$$

può farsi passare per un punto qualunque della superficie in direzione arbitraria. Ora il rapporto di $\frac{\partial \theta}{\partial u}$ a $\frac{\partial \theta}{\partial v}$ non può essere indipendente da a, poichè altrimenti, essendo inoltre $\frac{\partial \theta}{\partial u}$, $\frac{\partial \theta}{\partial v}$ legate dalla relazione $\Delta_1 \theta = 1$, sarebbero ambedue indipendenti da u e però a additiva in θ. Ma, essendo $(u_0\ v_0)$ un punto qualunque della superficie, l'equazione

$$\theta (u, v, a) = \theta (u_0, v_0, a)$$

rappresenta una linea $\theta = \text{cost}^{\text{te}}$ uscente da $(u_0\ v_0)$. La sua direzione in questo punto dipende dal rapporto $\frac{\partial \theta}{\partial u} : \frac{\partial \theta}{\partial v}$ che, variando a, può assumere tutti i valori (*). Abbiamo dunque il teorema:

(*) DARBOUX, t. II, pag. 428.

B) *Se è nota una soluzione* θ *dell'equazione a derivate parziali*

$$\Delta_1 \theta = 1 ,$$

con una costante arbitraria essenziale **a**, *l'integrale generale dell'equazione delle geodetiche si avrà per derivazione colla formola*

$$\frac{\partial \theta}{\partial a} = b ,$$

essendo b una seconda costante arbitraria. L'arco di ogni geodetica è eguale alla differenza dei valori della funzione θ *nei due estremi.*

87. Appoggiandoci ai risultati ora ottenuti, possiamo dimostrare con Jacobi che: *Basta conoscere un integrale primo con una costante arbitraria* **a** *dell'equazione differenziale del 2.° ordine delle geodetiche, per avere con quadrature in termini finiti l'equazione di queste linee.* Sia infatti

$$\frac{dv}{du} = \varphi\,(u, v, a)$$

un tale integrale primo. Facendo nel teorema A) del numero precedente

$$M = -\varphi \qquad N = 1 ,$$

vediamo che l'espressione

$$\frac{(E + F\varphi)\,du + (F + G\varphi)\,dv}{\sqrt{E + 2F\varphi + G\varphi^2}}$$

sarà un differenziale esatto. Ponendo adunque

$$\theta = \int \frac{(E + F\varphi)\,du + (F + G\varphi)\,dv}{\sqrt{E + 2F\varphi + G\varphi^2}} ,$$

sarà pel teorema B)

$$\frac{\partial \theta}{\partial a} = b$$

l'equazione in termini finiti delle geodetiche.

Applichiamo subito questo risultato alla dimostrazione del teorema: *Sulle superficie a curvatura nulla (sviluppabili) l'equazione differenziale delle geodetiche s'integra con due quadrature.*

Scriviamo infatti l'equazione differenziale delle geodetiche sotto la forma di Gauss (n. 80):

$$d\psi = \frac{1}{2\sqrt{EG - F^2}}\left\{\frac{F}{E}\frac{\partial E}{\partial u} + \frac{\partial E}{\partial v} - 2\frac{\partial F}{\partial u}\right\} du + \frac{1}{2\sqrt{EG - F^2}}\left\{\frac{F}{E}\frac{\partial E}{\partial v} - \frac{\partial G}{\partial u}\right\} dv$$

dove ψ è l'angolo delle geodetiche colle linee v. Per la formola (17) n. 35 pag. 67, la condizione $K = 0$ esprime che il 2.° membro di questa formola è un differenziale esatto; con una quadratura si ha subito un integrale primo

$$\psi = f(u, v) + a$$

con una costante arbitraria a e una seconda quadratura dà l'equazione in termini finiti delle geodetiche. In altre parole si può dire che se una forma differenziale quadratica

$$E\, du^2 + 2\, F\, dv\, dv + G\, dv^2$$

è a curvatura nulla, bastano due quadrature per ridurla alla forma normale $dx^2 + dy^2$. (Cf. n. 29 c. II).

88. Vi ha una classe di superficie, considerata per la prima volta in tutta la generalità da Liouville, per le quali il metodo per l'integrazione delle geodetiche, dato dai teoremi al n. 86, riesce completamente. Sono queste le superficie, il cui elemento lineare è riducibile alla forma:

$$ds^2 = \left\{ \alpha(u) + \beta(v) \right\} \left(du^2 + dv^2 \right), \tag{22}$$

essendo $\alpha(u)$ una funzione della sola u e $\beta(v)$ una funzione della sola v. Per questa forma speciale dell'elemento lineare l'equazione

$$\Delta_1 \theta = 1$$

diventa

$$\left(\frac{\partial\theta}{\partial u}\right)^2 + \left(\frac{\partial\theta}{\partial v}\right)^2 = \alpha(u) + \beta(v).$$

Cerchiamo di soddisfarvi, ponendo θ eguale alla somma di due funzioni l'una di u, l'altra di v:

$$\theta = U + V,$$

il che dà

$$U'^2 - \alpha(u) = \beta(v) - V'^2 = a,$$

essendo a una costante arbitraria. Ponendo adunque

$$\theta = \int \sqrt{\alpha(u) + a}\, du \pm \int \sqrt{\beta(v) - a}\, dv, \tag{23}$$

sarà θ un integrale di $\Delta_1 \theta = 1$ colla costante essenziale a e in conseguenza (n. 86) per l'equazione in termini finiti delle geodetiche avremo:

$$2\frac{\partial\theta}{\partial a} = \int \frac{du}{\sqrt{\alpha(u) + a}} \mp \int \frac{dv}{\sqrt{\beta(v) - a}} = b, \tag{24}$$

mentre la (23) ci dà il loro arco θ. Notiamo ancora che indicando con ψ l'angolo delle geodetiche colle linee v si ha

$$\operatorname{tg} \psi = \frac{dv}{du},$$

onde per la precedente

$$\beta(v) \cos^2 \psi - \alpha(u) \operatorname{sen}^2 \psi = a, \tag{25}$$

che ci dà un integrale primo dell'equazione delle geodetiche sulle superficie di *Liouville.*

Il Dini (*) ha osservato che la forma (22) dell' elemento lineare si può caratterizzare dicendo che: *le linee coordinate u, v formano un sistema isotermo di ellissi e iperbole geodetiche.* Per dimostrarlo si cangino i parametri u, v ponendo

$$u = u(u_1) \quad , \quad v = v(u_1),$$

in modo che si abbia

$$\left(\frac{du_1}{du}\right)^2 + \left(\frac{dv_1}{dv}\right)^2 = \alpha(u) + \beta(v)$$

e ponendo

$$\operatorname{sen} \frac{\omega}{2} = \frac{\frac{du_1}{du}}{\sqrt{\alpha(u) + \beta(v)}} \qquad \cos \frac{\omega}{2} = \frac{\frac{dv_1}{dv}}{\sqrt{\alpha(u) + \beta(v)}},$$

la (22) assume la forma caratteristica (17) del n. 83

$$ds^2 = \frac{du_1^2}{\operatorname{sen}^2 \frac{\omega}{2}} + \frac{dv_1^2}{\cos^2 \frac{\omega}{2}},$$

che dimostra appunto la nostra asserzione. Inversamente si vede subito che se un sistema ortogonale di ellissi e iperbole geodetiche è inoltre isotermo, con un cangiamento di parametri, si riduce l' elemento lineare alla forma di Liouville.

Possiamo dunque dire: *Le superficie di Liouville sono quelle, sulle quali esiste un sistema ortogonale isotermo di ellissi e iperbole geodetiche* (**).

(*) *Sopra un problema della rappresentazione geografica di una superficie sopra un' altra.* (Annali di Matematica, t. III, 1869).

(**) I limiti imposti a questo trattato non ci consentono di parlare qui dei recenti ed importanti risultati, relativi alla teoria delle superficie di Liouville, ottenuti da varii geometri, in particolare dei criterii per riconoscere se una superficie data appartiene a questa classe.

89. Alla classe di superficie di Liouville appartengono le superficie di 2.° grado e le superficie di rotazione, sulle quali le line di curvatura formano appunto un sistema isotermo di ellissi ed iperbole geodetiche. Applicando per ora i risultati del numero precedente a quest'ultimo caso, cioè all'elemento lineare (n. 42, c. III).

$$ds^2 = du^2 + r^2 dv^2,$$

che riduciamo ai parametri isometrici

$$u_1 = \int \frac{du}{r}, \quad v,$$

avremo

$$ds^2 = r^2 (du_1^2 + dv^2).$$

Questa forma dell'elemento lineare rientra nella formola (22) di Liouville, ove si faccia

$$\alpha(u_1) = r^2, \quad \beta(v) = 0.$$

La costante a della formola (23) dovrà avere nel caso attuale, per le geodetiche reali, un valore negativo e ponendo quindi

$$a = -k^2,$$

l'equazione (24) in termini finiti delle geodetiche diventa

$$v = \pm k \int \frac{du}{r\sqrt{r^2 - k^2}} + b \tag{26}$$

e la formola (23), che dà l'arco s delle geodetiche

$$s = \pm kv + \int \frac{\sqrt{r^2 - k^2}}{r} du = \int \frac{r\, du}{\sqrt{r^2 - k^2}}. \tag{27}$$

È chiaro che il sistema ∞^1 di geodetiche che si ha dalla (26), fissando il valore di k e facendo variare b, consta di geodetiche tutte congruenti per rotazione attorno all'asse.

L'integrale primo (25) ci dà la formola

$$r \operatorname{sen} \psi = k, \tag{28}$$

cioè il teorema di Clairaut: *In ogni punto di una geodetica tracciata sopra una superficie di rotazione è costante il prodotto del raggio del parallelo pel seno dell'angolo d'inclinazione sui meridiani.*

Se la superficie ha un parallelo massimo di raggio R, per ogni geodetica reale il valore della costante k sarà minore di R e il suo corso reale si svolgerà tutto nella zona, ove i raggi dei paralleli non superano k.

90. Ritornando alla teoria generale delle linee geodetiche, consideriamo con Gauss un triangolo geodetico A B C (cioè formato da tre archi geodetici) che racchiuda una porzione della superficie S e calcoliamone la curvatura totale, cioè l'integrale doppio

$$\Sigma = \int\int \mathrm{K}\, d\sigma$$

esteso a tutto il triangolo, dove $d\sigma$ indica l'elemento d'area e K, come al solito, la curvatura.

Prendiamo a linee coordinate v le geodetiche uscenti dal vertice A e per parametro v l'angolo, che esse formano colla geodetica fissa A B ($v=0$); per linee u prendiamo le loro traiettorie ortogonali (circoli geodetici), contando l'arco u delle geodetiche dal punto A. L'elemento lineare essendo dato da

$$ds^2 = du^2 + \mathrm{G}\, dv^2 ,$$

la funzione $\sqrt{\mathrm{G}}$ soddisferà alle condizioni (n. 82)

$$(29) \qquad \left(\sqrt{\mathrm{G}}\right)_{u=0} = 0 \qquad \left(\frac{\partial \sqrt{\mathrm{G}}}{\partial u}\right)_{u=0} = 1 .$$

Avendosi poi

$$\mathrm{K} = -\frac{1}{\sqrt{\mathrm{G}}} \frac{\partial^2 \sqrt{\mathrm{G}}}{\partial u^2} , \quad d\sigma = \sqrt{\mathrm{G}}\, du\, dv ,$$

sarà

$$(30) \qquad \Sigma = \int\int -\frac{\partial^2 \sqrt{\mathrm{G}}}{\partial u^2}\, du\, dv = \int_0^{\hat{\mathrm{A}}} dv \int_0^u -\frac{\partial^2 \sqrt{\mathrm{G}}}{\partial u^2} du ,$$

ove $\hat{\mathrm{A}}$ indica l'angolo in A del triangolo.

Lungo la geodetica B C, il cui senso positivo fisseremo da B verso C, sarà soddisfatta l'equazione differenziale di Gauss delle geodetiche [(11*) n. 80] cioè

$$(31) \qquad d\theta = -\frac{\partial \sqrt{\mathrm{G}}}{\partial u} dv .$$

Se con $\hat{\mathrm{B}}$, $\hat{\mathrm{C}}$ indichiamo gli angoli in B, C del triangolo, avremo quindi

$$\theta_{\mathrm{B}} = \pi - \hat{\mathrm{B}} \quad , \quad \theta_{\mathrm{C}} = \hat{\mathrm{C}} ,$$

essendo θ_{B}, θ_{C} in valori di θ in B, C rispettivamente.

Ora la (30) ci dà

$$\Sigma = \int_0^{\hat{A}} \left\{ \left(\frac{\partial \sqrt{G}}{\partial u} \right)_{u=0} - \frac{\partial \sqrt{G}}{\partial u} \right\} dv ,$$

cioè per le (29), (31)

$$\Sigma = \int_0^{A} (dv + d\theta) = \hat{A} + \theta_C - \theta_B = \hat{A} + \hat{B} + \hat{C} - \pi .$$

Questa notevole formola esprime il teorema di Gauss:

La curvatura totale di un triangolo geodetico è eguale all'eccesso della somma dei suoi tre angoli sopra due angoli retti.

Quest'eccesso è positivo se tutti i punti interni al triangolo sono ellittici, negativo se iperbolici ed è nullo per le superficie sviluppabili. In fine notiamo che, se la curvatura K della superficie è costante, il teorema precedente dà come caso particolare l'altro:

Sopra una superficie a curvatura costante l'area di ogni triangolo geodetico è proporzionale all'eccesso della somma dei suoi angoli sopra due retti.

91. Termineremo questo capitolo, col dimostrare alcuni semplici teoremi relativi alle linee a curvatura geodetica costante.

Supponiamo che in un sistema doppio ortogonale (u, v), tracciato sopra una superficie S, ciascuna linea del sistema u e v sia a curvatura geodetica costante. Se

$$ds^2 = E\, du^2 + G\, dv^2$$

è l'espressione dell'elemento lineare, avremo per ipotesi (n. 77):

$$(a) \quad \frac{1}{\sqrt{EG}} \frac{\partial \sqrt{G}}{\partial u} = U \ , \quad \frac{1}{\sqrt{EG}} \frac{\partial \sqrt{E}}{\partial v} = V ,$$

dove U è funzione di u soltanto e V di v. Ne risulta

$$V \frac{\partial \sqrt{G}}{\partial u} = U \frac{\partial \sqrt{E}}{\partial v} ,$$

ovvero

$$\frac{\partial (V \sqrt{G})}{\partial u} = \frac{\partial (U \sqrt{E})}{\partial v} ;$$

dunque

$$U \sqrt{E}\, du + V \sqrt{G}\, dv$$

è il differenziale esatto di una funzione φ e si ha

$$\sqrt{E} = \frac{1}{U}\frac{\partial\varphi}{\partial u}, \quad \sqrt{G} = \frac{1}{V}\frac{\partial\varphi}{\partial v}.$$

Sostituendo nelle (a), si ha per determinare φ l'equazione

$$\frac{\partial^2\varphi}{\partial u\,\partial v} = \frac{\partial\varphi}{\partial u}\frac{\partial\varphi}{\partial v},$$

il cui integrale generale è

$$\varphi = -\log\left\{\alpha(u) + \beta(v)\right\},$$

essendo $\alpha(u)$, $\beta(v)$ funzioni arbitrarie di u, v rispettivamente. Ne risulta che l'elemento lineare ha la forma

$$ds^2 = \frac{1}{[\alpha(u)+\beta(v)]^2}\left\{\frac{\alpha'^2(u)}{U^2}du^2 + \frac{\beta'^2(v)}{V^2}dv^2\right\},$$

ovvero, cangiando i parametri u, v:

$$ds^2 = \frac{du_1^2 + dv_1^2}{(U_1+V_1)^2} \text{ (*)}. \tag{32}$$

Abbiamo dunque il teorema:

Un doppio sistema ortogonale di linee a curvatura geodetica costante è necessariamente isotermo.

Sussiste altresì il teorema reciproco:

Se in un sistema doppio ortogonale isotermo le linee dell'un sistema sono a curvatura geodetica costante, anche quelle del 2.° sistema sono a curvatura geodetica costante.

Scegliendo i parametri isometrici, l'elemento lineare ha la forma

$$ds^2 = \lambda\,(du^2 + dv^2).$$

(*) Nel caso che le funzioni U, V siano costanti assolute, l'elemento lineare prende la forma

$$ds^2 = \frac{1}{(a\,u+b\,v)^2}(du^2+dv^2), \quad (a, b \text{ costanti})$$

ed appartiene ad una superficie pseudosferica di curvatura

$$K = -(a^2+b^2).$$

(Cf. la nota pag. 148).

Ora si ha

$$\frac{1}{\rho_u} = \frac{\partial}{\partial u}\left(\frac{1}{\sqrt{\lambda}}\right) \quad , \quad \frac{1}{\rho_v} = \frac{\partial}{\partial v}\left(\frac{1}{\sqrt{\lambda}}\right)$$

e le due condizioni

$$\frac{\partial}{\partial v}\left(\frac{1}{\rho_u}\right) = 0 \quad , \quad \frac{\partial}{\partial u}\left(\frac{1}{\rho_v}\right) = 0$$

sono, come si vede, l'una conseguenza dell'altra.

È chiaro che i sistemi doppi ortogonali qui considerati esistono soltanto sopra superficie particolari. In particolare sul piano e sulla sfera esistono infiniti di questi sistemi e al n. 44 c. III abbiamo già risoluto geometricamente il problema di determinarli tutti.

Capitolo VII.

Superficie applicabili.

Superficie flessibili — Teorema di Gauss sull'invariabilità della curvatura per flessione — Criterii per riconoscere se due superficie date sono applicabili — Caso delle superficie a curvatura costante — Applicabilità di ogni porzione di una superficie a curvatura costante sovra un'altra porzione qualunque della superficie stessa — Superficie che ammettono una deformazione continua in sè medesime — Superficie di rotazione applicabili — Elicoidi e teorema di Bour — Equazione a derivate parziali del 2.° ordine da cui dipende la deformazione di una superficie data — Teoremi generali relativi alla deformazione — Teorema di Bonnet relativo alla possibilità di deformare una superficie con conservazione delle linee assintotiche di un sistema.

92. Come nella geometria piana e nella sferica si studiano le proprietà delle figure tracciate sul piano o sulla sfera, prescindendo dalla loro posizione assoluta nello spazio, così può farsi uno studio analogo per qualsiasi superficie S. E quelle proprietà, che concernono soltanto le relazioni di grandezza e posizione delle figure descritte sulla superficie, in quanto esistono sopra di essa, costituiscono la *geometria della superficie.*

Sotto questo punto di vista, due superficie assai differenti nella forma possono avere la stessa geometria. Così è chiaro che i teoremi della geometria piana non cessano di essere validi se il piano, su cui le figure sono descritte, s'immagina avvolto sopra un cilindro, un cono o una superficie sviluppabile qualunque.

Per ben concepire la natura delle proprietà che costituiscono la geometria di una superficie, conviene immaginare che la superficie sia formata da un velo infinitamente sottile, perfettamente flessibile ed inestendibile. Quelle proprietà che non si alterano flettendo comunque la superficie appartengono alla sua geometria, le altre sono inerenti alla forma e posizione attuale della superficie nello spazio.

Due superficie S, S' fra i cui punti P, P' si possa stabilire una tale corrispondenza, che gli elementi lineari corrispondenti risultino eguali, hanno la medesima geometria, perchè allora anche gli archi finiti, gli angoli e le aree delle figure sopra S sono eguali ai corrispondenti delle figure sopra S'. In tal caso le due superficie S, S' diconsi *applicabili* l'una sull'altra, volendo con ciò significare che flettendo l'una superficie (o una porzione di essa) si può distenderla senza rottura nè duplicatura sull'altra. Ma, perchè tale spiegamento possa considerarsi come effettivamente realizzabile, è chiaro che bisognerà dimostrare l'esistenza di una serie continua di configurazioni della superficie flessibile S, che dalla S conduca alla S'.

Quando di due superficie S, S' siano date le espressioni degli elementi lineari

$$ds^2 = \mathrm{E}\, du^2 + 2\,\mathrm{F}\, du\, dv + \mathrm{G}\, dv^2$$
$$ds'^2 = \mathrm{E}'\, du'^2 + 2'\,\mathrm{F}'\, du'\, dv' + \mathrm{G}'\, dv'^2\,,$$

per riconoscere se sono applicabili, converrà dunque esaminare se si può stabilire una tale corrispondenza fra i punti (u, v) dell'una e i punti (u', v') dell'altra che ne risulti l'eguaglianza degli elementi lineari

$$ds = ds'\,.$$

Per l'applicabilità delle due superficie è quindi necessario e sufficiente che le forme differenziali

$$\mathrm{E}\, du^2 + 2\,\mathrm{F}\, du\, dv + \mathrm{G}\, dv^2$$
$$\mathrm{E}'\, du'^2 + 2\,\mathrm{F}'\, du'\, dv' + \mathrm{G}'\, dv'^2$$

siano trasformabili l'una nell'altra.

93. Dalle considerazioni precedenti risulta che la geometria della superficie è già perfettamente definita dall'espressione del suo elemento lineare, ovvero dalla sua prima forma fondamentale:

$$(1) \qquad ds^2 = \mathrm{E}\, du^2 + 2\,\mathrm{F}\, du\, dv + \mathrm{G}\, dv^2\,.$$

In altre parole le infinite configurazioni, che una superficie S può assumere per flessione, hanno a comune la prima forma fondamentale; ciascuna di esse risulta poi individuata dalla sua seconda forma fondamentale (c. IV).

Quando si studia la geometria di una superficie come definita dal suo elemento lineare, conviene prescindere da qualunque forma speciale di superficie che lo realizzi. Analiticamente avremo una moltiplicità a due dimensioni generata dalle due variabili u, v, i cui elementi (punti) saranno forniti da ogni coppia speciale (u_0, v_0) di valori per u, v; la distanza ds fra due punti infinitamente vicini (u, v) $(u+du,\ v+dv)$ si misurerà colla legge fondamentale (1) e l'angolo θ dei due elementi lineari $ds, \delta s$ che congiungono il punto (u, v) ai due punti $(u+du,\ v+dv)$, $(u+\delta u,\ v+\delta v)$ dalla formola

$$\cos\theta = \frac{\mathrm{E}\, du\, \delta u + \mathrm{F}\,(du\, \delta v + dv\, \delta u) + \mathrm{G}\, dv\, \delta v}{ds\, \delta s}\,.$$

Fra i punti della moltiplicità a due dimensioni e le coppie (u_0, v_0) di valori delle variabili avremo così una corrispondenza univoca.

Il campo di variabilità che considereremo per u, v sarà sempre tale che in essa le funzioni E, F, G siano ad un sol valore, finite e continue insieme alle loro derivate parziali prime e seconde, inoltre E, G, $EG-F^2$ siano positive. L'angolo ω delle linee coordinate u, v, definito dalle formole

$$\cos\omega = \frac{F}{\sqrt{EG}}, \quad \operatorname{sen}\omega = \frac{\sqrt{EG-F^2}}{\sqrt{EG}},$$

nel campo che consideriamo varierà quindi con continuità fra 0 e π, senza mai assumere i valori estremi.

In questi studî generali trovano un'immediata ed importante applicazione i concetti di invarianti e parametri differenziali di una forma quadratica, di cui abbiamo trattato al cap. II. La curvatura totale di una superficie è un invariante differenziale della forma (1); il suo valore in ogni punto dipende unicamente dai coefficienti della forma (1) e rimane quindi lo stesso comunque la superficie si fletta.

Ne risulta il teorema fondamentale di Gauss: *La curvatura totale di una superficie non cangia per qualsiasi flessione della superficie stessa.* Conviene enunciare questo risultato anche sotto l'altra forma: *Se due superficie sono applicabili, in due punti corrispondenti esse hanno eguale curvatura.*

È questa la proprietà che dà alla curvatura di Gauss, come già altrove abbiamo detto (pag. 104), l'importanza preponderante nelle applicazioni geometriche.

Consideriamo ora un parametro differenziale della forma (1) contenente una o più funzioni arbitrarie

$$\varphi, \quad \psi \dots$$

Il valore che esso assume in ogni punto della superficie è indipendente dalle coordinate che si adoperano per calcolarla e rimane lo stesso per qualunque flessione della superficie. Eguagliando $\varphi, \psi ..$ a costanti, si hanno sulla superficie altrettanti sistemi di linee e il parametro differenziale rappresenta un'espressione inerente a queste linee, che non muta comunque si fletta la superficie.

Consideriamo ad esempio la curvatura geodetica $\frac{1}{\rho_\varphi}$ delle linee

$$\varphi = \text{cost}^{\text{te}};$$

essa è data (n. 76 c. VI) dal parametro differenziale

$$-\frac{1}{\rho_\varphi} = \frac{\Delta_2 \varphi}{\sqrt{\Delta_1 \varphi}} + \nabla\left(\varphi, \frac{1}{\sqrt{\Delta_1 \varphi}}\right).$$

Ne risulta: *La curvatura geodetica di una linea tracciata sopra una superficie non muta, se la superficie si flette.*

In particolare le geodetiche di una superficie S si mutano per flessione di S nelle geodetiche della nuova superficie. Quest'ultimo fatto risulta d'altronde direttamente dal considerare la proprietà caratteristica delle linee geodetiche (n. 82 c. VI) di essere le linee più brevi tracciate sulla superficie fra due loro punti sufficientemente vicini. Se ne trae una nuova dimostrazione dell'invariabilità della curvatura geodetica per flessione, quando si ricorra alla definizione di curvatura geodetica data al n. 80, pag. 152.

Nè lascieremo di osservare che da queste ultime considerazioni risulta una prova più intuitiva dell'invariabilità per flessione della curvatura totale di Gauss. Se si considera infatti un circolo geodetico di raggio infinitesimo u col centro in un punto P_0 della superficie, la lunghezza della sua circonferenza C è data, a meno d'infinitesimi d'ordine superiore al 3°, dalla formola (15) n. 82 (pag. 157):

$$C = 2\pi u - \frac{\pi K_0 u^3}{6},$$

essendo K_0 la curvatura della superficie in P_0. Comunque si fletta la superficie, la lunghezza di C non muta e però K_0 non varia per flessione.

94. Utilizzando la teoria dei parametri differenziali, possiamo nel modo più semplice risolvere il problema: *Date due superficie* S, S', *riconoscere se esse sono applicabili l'una sull'altra e, nel caso affermativo, trovare le formole dell'applicabilità.*

Il problema equivale analiticamente a quello della trasformabilità di due forme differenziali date

$$E\,du^2 + 2\,F\,du\,dv + G\,dv^2$$

$$E'\,du'^2 + 2\,F'\,du'\,dv' + G'\,dv'^2$$

l'una nell'altra (n. 92). Ora supponiamo che siano

$$(2) \qquad \begin{cases} \varphi\,(u, v) = \varphi'\,(u', v') \\ \psi\,(u, v) = \psi'\,(u', v') \end{cases}$$

due relazioni indipendenti fra u, v, u', v', che stabiliscano la legge di corrispondenza fra i punti dell'una e dell'altra superficie nella supposta applicabilità. Per le proprietà dei parametri differenziali, dovremo avere

$$(3) \qquad \Delta_1\,\varphi = \Delta'_1\,\varphi' \;,\quad \nabla\,(\varphi, \psi) = \nabla'\,(\varphi', \psi') \;,\quad \Delta_1\,\psi = \Delta'_1\,\psi' ,$$

gli accenti indicando che i parametri differenziali dei secondi membri sono costruiti per la seconda forma. Per l'applicabilità è adunque necessario che le relazioni (2) abbiano per conseguenze le (3). Tale condizione necessaria è altresì sufficiente per l'applicabilità. Dal risultato al n. 36 (pag. 68) segue infatti che, assumendo per la prima forma a nuove variabili φ, ψ e per la seconda φ', ψ', si avrà:

$$E\,du^2 + 2\,F\,du\,dv + G\,dv^2 = \frac{\Delta_1\,\psi\,d\,\varphi^2 - 2\,\nabla(\varphi,\psi)\,d\varphi\,d\psi + \Delta_1\,\varphi\,d\psi^2}{\Delta_1\,\varphi\,\Delta_1\,\psi - \nabla^2(\varphi,\psi)}$$

$$E'\,du'^2 + 2\,F'\,du'\,dv' + G'\,dv'^2 = \frac{\Delta'_1\,\psi'\,d\varphi'^2 - 2\,\nabla'(\varphi',\psi')\,d\varphi'd\psi' + \Delta'_1\varphi'\,d\psi'^2}{\Delta_1'\,\varphi'\,\Delta_1'\,\psi' - \nabla'^2(\varphi',\psi')}$$

e, per le (2), (3), i secondi membri risulteranno eguali.

Ciò premesso, escludiamo da prima il caso che una delle due superficie sia a curvatura costante. Indicando con $K(u, v)$, $K'(u', v')$ le rispettive curvature delle due superficie, il teorema di Gauss ci dà immediatamente, nell'ipotesi dell'applicabilità, una relazione (2) colla formola

$$(4) \qquad K(u, v) = K'(u', v').$$

Di più è chiaro che qualunque parametro differenziale della funzione K dovrà essere eguale al corrispondente parametro calcolato per K'. Prendiamo in primo luogo la relazione

$$(5) \qquad \Delta_1\,K = \Delta_1'\,K',$$

che associata alla (4) può dar luogo ai tre casi seguenti.

1.° *Le relazioni* (4) (5) *sono contraddittorie;* allora le superficie non sono applicabili

2.° *Le* (4) (5) *sono compatibili e distinte.* In tal caso perchè le due superficie siano applicabili sarà, per quanto si è visto sopra, necessario e sufficiente che le (4) (5) traggano dietro di sè le relazioni

$$\nabla(K, \Delta_1\,K) = \nabla'(K', \Delta_1'\,K'), \quad \Delta_1(\Delta_1\,K) = \Delta_1'(\Delta_1'\,K'),$$

il che potrà decidersi con calcoli algebrici.

3.° *Le* (4) (5) *rientrano l'una nell'altra.*

Ciò avverrà quando $\Delta_1\,K$ sia una funzione di K e $\Delta_1'\,K'$ la medesima funzione di K'.

95. Nel caso ultimamente considerato

$$(a) \quad \Delta_1\,K = f(K), \quad \Delta_1'\,K' = f(K'),$$

sostituiremo alla (5) l'altra relazione

$$(5^*) \qquad \Delta_2\,K = \Delta_2'\,K'$$

e ridurremo nuovamente il problema ad eliminazioni algebriche, quando non si presenti il caso ulteriore espresso dalle formole

$$(b) \quad \Delta_2\,K = \varphi(K), \quad \Delta'_2\,K' = \varphi(K').$$

Resta pertanto da considerare il solo caso, in cui sussistano insieme le (a) (b).

Essendo allora

$$\frac{\Delta_2 K}{\Delta_1 K} = \frac{\varphi(K)}{f(K)},$$

le linee $K = \text{cost}^{\text{te}}$ (di egual curvatura) insieme colle traiettorie ortogonali

$$\psi = \text{cost}^{\text{te}},$$

formano un sistema isotermo (n. 38 c. III).

La funzione $\psi(u, v)$ si trova con quadrature dalle formole (n. 39 pag. 73)

$$\left\{\begin{aligned} \frac{\partial\psi}{\partial u} &= e^{-\int \frac{\varphi(K)}{f(K)} dK} \cdot \frac{F \dfrac{\partial K}{\partial u} - E \dfrac{\partial K}{\partial v}}{\sqrt{EG - F^2}} \\ \frac{\partial\psi}{\partial v} &= e^{-\int \frac{\varphi(K)}{f(K)} dK} \cdot \frac{G \dfrac{\partial K}{\partial u} - F \dfrac{\partial K}{\partial v}}{\sqrt{EG - F^2}}, \end{aligned}\right.$$

onde segue

$$\Delta_1 \psi = e^{-2\int \frac{\varphi(K)}{f(K)} dK} \cdot \Delta_1 K$$

e però

$$E\,du^2 + 2F\,du\,dv + G\,dv^2 = \frac{dK^2}{\Delta_1 K} + \frac{e^{2\int \frac{\varphi(K)}{f(K)} dK} \cdot d\psi^2}{\Delta_1 K}$$

$$= \frac{dK^2}{f(K)} + \frac{e^{2\int \frac{\varphi(K)}{f(K)} dK} d\psi^2}{f(K)}.$$

Le funzioni f, φ rimanendo le stesse per la seconda superficie, a questa conviene la stessa forma dell'elemento lineare, che appartiene altresì ad una superficie di rotazione.

Dunque: *Se sussistono le relazioni* (a), (b), *le due superficie sono applicabili sulla stessa superficie di rotazione e quindi l'una sull'altra in una semplice infinità di modi.*

Per trovare in questo caso le formole effettive dell'applicabilità occorrono, come si è visto, due quadrature.

96. Nella risoluzione data ai due numeri precedenti del primo problema dell'applicabilità, abbiamo escluso il caso che l'una delle due superficie sia a curvatura costante. Allora, perchè le due superficie siano applicabili, è necessario che l'altra superficie abbia la medesima curvatura costante. Ora è molto notevole che in tal caso il criterio fornito dal teorema di Gauss è altresì sufficiente per l'applicabilità, cioè:

Due superficie colla medesima curvatura costante sono applicabili l'una sull'altra.

Per il caso delle superficie a curvatura nulla noi abbiamo già dimostrato questo risultato al n. 55 pag. 105, dove si è visto che una tale superficie è sviluppabile. Qui ne daremo una nuova dimostrazione, che si estenderà facilmente alle altre superficie a curvatura costante non nulla.

Tracciamo sopra una superficie a curvatura costante K una linea geodetica L e prendiamo a linee coordinate le geodetiche ortogonali alla L e le loro traiettorie ortogonali, assumendo a parametro u l'arco delle geodetiche v contato a partire dalla L, che sarà quindi la $u=0$, e a parametro v l'arco della L contato da un suo punto fisso. L'elemento lineare prenderà la forma

$$ds^2 = du^2 + G\, dv^2$$

ed, essendo nulla la curvatura geodetica della $u=0$, sarà

$$(\alpha) \quad \left(\frac{\partial \sqrt{G}}{\partial u}\right)_{u=0} = 0$$

e inoltre, poichè l'arco elementare della $u = 0$ è appunto dv, risulterà

$$(\beta) \quad \left(\sqrt{G}\right)_{u=0} = 1 .$$

Ora abbiamo

$$(\gamma) \quad K = -\frac{1}{\sqrt{G}} \frac{\partial^2 \sqrt{G}}{\partial u^2}$$

ed, essendo per ipotesi K costante, se distinguiamo i tre casi

$$K = 0 \;,\quad K > 0 \;,\quad K < 0 ,$$

troveremo i risultati seguenti.

1.° Se $K = 0$, risulta

$$\sqrt{G} = \varphi(v) \,.\, u + \psi(v) \;,$$

essendo $\varphi(v)$, $\psi(v)$ funzioni di v. Ma dalle (α) (β) segue

$$\varphi(v) = 0 \quad , \quad \psi(v) = 1 ,$$

onde

$$ds^2 = du^2 + dv^2 ,$$

che è l'elemento lineare del piano.

2.° Se $K > 0$, poniamo

$$K = \frac{1}{R^2} \left(R \text{ reale} \right)$$

e dalla (γ) avremo:

$$\sqrt{G} = \varphi(v) \cos \frac{u}{R} + \psi(v) \operatorname{sen} \frac{u}{R} ,$$

indi per le (α) (β)

$$\psi(v) = 0 \quad , \quad \varphi(v) = 1$$

e però

$$ds^2 = du^2 + \cos^2 \left(\frac{u}{R}\right) dv^2 . \tag{6}$$

Questo elemento lineare appartiene alla sfera di raggio R; dunque: *Tutte le superficie a curvatura costante positiva* $\frac{1}{R^2}$ *sono applicabili sulla sfera di raggio* R *e quindi l'una sull'altra.*

3.° Se $K < 0$, poniamo

$$K = -\frac{1}{R^2}$$

e la (γ) darà

$$\sqrt{G} = \varphi(v) \cosh \frac{u}{R} + \psi(v) \operatorname{senh} \frac{u}{R} ,$$

indi per le (α) (β)

$$\varphi(v) = 1 \quad , \quad \psi(v) = 0 .$$

Dunque: *L'elemento lineare di ogni superficie pseudosferica di raggio* R *è riducibile alla forma*

$$ds^2 = du^2 + \cosh^2 \left(\frac{u}{R}\right) dv^2 . \tag{7}$$

Ne segue che tutte queste superficie sono applicabili l'una sull'altra.

97. I risultati ora ottenuti possono applicarsi, anzichè a due diverse superficie colla stessa curvatura costante, a due porzioni di una medesima superficie a curvatura costante ed otteniamo così l'importante teorema:

Ogni porzione di una superficie a curvatura costante è applicabile sopra qualunque altra porzione della medesima superficie, in modo che due punti qualunque A, B *della prima possono sovrapporsi a due punti qualunque* A', B' *della seconda, purchè la distanza geodetica di* A' *da* B' *eguagli quella di* A *da* B.

Per le superficie a curvatura costante nulla o positiva il teorema è evidente, perchè il piano e la sfera, su cui sono rispettivamente applicabili, godono appunto della proprietà enunciata. Per dimostrarlo in tutto rigore anche per le superficie pseudosferiche, assumiamo una prima volta per geodetica L del numero precedente la A B ed avremo

$$ds^2 = du^2 + \cosh^2 \frac{u}{R}\, dv^2 \,,$$

ove l'arco v di A B si conterà a partire da A, sicchè sarà A $\equiv$ (0, 0). Operando nello stesso modo rispetto alla seconda geodetica A' B', otterremo:

$$ds'^2 = du'^2 + \cosh^2 \frac{u'}{R}\, dv'^2 \,.$$

Ora, ponendo semplicemente

$$u' = u \quad , \quad v' = v \,,$$

risulta

$$ds'^2 = ds^2$$

e al punto A $\equiv$ (0, 0) corrisponderà il punto A' $\equiv$ (0, 0), al punto B $\equiv$ $(0, l)$ il punto B' $\equiv$ $(0, l)$, essendo l la lunghezza comune degli archi A B, A' B'. Dunque la superficie è applicabile sopra sè stessa in modo che A si sovrappone ad A' e B a B', come si era asserito.

Questo teorema ci dice che ogni figura, tracciata sopra una superficie a curvatura costante, può trasportarsi per via di semplice flessione sovra un'altra porzione qualunque della superficie, senza che gli angoli e le grandezze lineari e superficiali subiscano alterazione.

Per la geometria delle superficie a curvatura costante vale dunque in generale, come per il piano e per la sfera, il *principio di sovrapponibilità delle figure*. È questo il fondamento delle analogie, che esistono fra la geometria delle tre specie di superficie, come in seguito vedremo. È chiaro poi, pel teorema di Gauss, che per nessun'altra superficie può valere lo stesso principio.

Da quanto abbiamo detto risulta che due superficie S, S' colla medesima curvatura costante sono applicabili l'una sull'altra in una tripla infinità di modi. Date le due superficie, per trovare uno di questi modi di applicabilità converrebbe integrare *l'equazione delle geodetiche*. Se la curvatura è nulla, la questione si risolve con quadrature (n. 87 c. VI); per gli altri casi il problema si riduce, come sarà dimostrato in altro capitolo (*), *alla integrazione di un' equazione differenziale del 1.º ordine del tipo di Riccati.*

98. Ritorniamo ora alla forma (7) dell'elemento lineare, che conviene a qualunque superficie pseudosferica di raggio R. Insieme a questa forma dell'elemento lineare che si dice *del tipo iperbolico* vi ha luogo di considerare altre due forme dell'elemento lineare egualmente importanti, che si diranno rispettivamente *del tipo ellittico e parabolico.*

Consideriamo un punto (ordinario) P di una superficie pseudosferica e prendiamo a linee coordinate le geodetiche v uscenti da P e le loro traiettorie ortogonali u, assumendo a parametro v l'angolo che una geodetica variabile del fascio fa con una geodetica fissa e a parametro u l'arco delle geodetiche, contato a partire da P. L'elemento lineare assumerà la forma

$$ds^2 = du^2 + \mathrm{G}\, dv^2$$

e sarà (n. 82 c. VI)

$$\left(\sqrt{\mathrm{G}}\right)_{u=0} = 0\ ,\quad \left(\frac{\partial \sqrt{\mathrm{G}}}{\partial u}\right)_{u=0} = 1\,.$$

Ora, per quanto si è visto al numero 96, è

$$\sqrt{\mathrm{G}} = \varphi\,(v) \cosh \frac{u}{\mathrm{R}} + \psi\,(v) \operatorname{senh} \frac{u}{\mathrm{R}}$$

e le condizioni precedenti danno

$$\varphi\,(v) = 0 \quad , \quad \psi\,(v) = \mathrm{R}$$

onde

$$ds^2 = du^2 + \mathrm{R}^2 \operatorname{senh}^2 \frac{u}{\mathrm{R}}\, dv^2\,.$$

Questa è una forma dell'elemento lineare che conviene ad ogni superficie pseudosferica di raggio R e si dice del *tipo ellittico.*

Da ultimo prendiamo per linea L del n. 96, in luogo di una geodetica, una linea *a curvatura geodetica costante* $\frac{1}{\mathrm{R}}$. Una tale linea sopra una superficie pseudosferica di raggio R dicesi un *oriciclo* (**). Avremo ancora

$$ds^2 = du^2 + \mathrm{G}\, dv^2\,,\ \sqrt{\mathrm{G}} = \varphi\,(v) \cosh \frac{u}{\mathrm{R}} + \psi\,(v) \operatorname{senh} \frac{u}{\mathrm{R}}$$

(*) Vedi cap. XVI n. 243.

(**) Sarebbe facile vedere che sopra ogni superficie pseudosferica esiste una doppia infinità di oricicli; ma uno studio più circostanziato di queste proprietà verrà fatto in altro capitolo (C. XVI).

e dovendo essere

$$\left(\sqrt{G}\right)_{u=0}=1,\left(\frac{1}{\sqrt{G}}\frac{\partial\sqrt{G}}{\partial u}\right)_{u=0}=\frac{1}{R}\left[\frac{\varphi(v)\operatorname{senh}\frac{u}{R}+\psi(v)\cosh\frac{u}{R}}{\varphi(v)\cosh\frac{u}{R}+\psi(v)\operatorname{senh}\frac{u}{R}}\right]_{u=0}=\frac{1}{R},$$

risulterà

$$\varphi(v)=\psi(v)=1\,,$$

onde

$$ds^2=du^2+e^{\frac{2u}{R}}dv^2\,.$$

Questa terza forma la diremo del *tipo parabolico.*

Riassumendo abbiamo dunque ottenuto per le superficie pseudosferiche di raggio R le tre forme tipiche dell'elemento lineare:

A) *tipo parabolico:* $ds^2=du^2+e^{\frac{2u}{R}}dv^2$

B) *tipo ellittico:* $ds^2=du^2+R^2\operatorname{senh}^2\left(\frac{u}{R}\right)dv^2$

C) *tipo iperbolico:* $ds^2=du^2+\cosh^2\left(\frac{u}{R}\right)dv^2$.

99. Esaminiamo ora le più semplici forme di superficie pseudosferiche, quelle di rotazione.

Il loro elemento lineare, riferito ai meridiani e ai paralleli, avrà la forma (n. 96):

$$ds^2=du^2+\left(C\,e^{\frac{u}{R}}+C'e^{-\frac{u}{R}}\right)^2dv^2.$$

Distinguiamo tre casi, secondo che delle due costanti C, C′ una è nulla, ovvero hanno segno contrario o lo stesso segno. Cangiando il parametro v in cv_1 (c costante) otterremo le tre forme dei rispettivi tipi A) B) C)

$$\text{I)}\ ds^2=du^2+e^{\frac{2u}{R}}dv_1^2$$

$$\text{II)}\ ds^2=du^2+\lambda^2\operatorname{senh}^2\frac{u}{R}\,dv_1^2$$

$$\text{III)}\ ds^2=du^2+\lambda^2\cosh^2\frac{u}{R}\,dv_1^2$$

con λ costante, che realizzeremo con tre superficie di rotazione, sopra le quali u sia l'arco di meridiano e v_1 la longitudine. Indicando con r il raggio del parallelo e con $z=\varphi(r)$ l'equazione della curva meridiana, avremo rispettivamente nei tre casi:

$$\text{I)}\ r = e^{\frac{u}{R}}\ , \qquad z = \int \sqrt{1 - \frac{1}{R^2} e^{\frac{2u}{R}}}\, du$$

$$\text{II)}\ r = \lambda \operatorname{senh} \frac{u}{R}\,, \quad z = \int \sqrt{1 - \frac{\lambda^2}{R^2} \cosh^2\left(\frac{u}{R}\right)}\, du$$

$$\text{III)}\ r = \lambda \cosh \frac{u}{R}\,, \quad z = \int \sqrt{1 - \frac{\lambda^2}{R^2} \operatorname{senh}^2\left(\frac{u}{R}\right)}\, du\,.$$

Discutiamo ora le forme delle tre curve meridiane.

Nel caso I) possiamo eseguire l'integrazione per funzioni ordinarie. Ponendo

$$e^{\frac{u}{R}} = R \operatorname{sen} \varphi\,,$$

sarà φ l'angolo della tangente alla curva meridiana coll'asse z e le formole

$$r = R \operatorname{sen} \varphi \qquad z = R \int \frac{\cos^2 \varphi}{\operatorname{sen} \varphi}\, d\varphi = R \left\{ \log \operatorname{tg} \frac{1}{2} \varphi + \cos \varphi \right\}$$

ci daranno le coordinate di un punto della curva in funzione del parametro φ.

Alla curva rappresentata da queste equazioni, che ha l'asse delle z per assintoto e gode della proprietà che la porzione della sua tangente, intercetta fra il punto di contatto e l'assintoto, è costantemente eguale ad R, si dà il nome di *trattrice*. La proprietà ora citata si può riscontrare direttamente sulla equazione della curva, come anche dedursi dal fatto che la curvatura geodetica dei paralleli nella corrispondente superficie di rotazione è costantemente eguale a $\frac{1}{R}$ (Cf. n. 80). Questa superficie prende il nome di *pseudosfera* ed è la più semplice forma di superficie pseudosferiche (*).

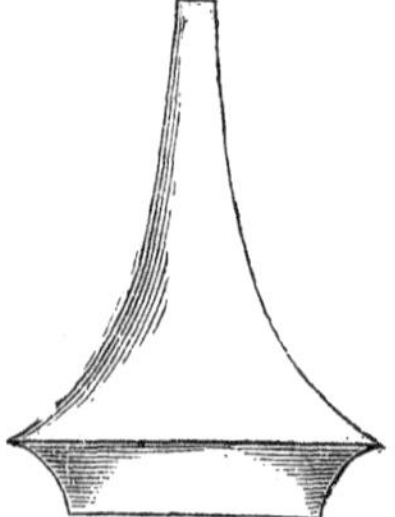

FIG. 1.ª — Pseudosfera.

(*) La presente figura e le due seguenti sono tolte dal catalogo dei modelli costruiti da L. BRILL a Darmstadt.

Caso II. Tipo ellittico. Per ottenere una superficie reale bisogna supporre

$$\frac{\lambda}{R} < 1$$

e ponendo $\lambda = R \operatorname{sen} \alpha$, il massimo valore per $\cosh \frac{u}{R}$ sarà $\frac{1}{\operatorname{sen} \alpha}$ e però il raggio r del parallelo oscilla fra

$$r = 0 \quad \text{e} \quad r = R \cos \alpha \,.$$

Quando $r=0$, è $\frac{dr}{du} = \operatorname{sen} \alpha$ e però tutti i meridiani incontrano in $u=0$ l'asse di rotazione sotto l'angolo α; questo punto è un punto conico della superficie.

Le coordinate di un punto della curva meridiana si esprimono per funzioni ellittiche di un parametro τ col modulo $k = \cos \alpha$. Poniamo infatti

$$\operatorname{senh} \frac{u}{R} = \frac{k}{k'} \operatorname{cn}(\tau, k)$$

ed avremo

$$r = R\, k \operatorname{cn} \tau \,, \quad z = R\, k^2 \int_0^\tau \operatorname{sn}^2 \tau \, d\tau = R \left\{ \frac{H}{K} \tau - Z(\tau) \right\},$$

essendo

$$Z(\tau) = \frac{\Theta'(\tau)}{\Theta(\tau)}$$

la funzione di Jacobi e H, K le note costanti della teoria delle funzioni ellittiche. Il tratto della curva da $\tau = 0$ a $\tau = 2K$ è rappresentato nella figura II); quando τ aumenta di $4K$ la curva si riproduce periodicamente. La superficie di rotazione corrispondente consta di infinite parti congruenti per traslazione lungo l'asse; i paralleli massimi di raggio $r = R \cos \alpha$ sono di regresso per la superficie, poichè i punti $\tau = 2mK$ (m intero) sono cuspidi del meridiano.

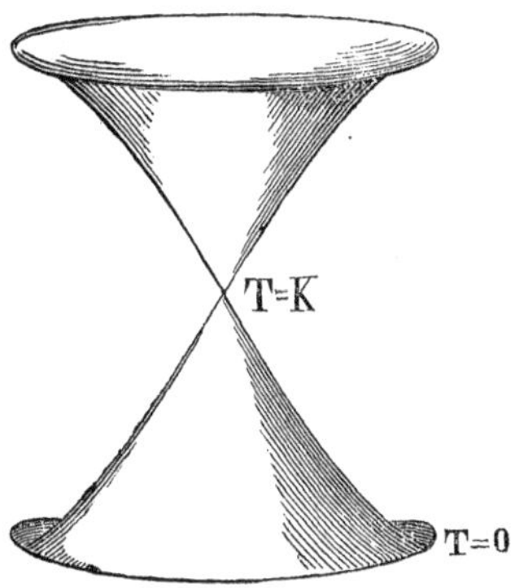

Fig. 2.ª — Superficie pseudosferica di rotazione del tipo ellittico.

Caso III. Tipo iperbolico. In questo caso abbiamo

$$r = \lambda \cosh \frac{u}{R}, \quad \frac{dr}{du} = \frac{\lambda}{R} \operatorname{senh} \frac{u}{R};$$

il massimo valore che assume u nel tratto reale della curva corrisponde a $\operatorname{senh} \frac{u}{R} = \frac{R}{\lambda}$ e il raggio del parallelo oscilla fra il minimo λ e il massimo $\sqrt{R^2+\lambda^2}$.

Ponendo qui

$$\frac{R}{\sqrt{R^2+\lambda^2}} = k, \quad \cosh \frac{u}{R} = \frac{\operatorname{dn}(\tau, k)}{k'},$$

esprimeremo le coordinate di un punto mobile sulla curva per funzioni ellittiche del parametro τ colle formole

$$r = \frac{R}{k} \operatorname{dn} \tau, \quad z = \frac{R}{k} \left\{ \frac{H}{K} \tau - Z(\tau) \right\}.$$

La forma della curva da $\tau = 0$ a $\tau = 2K$ è rappresentata nella figura 3.ª); quando τ aumenta di $2K$, la curva si riproduce periodicamente. I paralleli massimi corrispondenti a $\tau = 2mK$ (m intero) sono di regresso per la superficie e quelli minimi corrispondenti a $\tau = (2m+1)K$ sono geodetiche.

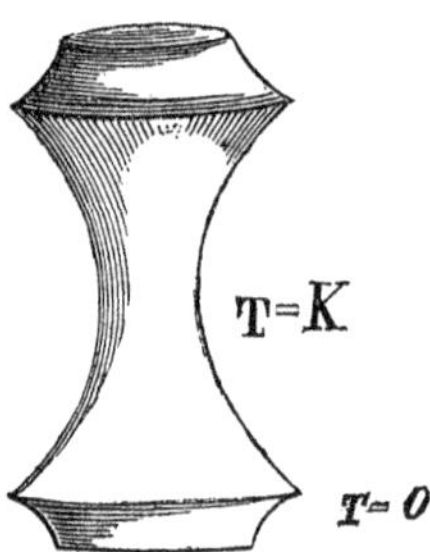

Fig. 3.ª — Superficie pseudosferica di rotazione del tipo iperbolico.

100. Le tre forme di superficie pseudosferiche di rotazione ora considerate sono fra loro distinte, nè è possibile applicare una di esse sopra un'altra di specie diversa in guisa che i paralleli si distendano sui paralleli. Per accertarsene basta osservare che nel tipo parabolico i paralleli sono a curvatura geodetica costante $\frac{1}{R}$, nel tipo ellittico la curvatura geodetica dei paralleli è $> \frac{1}{R}$ e nel tipo iperbolico invece $< \frac{1}{R}$. Però, stante

al teorema generale (n. 96), ogni superficie pseudosferica di raggio R è applicabile sopra ciascuna delle superficie I) II) III). Volendo considerare più da vicino questo modo di deformazione di ogni superficie pseudosferica a superficie di rotazione, faremo le osservazioni seguenti:

a) Sopra una superficie pseudosferica S si tracci un oriciclo e si considerino le geodetiche ad esso ortogonali. Per flessione potrà darsi alla superficie la forma di una pseudosfera, di cui le geodetiche segnate diventeranno i meridiani.

b) Sulla superficie pseudosferica S si segni un punto P e si considerino le geodetiche uscenti da P e i circoli geodetici ortogonali; assumendo i parametri u, v come al n. 98, avremo

$$ds_1^2 = du^2 + \mathrm{R}^2 \operatorname{senh}^2 \frac{u}{\mathrm{R}} dv^2 .$$

Confrontando coll'elemento lineare della superficie di rotazione del tipo ellittico

$$ds_1^2 = du_1^2 + \lambda^2 \operatorname{senh}^2 \frac{u_1}{\mathrm{R}} dv_1^2 ,$$

otterremo per le formole d'applicabilità

$$u_1 = u \ , \quad \frac{\lambda}{\mathrm{R}} v_1 = v .$$

Ne risulta che quando alla longitudine v_1 nella superficie di rotazione II), si fa compiere un intero giro da 0 a 2π, l'angolo v percorre l'intervallo fra $v = 0$ e $v = 2\pi \operatorname{sen} \alpha < 2\pi$. Basta dunque una porzione di S intorno a P per ricoprire interamente una falda della superficie II). Inoltre la parte di S al di là del circolo geodetico di raggio

$$u = \operatorname{sett} \cosh \left(\frac{1}{\operatorname{sen} \alpha}\right)$$

non ha corrispondente sulla superficie II); la porzione di S attorno a P, alla quale si può dare la forma di una falda della superficie II) è dunque limitata da un settore geodetico.

c) Nel caso delle superficie III) del tipo iperbolico il parallelo minimo è una geodetica e potremo quindi applicare una superficie pseudosferica qualunque S sopra la III) in modo che una geodetica arbitraria g di S si distenda sul parallelo minimo. La parte di S, che si applicherà effettivamente sopra una falda della III), è racchiusa da una striscia limitata da due linee geodeticamente parallele alla g ed equidistanti da essa, le quali dopo la deformazione diventano i paralleli massimi (di regresso) della zona. Nel senso della geodetica g la striscia è poi limitata da due geodetiche ortogonali a g, le quali si riuniscono dopo la deformazione in un solo meridiano della zona. La lunghezza e la larghezza della striscia dipendono solo dal raggio che si vuol dare al parallelo minimo.

101. La proprietà fondamentale delle superficie a curvatura costante, che abbiamo dimostrato al n. 97, può enunciarsi dicendo:

L'elemento lineare di ogni superficie a curvatura costante ammette ∞^3 *trasformazioni in sè medesimo.*

Domandiamo ora se esistono altre superficie che ammettono flessioni continue in sè medesime. Se queste flessioni costituissero una doppia infinità, ogni punto della superficie, disponendo dei due parametri della trasformazione, si potrebbe trasportare in qualunque altro punto (di una conveniente regione) e, pel teorema di Gauss, la superficie sarebbe a curvatura costante e le flessioni supposte costituirebbero una tripla anzichè una doppia infinità.

Ora è chiaro che ogni superficie applicabile sopra una superficie di rotazione ammette una flessione continua in sè medesima, corrispondente alla rotazione della superficie su cui è applicabile attorno all'asse.

Importa osservare che sussiste il teorema inverso:

Ogni superficie S, *che ammette una flessione continua in sè medesima, è applicabile sopra una superficie di rotazione.*

Se la S è a curvatura costante, il teorema è già provato dalle ricerche dei numeri precedenti. In caso contrario, durante la flessione continua supposta, le linee L di egual curvatura

$$K = \text{cost}^{te}$$

dovranno, pel teorema di Gauss, strisciare sopra sè medesime. E poichè tale flessione dipende da un parametro variabile con continuità, ogni punto di una linea L può trasportarsi in qualunque altro punto della linea stessa; ne risulta che le linee L sono a curvatura geodetica costante. Inoltre le linee geodeticamente parallele ad una linea L, durante la detta flessione, strisciano pure evidentemente sopra sè medesime. Da queste considerazioni segue facilmente il teorema enunciato e invero sussiste la proprietà:

Se una superficie S *possiede un sistema di linee* L *geodeticamente parallele e a curvatura geodetica costante, essa è applicabile sopra una superficie di rotazione, i cui paralleli sono le deformate delle linee* L.

Prendasi infatti a sistema coordinato quello formato dalle linee L ($u=\text{cost}^{te}$) e dalle geodetiche ortogonali ($v=\text{cost}^{te}$); l'elemento lineare prenderà la forma

$$ds^2 = du^2 + G\, dv^2 .$$

Ora è per ipotesi

$$-\frac{1}{\rho_u} = \frac{\partial \log \sqrt{G}}{\partial u} = \varphi(u),$$

onde

$$\sqrt{G} = U\,V\,,$$

essendo U funzione di u e V di v. Ponendo

$$\int V\,dv = v_1\,,$$

si pone in evidenza l'elemento lineare

$$ds^2 = du^2 + U^2\,dv_1^2$$

di una superficie di rotazione.

102. Consideriamo ora alcuni semplici esempî di superficie applicabili e in primo luogo cerchiamo se due superficie di rotazione S, S_1 possono essere applicabili l'una sull'altra.

Dal teorema di Gauss segue anzitutto che i paralleli di S si distenderanno sui paralleli di S_1 e quindi anche i meridiani sui meridiani. Naturalmente fanno eccezione le superficie a curvatura costante, ma le considerazioni seguenti valgono anche per queste superficie, quando si aggiunga la condizione che i paralleli dell'una si distendano sui paralleli dell'altra.

Se l'elemento lineare di S è dato da

$$ds^2 = du^2 + r^2\,dv^2$$

e quello di S_1 da

$$ds_1^2 = du_1^2 + r_1^2\,dv_1^2\,,$$

potremo fare senz'altro $u_1 = u$, contando gli archi meridiani da due paralleli corrispondenti. Per trasformare i due elementi lineari l'uno nell'altro, converrà porre $v_1 = v_1(v)$, determinando questa funzione dalla condizione

$$r_1(u)\,\frac{dv_1}{dv} = r(u)\,.$$

Di qui risulta

$$r_1 = kr \quad , \quad v_1 = \frac{v}{k} \text{ (k cost^{te} arbitraria)}\,,$$

Se adunque $r = \varphi(u)$ è l'equazione del meridiano di S, le coordinate del meridiano di S_1 saranno date da

$$r = k\,\varphi(u) \quad , \quad z = \int \sqrt{1 - k^2\,\varphi'^2(u)}\,du\,.$$

Ne segue: *Ogni superficie di rotazione può deformarsi in* ∞^1 *modi conservandosi superficie di rotazione.*

Consideriamo più da vicino il modo d'applicarsi della S_1 sulla S. Se supponiamo $k < 1$, la formola

$$v = k\, v_1$$

dimostra che quando la longitudine v_1 ha compiuto un intero giro su S_1 diventando eguale a $2\,\pi$, la longitudine v diventa

$$v = 2\, k\, \pi < 2\, \pi.$$

Dunque, applicando la S_1 sulla S, questa non ne resta interamente coperta, ma viene a mancarne una porzione (fuso) compreso fra due meridiani, i cui piani formano un angolo di ampiezza eguale a $2\,\pi\,(1-k)$. Per distendere S_1 sopra S, conviene quindi tagliare S_1 lungo un meridiano ed aprirla deformandola in guisa che gli orli del taglio diventino sopra S due meridiani distinti. Se si osserva che la curvatura geodetica dei paralleli e la curvatura totale della superficie non variano nella deformazione, si vedrà subito che in due punti corrispondenti la curvatura del meridiano di S supera quella del meridiano di S_1.

Al caso $k > 1$ corrisponde evidentemente la deformazione inversa di S in S_1 per la quale conviene togliere da S un fuso, ristabilendo poi la continuità della superficie col riunire per deformazione in un solo i due meridiani del fuso tolto. È poi da osservare che ad un punto del meridiano di S corrisponde un punto reale del meridiano di S_1 finchè $k \dfrac{dr}{du} < 1$, ciò che sempre avviene se $k > 1$. Ma quando $k > 1$ i paralleli, cui corrisponde il valore $\dfrac{1}{k}$ di $\dfrac{dr}{du}$, limitano sopra S una zona, che è la porzione di S effettivamente applicabile sopra S_1. Dopo la deformazione i paralleli estremi di questa zona diventano paralleli di regresso per S_1.

103. Come esempio consideriamo le deformazioni delle superficie di rotazione a curvatura costante.

a) Per la sfera di raggio *uno* si può assumere

$$r = \cos u$$

e le coordinate dei meridiani deformati sono date dalle formole

$$r = k \cos u\ , \quad z = \int \sqrt{1-k^2 \operatorname{sen}^2 u}\; du\,.$$

Possiamo esprimerle per funzioni ellittiche di un parametro τ. Perciò, se $k < 1$, poniamo $\cos u = \operatorname{cn}(\tau, k)$ e avremo

$$r = k \operatorname{cn} \tau\ , \quad z = \left(1 - \frac{\mathrm{H}}{\mathrm{K}}\right) \tau + \mathrm{Z}\,(\tau)\,;$$

se $k > 1$ cangiamo k in $\frac{1}{k}$ e ponendo

$$\cos u = \mathrm{dn}\,(\tau, k)$$

avremo

$$r = \frac{\mathrm{dn}\,\tau}{k}\,, \quad z = \left(k - \frac{\mathrm{H}}{\mathrm{K}\,k}\right)\tau + \frac{1}{k}\,\mathrm{Z}\,(\tau)\,.$$

Nel caso di $k < 1$, si otterrà una superficie a forma di fuso, i cui meridiani incontrano l'asse in un punto (conico per la superficie) sotto l'angolo $\alpha = \text{arc sen}\,k$. Nel caso $k > 1$ si ha una zona limitata a due paralleli minimi di regresso. Le tre figure seguenti rappresentano appunto le superficie corrispondenti ai tre casi. Sulla intermedia, sfera, è segnata la zona che si applica sulla superficie della fig. 6.ª

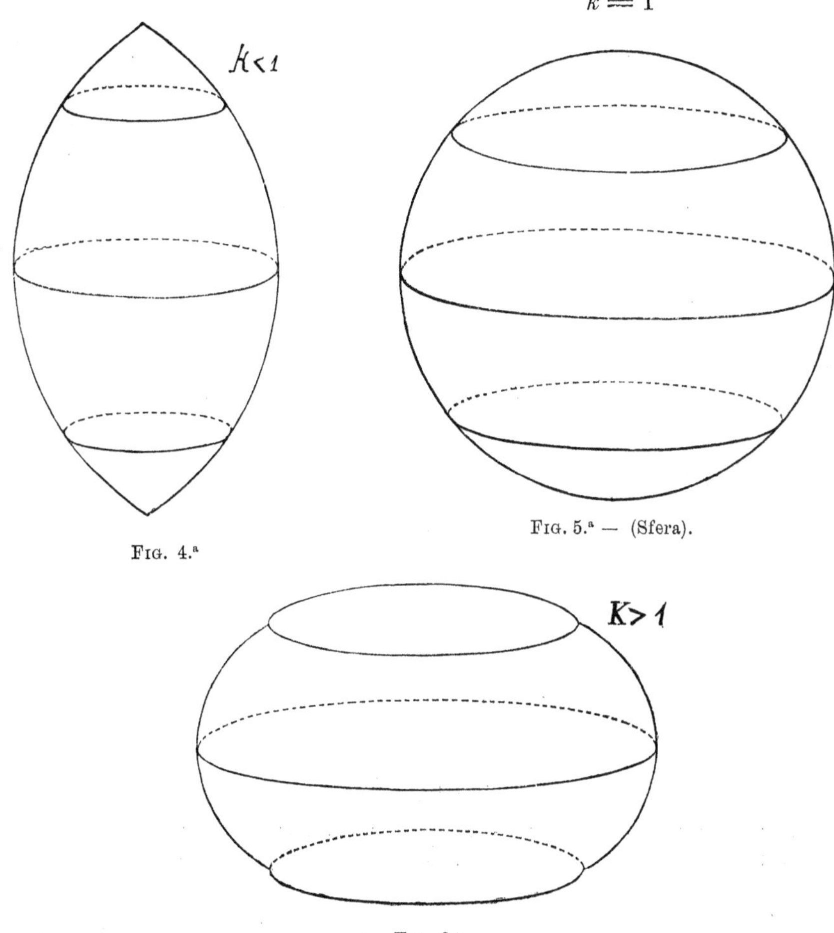

Fig. 4.ª

Fig. 5.ª — (Sfera).

Fig. 6.ª

b) La pseudosfera gode della singolare proprietà che tutte le sue deformate di rotazione coincidono colla pseudosfera stessa, come risulta dall'osservazione che la curvatura geodetica dei paralleli è costante $= \frac{1}{R}$. Nel caso del restringimento dei paralleli ($k < 1$) il parallelo massimo di (regresso) diventa un parallelo minore e resta così scoperta la zona compresa fra questo parallelo e quello massimo. Nella deformazione inversa un parallelo minore diventa il parallelo di regresso; ma per effettuare questa deformazione occorre prima tagliare dalla pseudosfera la zona compresa fra questo parallelo e il parallelo attuale di regresso.

La deformazione delle altre due classi di superficie pseudosferiche di rotazione conduce a superficie del medesimo tipo, variando nel caso delle superficie del tipo ellittico l'angolo d'apertura al vertice (punto conico) e per quelle del tipo iperbolico il raggio del parallelo minimo.

104. Il risultato del n. 101 consente un'immediata applicazione ad un'importante classe di superficie che diconsi *elicoidi*. Sono queste le superficie generate da una curva piana o a doppia curvatura, dotata attorno ad un asse e parallelamente a questo di un doppio movimento rotatorio e traslatorio, il rapporto delle cui velocità sia costante. I varii punti della curva generatrice descrivono altrettante eliche circolari, aventi per asse comune l'asse dell'elicoide e tutte del medesimo passo. Se osserviamo che il moto elicoidale, col quale la superficie è stata generata, fa strisciare l'intera superficie sopra sè medesima, basterà applicare il teorema del n. 101 per ottenere l'elegante risultato dovuto a Bour:

Ogni elicoide è applicabile sopra una superficie di rotazione; le eliche si distendono sui paralleli.

È chiaro che la superficie di rotazione è ricoperta infinite volte dall'elicoide, ogni elica avvolgendo infinite volte il corrispondente parallelo.

Diamo ora una dimostrazione diretta di questo teorema, per trovare altresì le effettive formole dell'applicabilità. Osserviamo per ciò che conducendo un piano per l'asse si produce nell'elicoide una sezione e se a questa sezione *(profilo meridiano)* si dà attorno all'asse il moto elicoidale che ha generato la superficie, la sezione stessa descriverà l'elicoide. Un'elicoide è individuata, se viene assegnato il suo profilo meridiano e il parametro del moto elicoidale.

Preso per asse delle z l'asse dell'elicoide, e indicando con ρ la distanza di un punto del profilo meridiano dall'asse, sia

$$z = \varphi(\rho)$$

l'equazione del profilo meridiano. Indichiamo poi con v l'angolo di cui ha rotato, dopo un tempo qualunque, il piano del profilo meridiano e con m il rapporto della velocità di traslazione a quella di rotazione. Le coordinate x, y, z di un punto mobile sull'elicoide saranno date in funzione di ρ, v dalle formole

$$x = \rho \cos v\ ,\quad y = \rho \operatorname{sen} v\ ,\quad z = \varphi(\rho) + m v,$$

da cui

$$ds^2 = \left\{ 1 + \varphi'^2(\rho) \right\} d\rho^2 + 2\, m\, \varphi'(\rho)\, d\rho\, dv + (\rho^2 + m^2)\, dv^2.$$

Cangiamo le linee coordinate v, ponendo

$$v = k v_1 - m \int \frac{\varphi'(\rho)\, d\rho}{\rho^2 + m^2}\,,$$

essendo k una costante arbitraria, e ne risulterà

$$ds^2 = \left\{ 1 + \frac{\rho^2 \varphi'^2(\rho)}{\rho^2 + m^2} \right\} d\rho^2 + k^2 (\rho^2 + m^2)\, dv_1^2\,.$$

Paragonando questo elemento lineare con quello

$$ds_1^2 = \left\{ 1 + \psi'^2(r) \right\} dr^2 + r^2\, dv_1^2$$

di una superficie di rotazione, di cui

$$z = \psi(r)$$

sia l'equazione della curva meridiana, li potremo identificare, ponendo fra r, $\psi(r)$, ρ, $\varphi(\rho)$ le relazioni

$$\text{(8)}\qquad \left\{ \begin{aligned} & r^2 = k^2 (\rho^2 + m^2) \\ & \left\{ 1 + \psi'^2(r) \right\} \left(\frac{dr}{d\rho}\right)^2 = 1 + \frac{\rho^2 \varphi'^2(\rho)}{\rho^2 + m^2}\,. \end{aligned} \right.$$

Queste formole dimostrano di nuovo il teorema di Bour; di più si vede che presa ad arbitrio un'elicoide o una superficie di rotazione, si potranno trovare con quadrature le superficie di rotazione o le elicoidi su cui sono applicabili. Nel primo caso, eliminando ρ, si avrà infatti $\psi'(r)$ e nel secondo, eliminando r, si otterrà $\varphi'(\rho)$.

105. Applichiamo le formole (8) a due semplici esempî.

1.° Il profilo meridiano sia una retta perpendicolare all'asse; l'elicoide generata è *l'elicoide rigata d'area minima* già considerata al n. 29, c. I. Avremo allora nelle (8) $\varphi'(\rho) = 0$, quindi

$$1 + \psi'^2(r) = \left(\frac{d\rho}{dr}\right)^2 = \frac{r^2}{k^2 (r^2 - m^2 k^2)}$$

e, prendendo la costante arbitraria $k=1$, risulterà

$$z = \psi(r) = m \int \frac{dr}{\sqrt{r^2 - m^2}}$$

ed eseguendo la quadratura

$$r = m \cosh \frac{z}{m} .$$

La curva meridiana è adunque una catenaria comune, avente per direttrice l'asse di rotazione.

La superficie di rotazione corrispondente dicesi *catenoide*. Le generatrici dell'elicoide si distendono sui meridiani e l'asse $\rho=0$ diventa il circolo di gola $r=m$ del catenoide.

2.° Il profilo meridiano sia una retta inclinata sull'asse di un angolo α; la sua equazione sarà

$$z = \rho \cot \alpha$$

e ponendo nelle (8)

$$\varphi'(\rho) = \cot \alpha ,$$

risulterà

$$1 + \psi'^2(r) = \left\{ 1 + \frac{(r^2 - k^2 m^2) \cot^2 \alpha}{r^2} \right\} \frac{r^2}{k^2 (r^2 - k^2 m^2)}$$

e ponendo

$$k = \cot \alpha ,$$

avremo

$$\psi'(r) = \frac{\operatorname{tg} \alpha \, r}{\sqrt{r^2 - m^2 \cot^2 \alpha}} .$$

L'equazione del meridiano della superficie di rotazione è adunque

$$z = \operatorname{tg} \alpha \sqrt{r^2 - m^2 \cot^2 \alpha} ,$$

cioè

$$\frac{r^2}{m^2 \cot^2 \alpha} - \frac{z^2}{m^2} = 1 .$$

La superficie di rotazione è quindi un iperboloide di rotazione ad una falda. Facilmente si vede che l'asse $\rho=0$ dell'elicoide si distende sul circolo di gola dell'iperboloide e le generatrici dell'elicoide sulle generatrici di un sistema dell'iperboloide.

106. Passiamo ora a trattare del secondo e più importante problema della teoria dell'applicabilità, che consisterebbe nel: *Trovare tutte le su-*

perficie applicabili sopra una superficie data, ovvero: *Trovare tutte le superficie con assegnato elemento lineare.*

Questo difficile problema non si sa risolvere completamente che in pochi casi particolari, che verranno considerati nel seguito di questo trattato. Però i teoremi generali sulle equazioni a derivate parziali permettono di stabilire dei risultati generali molto importanti relativi al problema enunciato. E di questi appunto vogliamo ora occuparci, per quanto lo consentono i limiti di brevità che ci siamo imposti (*).

Un primo modo di trattare il problema attuale risulta naturalmente dalle formole fondamentali della teoria delle superficie (cap. IV). Essendo assegnata la prima forma fondamentale

$$E\, du^2 + 2\, F\, du\, dv + G\, dv^2 ,$$

ad ogni superficie col dato elemento lineare corrisponderà una seconda forma fondamentale

$$D\, du^2 + 2\, D'\, du\, dv + D''\, dv^2 ,$$

e le funzioni D, D', D'' dovranno soddisfare alle equazioni (III) (IV) n. 48, c. IV, cioè alla equazione di Gauss e alle due equazioni di Codazzi. Viceversa, se D, D', D'' sono tre funzioni di u, v che soddisfano alle tre citate equazioni, esiste una superficie corrispondente coll'elemento lineare assegnato e la sua effettiva ricerca dipende ulteriormente da un'equazione di Riccati (n. 50, c. IV).

Così p. e. se prendessimo l'elemento lineare di una superficie di rotazione

$$ds^2 = du^2 + r^2\, dv^2 ,$$

potremmo soddisfare alle citate equazioni fondamentali prendendo D, D', D'' funzioni della sola u. Le superficie applicabili sulle superficie di rotazione, che così troveremmo, sarebbero appunto le elicoidi (n. 104) (**).

107. Ben più importante del metodo precedente è quello che ora passiamo ad esporre, fondandoci sul risultato ottenuto al n. 60, c. IV e precisamente sulla equazione (B), pag. 114.

Per ogni superficie

$$x = x\,(u, v) \quad , \quad y = y\,(u, v) \quad , \quad z = z\,(u, v)$$

coll'assegnato elemento lineare

$$(9) \qquad dx^2 + dy^2 + dz^2 = E\, du^2 + 2\, F\, du\, dv + G\, dv^2$$

(*) Il lettore troverà nel tomo III delle lezioni di Darboux p. 263 ss. una trattazione completa del problema.

(**) Per dimostrarlo basta osservare che in questo caso tanto la prima quanto la seconda forma fondamentale ammettono la trasformazione continua in sè medesime:

$$u' = u \ , \quad v' = v + \text{cost}^{\text{te}}$$

e perciò la superficie, ammettendo un movimento continuo in sè medesima, è un'elicoide.

l'equazione ora ricordata insegna che ciascuna delle tre funzioni incognite x, y, z soddisfa alla equazione a derivate parziali del 2.° ordine

$$\Delta_{22}\, x = (1 - \Delta_1\, x)\, K\,, \tag{10}$$

i cui coefficienti sono appunto formati con E, F, G e le loro derivate prime e seconde (*).

Ora importa osservare con Darboux che l'equazione (10) ha il significato seguente:

Se $x\ (u, v)$ ne è una soluzione, la forma quadratica

$$E\, du^2 + 2\, F\, du\, dv + G\, dv^2 - dx^2 =$$

$$= \left\{ E - \left(\frac{\partial x}{\partial u}\right)^2 \right\} + 2 \left\{ F - \frac{\partial x}{\partial u}\frac{\partial x}{\partial v} \right\} du\, dv + \left\{ G - \left(\frac{\partial x}{\partial v}\right)^2 \right\} dv^2$$

avrà la curvatura nulla.

Per dimostrarlo nel modo più semplice si faccia

$$x = u \quad , \quad F = 0\,,$$

il che evidentemente è lecito per la proprietà invariantiva della nostra equazione. La (10) diventa allora

$$\begin{Bmatrix} 11 \\ 1 \end{Bmatrix} \begin{Bmatrix} 22 \\ 1 \end{Bmatrix} - \begin{Bmatrix} 12 \\ 1 \end{Bmatrix}^2 = G\, (E-1)\, K$$

e, sostituendo ai simboli di Christoffel i loro attuali valori

$$\begin{Bmatrix} 11 \\ 1 \end{Bmatrix} = \frac{1}{2\,E}\frac{\partial E}{\partial u}\,, \quad \begin{Bmatrix} 12 \\ 1 \end{Bmatrix} = \frac{1}{2\,E}\frac{\partial E}{\partial v}\,, \quad \begin{Bmatrix} 22 \\ 1 \end{Bmatrix} = -\frac{1}{2\,E}\frac{\partial G}{\partial u}\,,$$

si ottiene

$$\frac{\partial E}{\partial u}\frac{\partial G}{\partial u} + \left(\frac{\partial E}{\partial v}\right)^2 + 4\, E^2\, G\, (E-1)\, K = 0\,.$$

(*) Se, usando delle notazioni di Monge, si indicano con $p, q;\ r, s, t$ le derivate prime e seconde della funzione incognita, l'equazione si scrive

$$\left(r - \begin{Bmatrix} 11 \\ 1 \end{Bmatrix} p - \begin{Bmatrix} 11 \\ 2 \end{Bmatrix} q\right)\left(t - \begin{Bmatrix} 22 \\ 1 \end{Bmatrix} p - \begin{Bmatrix} 22 \\ 2 \end{Bmatrix} q\right) - \left(s - \begin{Bmatrix} 12 \\ 1 \end{Bmatrix} p - \begin{Bmatrix} 12 \\ 2 \end{Bmatrix} q\right)^2 =$$

$$= K \left\{ E\, G - F^2 - \left[E\, q^2 - 2\, F\, p\, q + G\, p^2\right] \right\}$$

ed ha la forma lineare di Ampère rapporto a

$$r\, t - s^2 \quad , \quad r,\ s,\ t\,.$$

Ora in coordinate ortogonali si ha (n. 35, pag. 67)

$$(11) \quad 4\,E^2\,G^2\,K = E\left[\frac{\partial E}{\partial v}\,\frac{\partial G}{\partial v} + \left(\frac{\partial G}{\partial u}\right)^2\right] + G\left[\frac{\partial E}{\partial u}\,\frac{\partial G}{\partial u} + \left(\frac{\partial E}{\partial v}\right)^2\right] - 2\,E\,G\left[\frac{\partial^2 E}{\partial v^2} + \frac{\partial^2 G}{\partial u^2}\right]$$

e la precedente, moltiplicata per G, si scrive

$$G\left[\frac{\partial E}{\partial u}\,\frac{\partial G}{\partial u} + \left(\frac{\partial E}{\partial v}\right)^2\right] + E\,(E-1)\left[\frac{\partial E}{\partial v}\,\frac{\partial G}{\partial v} + \left(\frac{\partial G}{\partial u}\right)^2\right] + G\,(E-1)\left[\frac{\partial E}{\partial u}\,\frac{\partial G}{\partial u} + \left(\frac{\partial E}{\partial v}\right)^2\right] - 2\,E\,G\,(E-1)\left(\frac{\partial^2 E}{\partial v^2} + \frac{\partial^2 G}{\partial u^2}\right) = 0\,.$$

Sopprimendo i termini che si distruggono e dividendo per E, si ottiene l'equazione equivalente

$$(E-1)\left[\frac{\partial E}{\partial v}\,\frac{\partial G}{\partial v} + \left(\frac{\partial G}{\partial u}\right)^2\right] + G\left[\frac{\partial E}{\partial u}\,\frac{\partial G}{\partial u} + \left(\frac{\partial E}{\partial v}\right)^2\right] - 2\,(E-1)\,G\left[\frac{\partial^2 E}{\partial v^2} + \frac{\partial^2 G}{\partial u^2}\right] = 0\,,$$

la quale, secondo la (11) stessa, esprime appunto che la forma

$$(E-1)\,du^2 + G\,dv^2$$

ha la curvatura nulla.

Ciò premesso, supponiamo di conoscere una soluzione $x\,(u,\,v)$ dell'equazione (10) e vediamo se esisterà una superficie reale corrispondente coll'assegnato elemento lineare. La forma differenziale

$$(12) \qquad E\,du^2 + 2\,F\,du\,dv + G\,dv^2 - dx^2$$

essendo allora a curvatura nulla, perchè esistano due altre funzioni reali $y\,(u,\,v)$, $z\,(u,\,v)$, che soddisfino la (9), è necessario e sufficiente che la (12) sia una forma definita, cioè si abbia

$$\left[E - \left(\frac{\partial x}{\partial u}\right)^2\right]\left[G - \left(\frac{\partial x}{\partial v}\right)^2\right] - \left[F - \frac{\partial x}{\partial u}\,\frac{\partial x}{\partial v}\right]^2 > 0\,,$$

ovvero

$$\Delta_1\, x < 1\,.$$

Supponendo questa condizione soddisfatta, si avranno y, z per quadrature (n. 87, c. VI).

Dunque: *Ad ogni soluzione reale* $x(u, v)$ *dell'equazione* (10), *che soddisfi inoltre alla disuguaglianza* $\Delta_1 x < 1$, *corrisponde una superficie reale coll'assegnato elemento lineare. Nota la detta soluzione, la corrispondente superficie si avrà per quadrature.*

108. Occupiamoci ora della questione seguente: *Essendo data una superficie* S *e una curva* Γ *tracciata sopra di essa, può flettersi la superficie, senza deformare la curva?*

Nell'ipotesi affermativa, sia S_1 una delle forme che assume S per flessione, restando rigida Γ; potremo supporre la configurazione S_1 della S così vicina alla iniziale che le normali ad S_1, S lungo Γ siano vicine fra loro quanto si vuole. Ma allora, se si osserva che Γ ha la medesima curvatura geodetica sopra S_1 e S e si ricorda la relazione che lega la curvatura geodetica coll'assoluta (n. 75, c. VI), si concluderà subito che lungo Γ le normali ad S_1, S coincideranno.

Ora prendiamo per semplicità su S (e S_1) un sistema coordinato ortogonale (u, v) e sia

$$v = 0$$

l'equazione della curva Γ. Indichiamo coll'apposizione dell'indice 1 le quantità relative alla S_1 ed avremo evidentemente:

$$\left.\begin{array}{l} x_1 = x \quad , \quad y_1 = y \quad , \quad z_1 = z \\ \dfrac{\partial x_1}{\partial u} = \dfrac{\partial x}{\partial u}, \ \dfrac{\partial y_1}{\partial u} = \dfrac{\partial y}{\partial u}, \ \dfrac{\partial z_1}{\partial u} = \dfrac{\partial z}{\partial u} \\ \dfrac{\partial x_1}{\partial v} = \dfrac{\partial x}{\partial v}, \ \dfrac{\partial y_1}{\partial v} = \dfrac{\partial y}{\partial v}, \ \dfrac{\partial z_1}{\partial v} = \dfrac{\partial z}{\partial v} \\ X_1 = X \qquad Y_1 = Y \qquad Z_1 = Z \end{array}\right\} \text{per } v = 0 .$$

Ora, se consideriamo p. e. x_1, x, esse sono soluzioni della medesima equazione a derivate parziali del 2.° ordine (10), che coincidono nei loro valori e in quelle delle loro derivate prime per $v=0$. Se proviamo che *anche le tre derivate seconde di* x_1 *coincidono con quelle corrispondenti di* x *per* $v=0$, in ordine ai teoremi generali sulle soluzioni delle equazioni a derivate parziali (*), sarà dimostrato che x_1, x coincidono per tutti i valori di u, v. Lo stesso potendosi ripetere per y_1, y; z_1, z, ne seguirà che S_1, S coincidono. Ora dalle condizioni iniziali

$$\frac{\partial x_1}{\partial u} = \frac{\partial x}{\partial u}, \ \frac{\partial x_1}{\partial v} = \frac{\partial x}{\partial v}, \text{ per } v = 0$$

(*) Cf. p. e. GOURSAT. — *Leçons sur l'intégration des équations aux dérivées partielles du premier ordre*, p.e 22.

segue intanto

$$\frac{\partial^2 x_1}{\partial u^2} = \frac{\partial^2 x}{\partial u^2}, \quad \frac{\partial^2 x_1}{\partial u\, \partial v} = \frac{\partial^2 x}{\partial u\, \partial v}, \text{ per } v = 0 .$$

Le formole fondamentali (I) n. 47, pag. 88 della teoria delle superficie dimostrano in conseguenza che si ha

$$D_1 = D \quad , \quad D'_1 = D' \text{ per } v = 0 .$$

L'eguaglianza

$$D\,D'' - D'^2 = D_1\,D''_1 - D'^2_1 ,$$

fattovi $v=0$, dà quindi

$$D\,D'' = D\,D''_1 \text{ per } v = 0 .$$

Ne segue

$$\left(D''_1\right)_{v=0} = \left(D''\right)_{v=0} ,$$

a meno che non sia $(D)_{v=0} = 0$. Escluso questo caso, dalla terza delle citate formole (I) n. 47 segue appunto, come si voleva provare

$$\frac{\partial^2 x_1}{\partial v^2} = \frac{\partial^2 x}{\partial v^2}, \text{ per } v = 0 ,$$

e però S_1, S coincidono.

Nel caso escluso, $(D)_{v=0} = 0$, la linea $v=0$ è una linea assintotica di S; possiamo dunque enunciare il teorema: *Se di una superficie flessibile* S *si mantiene rigida una curva* Γ, *la superficie non si può deformare, a meno che la curva* Γ *non sia una linea assintotica di* S.

Nel caso che la linea Γ sia una linea assintotica, ulteriori proprietà delle equazioni a derivate parziali, le quali qui non possono che venire accennate, dimostrano che è effettivamente possibile deformare la superficie senza deformare la curva. È questa una singolare proprietà delle linee assintotiche, per la quale esse diconsi anche *linee di piegamento.* Questa proprietà, che le distingue da ogni altra linea della superficie, dipende propriamente da ciò che: Sopra ogni superficie S le linee assintotiche sono le *caratteristiche* dell'equazione a derivate parziali (10), da cui dipende la deformazione di S (*) (Darboux, t. III, l. c.)

(*) Scritta la (10) sotto la forma

$$\Phi\,(r,\ s,\ t) = 0$$

della nota al numero precedente, l'equazione differenziale delle caratteristiche

$$\frac{\partial \Phi}{\partial t}\,du^2 - \frac{\partial \Phi}{\partial s}\,du\,dv + \frac{\partial \Phi}{\partial r}\,dv^2 = 0 ,$$

per le (I) n. 47, diventa appunto l'equazione differenziale delle assintotiche

$$D\,du^2 + 2\,D'\,du\,dv + D''\,dv^2 = 0$$

(Cf. Darboux, t. III, pag. 252).

109. Il teorema ora dimostrato rende naturale la domanda:

È possibile deformare una superficie S′ *in guisa che una curva assegnata* C *sopra di essa assuma una forma prestabilita* Γ?

Osserviamo in primo luogo che, se la deformazione cercata è possibile, la curvatura assoluta di Γ dovrà in ogni punto essere maggiore o tutto al più eguale alla curvatura geodetica di C nel punto corrispondente. Supponiamo questa condizione soddisfatta ed anzi intendiamo per ora escluso il caso dell'eguaglianza della curvatura assoluta e geodetica di Γ, chè allora la Γ sarebbe assintotica sulla superficie deformata.

Nell'ipotesi che esista la deformazione richiesta, sia S la superficie deformata, sulla quale prenderemo un sistema coordinato ortogonale (u, v), come al numero precedente, tale che la curva Γ sia la $v=0$. Fissiamo inoltre per maggior chiarezza *che il parametro* u *sia l'arco di* Γ *contato da un suo punto fisso,* talchè avremo

$$E = 1 \text{ per } v = 0 .$$

Indichiamo con σ l'angolo di cui deve rotare in verso positivo, nel piano normale a Γ, la direzione positiva della normale a S per sovrapporsi a quella della normale principale di Γ. Ritenendo per la curva Γ le solite notazioni della teoria delle curve (c. I), avremo così, per $v=0$:

$$(13) \left\{\begin{aligned} &\cos\alpha = \frac{\partial x}{\partial u}, \quad \cos\beta = \frac{\partial y}{\partial u}, \quad \cos\gamma = \frac{\partial z}{\partial u} \\ &\cos\xi = \cos\sigma\, X - \operatorname{sen}\sigma \frac{1}{\sqrt{G}}\frac{\partial x}{\partial v}, \quad \cos\eta = \cos\sigma\, Y - \operatorname{sen}\sigma \frac{1}{\sqrt{G}}\frac{\partial y}{\partial v}, \\ &\qquad\qquad \cos\zeta = \cos\sigma\, Z - \operatorname{sen}\sigma \frac{1}{\sqrt{G}}\frac{\partial z}{\partial v} \\ &\cos\lambda = -\cos\sigma \frac{1}{\sqrt{G}}\frac{\partial x}{\partial v} - \operatorname{sen}\sigma\, X, \quad \cos\mu = -\cos\sigma \frac{1}{\sqrt{G}}\frac{\partial y}{\partial v} - \operatorname{sen}\sigma\, Y, \\ &\qquad\qquad \cos\nu = -\cos\sigma \frac{1}{\sqrt{G}}\frac{\partial z}{\partial v} - \operatorname{sen}\sigma\, Z . \end{aligned}\right.$$

Ora si ha

$$\frac{\partial^2 x}{\partial u^2} = \begin{Bmatrix} 11 \\ 1 \end{Bmatrix} \frac{\partial x}{\partial u} + \begin{Bmatrix} 11 \\ 2 \end{Bmatrix} \frac{\partial x}{\partial v} + D\, X = \frac{\cos\xi}{\rho}$$

colle analoghe per y, z e poichè

$$(14) \begin{Bmatrix} 11 \\ 1 \end{Bmatrix}_{v=0} = \left(\frac{1}{2E}\frac{\partial E}{\partial u}\right)_{v=0} = 0 , \begin{Bmatrix} 11 \\ 2 \end{Bmatrix}_{v=0} = -\frac{1}{2G}\frac{\partial E}{\partial v} = \left(\frac{1}{\rho_v}\right)_{v=0} \frac{1}{\sqrt{G}},$$

dal confronto colle (13) deduciamo

$$(15)\qquad D = \frac{\cos\sigma}{\rho}\ ,\quad \frac{1}{\rho_v} = -\frac{\operatorname{sen}\sigma}{\rho}\ .$$

La seconda di queste, essendo note la curvatura assoluta $\frac{1}{\rho}$ e la geodetica $\frac{1}{\rho_v}$ di Γ, dà per l'angolo incognito σ due valori supplementari.

Intendiamo preso per σ uno di questi due valori, ciascuno dei quali condurrà effettivamente ad una corrispondente superficie S (*) e dalle (13) per i valori iniziali (per $v=0$) di $\frac{\partial x}{\partial v}$, $\frac{\partial y}{\partial v}$, $\frac{\partial z}{\partial v}$ avremo:

$$(16)\qquad \left\{\begin{aligned} \frac{\partial x}{\partial v} &= -\sqrt{G}\,(\operatorname{sen}\sigma\cos\xi + \cos\sigma\cos\lambda) \\ \frac{\partial y}{\partial v} &= -\sqrt{G}\,(\operatorname{sen}\sigma\cos\eta + \cos\sigma\cos\mu) \\ \frac{\partial z}{\partial v} &= -\sqrt{G}\,(\operatorname{sen}\sigma\cos\zeta + \cos\sigma\cos\nu)\ . \end{aligned}\right.$$

Converrà anche notare i valori di X, Y, Z lungo Γ, che sono

$$(16^*)\qquad \left\{\begin{aligned} X &= \cos\sigma\cos\xi - \operatorname{sen}\sigma\cos\lambda \\ Y &= \cos\sigma\cos\eta - \operatorname{sen}\sigma\cos\mu \\ Z &= \cos\sigma\cos\zeta - \operatorname{sen}\sigma\cos\nu\ . \end{aligned}\right.$$

Ne risulta che per queste tre soluzioni della equazione (10)

$$\Delta_{22}\,\theta = (1 - \Delta_1\,\theta)\,K$$

conosceremo anche i valori iniziali delle funzioni stesse e delle derivate parziali seconde

$$\frac{\partial^2 x}{\partial u^2}\ ,\ \frac{\partial^2 x}{\partial u\,\partial v}\ ,\ \frac{\partial^2 y}{\partial u^2}\ ,\ \frac{\partial^2 y}{\partial u\,\partial v}\ ,\ \frac{\partial^2 z}{\partial u}\ ,\ \frac{\partial^2 z}{\partial u\,\partial v}\ .$$

L'equazione a derivate parziali (10), cui soddisfano, fornirà poi *almeno per due* di esse i valori delle derivate seconde

$$\frac{\partial^2 x}{\partial v^2}\ ,\ \frac{\partial^2 y}{\partial v^2}\ ,\ \frac{\partial^2 z}{\partial v^2}$$

(*) Che il problema proposto abbia per tal modo due diverse soluzioni non contraddice al teorema del n. 108, poichè le due superficie S, che così si ottengono, sono bensì applicabili l'una sull'altra e la curva Γ nella deformazione continua dell'una superficie nell'altra riprende bensì in fine la forma che aveva in principio, ma cangia di forma negli stati intermedii.

e invero, in caso contrario, sussisterebbero due delle equazioni

$$\frac{\cos\xi}{\rho} = \frac{\partial^2 x}{\partial u^2} = \begin{Bmatrix} 11 \\ 1 \end{Bmatrix} \frac{\partial x}{\partial u} + \begin{Bmatrix} 11 \\ 2 \end{Bmatrix} \frac{\partial x}{\partial v}$$

$$\frac{\cos\eta}{\rho} = \frac{\partial^2 y}{\partial u^2} = \begin{Bmatrix} 11 \\ 1 \end{Bmatrix} \frac{\partial y}{\partial u} + \begin{Bmatrix} 11 \\ 2 \end{Bmatrix} \frac{\partial y}{\partial v}$$

$$\frac{\cos\zeta}{\rho} = \frac{\partial^2 z}{\partial u^2} = \begin{Bmatrix} 12 \\ 1 \end{Bmatrix} \frac{\partial z}{\partial u} + \begin{Bmatrix} 11 \\ 2 \end{Bmatrix} \frac{\partial z}{\partial v}$$

e per le formole sopra sviluppate (13) (14) seguirebbe ad esempio, supponendo verificate le ultime due: $Y=0$ $Z=0$ per $v=0$. La curva Γ sarebbe dunque sezione retta di un cilindro parallelo all'asse delle x e l'angolo σ sarebbe retto contro l'ipotesi.

Senza alterare la generalità, potremo dunque supporre in particolare che per la funzione $x(u, v)$ sia determinato il valore iniziale di $\frac{\partial^2 x}{\partial v^2}$.

110. Ciò premesso, cerchiamo una soluzione $x_1(u, v)$ della equazione (10) tale che, per $v=0$, risulti

$$(\alpha) \quad x_1 = x \ , \quad \frac{\partial x_1}{\partial v} = -\sqrt{G}\,(\operatorname{sen}\sigma\cos\xi + \cos\sigma\cos\lambda) \ ,$$

avendo σ uno dei due valori sopra fissati, tratti dalla seconda delle (15). Siccome da questi valori iniziali e dalla equazione a derivate parziali (10) risultano determinati i valori delle tre derivate seconde di x_1 per $v=0$, i teoremi generali ricordati al n. 108 ci assicurano che esiste una ed una sola soluzione x_1 della (10), che soddisfa le condizioni iniziali. Per questa soluzione si ha, per $v=0$:

$$\Delta_1 x_1 = \left(\frac{\partial x_1}{\partial u}\right)^2 + \frac{1}{G}\left(\frac{\partial x_1}{\partial v}\right)^2 =$$

$$= \cos^2\alpha + (\operatorname{sen}\sigma\cos\xi + \cos\sigma\cos\lambda)^2 = 1 - (\cos\sigma\cos\xi - \operatorname{sen}\sigma\cos\lambda)^2 < 1$$

e la condizione $\Delta_1 x_1 < 1$ è quindi soddisfatta in un conveniente campo a due dimensioni per u, v. Per il teorema in fine al n. 107, a questa soluzione x_1 della (10) corrisponde adunque una superficie S_1 dell'assegnato elemento lineare, ed ora dimostreremo che sulla S_1 la curva C_1 di equazione $v=0$ coincide appunto di forma colla curva assegnata Γ, per il che basterà provare che C_1 e Γ hanno ad eguale arco u eguale flessione e torsione (n. 8, c. I). Indicando al solito coll'indice 1 le quantità relative ad S_1, abbiamo:

$$\frac{\partial^2 x_1}{\partial u^2} = \begin{Bmatrix} 11 \\ 1 \end{Bmatrix} \frac{\partial x_1}{\partial u} + \begin{Bmatrix} 11 \\ 2 \end{Bmatrix} \frac{\partial x_1}{\partial v} + D_1 X_1$$

e facendo $v=0$ risulta

$$\frac{1}{\rho_v}\frac{1}{\sqrt{G}}\frac{\partial x}{\partial v}+D_1 X=\frac{d^2x}{du^2}=\frac{\cos\xi}{\rho}=\frac{\cos\sigma}{\rho}X-\frac{\operatorname{sen}\sigma}{\rho}\frac{1}{\sqrt{G}}\frac{\partial x}{\partial v};$$

ora σ è stato determinato dalla 2.ª delle (15) e X (per l'ipotesi fatta) non è nullo, onde segue:

$$\left(D_1\right)_{v=0}=\frac{\cos\sigma}{\rho}.$$

Ma $(D_1)_{v=0}$ è la curvatura della sezione normale tangente a C, e poichè la curvatura geodetica di C_1 è $\frac{1}{\rho_v}=-\frac{\operatorname{sen}\sigma}{\rho}$, la curvatura assoluta $\frac{1}{\rho_1}$ di C_1 sarà intanto eguale a quella $\frac{1}{\rho}$ di Γ.

Per dimostrare che lo stesso accade delle due torsioni $\frac{1}{T_1}$, $\frac{1}{T}$, ricordiamo (n. 85, c. VI) che si ha

$$\frac{1}{T_1}=-\frac{D'_1}{\sqrt{G}}-\frac{d\sigma}{du}.$$

Ora, derivando la 2.ª delle (α) rispetto ad u, si ottiene per le formole di Frenet

$$(\beta)\ \frac{\partial^2 x_1}{\partial u\partial v}=-\frac{\partial\sqrt{G}}{\partial u}(\operatorname{sen}\sigma\cos\xi+\cos\sigma\cos\lambda)-\sqrt{G}\cos\sigma\cos\xi-\operatorname{sen}\sigma\cos\lambda)\frac{d\sigma}{du}+$$
$$+\sqrt{G}\operatorname{sen}\sigma\left(\frac{\cos\alpha}{\rho}+\frac{\cos\lambda}{T}\right)-\sqrt{G}\cos\sigma\frac{\cos\xi}{T}$$

e d'altra parte si ha

$$\frac{\partial^2 x_1}{\partial u\,\partial v}=\begin{Bmatrix}12\\1\end{Bmatrix}\frac{\partial x_1}{\partial u}+\begin{Bmatrix}12\\2\end{Bmatrix}\frac{\partial x_1}{\partial v}+D'_1 X_1;$$

facendo in questa $v=0$, coll'osservare che

$$\begin{Bmatrix}12\\1\end{Bmatrix}_{v=0}=\frac{1}{2E}\frac{\partial E}{\partial v}=-\frac{\sqrt{G}}{\rho_v}=\frac{\sqrt{G}\operatorname{sen}\sigma}{\rho},\quad\begin{Bmatrix}12\\2\end{Bmatrix}=\frac{1}{2G}\frac{\partial G}{\partial u}=\frac{1}{\sqrt{G}}\frac{\partial\sqrt{G}}{\partial u},$$

risulta

$$(\gamma)\ \frac{\partial^2 x_1}{\partial u\partial v}=\frac{\sqrt{G}\operatorname{sen}\sigma}{\rho}\cos\alpha-\frac{\partial\sqrt{G}}{\partial u}(\operatorname{sen}\sigma\cos\xi+\cos\sigma\cos\lambda)+$$
$$+D'_1(\cos\sigma\cos\xi-\operatorname{sen}\sigma\cos\lambda);$$

e, paragonando i valori (β) (γ) di $\frac{\partial^2 x_1}{\partial u \partial v}$, abbiamo

$$\frac{1}{T} = -\frac{D'_1}{\sqrt{G}} - \frac{\partial\sigma}{du},$$

onde appunto

$$\frac{1}{T_1} = \frac{1}{T}.$$

Abbiamo così dimostrato il teorema: *È possibile (in due modi differenti) deformare una superficie* S *in guisa che una sua curva* C *assuma una forma arbitraria* Γ, *purchè la prima curvatura di* Γ *sia in ogni punto maggiore della curvatura geodetica di* C *nel punto corrispondente.*

111. Resterebbe ora da considerare il caso escluso che la curvatura assoluta di Γ sia eguale alla curvatura geodetica di C. Se la deformazione è possibile, la curva Γ sarà assintotica della superficie deformata e in conseguenza la sua torsione in ogni punto (per il teorema di Enneper) sarà eguale alla radice quadrata della curvatura K, cambiata di segno, in ogni punto corrispondente di C.

In tal caso il problema proposto si cangia adunque nell'altro: *Deformare una superficie in guisa che una sua curva* C *assegnata diventi dopo la deformazione un' assintotica* Γ. Da quanto sopra si è detto risulta che la forma della curva Γ sarà perfettamente determinata e qui ci limiteremo ad enunciare il teorema che la deformazione richiesta è effettivamente possibile e può quindi effettuarsi in infiniti modi (n. 108).

Ritornando al teorema generale testè stabilito, possiamo osservare che da esso segue l'altro:

Si può deformare in infiniti modi una superficie S *in guisa che una sua curva assegnata* C *diventi linea di curvatura della superficie deformata.*

Per assicurarcene osserviamo che a tale oggetto basta porre la condizione che lungo la curva deformata Γ sussista la proporzione:

$$dx : dy : dz = dX : dY : dZ,$$

la quale, avuto riguardo alle (16*), dà semplicemente (Cf. c. I, n. 17):

$$\frac{d\sigma}{du} = -\frac{1}{T}.$$

Si potrà dunque assumere ad arbitrio la funzione σ di u e determinare la curva Γ dopo la deformazione dalle equazioni caratteristiche

$$\frac{1}{\rho} = -\frac{1}{\rho_v \operatorname{sen} \sigma}, \quad \frac{1}{T} = -\frac{d\sigma}{du}.$$

Deformando la superficie in guisa che la C assuma la forma Γ, questa sarà linea di curvatura della superficie deformata. È chiaro che le infinite forme Γ assunte da C, quando diventa per deformazione linea di curvatura, soddisfano all'equazione differenziale del 1.° ordine fra ρ e T:

$$\frac{d}{du}\left(\frac{\rho}{\rho_v}\right)=\frac{1}{T}\sqrt{1-\left(\frac{\rho}{\rho_v}\right)^2}.$$

In particolare fra queste infinite forme Γ ve ne sono ancora infinite, per le quali Γ riesce linea di curvatura piana. E invero basta in tal caso dare a σ un valore costante qualunque compreso fra 0 e $\frac{\pi}{2}$, gli estremi esclusi. Più in particolare, se la curva C è a curvatura geodetica costante, diventando linea di curvatura piana, assumerà la forma circolare.

112. Esaminiamo da ultimo la questione seguente: *Può una superficie* S *deformarsi in guisa che le assintotiche di un sistema si conservino assintotiche dopo la deformazione?*

Nell'ipotesi affermativa, riferiamo la superficie alle sue linee assintotiche attuali (u, v) e supponiamo che le linee u si conservino assintotiche dopo la deformazione. La risposta alla nostra questione si ottiene facilmente, ricordando i risultati del cap. V, n. 64 relativi alle linee assintotiche di una superficie. Siano

$$D_1 \quad D'_1 \quad D''_1$$

i valori di D, D', D'' dopo la deformazione; avremo per ipotesi

$$D''_1=0$$

indi

$$\frac{D'^2_1}{EG-F^2}=-K,\quad \frac{D'_1}{\sqrt{EG-F^2}}=\pm\frac{1}{\rho}.$$

Le formole di Codazzi, scritte sotto la seconda forma (IV*) n. 48 pag. 91, danno

$$-\frac{\partial}{\partial v}\left(\frac{D'_1}{\sqrt{EG-F^2}}\right)+\begin{Bmatrix}22\\1\end{Bmatrix}\frac{D_1}{\sqrt{EG-F^2}}-2\begin{Bmatrix}12\\1\end{Bmatrix}\frac{D'_1}{\sqrt{EG-F^2}}=0.$$

Ora si ha, per le formole citate del n. 64:

$$\frac{\partial\log\rho}{\partial v}=-2\begin{Bmatrix}12\\1\end{Bmatrix}'=2\begin{Bmatrix}12\\1\end{Bmatrix},$$

e però la precedente diviene:

$$\begin{Bmatrix}22\\1\end{Bmatrix}D_1=0.$$

Se supponiamo $D_1=0$, ciò significa che anche le linee v si conservano assintotiche e in conseguenza mantenendo E, F, G, e, f, g i loro valori, la nuova superficie è identica all'antica (n. 64).

Se invece

$$\left\{ \begin{matrix} 22 \\ 1 \end{matrix} \right\} = 0 ,$$

le linee u sono geodetiche e, poichè sono anche assintotiche, esse sono necessariamente linee rette (*). La superficie è adunque una superficie rigata e le deformazioni richieste sono quelle, nelle quali le generatrici restano rigide. Ma per una superficie rigata tale deformazione è effettivamente possibile in infiniti modi. E infatti rimane soltanto da soddisfare la 1.ª delle citate equazioni (IV*) n. 48, che diventa

$$\frac{\partial}{\partial v}\left(\frac{D_1}{\sqrt{EG-F^2}}\right) + \left\{ \begin{matrix} 22 \\ 2 \end{matrix} \right\} \frac{D_1}{\sqrt{EG-F^2}} = 0 .$$

È chiaro che, se D_1 è una soluzione di questa equazione, la soluzione più generale sarà

$$D_1 \; \varphi(u) ,$$

ove $\varphi(u)$ è una funzione arbitraria di u.

Abbiamo dunque il seguente teorema dovuto a Bonnet: *È impossibile deformare una superficie* S *in guisa che le linee assintotiche di un sistema si conservino assintotiche, a meno che la* S *non sia una superficie rigata, di cui quelle assintotiche siano le generatrici rettilinee.*

Per una superficie rigata al contrario è possibile deformare la superficie, mantenendo rigide le generatrici; le corrispondenti deformazioni dipendono da una funzione arbitraria $\varphi(u)$.

(*) Che una linea C assintotica e geodetica sia una linea retta risulta dall'osservare che in caso contrario il piano osculatore di C sarebbe ad un tempo tangente e normale alla superficie. Viceversa ogni retta esistente sopra una superficie è ad un tempo linea assintotica e geodetica.

Capitolo VIII.

Deformazione delle superficie rigate.

Superficie rigate applicabili — Elemento lineare di una rigata — Linea di stringimento e teoremi relativi di Bonnet — Assintotiche del 2.° sistema — Formola di Chasles — Deformazione delle superficie rigate secondo il metodo di Minding — Metodo di Beltrami ed equazioni fondamentali relative — Problemi di deformare la superficie rigata in guisa che una linea assegnata sulla superficie diventi assintotica, o linea piana, o linea di curvatura — Superficie rigate applicabili sopra superficie di rotazione.

113. Le speciali deformazioni delle superficie rigate, di cui ora abbiamo riconosciuta l'esistenza, hanno un particolare interesse. E noi dedicheremo il presente capitolo al loro studio, che si compie con mezzi ben semplici. Ma prima di tutto dimostreremo con Bonnet che collo studio di queste deformazioni si risolve il problema generale di trovare tutte le superficie rigate applicabili sopra una rigata fissa.

Sussiste infatti il teorema seguente (Bonnet): *Se due superficie rigate, che non risultano per deformazione da una medesima superficie di 2.° grado, sono applicabili l'una sull'altra, le generatrici dell'una debbono distendersi su quelle dell'altra.*

Che le deformate delle superficie di 2.° grado, a generatrici reali, facciano eccezione al teorema risulta chiaramente dall'osservare che, possedendo una quadrica un doppio sistema di generatrici rettilinee, essa può deformarsi sia lasciando rettilinee le generatrici del 1.° sistema e incurvando le altre, sia inversamente.

Dimostreremo il teorema enunciato semplicemente così. Siano S, S_1 due superficie rigate applicabili e supponiamo che, nell'applicabilità, alle generatrici u di S non corrispondano le generatrici v di S_1. Prendiamo allora sopra S, S_1 a linee coordinate le u, v; le due superficie S, S_1 avranno a comune la 1.ª forma fondamentale e, indicando con

$$(1) \qquad \begin{cases} D\,du^2 + 2\,D'\,du\,dv + D''\,dv^2 \\ D_1 du^2 + 2\,D'_1 du\,dv + D''_1 dv^2 \end{cases}$$

le rispettive 2.e forme fondamentali, avremo

$$D''=0 \quad , \quad D_1=0 \; ,$$

perchè le u sono assintotiche sopra S e le v sopra S_1. I due discriminanti delle forme (1) essendo inoltre eguali, pel teorema di Gauss, sarà

$$D'_1=\pm D' .$$

Ora esprimiamo che le due forme (1) soddisfano alle equazioni di Codazzi (IV*) n. 48 (pag. 91), osservando che, essendo le u, v geodetiche, si ha:

$$\begin{Bmatrix} 22 \\ 1 \end{Bmatrix}=0 \qquad \begin{Bmatrix} 11 \\ 2 \end{Bmatrix}=0 ;$$

ne risultano le equazioni

$$\frac{\partial}{\partial v}\left(\frac{D'}{\sqrt{EG-F^2}}\right)+2\begin{Bmatrix} 12 \\ 1 \end{Bmatrix}\frac{D'}{\sqrt{EG-F^2}}=0$$

$$\frac{\partial}{\partial u}\left(\frac{D'}{\sqrt{EG-F^2}}\right)+2\begin{Bmatrix} 12 \\ 2 \end{Bmatrix}\frac{D'}{\sqrt{EG-F^2}}=0.$$

Queste ci mostrano che si soddisfa altresì alle equazioni stesse di Codazzi prendendo:

$$D=0 \quad , \quad D''=0$$

e lasciando a D' il valore precedente. Esiste dunque una terza superficie S_2 applicabile sopra S, S_1, che ha per linee assintotiche le u, v. La S_2 è quindi doppiamente rigata e in conseguenza è una superficie di 2.° grado, come si voleva provare.

Per quanto poi riguarda le superficie rigate applicabili sulle superficie di 2.° grado, è chiaro da quanto precede (Cf. anche n. 112) che le loro generatrici si distenderanno sull'uno o sull'altro dei sistemi di generatrici della quadrica.

114. Allo studio dell'applicabilità delle superficie rigate premettiamo alcune considerazioni generali su queste superficie.

Sopra una superficie rigata S immaginiamo tracciata una curva qualunque C, che riguarderemo come *direttrice* ed assoggetteremo solo alla condizione d'incontrare tutte le generatrici. Per definire la rigata S, basterà dare la direttrice C e, in ogni punto di questa, la direzione della generatrice che vi passa.

Sia v l'arco della direttrice C, contato da un suo punto fisso, siano p, q, r le coordinate correnti di un punto di C espresse in funzione di v, mentre l, m, n stanno ad indicare i coseni di direzione (positiva) della generatrice, che passa pel punto (p, q, r) di C e sono pure determinate funzioni di v. Indichiamo poi con u il valore algebrico del tratto di generatrice, che intercede fra il punto (p, q, r) della direttrice ed un punto qualunque (x, y, z) di S. Le formole

$$(1) \qquad x = p + l u \quad , \quad y = q + m u \quad , \quad z = r + n u$$

ci definiranno la superficie S, esprimendo x, y, z in funzione di u, v. Calcoliamo l'elemento lineare di S; indicando per ciò con apici le derivate prese rapporto a v, poniamo

$$(2) \qquad \left\{ \begin{array}{l} l'^2 + m'^2 + n'^2 = \mathrm{M}^2 \\ l' p' + m' q' + n' r' = \mathrm{N} \\ l p' + m q' + n r' = \cos\theta , \end{array} \right.$$

ove M, N, θ saranno funzioni di v e l'ultima di esse rappresenterà evidentemente l'angolo d'inclinazione della generatrice sulla direttrice. A queste formole dovranno aggiungersi le altre

$$(2') \qquad \left\{ \begin{array}{l} l^2 + m^2 + n^2 = 1 \\ p'^2 + q'^2 + r'^2 = 1 . \end{array} \right.$$

Per l'elemento lineare della superficie avremo

$$(3) \qquad ds^2 = du^2 + 2 \cos\theta \, du \, dv + (\mathrm{M}^2 u^2 + 2 \mathrm{N} u + 1) \, dv^2 .$$

Una prima osservazione da farsi è la seguente. L'equazione differenziale delle traiettorie ortogonali delle generatrici è

$$du + \cos\theta \, dv = 0 ;$$

con una quadratura si ha quindi subito l'equazione in termini finiti di queste traiettorie ortogonali

$$u + \int \cos\theta \, dv = \mathrm{cost^{te}} \text{ (*)}.$$

Consideriamo una generatrice (v) e la generatrice infinitamente vicina $(v + dv)$; se con $d\varphi$ indichiamo l'angolo infinitesimo, che esse formano fra loro, avremo evidentemente:

$$d\varphi^2 = dl^2 + dm^2 + dn^2 ,$$

cioè

$$(4) \qquad d\varphi = \mathrm{M} \, dv .$$

(*) Questo risultato non è evidentemente che un caso particolare del teorema A) n. 86, pag. 163.

Se indichiamo inoltre con $d\sigma$ la lunghezza infinitesima della loro minima distanza e con U il valore di u al piede di questa minima distanza sulla generatrice v, avremo per note formole di geometria analitica:

$$d\sigma = \frac{\begin{vmatrix} p' & q' & r' \\ l & m & n \\ l' & m' & n' \end{vmatrix}}{M} dv;$$

ma si ha

$$\begin{vmatrix} p' & q' & r' \\ l & m & n \\ l' & m' & n' \end{vmatrix}^2 = M^2 \operatorname{sen}^2 \theta - N^2,$$

onde

(5) $$d\sigma = \frac{\sqrt{M^2 \operatorname{sen}^2 \theta - N^2}}{M} dv.$$

Ponendo poi

$$A = \begin{vmatrix} m & n \\ m' & n' \end{vmatrix}, \quad B = \begin{vmatrix} n & l \\ n' & l' \end{vmatrix}, \quad C = \begin{vmatrix} l & m \\ l' & m' \end{vmatrix},$$

avremo

$$U = \frac{\begin{vmatrix} p' & l + l'\,dv & A \\ q' & m + m'\,dv & B \\ r' & n + n'\,dv & C \end{vmatrix}}{A^2 + B^2 + C^2}$$

e, trascurando nella 2.ª colonna i termini infinitesimi, troviamo

(6) $$U = -\frac{N}{M^2}.$$

115. Le rette condotte per un medesimo punto dello spazio parallelamente alle generatrici di una superficie rigata formano un cono, che si dice il *cono direttore.* Prendendo per vertice del cono l'origine e intersecando il cono con una sfera, avente il centro in questo punto e di raggio $= 1$, la curva sezione si dirà *l'indicatrice sferica delle generatrici.* L'elemento d'arco della indicatrice sarà evidentemente $d\varphi = M\,dv$.

Il piede della minima distanza della generatrice v dalla successiva dicesi il *punto centrale* della generatrice stessa. Il luogo di questi punti centrali costituisce una linea molto importante per lo studio delle superficie rigate, che prende il nome di *linea di stringimento.* Per la (6), l'equazione della linea di stringimento è

(7) $$M^2 u + N = 0;$$

la linea di stringimento coinciderà colla direttrice se $N = 0$.

La linea di stringimento è sempre unica e determinata, salvo il caso che sia simultaneamente $M=0$, $N=0$; allora, per la 1.ª delle (2), la superficie è cilindrica. Per le superficie sviluppabili, caratterizzate dalla relazione

$$M^2 \operatorname{sen}^2 \theta - N^2 = 0 ,$$

la linea di stringimento coincide collo spigolo di regresso.

Calcolando la curvatura geodetica $\frac{1}{\rho_0}$ della direttrice $u=0$ colla formola (n. 77, pag. 146)

$$\frac{1}{\rho_0} = \frac{\sqrt{EG - F^2}}{G\sqrt{G}} \begin{Bmatrix} 22 \\ 1 \end{Bmatrix},$$

facendovi per la (3)

$$E = 1 \ , \quad F = \cos\theta \ , \quad G = M^2 u^2 + 2Nu + 1 ,$$

troviamo

$$-\frac{1}{\rho_0} = \frac{N}{\operatorname{sen}\theta} + \frac{d\theta}{dv} .$$

Ne risulta che, se due delle tre quantità

$$\frac{1}{\rho_0} \ , \quad N \ , \quad \frac{d\theta}{dv}$$

sono zero, la terza è pur zero. Interpretato geometricamente, questo risultato dà il teorema di Bonnet:

Se ad una linea tracciata sopra una superficie rigata appartengono due delle tre seguenti proprietà: 1.ª di essere linea geodetica, 2.ª di essere la linea di stringimento, 3.ª di tagliare le generatrici sotto angolo costante, ad essa appartiene anche la terza.

È chiaro che le superficie rigate, sulle quali esiste una tale linea, saranno il luogo di una retta che si appoggia ad una curva (linea di stringimento) normalmente alla normale principale e facendo un angolo costante colla curva. In particolare solo per le superficie rigate, luogo delle binormali ad una curva, accadrà che la linea di stringimento sia una traiettoria ortogonale delle generatrici.

Osserviamo in fine che, assumendo per direttrice una traiettoria ortogonale delle generatrici, sarà $\theta = \frac{\pi}{2}$ e per la curvatura geodetica $\frac{1}{\rho_u}$ delle $u = \text{cost}^{\text{te}}$ avremo:

$$\frac{1}{\rho_u} = -\frac{M^2 u + N}{M^2 u^2 + 2Nu + 1} ,$$

onde segue che *la linea di stringimento può anche definirsi come il luogo dei punti della superficie rigata, nei quali è nulla la curvatura geodetica delle traiettorie ortogonali delle generatrici.*

116. Sopra ogni superficie rigata le generatrici sono le assintotiche di un sistema, come è chiaro geometricamente (n. 112). Analiticamente ciò vien subito confermato dal calcolo dei coefficienti D, D′, D″ della 2.ª forma fondamentale; troviamo infatti:

$$D=0\ ,\ D'=\frac{1}{\sqrt{M^2u^2+2Nu+\mathrm{sen}^2\theta}}\begin{vmatrix} l' & m' & n' \\ l & m & n \\ p'+l'u\ , & q'+m'u\ , & r'+n'u \end{vmatrix}=$$

$$=\frac{1}{\sqrt{M^2u^2+2Nu+\mathrm{sen}^2\theta}}\begin{vmatrix} l' & m' & n' \\ l & m & n \\ p' & q' & r' \end{vmatrix}$$

$$D''=\frac{1}{\sqrt{M^2u^2+2Nu+\mathrm{sen}^2\theta}}\begin{vmatrix} p''+l''u\ , & q''+m''u\ , & r''+n''u \\ l & m & n \\ p'+l'u\ , & q'+m'u\ , & r'+n'u \end{vmatrix}.$$

L'equazione differenziale delle assintotiche del 2.° sistema essendo quindi

$$2\,D'\,du+D''\,dv=0,$$

ha evidentemente la forma di *Riccati*

$$\frac{du}{dv}+A\,u^2+B\,u+C=0,$$

ove A, B, C sono funzioni della sola v. La proprietà ben nota delle equazioni di questo tipo che il rapporto anarmonico $(u_1\,u_2\,u_3\,u_4)$ di quattro loro soluzioni particolari è una costante, osservando il significato di u, dà immediatamente il teorema di Paul Serret: *Il rapporto anarmonico dei quattro punti, ove una generatrice qualunque interseca quattro assintotiche fisse del 2.° sistema è costante.*

Inoltre si vede che: *Basta conoscere una delle linee assintotiche del 2.° sistema per determinare le altre con quadrature.*

Calcoliamo ora i valori dei coseni di direzione X, Y, Z della normale; essi sono dati dalle formole:

$$X=\frac{\begin{vmatrix} m & n \\ q'+m'u\ , & r'+n'u \end{vmatrix}}{\sqrt{M^2u^2+2Nu+\mathrm{sen}^2\theta}}\ ,\quad Y=\frac{\begin{vmatrix} n & l \\ r'+n'u\ , & p'+l'u \end{vmatrix}}{\sqrt{M^2u^2+2Nu+\mathrm{sen}^2\theta}}\ ,$$

$$Z=\frac{\begin{vmatrix} l & m \\ p'+l'u\ , & q'+m'u \end{vmatrix}}{\sqrt{M^2u^2+2Nu+\mathrm{sen}^2\theta}}.$$

Se indichiamo con X_0, Y_0, Z_0 i valori di X, Y, Z al punto centrale $u = -\frac{N}{M^2}$ con Ω l'angolo (fra 0 e π) che formano fra loro le due direzioni positive (X, Y, Z), (X_0, Y_0, Z_0), da $\cos \Omega = X X_0 + Y Y_0 + Z Z_0$ troveremo

$$\cos \Omega = \frac{\sqrt{M^2 \operatorname{sen}^2 \theta - N^2}}{M\sqrt{M^2 u^2 + 2 N u + \operatorname{sen}^2 \theta}} \cdot$$

I valori dei radicali ed M stesso essendo da assumersi positivi, si vede che l'angolo Ω è sempre acuto, come era facile a prevedere geometricamente.

Supponiamo ora, per semplicità, che la direttrice sia una traiettoria ortogonale delle generatrici; avremo allora

$$\theta = \frac{\pi}{2}, \quad ds^2 = du^2 + \left(u^2 + 2\frac{N}{M^2}u + \frac{1}{M^2}\right) M^2 dv^2$$

e cangiando il parametro v in

$$v_1 = \int M \, dv$$

(ove dunque v_1 rappresenta l'arco della indicatrice sferica delle generatrici), col porre inoltre

$$-\frac{N}{M^2} = \alpha \quad , \quad \frac{\sqrt{M^2 - N^2}}{M^2} = \beta ,$$

saranno α, β funzioni di v_1 e l'elemento lineare prenderà la forma

$$(8) \qquad ds^2 = du^2 + \left\{(u - \alpha)^2 + \beta^2\right\} dv_1^2 .$$

La formola superiore per $\cos \Omega$ diventa

$$\cos \Omega = \frac{\beta}{\sqrt{(u-\alpha)^2 + \beta^2}} ,$$

onde segue la formola di Chasles

$$(9) \qquad \operatorname{tang} \Omega = \frac{u - \alpha}{\beta} ,$$

ove attualmente Ω viene preso fra $-\frac{\pi}{2}$ e $\frac{\pi}{2}$ e il suo segno dipende dal senso secondo cui ruota il piano tangente, quando il punto di contatto si muove dal punto centrale verso il punto che si considera.

Dalla (9) deduciamo subito alcune conseguenze notevoli. Si facciano rotare attorno alla generatrice (v) il piano tangente nel punto centrale dell'angolo Ω; esso risulterà tangente alla superficie nel punto (u_1, v) determinato dalla relazione

$$u_1 - \alpha = \beta \operatorname{tang} \Omega$$

e risulterà normale alla superficie nel punto (u_2, v) dato dalla formola

$$u_2 - \alpha = -\beta \cot \Omega ,$$

onde

$$(u_1 - \alpha)(u_2 - \alpha) = -\beta^2 .$$

Dunque ogni piano per una generatrice individua sopra ogni generatrice due punti P_1, P_2, nei quali è rispettivamente tangente e normale alla superficie. Rotando il piano attorno alla generatrice, la coppia di punti P_1, P_2 genera una involuzione, il cui centro è il punto centrale.

Da ultimo osserviamo che dalla (8) segue per la curvatura K l'espressione

$$K = -\frac{\beta^2}{[(u-\alpha)^2 + \beta^2]^2} ;$$

questa è essenzialmente negativa, come è naturale, essendo reali le assintotiche. Lungo ogni generatrice, per la quale non sia $\beta = 0$, il massimo del valore assoluto di K ha luogo al punto centrale e, allontanandosi da questo punto, questo valore decresce tendendo a zero.

117. Veniamo ora al problema proprio del presente capitolo, alla determinazione cioè di tutte le superficie rigate con assegnato elemento lineare. Allora, essendo dato l'elemento lineare, che assumeremo sotto la forma generale (3), saranno date

$$\theta, M, N$$

in funzione di v e il problema consisterà nel determinare le *sei* funzioni incognite p, q, r, l, m, n della sola variabile v, in guisa da soddisfare le *cinque* equazioni fondamentali

$$(10) \qquad \left\{ \begin{aligned} & l^2 + m^2 + n^2 = 1 \\ & l'^2 + m'^2 + n'^2 = M^2 \end{aligned} \right.$$

$$(11) \qquad \left\{ \begin{aligned} & p'^2 + q'^2 + r'^2 = 1 \\ & lp' + mq' + nr' = \cos\theta \\ & l'p' + m'q' + n'r' = N . \end{aligned} \right.$$

Otteniamo due metodi differenti per la trattazione del nostro problema, secondo che riguardiamo dapprima come note l, m, n e cerchiamo p, q, r

o inversamente, supposte note p, q, r, cerchiamo l, m, n. Nel primo caso abbiamo il metodo esposto da Minding, che conduce ai risultati seguenti.

Siano l, m, n tre funzioni di v, che soddisfino le due equazioni (10). Le (11) daranno allora i valori di p', q', r' e da questi con quadrature si avranno p, q, r.

Ora, se si pone

$$l = \text{sen}\,\omega \cos\psi\,, \quad m = \text{sen}\,\omega\,\text{sen}\,\psi\,, \quad n = \cos\omega\,,$$

dove ω, ψ sono due funzioni di v, rimarrà solo da soddisfare la 2.ª delle (10) che dà

$$\omega'^2 + \psi'^2\,\text{sen}^2\,\omega = \text{M}^2\,,$$

onde, rimanendo ω arbitraria, si avrà ψ con una quadratura dalla formola

$$\psi = \int \frac{\sqrt{\text{M}^2 - \omega'^2}}{\text{sen}\,\omega}\,dv\,.$$

L'arbitrarietà, che rimane nella soluzione colla presenza della funzione arbitraria $\omega(v)$, si può interpretare geometricamente dicendo che alla superficie S si può fare acquistare per deformazione un cono direttore fissato ad arbitrio.

E infatti le coordinate l, m, n di un punto dell'assegnata indicatrice sferica delle generatrici soddisferanno alle (10), quando fra l'arco φ di questa indicatrice e l'arco v della direttrice si stabilisca la relazione

$$\varphi = \int \text{M}\,dv\,.$$

Il cono direttore della corrispondente superficie avrà allora la forma fissata.

Notiamo poi che, risolvendo le (11) rapporto a p', q', r', si ottiene

$$(12)\qquad \left\{\begin{aligned} p' &= l\cos\theta + \frac{l'\,\text{N} \pm a\sqrt{\text{M}^2\,\text{sen}^2\,\theta - \text{N}^2}}{\text{M}^2} \\ q' &= m\cos\theta + \frac{m'\,\text{N} \pm b\sqrt{\text{M}^2\,\text{sen}^2\,\theta - \text{N}^2}}{\text{M}^2} \\ r' &= n\cos\theta + \frac{n'\,\text{N} \pm c\sqrt{\text{M}^2\,\text{sen}^2\,\theta - \text{N}^2}}{\text{M}^2}\,, \end{aligned}\right.$$

dove si è posto

$$a = \begin{vmatrix} m & n \\ m' & n' \end{vmatrix}\,, \quad b = \begin{vmatrix} n & l \\ n' & l' \end{vmatrix}\,, \quad c = \begin{vmatrix} l & m \\ l' & m' \end{vmatrix}\,.$$

E poichè, non essendo la superficie sviluppabile, si ha

$$M^2 \operatorname{sen}^2 \theta - N^2 > 0 ,$$

i due sistemi di valori per p', q', r', corrispondenti al doppio segno del radicale, conducono a due superficie essenzialmente differenti.

Abbiamo dunque il risultato:

Ogni superficie rigata può deformarsi in guisa che il suo cono direttore acquisti una forma fissata ad arbitrio e ciò in due modi diversi.

I calcoli necessari alla determinazione delle due superficie deformate consistono soltanto in quadrature.

118. Col metodo precedente determiniamo effettivamente tutte le superficie rigate applicabili sopra una data. Però, quando si volesse determinare la funzione arbitraria $\omega(v)$ in guisa da soddisfare una assegnata condizione, s'incontrerebbero il più delle volte difficoltà insormontabili.

Sarà allora preferibile il secondo metodo, che ora passiamo ad esporre, metodo dovuto a Beltrami (*).

Questo metodo consiste nel ricercare dapprima quali forme può assumere la direttrice, deformando la superficie. Per ognuna di queste forme, la forma della corrispondente superficie risulta determinata dall'osservare che la curvatura geodetica della direttrice e l'angolo θ non variano per la flessione. È chiaro a priori che, la soluzione generale del problema comportando una sola funzione arbitraria, le forme possibili per la direttrice sono necessariamente vincolate ad una condizione, che si tratta appunto di ricercare.

Consideriamo una di queste forme della direttrice, per la quale riteniamo le solite notazioni della teoria delle curve. Indicando con σ l'angolo d'inclinazione del piano osculatore della direttrice sul piano tangente alla superficie, avremo:

$$(13)\quad \begin{cases} l = \cos\theta \cos\alpha + \operatorname{sen}\theta (\cos\sigma \cos\xi + \operatorname{sen}\sigma \cos\lambda) \\ m = \cos\theta \cos\beta + \operatorname{sen}\theta (\cos\sigma \cos\eta + \operatorname{sen}\sigma \cos\mu) \\ n = \cos\theta \cos\gamma + \operatorname{sen}\theta (\cos\sigma \cos\zeta + \operatorname{sen}\sigma \cos\nu) \, . \end{cases}$$

Calcolando per mezzo delle formole di Frenet l', m', n', le equazioni fondamentali (10) (11), cui debbono soddisfare l, m, n, si riducono alle due seguenti

$$\theta' + \frac{\cos\sigma}{\rho} = -\frac{N}{\operatorname{sen}\theta}$$

(*) Sulla flessione delle superficie rigate. — *Annali di matem.* 1865, t. VII, p. 105.

$$\operatorname{sen}^2\theta\left(\theta'+\frac{\cos\sigma}{\rho}\right)^2+\left\{\frac{\cos\theta}{\rho}+(\cos\sigma\operatorname{sen}\theta)'+\frac{\operatorname{sen}\sigma\operatorname{sen}\theta}{T}\right\}^2+$$
$$+\left\{(\operatorname{sen}\sigma\operatorname{sen}\theta)'-\frac{\cos\sigma\operatorname{sen}\theta}{T}\right\}^2=M^2\ (*),$$

ovvero

$$(14)\qquad \frac{\cos\sigma}{\rho}=-\frac{N}{\operatorname{sen}\theta}-\theta'\ (**)$$

$$(15)\qquad \left\{\frac{\cos\theta}{\rho}+(\cos\sigma\operatorname{sen}\theta)'+\frac{\operatorname{sen}\sigma\operatorname{sen}\theta}{T}\right\}^2+$$
$$+\left\{(\operatorname{sen}\sigma\operatorname{sen}\theta)'-\frac{\cos\sigma\operatorname{sen}\theta}{T}\right\}^2=M^2-N^2.$$

Le incognite del nostro problema sono

$$\sigma,\ \rho,\ T$$

ed è chiaro che se dalla (14) si trae il valore di σ e si sostituisce nella (15), questa si muta in una relazione

$$(16)\qquad f\left(v,\ \rho,\ T,\ \frac{d\rho}{dv}\right)=0\ ,$$

che vincola i raggi di 1.ª e 2.ª curvatura della direttrice trasformata.

Ad ogni curva, i cui raggi di flessione e torsione soddisfino la (16), corrisponde una speciale deformazione della superficie rigata, i cui elementi si calcoleranno dalle (14) (13). Il problema attuale viene così collegato coll'altro della teoria delle curve di determinare una curva dalle sue equazioni intrinseche (c. I, pag. 13 s. s.).

119. Diamo ora le più importanti applicazioni dei risultati generali precedenti.

Proponiamoci in primo luogo il problema di deformare la superficie rigata in guisa che la direttrice diventi assintotica. Dovremo porre allora

$$\sigma=0\ (o=\pi)$$

e risulterà

$$(a)\qquad \frac{1}{\rho}=\mp\left(\frac{N}{\operatorname{sen}\theta}+\theta'\right),$$

(*) Con $(\cos\sigma\operatorname{sen}\theta)'$ $(\operatorname{sen}\sigma\operatorname{sen}\theta)'$ si indicano, per abbreviare, le derivate rapporto a v di $\cos\sigma\operatorname{sen}\theta$, $\operatorname{sen}\sigma\operatorname{sen}\theta$.

(**) Questa esprime che la curvatura geodetica della direttrice non varia per flessione. (Cf. n. 114).

dove naturalmente il segno del 2.° membro è determinato dalla condizione di dare per ρ un valore positivo. La (15) dà quindi

$$(b) \quad \frac{1}{T} = \frac{\sqrt{M^2 \operatorname{sen}^2 \theta - N^2}}{\operatorname{sen}^2 \theta} .$$

Dunque: *Ogni superficie rigata può flettersi in modo che una linea tracciata ad arbitrio sopra di essa diventi linea assintotica. La direttrice trasformata è individuata dalle equazioni intrinseche* (a), (b).

Consideriamo il caso particolare in cui la direttrice è geodetica; allora risulta

$$\frac{1}{\rho} = 0 ,$$

cioè la direttrice trasformata è una linea retta. Ne segue:

Ogni geodetica di una superficie rigata può rettificarsi deformando la superficie.

Per ottenere le semplici formole relative a questo caso, assumiamo la direttrice trasformata per asse delle z e avremo

$$p = 0 \quad , \quad q = 0 \quad , \quad r = v$$

$$n = \cos \theta$$

e, ponendo

$$l = \operatorname{sen} \theta \cos \psi \quad , \quad m = \operatorname{sen} \theta \operatorname{sen} \psi ,$$

da

$$l'^2 + m'^2 + n'^2 = M^2$$

risulterà, come al n. 117

$$\psi = \int \frac{\sqrt{M^2 - \theta'^2}}{\operatorname{sen} \theta} dv ;$$

per la superficie deformata avremo dunque le formole

$$x = u \operatorname{sen} \theta \cos \psi \ , \ y = u \operatorname{sen} \theta \operatorname{sen} \psi \ , \ z = v + u \cos \theta .$$

In particolare se $\theta = \frac{\pi}{2}$, cioè se la superficie è il luogo delle binormali della direttrice, la superficie deformata sarà una conoide retta e avendosi in questo caso

$$M = \frac{1}{T} ,$$

dove $\frac{1}{T}$ è la torsione della direttrice primitiva, risulterà

$$\psi = \int \frac{dv}{T} .$$

Più in particolare se la direttrice primitiva è a torsione costante, la conoide trasformata è l'elicoide rigata d'area minima.

Inversamente, se si cercano tutte le superficie rigate applicabili su questa elicoide, il cui elemento lineare è (pag. 193)

$$ds^2 = du^2 + \left(\frac{u^2}{m^2} + 1\right) dv^2,$$

avremo

$$\sigma = \frac{\pi}{2}, \quad \theta = \frac{\pi}{2}, \quad M = \frac{1}{m}, \quad N = 0,$$

onde la (15) dà

$$\frac{1}{T} = \frac{1}{m}.$$

Dunque: *Le superficie rigate applicabili sull' elicoide rigata d' area minima di parametro elicoidale m sono tutte e sole le superficie generate dalle binormali delle curve a torsione costante* $\frac{1}{m}$.

120. Supponiamo ora che la direttrice attuale sia traiettoria ortogonale delle generatrici; rendendola assintotica col deformare la superficie, le sue normali principali saranno le generatrici della superficie deformata. Dunque: *Flettendo una superficie rigata, si possono rendere le generatrici normali principali di una loro traiettoria ortogonale.*

Proponiamoci ora di deformare la superficie in guisa da rendere piana la direttrice $u=0$. Basta per ciò porre nella (15) $\frac{1}{T} = 0$, il che dà un'equazione del 1.° ordine

$$\psi\left(v, \rho, \frac{d\rho}{dv}\right) = 0$$

per determinare ρ, onde si conclude: *È possibile in* ∞^1 *modi deformare una superficie rigata in guisa che una sua curva arbitraria diventi piana.*

In particolare se la curva data è traiettoria ortogonale delle generatrici, essendo

$$\theta = \frac{\pi}{2}, \quad \frac{1}{T} = 0,$$

la (15) diventa

$$\sigma'^2 = M^2 - N^2,$$

onde si ha con una quadratura

$$\sigma = \int \sqrt{M^2 - N^2}\, dv$$

e la deformata piana risulta determinata dalla (14), che dà

$$\rho = -\frac{\cos\sigma}{N}.$$

In fine ricerchiamo se è possibile rendere colla deformazione una curva prestabilita linea di curvatura. Essendo

$$X = \cos\sigma\cos\lambda - \operatorname{sen}\sigma\cos\xi\ ,\quad Y = \cos\sigma\cos\mu - \operatorname{sen}\sigma\cos\eta\ ,$$
$$Z = \cos\sigma\cos\nu - \operatorname{sen}\sigma\cos\zeta$$

i coseni di direzione della normale alla superficie lungo la direttrice trasformata, dovremo avere perciò (Cf. n. 16, c. I)

$$\frac{1}{T} = \frac{d\sigma}{dv}$$

ed eliminando colla (14) e colla precedente dalla (15) $\frac{1}{\rho}$, $\frac{1}{T}$, avremo per determinare σ un'equazione differenziale del 1.° ordine. Ciò suppone naturalmente che non sia $\theta = \frac{\pi}{2}$, chè altrimenti la superficie dovrebbe essere sviluppabile (*).

Se ne conclude: *È sempre possibile deformare una superficie rigata in guisa che una sua linea arbitraria diventi linea di curvatura, purchè non sia traiettoria ortogonale delle generatrici.*

Osserviamo poi che, se la curva data è geodetica, diventando linea di curvatura diventa piana, come è chiaro geometricamente. Ciò risulta anche dalle nostre formole e invero la (14) dà:

$$\cos\sigma = 0\ ,\quad \text{indi}\ \frac{1}{T} = 0$$

e la (15) diviene

$$\frac{\cos^2\theta}{\rho^2} + \cos^2\theta\,.\,\theta'^2 = M^2 - N^2,$$

il che individua ρ e quindi la curva deformata.

121. Risolviamo da ultimo la questione seguente: *Quali sono le superficie rigate applicabili sopra superficie di rotazione?*

Una tale superficie dovrà ammettere una deformazione continua in sè medesima, durante la quale l'intero sistema di generatrici dovrà cangiarsi in sè medesimo (n. 113), ove attualmente, a causa della continuità della deformazione, non è nemmeno escluso il caso delle superficie applicabili su quelle di 2.° grado.

(*) Ciò è confermato anche dal calcolo ora indicato, poichè il 1.° membro della (15) risulterebbe nullo.

Sia ora

$$ds^2 = du^2 + \left\{ (u - \alpha(v))^2 + \beta^2(v) \right\} dv^2$$

l'elemento lineare della superficie, supposta riferita alle generatrici ed alle traiettorie ortogonali. Durante la deformazione continua supposta, la linea di stringimento scorrerà sopra sè medesima e però essa taglierà sotto angolo costante le generatrici e sarà quindi geodetica (n. 115); inoltre lungo di essa sarà costante la curvatura K_0 della superficie. Ora si ha lungo la linea di stringimento $u=0$

$$K_0 = -\frac{1}{\beta^2},$$

per cui si conclude intanto

$$\beta(v) = k \ (k \text{ costante}).$$

Indicando poi con ω l'angolo (costante) d'inclinazione delle generatrici sulla linea di stringimento, abbiamo

$$\cot \omega = \frac{1}{\beta}\frac{du}{dv} = \frac{1}{k}\alpha'(v),$$

onde

$$\alpha(v) = k\, v \cot \omega,$$

potendosi includere la costante additiva in u.

L'elemento lineare delle superficie cercate ha adunque la forma

$$ds^2 = du^2 + \left\{ (u - k \cot \omega\, v)^2 + k^2 \right\} dv^2. \tag{17}$$

Per $\omega = \frac{\pi}{2}$ esso appartiene all'elicoide rigata d'area minima di parametro k; per

$$\omega \lesseqgtr \frac{\pi}{2}$$

all'iperboloide di rotazione ad una falda, la cui iperbola meridiana ha i semi-assi trasverso ed immaginario a, b dati dalle formole

$$a = k \cot \omega \quad , \quad b = k,$$

come ora si vedrà (*). Dunque: *Le uniche superficie rigate applicabili sopra superficie di rotazione sono le deformate dell'elicoide rigata ad area minima e dell'iperboloide di rotazione ad una falda.*

(*) Lasciamo la verifica diretta al lettore.

La classe completa delle superficie della 1.ª specie è già stata caratterizzata al n. 119, come quella che comprende le superficie delle binormali delle curve a torsione costante.

Per le seconde si ha un elegante teorema dovuto a Laguerre, che ritroviamo nel modo seguente.

Poniamo nella (17)

$$\frac{k}{\operatorname{sen}\omega}\, v = v_1 \quad , \quad u - k \cot \omega \; v = u_1$$

ed avremo per l'elemento lineare delle superficie in discorso

$$ds^2 = du_1^2 + 2 \cos \omega \; du_1 \, dv_1 + \left(\frac{u_1^2 \operatorname{sen}^2 \omega}{k^2} + 1 \right) dv_1^2$$

e, confrontando colle notazioni primitive, abbiamo quindi

$$\omega = \theta \quad , \quad \mathrm{M} = \frac{\operatorname{sen}\omega}{k} \quad , \quad \mathrm{N} = 0 \; .$$

Se nella (15) introduciamo questi valori, coll'osservare che $\sigma = \frac{\pi}{2}$, otteniamo:

$$\frac{\cos\omega}{\rho} + \frac{\operatorname{sen}\omega}{\mathrm{T}} = \frac{\operatorname{sen}\omega}{k} \, , \tag{18}$$

onde il teorema: *Le curve in cui si trasforma il circolo di gola dell'iperboloide ad una falda per deformazione della superficie (restando rettilinee le generatrici) sono curve di Bertrand.*

Di qui segue una verifica della proprietà osservata che l'elemento lineare precedente appartiene all'iperboloide ad una falda. E invero, se si rende piana la linea di stringimento (n. 120), si ha per la (18)

$$\frac{1}{\mathrm{T}} = 0 \quad , \quad \rho = k \cot \omega$$

e però essa diviene un circolo di raggio $= k \cot \omega$ e la superficie è evidentemente un iperboloide ad una falda, che ha questo circolo per circolo di gola.

CAPITOLO IX.

Superficie evolute e teorema di Weingarten.

Proprietà generali delle due falde dell'evoluta — Evoluta media di una superficie secondo Ribaucour — Superficie W, i cui raggi principali di curvatura sono legati da una relazione — Teoremi di Ribaucour relativi alla corrispondenza delle linee assintotiche sulle due falde dell'evoluta — Determinazione per quadrature delle linee di curvatura di una superficie W — Le due falde dell'evoluta di una superficie W sono applicabili sopra superficie di rotazione *(Teorema di Weingarten)* — Teorema reciproco di Weingarten — Forme particolari dell'elemento lineare sferico corrispondenti alle superficie W — Applicazione alla determinazione delle superficie d'area minima $r_1+r_2=0$ e delle superficie di Weingarten $2(r_2-r_1)=\text{sen}\,[2(r_2+r_1)]$ — Evolventi e complementari delle superficie pseudosferiche.

122. Riprendiamo nella prima parte di questo capitolo lo studio delle proprietà generali delle superficie, per applicare poi i risultati ottenuti ad una classe particolarmente importante di superficie.

Abbiamo veduto che sopra la normale in ogni punto M di una superficie S esistono due punti speciali M_1, M_2, che sono i centri principali di curvatura della superficie, ovvero i centri di curvatura delle due sezioni normali principali, uscenti da M. Quando il punto M si muove sulla superficie S, i centri di curvatura M_1, M_2 descrivono una superficie, che dicesi l'*evoluta* della superficie S, mentre questa dicesi l'*evolvente*. L'evoluta si compone evidentemente di due falde S_1, S_2, l'una descritta dal centro M_1, l'altra dal centro M_2.

Possiamo generare le due falde S_1, S_2 dell'evoluta anche nel modo seguente. Consideriamo una linea di curvatura C di S; le normali alla superficie S lungo C generano una sviluppabile, il cui spigolo di regresso Γ è appunto il luogo dei centri di curvatura delle sezioni normali tangenti a C. Se facciamo variare C nel suo sistema, la sua curva evoluta Γ descriverà una falda dell'evoluta.

Stabiliamo ora con semplici considerazioni geometriche alcune proprietà fondamentali delle evolute e in primo luogo dimostriamo il teorema:

Gli spigoli di regresso delle sviluppabili, luogo delle normali alla superficie lungo le sue singole linee di curvatura, sono geodetiche della superficie evoluta.

Per dimostrarlo cominciamo dall' osservare che ogni normale all' evolvente è tangente in due punti all' evoluta e precisamente alla prima falda S_1 nel primo centro M_1, alla seconda falda S_2 nel secondo centro M_2. Consideriamo ora un elemento M M′ di una linea di curvatura del secondo sistema. Le normali in M, M′ s' incontrano (a meno d' infinitesimi d'ordine superiore) nel secondo centro M_2 e toccano la 1.ª falda S_1 nei rispettivi primi centri di curvatura M_1, M'_1 su queste normali.

Il piano M M_2 M′ contiene dunque due direzioni distinte $M_1 M_2$, $M_1 M'_1$ uscenti da M_1 e tangenti ad S_1 ed è per conseguenza il piano tangente in M_1 alla prima falda. Ne segue intanto:

La normale in M_1 *alla prima falda è parallela alla tangente in* M *alla prima linea di curvatura; similmente dicasi per l' altra falda.*

Ora se C_1 è una linea di curvatura del 1.° sistema e Γ_1 lo spigolo di regresso della sviluppabile, generata dalle normali a S lungo C_1, la tangente a C_1 in M è parallela alla normale principale della curva evoluta Γ_1, onde risulta dimostrato il teorema sopra enunciato.

Possiamo di più facilmente determinare quali sono sopra una delle falde dell' evoluta, p. e. la prima, le curve traiettorie ortogonali di queste geodetiche Γ_1. E infatti se t_1 è una di queste traiettorie ortogonali sopra S_1, t la linea corrispondente di S, le normali a S lungo t generano una superficie rigata, sulla quale le curve t, t_1 sono traiettorie ortogonali delle generatrici. Il segmento M M_1 di questa generatrice compreso fra t, t_1 è adunque costante (teorema (A) pag. 154) quando M si sposta lungo t, cioè lungo la linea t di S è costante il raggio di 1.ª curvatura r_1.

Dunque: *Le traiettorie ortogonali delle geodetiche, inviluppate sopra una delle falde dell' evoluta dalle normali alla evolvente, corrispondono a quelle curve della superficie evolvente, lungo le quali è costante il rispettivo raggio principale di curvatura* (*).

Viene qui escluso il caso in cui il raggio principale di curvatura che si considera è costante; ma allora, come ora si vedrà, la corrispondente falda dell' evoluta si riduce ad una linea.

123. Confermiamo per via analitica le proprietà elementari precedenti e deduciamone altre di grande importanza.

Nel modo più semplice eseguiamo i calcoli a ciò necessarii, riferendo la superficie evolvente S alle sue linee di curvatura (u, v). Indicando con

$$ds^2 = \mathrm{E}\, du^2 + \mathrm{G}\, dv^2$$

il quadrato dell' elemento lineare, con r_1, r_2 i raggi principali di curvatura

---

(*) Non sarà inutile osservare che la dimostrazione qui data della proprietà che le r_1=cost^{te} sono le traiettorie ortogonali delle Γ_1 è indipendente dall'altra che le Γ_1 siano geodetiche. Ed anzi se ne può trarre una nuova dimostrazione di questo fatto, osservando che per le proprietà delle curve evolute l'arco delle curve Γ_1 compreso fra due loro traiettorie ortogonali è eguale per tutte (Cf. n. 81, pag. 154 — nota).

corrispondenti rispettivamente alle linee u, v, abbiamo (n. 54, c. IV):

$$D = -\frac{E}{r_2}\ ,\quad D' = 0\ .\quad D'' = -\frac{G}{r_1}\ ,$$

e le formole di Codazzi diventano semplicemente nel nostro caso (Cf. le (V), n. 49, pag. 93)

$$\frac{\partial}{\partial v}\left(\frac{\sqrt{E}}{r_2}\right) = \frac{1}{r_1}\frac{\partial\sqrt{E}}{\partial v}\ ,\quad \frac{\partial}{\partial u}\left(\frac{\sqrt{G}}{r_1}\right) = \frac{1}{r_2}\frac{\partial\sqrt{G}}{\partial u}\ ,$$

ovvero

$$(1)\quad \begin{cases} \left(\dfrac{1}{r_1} - \dfrac{1}{r_2}\right)\dfrac{\partial \log\sqrt{E}}{\partial v} - \dfrac{\partial}{\partial v}\left(\dfrac{1}{r_2}\right) = 0 \\ \left(\dfrac{1}{r_1} - \dfrac{1}{r_2}\right)\dfrac{\partial \log\sqrt{G}}{\partial u} + \dfrac{\partial}{\partial u}\left(\dfrac{1}{r_1}\right) = 0\ . \end{cases}$$

Quanto alla equazione di Gauss, essa si scrive

$$(2)\quad \frac{1}{r_1 r_2} = -\frac{1}{\sqrt{EG}}\left\{\frac{\partial}{\partial u}\left(\frac{1}{\sqrt{E}}\frac{\partial\sqrt{G}}{\partial u}\right) + \frac{\partial}{\partial v}\left(\frac{1}{\sqrt{G}}\frac{\partial\sqrt{E}}{\partial v}\right)\right\}.$$

Nelle (1) possiamo introdurre, in luogo di E, G, i coefficienti e, g dell'elemento lineare sferico

$$ds'^2 = e\ du^2 + g\ dv^2\,;$$

per le formole

$$(3)\quad \begin{cases} \dfrac{\partial X}{\partial u} = \dfrac{1}{r_2}\dfrac{\partial x}{\partial u}\ ,\ \dfrac{\partial Y}{\partial u} = \dfrac{1}{r_2}\dfrac{\partial y}{\partial u}\ ,\ \dfrac{\partial Z}{\partial u} = \dfrac{1}{r_2}\dfrac{\partial z}{\partial u} \\ \dfrac{\partial X}{\partial v} = \dfrac{1}{r_1}\dfrac{\partial x}{\partial v}\ ,\ \dfrac{\partial Y}{\partial v} = \dfrac{1}{r_1}\dfrac{\partial y}{\partial v}\ ,\ \dfrac{\partial Z}{\partial v} = \dfrac{1}{r_1}\dfrac{\partial z}{\partial v}\ , \end{cases}$$

si ha

$$e = \frac{E}{r_2^2}\ ,\quad g = \frac{G}{r_1^2}\ ,$$

onde le (1) possono scriversi

$$(4)\quad \begin{cases} (r_1 - r_2)\dfrac{\partial \log\sqrt{e}}{\partial v} - \dfrac{\partial r_2}{\partial v} = 0 \\ (r_1 - r_2)\dfrac{\partial \log\sqrt{g}}{\partial u} + \dfrac{\partial r_1}{\partial u} = 0\ . \end{cases}$$

Queste formole sono già state ottenute al n. 69, c. V, pag. 132.

Possiamo subito applicarle alla ricerca di quelle superficie, per le quali è costante uno dei raggi principali di curvatura.

Sia p. e.

$$r_1 = \text{cost}^{\text{te}} ;$$

dalle (1) e (4) segue

$$\frac{\partial E}{\partial v} = 0 \ , \quad \frac{\partial e}{\partial v} = 0 \ ,$$

cioè le linee v=cost^{te} sono geodetiche sulla superficie e sulla sfera. Dunque una linea v=cost^{te} della superficie S è tracciata in un piano normale alla superficie ed avendo costante il raggio di curvatura

$$r_2 = R \, ,$$

è un circolo di raggio R. Descriviamo la sfera, che ha questo circolo per circolo massimo; essa tocca la S lungo il circolo e quindi S è l'inviluppo di una sfera di raggio costante R, il cui centro percorre una curva dello spazio. Una tale superficie dicesi una superficie *canale*. È chiaro che inversamente ogni superficie canale di raggio R ha costante, eguale ad R, uno dei raggi principali di curvatura. Delle due falde dell'evoluta, quella relativa ai circoli si riduce evidentemente all'*asse* della superficie canale, cioè alla curva luogo dei centri delle sfere inviluppanti. La seconda falda, come si vede subito geometricamente, è la sviluppabile polare dell'asse.

124. Indicando con x_1, y_1, z_1 le coordinate del 1.° centro M_1 di curvatura, abbiamo (*):

$$(5) \qquad x_1 = x - r_1 X \ , \quad y_1 = y - r_1 Y \ , \quad z_1 = z - r_1 Z \ ,$$

da cui derivando risulta per le (3)

$$(6) \begin{cases} \dfrac{\partial x_1}{\partial u} = \left(1 - \dfrac{r_1}{r_2}\right)\dfrac{\partial x}{\partial u} - \dfrac{\partial r_1}{\partial u} X, \dfrac{\partial y_1}{\partial u} = \left(1 - \dfrac{r_1}{r_2}\right)\dfrac{\partial y}{\partial u} - \dfrac{\partial r_1}{\partial u} Y, \dfrac{\partial z_1}{\partial u} = \left(1 - \dfrac{r_1}{r_2}\right)\dfrac{\partial z}{\partial u} - \dfrac{\partial r_1}{\partial u} Z \\ \dfrac{\partial x_1}{\partial v} = - \dfrac{\partial r_1}{\partial v} X \quad , \quad \dfrac{\partial y_1}{\partial v} = - \dfrac{\partial r_1}{\partial v} Y \quad , \quad \dfrac{\partial z_1}{\partial v} = - \dfrac{\partial r_1}{\partial v} Z \ . \end{cases}$$

Indicando coll'apposizione dell'indice 1 le quantità relative alla 1.ª falda S_1 dell'evoluta, troviamo subito intanto

$$(7) \qquad X_1 = \frac{1}{\sqrt{G}} \frac{\partial x}{\partial v} \ , \quad Y_1 = \frac{1}{\sqrt{G}} \frac{\partial y}{\partial v} \ , \quad Z_1 = \frac{1}{\sqrt{G}} \frac{\partial z}{\partial v} \ ,$$

formole che dimostrano il secondo teorema osservato al n. 122.

(*) Si ricordi il senso, secondo cui r_1 è misurato (n. 52 c. IV).

Troviamo poi

$$(8)\quad E_1 = E\left(1-\frac{r_1}{r_2}\right)^2 + \left(\frac{\partial r_1}{\partial u}\right)^2, \; F_1 = \frac{\partial r_1}{\partial u}\frac{\partial r_1}{\partial v}, \; G_1 = \left(\frac{\partial r_1}{\partial v}\right)^2,$$

onde

$$(9)\; ds_1^2 = \left\{E\left(1-\frac{r_1}{r_2}\right)^2 + \left(\frac{\partial r_1}{\partial u}\right)^2\right\} du^2 + 2\frac{\partial r_1}{\partial u}\frac{\partial r_1}{\partial v}\,du\,dv + \left(\frac{\partial r_1}{\partial v}\right)^2 dv^2 .$$

Prendendo a linee coordinate sopra S_1 le linee u=cost^{te} e le r_1=cost^{te}, la (9) si scrive

$$(9^*)\qquad ds_1^2 = dr_1^2 + E\left(1-\frac{r_1}{r_2}\right)^2 du^2,$$

ponendo in evidenza che sopra S_1 le linee u sono geodetiche e le loro traiettorie ortogonali sono le r_1 = cost^{te} (Cf. n. 122).

Osservando le formole (n. 49 c. IV):

$$(10)\quad \frac{\partial X_1}{\partial u} = \frac{1}{\sqrt{G}}\frac{\partial\sqrt{E}}{\partial v}\cdot\frac{1}{\sqrt{E}}\frac{\partial x}{\partial u}, \quad \frac{\partial X_1}{\partial v} = -\frac{1}{\sqrt{E}}\frac{\partial\sqrt{G}}{\partial u}\cdot\frac{1}{\sqrt{E}}\frac{\partial x}{\partial u} - \frac{\sqrt{G}}{r_1}X,$$

per i valori di

$$D_1,\; D'_1,\; D''_1$$

troviamo per le (6):

$$D_1 = -\sum\frac{\partial x_1}{\partial u}\frac{\partial X_1}{\partial u} = -\frac{\sqrt{E}}{\sqrt{G}}\frac{\partial\sqrt{E}}{\partial v}\left(1-\frac{r_1}{r_2}\right)$$

$$D'_1 = -\sum\frac{\partial x_1}{\partial v}\frac{\partial X_1}{\partial u} = 0$$

$$D''_1 = -\sum\frac{\partial x_1}{\partial v}\frac{\partial X_1}{\partial v} = -\frac{\sqrt{G}}{r_1}\frac{\partial r_1}{\partial v}.$$

Eliminando dal valore di D_1 quello di $\frac{\partial\sqrt{E}}{\partial v}$, per mezzo della 1.ª delle (1), abbiamo

$$(11)\qquad D_1 = \frac{E}{\sqrt{G}}\frac{r_1}{r_2^2}\frac{\partial r_2}{\partial v}, \quad D'_1 = 0, \quad D''_1 = -\frac{\sqrt{G}}{r_1}\frac{\partial r_1}{\partial v}.$$

Essendo D'_1=0, vediamo intanto che *sulla 1.ª (e sulla 2.ª) falda dell' evoluta le linee u, v, corrispondenti alle linee di curvatura dell' evolvente, formano un sistema coniugato.*

Ciò risulta anche immediatamente dall'osservare che sulla S_1 le tangenti alle linee u, lungo una linea v, generano una sviluppabile, il cui spigolo di regresso è la corrispondente linea v sopra la seconda falda S_2.

Notiamo ancora che per la curvatura K_1 di S_1 risulta

$$K_1 = \frac{D_1\, D''_1 - D'^2_1}{E_1\, G_1 - F^2_1},$$

cioè

$$(12) \qquad K_1 = -\frac{1}{(r_1 - r_2)^2} \frac{\frac{\partial r_2}{\partial v}}{\frac{\partial r_1}{\partial v}}.$$

Similmente, per la curvatura K_2 della seconda falda S_2, avremo

$$(12^*) \qquad K_2 = -\frac{1}{(r_1 - r_2)^2} \frac{\frac{\partial r_1}{\partial u}}{\frac{\partial r_2}{\partial u}}.$$

125. Diamo in questo numero una costruzione, dovuta a Beltrami, pel raggio di curvatura geodetica di una linea qualunque tracciata sopra una superficie, costruzione che dà subito un importante risultato per la teoria delle superficie evolute.

Consideriamo un sistema ∞^1 di linee geodetiche (g), tracciate sopra una superficie S, e sia L una linea a tangenti coniugate colle geodetiche (g). Le tangenti lungo L alle (g) generano una sviluppabile, il cui spigolo di regresso indichiamo con Γ; sia t una qualunque di queste tangenti, M il suo punto di contatto con S ed m quello di contatto col detto spigolo di regresso Γ. Dimostriamo che: *Il punto m è il centro di curvatura geodetica in* M *di quella traiettoria ortogonale delle geodetiche* (g), *che esce da* M.

Prendiamo infatti sopra S a linee coordinate v le geodetiche (g) e a linee u le loro traiettorie ortogonali. Prendendo convenientemente il parametro u, avremo per l'elemento lineare di S:

$$ds^2 = du^2 + G\, dv^2$$

e il raggio di curvatura geodetica ρ_u delle u sarà dato in *grandezza e segno* dalla formola (n. 75 c. VI):

$$\frac{1}{\rho_u} = -\frac{1}{2G} \frac{\partial G}{\partial u}.$$

Ora siano x, y, z le coordinate di M, ξ, η, ζ quelle di m e poniamo il valore *algebrico* del segmento M m eguale a r; avremo:

$$\xi = x + r\frac{\partial x}{\partial u} \quad , \quad \eta = y + r\frac{\partial y}{\partial u} \quad , \quad \zeta = z + r\frac{\partial z}{\partial u} .$$

Se spostiamo M lungo la linea L e con δ indichiamo gli incrementi corrispondenti, risulta quindi:

$$\left\{\begin{aligned} \delta\xi &= \frac{\partial x}{\partial u}\delta u + \frac{\partial x}{\partial v}\delta v + \delta r\frac{\partial x}{\partial u} + r\left(\frac{\partial^2 x}{\partial u^2}\delta u + \frac{\partial^2 x}{\partial u\,\partial v}\delta v\right) \\ \delta\eta &= \frac{\partial y}{\partial u}\delta u + \frac{\partial y}{\partial v}\delta v + \delta r\frac{\partial y}{\partial u} + r\left(\frac{\partial^2 y}{\partial u^2}\delta u + \frac{\partial^2 y}{\partial u\,\partial v}\delta v\right) \\ \delta\zeta &= \frac{\partial z}{\partial u}\delta u + \frac{\partial z}{\partial v}\delta v + \delta r\frac{\partial z}{\partial u} + r\left(\frac{\partial^2 z}{\partial u^2}\delta u + \frac{\partial^2 z}{\partial u\,\partial v}\delta v\right) . \end{aligned}\right.$$

Ora $\delta\xi$, $\delta\eta$, $\delta\zeta$ sono proporzionali ai coseni di direzione della tangente t allo spigolo di regresso Γ, onde moltiplicando le precedenti ordinatamente per $\frac{\partial x}{\partial v}$, $\frac{\partial y}{\partial v}$, $\frac{\partial z}{\partial v}$ e sommando, coll'osservare le formole

$$\sum\frac{\partial x}{\partial u}\frac{\partial x}{\partial v} = 0 \;,\; \sum\left(\frac{\partial x}{\partial v}\right)^2 = G \,,\, \sum\frac{\partial x}{\partial v}\frac{\partial^2 x}{\partial u\,\partial v} = \frac{1}{2}\frac{\partial G}{\partial u} \;,\; \sum\frac{\partial x}{\partial v}\frac{\partial^2 x}{\partial u^2} = 0 \,,$$

avremo

$$G\,\delta v + \frac{r}{2}\frac{\partial G}{\partial u}\delta v = 0 \,,$$

cioè

$$\frac{1}{r} = -\frac{1}{2G}\frac{\partial G}{\partial u} .$$

Dunque r coincide in grandezza e segno con ρ_u, come si voleva provare.

Dimostrato così il teorema di Beltrami, consideriamo di nuovo la prima falda S_1 dell'evoluta di una superficie S. Sopra la S_1 le traiettorie ortogonali delle $u=\text{cost}^{\text{te}}$ sono le $r_1=\text{cost}^{\text{te}}$, mentre le linee a tangenti coniugate delle u sono le v. Dunque: *Il centro di curvatura geodetica di una linea* $r_1=\text{cost}^{\text{te}}$ *sopra* S_1 *in un punto* M_1 *è il punto corrispondente* M_2 *sulla seconda falda* S_2.

Ne segue che *il raggio di curvatura geodetica delle* $r_1=\text{cost}^{\text{te}}$ *sopra* S_1 *o delle* $r_2=\text{cost}^{\text{te}}$ *sopra* S_2 *è dato (salvo il segno) dalla differenza* r_1-r_2 *dei raggi principali di curvatura della evolvente.*

126. Insieme alla ordinaria evoluta di una superficie S, composta delle due falde S_1, S_2, consideriamo ora brevemente un'altra superficie strettamente collegata colla superficie S, il cui studio è dovuto a Ribaucour e che diremo con questo geometra la *evoluta media* di S. Consideriamo

il punto medio M_0 fra i due centri di curvatura M_1, M_2 di S; il piano normale in M_0 al segmento $M_1 M_2$, cioè il piano condotto per M_0 parallelamente al piano tangente in M alla evolvente S, si dirà *il piano medio.*

La superficie Σ inviluppo dei piani medii è quella che porta il nome di *evoluta media* della S; inversamente diremo la S evolvente media della Σ.

Le coordinate del punto medio M_0 fra M_1 e M_2 sono evidentemente

$$x_0 = x - \frac{r_1 + r_2}{2} X, \; y_0 = y - \frac{r_1 + r_2}{2} Y, \; z_0 = z - \frac{r_1 + r_2}{2} Z$$

e però, indicando con ω la distanza (algebrica) del piano medio dall'origine delle coordinate, si ha

$$\omega = \sum X x_0 = \sum X x - \frac{r_1 + r_2}{2}.$$

La somma $\Sigma X x$ rappresenta d'altronde la distanza dell'origine dal piano tangente all'evolvente S; indicandola con W, abbiamo dunque

$$\omega = W - \frac{r_1 + r_2}{2}.$$

Ora, per le formole di Weingarten in coordinate tangenziali (n. 72 c. V), si ha:

$$\frac{r_1 + r_2}{2} = W + \frac{1}{2} \Delta'_2 W,$$

il parametro differenziale secondo $\Delta'_2 W$ essendo calcolato rispetto all'elemento lineare sferico rappresentativo della S (*). Ne segue quindi

$$\omega = -\frac{1}{2} \Delta'_2 W. \tag{13}$$

Con questa formola, che vale per qualunque sistema di linee coordinate, viene evidentemente risoluto il problema: *Data l'evolvente trovare l'evoluta media.* Essendo infatti nota W, dalla (13) si calcolerà ω e colle formole (34) n. 72, pag. 137, (ove per W si porrà ω) si determinerà l'evolvente media Σ.

Il problema inverso: *Data una superficie Σ trovare le superficie* S, *di cui la Σ è evoluta media* si riconduce colla (13) stessa ad una ben nota questione d'analisi. Scelto infatti sopra Σ un sistema coordinato (u, v) arbitrario, conosceremo ω in funzione di u, v e dovremo determinare W dall'equazione a derivate parziali

$$\Delta'_2 W = -2\omega, \tag{14}$$

(*) Si osservi che corrispondendosi S, Σ punto per punto per parallelismo dei piani tangenti, l'elemento lineare sferico rappresentativo è lo stesso per S o per Σ.

ogni soluzione della quale darà, come è chiaro, una soluzione del problema. In particolare se una delle evolventi medie, corrispondente p. e. alla soluzione W_1 della (14), è nota, ponendo

$$W = W_1 + \Omega ,$$

la ricerca delle altre evolventi medie sarà ricondotta alla integrazione della equazione

$$(14^*) \qquad \Delta'_2 \, \Omega = 0 .$$

Basterà assumere a linee coordinate (u, v) un sistema cui corrisponda un sistema isotermo sulla sfera, per dare alle (14), (14*) la forma ben nota in analisi

$$(15) \qquad \frac{\partial^2 W}{\partial u^2} + \frac{\partial^2 W}{\partial v^2} = f\,(u, v) ,$$

ove f è una funzione nota di $u, v,$ o nel 2.° caso l'altra

$$(15^*) \qquad \frac{\partial^2 W}{\partial u^2} + \frac{\partial^2 W}{\partial v^2} = 0 .$$

Se la evoluta media si riduce ad un punto, le evolventi sono le superficie studiate da Appell (*), per le quali i piani medii passano per un punto. Esse corrispondono alle soluzioni della (15*).

127. Applichiamo i teoremi generali sulle evolute ad un'importante classe di superficie, quelle *i cui raggi principali di curvatura* r_1 r_2 *sono legati fra loro da una relazione*

$$\varphi\,(r_1, r_2) = 0 .$$

Per abbreviare, indicheremo ogni superficie di questa classe come *una superficie* W.

(*) *American Journal of. Mathematics*, v.e X.

Nello stesso volume Goursat ha studiato le superficie più generali che, nelle nostre notazioni, hanno la proprietà espressa dalla formola

$$r_1 + r_2 = n \, W \; (n \text{ costante}).$$

La loro determinazione dipende dalla equazione

$$\Delta'_2 \, W = (n - 2) \, W.$$

Per esse la (13) diviene

$$\omega = -\frac{n-2}{2} W$$

e dimostra che: *L'evoluta media di una superficie di Goursat è una nuova superficie di Goursat omotetica alla primitiva.*

È questa evidentemente una proprietà caratteristica delle superficiè di Goursat.

Alle superficie W siamo subito condotti dall'esame della questione seguente. Stabilendo fra i punti delle due falde S_1, S_2 della evoluta quella corrispondenza, che nasce dalla loro stessa generazione geometrica, riguardando cioè come corrispondente ad ogni centro M_1 di 1.ª curvatura dell'evolvente il 2.° centro M_2, domandiamo: *Quando accade che sulle due falde dell'evoluta si corrispondono le linee assintotiche?* Sarà per ciò necessario e sufficiente che i coefficienti della 2.ª forma fondamentale di S_1 siano proporzionali a quelli della 2.ª forma fondamentale di S_2.

Ora, dalle (11), si ha per S_1:

$$D_1 : D'_1 : D''_1 = E\, r_1^2 \frac{\partial r_2}{\partial v} : 0 : -G\, r_2^2 \frac{\partial r_1}{\partial v}$$

e quindi per S_2

$$D_2 : D'_2 : D''_2 = E\, r_1^2 \frac{\partial r_2}{\partial u} : 0 : -G\, r_2^2 \frac{\partial r_1}{\partial u} .$$

La condizione imposta porta alla relazione

$$\begin{vmatrix} \frac{\partial r_1}{\partial u} & \frac{\partial r_1}{\partial v} \\ \frac{\partial r_2}{\partial u} & \frac{\partial r_2}{\partial v} \end{vmatrix} = 0 ,$$

la quale esprime che r_1, r_2 sono legati da una relazione. Abbiamo quindi il teorema di Ribaucour: *La condizione necessaria e sufficiente, affinchè sulle due falde dell'evoluta si corrispondano le linee assintotiche, è che la superficie evolvente sia una superficie* W.

È chiaro che, invece di parlare della corrispondenza delle linee assintotiche sopra S_1, S_2, si può anche dire che ad ogni sistema coniugato sopra S_1 corrisponde un sistema coniugato sopra S_2. Per tal modo si dà forma reale alla corrispondenza, anche se le linee assintotiche sopra S_1, S_2 sono immaginarie. Non sarà inutile osservare che sulle due falde S_1, S_2 corrispondendo già alle linee di curvatura della evolvente S, qualunque essa sia, due sistemi coniugati, basterà aggiungere la condizione che ad un nuovo sistema coniugato di S_1 corrisponda un altro sistema coniugato di S_2, per trovarsi nel caso della corrispondenza ora considerata (*).

Se si aggiunge poi la condizione che alle assintotiche delle due falde di una superficie evoluta corrispondano le assintotiche della evolvente, la cui equazione differenziale è

$$\frac{E}{r_2} du^2 + \frac{G}{r_1} dv^2 = 0 ,$$

(*) Basta applicare alle due seconde forme fondamentali di S_1, S_2 il risultato del n. 31 c. II (Cf. anche pag. 116 nota).

si trovano subito le due condizioni

$$\partial \frac{(r_1\, r_2)}{\partial u} = 0 \quad , \quad \partial \frac{(r_1\, r_2)}{\partial v} = 0 \,,$$

onde il teorema: *Per le evolute delle superficie a curvatura costante e per queste soltanto accade che alle assintotiche della evolvente corrispondono le assintotiche sulle due falde dell' evoluta.*

Osserviamo in fine che le formole (12), (12*), applicate alle curvature delle due falde della evoluta di una superficie W, danno:

$$\text{(16)} \qquad \left\{ \begin{aligned} K_1 &= -\frac{1}{(r_1 - r_2)^2}\frac{dr_2}{dr_1} \\ K_2 &= -\frac{1}{(r_1 - r_2)^2}\frac{dr_1}{dr_2} \end{aligned} \right.$$

e ne risulta quindi il notevole teorema di Halphen, espresso dalla formola

$$\text{(17)} \qquad K_1\, K_2 = \frac{1}{(r_1 - r_2)^4} \,.$$

128. Un altro teorema di Ribaucour si deduce agevolmente dalle nostre formole generali. Esso è relativo al caso, in cui sulle due falde dell'evoluta di una superficie S si corrispondono le linee di curvatura. L'equazione differenziale delle linee di curvatura sulla 1.ª falda S_1

$$\begin{vmatrix} E_1\, du + F_1\, dv \;, & F_1\, du + G_1\, dv \\ D_1\, du + D'_1\, dv \;, & L'_1\, du + D''_1\, dv \end{vmatrix} = 0 \,,$$

sviluppata colle formole (9), (11), diventa

$$\text{(18)} \; E\, r_1^2 \frac{\partial r_1}{\partial u}\frac{\partial r_2}{\partial v} du^2 + \left\{ E\, G\, (r_2 - r_1)^2 + G\, r_2^2 \left(\frac{\partial r_1}{\partial u}\right)^2 + E\, r_1^2 \frac{\partial r_1}{\partial u}\frac{\partial r_2}{\partial v} \right\} du\, dv + \\ + G\, r_2^2 \frac{\partial r_1}{\partial u}\frac{\partial r_1}{\partial v} dv^2 = 0 \,.$$

Per l'equazione differenziale delle linee curvatura sulla 2.ª falda S_2 si ha analogamente

$$\text{(18*)} \; E\, r_1^2 \frac{\partial r_2}{\partial u}\frac{\partial r_2}{\partial v} du^2 + \left\{ E\, G\, (r_2 - r_1)^2 + G\, r_2^2 \frac{\partial r_1}{\partial u}\frac{\partial r_2}{\partial u} + E\, r_1^2 \left(\frac{\partial r_2}{\partial v}\right)^2 \right\} du\, dv + \\ + G\, r_2^2 \frac{\partial r_1}{\partial u}\frac{\partial r_2}{\partial v} dv^2 = 0 \,.$$

Se le linee di curvatura si debbono corrispondere sulle due falde, le due equazioni (18), (18*) debbono coincidere, il che dà subito le condizioni

$$\frac{\partial r_1}{\partial u} = \frac{\partial r_2}{\partial u}, \quad \frac{\partial r_1}{\partial v} = \frac{\partial r_2}{\partial v},$$

ovvero $r_1 - r_2 = \text{cost}^{\text{te}}$. Dunque: *Soltanto per le due falde dell'evoluta delle superficie* W, *i cui raggi di curvatura sono legati dalla relazione*

$$r_1 - r_2 = \text{R} \quad (\text{R cost}^{\text{te}}),$$

accade che le linee di curvatura si corrispondono. Le formole (16) dimostrano d'altronde che in tal caso: *le due falde dell'evoluta sono superficie colla medesima curvatura costante negativa* $\text{K} = -\frac{1}{\text{R}^2}$ (*).

Osserviamo che le assintotiche si corrispondono egualmente sulle due falde e di più: *gli archi corrispondenti di assintotiche sono eguali.* E invero abbiamo per la (9*)

$$ds_1^2 = dr_1^2 + \frac{\text{E}}{r_2^2}(r_2 - r_1)^2 du^2$$

$$ds_2^2 = dr_2^2 + \frac{\text{G}}{r_1^2}(r_2 - r_1)^2 dv^2$$

ed essendo $dr_1^2 = dr_2^2$, e inoltre lungo le assintotiche (n. 127)

$$\text{E}r_1^2 du^2 = \text{G}r_2^2 dv^2,$$

segue appunto

$$ds_1^2 = ds_2^2.$$

Quest'ultima osservazione è dovuta a Lie. Le eleganti proprietà ora dimostrate sono suscettibili di un' importante generalizzazione, che faremo conoscere in seguito.

129. Lie ha osservato che: *Sopra ogni superficie* W *si possono determinare con quadrature le linee di curvatura.* Daremo più tardi la dimostrazione di Lie; ora riportiamo la dimostrazione analitica di Weingarten di questo teorema. Ricordiamo per ciò che l'equazione differenziale delle linee di curvatura di una superficie S si ottiene, eguagliando a zero il covariante quadratico

$$\psi = \frac{1}{\sqrt{\text{E G} - \text{F}^2}} \begin{vmatrix} \text{E}\,du + \text{F}\,dv\,, & \text{F}\,du + \text{G}\,dv \\ \text{D}\,du + \text{D}'\,dv\,, & \text{D}'\,du + \text{D}''\,dv \end{vmatrix}$$

delle due forme fondamentali. Indichiamo con K_ψ la curvatura di questa

(*) Le (16) dimostrano anche che soltanto per le evolute delle superficie $r_1 - r_2 = \text{cost}^{\text{te}}$ e per quelle delle superficie ad area minima accade che le curvature delle due falde nei punti corrispondenti sono eguali.

forma differenziale e per calcolarla assumiamo a linee coordinate le linee di curvatura, ponendo

$$E = e r_2^2 \quad , \quad F = 0 \quad , \quad G = g r_1^2$$

$$D = -e r_2 \quad , \quad D' = 0 \quad , \quad D'' = -g r_1$$

e avremo

$$\psi = \sqrt{e g}\,(r_1 - r_2)\, du\, dv \,,$$

quindi (n. 29, pag. 52, formola (IV))

$$K_\psi = -\frac{1}{(r_1 - r_2)\sqrt{eg}} \left\{ \frac{\partial^2 \log\sqrt{e}}{\partial u\, \partial v} + \frac{\partial^2 \log\sqrt{g}}{\partial u\, \partial v} + \frac{\partial^2 \log (r_1 - r_2)}{\partial u\, \partial v} \right\}.$$

Ma per le (4) n. 123 pag. 225, si ha:

$$\frac{\partial^2 \log\sqrt{e}}{\partial u\, \partial v} = \frac{\partial}{\partial u} \frac{\frac{\partial r_2}{\partial v}}{r_1 - r_2}$$

$$\frac{\partial^2 \log\sqrt{g}}{\partial u\, \partial v} = \frac{\partial}{\partial v} \frac{\frac{\partial r_1}{\partial u}}{r_2 - r_1}$$

e quindi

$$K_\psi = \frac{1}{\sqrt{eg}\,(r_1 - r_2)^3} \begin{vmatrix} \frac{\partial r_1}{\partial u} & \frac{\partial r_1}{\partial v} \\ \frac{\partial r_2}{\partial u} & \frac{\partial r_2}{\partial v} \end{vmatrix} .$$

Dunque: *Per le superficie* W *e per queste soltanto la forma* ψ *è a curvatura nulla.* Il teorema enunciato risulta allora dal n. 29, c. II.

Rispetto alle linee assintotiche di una superficie W, non si conosce un teorema analogo, salvo nei due casi particolarmente interessanti delle superficie d'area minima e delle superficie pseudosferiche. Per le prime la 2.ª forma fondamentale

$$D\, du^2 + 2\, D'\, du\, dv + D''\, dv^2$$

è (indefinita) a curvatura nulla e per le seconde la forma stessa, moltiplicata per $r_1 - r_2$, diventa ancora a curvatura nulla (Cf. n. 66, 67); ne risulta quindi (n. 29, c. II) che le assintotiche si ottengono per quadrature.

130. La proprietà più importante e feconda della teoria delle superficie W è quella espressa dal bel teorema di Weingarten:

A) *Ciascuna falda dell'evoluta di una superficie* W *è applicabile sopra una superficie di rotazione, che dipende unicamente dalla relazione che lega i raggi principali di curvatura* r_1, r_2 *della evolvente* W.

La dimostrazione risulta subito dalle proprietà fondamentali dei numeri 124-125. E infatti sopra la 1.ª falda S_1 dell'evoluta le $r_1 = \text{cost}^{\text{te}}$ sono geodeticamente parallele e, poichè il loro raggio di curvatura geodetica

$$r_1 - r_2$$

è funzione di r_1 soltanto, esse sono altresì a curvatura geodetica costante e però la S_1 è applicabile sopra una superficie di rotazione (n. 101, c. VII). Inoltre, poichè la funzione

$$f(r_1) = r_1 - r_2$$

dipende unicamente dalla relazione che lega r_1, r_2, anche la seconda parte del teorema risulta evidente.

Direttamente risulta il teorema dalla formola (9*) n. 124

$$ds_1^2 = dr_1^2 + \mathrm{E}\left(1 - \frac{r_1}{r_2}\right)^2 du^2;$$

calcolando infatti

$$\frac{\partial \log\left\{\sqrt{\mathrm{E}}\left(1 - \frac{r_1}{r_2}\right)\right\}}{\partial r_1} = \frac{\partial \log\sqrt{\mathrm{E}}}{\partial v}\,\frac{1}{\frac{\partial r_1}{\partial v}} + \frac{1 - \frac{r_1}{r_2}\frac{dr_2}{dr_1}}{r_1 - r_2},$$

osservando la 1.ª delle (1) pag. 225, troviamo

$$\frac{\partial \log\left\{\sqrt{\mathrm{E}}\left(1 - \frac{r_1}{r_2}\right)\right\}}{\partial r_1} = \frac{1}{r_1 - r_2},$$

onde

$$\sqrt{\mathrm{E}}\left(1 - \frac{r_1}{r_2}\right) = e^{\int \frac{dr_1}{r_1 - r_2} + \varphi(u)}$$

e, cangiando u in $\int e^{\varphi(u)} du$, si ha quindi il risultato:

L'elemento lineare della 1.ª falda S_1 *della evoluta di una superficie* W *è dato dalla formola*

$$(19) \qquad ds_1^2 = dr_1^2 + e^{2\int \frac{dr_1}{r_1 - r_2}} du^2.$$

È chiaro che la 2.ª falda S_2 della evoluta sarà applicabile sopra una superficie di rotazione, il cui elemento lineare è dato da

$$(19^*) \qquad ds_2^2 = dr_2^2 + e^{2\int \frac{dr_2}{r_2 - r_1}} dv^2.$$

Dal teorema di Weingarten ora dimostrato si può nuovamente trarre il teorema al n. 129, nel modo come ha fatto Lie. E infatti sulla S_1 conosciamo immediatamente le r_1=cost^{te} e con una quadratura (n. 39, c. III) si hanno le traiettorie ortogonali, alle quali sulla evolvente W corrispondono le linee di curvatura del 1.° sistema; similmente dicasi per quelle del 2.° sistema.

131. Come Weingarten stesso ha dimostrato, insieme al teorema A) sussiste il suo reciproco, salvo un caso d'eccezione che sarà più avanti notato. Per dimostrarlo ci serviremo delle considerazioni geometriche seguenti, dovute a Beltrami (*).

Sopra una superficie arbitraria S tracciamo un sistema ∞^1 di linee (g) e consideriamo il sistema ∞^2 di rette loro tangenti. Affinchè queste rette costituiscano le normali ad una superficie Σ è *necessario* che le (g) siano geodetiche, poichè una delle falde della evoluta della Σ è allora la S (n. 122). Dimostriamo che questa condizione è altresì *sufficiente*. Se le (g) sono geodetiche, sia t una loro traiettoria ortogonale e consideriamo le ∞^1 curve evolventi (C) delle (g), che hanno il loro punto di partenza da t; la superficie Σ, luogo di queste evolventi C, avrà appunto per normali le tangenti alle (g). E infatti, se MP è un tratto di una delle tangenti, compreso fra il punto di contatto M con una geodetica g e il punto P ove incontra Σ, esso è intanto normale in P alla evolvente C; se spostiamo M lungo una traiettoria ortogonale t' delle g, MP rimane costante ed eguale all'arco delle (g) compreso fra t, t' e perciò il luogo degli estremi P sopra Σ è altresì normale in P al tratto MP. La tangente MP, essendo dunque normale in P a due diverse curve uscenti da P sopra Σ, è normale a Σ c. d. d.

Abbiamo dunque il risultato: *La condizione necessaria e sufficiente, perchè un sistema* ∞^2 *di rette tangenti ad una superficie* S *sia il sistema delle normali di una e quindi di infinite superficie (parallele)* Σ, *è che le linee inviluppate sopra* S *da queste rette siano geodetiche di* S.

È chiaro che S è una falda dell'evoluta di una superficie Σ e uno dei raggi principali di curvatura di Σ è l'arco delle geodetiche (g), contato da una traiettoria ortogonale fissa. La seconda falda S' dell'evoluta di Σ si dirà la *superficie complementare* di S rispetto alle geodetiche (g). Essa può anche definirsi come il luogo dei centri di curvatura geodetica delle traiettorie ortogonali delle (g) (n. 125).

132. Possiamo ora dimostrare facilmente il teorema reciproco di Weingarten. Sia infatti S una superficie applicabile sopra una superficie di rotazione e supponiamo *che le geodetiche* (g) *deformate dei meridiani non siano linee rette*. Le ∞^2 tangenti delle (g) sono, per quanto precede, le normali di una superficie Σ e, se con

$$ds^2 = du^2 + \varphi^2(u)\, dv^2$$

(*) *Ricerche di analisi applicate alla geometria* (Giornale di matematiche, vol. II, III).

indichiamo l'elemento lineare della S riferito alle geodetiche (g) v=cost^{te} e alle traiettorie ortogonali, con r_1, r_2 i raggi principali di curvatura della evolvente, abbiamo

$$r_1 = u + \text{cost}^{te}$$

$$\frac{1}{r_1 - r_2} = \frac{\varphi'(u)}{\varphi(u)}$$

e però r_1, r_2 sono legati da una relazione, che dipende unicamente dalla forma della funzione φ, cioè dalla superficie di rotazione, su cui è applicabile la S. Il caso escluso si presenta in effetto e le ricerche sulle superficie rigate del cap. VIII (n. 119-121) lo caratterizzano perfettamente; se le geodetiche (g) deformate dei meridiani sono linee rette, la superficie è il luogo delle binormali ad una curva a torsione costante e la superficie di rotazione, su cui è applicabile, è il catenoide (n. 105, c. VII). Possiamo dunque enunciare il teorema reciproco di Weingarten:

B) *Escluse le superficie rigate luogo delle binormali alle curve a torsione costante (applicabili sul catenoide), ogni altra superficie applicabile sopra una superficie di rotazione può considerarsi come una falda dell'evoluta di una superficie* W.

133. I teoremi dei numeri precedenti dimostrano che i due problemi di trovare tutte le deformate per flessione delle superficie di rotazione, o di determinare le superficie W, si equivalgono perfettamente. L'ultimo problema può alla sua volta ridursi, come ha dimostrato Weingarten, alla ricerca di quei particolari sistemi di linee ortogonali sulla sfera, che danno all'elemento lineare la forma

$$ds'^2 = e\,du^2 + g\,dv^2\,,$$

dove g è una funzione di e.

Per dimostrarlo, osserviamo che le (4) n. 123, nel caso che la superficie appartenga alla classe W, possono scriversi

$$\frac{\partial \log\sqrt{e}}{\partial v} = \frac{\partial}{\partial v}\int \frac{dr_2}{r_1 - r_2}$$

$$\frac{\partial \log\sqrt{g}}{\partial u} = \frac{\partial}{\partial u}\int \frac{dr_1}{r_2 - r_1}\,,$$

onde integrando e cangiando convenientemente i parametri u, v, potremo porre

$$(20) \qquad \sqrt{e} = e^{\int \frac{dr_2}{r_1 - r_2}}\,, \qquad \sqrt{g} = e^{\int \frac{dr_1}{r_2 - r_1}}$$

e però e, g diventano funzioni l'uno dell'altro.

È utile scrivere le formole precedenti, liberate dai segni di quadrature. Perciò, supposto che r_2 non sia costante e quindi nemmeno $\sqrt{e}$, poniamo

$$\sqrt{e} = \frac{1}{\alpha}$$

e saranno $\sqrt{g}$, r_1, r_2 funzioni di α. La 1.ª delle (20) dà

$$r_1 = r_2 - \alpha \frac{dr_2}{d\alpha}, \quad \frac{dr_1}{d\alpha} = -\alpha \frac{d^2 r_2}{d\alpha^2}$$

e la seconda delle (20) stesse dà

$$\sqrt{g} = \frac{1}{\frac{dr_2}{d\alpha}}.$$

Se poniamo

$$r_2 = \theta(\alpha),$$

ne risulterà

$$r_1 = \theta(\alpha) - \alpha\, \theta'(\alpha), \quad \sqrt{g} = \frac{1}{\theta'(\alpha)}.$$

Possiamo così enunciare il nostro risultato sotto la forma:

C) *Se di una superficie* W *si fa la rappresentazione sferica di Gauss, potranno scegliersi i parametri u, v delle sue linee di curvatura in guisa che l'elemento lineare sferico assuma la forma*

$$ds'^2 = \frac{du^2}{\alpha^2} + \frac{dv^2}{\theta'^2(\alpha)}, \tag{21}$$

dove α è funzione di u, v e i raggi di curvatura r_1, r_2 della W *sono dati dalle formole*

$$r_2 = \theta(\alpha), \quad r_1 = \theta(\alpha) - \alpha\, \theta'(\alpha). \tag{22}$$

Sussiste poi il teorema inverso:

C*) *Se l'elemento lineare* (21) *appartiene alla sfera di raggio* 1, *esiste una corrispondente superficie* W, *che rappresentata sulla sfera ha per immagini delle linee di curvatura il sistema sferico (u, v) e i cui raggi principali di curvatura sono dati dalle* (22).

Ciò risulta subito da che le equazioni fondamentali (4) n. 123 sono allora soddisfatte.

Aggiungiamo che, note X, Y, Z in funzione di u, v, si avrà la superficie W con quadrature dalle formole:

$$x = \int\left(r_2 \frac{\partial X}{\partial u} du + r_1 \frac{\partial X}{\partial v} dv\right), \quad y = \int\left(r_2 \frac{\partial Y}{\partial u} du + r_1 \frac{\partial Y}{\partial v} dv\right),$$

$$z = \int\left(r_2 \frac{\partial Z}{\partial u} du + r_1 \frac{\partial Z}{\partial v} dv\right).$$

Operando sulla (1) n. 123, come ora abbiamo fatto sulle (4), otteniamo i teoremi seguenti, che basterà enunciare:

D) *L'elemento lineare di una superficie* W, *riferito alle linee di curvatura* (u, v), *può porsi sotto la forma*

$$ds^2 = \frac{du^2}{\beta^2} + \frac{dv^2}{\theta'^2(\beta)}, \tag{23}$$

dove β *è una funzione di* u, v, *e i raggi principali di curvatura della* W *saranno dati dalle formole*

$$\frac{1}{r_2} = \theta(\beta), \quad \frac{1}{r_1} = \theta(\beta) - \beta\,\theta'(\beta). \tag{24}$$

D*) *Se l'elemento lineare* (23) *è tale che, calcolandone la curvatura, risulti*

$$K = \theta(\beta)\left[\theta(\beta) - \beta\,\theta'(\beta)\right],$$

esso apparterrà ad una superficie W, *i cui raggi di curvatura saranno dati dalle* (24).

E infatti la equazione di Gauss e le equazioni di Codazzi risulteranno allora soddisfatte.

134. Limitiamoci per ora ad applicare i risultati precedenti, in particolare i teoremi C) C*), a due casi nei quali si può determinare per quadrature la classe completa di superficie W, i cui raggi di curvatura sono legati da una determinata relazione e quindi, pel teorema di Weingarten, la classe completa di superficie applicabili sopra una determinata superficie di rotazione.

Il 1.° caso è quello in cui il sistema (u, v), che dà all'elemento lineare sferico la forma (21), è un sistema isotermo. Allora si porrà semplicemente

$$\theta'(\alpha) = \alpha, \quad \theta(\alpha) = \frac{\alpha^2}{2}$$

e si avrà

$$r_2 = \frac{\alpha^2}{2}, \quad r_1 = -\frac{\alpha^2}{2}.$$

Le corrispondenti superficie sono tutte e sole le superficie d'area minima e si ottengono per quadrature. Il catenoide essendo una superficie di rotazione d'area minima, le evolute delle superficie minime sono applicabili sulla evoluta del catenoide, cioè sulla superficie di rotazione che ha per curva meridiana l'evoluta della catenaria e per asse la direttrice (*).

(*) Per l'una o l'altra falda dell'evoluta di una superficie d'area minima si trova dalle (19), (19*) la formola:

$$ds^2 = d\alpha^2 + \alpha\, d\beta^2.$$

Di questa superficie di rotazione possiamo dunque ottenere per quadrature tutte le deformate per flessione.

Un secondo caso risulta dai teoremi al n. 83, c. VI sulle ellissi e le iperbole geodetiche.

Sappiamo infatti ridurre, nel modo più generale, l'elemento lineare della sfera alla forma

$$ds'^2 = \frac{du^2}{\operatorname{sen}^2\left(\frac{\omega}{2}\right)} + \frac{dv^2}{\cos^2\left(\frac{\omega}{2}\right)}, \tag{25}$$

che appartiene appunto al tipo (21), ove si faccia

$$\alpha = \operatorname{sen}\frac{\omega}{2}, \quad \theta'(\alpha) = \cos\frac{\omega}{2},$$

da cui

$$\theta'(\alpha)\, d\alpha = \frac{1+\cos\omega}{4}\, d\omega$$

$$\theta(\alpha) = \frac{\omega + \operatorname{sen}\omega}{4}.$$

Le (22) danno quindi

$$r_2 = \frac{\omega + \operatorname{sen}\omega}{4}, \quad r_1 = \frac{\omega - \operatorname{sen}\omega}{4} \tag{26}$$

e per la relazione, che lega i raggi di curvatura delle corrispondenti superficie W:

$$2(r_2 - r_1) = \operatorname{sen}\left[2(r_2 + r_1)\right]. \tag{27}$$

Sappiamo dunque determinare per quadrature la classe completa di queste superficie W, per quanto la relazione che ne lega i raggi di curvatura sia di forma ben complicata.

Le due falde dell'evoluta di queste superficie W hanno per rispettivo elemento lineare, per le (19) (19*) n. 130

$$ds_1^2 = \frac{1}{4}\left\{\operatorname{sen}^4\left(\frac{\omega}{2}\right) d\omega^2 + \cos^2\left(\frac{\omega}{2}\right) du^2\right\}$$

$$ds_2^2 = \frac{1}{4}\left\{\cos^4\left(\frac{\omega}{2}\right) d\omega^2 + \operatorname{sen}^2\left(\frac{\omega}{2}\right) dv^2\right\};$$

esse sono dunque applicabili l'una sull'altra (giacchè ds_1 si cangia in ds_2 mutando ω in $\pi - \omega$ ed u in v) e sopra una medesima superficie di rotazione. Anche di questa speciale superficie di rotazione sappiamo dunque determinare tutte le deformate per flessione.

Ritorneremo su questi risultati in un prossimo capitolo, quando potremo far conoscere la elegante costruzione geometrica di Darboux, per ottenere tutte le superficie W della classe (27).

135. Applichiamo in fine il teorema di Weingarten a sviluppare alcune conseguenze, che riguardano le superficie pseudosferiche.

Tutte le evolute delle superficie pseudosferiche sono applicabili sopra una medesima superficie di rotazione, l'evoluta della pseudosfera, cioè il *catenoide;* dunque:

Ciascuna falda dell'evoluta di una superficie pseudosferica è applicabile sul catenoide.

Consideriamo ora sopra una superficie pseudosferica S uno degli infiniti sistemi di geodetiche v, che, presi a linee coordinate insieme colle traiettorie ortogonali, danno all'elemento lineare una delle tre forme del tipo parabolico, ellittico o iperbolico (n. 98, c. VII):

$$\text{(I)}\quad ds^2 = du^2 + e^{\frac{2u}{R}} dv^2$$

$$\text{(II)}\quad ds^2 = du^2 + R^2 \operatorname{senh}^2\left(\frac{u}{R}\right) dv^2$$

$$\text{(III)}\quad ds^2 = du^2 + \cosh^2\left(\frac{u}{R}\right) dv^2 .$$

Ogni volta le tangenti alle geodetiche v costituiscono le normali di una superficie (evolvente) W e noi vogliamo ora ricercare da quale relazione saranno corrispondentemente legati i raggi principali r_1, r_2 di curvatura della W. Considerando la superficie pseudosferica S come 1.ª falda dell'evoluta di W e paragonando le forme (I), (II), (III) dell'elemento lineare colla (19) n. 130

$$ds_1^2 = dr_1^2 + e^{2\int \frac{dr_1}{r_1 - r_2}} dv_1^2 ,$$

dovremo eguagliare i due elementi lineari, ponendo

$$u = r_1 + C \quad , \quad v = \lambda\, v_1 \quad (C, \lambda \text{ costanti}).$$

Per la relazione che lega r_1, r_2 troviamo così corrispondentemente nei tre casi

$$\text{(I')}\quad r_1 - r_2 = R$$

$$\text{(II')}\quad r_1 - r_2 = R \operatorname{tangh}\left(\frac{r_1 + C}{R}\right)$$

$$\text{(III')}\quad r_1 - r_2 = R \coth\left(\frac{r_1 + C}{R}\right) .$$

Il valore di C nelle ultime due formole dipende dalla speciale evolvente Σ, che si considera.

Domandiamo ora: *Su quale superficie di rotazione sono applicabili le rispettive superficie complementari di* S *nei tre casi?*

Nel 1.° caso la risposta risulta subito dal teorema al n. 128; si vede che la superficie complementare è allora una nuova superficie pseudosferica di raggio R. Possiamo enunciare questo importante risultato (le cui conseguenze saranno sviluppate nel cap. XVII) così: *Il luogo dei centri di curvatura geodetica di un sistema di oricicli paralleli sopra una superficie pseudosferica è una nuova superficie pseudosferica.*

Venendo agli altri due casi, osserviamo che per l'elemento lineare della seconda falda dell'evoluta, dalla (19*) n. 130, si trova

$$ds_2^2 = \tanh^4\left(\frac{r_1 + C}{R}\right) dr_1^2 + \frac{dv^2}{\cosh^2\left(\frac{r_1 + C}{R}\right)}$$

nel caso (II), e

$$ds_2^2 = \coth^4\left(\frac{r_1 + C}{R}\right) dr_1^2 + \frac{dv^2}{\operatorname{senh}^2\left(\frac{r_1 + C}{R}\right)}$$

nel caso (III). Le curve meridiane delle corrispondenti superficie di rotazione possono definirsi colle equazioni

$$r = \frac{R}{\sqrt{R^2 k^2 + 1}} \operatorname{sen} \varphi \ , \quad z = R \left\{ \log \operatorname{tang} \frac{1}{2} \varphi + \cos \varphi \right\}$$

nel 1.° caso e

$$r = \frac{R}{\sqrt{1 - R^2 k^2}} \operatorname{sen} \varphi \ , \quad z = R \left\{ \log \operatorname{tang} \frac{1}{2} \varphi + \cos \varphi \right\}$$

nel 2.°, k essendo una costante. Paragonando queste formole colle altre (n. 99, pag. 184)

$$r = R \operatorname{sen} \varphi \ , \quad z = R \left(\log \operatorname{tang} \frac{1}{2} \varphi + \cos \varphi \right),$$

si vede che la prima curva è la proiezione della trattrice ordinaria sopra un piano per l'assintoto; la diremo *trattrice accorciata.* La seconda curva ha invece per proiezione ortogonale sopra un piano per l'assintoto la trattrice stessa e si dirà *trattrice allungata.*

Dunque: *Le superficie complementari di una superficie pseudosferica nei rispettivi casi* (I), (II), (III) *sono applicabili sulla superficie di rotazione che ha per meridiano rispettivamente la trattrice ordinaria, la trattrice accorciata o la trattrice allungata e per asse l'assintoto.*

Capitolo X.

Sistemi ∞^2 di raggi o congruenze rettilinee.

Congruenze rettilinee — Punti limiti e superficie principali — Congruenze isotrope di Ribaucour — Fuochi e sviluppabili della congruenza — Congruenze normali — Teorema di Beltrami — Teorema di Malus-Dupin — Congruenze con assegnata immagine sferica delle superficie principali — Congruenze con assegnata immagine sferica delle sviluppabili — Formole relative alle due superficie focali — Congruenze pseudosferiche — Congruenze di Guichard — Superficie di Guichard e di Voss.

136. La teoria che andiamo a svolgere nel presente capitolo riguarda i sistemi doppiamente infiniti di rette distribuite nello spazio in modo che per ogni punto dello spazio, o di una conveniente regione di spazio, passi una retta o un numero finito di rette del sistema. Tali sistemi ∞^2 di rette (raggi) diconsi anche *congruenze rettilinee,* o semplicemente congruenze. L'insieme delle normali ad una superficie non è che un caso particolare di questi sistemi.

Questa teoria, nata da questioni di ottica geometrica, è venuta acquistando un'importanza crescente per la teoria delle superficie e non sembra dubbio che debba vieppiù contribuire in avvenire ai progressi della geometria.

Noi ne stabiliremo qui i fondamenti, attenendoci specialmente alla classica memoria di Kummer (*) e ne faremo conoscere in questo capitolo e nei seguenti le principali applicazioni.

Occupiamoci in primo luogo di definire analiticamente la congruenza. Tagliamo per ciò l'intero sistema di rette con una superficie S e per ogni raggio del sistema riguardiamo come punto di partenza il punto (o uno dei punti) ove incontra S. Riferita la superficie S ad un sistema di coordinate curvilinee (u, v), definiremo analiticamente la congruenza esprimendo in funzione di u, v le coordinate

$$x, y, z$$

(*) *Allgemeine Theorie der geradlinigen Strahlensysteme* (Crelle 's Jornal 57°).

del punto di partenza e i coseni di direzione del raggio, che indicheremo con

$$X, \; Y, \; Z.$$

Rispetto alle funzioni x, y, z, X, Y, Z di u, v supporremo che esse siano finite e continue insieme alle loro derivate parziali.

Conducendo pel centro della sfera

$$x^2 + y^2 + z^2 = 1$$

il raggio parallelo alla direzione positiva del raggio della congruenza, le coordinate dell'estremo M_1 saranno X, Y, Z; riguarderemo questo punto come l'immagine sferica della retta (u, v) della congruenza. Variando la retta (u, v) nel sistema, il punto M_1 descriverà *l'immagine sferica* della congruenza.

Osserviamo che le coordinate ξ, η, ζ di ogni punto P sul raggio (u, v) sono date dalle formole

$$(1) \qquad \xi = x + t\,X \;, \quad \eta = y + t\,Y \;, \quad \zeta = z + t\,Z \;,$$

essendo t l'*ascissa* del punto P sul raggio, contata dal punto di partenza $P_0 \equiv (x, y, z)$ come origine.

137. Introduciamo con Kummer le seguenti funzioni fondamentali

$$(2) \qquad \sum \left(\frac{\partial X}{\partial u}\right)^2 = E \;, \quad \sum \frac{\partial X}{\partial u}\frac{\partial X}{\partial v} = F \;, \quad \sum \left(\frac{\partial X}{\partial v}\right)^2 = G$$

$$(3) \quad \sum \frac{\partial X}{\partial u}\frac{\partial x}{\partial u} = e \;, \quad \sum \frac{\partial X}{\partial u}\frac{\partial x}{\partial v} = f \;, \quad \sum \frac{\partial X}{\partial v}\frac{\partial x}{\partial u} = f' \;, \quad \sum \frac{\partial X}{\partial v}\frac{\partial x}{\partial v} = g,$$

per le quali si esprimono le due forme differenziali quadratiche

$$(4) \qquad ds_1^2 = \sum dX^2 = E\,du^2 + 2\,F\,du\,dv + G\,dv^2$$

$$(5) \qquad \sum dx\,dX = e\,du^2 + (f+f')\,du\,dv + g\,dv^2 \,,$$

che diremo le due *forme fondamentali.* La prima rappresenta il quadrato dell'elemento lineare della rappresentazione sferica; si osserverà che ds_1 misura altresì l'angolo infinitesimo di due generatrici successive (u, v), $(u+du \,, \; v+dv)$.

Indichiamo poi con dp la lunghezza infinitesima della minima distanza del raggio (u, v) dal raggio infinitamente vicino, con $\cos a$, $\cos b$, $\cos c$ i coseni di direzione di questa minima distanza e in fine con r il valore dell'ascissa t al piede di dp sopra il raggio (u, v).

Abbiamo:

$$\cos a : \cos b : \cos c = (Y\,dZ - Z\,dY) : (Z\,dX - X\,dZ) : (X\,dY - Y\,dX)$$

$$\cos a : \cos b : \cos c = \left\{ \left(Y \frac{\partial Z}{\partial u} - Z \frac{\partial Y}{\partial u} \right) du + \left(Y \frac{\partial Z}{\partial v} - Z \frac{\partial Y}{\partial v} \right) dv \right\} :$$

$$: \left\{ \left(Z \frac{\partial X}{\partial u} - X \frac{\partial Z}{\partial u} \right) du + \left(Z \frac{\partial X}{\partial v} - X \frac{\partial Z}{\partial v} \right) dv \right\}$$

$$: \left\{ \left(X \frac{\partial Y}{\partial u} - Y \frac{\partial X}{\partial u} \right) du + \left(X \frac{\partial Y}{\partial v} - Y \frac{\partial X}{\partial v} \right) dv \right\}.$$

Per le identità osservate al n. 68, (pag. 128, nota), si può scrivere

$$\cos a : \cos b : \cos c = \left\{ \left(E \frac{\partial X}{\partial v} - F \frac{\partial X}{\partial u} \right) du - \left(G \frac{\partial X}{\partial u} - F \frac{\partial X}{\partial v} \right) dv \right\}$$

$$: \left\{ \left(E \frac{\partial Y}{\partial v} - F \frac{\partial Y}{\partial u} \right) du - \left(G \frac{\partial Y}{\partial u} - F \frac{\partial Y}{\partial v} \right) dv \right\}$$

$$: \left\{ \left(E \frac{\partial Z}{\partial v} - F \frac{\partial Z}{\partial u} \right) - \left(G \frac{\partial Z}{\partial u} - F \frac{\partial Z}{\partial v} \right) dv \right\}$$

e risulta quindi

$$(6) \quad \left\{ \begin{aligned} \cos a &= \frac{\left(E \frac{\partial X}{\partial v} - F \frac{\partial X}{\partial u} \right) du + \left(F \frac{\partial X}{\partial v} - G \frac{\partial X}{\partial u} \right) dv}{\sqrt{EG - F^2}\,\sqrt{E\,du^2 + 2F\,du\,dv + G\,dv^2}} \\ \cos b &= \frac{\left(E \frac{\partial Y}{\partial v} - F \frac{\partial Y}{\partial u} \right) du + \left(F \frac{\partial Y}{\partial v} - G \frac{\partial Y}{\partial u} \right) dv}{\sqrt{EG - F^2}\,\sqrt{E\,du^2 + 2F\,du\,dv + G\,dv^2}} \\ \cos c &= \frac{\left(E \frac{\partial Z}{\partial v} - F \frac{\partial Z}{\partial u} \right) du + \left(F \frac{\partial Z}{\partial v} - G \frac{\partial Z}{\partial u} \right) dv}{\sqrt{EG - F^2}\,\sqrt{E\,du^2 + 2F\,du\,dv + G\,dv^2}} . \end{aligned} \right.$$

Ora si ha

$$dp = \sum \cos a \; dx ,$$

ossia per le precedenti:

$$(7) \qquad dp = \frac{1}{\sqrt{EG - F^2}\; ds_1} \begin{vmatrix} E\,du + F\,dv , & F\,du + G\,dv \\ e\,du + f\,dv , & f'\,du + g\,dv \end{vmatrix} .$$

Essendo r l'ascissa del piede di dp sopra il raggio (u, v) e t quella del punto ove incontra il raggio $(u + du,\ v + dv)$, avremo

$$x + r\,X + dp \cos a = x + dx + t\,(X + dX) ,$$

colle analoghe in y, z, ovvero

$$\begin{cases} r\,X + dp \cos a = dx + t\,(X + dX) \\ r\,Y + dp \cos b = dy + t\,(Y + dY) \\ r\,Z + dp \cos c = dz + t\,(Z + dZ)\,. \end{cases}$$

Queste, moltiplicate ordinatamente per X, Y, Z e sommate, danno

$$t = r - \sum X\,dx\,,$$

cioè t differisce, come è naturale, infinitamente poco da r. Moltiplicandole invece per dX, dY, dZ e sommando otteniamo

$$\sum dx\,dX + (r - \sum X\,dx)\,.\,\sum dX^2 = 0\,,$$

onde, trascurando gli infinitesimi di ordine superiore:

$$r = -\frac{\sum dx\,dX}{\sum dX^2}\,,$$

cioè

$$r = -\frac{e\,du^2 + (f + f')\,du\,dv + g\,dv^2}{E\,du^2 + 2\,F\,du\,dv + G\,dv^2}\,. \tag{8}$$

138. Le formole ora stabilite conducono a notevoli conseguenze, che nel modo più semplice stabiliamo, servendoci di una conveniente trasformazione delle coordinate curvilinee (u, v). Escludiamo per ciò dapprima il caso che le due forme fondamentali (4), (5) abbiano i coefficienti proporzionali, cioè che sussista la proporzione

$$E : F : G = e : \frac{f + f'}{2} : g\,.$$

Allora, con una trasformazione *determinata* reale delle coordinate u, v, si può rendere simultaneamente (n. 31, c. II)

$$F = 0 \quad , \quad f + f' = 0\,.$$

Supposta effettuata questa trasformazione, la (8) diventa

$$r = -\frac{e\,du^2 + g\,dv^2}{E\,du^2 + G\,dv^2}\,. \tag{8*}$$

Indicando con r_1 il valore di r corrispondente a $dv=0$, con r_2 quello corrispondente a $du=0$, avremo

$$r_1 = -\frac{e}{E}\quad , \quad r_2 = -\frac{g}{G}\,,$$

restando escluso, per l'ipotesi fatta, il caso di $r_1 = r_2$. La (8*) si scrive quindi

$$r = \frac{E\, r_1\, du^2 + G\, r_2\, dv^2}{E\, du^2 + G\, dv^2} \tag{9}$$

e, supponendo p. e. $r_2 > r_1$, si ha

$$r = r_1 + \frac{G\,(r_2 - r_1)\, dv^2}{E\, du^2 + G\, dv^2} = r_2 - \frac{E\,(r_2 - r_1)\, du^2}{E\, du^2 + G\, dv^2},$$

onde segue

$$r_1 \leq r \leq r_2 .$$

Indichiamo con L_1, L_2 i piedi delle minime distanze del raggio (u, v) dai due raggi infinitamente vicini $(u+du, v)$, $(u, v+dv)$ rispettivamente; le loro ascisse sono r_1, r_2. Per quanto precede, il piede della minima distanza del raggio (u, v) da ogni altro raggio infinitamente vicino $(u+du, v+dv)$ cade entro il segmento $L_1 L_2$; gli estremi L_1, L_2 di questo segmento diconsi perciò i *punti limiti*.

Se con

$$\cos a_1 \;,\quad \cos b_1 \;,\quad \cos c_1$$

$$\cos a_2 \;,\quad \cos b_2 \;,\quad \cos c_2$$

indichiamo i valori di $\cos a$, $\cos b$, $\cos c$ ai rispettivi punti limiti L_1, L_2, abbiamo dalle (6)

$$\cos a_1 = \frac{1}{\sqrt{G}}\frac{\partial X}{\partial v}\;,\quad \cos b_1 = \frac{1}{\sqrt{G}}\frac{\partial Y}{\partial v}\;,\quad \cos c_1 = \frac{1}{\sqrt{G}}\frac{\partial Z}{\partial v}$$

$$\cos a_2 = \frac{1}{\sqrt{E}}\frac{\partial X}{\partial u}\;,\quad \cos b_2 = \frac{1}{\sqrt{E}}\frac{\partial Y}{\partial u}\;,\quad \cos c_2 = \frac{1}{\sqrt{E}}\frac{\partial Z}{\partial u}\,,$$

onde

$$\cos a_1 \cos a_2 + \cos b_1 \cos b_2 + \cos c_1 \cos c_2 = 0 .$$

Si ha quindi il teorema: *Le direzioni delle minime distanze del raggio* (u, v) *da quei due raggi della congruenza, pei quali i piedi di esse distanze cadono nei punti limiti* L_1, L_2, *sono fra loro ortogonali.*

Chiamansi piani principali del raggio (u, v) i piani condotti per questo raggio normalmente a quelle due minime distanze; il risultato precedente si enuncia quindi: *I due piani principali di ogni raggio sono fra loro ortogonali.*

Possiamo ora scrivere la (9) in altro modo introducendo l'angolo ω, che la minima distanza dp del raggio (u, v) dal raggio $(u+du, v+dv)$

forma con quella dp_1 relativo al punto limite L_1. Abbiamo infatti

$$\cos\omega = \Sigma \cos a \cos a_1 = \frac{\sqrt{E}\,du}{\sqrt{E\,du^2+G\,dv^2}},$$

$$\cos^2\omega = \frac{E\,du^2}{E\,du^2+G\,dv^2}, \quad \operatorname{sen}^2\omega = \frac{G\,dv^2}{E\,du^2+G\,dv^2}$$

e però la (9) dà la formola di Hamilton:

$$r = r_1\cos^2\omega + r_2\operatorname{sen}^2\omega . \tag{10}$$

139. Esaminiamo ora il caso escluso

$$e : \frac{f+f'}{2} : g = E : F : G ;$$

le considerazioni del numero precedente rimangono ancora applicabili, colla sola differenza che la trasformazione effettuata può compiersi ora in infiniti modi. Risultando $r_1=r_2$, i punti limiti L_1, L_2 coincidono sopra ogni raggio in un sol punto e in questo punto cadono i piedi di tutte le minime distanze del raggio dai raggi infinitamente vicini. Queste singolari congruenze furono considerate la prima volta da Ribaucour, che diede loro il nome di *congruenze isotrope*. Il loro studio presenta molto interesse per la relazione di queste congruenze colle superficie d'area minima, che fra breve stabiliremo.

Qui facciamo le osservazioni seguenti. Un'equazione

$$\varphi(u, v) = 0$$

fra le coordinate u, v di un raggio di qualsiasi congruenza rappresenta una superficie rigata, le cui generatrici sono raggi della congruenza, o, come si dirà brevemente, una rigata della congruenza. Per ogni rigata di una congruenza isotropa è chiaro che la linea di stringimento coincide col luogo dei punti limiti dei suoi raggi. Invece per una congruenza generale ciò avviene soltanto per le due serie di superficie rigate

$$u = \text{cost}^{\text{te}} \quad , \quad v = \text{cost}^{\text{te}} ,$$

le variabili u, v essendo quelle introdotte nel numero precedente. Per ogni superficie $v=\text{cost}^{\text{te}}$ la linea di stringimento è il luogo del punto limite L_1 sui raggi corrispondenti e similmente per una $u=\text{cost}^{\text{te}}$ il luogo del punto limite L_2. Le superficie rigate di queste due serie si diranno per ciò le *superficie principali* della congruenza. Nelle congruenze isotrope ed in queste soltanto ogni rigata della congruenza è superficie principale.

Se per una congruenza isotropa scegliamo a linee (u, v) sulla sfera un sistema ortogonale e per superficie di partenza prendiamo la superficie luogo dei punti limiti, che si dice la *superficie media* della congruenza, avremo

$$r_1 = r_2 = 0 ,$$

quindi

$$e = 0 , \quad f + f' = 0 , \quad g = 0 ,$$

cioè sarà identicamente

$$dx\, dX + dy\, dY + dz\, dZ = 0 .$$

Se si fa dunque della superficie media S una rappresentazione sulla sfera, non al modo di Gauss, ma conducendo il raggio della sfera parallelo alla direzione del raggio della congruenza isotropa, la formola precedente insegna che ogni elemento lineare di S è perpendicolare al corrispondente sulla sfera. Si ha quindi il teorema di Ribaucour:

La superficie media di una congruenza isotropa S *corrisponde per ortogonalità d'elementi alla sfera.*

Viceversa si vede subito che se una superficie S corrisponde per ortogonalità d'elementi alla sfera, conducendo pei punti di S le rette parallele ai raggi che vanno ai punti corrispondenti della sfera, si forma una congruenza isotropa.

In fine osserviamo che se a partire dalla superficie media S si porta sopra ogni raggio una lunghezza costante t, le coordinate dell'estremo essendo

$$\xi = x + tX , \quad \eta = y + tY , \quad \zeta = z + tZ ,$$

l'elemento lineare della superficie luogo degli estremi è dato da

$$d\xi^2 + d\eta^2 + d\zeta^2 = dx^2 + dy^2 + dz^2 + t^2 (dX^2 + dY^2 + dZ^2)$$

e non varia quindi cangiando t in $-t$. Le due superficie S_1, S_2 che si formano portando il segmento costante t dall'una parte o dall'altra sono applicabili, corrispondendosi i punti sullo stesso raggio, e la distanza di due punti corrispondenti è costante, eguale a $2t$. Viceversa è chiaro che: *Se in una coppia di superficie applicabili la distanza dei punti corrispondenti è costante, le congiungenti i punti corrispondenti formano una congruenza isotropa.*

140. Ritorniamo ora ai risultati generali del n. 138, che abbiamo ottenuto introducendo un particolare sistema di variabili, quelle cioè che, eguagliate a costanti, danno le superficie principali della congruenza. Supponendo ora le variabili u, v qualunque, vogliamo stabilire la formola fondamentale che dà le ascisse r_1, r_2 dei punti limiti. L'equazione differenziale delle superficie principali si ottiene (n. 31 c. II) eguagliando a zero

il Jacobiano delle due forme fondamentali (4) (5), cioè il determinante

$$\begin{vmatrix} E\,du + F\,dv \,, & F\,du + G\,dv \\ e\,du + \frac{f+f'}{2}\,dv \,, & \frac{f+f'}{2}\,du + g\,dv \end{vmatrix} .$$

Essa si scrive per ciò:

$$\text{(A)} \left\{ \frac{f+f'}{2} E - e F \right\} du^2 + \left\{ g E - e G \right\} du\,dv + \left\{ g F - \frac{f+f'}{2} G \right\} dv^2 = 0.$$

Pei valori di $\frac{dv}{du}$ che soddisfano a questa equazione, la (8)

$$r = - \frac{\left(e\,du + \frac{f+f'}{2}\,dv\right) du + \left(\frac{f+f'}{2}\,du + g\,dv\right) dv}{(E\,du + F\,dv)\,du + (F\,du + G\,dv)\,dv}$$

si può scrivere

$$r = - \frac{e\,du + \frac{f+f'}{2}\,dv}{E\,du + F\,dv} = - \frac{\frac{f+f'}{2}\,du + g\,dv}{F\,du + G\,dv}$$

e si ha quindi

$$\begin{cases} (E\,r + e)\,du + \left(F\,r + \frac{f+f'}{2}\right) dv = 0 \\ \left(F\,r + \frac{f+f'}{2}\right) du + (G\,r + g)\,dv = 0 \,. \end{cases}$$

Eliminando fra queste due il rapporto $du : dv$, si ottiene l'equazione di secondo grado in r

$$\text{(B)} \quad (E\,G - F^2)\,r^2 + \left\{ g\,E - (f + f')\,F + e\,G \right\} r + e\,g - \left(\frac{f+f'}{2}\right)^2 = 0 \,,$$

le cui radici sono le ascisse dei punti limiti.

141. Cerchiamo ora se fra le superficie rigate della congruenza ve ne sono di sviluppabili. Per una tale superficie:

$$(11) \qquad \varphi\,(u, v) = 0 \,,$$

deve essere $dp = 0$, cioè per la (7)

$$\begin{vmatrix} E\,du + F\,dv \,, & F\,du + G\,dv \\ e\,du + f\,dv \,, & f'\,du + g\,dv \end{vmatrix} = 0 \,,$$

ovvero, sviluppando

$$(\mathrm{C})\ (f'\mathrm{E}-e\mathrm{F})\,du^2+\left\{g\mathrm{E}+(f'-f)\mathrm{F}-e\mathrm{G}\right\}du\,dv+(g\mathrm{F}-f\mathrm{G})\,dv^2=0.$$

Dunque: *I raggi della congruenza possono associarsi in due serie (reali od immaginarie) di superficie sviluppabili.*

Alla stessa equazione differenziale (C) delle sviluppabili della congruenza arriviamo anche nel modo seguente, che ci fornisce inoltre un altro importante elemento. Supposto che la (11) sia l'equazione di una sviluppabile della congruenza, indichiamo con ρ l'ascissa del punto F ove il raggio (u, v) tocca lo spigolo di regresso della (11); le coordinate di F saranno

$$x_1=x+\rho\mathrm{X}\ ,\quad y_1=y+\rho\mathrm{Y}\ ,\quad z_1=z+\rho\mathrm{Z}\,.$$

Se differenziamo queste formole, ritenendo u, v legate dalla (11), saranno per ipotesi dx_1, dy_1, dz_1 proporzionali a X, Y, Z, onde avremo:

$$dx+\rho\,d\mathrm{X}=\lambda\,\mathrm{X}\ ,\quad dy+\rho\,d\mathrm{Y}=\lambda\,\mathrm{Y}\ ,\quad dz+\rho\,d\mathrm{Z}=\lambda\,\mathrm{Z}\ ,$$

essendo λ un fattore (infinitesimo) di proporzionalità. Moltiplicando ordinatamente queste tre equazioni, una prima volta per $\frac{\partial\mathrm{X}}{\partial u}, \frac{\partial\mathrm{Y}}{\partial u}, \frac{\partial\mathrm{Z}}{\partial u}$, una seconda per $\frac{\partial\mathrm{X}}{\partial v}, \frac{\partial\mathrm{Y}}{\partial v}, \frac{\partial\mathrm{Z}}{\partial v}$ e sommando si ottiene:

$$e\,du+f\,dv+\rho\,(\mathrm{E}\,du+\mathrm{F}\,dv)=0\ ,$$
$$f'\,du+g\,dv+\rho\,(\mathrm{F}\,du+\mathrm{G}\,dv)=0\ .$$

Eliminando ρ, si ottiene appunto l'equazione differenziale (C) delle sviluppabili della congruenza. Ove si elimini invece il rapporto $du:dv$, si ha per ρ l'equazione di 2.° grado:

$$(\mathrm{D})\quad (\mathrm{E}\mathrm{G}-\mathrm{F}^2)\,\rho^2+\left\{g\mathrm{E}-(f+f')\mathrm{F}+e\mathrm{G}\right\}\rho+eg-ff'=0\,;$$

le sue radici ρ_1, ρ_2 sono evidentemente le ascisse dei due punti $\mathrm{F}_1, \mathrm{F}_2$, ove il raggio (u, v) tocca lo spigolo di regresso dell'una o dell'altra sviluppabile delle due serie che passano pel detto raggio. Questi due punti diconsi i *fuochi* del raggio (u, v) e possono anche considerarsi come i due punti in cui il raggio (u, v) è incontrato dai due raggi infinitamente vicini appartenenti all'una o all'altra delle sviluppabili (*). Essi sono reali od immaginarii, secondo che le sviluppabili della congruenza sono reali od immaginarie.

(*) L'incontro ha luogo soltanto a meno di infinitesimi d'ordine superiore, cioè $d\rho$ è infinitesimo d'ordine superiore al primo in F_1, F_2.

Dalle (B) (D) confrontate risulta

$$\rho_1 + \rho_2 = r_1 + r_2 ,$$

quindi: *Il punto medio dei punti limiti coincide col punto medio dei fuochi.* Questo punto dicesi per ciò il punto medio del raggio e la superficie luogo dei punti medii chiamasi la *superficie media.* Dalle (B), (D) risulta inoltre

$$\rho_1 \rho_2 = r_1 r_2 + \frac{(f-f')^2}{4(\mathrm{E}\,\mathrm{G}-\mathrm{F}^2)} ,$$

quindi

$$(r_1-r_2)^2 - (\rho_1-\rho_2)^2 = \frac{(f-f')^2}{\mathrm{E}\,\mathrm{G}-\mathrm{F}^2} .$$

Se si indica quindi con $2d$ la distanza dei punti limiti e con 2δ quella dei fuochi, si ha

(12) $$d^2 - \delta^2 = \frac{(f-f')^2}{4(\mathrm{E}\,\mathrm{G}-\mathrm{F}^2)} .$$

Quando i due fuochi sono reali, essi giacciono dunque, come segue anche dal n. 138, entro il segmento dei punti limiti.

Prendiamo per semplicità a superficie di partenza la superficie media; allora la formola (10) di Hamilton, ponendo

$$r_1 = d , \quad r_2 = -d ,$$

si scrive

$$r = d \cos 2\,\omega ,$$

onde si vede che, mentre il piede della minima distanza del raggio (u, v) da un raggio infinitamente vicino percorre il segmento dei punti limiti da $+d$ a $-d$, l'angolo ω cresce da 0 a $\frac{\pi}{2}$, assumendo il valore $\frac{\pi}{4}$ nel punto medio del raggio. Indicando con ω_1, ω_2 i suoi valori nei fuochi

$$\rho_1 = \delta , \quad \rho_2 = -\delta ,$$

abbiamo

$$\cos 2\,\omega_1 = \frac{\delta}{d} , \quad \cos 2\,\omega_2 = -\frac{\delta}{d}$$

e però

$$\omega_1 + \omega_2 = \frac{\pi}{2} .$$

Diconsi *piani focali* i piani condotti pel raggio e pei due raggi infinitamente vicini che lo incontrano; ne risulta: *I piani focali hanno gli stessi piani bisettori dei piani principali.*

Se indichiamo con

$$\gamma = \omega_2 - \omega_1 = \frac{\pi}{2} - 2\,\omega_1$$

l'angolo dei due piani focali abbiamo, per le precedenti, le formole:

$$(13) \qquad \operatorname{sen} \gamma = \frac{\delta}{d} \;, \quad \cos \gamma = \frac{\sqrt{d^2 - \delta^2}}{d} \,.$$

142. In relazione con una data congruenza vi sono da considerare cinque superficie e cioè la *superficie media,* luogo dei punti medii, le due *superficie limiti* luogo dei punti limiti e in fine le due *superficie focali* luogo dei fuochi (*). Le prime tre sono sempre reali, le due ultime soltanto per le congruenze a sviluppabili reali. La congruenza è allora formata dalle tangenti comuni alle due falde S_1, S_2 della superficie focale. Essendo i due fuochi F_1, F_2 i punti di contatto del raggio colle superficie focali S_1, S_2, è chiaro che i piani focali sono i piani tangenti in F_1, F_2 alle superficie focali. I raggi della congruenza inviluppano sopra S_1 un sistema ∞^1 di curve che sono gli spigoli di regresso Γ_1 delle sviluppabili di uno dei due sistemi e analogamente sopra S_2; si vedrà subito che il piano osculatore in F_1 della curva Γ_1, che vi passa, è altresì il piano tangente in F_2 alla S_2. Le due serie di sviluppabili della congruenza tagliano ciascuna delle superficie focali secondo un sistema coniugato.

Possono le superficie focali coincidere? In tal caso le linee inviluppate sulla superficie focale dai raggi della congruenza coincidono col proprio sistema coniugato, cioè sono le assintotiche di un sistema. Di più si dimostra facilmente che la distanza $2\,d$ dei punti limiti è data allora da

$$2\,d = \frac{1}{\sqrt{-\mathrm{K}}} \,,$$

essendo K la curvatura della superficie focale.

E infatti prendasi a superficie di partenza la superficie focale, e a linee coordinate le linee assintotiche v in considerazione e le loro traiettorie ortogonali u e sia

$$ds^2 = \mathrm{E}'\,du^2 + \mathrm{G}'\,dv^2$$

l'elemento lineare della superficie. Per i coefficienti della 2.ª forma fondamentale avremo

$$\mathrm{D} = 0 \;, \quad \frac{\mathrm{D}'^2}{\mathrm{E}'\,\mathrm{G}'} = -\,\mathrm{K} \;,$$

(*) In molte ricerche torna utile la considerazione di una sesta superficie detta da Ribaucour la *inviluppata media,* che è l'inviluppo dei piani normali ai raggi nei punti medii (piani medii).

Poniamo

$$X_1 = \frac{1}{\sqrt{E'}}\frac{\partial x}{\partial u}\ ,\quad Y_1 = \frac{1}{\sqrt{E'}}\frac{\partial y}{\partial u}\ ,\quad Z_1 = \frac{1}{\sqrt{E'}}\frac{\partial z}{\partial u}$$

$$X_2 = \frac{1}{\sqrt{G'}}\frac{\partial x}{\partial v}\ ,\quad Y_2 = \frac{1}{\sqrt{G'}}\frac{\partial y}{\partial v}\ ,\quad Z_2 = \frac{1}{\sqrt{G'}}\frac{\partial z}{\partial v}$$

e dalle formole fondamentali (I), (II), n. 47 c. IV dedurremo

$$\frac{\partial X_1}{\partial u} = -\frac{1}{\sqrt{G'}}\frac{\partial\sqrt{E'}}{\partial v}X_2\ ,\quad \frac{\partial X_1}{\partial v} = \frac{1}{\sqrt{E'}}\frac{\partial\sqrt{G'}}{\partial u}X_2 + \frac{D'}{\sqrt{E'}}X\ .$$

Essendo appunto X_1, Y_1, Z_1 i coseni di direzione del raggio (u, v) della congruenza, per le quantità fondamentali (2) (3) n. 137 troviamo

$$E = \left(\frac{1}{\sqrt{G'}}\frac{\partial\sqrt{E'}}{\partial v}\right)^2,\ F = -\frac{1}{\sqrt{E'G'}}\frac{\partial\sqrt{E'}}{\partial v}\frac{\partial\sqrt{G'}}{\partial u}\ ,\ G = \left(\frac{1}{\sqrt{E'}}\frac{\partial\sqrt{G'}}{\partial u}\right)^2 + \frac{D'^2}{E'}$$

$$e = 0\ ,\quad f = -\frac{\partial\sqrt{E'}}{\partial v}\ ,\ f' = 0\ ,\ g = \sqrt{\frac{G'}{E'}}\frac{\partial\sqrt{G'}}{\partial u}\ ,$$

onde

$$EG - F^2 = \frac{D'^2}{E'G'}\cdot\left(\frac{\partial\sqrt{E'}}{\partial v}\right)^2$$

$$eg - \left(\frac{f+f'}{2}\right)^2 = -\frac{1}{4}\left(\frac{\partial\sqrt{E'}}{\partial v}\right)^2.$$

La (B), essendo nullo il termine medio, dà quindi

$$\frac{1}{4r^2} = \frac{D'^2}{E'G'} = -K \text{ c. d. d.}$$

143. Un sistema di raggi si dirà un sistema o una congruenza *normale,* se esiste una superficie normale a tutti i raggi e quindi (n. 131, c. IX) una serie ∞^1 di tali superficie.

Se una congruenza è normale, dovrà esser possibile assumere nelle (1) n. 136 per t una tale funzione di u, v che la superficie luogo del punto (ξ, η, ζ) riesca normale ai raggi; dovranno quindi i differenziali $d\xi$, $d\eta$, $d\zeta$ soddisfare alla condizione

$$X\,d\xi + Y\,d\eta + Z\,d\zeta = 0.$$

Ora si ha

$$d\xi = dx + dt\,.\,X + t\,.\,dX,\ d\eta = dy + dt\,.\,Y + t\,.\,dY,\ d\zeta = dz + dt\,.\,Z + t\,dZ$$

e però la condizione richiesta diventa

$$dt + \sum X\,dx = 0\,;$$

se si pone

$$(14) \qquad U = \sum X \frac{\partial x}{\partial u}\,, \quad V = \sum X \frac{\partial x}{\partial v}\,,$$

avremo per determinare t la relazione

$$dt = -(U\,du + V\,dv)\,,$$

onde la condizione richiesta si traduce nella equazione

$$(15) \qquad \frac{\partial U}{\partial v} = \frac{\partial V}{\partial u}\,,$$

che si può scrivere anche, per le (3):

$$(15^*) \qquad f = f'.$$

Supposta la (15) o (15*) soddisfatta, esiste una serie di superficie (parallele) ortogonali alla congruenza definite dalla formola

$$(16) \qquad t - C = -\int (U\,du + V\,dv).$$

Essendo $f = f'$, si ha

$$\delta = d\,, \quad \gamma = \frac{\pi}{2}$$

e viceversa dall'una o dall'altra di queste ultime segue $f = f'$. Dunque:

La condizione necessaria e sufficiente affinchè una congruenza sia normale è che i fuochi coincidano coi punti limiti, ovvero che i piani focali siano fra loro perpendicolari (*).

Le due superficie focali per una congruenza normale coincidono evidentemente colle due falde dell'evoluta delle superficie ortogonali ai raggi.

144. Poniamo la (15) sotto altra forma, introducendo gli angoli α, β, che il raggio (u, v) forma colle linee coordinate v, u della superficie S di partenza. Se

$$ds^2 = E'\,du^2 + 2\,F'\,du\,dv + G'\,dv^2$$

è l'elemento lineare di questa superficie, abbiamo

$$\cos\alpha = \sum X \frac{1}{\sqrt{E'}} \frac{\partial x}{\partial u} = \frac{U}{\sqrt{E'}}\,, \quad \cos\beta = \sum X \frac{1}{\sqrt{G'}} \frac{\partial x}{\partial v} = \frac{V}{\sqrt{G'}}\,,$$

(*) Questo teorema risulta anche subito dalle considerazioni geometriche del n. 131.

onde la (15) si scrive

$$\frac{\partial(\sqrt{E'}\cos\alpha)}{\partial v} = \frac{\partial(\sqrt{G'}\cos\beta)}{\partial u} \tag{17}$$

e, supponendola soddisfatta, la (16) diventa

$$t = C - \int(\sqrt{E'}\cos\alpha\, du + \sqrt{G'}\cos\beta\, dv) \ . \tag{18}$$

In queste formole figurano soltanto gli angoli α, β e i coefficienti dell'elemento lineare della superficie di partenza. Beltrami ne ha dedotte le seguenti interessanti conseguenze. Supposta la (17) soddisfatta, immaginiamo che la S si deformi, seco trasportando il sistema di raggi invariabilmente legato alla superficie, in modo cioè che gli angoli α, β non variino. La (17) rimarrà sempre soddisfatta e il valore (18) di t non varierà per la deformazione. Si ha quindi il teorema di Beltrami:

Se i raggi di una congruenza normale, uscenti dai punti di una superficie S, *s' immaginano terminati ad una delle superficie ortogonali* Σ, *in ogni deformazione per flessione della* S, *che seco trasporti i raggi della congruenza invariabilmente connessi alla superficie, il luogo dei medesimi estremi sarà sempre una superficie ortogonale ai raggi* (*).

Dalla formola (17) si deduce inoltre facilmente il teorema di Malus-Dupin:

Se una congruenza normale di raggi luminosi subisce un numero qualunque di riflessioni o rifrazioni, essa rimane sempre una congruenza normale.

Prendiamo a superficie S di partenza la superficie riflettente o rifrangente e a linee coordinate u sopra la S le linee inviluppate dalle proiezioni ortogonali dei raggi sui piani tangenti a S, a linee v le traiettorie ortogonali; avremo

$$\alpha = \frac{\pi}{2} \ , \quad \beta = \frac{\pi}{2} - \gamma \ ,$$

essendo γ l'angolo del raggio colla normale a S. La (17) diventa allora

$$\frac{\partial(\sqrt{G'}\,\text{sen}\,\gamma)}{\partial u} = 0$$

e, se è soddisfatta, continua ad esserlo cangiando γ in γ' colla condizione

$$\text{sen}\,\gamma' = n\,\text{sen}\,\gamma \ , \quad (n \text{ costante}) \ ,$$

ciò che dimostra il teorema.

(*) Si può osservare che, siccome nella (17) e nella (18) figurano solo E', G', si può anche ammettere che la superficie flessibile S sia soltanto *parzialmente inestendibile,* cioè lungo le linee coordinate u, v, ed anche in queste deformazioni più generali sussisterà il teorema di Beltrami.

145. Ritorniamo ora alle congruenze generali per trattare successivamente due problemi, che possono considerarsi come la generalizzazione dell'altro di trovare le superficie con assegnata immagine sferica delle linee di curvatura, cioè le congruenze normali con assegnata immagine sferica delle sviluppabili (n. 74, c. V). Per una congruenza normale le sviluppabili della congruenza coincidono colle superficie principali, mentre nel caso di una congruenza generale i due sistemi sono distinti. Converrà quindi che ci occupiamo successivamente delle due questioni:

1.ª Determinare le congruenze con assegnata immagine sferica delle superficie principali.

2.ª Determinare le congruenze con assegnata immagine sferica delle sviluppabili.

In questo numero ci occupiamo del primo problema, che ha sempre un significato reale, siano le sviluppabili reali od immaginarie.

Il sistema sferico (u, v), immagine delle superficie principali, deve essere un sistema ortogonale (n. 138) e sia

$$ds'^2 = \mathrm{E}\, du^2 + \mathrm{G}\, dv^2$$

l'elemento lineare della rappresentazione sferica. Prendiamo a superficie di partenza la superficie media, talchè le incognite del nostro problema saranno le coordinate x, y, z del punto medio del raggio (u, v). Per ipotesi, dovremo avere

$$\mathrm{F}=0 \quad , \quad f+f'=0 \quad , \quad e\,\mathrm{G}+g\,\mathrm{E}=0$$

e, indicando con $2\,r$ la distanza dei punti limiti, sarà quindi

$$(19)\quad \sum \frac{\partial x}{\partial u}\frac{\partial \mathrm{X}}{\partial u}=r\,\mathrm{E} \;,\; \sum \frac{\partial x}{\partial v}\frac{\partial \mathrm{X}}{\partial v}=-\,r\,\mathrm{G} \;,\; \sum \frac{\partial x}{\partial v}\frac{\partial \mathrm{X}}{\partial u}+\sum \frac{\partial x}{\partial u}\frac{\partial \mathrm{X}}{\partial v}=0\,.$$

Introduciamo una nuova funzione incognita φ, ponendo

$$(20)\qquad f=\sum \frac{\partial x}{\partial v}\frac{\partial \mathrm{X}}{\partial u}=\varphi\sqrt{\mathrm{E}\,\mathrm{G}} \;,\quad f'=\sum \frac{\partial x}{\partial u}\frac{\partial \mathrm{X}}{\partial v}=-\,\varphi\sqrt{\mathrm{E}\,\mathrm{G}} \;;$$

il significato geometrico di φ risulta subito dalla (D) n. 141 (pag. 252), giacchè, se con $2\,\rho$ si indica la distanza dei fuochi, si ha

$$(21)\qquad \varphi^2=r^2-\rho^2\,.$$

146. Dalla 1.ª delle (20) calcoliamo $\dfrac{\partial(\varphi.\sqrt{\mathrm{E}\,\mathrm{G}})}{\partial u}$, osservando che si ha per le formole fondamentali del cap. IV (pag. 88):

$$\frac{\partial^2 \mathrm{X}}{\partial u^2}=\left\{ {11 \atop 1} \right\}\frac{\partial \mathrm{X}}{\partial u}+\left\{ {11 \atop 2} \right\}\frac{\partial \mathrm{X}}{\partial v}-\mathrm{E}\,\mathrm{X}$$

e inoltre, per la 1.ª delle (19)

$$\sum \frac{\partial^2 x}{\partial u \partial v} \frac{\partial X}{\partial u} = \frac{\partial (r E)}{\partial v} - \sum \frac{\partial x}{\partial u} \left(\begin{Bmatrix} 12 \\ 1 \end{Bmatrix} \frac{\partial X}{\partial u} + \begin{Bmatrix} 12 \\ 2 \end{Bmatrix} \frac{\partial X}{\partial v} \right).$$

Ne risulta, osservando le (19) e (20) stesse:

$$\frac{\partial (\varphi \sqrt{EG})}{\partial u} = \varphi \sqrt{EG} \left(\begin{Bmatrix} 11 \\ 1 \end{Bmatrix} + \begin{Bmatrix} 12 \\ 2 \end{Bmatrix} \right) - r \left[E \begin{Bmatrix} 12 \\ 1 \end{Bmatrix} + G \begin{Bmatrix} 11 \\ 2 \end{Bmatrix} \right] +$$
$$+ \frac{\partial (r E)}{\partial v} - E \sum X \frac{\partial x}{\partial v};$$

ma si ha nel nostro caso

$$E \begin{Bmatrix} 12 \\ 1 \end{Bmatrix} + G \begin{Bmatrix} 11 \\ 2 \end{Bmatrix} = 0, \quad \frac{\partial \log \sqrt{EG}}{\partial u} = \begin{Bmatrix} 11 \\ 1 \end{Bmatrix} + \begin{Bmatrix} 12 \\ 2 \end{Bmatrix},$$

onde

$$(a) \quad \sum X \frac{\partial x}{\partial v} = \frac{1}{E} \frac{\partial (r E)}{\partial v} - \sqrt{\frac{G}{E}} \frac{\partial \varphi}{\partial u}.$$

Similmente, derivando la 2.ª delle (20) rapporto a v, si troverà

$$(b) \quad \sum X \frac{\partial x}{\partial u} = - \frac{1}{G} \frac{\partial (r G)}{\partial u} + \sqrt{\frac{E}{G}} \frac{\partial \varphi}{\partial v}.$$

Basta ora associare le (a), (b) colle (19), (20) e, risolvendo rapporto a $\frac{\partial x}{\partial u}, \frac{\partial y}{\partial u}, \frac{\partial z}{\partial u}; \frac{\partial x}{\partial v}, \frac{\partial y}{\partial v}, \frac{\partial z}{\partial v}$, si ottengono le formole:

$$(22) \begin{cases} \dfrac{\partial x}{\partial u} = r \dfrac{\partial X}{\partial u} - \sqrt{\dfrac{E}{G}} \varphi \dfrac{\partial X}{\partial v} + \left\{ \sqrt{\dfrac{E}{G}} \dfrac{\partial \varphi}{\partial v} - \dfrac{1}{G} \dfrac{\partial (r G)}{\partial u} \right\} X \\ \dfrac{\partial x}{\partial v} = -r \dfrac{\partial X}{\partial v} + \sqrt{\dfrac{G}{E}} \varphi \dfrac{\partial X}{\partial u} + \left\{ \dfrac{1}{E} \dfrac{\partial (r E)}{\partial v} - \sqrt{\dfrac{G}{E}} \dfrac{\partial \varphi}{\partial u} \right\} X \end{cases}$$

colle analoghe in y, z.

Viceversa, se r, φ sono due tali funzioni di u, v che le condizioni d'integrabilità per le (22) siano soddisfatte, queste ci definiranno per quadrature una congruenza coll'assegnata immagine sferica delle superficie principali. Ora, calcolando effettivamente le condizioni d'integrabilità per le (22), tenendo conto delle equazioni fondamentali che danno le derivate seconde di X, Y, Z (n. 63, c. V, pag. 119), troviamo che esse si riducono alla unica condizione fra r e φ:

$$(23) \quad 2 \frac{\partial^2 r}{\partial u \partial v} + \frac{\partial r}{\partial u} \frac{\partial \log E}{\partial v} + \frac{\partial r}{\partial v} \frac{\partial \log G}{\partial u} + r \frac{\partial^2 \log (E G)}{\partial u \partial v} = \sqrt{EG} \, (\Delta_2 \varphi + 2 \varphi),$$

essendo $\Delta_2 \varphi$ il parametro differenziale secondo di φ:

$$\Delta_2 \varphi = \frac{1}{\sqrt{EG}} \left\{ \frac{\partial}{\partial u}\left(\sqrt{\frac{G}{E}} \frac{\partial \varphi}{\partial u}\right) + \frac{\partial}{\partial v}\left(\sqrt{\frac{E}{G}} \frac{\partial \varphi}{\partial v}\right) \right\}.$$

Si vede quindi che il problema proposto ammette una grande arbitrarietà nella soluzione, potendosi prendere ad arbitrio r o φ e determinare successivamente φ o r dalla equazione a derivate parziali (23).

In particolare, se la congruenza deve essere normale, avremo $\varphi=0$ e l'equazione per r diviene

$$(24) \quad \frac{\partial^2 r}{\partial u \partial v} + \frac{\partial \log \sqrt{E}}{\partial v} \frac{\partial r}{\partial u} + \frac{\partial \log \sqrt{G}}{\partial u} \frac{\partial r}{\partial v} + \frac{\partial^2 \log \sqrt{EG}}{\partial u \partial v} r = 0,$$

che è precisamente l'equazione *aggiunta* (*) dell'altra

$$(25) \quad \frac{\partial^2 W}{\partial u \partial v} - \frac{\partial \log \sqrt{E}}{\partial v} \frac{\partial W}{\partial u} - \frac{\partial \log \sqrt{G}}{\partial u} \frac{\partial W}{\partial v} = 0,$$

da cui abbiamo visto al n. 74 dipendere lo stesso problema. È ben noto che la integrazione della equazione (24) e quelle della sua aggiunta (25) sono analiticamente equivalenti.

147. Qui ci limitiamo ad applicare la (23) al caso di una congruenza isotropa (n. 139), ove si ha $r=0$. La ricerca delle congruenze isotrope dipende, per la (23), dalla equazione

$$\Delta_2 \varphi + 2 \varphi = 0,$$

che, per le formole di Weingarten relative alle coordinate tangenziali (Cf. n. 72, c. V), si può interpretare anche come l'equazione tangenziale delle superficie ad area minima.

Ed appunto la teoria delle congruenze isotrope è stata posta da Ribaucour in relazione con quella delle superficie minime mediante il seguente teorema fondamentale:

L'inviluppata media (**) *di una congruenza isotropa è una superficie d'area minima.*

Questo teorema segue con facilità dalle nostre formole generali (22), ove, trattandosi di una congruenza isotropa, per la quale le superficie principali sono indeterminate, potremo assumere arbitrariamente le linee ortogonali (u, v) sulla sfera rappresentativa; e noi le supporremo isoterme, ponendo

$$E = G = \lambda, \quad r = 0.$$

(*) Veggasi Darboux, t. II, p. 71 s. s.

(**) Cf. la nota al n. 142 (pag. 254).

Così le (22) diventano

$$\begin{cases} \dfrac{\partial x}{\partial u} = X \dfrac{\partial \varphi}{\partial v} - \varphi \dfrac{\partial X}{\partial v} \\ \dfrac{\partial x}{\partial v} = -X \dfrac{\partial \varphi}{\partial u} + \varphi \dfrac{\partial X}{\partial u} \end{cases}$$

e, se con W indichiamo la distanza del piano medio dall' origine, sarà

$$W = \sum X\, x\,,$$

indi

$$\begin{cases} \dfrac{\partial W}{\partial u} = \dfrac{\partial \varphi}{\partial v} + \sum x \dfrac{\partial X}{\partial u} \\ \dfrac{\partial W}{\partial v} = -\dfrac{\partial \varphi}{\partial u} + \sum x \dfrac{\partial X}{\partial v}\,. \end{cases}$$

Ne segue

$$\frac{\partial^2 W}{\partial u^2} + \frac{\partial^2 W}{\partial v^2} = \sum x \left(\frac{\partial^2 X}{\partial u^2} + \frac{\partial^2 X}{\partial v^2}\right) = -\,2\,\lambda \sum x\, X\,,$$

cioè

$$\frac{\partial^2 W}{\partial u^2} + \frac{\partial^2 W}{\partial v^2} + 2\,\lambda\, W = 0\,,$$

il che dimostra il teorema di Ribaucour.

148. Veniamo ora alla seconda questione proposta al n. 145, che comporta, come ora si vedrà, un' arbitrarietà molto minore nella soluzione. Gli importanti risultati che andiamo a stabilire sono dovuti a Guichard, che li ha stabiliti nel modo seguente (*).

Sia

$$ds'^2 = E\, du^2 + 2\, F\, du\, dv + G\, dv^2$$

l' assegnato elemento lineare sferico, essendo le (u, v) le immagini delle sviluppabili della congruenza. Prendiamo anche qui a superficie di partenza la superficie media della congruenza, assumendo per incognite le coordinate x, y, z del punto medio del raggio. Se indichiamo con $2\,\rho$ la distanza dei fuochi, saranno

$$x + \rho\, X\,,\quad y + \rho\, Y\,,\quad z + \rho\, Z$$

le coordinate dell' un fuoco e

$$x - \rho\, X\,,\quad y - \rho\, Y\,,\quad z - \rho\, Z$$

(*) *Surfaces rapportées à leurs lignes asymptotiques et congruences rapportées à leurs développables* (Annales scientifiques de l' École Normale Supérieure, t. VI, 3e série).

quelle del secondo fuoco. Supponiamo che il primo corrisponda alle linee v=cost^{te}, il secondo alle linee u=cost^{te}; dovremo avere allora

$$\frac{\partial (x+\rho X)}{\partial u} = h X, \quad \frac{\partial (y+\rho Y)}{\partial u} = h Y, \quad \frac{\partial (z+\rho Z)}{\partial u} = h Z$$

$$\frac{\partial (x-\rho X)}{\partial v} = l X, \quad \frac{\partial (y-\rho Y)}{\partial v} = l Y, \quad \frac{\partial (z-\rho Z)}{\partial v} = l Z,$$

essendo h, l convenienti fattori di proporzionalità. Se scriviamo queste equazioni così:

$$(26) \qquad \begin{cases} \dfrac{\partial x}{\partial u} = \left(h - \dfrac{\partial \rho}{\partial u}\right) X - \rho \dfrac{\partial X}{\partial u} \\[2ex] \dfrac{\partial x}{\partial v} = \left(l + \dfrac{\partial \rho}{\partial v}\right) X + \rho \dfrac{\partial X}{\partial v} \end{cases}$$

colle analoghe in y, z, indi formiamo le condizioni d'integrabilità

$$\frac{\partial}{\partial v}\left(\frac{\partial x}{\partial u}\right) - \frac{\partial}{\partial u}\left(\frac{\partial x}{\partial v}\right) = 0,$$

osservando che

$$\frac{\partial^2 X}{\partial u \partial v} = \begin{Bmatrix} 12 \\ 1 \end{Bmatrix} \frac{\partial X}{\partial u} + \begin{Bmatrix} 12 \\ 2 \end{Bmatrix} \frac{\partial X}{\partial v} - F X,$$

troviamo

$$(\alpha) \qquad \frac{\partial h}{\partial v} - \frac{\partial l}{\partial u} - 2 \frac{\partial^2 \rho}{\partial u \partial v} + 2 \rho F = 0,$$

$$(\beta) \qquad \begin{cases} l = -2 \left[\dfrac{\partial \rho}{\partial v} + \begin{Bmatrix} 12 \\ 1 \end{Bmatrix} \rho\right] \\[2ex] h = 2 \left[\dfrac{\partial \rho}{\partial u} + \begin{Bmatrix} 12 \\ 2 \end{Bmatrix} \rho\right]. \end{cases}$$

Così le (26) diventano

$$(27) \qquad \begin{cases} \dfrac{\partial x}{\partial u} = \left[\dfrac{\partial \rho}{\partial u} + 2 \begin{Bmatrix} 12 \\ 2 \end{Bmatrix} \rho\right] X - \rho \dfrac{\partial X}{\partial u} \\[2ex] \dfrac{\partial x}{\partial v} = -\left[\dfrac{\partial \rho}{\partial v} + 2 \begin{Bmatrix} 12 \\ 1 \end{Bmatrix} \rho\right] X + \rho \dfrac{\partial X}{\partial v} \end{cases}$$

e la (α), sostituendovi per l, h i loro valori (β), dà l'equazione per ρ:

$$(28) \qquad \frac{\partial^2 \rho}{\partial u \partial v} + \begin{Bmatrix} 12 \\ 1 \end{Bmatrix} \frac{\partial \rho}{\partial u} + \begin{Bmatrix} 12 \\ 2 \end{Bmatrix} \frac{\partial \rho}{\partial v} + \left[\frac{\partial}{\partial u} \begin{Bmatrix} 12 \\ 1 \end{Bmatrix} + \frac{\partial}{\partial v} \begin{Bmatrix} 12 \\ 2 \end{Bmatrix} + F\right] \rho = 0.$$

Viceversa, se ρ è una soluzione di questa equazione, le (27) danno per quadrature una corrispondente congruenza, che ha l'assegnata immagine delle sviluppabili.

Si osserverà che la equazione di Laplace (28), da cui dipende il problema, è l'aggiunta dell'altra

$$\frac{\partial^2 W}{\partial u \partial v} - \left\{ \begin{matrix} 12 \\ 1 \end{matrix} \right\} \frac{\partial W}{\partial u} - \left\{ \begin{matrix} 12 \\ 2 \end{matrix} \right\} \frac{\partial W}{\partial v} + F\,W = 0 \,,$$

dalla quale, al n. 73, c. V, abbiamo visto dipendere il problema di trovare le superficie che hanno per immagine sferica di un sistema coniugato il sistema (u, v). Questi due problemi sono dunque equivalenti.

149. Volendo ora esprimere gli elementi relativi alle due falde della superficie focale, converrà stabilire un sistema di formole, che ci sarà poi utile in altre ricerche.

In ogni punto (u, v) della sfera consideriamo il triedro trirettangolo formato dalla normale alla sfera e dalle direzioni bisettrici delle linee coordinate (u, v); i coseni di queste ultime due direzioni saranno indicati rispettivamente con

$$\begin{matrix} X_1 \,, & Y_1 \,, & Z_1 \\ X_2 \,, & Y_2 \,, & Z_2 \end{matrix}$$

e, indicando con Ω l'angolo delle linee sferiche (u, v), definito dalle formole

$$\cos \Omega = \frac{F}{\sqrt{E\,G}} \quad , \quad \operatorname{sen} \Omega = \frac{\sqrt{E\,G - F^2}}{\sqrt{E\,G}} \,,$$

troveremo subito:

$$(29) \quad \left\{ \begin{aligned} X_1 &= \frac{1}{2 \operatorname{sen} \frac{\Omega}{2}} \left\{ \frac{1}{\sqrt{E}} \frac{\partial X}{\partial u} - \frac{1}{\sqrt{G}} \frac{\partial X}{\partial v} \right\} \\ X_2 &= \frac{1}{2 \cos \frac{\Omega}{2}} \left\{ \frac{1}{\sqrt{E}} \frac{\partial X}{\partial u} + \frac{1}{\sqrt{G}} \frac{\partial X}{\partial v} \right\} , \end{aligned} \right.$$

colle formole analoghe in Y, Z.

Le formole che dobbiamo stabilire esprimono le derivate parziali dei nove coseni di direzione

$$\begin{matrix} X \,, & X_1 \,, & X_2 \\ Y \,, & Y_1 \,, & Y_2 \\ Z \,, & Z_1 \,, & Z_2 \end{matrix}$$

linearmente pei coseni stessi e per i coefficienti dell'elemento lineare sferico.

Dalle (29) si ha intanto

$$\left\{\begin{aligned} \frac{\partial X}{\partial u} &= \sqrt{E}\,\text{sen}\,\frac{\Omega}{2}\,X_1 + \sqrt{E}\cos\frac{\Omega}{2}\,X_2 \\ \frac{\partial X}{\partial v} &= -\sqrt{G}\,\text{sen}\,\frac{\Omega}{2}\,X_1 + \sqrt{G}\cos\frac{\Omega}{2}\,X_2 \end{aligned}\right.$$

e però

$$\left\{\begin{aligned} &\sum X\frac{\partial X_1}{\partial u} = -\sum X_1\frac{\partial X}{\partial u} = -\sqrt{E}\,\text{sen}\,\frac{\Omega}{2} \\ &\sum X\frac{\partial X_1}{\partial v} = -\sum X_1\frac{\partial X}{\partial v} = \sqrt{G}\,\text{sen}\,\frac{\Omega}{2} \\ &\sum X\frac{\partial X_2}{\partial u} = -\sum X_2\frac{\partial X}{\partial u} = -\sqrt{E}\cos\frac{\Omega}{2} \\ &\sum X\frac{\partial X_2}{\partial v} = -\sum X_2\frac{\partial X}{\partial v} = -\sqrt{G}\cos\frac{\Omega}{2}\,. \end{aligned}\right.$$

Ora calcoliamo le due somme

$$\sum X_2\frac{\partial X_1}{\partial u} = -\sum X_1\frac{\partial X_2}{\partial u}$$

$$\sum X_2\frac{\partial X_1}{\partial v} = -\sum X_1\frac{\partial X_2}{\partial v}\,.$$

Si ha, per le (29):

$$\sum X_2\frac{\partial X_1}{\partial u} = \frac{1}{2\,\text{sen}\,\Omega}\sum\left\{\frac{1}{\sqrt{G}}\frac{\partial X}{\partial v}\frac{\partial}{\partial u}\left(\frac{1}{\sqrt{E}}\frac{\partial X}{\partial u}\right) - \frac{1}{\sqrt{E}}\frac{\partial X}{\partial u}\frac{\partial}{\partial u}\left(\frac{1}{\sqrt{G}}\frac{\partial X}{\partial v}\right)\right\}$$

ed, essendo

$$\cos\Omega = \sum\frac{1}{\sqrt{E}}\frac{\partial X}{\partial u}\cdot\frac{1}{\sqrt{G}}\frac{\partial X}{\partial v}\,,$$

derivando rapporto ad u, risulta

$$\frac{1}{\sqrt{G}}\frac{\partial x}{\partial v}\frac{\partial}{\partial u}\left(\frac{1}{\sqrt{E}}\frac{\partial X}{\partial u}\right) = -\,\text{sen}\,\Omega\,\frac{\partial\Omega}{\partial u} - \frac{1}{\sqrt{E}}\frac{\partial X}{\partial u}\frac{\partial}{\partial u}\left(\frac{1}{\sqrt{G}}\frac{\partial x}{\partial v}\right),$$

talchè la precedente può scriversi

$$\sum X_2\frac{\partial X_1}{\partial u} = -\frac{1}{2\,\text{sen}\,\Omega}\left[\text{sen}\,\Omega\,\frac{\partial\Omega}{\partial u} + \frac{2}{\sqrt{E}}\sum\frac{\partial X}{\partial u}\frac{\partial}{\partial u}\left(\frac{1}{\sqrt{G}}\frac{\partial X}{\partial v}\right)\right].$$

Se si sviluppa, osservando la formola

$$\frac{\partial^2 X}{\partial u \partial v} = \begin{Bmatrix} 12 \\ 1 \end{Bmatrix} \frac{\partial X}{\partial u} + \begin{Bmatrix} 12 \\ 2 \end{Bmatrix} \frac{\partial X}{\partial v} - F X,$$

risulta

$$\sum X_2 \frac{\partial X_1}{\partial u} = -\frac{1}{2 \operatorname{sen} \Omega} \left[\operatorname{sen} \Omega \frac{\partial \Omega}{\partial u} + \frac{2}{\sqrt{E G}} \left\{ E \begin{Bmatrix} 12 \\ 1 \end{Bmatrix} + F \begin{Bmatrix} 12 \\ 2 \end{Bmatrix} - \frac{F}{2G} \frac{\partial G}{\partial u} \right\} \right].$$

Ora si ha

$$\frac{\partial G}{\partial u} = 2 \begin{bmatrix} 12 \\ 2 \end{bmatrix} = 2 F \begin{Bmatrix} 12 \\ 1 \end{Bmatrix} + 2 G \begin{Bmatrix} 12 \\ 2 \end{Bmatrix},$$

indi

$$E \begin{Bmatrix} 12 \\ 1 \end{Bmatrix} + F \begin{Bmatrix} 12 \\ 2 \end{Bmatrix} - \frac{F}{2G} \frac{\partial G}{\partial u} = \frac{E G - F^2}{G} \begin{Bmatrix} 12 \\ 1 \end{Bmatrix} = E \operatorname{sen}^2 \Omega \begin{Bmatrix} 12 \\ 1 \end{Bmatrix},$$

per cui otteniamo

$$\sum X_2 \frac{\partial X_1}{\partial u} = -\sum X_1 \frac{\partial X_2}{\partial u} = -\frac{1}{2} \frac{\partial \Omega}{\partial u} - \sqrt{\frac{E}{G}} \begin{Bmatrix} 12 \\ 1 \end{Bmatrix} \operatorname{sen} \Omega .$$

Similmente

$$\sum X_2 \frac{\partial X_1}{\partial v} = -\sum X_1 \frac{\partial X_2}{\partial v} = \frac{1}{2} \frac{\partial \Omega}{\partial v} + \sqrt{\frac{G}{E}} \begin{Bmatrix} 12 \\ 2 \end{Bmatrix} \operatorname{sen} \Omega .$$

Queste due formole, associate alle (a) ed alle identità

$$\sum X_1 \frac{\partial X_1}{\partial u} = 0 \quad , \quad \sum X_1 \frac{\partial X_1}{\partial v} = 0 \text{ etc.},$$

danno subito il gruppo di formole richieste

$$(30) \begin{cases} \dfrac{\partial X}{\partial u} = \sqrt{E} \operatorname{sen} \dfrac{\Omega}{2} X_1 + \sqrt{E} \cos \dfrac{\Omega}{2} X_2 , & \dfrac{\partial X}{\partial v} = -\sqrt{G} \operatorname{sen} \dfrac{\Omega}{2} X_1 + \sqrt{G} \cos \dfrac{\Omega}{2} X_2 \\ \dfrac{\partial X_1}{\partial u} = -A X_2 - \sqrt{E} \operatorname{sen} \dfrac{\Omega}{2} X , & \dfrac{\partial X_1}{\partial v} = B X_2 + \sqrt{G} \operatorname{sen} \dfrac{\Omega}{2} X \\ \dfrac{\partial X_2}{\partial u} = A X_1 - \sqrt{E} \cos \dfrac{\Omega}{2} X , & \dfrac{\partial X_2}{\partial v} = -B X_1 - \sqrt{G} \cos \dfrac{\Omega}{2} X , \end{cases}$$

dove si è posto per abbreviare

$$(31)\ A = \frac{1}{2} \frac{\partial \Omega}{\partial u} + \sqrt{\frac{E}{G}} \begin{Bmatrix} 12 \\ 1 \end{Bmatrix} \operatorname{sen} \Omega , \quad B = \frac{1}{2} \frac{\partial \Omega}{\partial v} + \sqrt{\frac{G}{E}} \begin{Bmatrix} 12 \\ 2 \end{Bmatrix} \operatorname{sen} \Omega .$$

È bene osservare che, per le formole sviluppate al n. 77, (pag. 147) si possono anche esprimere A, B per le curvature geodetiche $\frac{1}{\rho_u}\ \frac{1}{\rho_v}$ delle linee coordinate nel modo seguente

$$(31^*)\qquad A=-\frac{\sqrt{E}}{\rho_v}-\frac{1}{2}\frac{\partial\Omega}{\partial u}\,,\quad B=-\frac{\sqrt{G}}{\rho_u}-\frac{1}{2}\frac{\partial\Omega}{\partial v}\,.$$

Le formole (30), quando sia dato l'elemento lineare sferico, danno per X, X_1, X_2 il sistema di equazioni ai differenziali totali già accennato al n. 50, c. IV, che è illimitatamente integrabile; la sua integrazione dipende da un'equazione di Riccati.

150. Ritorniamo ora al problema ed alle formole di Guichard, dove attualmente l'angolo Ω delle linee sferiche (u, v) rappresenta altresì l'angolo dei piani focali (*). Le (27) si scrivono

$$(32)\quad \left\{\begin{aligned}\frac{\partial x}{\partial u}&=\left[\frac{\partial\rho}{\partial u}+2\begin{Bmatrix}12\\2\end{Bmatrix}\rho\right]X-\sqrt{E}\,\mathrm{sen}\,\frac{\Omega}{2}\,\rho X_1-\sqrt{E}\,\cos\frac{\Omega}{2}\,\rho X_2\\ \frac{\partial x}{\partial v}&=-\left[\frac{\partial\rho}{\partial v}+2\begin{Bmatrix}12\\1\end{Bmatrix}\rho\right]X-\sqrt{G}\,\mathrm{sen}\,\frac{\Omega}{2}\,\rho X_1+\sqrt{G}\,\cos\frac{\Omega}{2}\,\rho X_2\,.\end{aligned}\right.$$

Indichiamo con S_1, S_2 le due superficie focali, con x_1, y_1, z_1; x_2, y_2, z_2 le coordinate dei rispettivi fuochi F_1, F_2 talchè si ha

$$x_1=x+\rho X\,,\quad y_1=y+\rho Y\,,\quad z_1=z+\rho Z$$
$$x_2=x-\rho X\,,\quad y_2=y-\rho Y\,,\quad z_2=z-\rho Z\,;$$

indicheremo poi con

$$E_1\,,\ F_1\,,\ G_1\ ;\ D_1\,,\ D'_1\,,\ D''_1$$
$$E_2\,,\ F_2\,,\ G_2\ ;\ D_2\,,\ D'_2\,,\ D''_2$$

i coefficienti delle due forme fondamentali di S_1, S_2 rispettivamente. Troviamo per le (30), (31)

$$\frac{\partial x_1}{\partial u}=2\left[\frac{\partial\rho}{\partial u}+\begin{Bmatrix}12\\2\end{Bmatrix}\rho\right]X\,,\quad \frac{\partial x_1}{\partial v}=-2\begin{Bmatrix}12\\1\end{Bmatrix}\rho X-2\sqrt{G}\,\mathrm{sen}\frac{\Omega}{2}\,\rho X_1+2\sqrt{G}\cos\frac{\Omega}{2}\,\rho X_2$$

$$\frac{\partial x_2}{\partial u}=2\begin{Bmatrix}12\\2\end{Bmatrix}\rho X-2\sqrt{E}\,\mathrm{sen}\,\frac{\Omega}{2}\rho X_1-2\sqrt{E}\cos\frac{\Omega}{2}\,\rho X_2\,,\quad \frac{\partial x_2}{\partial v}=-2\left[\frac{\partial\rho}{\partial v}+\begin{Bmatrix}12\\1\end{Bmatrix}\rho\right]X.$$

(*) Le linee sferiche u, v sono le indicatrici delle tangenti degli spigoli di regresso delle sviluppabili u, v nella congruenza, onde risulta subito la nostra asserzione. Analiticamente si perviene allo stesso risultato, osservando che si ha

$$e=-\rho E\,,\quad f=\rho F\,,\quad f'=-\rho F\,;\quad g=\rho G\,,$$

onde la (B) n. 140 dà:

$$\frac{\rho^2}{r^2}=\frac{EG-F^2}{EG}=\mathrm{sen}^2\,\Omega.$$

Ne risultano intanto le formole

$$(33)\begin{cases} E_1 = 4\left[\dfrac{\partial\rho}{\partial u}+\left\{\begin{matrix}12\\2\end{matrix}\right\}\rho\right]^2, \ F_1 = -4\left\{\begin{matrix}12\\1\end{matrix}\right\}\rho\left[\dfrac{\partial\rho}{\partial u}+\left\{\begin{matrix}12\\2\end{matrix}\right\}\rho\right], \ G_1 = 4\rho^2\left\{\left\{\begin{matrix}12\\1\end{matrix}\right\}^2+G\right\} \\ E_1 G_1 - F_1^2 = 16\, G\rho^2\left[\dfrac{\partial\rho}{\partial u}+\left\{\begin{matrix}12\\2\end{matrix}\right\}\rho\right]^2 \end{cases}$$

e analogamente

$$(33^*)\begin{cases} E_2 = 4\rho^2\left\{\left\{\begin{matrix}12\\2\end{matrix}\right\}^2+E\right\}, \ F_2 = -4\left\{\begin{matrix}12\\2\end{matrix}\right\}\rho\left[\dfrac{\partial\rho}{\partial v}+\left\{\begin{matrix}12\\1\end{matrix}\right\}\right]\rho, \ G_2 = 4\left[\dfrac{\partial\rho}{\partial v}+\left\{\begin{matrix}12\\1\end{matrix}\right\}\rho\right]^2 \\ E_2 G_2 - F_2^2 = 16\, E\rho^2\left[\dfrac{\partial\rho}{\partial v}+\left\{\begin{matrix}12\\1\end{matrix}\right\}\rho\right]^2 \end{cases}$$

Indichiamo ora con ξ_1, η_1, ζ_1 i coseni di direzione della normale a S_1, con ξ_2, η_2, ζ_2 quelli della normale a S_2; abbiamo

$$\xi_1 = \cos\frac{\Omega}{2} X_1 + \operatorname{sen}\frac{\Omega}{2} X_2$$

$$\xi_2 = \cos\frac{\Omega}{2} X_1 - \operatorname{sen}\frac{\Omega}{2} X_2 .$$

Calcolando

$$D_1 = -\sum\frac{\partial\xi_1}{\partial u}\frac{\partial x_1}{\partial u}, \quad D'_1 = -\sum\frac{\partial\xi_1}{\partial v}\frac{\partial x_1}{\partial u}, \quad D''_1 = -\sum\frac{\partial\xi_1}{\partial v}\frac{\partial x_1}{\partial v}$$

$$D_2 = -\sum\frac{\partial\xi_2}{\partial u}\frac{\partial x_2}{\partial u}, \quad D'_2 = -\sum\frac{\partial\xi_2}{\partial u}\frac{\partial x_2}{\partial v}, \quad D''_2 = -\sum\frac{\partial\xi_2}{\partial v}\frac{\partial x_2}{\partial v},$$

troviamo

$$(34)\begin{cases} D_1 = 2\sqrt{E}\operatorname{sen}\Omega\left[\dfrac{\partial\rho}{\partial u}+\left\{\begin{matrix}12\\2\end{matrix}\right\}\rho\right], \ D'_1 = 0, \ D''_1 = -2\sqrt{G}\rho\left[\dfrac{\partial\Omega}{\partial v}+\sqrt{\dfrac{G}{E}}\left\{\begin{matrix}12\\2\end{matrix}\right\}\operatorname{sen}\Omega\right] \\ D_2 = 2\sqrt{E}\rho\left[\dfrac{\partial\Omega}{\partial u}+\sqrt{\dfrac{E}{G}}\left\{\begin{matrix}12\\1\end{matrix}\right\}\operatorname{sen}\Omega\right], \ D'_2 = 0, \ D''_2 = -2\sqrt{G}\operatorname{sen}\Omega\left[\dfrac{\partial\rho}{\partial v}+\left\{\begin{matrix}12\\1\end{matrix}\right\}\rho\right]. \end{cases}$$ (*)

(*) Le formole $D'_1=0$, $D'_2=0$ esprimono la proprietà ben nota che le linee (u, v) formano un sistema coniugato sopra ambedue le superficie focali. I valori di D''_1, D_2 possono anche scriversi

$$D''_1 = \frac{2G\rho}{\rho_u}, \quad D_2 = -\frac{2E\rho}{\rho_v}.$$

Le curvature K_1, K_2 delle due falde sono poi date dalle formole

$$(35)\quad \begin{cases} K_1 = -\dfrac{\sqrt{\dfrac{E}{G}}\,\mathrm{sen}\,\Omega\left[\dfrac{\partial\Omega}{\partial v} + \sqrt{\dfrac{G}{E}}\begin{Bmatrix}12\\2\end{Bmatrix}\mathrm{sen}\,\Omega\right]}{4\rho\left[\dfrac{\partial\rho}{\partial u} + \begin{Bmatrix}12\\2\end{Bmatrix}\rho\right]} \\[2ex] K_2 = -\dfrac{\sqrt{\dfrac{G}{E}}\,\mathrm{sen}\,\Omega\left[\dfrac{\partial\Omega}{\partial u} + \sqrt{\dfrac{E}{G}}\begin{Bmatrix}12\\1\end{Bmatrix}\mathrm{sen}\,\Omega\right]}{4\rho\left[\dfrac{\partial\rho}{\partial v} + \begin{Bmatrix}12\\1\end{Bmatrix}\rho\right]} \end{cases}$$

151. Applichiamo le formole generali del numero precedente a due casi particolari. Proponiamoci in primo luogo la questione: *Esistono congruenze, nelle quali sia contemporaneamente costante la distanza dei fuochi e quella dei punti limiti?* Dal n. 128, c. IX, sappiamo che esistono effettivamente congruenze normali di questa specie e sono quelle formate dalle normali ad una superficie W, i cui raggi di curvatura r_1, r_2 sono legati dalla relazione

$$r_1 - r_2 = \mathrm{cost}^{te}.$$

Ora, trattando la questione generale, dobbiamo supporre nelle formole del numero precedente

$$\rho = \mathrm{cost}^{te} \quad , \quad \Omega = \mathrm{cost}^{te};$$

allora le (35) diventano

$$K_1 = K_2 = -\frac{\mathrm{sen}^2\,\Omega}{4\rho^2},$$

e, poichè

$$\frac{2\rho}{\mathrm{sen}\,\Omega} = 2r$$

è la distanza dei punti limiti, abbiamo il teorema: *Se in una congruenza rettilinea sono costanti la distanza dei fuochi e quella dei punti limiti, le due superficie focali sono superficie pseudosferiche di raggio eguale alla distanza dei punti limiti.*

Le congruenze di questa specie, di cui più tardi dimostreremo l'esistenza per tutti i valori di ρ e di Ω, si diranno *congruenze pseudosferiche.* Qui, nell'ipotesi della loro esistenza, deduciamo ancora alcune proprietà della corrispondenza dei punti sulle due falde della superficie focale. Per la equazione differenziale delle assintotiche sopra ambedue le falde troviamo dalle (34):

$$E\,du^2 - G\,dv^2 = 0,$$

onde le linee assintotiche si corrispondono sulle due falde; di più per gli elementi lineari ds_1, ds_2 avendosi

$$ds_1^2 = 4\rho^2 \left[\left(\begin{Bmatrix} 12 \\ 2 \end{Bmatrix} du - \begin{Bmatrix} 12 \\ 1 \end{Bmatrix} dv \right)^2 + G\, dv^2 \right]$$

$$ds_2^2 = 4\rho^2 \left[\left(\begin{Bmatrix} 12 \\ 2 \end{Bmatrix} du - \begin{Bmatrix} 12 \\ 1 \end{Bmatrix} dv \right)^2 + E\, du^2 \right],$$

risulta che gli archi di assintotiche corrispondenti sono eguali. Dalle (33), (34) troviamo poi per l'equazione delle linee di curvatura sull'una e sull'altra falda

$$E \begin{Bmatrix} 12 \\ 1 \end{Bmatrix} \begin{Bmatrix} 12 \\ 2 \end{Bmatrix} du^2 - \left[E\,G + E \begin{Bmatrix} 12 \\ 1 \end{Bmatrix}^2 + G \begin{Bmatrix} 12 \\ 2 \end{Bmatrix}^2 \right] du\, dv + G \begin{Bmatrix} 12 \\ 1 \end{Bmatrix} \begin{Bmatrix} 12 \\ 2 \end{Bmatrix} dv^2 = 0 .$$

Abbiamo quindi il teorema: *Sopra le due falde della superficie focale di una congruenza pseudosferica si corrispondono le linee di curvatura e le linee assintotiche e gli archi corrispondenti di assintotica sono eguali* (*).

(*) Meritano di essere osservate le conseguenze che derivano dalle formole del n. 146 per le immagini sferiche (u, v) delle superficie principali di una congruenza pseudosferica. Essendo costanti r e ρ e quindi $\varphi = \sqrt{r^2 - \rho^2}$, la (23) pag. 259 diventa

$$\frac{\partial^2 \log \sqrt{E\,G}}{\partial u\, \partial v} = \frac{\varphi}{r} \sqrt{E\,G} = \cos \Omega \sqrt{E\,G} .$$

Dunque: *L'elemento lineare sferico, riferito alle linee (u, v) immagini delle superficie principali di una congruenza pseudosferica, prende la forma*

$$(a) \quad ds'^2 = E\, du^2 + G\, dv^2 ,$$

dove il prodotto $\sqrt{E\,G}$ è una soluzione dell'equazione di Liouville:

$$(b) \quad \frac{\partial^2 \log \sqrt{E\,G}}{\partial u\, \partial v} = \cos \Omega \sqrt{E\,G} \ (\Omega \text{ costante}) .$$

È chiaro inversamente, pel n. 146, che ogniqualvolta l'elemento lineare sferico è ridotto alla forma (a), ove la (b) sia soddisfatta, esiste una congruenza pseudosferica corrispondente.

In particolare, se la congruenza pseudosferica è normale, si ha $\Omega = \frac{\pi}{2}$, $\frac{\partial^2 \log \sqrt{E\,G}}{\partial u\, \partial v} = 0$ e si può fare senz'altro $\sqrt{E\,G} = 1$. Riguardando allora u, v come coordinate cartesiane ortogonali di un punto in un piano rappresentativo, si ha una rappresentazione della sfera sul piano che conserva le aree e nella quale al doppio sistema ortogonale delle rette parallele agli assi coordinati nel piano rappresentativo corrisponde un doppio sistema ortogonale sulla sfera.

A questi ultimi risultati si arriverebbe direttamente, cercando secondo il teorema C) pag. 239 le linee sferiche immagini delle linee di curvatura di quelle superficie W, nelle quali è costante la differenza fra i raggi principali di curvatura.

Notevole ancora è il caso $\Omega = 0$; allora la congruenza è formata dalle tangenti alle linee assintotiche di un sistema di una superficie pseudosferica. (Cf. n. 142, pag. 255).

152. La seconda questione che ci proponiamo è la seguente (*): *Per quali congruenze accade che le sviluppabili della congruenza tagliano le superficie focali lungo le linee di curvatura?*

Dovremo avere allora

$$F_1 = 0 \quad , \quad F_2 = 0$$

e quindi per le (33), (33*) (supponendo che le superficie focali non si riducano a curve) risulteranno quali condizioni necessarie e sufficienti

$$\begin{Bmatrix} 12 \\ 1 \end{Bmatrix} = 0 \quad , \quad \begin{Bmatrix} 12 \\ 2 \end{Bmatrix} = 0 .$$

Ora queste esprimono (n. 67, c. V) che le linee sferiche u, v sono le immagini delle assintotiche di una superficie pseudosferica e però abbiamo: *Le congruenze richieste sono tutte e sole quelle, che hanno per immagine delle sviluppabili le immagini delle assintotiche di una superficie pseudosferica.*

Potendosi fare allora (n. 67)

$$E = G = 1 \quad , \quad \text{indi } F = \cos\Omega ,$$

l'equazione (28) di Laplace, che definisce ρ, diventa

$$\frac{\partial^2 \rho}{\partial u \partial v} + \rho \cos\Omega = 0 . \tag{36}$$

Ad ogni soluzione ρ di questa equazione corrisponde una congruenza della specie ora considerata; diremo queste congruenze: *congruenze di Guichard.*

Per gli elementi lineari delle due falde della superficie focale di una congruenza di Guichard si hanno dalle (33) le semplici formole

$$\left\{ \begin{aligned} ds_1^2 &= 4\left(\frac{\partial \rho}{\partial u}\right)^2 du^2 + 4\rho^2 dv^2 \\ ds_2^2 &= 4\rho^2 du^2 + 4\left(\frac{\partial \rho}{\partial v}\right)^2 dv^2 . \end{aligned} \right.$$

Nella (36) Ω indica una soluzione qualunque della equazione

$$\frac{\partial^2 \Omega}{\partial u \partial v} = -\operatorname{sen}\Omega$$

e si può osservare con Guichard che $\frac{\partial \Omega}{\partial u}$, $\frac{\partial \Omega}{\partial v}$ sono soluzioni particolari della (36); una delle due falde focali è allora una sfera.

(*) (Cf. Guichard l. c.).

Sulla superficie S_1 di Guichard le linee di curvatura $v = \text{cost}^{\text{te}}$ hanno per tangenti i raggi della congruenza; sia Γ_1 l'evoluta di S_1 rispetto alle $v = \text{cost}^{\text{te}}$. La normale a Γ_1 in un punto è parallela al corrispondente raggio della congruenza di Guichard e, poichè le (u, v) sulla Γ_1 sono coniugate, si ha per la Γ_1 la proprietà che, facendone la rappresentazione sferica di Gauss, l'immagine del sistema coniugato (u, v) di Γ_1 coincide coll'immagine delle assintotiche di una superficie pseudosferica. Ora basta riportarsi alle formole (25) n. 69, pag. 132 per vedere che, indicando con $\begin{Bmatrix} r\,s \\ t \end{Bmatrix}_1$ i simboli di Christoffel costruiti per la Γ_1, sarà

$$\begin{Bmatrix} 22 \\ 1 \end{Bmatrix}_1 = 0 \quad , \quad \begin{Bmatrix} 11 \\ 2 \end{Bmatrix}_1 = 0,$$

cioè le u, v sulla Γ_1 sono geodetiche. Le superficie di questa specie, sulle quali esiste un sistema coniugato formato da linee geodetiche, furono studiate la prima volta da Voss (*) e si diranno *superficie di Voss.* Dunque: *Ogni superficie di Guichard ha per una falda dell'evoluta una superficie di Voss.*

Inversamente si vedrà subito: *Le evolventi di una superficie di Voss rispetto all'uno o all'altro sistema di geodetiche del sistema coniugato sono superficie di Guichard.*

Ritorneremo più tardi sulle proprietà delle superficie considerate in questo numero e sulle loro relazioni colle superficie pseudosferiche.

(*) *Sitzungsberichte der Münchener Akademie der Wissenschaften* (März 1888).

Capitolo XI.

Deformazioni infinitesime delle superficie e corrispondenza per ortogonalità d' elementi.

Relazione del problema delle deformazioni infinitesime con quello delle coppie di superficie corrispondentisi per ortogonalità d'elementi e delle coppie di superficie applicabili — Formole fondamentali di Weingarten — La funzione caratteristica φ e la equazione caratteristica — Le superficie associate in una deformazione infinitesima — Riduzione dell'equazione caratteristica alle due forme normali $\frac{\partial^2\theta}{\partial u\,\partial v} = M\,\theta$, $\frac{\partial^2\theta}{\partial^2 u} + \frac{\partial^2\theta}{\partial v^2} = M\,\theta$ — Sistema coniugato che si conserva coniugato in una deformazione infinitesima — Proprietà delle superficie che si corrispondono per ortogonalità d'elementi — Congruenze di Ribaucour — Cenno di un secondo metodo per la trattazione del problema delle deformazioni infinitesime.

153. Nel presente capitolo riprendiamo lo studio delle deformazioni delle superficie flessibili ed inestendibili, per considerarne le deformazioni *infinitamente piccole.* Le molteplici relazioni di questa teoria colla teoria generale delle superficie, in particolare con quella dei sistemi di raggi e d'altra parte il suo nesso intimo colle equazioni a derivate parziali della forma di Laplace rendono questo studio oltre modo interessante.

Noi svolgeremo qui le formole fondamentali, attenendoci alla memoria di Weingarten nel volume 100 del *Giornale di Crelle.*

Per la superficie S, di cui studiamo le deformazioni infinitesime, riteniamo le solite nostre notazioni. Il punto $P \equiv (x, y, z)$ di S, nella deformazione infinitesima che si considera, riceva uno spostamento le cui componenti secondo gli assi coordinati siano

$$\varepsilon\bar{x}\ ,\quad \varepsilon\bar{y}\ ,\quad \varepsilon\bar{z}\ ,$$

dove $\bar{x}, \bar{y}, \bar{z}$ sono determinate funzioni di u, v ed ε *è una costante infinitesima, di cui si trascurano le potenze superiori alla prima.* Dopo la deformazione il punto P si trasporta nel punto P′, che ha per coordinate

$$x' = x + \varepsilon\bar{x}\ ,\quad y' = y + \varepsilon\bar{y}\ ,\quad z' = z + \varepsilon\bar{z}\ ,$$

e, dovendo aversi per ipotesi

$$dx'^2 + dy'^2 + dz'^2 = dx^2 + dy^2 + dz^2 ,$$

ne risulterà

$$(1) \qquad dx\, d\bar{x} + dy\, d\bar{y} + dz\, d\bar{z} = 0 .$$

Di questa relazione *Moutard* ha dato la semplice ed importante interpretazione geometrica seguente.

Si considerino $\bar{x}, \bar{y}, \bar{z}$ come coordinate di un punto $\bar{P}$ nello spazio; mentre P descrive la superficie S, il punto $\bar{P}$ descriverà una superficie $\bar{S}$, corrispondente punto per punto alla S e, per la (1), la corrispondenza sarà tale che due elementi lineari corrispondenti di S, $\bar{S}$ saranno fra loro ortogonali. Inversamente, se $\bar{S}$ è una superficie corrispondente per ortogonalità d'elementi alla S, se ne dedurrà una deformazione infinitesima della S.

Si può dunque considerare il problema delle deformazioni infinitesime di una superficie S sotto l'aspetto finito: *Determinare le superficie* $\bar{S}$, *che corrispondono per ortogonalità d'elementi alla* S (*).

Un secondo aspetto finito del problema stesso risulta dalle considerazioni seguenti. Pongasi

$$\xi = x + t\bar{x} , \quad \eta = y + t\bar{y} , \quad \zeta = z + t\bar{z} ,$$

essendo t una costante; se si riguardano ξ, η, ζ come coordinate di un punto mobile sopra una superficie Σ, per l'elemento lineare di questa superficie avremo

$$d\xi^2 + d\eta^2 + d\zeta^2 = dx^2 + dy^2 + dz^2 + t^2 (d\bar{x}^2 + d\bar{y}^2 + d\bar{z}^2) ,$$

valore che non cangia mutando t in $-t$. Se consideriamo adunque la su-

---

(*) Qui conviene subito osservare che ad ogni superficie S può sempre farsi corrispondere per ortogonalità d'elementi un piano $\bar{S}$. Basta per ciò fare dei punti della S una proiezione ortogonale sul piano e girare nel piano l'immagine d'un angolo retto attorno ad un centro fisso. Così, se per questo piano prendiamo il piano $\overline{xy}$, e per centro di rotazione l'origine avremo

$$\bar{x} = +y , \quad \bar{y} = -x , \quad \bar{z} = 0 ,$$

con che si soddisfa appunto la (1). Il punto (x, y, z) dopo la deformazione va nel punto

$$x + \varepsilon y , \quad y - \varepsilon x , \quad z ,$$

cioè la deformazione infinitesima è in questo caso una pura rotazione attorno all'asse z.

Aggiungiamo, ciò che è facile a verificarsi, che la costruzione data è la più generale, che faccia corrispondere ad una superficie S un piano per ortogonalità d'elementi.

perficie Σ' luogo del punto (ξ' η', ζ') di coordinate

$$\xi' = x - t\bar{x} \ , \quad \eta' = y - t\bar{y} \ , \quad \zeta' = z - t\bar{z} \, ,$$

saranno Σ, Σ' applicabili, corrispondendosi i punti (ξ, η, ζ) (ξ', η', ζ'), e il punto medio del segmento che unisce due punti corrispondenti di Σ, Σ' è il punto $P \equiv (x, y, z)$ di S, mentre la direzione di questo segmento segna la direzione dello spostamento subìto da P.

Inversamente siano Σ, Σ' due superficie applicabili e ξ, η, ζ; ξ', η', ζ' le coordinate di due punti corrispondenti. Ponendo

$$x = \frac{\xi + \xi'}{2} \ , \quad y = \frac{\eta + \eta'}{2} \ , \quad z = \frac{\zeta + \zeta'}{2}$$

$$\bar{x} = \frac{\xi - \xi'}{2} \ , \quad \bar{y} = \frac{\eta - \eta'}{2} \ , \quad \bar{z} = \frac{\zeta - \zeta'}{2} \, ,$$

si ha

$$dx\, d\bar{x} + dy\, d\bar{y} + dz\, d\bar{z} = 0 \, .$$

Dunque: *Se due superficie Σ, Σ' sono applicabili, la superficie* S *luogo dei punti medii delle congiungenti i punti corrispondenti è suscettibile di una deformazione infinitesima, nella quale ciascun punto di* S *si sposta nella direzione di quella congiungente.*

154. Veniamo ora alla trattazione analitica del nostro problema, che consiste nel determinare le tre funzioni incognite $\bar{x}$, $\bar{y}$, $\bar{z}$ di u, v in guisa da soddisfare la (1), ossia le tre equazioni:

$$(2) \qquad \begin{cases} \sum \dfrac{\partial x}{\partial u} \dfrac{\partial \bar{x}}{\partial u} = 0 \ , \quad \sum \dfrac{\partial x}{\partial v} \dfrac{\partial \bar{x}}{\partial v} = 0 \\[2ex] \sum \dfrac{\partial \bar{x}}{\partial u} \dfrac{\partial x}{\partial v} + \sum \dfrac{\partial x}{\partial u} \dfrac{\partial \bar{x}}{\partial v} = 0 \, . \end{cases}$$

Per trattare simmetricamente questo sistema di equazioni, Weingarten introduce come funzione ausiliaria φ l'invariante dell'espressione differenziale

$$\sum \bar{x}\, dx = \left(\sum \bar{x} \frac{\partial x}{\partial u} \right) du + \left(\sum \bar{x} \frac{\partial x}{\partial v} \right) dv$$

rispetto alla 1.ª forma fondamentale

$$ds^2 = \mathrm{E}\, du^2 + 2\, \mathrm{F}\, du\, dv + \mathrm{G}\, dv^2$$

della superficie S, ponendo cioè

$$\varphi = \frac{1}{2\sqrt{\mathrm{EG} - \mathrm{F}^2}} \left(\frac{\partial}{\partial v} \sum \bar{x} \frac{\partial x}{\partial u} - \frac{\partial}{\partial u} \sum \bar{x} \frac{\partial x}{\partial v} \right)$$

$$= \frac{1}{2\sqrt{\mathrm{EG} - \mathrm{F}^2}} \left(\sum \frac{\partial \bar{x}}{\partial v} \frac{\partial x}{\partial u} - \sum \frac{\partial \bar{x}}{\partial u} \frac{\partial x}{\partial v} \right) .$$

A questa funzione φ, detta da Weingarten *Verschiebungsfunction*, daremo il nome di funzione *caratteristica*. Essa, come ha osservato Volterra (*), ha un semplice significato cinematico, rappresentando la componente secondo la normale della rotazione subìta da un elemento superficiale di S nella deformazione.

L'ultima delle (2) si scinde nelle due equazioni

$$(3)\quad \sum \frac{\partial x}{\partial u}\frac{\partial \bar{x}}{\partial v} = \varphi\sqrt{\mathrm{E\,G}-\mathrm{F}^2}\,,\quad \sum \frac{\partial x}{\partial v}\frac{\partial \bar{x}}{\partial u} = -\varphi\sqrt{\mathrm{E\,G}-\mathrm{F}^2}\,.$$

Formiamo dalla prima di queste

$$\frac{\partial\left(\varphi\sqrt{\mathrm{E\,G}-\mathrm{F}^2}\right)}{\partial u}\,,$$

osservando che, per la 1.ª delle (1):

$$\sum \frac{\partial x}{\partial u}\frac{\partial^2 \bar{x}}{\partial u\,\partial v} = -\sum \frac{\partial \bar{x}}{\partial v}\frac{\partial^2 x}{\partial u\,\partial v}\,,$$

e, facendo uso delle formole fondamentali (I) n. 47 pag. 88, col ricordare la formola

$$\frac{\partial \log\sqrt{\mathrm{E\,G}-\mathrm{F}^2}}{\partial u} = \begin{Bmatrix}11\\1\end{Bmatrix} + \begin{Bmatrix}12\\2\end{Bmatrix}\,,$$

troveremo

$$(4)\quad \frac{\partial\varphi}{\partial u} = \frac{\mathrm{D}\sum \mathrm{X}\frac{\partial \bar{x}}{\partial v} - \mathrm{D}'\sum \mathrm{X}\frac{\partial \bar{x}}{\partial u}}{\sqrt{\mathrm{E\,G}-\mathrm{F}^2}}\,.$$

Analogamente dalla 2.ª delle (3), formando

$$\frac{\partial\left(\varphi\sqrt{\mathrm{E\,G}-\mathrm{F}^2}\right)}{\partial v}\,,$$

si troverà

$$(4^*)\quad \frac{\partial\varphi}{\partial v} = \frac{\mathrm{D}'\sum \mathrm{X}\frac{\partial \bar{x}}{\partial v} - \mathrm{D}''\sum \mathrm{X}\frac{\partial \bar{x}}{\partial u}}{\sqrt{\mathrm{E\,G}-\mathrm{F}^2}}\,.$$

Escludendo il caso privo d'interesse in cui la superficie S sia sviluppabile, supponendo cioè

$$\mathrm{D\,D}'' - \mathrm{D}'^2 \neq 0\,,$$

(*) *Sulla deformazione delle superficie flessibili ed inestendibili.* Rendiconti della R. Accad. dei Lincei. Seduta 6 aprile 1884.

le (4), (4*), risolute rapporto a

$$\sum X \frac{\partial \bar{x}}{\partial u}, \quad \sum X \frac{\partial \bar{x}}{\partial v},$$

danno

$$(5) \qquad \sum X \frac{\partial \bar{x}}{\partial u} = - \frac{D \frac{\partial \varphi}{\partial v} - D' \frac{\partial \varphi}{\partial u}}{K\sqrt{E\,G - F^2}}, \quad \sum X \frac{\partial \bar{x}}{\partial v} = \frac{D'' \frac{\partial \varphi}{\partial u} - D' \frac{\partial \varphi}{\partial v}}{K\sqrt{E\,G - F^2}},$$

indicando al solito K la curvatura della superficie.

Basta ora associare le (2), (3), (5) per ottenere, risolvendo, le formole

$$(6) \qquad \left\{ \begin{aligned} \frac{\partial \bar{x}}{\partial u} &= \frac{D\left(\varphi \frac{\partial X}{\partial v} - X \frac{\partial \varphi}{\partial v}\right) - D'\left(\varphi \frac{\partial X}{\partial u} - X \frac{\partial \varphi}{\partial u}\right)}{K\sqrt{E\,G - F^2}} \\ \frac{\partial \bar{x}}{\partial v} &= \frac{D'\left(\varphi \frac{\partial X}{\partial v} - X \frac{\partial \varphi}{\partial v}\right) - D''\left(\varphi \frac{\partial X}{\partial u} - X \frac{\partial \varphi}{\partial u}\right)}{K\sqrt{E\,G - F^2}} \end{aligned} \right.$$

colle analoghe in $\bar{y}$, $\bar{z}$. Di qui si vede che, appena nota la funzione caratteristica φ, si otterrà per quadrature la superficie $\bar{S}$ corrispondente per ortogonalità d'elementi alla S.

Ora dalle (5) si ottiene

$$\frac{\partial}{\partial u}\left(\frac{D'' \frac{\partial \varphi}{\partial u} - D' \frac{\partial \varphi}{\partial v}}{K\sqrt{E\,G - F^2}}\right) + \frac{\partial}{\partial v}\left(\frac{D \frac{\partial \varphi}{\partial v} - D' \frac{\partial \varphi}{\partial u}}{K\sqrt{E\,G - F^2}}\right) = \sum \frac{\partial \bar{x}}{\partial v}\frac{\partial X}{\partial u} - \sum \frac{\partial \bar{x}}{\partial u}\frac{\partial X}{\partial v}$$

e, sostituendo nel 2.° membro per $\frac{\partial X}{\partial u}$, $\frac{\partial X}{\partial v}$ i valori che risultano dalle formole fondamentali (II) n. 47, pag. 89, risulta:

La funzione caratteristica φ deve soddisfare alla equazione a derivate parziali del secondo ordine:

$$(7) \qquad \frac{1}{\sqrt{E\,G - F^2}} \left\{ \frac{\partial}{\partial u}\left(\frac{D'' \frac{\partial \varphi}{\partial u} - D' \frac{\partial \varphi}{\partial v}}{K\sqrt{E\,G - F^2}}\right) + \frac{\partial}{\partial v}\left(\frac{D \frac{\partial \varphi}{\partial v} - D' \frac{\partial \varphi}{\partial u}}{K\sqrt{E\,G - F^2}}\right) \right\} = \frac{2\,F\,D' - E\,D'' - G\,D}{E\,G - F^2}\,\varphi, \quad (*)$$

che si dirà l'equazione caratteristica.

(*) Il coefficiente $\frac{2\,F\,D' - E\,D'' - G\,G}{E\,G - F^2}$ di φ rappresenta la curvatura media H di S.

155. Dimostriamo ora che ad ogni soluzione φ di questa equazione corrisponde una soluzione del problema. Per ciò osserviamo, come nella nota al n. 153, che, facendo

$$\bar{x} = +y \quad , \quad \bar{y} = -x \quad , \quad \bar{z} = 0 \, ,$$

si soddisfa alla relazione fondamentale (1); il corrispondente valore della funzione caratteristica φ è

$$\varphi = \mathrm{X} \, ,$$

onde la (7) ammette come soluzioni particolari

$$\mathrm{X}, \mathrm{Y}, \mathrm{Z} \, .$$

Dopo di ciò si verificherà subito che, essendo φ una soluzione della (7), le (6) soddisfano alle condizioni d'integrabilità e definiscono per quadrature una superficie $\bar{\mathrm{S}}$, che corrisponde per ortogonalità d'elementi a S.

Dalle osservazioni ora fatte segue poi che quelle deformazioni infinitesime della S, che consistono in un *puro movimento,* corrispondono alla soluzione:

$$\varphi = a\,\mathrm{X} + b\,\mathrm{Z} + c\,\mathrm{Z} \, ,$$

con a, b, c costanti, della equazione caratteristica (7).

Poniamo ora la (7) sotto una seconda forma molto importante per le applicazioni. Questa si ottiene, introducendo i coefficienti

$$e \, , f \, , g$$

della rappresentazione sferica di S. Moltiplicando la (7) per $\sqrt{\mathrm{E\,G - F^2}}$ $\sqrt{e\,g - f^2}$, ricordando che

$$\mathrm{K}\sqrt{\mathrm{E\,G-F^2}} = \pm\sqrt{e\,g - f^2} \, ,$$

si ottiene

$$\sqrt{e\,g-f^2}\left\{\frac{\partial}{\partial u}\left(\frac{\mathrm{D}''}{\sqrt{e\,g-f^2}}\frac{\partial\varphi}{\partial u} - \frac{\mathrm{D}'}{\sqrt{e\,g-f^2}}\frac{\partial\varphi}{\partial v}\right) + \right.$$

$$\left. + \frac{\partial}{\partial v}\left(\frac{\mathrm{D}}{\sqrt{e\,g-f^2}}\frac{\partial\varphi}{\partial v} - \frac{\mathrm{D}'}{\sqrt{e\,g-f^2}}\frac{\partial\varphi}{\partial u}\right)\right\} + (e\,\mathrm{D}'' + g\,\mathrm{D} - 2f\,\mathrm{D}')\,\varphi = 0 \, .$$

Indicando cogli accenti i simboli $\left\{ \begin{matrix} r\,s \\ t \end{matrix} \right\}$ di Christoffel per la rappresentazione sferica ed osservando le formole (6*) n. 63, pag. 121, la precedente diviene

$$\mathrm{D}''\left[\frac{\partial^2\varphi}{\partial u^2} - \left\{ \begin{matrix} 11 \\ 1 \end{matrix} \right\}'\frac{\partial\varphi}{\partial u} - \left\{ \begin{matrix} 11 \\ 2 \end{matrix} \right\}'\frac{\partial\varphi}{\partial v} + e\,\varphi\right] - 2\,\mathrm{D}'\left[\frac{\partial^2\varphi}{\partial u\,\partial v} - \left\{ \begin{matrix} 12 \\ 1 \end{matrix} \right\}'\frac{\partial\varphi}{\partial u} - \left\{ \begin{matrix} 12 \\ 2 \end{matrix} \right\}'\frac{\partial\varphi}{\partial v} + f\varphi\right] +$$

$$+ \mathrm{D}\left[\frac{\partial^2\varphi}{\partial v^2} - \left\{ \begin{matrix} 22 \\ 1 \end{matrix} \right\}'\frac{\partial\varphi}{\partial v} - \left\{ \begin{matrix} 22 \\ 2 \end{matrix} \right\}'\frac{\partial\varphi}{\partial v} + g\,\varphi\right] = 0 \, ,$$

ovvero

$$(7^*)\qquad D''(\varphi'_{11}+e\varphi)-2\,D'(\varphi'_{12}+f\varphi)+D(\varphi'_{22}+g\varphi)=0\,,$$

i simboli $\varphi'_{11}\ \varphi'_{12}\ \varphi'_{22}$ indicando le derivate seconde covarianti della funzione caratteristica φ rapporto all'elemento lineare sferico. Scritta l'equazione caratteristica sotto questa forma, è evidente, per le (4) n. 63, pag. 119, che X, Y, Z ne sono soluzioni, come sopra si è osservato.

Ora osserviamo che, se determiniamo la superficie S mediante le coordinate tangenziali

$$X, Y, Z, W\,,$$

come al n. 72, c. V, cioè indichiamo con W la distanza del piano tangente dall'origine, per le (35) del citato numero, la equazione caratteristica (7*) può scriversi:

$$(8)\qquad (W'_{22}+gW)(\varphi'_{11}+e\varphi)-2\,(W'_{12}+fW)(\varphi'_{12}+f\varphi)+$$
$$+(W'_{11}+eW)(\varphi'_{22}+g\varphi)=0\,.$$

Questa, essendo simmetrica in W, φ, ci dimostra che, se si indica con S_0 la superficie inviluppo del piano

$$xX+yY+zZ=\varphi\,,$$

come φ è funzione caratteristica di una deformazione infinitesima della S, così W è funzione caratteristica di una deformazione infinitesima di S_0.

156. Per riconoscere la relazione geometrica caratteristica fra due tali superficie S, S_0, osserviamo che esse si corrispondono punto per punto per parallelismo delle normali e se con

$$(a)\qquad \begin{cases} D\,du^2+2\,D'\,du\,dv+D''dv^2 \\ D_0\,du^2+2\,D'_0\,du\,dv+D''_0\,dv^2 \end{cases}$$

indichiamo rispettivamente le due seconde forme fondamentali di S, S_0, la (8), osservando che si ha

$$-D_0=\varphi'_{11}+e\varphi\ ,\quad -D'_0=\varphi'_{12}+f\varphi\ ,\quad -D''_0=\varphi'_{22}+g\varphi\,,$$

si cangia nell'altra:

$$(8^*)\qquad D''D_0+D\,D''_0-2\,D'\,D'_0=0\,,$$

la quale esprime che l'invariante simultaneo di queste due forme differenziali è nullo. Ciò significa geometricamente che alle linee assintotiche dell'una superficie corrisponde un sistema coniugato sull'altra, come si riconosce subito, fondandosi sulla proprietà invariantiva della (8*), dall'osservare che, se $D=D''=0$, ne segue $D'_0=0$.

Inversamente, se le due superficie S, S_0 si corrispondono per parallelismo delle normali in guisa che alle linee assintotiche dell'una corrisponda un sistema coniugato sull'altra, si vede subito, per la (8) o per la equivalente (7*), che la distanza di un punto fisso dello spazio dal piano tangente dell'una è funzione caratteristica di una deformazione infinitesima dell'altra. Diremo che le superficie S, S_0 formano una *coppia di superficie associate.*

Osserviamo che se di due superficie associate l'una è a curvatura positiva, l'altra è certamente a curvatura negativa, come risulta dalla (8), ove supponendo p. e. $D'=0$ e D, D'' dello stesso segno ne segue che D_0, D''_0 hanno segno opposto. Al contrario ad una superficie a curvatura negativa può tanto essere associata una superficie a curvatura negativa come positiva. Una almeno delle due superficie associate S, S_0 è dunque ad assintotiche reali, supponiamo p. e. la S_0 e prendiamo a linee coordinate u, v le assintotiche di S_0, alle quali sopra S corrisponderà un sistema coniugato. Si riconoscerà subito, dalle formole di rappresentazione sferica c. V in particolare dalle (13), (22) di questo capitolo pag. 122, 131, che le relazioni fra le coordinate $x, y, z; x_0\ y_0\ z_0$ di due punti corrispondenti su S, S_0 si scrivono

$$(9)\qquad \left\{\begin{aligned} \frac{\partial x}{\partial u} &= l\,\frac{\partial x_0}{\partial v}\ , & \frac{\partial y}{\partial u} &= l\,\frac{\partial y_0}{\partial v}\ , & \frac{\partial z}{\partial u} &= l\,\frac{\partial z_0}{\partial v} \\ \frac{\partial x}{\partial v} &= m\,\frac{\partial x_0}{\partial u}\ , & \frac{\partial y}{\partial v} &= m\,\frac{\partial y_0}{\partial u}\ , & \frac{\partial z}{\partial v} &= m\,\frac{\partial z_0}{\partial u}\ , \end{aligned}\right.$$

essendo l, m convenienti funzioni di u, v.

Consideriamo invece quel sistema coniugato (α, β) sopra S, il cui corrispondente è pure coniugato sopra S_0, introducendo cioè a variabili α, β quelle che riducono le due forme simultanee (a) a somme di quadrati. Questo sistema è certamente sempre reale, se una delle due superficie è a punti ellittici, cioè se una delle due forme (a) è definita. Con queste variabili α, β, si avranno le formole

$$(10)\qquad \left\{\begin{aligned} \frac{\partial x_0}{\partial \alpha} &= r\,\frac{\partial x}{\partial \alpha}\ , & \frac{\partial y_0}{\partial \alpha} &= r\,\frac{\partial y}{\partial \alpha}\ , & \frac{\partial z_0}{\partial \alpha} &= r\,\frac{\partial z}{\partial \alpha} \\ \frac{\partial x_0}{\partial \beta} &= -r\,\frac{\partial x}{\partial \beta}\ , & \frac{\partial y_0}{\partial \beta} &= -r\,\frac{\partial y}{\partial \beta}\ , & \frac{\partial z_0}{\partial \beta} &= -r\,\frac{\partial z}{\partial \beta}\ , \end{aligned}\right.$$

dove r è una funzione di α, β definita dalle formole

$$(11)\qquad \frac{\partial \log r}{\partial \alpha} = -\,2\begin{Bmatrix}12\\2\end{Bmatrix}\ ,\quad \frac{\partial \log r}{\partial \beta} = -\,2\begin{Bmatrix}12\\1\end{Bmatrix},$$

i simboli dei secondi membri essendo calcolati per l'elemento lineare di S in coordinate α, β.

Vediamo adunque che le tangenti in due punti corrispondenti alle linee α, β sopra S, S_0 sono parallele e l'equazione di Laplace pei due sistemi coniugati (α, β) sopra S, S_0 è ad invarianti eguali.

Le formole (10) possono scriversi

$$\left\{\begin{aligned} &\frac{\partial}{\partial\alpha}\left(\frac{x_0 - rx}{1-r}\right) = \lambda\,(x_0 - x), \frac{\partial}{\partial\alpha}\left(\frac{y_0 - ry}{1-r}\right) = \lambda\,(y_0 - y), \frac{\partial}{\partial\alpha}\left(\frac{z_0 - rz}{1-r}\right) = \lambda\,(z_0 - z) \\ &\frac{\partial}{\partial\beta}\left(\frac{x_0 + rx}{1+r}\right) = \mu\,(x_0 - x), \frac{\partial}{\partial\beta}\left(\frac{y_0 + ry}{1+r}\right) = \mu\,(y_0 - y), \frac{\partial}{\partial\beta}\left(\frac{z_0 - rz}{1+r}\right) = \mu\,(z_0 - z) \end{aligned}\right.$$

essendo λ, μ fattori di proporzionalità. Queste ci dimostrano che se si considera il sistema di raggi $P_0\,P$ formato dalle congiungenti i punti corrispondenti di due superficie associate, le sue sviluppabili sono le $\alpha = \text{cost}^{te}$, $\beta = \text{cost}^{te}$ e i fuochi F_1, F_2, avendo per coordinate

$$F_1 \equiv \left(\frac{x_0 - rx}{1-r}, \quad \frac{y_0 - ry}{1-r}, \quad \frac{z_0 - rz}{1-r}\right)$$

$$F_2 \equiv \left(\frac{x_0 + rx}{1+r}, \quad \frac{y_0 + ry}{1+r}, \quad \frac{z_0 + rz}{1+r}\right)$$

dividono armonicamente il segmento PP_0. Dunque: *Le sviluppabili della congruenza formata dalle congiungenti i punti corrispondenti* P, P_0 *di due superficie associate* S, S_0 *tagliano ciascuna di queste superficie secondo un sistema coniugato ad invarianti eguali; sopra ogni raggio i fuochi dividono armonicamente il segmento* PP_0.

157. Riprendiamo per un'assegnata superficie S l'equazione (7*) caratteristica delle deformazioni infinitesime e riduciamola ad una forma, che riguarderemo come *forma normale,* assumendo un conveniente sistema di linee coordinate (u, v).

1.° Supponiamo dapprima che la S sia a curvature opposte e prendiamo a linee coordinate le assintotiche (u, v); essendo $D = 0$, $D'' = 0$, la (7*) diviene

$$\varphi'_{12} + f\varphi = 0\,,$$

ovvero, sviluppando colle formole del n. 64, c. V:

$$\frac{\partial^2\varphi}{\partial u\,\partial v} + \frac{1}{2}\frac{\partial \log\rho}{\partial v}\frac{\partial\varphi}{\partial u} + \frac{1}{2}\frac{\partial\log\rho}{\partial u}\frac{\partial\varphi}{\partial v} + f\varphi = 0\,. \tag{12}$$

Essendo φ una soluzione di questa equazione, le formole generali (6), che definiscono la superficie $\overline{S}$ corrispondente alla S per ortogonalità d'elementi, diventano:

$$(13) \quad \begin{cases} \dfrac{\partial \overline{x}}{\partial u} = \rho \left(X \dfrac{\partial \varphi}{\partial u} - \varphi \dfrac{\partial X}{\partial u} \right) \\ \dfrac{\partial \overline{x}}{\partial v} = -\rho \left(X \dfrac{\partial \varphi}{\partial v} - \varphi \dfrac{\partial X}{\partial v} \right). \end{cases}$$

Ora applichiamo la trasformazione, che al n. 68, pag. 129, abbiamo adoperato per ottenere le formole di Lelieuvre, cangiamo cioè la funzione incognita φ col porre

$$\varphi \sqrt{\rho} = \theta ;$$

la (12) diventa allora

$$(14) \quad \frac{\partial^2 \theta}{\partial u \, \partial v} = M \theta \quad , \quad M = \frac{1}{\sqrt{\rho}} \frac{\partial^2 \sqrt{\rho}}{\partial u \, \partial v} - f$$

e le (13) si scrivono corrispondentemente

$$(15) \quad \frac{\partial \overline{x}}{\partial u} = \begin{vmatrix} \xi & \theta \\ \dfrac{\partial \xi}{\partial u} & \dfrac{\partial \theta}{\partial u} \end{vmatrix} \quad , \quad \frac{\partial \overline{x}}{\partial v} = - \begin{vmatrix} \xi & \theta \\ \dfrac{\partial \xi}{\partial v} & \dfrac{\partial \theta}{\partial v} \end{vmatrix}$$

colle analoghe per $\overline{y}$, $\overline{z}$, che si ottengono cangiando successivamente ξ in η e in ζ. Ricordiamo che ξ, η, ζ sono esse stesse, nelle formole di Lelieuvre (18) n. 68, tre soluzioni particolari della (14). Ogni altra soluzione θ, linearmente indipendente da ξ, η, ζ, dà una effettiva deformazione infinitesima della superficie, che si riduce invece ad un puro movimento se θ è composta linearmente con ξ, η, ζ.

2.° Sia ora S una superficie a curvatura positiva; introduciamo, come al n. 70, a sistema coordinato (u, v) un sistema *isotermo-coniugato;* l'equazione caratteristica diventa

$$\varphi'_{11} + \varphi'_{22} + (e + g) \varphi = 0 ,$$

cioè (n. 71)

$$(16) \quad \frac{\partial^2 \varphi}{\partial u^2} + \frac{\partial^2 \varphi}{\partial v^2} + \frac{\partial \log \rho}{\partial u} \frac{\partial \varphi}{\partial u} + \frac{\partial \log \rho}{\partial v} \frac{\partial \varphi}{\partial v} + (e + g) \varphi = 0$$

e le equazioni (6) danno

$$(17) \quad \begin{cases} \dfrac{\partial \overline{x}}{\partial u} = \rho \left(\varphi \dfrac{\partial X}{\partial v} - X \dfrac{\partial \varphi}{\partial v} \right) \\ \dfrac{\partial \overline{x}}{\partial v} = -\rho \left(\varphi \dfrac{\partial X}{\partial u} - X \dfrac{\partial \varphi}{\partial u} \right) \end{cases}$$

Colla trasformazione (n. 71)

$$\varphi\sqrt{\rho} = \theta,$$

l'equazione caratteristica (16) diventa

$$(18)\qquad \frac{\partial^2\theta}{\partial u^2} + \frac{\partial^2\theta}{\partial v^2} = \mathrm{M}\,\theta\ ,\quad \mathrm{M} = \frac{1}{\sqrt{\rho}}\left(\frac{\partial^2\sqrt{\rho}}{\partial u^2} + \frac{\partial^2\sqrt{\rho}}{\partial v^2}\right) - (e+g)$$

e per le formole che definiscono la superficie $\overline{\mathrm{S}}$ si ha:

$$(19)\qquad \frac{\partial\bar{x}}{\partial u} = \begin{vmatrix} \theta & \xi \\ \frac{\partial\theta}{\partial v} & \frac{\partial\xi}{\partial v} \end{vmatrix}\ ,\quad \frac{\partial\bar{x}}{\partial v} = -\begin{vmatrix} \theta & \xi \\ \frac{\partial\theta}{\partial u} & \frac{\partial\xi}{\partial u} \end{vmatrix}$$

colle analoghe, ove $\bar{x}$, ξ si cangiano rispettivamente in $\bar{y}$, η; $\bar{z}$, ζ.

Possiamo dunque enunciare il risultato:

L'equazione, da cui dipende il problema delle deformazioni infinitesime di una superficie S, *si riduce alle forme normali*

$$\frac{\partial^2\theta}{\partial u\,\partial v} = \mathrm{M}\,\theta\ ,\quad \frac{\partial^2\theta}{\partial u^2} + \frac{\partial^2\theta}{\partial v^2} = \mathrm{M}\,\theta,$$

secondo che la S *è a curvatura negativa o positiva.*

Così p. e., per tutte le superficie che corrispondono alle equazioni

$$\frac{\partial^2\theta}{\partial u\partial v} = 0\ ,\quad \frac{\partial^2\theta}{\partial u^2} + \frac{\partial^2\theta}{\partial v^2} = 0,$$

sapremo risolvere completamente il problema delle deformazioni infinitesime, in particolare per le conoidi rette (n. 68) e pel paraboloide di rotazione (n. 71)

158. Consideriamo due superficie associate S, S_0 e prendiamo a linee coordinate sulla S_0 le linee assintotiche (u, v), supposte reali, le cui linee corrispondenti sopra S formano un sistema coniugato. La funzione caratteristica φ della corrispondente deformazione infinitesima della S soddisferà (essendo $\mathrm{D}_0=0$, $\mathrm{D}''_0=0$) alle due equazioni (n. 156):

$$\left\{\begin{aligned} \frac{\partial^2\varphi}{\partial u^2} &= \begin{Bmatrix}11\\1\end{Bmatrix}' \frac{\partial\varphi}{\partial u} + \begin{Bmatrix}11\\2\end{Bmatrix}' \frac{\partial\varphi}{\partial v} - e\,\varphi \\ \frac{\partial^2\varphi}{\partial v^2} &= \begin{Bmatrix}22\\1\end{Bmatrix}' \frac{\partial\varphi}{\partial u} + \begin{Bmatrix}22\\2\end{Bmatrix}' \frac{\partial\varphi}{\partial v} - g\,\varphi\,. \end{aligned}\right.$$

Sia ora $\overline{\mathrm{S}}$ la superficie corrispondente alla S per ortogonalità d'elementi, secondo la stessa deformazione infinitesima; avremo per le (6):

$$\left\{\begin{aligned} \frac{\partial \bar{x}}{\partial u} &= \frac{D}{\sqrt{eg-f^2}}\left(\varphi \frac{\partial X}{\partial v} - X \frac{\partial \varphi}{\partial v}\right) \\ \frac{\partial \bar{x}}{\partial v} &= \frac{D''}{\sqrt{eg-f^2}}\left(X \frac{\partial \varphi}{\partial u} - \varphi \frac{\partial X}{\partial u}\right). \end{aligned}\right.$$

Formando

$$\frac{\partial^2 \bar{x}}{\partial u \partial v},$$

coll'aver riguardo alle formole (6*) n. 63, c. V

$$\frac{\partial}{\partial v}\left(\frac{D}{\sqrt{eg-f^2}}\right) = -\begin{Bmatrix}22\\2\end{Bmatrix}' \frac{D}{\sqrt{eg-f^2}} - \begin{Bmatrix}11\\2\end{Bmatrix}' \frac{D''}{\sqrt{eg-f^2}}$$

$$\frac{\partial}{\partial u}\left(\frac{D''}{\sqrt{eg-f^2}}\right) = -\begin{Bmatrix}22\\1\end{Bmatrix}' \frac{D}{\sqrt{eg-f^2}} - \begin{Bmatrix}11\\1\end{Bmatrix}' \frac{D''}{\sqrt{eg-f^2}},$$

si trova

$$\frac{\partial^2 \bar{x}}{\partial u \partial v} = -\begin{Bmatrix}11\\2\end{Bmatrix}' \frac{D''}{D} \frac{\partial \bar{x}}{\partial u} - \begin{Bmatrix}22\\1\end{Bmatrix}' \frac{D}{D''} \frac{\partial \bar{x}}{\partial v};$$

ma, per le formole (25) n. 69, pag. 132

$$\begin{Bmatrix}12\\1\end{Bmatrix} = -\begin{Bmatrix}11\\2\end{Bmatrix}' \frac{D''}{D}, \quad \begin{Bmatrix}12\\2\end{Bmatrix} = -\begin{Bmatrix}22\\1\end{Bmatrix}' \frac{D}{D''},$$

questa si può scrivere

$$\frac{\partial^2 \bar{x}}{\partial u \partial v} = \begin{Bmatrix}12\\1\end{Bmatrix} \frac{\partial \bar{x}}{\partial u} + \begin{Bmatrix}12\\2\end{Bmatrix} \frac{\partial \bar{x}}{\partial v}.$$

Ne risulta che anche sopra $\bar{S}$ il sistema (u, v) è coniugato e di più l'equazione di Laplace sopra $\bar{S}$ è la stessa che sopra S. Si noterà poi che alla medesima equazione di Laplace

$$\frac{\partial^2 \theta}{\partial u \partial v} = \begin{Bmatrix}12\\1\end{Bmatrix} \frac{\partial \theta}{\partial u} + \begin{Bmatrix}12\\2\end{Bmatrix} \frac{\partial \theta}{\partial v}$$

soddisfa anche

$$x\,\bar{x} + y\,\bar{y} + z\,\bar{z}$$

a causa dell'identità

$$\sum \frac{\partial x}{\partial u} \frac{\partial \bar{x}}{\partial v} + \sum \frac{\partial x}{\partial v} \frac{\partial \bar{x}}{\partial u} = 0.$$

Se ritorniamo ora alla seconda interpretazione finita, data nel n. 153, pel problema delle deformazioni infinitesime e consideriamo le due superficie applicabili Σ, Σ' luogo dei rispettivi punti

$$\left.\begin{array}{lll} \xi = x + t\bar{x}\,, & \eta = y + t\bar{y}\,, & \zeta = z + t\bar{z} \\ \xi' = x - t\bar{x}\,, & \eta' = y - t\bar{y}\,, & \zeta' = z - t\bar{z} \end{array}\right\} (t \text{ cost}^{\text{te}}),$$

vediamo che anche sopra Σ, Σ' il sistema (u, v) è coniugato e l'equazione di Laplace rimane sempre la stessa. Di essa oltre che

$$\xi,\ \eta,\ \zeta\ ;\quad \xi',\ \eta',\ \zeta'$$

è altresì una soluzione (*)

$$(\xi^2 + \eta^2 + \zeta^2) - (\xi'^2 + \eta'^2 + \zeta'^2) = 4\,t\,(x\bar{x} + y\bar{y} + z\bar{z})\,.$$

In particolare ciò vale per un valore ε infinitamente piccolo di t, onde risulta il teorema: *Il sistema coniugato di una superficie* S, *che corrisponde alle assintotiche della superficie* S_0 *associata ad* S *in una deformazione infinitesima, si conserva coniugato in questa deformazione. Sulla superficie* $\bar{S}$ *corrispondente ad* S *per ortogonalità d'elementi vi corrisponde alla sua volta il sistema coniugato omologo.*

Viceversa, se consideriamo in una deformazione infinitesima di una superficie S quel sistema coniugato, che si conserva coniugato nella deformazione (**), sulla superficie associata S_0 vi corrisponderà il sistema delle assintotiche. Possiamo adunque enunciare il risultato:

(*) Cf. Koenigs Comptes Rendus de l'Acadèmie des sciences, t. CXVI, pag. 569 (1893).

Il teorema di Koenigs, risulta del resto subito dacchè su due superficie applicabili, riferite al sistema coniugato comune, l'equazione di Laplace è la stessa e ponendo,

$$\rho = \frac{1}{2}\,(\xi^2 + \eta^2 + \zeta^2)\ ,\quad \rho' = \frac{1}{2}\,(\xi'^2 + \eta'^2 + \zeta'^2)$$

si ha (n. 60, c. V)

$$\rho_{12} = F\ ,\quad \rho'_{12} = F\,.$$

Di qui potremmo inversamente trarre i risultati del testo.

(**) In ogni caso, salvo che pei puri movimenti (nei quali ogni sistema coniugato si conserva evidentemente coniugato), questo sistema è unico e determinato ed è certamente reale se la superficie che si deforma è a curvatura positiva. E infatti se con δD, $\delta D'$, $\delta D''$ indichiamo le variazioni di D, D', D'' dopo il movimento, nell'indeterminazione supposta del sistema coniugato comune, deve sussistere la proporzione

$$\delta D : \delta D' : \delta D'' = D : D' : D''$$

ed, essendo d'altronde

$$\delta\,(D\,D'' - D'^2) = D\,\delta D'' + D''\,\delta D - 2\,D'\,\delta D' = 0\,.$$

mentre $D\,D'' - D'^2$ non è zero, ne risulta

$$\delta D = \delta D' = \delta D'' = 0\,.$$

Affinchè un sistema coniugato sopra S *si mantenga coniugato in una deformazione infinitesima di* S *è necessario e sufficiente che la sua immagine sferica di Gauss sia anche l'immagine sferica delle assintotiche di una superficie* S_0. *Le superficie* S, S_0 *sono allora associate in quella deformazione infinitesima.*

In particolare, se il sistema coniugato è quello delle linee di curvatura, la condizione ora enunciata si riduce a questa che l'immagine sferica delle linee di curvatura sia un sistema isotermo. La superficie associata S_0 è allora ad area minima (*).

159. Diamo ora alcune proprietà delle coppie di superficie S, $\overline{S}$ corrispondentisi per ortogonalità d'elementi.

Supponiamo dapprima che la S sia a curvatura positiva e, come al n. 157, scegliamo a sistema coordinato (u, v) un sistema *isotermo-coniugato* sopra S. Le formole (19) si possono scrivere

$$\frac{1}{\theta^2}\frac{\partial \overline{x}}{\partial u} = \frac{\partial}{\partial v}\left(\frac{\xi}{\theta}\right), \quad \frac{1}{\theta^2}\frac{\partial \overline{x}}{\partial v} = -\frac{\partial}{\partial u}\left(\frac{\xi}{\theta}\right),$$

onde segue

$$\frac{\partial}{\partial u}\left(\frac{1}{\theta^2}\frac{\partial \overline{x}}{\partial u}\right) + \frac{\partial}{\partial v}\left(\frac{1}{\theta^2}\frac{\partial \overline{x}}{\partial v}\right) = 0,$$

ovvero

$$\frac{\partial^2 \overline{x}}{\partial u^2} + \frac{\partial^2 \overline{x}}{\partial v^2} = \frac{2}{\theta}\frac{\partial \theta}{\partial u}\frac{\partial \overline{x}}{\partial u} + \frac{2}{\theta}\frac{\partial \theta}{\partial v}\frac{\partial \overline{x}}{\partial v}$$

colle formole analoghe in $\overline{y}, \overline{z}$. D'altra parte, se con $\overline{\begin{Bmatrix} r s \\ t \end{Bmatrix}}$ indichiamo i simboli di Christoffel per la superficie $\overline{S}$ e colle notazioni analoghe

$$\overline{D}, \quad \overline{D}', \quad \overline{D}''$$
$$\overline{X}, \quad \overline{Y}, \quad \overline{Z}$$

i coefficienti della 2.ª forma fondamentale di $\overline{S}$ e i coseni di direzione della normale, per le formole fondamentali (I) n. 47, pag. 88, abbiamo

$$\frac{\partial^2 \overline{x}}{\partial u^2} + \frac{\partial^2 \overline{x}}{\partial v^2} = \left(\overline{\begin{Bmatrix} 11 \\ 1 \end{Bmatrix}} + \overline{\begin{Bmatrix} 22 \\ 1 \end{Bmatrix}}\right)\frac{\partial \overline{x}}{\partial u} + \left(\overline{\begin{Bmatrix} 11 \\ 2 \end{Bmatrix}} + \overline{\begin{Bmatrix} 22 \\ 2 \end{Bmatrix}}\right)\frac{\partial \overline{x}}{\partial v} + (\overline{D} + \overline{D}'')\overline{X}$$

e le analoghe in $\overline{y}, \overline{z}$. Paragonando colle precedenti, risulta

$$\overline{\begin{Bmatrix} 11 \\ 1 \end{Bmatrix}} + \overline{\begin{Bmatrix} 22 \\ 1 \end{Bmatrix}} = \frac{\partial \log \theta^2}{\partial u}, \quad \overline{\begin{Bmatrix} 11 \\ 2 \end{Bmatrix}} + \overline{\begin{Bmatrix} 22 \\ 2 \end{Bmatrix}} = \frac{\partial \log \theta^2}{\partial v}$$
$$\overline{D} + \overline{D}'' = 0.$$

(*) Cf. WEINGARTEN. — *Sitzungsberichte der K. Akademie zu Berlin* 28 Januar 1886.

L'ultima di queste ci dice che $\overline{\mathrm{D}}$, $\overline{\mathrm{D}''}$ sono eguali e di segno contrario, onde segue:

Ad una superficie $\overline{\mathrm{S}}$ *a curvatura positiva corrispondono per ortogonalità d'elementi soltanto superficie* S *a curvatura negativa* (*).

Come per le coppie di superficie associate (n. 150), così qui si vedrà facilmente che ad una superficie S a curvature opposte corrispondono per ortogonalità d'elementi tanto superficie a curvatura positiva che negativa.

In secondo luogo supponiamo che la S sia a curvature opposte e prendiamone a linee coordinate (u, v) le assintotiche. Le (15) n. 157 si possono scrivere

$$\frac{1}{\theta^2}\frac{\partial \bar{x}}{\partial u} = -\frac{\partial}{\partial u}\left(\frac{\xi}{\theta}\right), \quad \frac{1}{\theta^2}\frac{\partial \bar{x}}{\partial v} = \frac{\partial}{\partial v}\left(\frac{\xi}{\theta}\right),$$

da cui segue

$$\frac{\partial}{\partial v}\left(\frac{1}{\theta^2}\frac{\partial \bar{x}}{\partial u}\right) + \frac{\partial}{\partial u}\left(\frac{1}{\theta^2}\frac{\partial \bar{x}}{\partial v}\right) = 0,$$

ovvero

$$\frac{\partial^2 \bar{x}}{\partial u \partial v} = \frac{\partial \log \theta}{\partial v}\frac{\partial \bar{x}}{\partial u} + \frac{\partial \log \theta}{\partial u}\frac{\partial \bar{x}}{\partial v}.$$

Dunque: *Alle linee assintotiche di una superficie* S *corrisponde sopra ogni superficie* $\overline{\mathrm{S}}$, *corrispondente a* S *per ortogonalità d'elementi, un sistema coniugato a invarianti eguali.*

Viceversa supponiamo che sopra una superficie $\overline{\mathrm{S}}$ si abbia un sistema coniugato ad invarianti eguali, per il quale adunque

$$\overline{\begin{Bmatrix}12\\1\end{Bmatrix}} = \frac{\partial \log \theta}{\partial v}, \quad \overline{\begin{Bmatrix}12\\2\end{Bmatrix}} = \frac{\partial \log \theta}{\partial u},$$

essendo θ una conveniente funzione di u, v.

Determinando per quadrature ξ, η, ζ dalle formole

$$\left\{\begin{aligned} \frac{\partial}{\partial u}\left(\frac{\xi}{\theta}\right) &= -\frac{1}{\theta^2}\frac{\partial \bar{x}}{\partial u}, & \frac{\partial}{\partial v}\left(\frac{\xi}{\theta}\right) &= \frac{1}{\theta^2}\frac{\partial \bar{x}}{\partial v} \\ \frac{\partial}{\partial u}\left(\frac{\eta}{\theta}\right) &= -\frac{1}{\theta^2}\frac{\partial \bar{y}}{\partial u}, & \frac{\partial}{\partial v}\left(\frac{\eta}{\theta}\right) &= \frac{1}{\theta^2}\frac{\partial \bar{y}}{\partial v} \\ \frac{\partial}{\partial u}\left(\frac{\zeta}{\theta}\right) &= -\frac{1}{\theta^2}\frac{\partial \bar{z}}{\partial u}, & \frac{\partial}{\partial v}\left(\frac{\zeta}{\theta}\right) &= \frac{1}{\theta^2}\frac{\partial \bar{z}}{\partial v}, \end{aligned}\right.$$

(*) La $\overline{\mathrm{S}}$ può essere a curvatura nulla soltanto nel caso in cui sia $\overline{\mathrm{D}}=0$, $\overline{\mathrm{D}'}=0$, $\overline{\mathrm{D}''}=0$ e allora si riduce ad un piano. (Cf. n. 153).

saranno ξ, η, ζ soluzioni dell'equazione in Θ

$$\frac{\partial^2\Theta}{\partial u\partial v}=\left[\frac{\partial^2\log\theta}{\partial u\,\partial v}+\frac{1}{\theta^2}\frac{\partial\theta}{\partial u}\frac{\partial\theta}{\partial v}\right]\Theta.$$

Conseguentemente (n. 68, c. V) le formole di Lelieuvre:

$$\frac{\partial x}{\partial u}=-\begin{vmatrix}\eta & \zeta\\ \frac{\partial\eta}{\partial u} & \frac{\partial\zeta}{\partial u}\end{vmatrix},\quad \frac{\partial x}{\partial v}=\begin{vmatrix}\eta & \zeta\\ \frac{\partial\eta}{\partial v} & \frac{\partial\zeta}{\partial v}\end{vmatrix}$$

definiscono una superficie S, sulla quale le (u, v) sono le assintotiche e che corrisponde per ortogonalità d'elementi a $\overline{\text{S}}$. Si vede adunque che: *Il problema delle deformazioni infinitesime di una superficie* $\overline{\text{S}}$ *equivale alla ricerca dei sistemi coniugati ad invarianti eguali sopra* $\overline{\text{S}}$.

160. Ribaucour pel primo ha considerato un'importante classe di congruenze rettilinee, che si ottengono nel modo seguente.

Siano S, $\overline{\text{S}}$ due superficie che si corrispondono per ortogonalità d'elementi; se pei punti di una di esse, poniamo $\overline{\text{S}}$, conduciamo i raggi paralleli alle normali nei punti corrispondenti di S, avremo una congruenza della specie in discorso.

Diremo queste congruenze *congruenze di Ribaucour* e la superficie S, alle cui normali sono paralleli i raggi della congruenza, si dirà la *superficie generatrice.*

Applichiamo le formole generali del cap. X alle congruenze di Ribaucour in discorso. Osservando per ciò le formole (6) n. 154

$$\frac{\partial\overline{x}}{\partial u}=\frac{\left(\text{D}\frac{\partial\text{X}}{\partial v}-\text{D}'\frac{\partial\text{X}}{\partial u}\right)\varphi+\left(\text{D}'\frac{\partial\varphi}{\partial u}-\text{D}\frac{\partial\varphi}{\partial v}\right)\text{X}}{\sqrt{e\,g-f^2}}$$

$$\frac{\partial\overline{x}}{\partial v}=\frac{\left(\text{D}'\frac{\partial\text{X}}{\partial v}-\text{D}''\frac{\partial\text{X}}{\partial u}\right)\varphi+\left(\text{D}''\frac{\partial\varphi}{\partial v}-\text{D}'\frac{\partial\varphi}{\partial u}\right)\text{X}}{\sqrt{e\,g-f^2}},$$

e, ponendo, nelle notazioni di Kummer cap. X:

$$\overline{e}=\sum\frac{\partial\overline{x}}{\partial u}\frac{\partial\text{X}}{\partial u},\quad \overline{f}=\sum\frac{\partial\overline{x}}{\partial v}\frac{\partial\text{X}}{\partial u},\quad \overline{f'}=\sum\frac{\partial\overline{x}}{\partial u}\frac{\partial\text{X}}{\partial v},\quad g=\sum\frac{\partial\overline{x}}{\partial v}\frac{\partial\text{X}}{\partial v},$$

troviamo

$$\overline{e}=\frac{f\,\text{D}-e\,\text{D}'}{\sqrt{e\,g-f^2}}\varphi,\quad \overline{f}=\frac{f\,\text{D}'-e\,\text{D}''}{\sqrt{e\,g-f^2}}\varphi,\quad \overline{f'}=\frac{g\text{D}-f\,\text{D}'}{\sqrt{e\,g-f^2}}\varphi,\quad \overline{g}=\frac{g\text{D}'-f\text{D}''}{\sqrt{e\,g-f^2}}\cdot\varphi.$$

Le equazioni (B) (D) n. 140-141, che determinano rispettivamente le ascisse dei punti limiti e quelle dei fuochi, diventano (*)

$$(20)\qquad \begin{cases} r^2 = \dfrac{(r_1 - r_2)^2}{4} \cdot \varphi^2 \\ \rho^2 = - r_1 \, r_2 \, \varphi^2 , \end{cases}$$

indicando con r_1, r_2 i raggi principali di curvatura della superficie generatrice S (**).

L'equazione (C) n. 141, che determina le sviluppabili della congruenza, diventa poi

$$(21)\qquad D \, du^2 + 2 \, D' \, du \, dv + D'' \, dv^2 = 0 .$$

Abbiamo dunque il risultato:

In ogni congruenza di Ribaucour la superficie $\overline{S}$ *di partenza, corrispondente per ortogonalità d' elementi alla superficie generatrice* S, *è la superficie media della congruenza. Le sviluppabili della congruenza corrispondono alle linee assintotiche della superficie generatrice* S *e tagliano conseguentemente* (n. 159) *la superficie media* $\overline{S}$ *secondo un sistema coniugato ad invarianti eguali.*

161. La proprietà ora osservata delle congruenze di Ribaucour, che cioè le loro sviluppabili tagliano la superficie media secondo un sistema coniugato è caratteristica di queste congruenze, cioè sussiste il teorema:

Ogni congruenza, le cui sviluppabili tagliano la superficie media secondo un sistema coniugato, è una congruenza di Ribaucour.

Per dimostrarlo gioviamoci delle osservazioni seguenti, dovute a Guichard. Riprendiamo le formole (27) del n. 148, c. X, che danno le coordinate x, y, z del punto medio:

$$(22)\qquad \begin{cases} \dfrac{\partial x}{\partial u} = \left[\dfrac{\partial \rho}{\partial u} + 2 \begin{Bmatrix} 12 \\ 2 \end{Bmatrix} \rho \right] X - \rho \dfrac{\partial X}{\partial u} \\ \dfrac{\partial x}{\partial v} = - \left[\dfrac{\partial \rho}{\partial v} + 2 \begin{Bmatrix} 12 \\ 1 \end{Bmatrix} \rho \right] X + \rho \dfrac{\partial X}{\partial v} , \end{cases}$$

(*) Nella sostituzione nelle formole (B), (D) citate, le quantità in queste indicate con

$$E , F , G ; \quad e , f , f' , g$$

vanno rispettivamente rimpiazzate da

$$e , f , g ; \quad \overline{e} , \overline{f} , \overline{f'} , \overline{g} .$$

(**) Per la verifica delle formole del testo, si tengano presenti le altre

$$r_1 + r_2 = \frac{2 f D' - e D'' - g D}{e g - f^2} , \quad r_1 r_2 = \frac{D D'' - D'^2}{e g - f^2} .$$

ove ρ indica una soluzione della (28) pag. 262

$$\frac{\partial^2\rho}{\partial u\partial v}+\begin{Bmatrix}12\\1\end{Bmatrix}\frac{\partial\rho}{\partial u}+\begin{Bmatrix}12\\2\end{Bmatrix}\frac{\partial\rho}{\partial v}+\left[\frac{\partial}{\partial u}\begin{Bmatrix}12\\1\end{Bmatrix}+\frac{\partial}{\partial v}\begin{Bmatrix}12\\2\end{Bmatrix}+f\right]\rho=0. \tag{23}$$

Esprimiamo ora che sulla superficie media S le traccie (u, v) delle sviluppabili della congruenza formano un sistema coniugato. Per ciò è necessario e sufficiente che esistano due funzioni P, Q di u, v tali che x, y, z siano soluzioni della medesima equazione di Laplace

$$\frac{\partial^2\theta}{\partial u\partial v}=P\frac{\partial\theta}{\partial u}+Q\frac{\partial\theta}{\partial v}. \tag{24}$$

Ora, formando effettivamente $\frac{\partial^2 x}{\partial u\partial v}$ da una delle (22), osservando la (23) e la formola

$$\frac{\partial^2 X}{\partial u\partial v}=\begin{Bmatrix}12\\1\end{Bmatrix}\frac{\partial X}{\partial u}+\begin{Bmatrix}12\\2\end{Bmatrix}\frac{\partial X}{\partial v}-fX,$$

troviamo

$$\frac{\partial^2 x}{\partial u\partial v}=-\left[\frac{\partial\rho}{\partial v}+\begin{Bmatrix}12\\1\end{Bmatrix}\rho\right]\frac{\partial X}{\partial u}+\left[\frac{\partial\rho}{\partial u}+\begin{Bmatrix}12\\2\end{Bmatrix}\rho\right]\frac{\partial X}{\partial v}+$$
$$+\left[\left(\frac{\partial}{\partial v}\begin{Bmatrix}12\\2\end{Bmatrix}-\frac{\partial}{\partial u}\begin{Bmatrix}12\\1\end{Bmatrix}\right)\rho+\begin{Bmatrix}12\\2\end{Bmatrix}\frac{\partial\rho}{\partial v}-\begin{Bmatrix}12\\1\end{Bmatrix}\frac{\partial\rho}{\partial u}\right]X$$

e sussistono le formole analoghe in y, z. Le funzioni supposte P, Q saranno quindi date dalle formole

$$P=\begin{Bmatrix}12\\1\end{Bmatrix}+\frac{1}{\rho}\frac{\partial\rho}{\partial v},\quad Q=\begin{Bmatrix}12\\2\end{Bmatrix}+\frac{1}{\rho}\frac{\partial\rho}{\partial u} \tag{25}$$

e dovranno P, Q soddisfare l'ulteriore condizione

$$P\left[\frac{\partial\rho}{\partial u}+2\begin{Bmatrix}12\\2\end{Bmatrix}\rho\right]-Q\left[\frac{\partial\rho}{\partial v}+2\begin{Bmatrix}12\\1\end{Bmatrix}\rho\right]=\left[\frac{\partial}{\partial v}\begin{Bmatrix}12\\2\end{Bmatrix}-\frac{\partial}{\partial u}\begin{Bmatrix}12\\1\end{Bmatrix}\right]\rho+\begin{Bmatrix}12\\2\end{Bmatrix}\frac{\partial\rho}{\partial v}-\begin{Bmatrix}12\\1\end{Bmatrix}\frac{\partial\rho}{\partial u},$$

che pei valori (25) di P, Q si riduce a

$$\frac{\partial}{\partial u}\begin{Bmatrix}12\\1\end{Bmatrix}=\frac{\partial}{\partial v}\begin{Bmatrix}12\\2\end{Bmatrix}. \tag{26}$$

Questa esprime che le immagini sferiche delle sviluppabili della congruenza sono altresì le immagini delle linee assintotiche di una superficie (n. 64, c. V). In questo modo appunto Guichard ha stabilito il teorema:

Perchè le sviluppabili della congruenza taglino la superficie media S *secondo un sistema coniugato, è necessario e sufficiente che le loro immagini sferiche siano altresì le immagini delle assintotiche di una superficie* $\overline{S}$.

Ora è facile vedere ulteriormente che questa superficie $\overline{S}$ corrisponde per ortogonalità d'elementi alla superficie media S della congruenza, la quale è adunque una congruenza di Ribaucour. E infatti, se con

$$K = -\frac{1}{R^2}$$

indichiamo la curvatura di $\overline{S}$, sussistono le formole (n. 64, c. V)

$$\frac{\partial \log R}{\partial u} = -2\begin{Bmatrix}12\\2\end{Bmatrix}, \quad \frac{\partial \log R}{\partial v} = -2\begin{Bmatrix}12\\1\end{Bmatrix}$$

e per le coordinate $\overline{x}, \overline{y}, \overline{z}$ di un punto di $\overline{S}$ si ha

$$\left\{\begin{aligned} \frac{\partial \overline{x}}{\partial u} &= \frac{R}{\sqrt{eg-f^2}}\left(f\frac{\partial X}{\partial u} - e\frac{\partial X}{\partial v}\right)\\ \frac{\partial \overline{x}}{\partial v} &= \frac{R}{\sqrt{eg-f^2}}\left(f\frac{\partial X}{\partial v} - g\frac{\partial X}{\partial u}\right), \end{aligned}\right.$$

che, combinate colle (22), danno:

$$\sum \frac{\partial x}{\partial u}\frac{\partial \overline{x}}{\partial u} = 0, \quad \sum \frac{\partial x}{\partial v}\frac{\partial \overline{x}}{\partial v} = 0, \quad \sum \frac{\partial x}{\partial u}\frac{\partial \overline{x}}{\partial v} + \sum \frac{\partial x}{\partial v}\frac{\partial \overline{x}}{\partial u} = 0$$

e dimostrano appunto che S, $\overline{S}$ si corrispondono per ortogonalità d'elementi (*).

162. Consideriamo ora alcune classi speciali di congruenze di Ribaucour.

Appartengono a questa specie le congruenze isotrope (n. 139, c. X); si vede subito infatti che: *Le congruenze isotrope sono quelle speciali congruenze di Ribaucour, che hanno una sfera per superficie generatrice.*

La loro rappresentazione analitica si ottiene nel modo più semplice, osservando che le linee assintotiche della superficie media di una congruenza isotropa sono reali (n. 159) e corrispondono ad un sistema coniugato ad invarianti eguali sulla sfera, cioè ad un sistema sferico *ortogonale isotermo.* Viceversa, partendo da un sistema ortogonale isotermo arbitrario sulla sfera, colle formole alla fine del n. 159, troveremo per quadrature la più generale congruenza isotropa o, ciò che torna lo stesso, la più generale deformazione infinitesima della sfera.

(*) Si osserverà che la proprietà ulteriormente segnalata al numero precedente, che il sistema coniugato (u, v) sulla superficie media di una congruenza di Ribaucour è *ad invarianti eguali,* risulta anche subito dalla (25), essendo

$$\frac{\partial P}{\partial v} = \frac{\partial Q}{\partial u}.$$

Le congruenze di Guichard (n. 152, c. X), le cui sviluppabili hanno la stessa immagine sferica delle assintotiche di una superficie pseudosferica, possono ora evidentemente definirsi come *le congruenze di Ribaucour a superficie generatrice pseudosferica.*

Ricerchiamo ora se esistono congruenze di Ribaucour *normali.* L'immagine sferica delle loro sviluppabili forma in tal caso un sistema ortogonale e, dovendo essere l'immagine delle assintotiche della superficie generatrice, questa è per conseguenza una superficie ad area minima; le superficie ortogonali ai raggi della congruenza sono a rappresentazione isoterma delle linee di curvatura. Inversamente le normali ad una superficie con rappresentazione isoterma delle linee di curvatura formano una congruenza di Ribaucour.

Da ultimo osserviamo che: *Fra le congruenze di Ribaucour, che hanno per superficie generatrice una data superficie* S, *ve ne sono infinite la cui superficie media è un piano.*

Per ottenerle tutte basta procedere nel modo seguente (n. 153, *nota*). Proiettiamo ortogonalmente tutti i punti di S sopra un piano π e girata di un angolo retto, attorno ad un centro fisso del piano, l'immagine piana della superficie, tiriamo pei punti della nuova immagine i raggi paralleli alle normali di S. In particolare, se la superficie S è ad area minima, la congruenza così ottenuta sarà normale per quanto ora si è visto; le superficie normali ai raggi della congruenza sono in tal caso le superficie di *Bonnet,* per le quali i punti medii fra i due centri di curvatura sono in un piano.

Segue da queste osservazioni che proiettando ortogonalmente sopra un piano le linee assintotiche di una qualsiasi superficie, si ottiene un sistema piano ad invarianti eguali ed inversamente ogni tale sistema piano è la proiezione ortogonale delle assintotiche di una superficie (*).

163. Chiuderemo questo primo capitolo sulle deformazioni infinitesime coll'accennare ad un secondo metodo per trattare il problema, che discende immediatamente dai teoremi generali del cap. IV.

Riteniamo la superficie S, di cui vogliamo determinare le deformazioni infinitesime, definita dalle due forme fondamentali (n. 48, c. IV)

$$E\,du^2 + 2\,F\,du\,dv + G\,dv^2$$
$$D\,du^2 + 2\,D'\,du\,dv + D''dv^2\,.$$

In ogni deformazione infinitesima della S la 1.ª forma rimane invariata e i coefficienti della seconda subiscono variazioni infinitesime, che indicheremo con

$$\delta D = \varepsilon\,d\ ,\quad \delta D' = \varepsilon\,d'\ ,\quad \delta D'' = \varepsilon\,d''\ ,$$

(*) Königs. — Comptes Rendus de l'Académie, t. CXIV, pag. 55. Il teorema dato da Königs è più generale, riferendosi a qualsiasi proiezione centrale delle assintotiche. Esso risulta subito dal caso particolare considerato nel testo, osservando che le trasformazioni proiettive conservano le linee assintotiche e i sistemi coniugati ad invarianti eguali.

essendo ε una costante infinitesima e d, d', d'' tre funzioni di u, v da determinarsi. Note d, d', d'', si avrà la corrispondente deformazione infinitesima integrando un'equazione di Riccati. Ora le condizioni necessarie e sufficienti, cui debbono soddisfare le incognite d, d', d'', si ottengono immediatamente variando l'equazione (III) di Gauss e le equazioni (IV) di Codazzi (n. 48).

Esse si scrivono:

$$D'' d - 2 D' d' + D d'' = 0 \tag{27}$$

$$(28)\quad \begin{cases} \dfrac{\partial d}{\partial v} - \dfrac{\partial d'}{\partial u} - \begin{Bmatrix}12\\1\end{Bmatrix} d + \left[\begin{Bmatrix}11\\1\end{Bmatrix} - \begin{Bmatrix}12\\2\end{Bmatrix}\right] d' + \begin{Bmatrix}11\\2\end{Bmatrix} d'' = 0 \\[2ex] \dfrac{\partial d''}{\partial u} - \dfrac{\partial d'}{\partial v} + \begin{Bmatrix}22\\1\end{Bmatrix} d + \left[\begin{Bmatrix}22\\2\end{Bmatrix} - \begin{Bmatrix}12\\1\end{Bmatrix}\right] d' - \begin{Bmatrix}12\\2\end{Bmatrix} d'' = 0 \text{ (*)}. \end{cases}$$

Le (28) possono anche porsi sotto la seconda forma delle equazioni di Codazzi (IV*) n. 48

$$(28^*)\quad \begin{cases} \dfrac{\partial}{\partial v}\left(\dfrac{d}{\sqrt{EG-F^2}}\right) - \dfrac{\partial}{\partial u}\left(\dfrac{d'}{\sqrt{EG-F^2}}\right) + \begin{Bmatrix}22\\2\end{Bmatrix}\dfrac{d}{\sqrt{EG-F^2}} - 2\begin{Bmatrix}12\\2\end{Bmatrix}\dfrac{d'}{\sqrt{EG-F^2}} + \\ \qquad\qquad + \begin{Bmatrix}11\\2\end{Bmatrix}\dfrac{d''}{\sqrt{EG-F^2}} = 0 \\[2ex] \dfrac{\partial}{\partial u}\left(\dfrac{d''}{\sqrt{EG-F^2}}\right) - \dfrac{\partial}{\partial v}\left(\dfrac{d'}{\sqrt{EG-F^2}}\right) + \begin{Bmatrix}22\\1\end{Bmatrix}\dfrac{d}{\sqrt{EG-F^2}} - 2\begin{Bmatrix}12\\1\end{Bmatrix}\dfrac{d'}{\sqrt{EG-F^2}} + \\ \qquad\qquad + \begin{Bmatrix}11\\1\end{Bmatrix}\dfrac{d''}{\sqrt{EG-F^2}} = 0. \end{cases}$$

Applichiamo queste osservazioni generali ad alcuni esempii.

In primo luogo trattiamo con questo metodo nuovamente la questione già risoluta al n. 158: *È possibile dare ad una superficie* S *una deformazione infinitesima, che conservi coniugato un sistema attualmente coniugato* (u, v)*?*

Se prendiamo (u, v) a sistema coordinato, avremo per ipotesi

$$D' = 0 \ , \quad d' = 0 \, ,$$

onde la (27) dà

$$d = \lambda D \ , \quad d'' = -\lambda D'' ,$$

(*) Di qui segue subito nuovamente che il problema delle deformazioni infinitesime della sfera equivale alla ricerca delle superficie d'area minima. E infatti, se la S è una sfera, D, D', D'' sono proporzionali ad E, F, G e qualsiasi sistema di valori di d, d', d'', che soddisfa le (27), (28), dà i coefficienti della 2.ª forma fondamentale di una superficie minima.

indicando con λ un conveniente fattore; sostituendo nelle (28), coll'osservare che D, D'' soddisfano le equazioni

$$\begin{cases} \dfrac{\partial D}{\partial v} = \begin{Bmatrix} 12 \\ 1 \end{Bmatrix} D - \begin{Bmatrix} 11 \\ 2 \end{Bmatrix} D'' \\ \dfrac{\partial D''}{\partial u} = \begin{Bmatrix} 12 \\ 2 \end{Bmatrix} D'' - \begin{Bmatrix} 22 \\ 1 \end{Bmatrix} D, \end{cases}$$

risulta

$$\frac{\partial \log \lambda}{\partial u} = 2\,\frac{D}{D''}\begin{Bmatrix} 22 \\ 1 \end{Bmatrix}, \quad \frac{\partial \log \lambda}{\partial v} = 2\,\frac{D''}{D}\begin{Bmatrix} 11 \\ 2 \end{Bmatrix},$$

ovvero, per le (25) n. 69, c. V,

$$\frac{\partial \log \lambda}{\partial u} = -2\begin{Bmatrix} 12 \\ 2 \end{Bmatrix}', \quad \frac{\partial \log \lambda}{\partial v} = -2\begin{Bmatrix} 12 \\ 1 \end{Bmatrix}',$$

i simboli

$$\begin{Bmatrix} 12 \\ 1 \end{Bmatrix}', \quad \begin{Bmatrix} 12 \\ 2 \end{Bmatrix}'$$

essendo calcolati per l'elemento lineare sferico.

La deformazione supposta è dunque possibile quando

$$\frac{\partial}{\partial u}\begin{Bmatrix} 12 \\ 1 \end{Bmatrix}' = \frac{\partial}{\partial v}\begin{Bmatrix} 12 \\ 2 \end{Bmatrix}',$$

il che dà nuovamente il teorema del n. 158.

164. Ricerchiamo in secondo luogo se è possibile deformare infinitamente poco una superficie in guisa che non variino i suoi raggi principali di curvatura. Poichè in ogni deformazione la curvatura totale non varia, basterà aggiungere la condizione che non varii nemmeno la curvatura media. Assumendo a linee coordinate le linee di curvatura, la condizione ora accennata diventa

$$E\,d'' + G\,d = 0,$$

che combinata colla (27)

$$\frac{E}{r_2}\,d'' + \frac{G}{r_1}\,d = 0,$$

ed escludendo il caso della sfera, dà:

$$d = d'' = 0.$$

Le (28*) danno quindi

$$\frac{\partial}{\partial u}\log\left(\frac{d'}{\sqrt{EG-F^2}}\right) = -2\begin{Bmatrix} 12 \\ 2 \end{Bmatrix}$$

$$\frac{\partial}{\partial v}\log\left(\frac{d'}{\sqrt{EG-F^2}}\right) = -2\begin{Bmatrix} 12 \\ 1 \end{Bmatrix}$$

e per la condizione necessaria e sufficiente per la richiesta deformazione abbiamo

$$\frac{\partial}{\partial u}\begin{Bmatrix}12\\1\end{Bmatrix} = \frac{\partial}{\partial v}\begin{Bmatrix}12\\2\end{Bmatrix},$$

ovvero, osservando che $F=0$:

$$\frac{\partial^2 \log\left(\frac{E}{G}\right)}{\partial u\, \partial v} = 0 .$$

Questa esprime che le linee di curvatura u, v formano un sistema isotermo. Abbiamo dunque il teorema, osservato da Weingarten: *Perchè una superficie sia suscettibile di una deformazione infinitesima, per la quale non variino i suoi raggi principali di curvatura, è necessario e sufficiente che le sue linee di curvatura formino un sistema isotermo.*

Da ultimo proponiamoci di trattare con questo metodo il problema delle deformazioni infinitesime di qualsiasi superficie rigata S.

Prendiamo a linee coordinate sopra S le generatrici (v) e le assintotiche (u) del 2.° sistema; avremo

$$D = D'' = 0\ ,\quad \begin{Bmatrix}11\\2\end{Bmatrix} = 0 .$$

La (27) dà $d'=0$ e le (28) diventano

$$\left\{\begin{aligned} \frac{\partial d}{\partial v} &= \begin{Bmatrix}12\\1\end{Bmatrix} d \\ \frac{\partial d''}{\partial u} &= \begin{Bmatrix}12\\2\end{Bmatrix} d'' - \begin{Bmatrix}22\\1\end{Bmatrix} d . \end{aligned}\right.$$

Questo sistema si integra evidentemente con quadrature e successivamente, integrando una equazione di Riccati, si avrà la corrispondente deformazione infinitesima. Dunque: *La ricerca delle deformazioni infinitesime di una superficie rigata qualsivoglia si riduce alla integrazione di un'equazione di Riccati.*

Capitolo XII.

Le congruenze W.

Il teorema di Moutard relativo alle equazioni di Laplace della forma $\frac{\partial^2\theta}{\partial u\,\partial v}=\mathrm{M}\,\theta$ — Le congruenze W sulle cui falde della superficie focale si corrispondono le linee assintotiche — Loro derivazione dalle deformazioni infinitesime della superficie focale — Teorema di Halphen generalizzato — Le congruenze normali W corrispondenti alle equazioni $\frac{\partial^2\theta}{\partial u\,\partial v}=0$, $\frac{\partial^2\theta}{\partial u^2}+\frac{\partial^2\theta}{\partial v^2}=0$ — Teoremi di Darboux sulle superficie W, che hanno i raggi di curvatura legati dalla relazione $r_2-r_1=\frac{1}{k}\operatorname{sen}[k(r_2+r_1)]$ — Determinazione di tutte le superficie applicabili sul paraboloide di rotazione — Congruenze W le cui falde della superficie focale hanno eguale curvatura nei punti corrispondenti — Teoremi di Cosserat relativi alle superficie associate di queste superficie focali.

165. In questo secondo capitolo, dedicato alle deformazioni infinitesime, studieremo specialmente una nuova classe di congruenze intimamente legate a queste deformazioni; tali congruenze derivano nel modo più semplice dall'interpretazione geometrica del teorema di Moutard relativo alle equazioni della forma

$$\frac{\partial^2\theta}{\partial u\,\partial v}=\mathrm{M}\theta\ ,\quad \frac{\partial^2\theta}{\partial u^2}+\frac{\partial^2\theta}{\partial v^2}=\mathrm{M}\theta\ ,$$

dalle quali abbiamo visto dipendere appunto il problema delle deformazioni infinitesime.

Rammentiamo per ciò prima brevemente il bel risultato di Moutard. Se θ è una soluzione qualsiasi della equazione

$$\frac{\partial^2\theta}{\partial u\,\partial v}=\mathrm{M}\,\theta \tag{1}$$

ed R ne è una soluzione particolare fissa, talchè

$$\frac{\partial^2\mathrm{R}}{\partial u\,\partial v}=\mathrm{M}\,\mathrm{R}\ , \tag{2}$$

risulterà, in forza delle (1), (2)

$$\frac{\partial}{\partial v}\begin{vmatrix} \theta & R \\ \frac{\partial \theta}{\partial u} & \frac{\partial R}{\partial u}\end{vmatrix} + \frac{\partial}{\partial u}\begin{vmatrix} \theta & R \\ \frac{\partial \theta}{\partial v} & \frac{\partial R}{\partial v}\end{vmatrix} = 0,$$

onde, indicando con ψ una conveniente funzione di u, v, potremo porre

$$(3)\qquad \frac{\partial \psi}{\partial u} = \begin{vmatrix} \theta & R \\ \frac{\partial \theta}{\partial u} & \frac{\partial R}{\partial u}\end{vmatrix}, \quad \frac{\partial \psi}{\partial v} = -\begin{vmatrix} \theta & R \\ \frac{\partial \theta}{\partial v} & \frac{\partial R}{\partial v}\end{vmatrix}.$$

Se scriviamo queste equazioni sotto la forma

$$\frac{1}{R^2}\frac{\partial \psi}{\partial u} = -\frac{\partial}{\partial u}\left(\frac{\theta}{R}\right), \quad \frac{1}{R^2}\frac{\partial \psi}{\partial v} = \frac{\partial}{\partial v}\left(\frac{\theta}{R}\right),$$

vediamo che ψ soddisfa alla sua volta alla equazione di Laplace

$$\frac{\partial}{\partial u}\left(\frac{1}{R^2}\frac{\partial \psi}{\partial v}\right) + \frac{\partial}{\partial v}\left(\frac{1}{R^2}\frac{\partial \psi}{\partial u}\right) = 0.$$

Questa, cangiando la funzione incognita ψ col porre

$$\psi = R\,\theta_1,$$

prende nuovamente la forma (1) di Moutard

$$(1^*)\qquad \frac{\partial^2 \theta_1}{\partial u \partial v} = M_1\,\theta_1,$$

dove

$$(4)\qquad M_1 = R\,\frac{\partial^2}{\partial u \partial v}\left(\frac{1}{R}\right).$$

Diremo che *la equazione* (1*) *è la trasformata di Moutard della equazione* (1) *mediante la soluzione particolare* R. È evidente che l'inversa di R è, per la (4), una soluzione particolare della (1*), talchè la (1) è alla sua volta la trasformata di Moutard della (1*) mediante la soluzione particolare $\frac{1}{R}$. I due problemi d'integrazione delle equazioni (1) o (1*) sono equivalenti giacchè, per quanto precede, fra le loro soluzioni generali θ, θ_1 passano le relazioni espresse dalle formole

$$(5)\qquad \frac{\partial (R\,\theta_1)}{\partial u} = -R^2\frac{\partial}{\partial u}\left(\frac{\theta}{R}\right), \quad \frac{\partial (R\,\theta_1)}{\partial v} = R^2\frac{\partial}{\partial v}\left(\frac{\theta}{R}\right),$$

dalle quali, nota θ, si deduce θ_1 con quadrature è inversamente.

Scriviamo esplicitamente anche le formole corrispondenti relative alla equazione

$$(6)\qquad \frac{\partial^2\theta}{\partial u^2}+\frac{\partial^2\theta}{\partial v^2}=M\,\theta,$$

che si riduce del resto alla (1) prendendo per variabili $u+i\,v$, $u-i\,v$. Se R è una soluzione particolare della (6) e poniamo

$$(7)\qquad M_1=R\left[\frac{\partial^2}{\partial u^2}\left(\frac{1}{R}\right)+\frac{\partial^2}{\partial v^2}\left(\frac{1}{R}\right)\right],$$

l'integrazione della (6) equivale a quella della seguente trasformata

$$(6^*)\qquad \frac{\partial^2\theta_1}{\partial u^2}+\frac{\partial^2\theta_1}{\partial v^2}=M_1\,\theta,$$

mediante le formole

$$(8)\qquad \frac{\partial\,(R\,\theta_1)}{\partial u}=R^2\frac{\partial}{\partial v}\left(\frac{\theta}{R}\right),\quad \frac{\partial\,(R\,\theta_1)}{\partial v}=-R^2\frac{\partial}{\partial u}\left(\frac{\theta}{R}\right).$$

166. Mediante le formole di Lelieuvre e quelle relative alle deformazioni infinitesime possiamo dare una notevole interpretazione geometrica del teorema di Moutard. Essendo ξ, η, ζ, tre soluzioni particolari della (1) ed R una quarta soluzione, consideriamo la superficie S definita dalle formole di Lelieuvre

$$(9)\qquad \frac{\partial x}{\partial u}=-\begin{vmatrix}\eta & \zeta\\ \frac{\partial\eta}{\partial u} & \frac{\partial\zeta}{\partial u}\end{vmatrix},\quad \frac{\partial x}{\partial v}=\begin{vmatrix}\eta & \zeta\\ \frac{\partial\eta}{\partial v} & \frac{\partial\zeta}{\partial v}\end{vmatrix}$$

e quella sua deformazione infinitesima che corrisponde alla nuova soluzione R ed è definita dalle formole (15) n. 157, pag. 281

$$\frac{\partial\overline{x}}{\partial u}=\begin{vmatrix}\xi & R\\ \frac{\partial\xi}{\partial u} & \frac{\partial R}{\partial u}\end{vmatrix},\quad \frac{\partial\overline{x}}{\partial v}=-\begin{vmatrix}\xi & R\\ \frac{\partial\xi}{\partial v} & \frac{\partial R}{\partial v}\end{vmatrix},$$

che danno le coordinate $\overline{x}$, $\overline{y}$, $\overline{z}$ di un punto della superficie $\overline{S}$ corrispondente a S per ortogonalità d'elementi. Se si pone

$$(10)\qquad \overline{x}=R\,\xi_1,\quad \overline{y}=R\,\eta_1,\quad \overline{z}=R\,\zeta_1,$$

saranno per la (5) ξ_1, η_1, ζ_1 tre soluzioni particolari della (1*) trasformate di ξ, η, ζ col metodo di Moutard. Costruiamo ora nuovamente colle formole di Lelieuvre una superficie S_1 riferita alle sue linee assintotiche (u, v) definita, a meno di una traslazione, dalle equazioni

$$(11) \qquad \frac{\partial x_1}{\partial u} = -\begin{vmatrix} \eta_1 & \zeta_1 \\ \frac{\partial \eta_1}{\partial u} & \frac{\partial \zeta_1}{\partial u} \end{vmatrix}, \quad \frac{\partial x_1}{\partial v} = \begin{vmatrix} \eta_1 & \zeta_1 \\ \frac{\partial \eta_1}{\partial v} & \frac{\partial \zeta_1}{\partial v} \end{vmatrix}$$

e dalle analoghe in y_1, z_1.

Disponendo convenientemente delle costanti additive in x_1, y_1, z_1, dimostriamo che S_1 può collocarsi in tale posizione nello spazio da formare insieme con S le due falde della superficie focale di una congruenza.

E infatti dalle (9), (11) deduciamo

$$(12) \qquad \frac{\partial (x_1 - x)}{\partial u} = \begin{vmatrix} \eta & \zeta \\ \frac{\partial \eta}{\partial u} & \frac{\partial \zeta}{\partial u} \end{vmatrix} - \begin{vmatrix} \eta_1 & \zeta_1 \\ \frac{\partial \eta_1}{\partial u} & \frac{\partial \zeta_1}{\partial u} \end{vmatrix}$$

$$(12^*) \qquad \frac{\partial (x_1 - x)}{\partial v} = \begin{vmatrix} \eta_1 & \zeta_1 \\ \frac{\partial \eta_1}{\partial v} & \frac{\partial \zeta_1}{\partial v} \end{vmatrix} - \begin{vmatrix} \eta & \zeta \\ \frac{\partial \eta}{\partial v} & \frac{\partial \zeta}{\partial v} \end{vmatrix}$$

Ora le (5) danno

$$(13) \quad \begin{cases} R\frac{\partial(\xi_1 + \xi)}{\partial u} = (\xi - \xi_1)\frac{\partial R}{\partial u}, \; R\frac{\partial(\eta_1 + \eta)}{\partial u} = (\eta - \eta_1)\frac{\partial R}{\partial u}, \; R\frac{\partial(\zeta_1 + \zeta)}{\partial u} = (\zeta - \zeta_1)\frac{\partial R}{\partial u} \\ R\frac{\partial(\xi_1 - \xi)}{\partial v} = -(\xi + \xi_1)\frac{\partial R}{\partial v}, \; R\frac{\partial(\eta_1 - \eta)}{\partial v} = -(\eta + \eta_1)\frac{\partial R}{\partial v}, \; R\frac{\partial(\zeta_1 - \zeta)}{\partial v} = -(\zeta + \zeta_1)\frac{\partial R}{\partial v} \end{cases}$$

onde risulta

$$\begin{vmatrix} \eta - \eta_1 & \zeta - \zeta_1 \\ \frac{\partial \eta}{\partial u} + \frac{\partial \eta_1}{\partial u}, & \frac{\partial \zeta}{\partial u} + \frac{\partial \zeta_1}{\partial u} \end{vmatrix} = 0,$$

$$\begin{vmatrix} \eta + \eta_1 & \zeta + \zeta_1 \\ \frac{\partial \eta_1}{\partial v} - \frac{\partial \eta}{\partial v}, & \frac{\partial \zeta_1}{\partial v} - \frac{\partial \zeta}{\partial v} \end{vmatrix} = 0,$$

colle analoghe dedotte con permutazione circolare. Sottraendo queste ultime rispettivamente dalle (12), (12*), otteniamo

$$\frac{\partial (x_1 - x)}{\partial u} = \frac{\partial}{\partial u}\begin{vmatrix} \eta_1 & \zeta_1 \\ \eta & \zeta \end{vmatrix}, \quad \frac{\partial (x_1 - x)}{\partial v} = \frac{\partial}{\partial v}\begin{vmatrix} \eta_1 & \zeta_1 \\ \eta & \zeta \end{vmatrix}.$$

Disponendo adunque convenientemente delle costanti additive in x_1, y_1, z_1, possiamo porre senz' altro

$$(14) \qquad x_1 = x + \begin{vmatrix} \eta_1 & \zeta_1 \\ \eta & \zeta \end{vmatrix}, \quad y_1 = y + \begin{vmatrix} \zeta_1 & \xi_1 \\ \zeta & \xi \end{vmatrix}, \quad z_1 = z + \begin{vmatrix} \xi_1 & \eta_1 \\ \xi & \eta \end{vmatrix}.$$

Se consideriamo la superficie S_1 definita da queste formole in relazione colla S, le formole

$$\xi\,(x_1 - x) + \eta\,(y_1 - y) + \zeta\,(z_1 - z) = 0\,,$$

$$\xi_1 (x_1 - x) + \eta_1 (y_1 - y) + \zeta_1 (z_1 - z) = 0\,,$$

essendo ξ, η, ζ proporzionali ai coseni di direzione della normale alla S, ξ_1, η_1, ζ_1 a quelli della normale a S_1, ci dimostrano che il segmento che unisce due punti corrispondenti

$$F \equiv (x, y, z)\,, \quad F_1 \equiv (x_1, y_1, z_1)$$

di S, S_1 tocca in F la superficie S e in F_1 la superficie S_1. Dunque S, S_1 sono le due falde della superficie focale della congruenza generata dai raggi FF_1. Di più sussiste la importante proprietà: *Sulle due falde* S, S_1 *della superficie focale di questa congruenza si corrispondono le linee assintotiche o, ciò che torna lo stesso, i sistemi coniugati.*

167. Le congruenze, sulle cui falde focali si corrispondono le linee assintotiche (o i sistemi coniugati), si diranno *congruenze* W per analogia col caso delle congruenze *normali* di questa specie, ove le superficie normali ai raggi sono appunto le superficie indicate con W al cap. IX.

Per una superficie S a curvatura positiva possiamo ottenere formole del tutto analoghe alle precedenti, senza introdurre immaginarii, col riferire la superficie ad un sistema isotermo coniugato (c. V, n. 70-71).

Essendo ξ, η, ζ tre soluzioni della equazione

$$(15) \qquad \frac{\partial^2 \theta}{\partial u^2} + \frac{\partial^2 \theta}{\partial v^2} = M\,\theta\,,$$

la superficie S è definita dalle formole

$$(16) \qquad \frac{\partial x}{\partial u} = \begin{vmatrix} \eta & \zeta \\ \frac{\partial \eta}{\partial v} & \frac{\partial \zeta}{\partial v} \end{vmatrix}, \quad \frac{\partial x}{\partial v} = - \begin{vmatrix} \eta & \zeta \\ \frac{\partial \eta}{\partial u} & \frac{\partial \zeta}{\partial u} \end{vmatrix}$$

e dalle analoghe in y, z. Se R indica una quarta soluzione della (15), le formole (n. 157, c. XI)

$$\frac{\partial \bar{x}}{\partial u} = \begin{vmatrix} R & \xi \\ \frac{\partial R}{\partial v} & \frac{\partial \xi}{\partial v} \end{vmatrix}, \quad \frac{\partial \bar{x}}{\partial v} = - \begin{vmatrix} R & \xi \\ \frac{\partial R}{\partial u} & \frac{\partial \xi}{\partial u} \end{vmatrix}$$

definiscono una deformazione infinitesima della S; ponendo nuovamente

$$\bar{x} = \mathrm{R}\,\xi_1 \ , \quad \bar{y} = \mathrm{R}\,\eta_1 \ , \quad \bar{z} = \mathrm{R}\,\zeta_1 \ ,$$

si ha

$$(17) \qquad \left\{ \begin{aligned} \frac{\partial}{\partial u}(\mathrm{R}\,\xi_1) &= \mathrm{R}\frac{\partial \xi}{\partial v} - \xi\frac{\partial \mathrm{R}}{\partial v} \\ \frac{\partial}{\partial v}(\mathrm{R}\,\xi_1) &= -\mathrm{R}\frac{\partial \xi}{\partial u} + \xi\frac{\partial \mathrm{R}}{\partial u} \end{aligned} \right.$$

e si verificherà subito che le formole (14) danno ancora una congruenza W, poichè avendosi conseguentemente

$$\frac{\partial x_1}{\partial u} = -\begin{vmatrix} \eta_1 & \zeta_1 \\ \frac{\partial \eta_1}{\partial v} & \frac{\partial \eta_1}{\partial v} \end{vmatrix} \ , \quad \frac{\partial x_1}{\partial v} = \begin{vmatrix} \eta_1 & \zeta_1 \\ \frac{\partial \eta_1}{\partial u} & \frac{\partial \zeta_1}{\partial u} \end{vmatrix} \ ,$$

sopra le due superficie focali S, S_1 si corrispondono i sistemi coniugati.

Ora, se si osserva che per le (10) ξ, η, ζ, sono proporzionali alle componenti $\bar{x}$, $\bar{y}$, $\bar{z}$ dello spostamento che riceve il punto $F \equiv (x, y, z)$ nella deformazione infinitesima considerata di S, possiamo enunciare il nostro risultato col teorema: *Si consideri una deformazione infinitesima qualunque di una superficie* S *e per ogni punto di* S *nel piano tangente si conduca il raggio normale alla direzione dello spostamento subìto dal punto; la congruenza così costruita è una congruenza* W.

Questo teorema presenta naturalmente un caso di eccezione, quando cioè la costruzione in esso indicata, anzichè ad un sistema ∞^2 di raggi dia luogo soltanto ad un sistema ∞^1. Ciò accade soltanto quando la superficie S sia una superficie rigata e la direzione dello spostamento di ciascun punto nella deformazione supposta sia normale alla generatrice che vi passa. Sarebbe facile dimostrare che ogni superficie rigata ammette deformazioni infinitesime di questa specie.

168. Guichard, al quale sono dovute le formole precedenti per le congruenze W, ha osservato altresì che esse danno le più generali congruenze W. Andiamo a dimostrare questo importante risultato che, pel teorema precedente, possiamo anche enunciare così:

Ciascuna falda di una congruenza W *è suscettibile di una deformazione infinitesima, nella quale lo spostamento di ogni punto avviene parallelamente alla normale nel punto corrispondente dell' altra falda.*

Consideriamo nella dimostrazione il caso in cui sulle due falde S, S_1 le linee assintotiche (u, v) siano reali, l'altro caso potendosi trattare affatto analogamente. Essendo (x, y, z), $(x_1\ y_1\ z_1)$ due punti corrispondenti di S, S_1, riteniamo le due superficie definite dalle formole di Lelieuvre

$$(18)\qquad \frac{\partial x}{\partial u}=-\begin{vmatrix} \eta & \zeta \\ \frac{\partial \eta}{\partial u} & \frac{\partial \zeta}{\partial u}\end{vmatrix},\quad \frac{\partial x}{\partial v}=+\begin{vmatrix} \eta & \zeta \\ \frac{\partial \eta}{\partial v} & \frac{\partial \zeta}{\partial v}\end{vmatrix}$$

$$(19)\qquad \frac{\partial x_1}{\partial u}=-\begin{vmatrix} \eta_1 & \zeta_1 \\ \frac{\partial \eta_1}{\partial u} & \frac{\partial \zeta_1}{\partial u}\end{vmatrix},\quad \frac{\partial x_1}{\partial v}=+\begin{vmatrix} \eta_1 & \zeta_1 \\ \frac{\partial \eta_1}{\partial v} & \frac{\partial \zeta_1}{\partial v}\end{vmatrix},$$

dove ξ, η, ζ; ξ_1, η_1, ζ_1 sono rispettivamente proporzionali ai coseni di direzione delle normali a S, S_1 nei due punti corrispondenti.

Ponendo

$$\xi^2+\eta^2+\zeta^2=\rho\ ,\quad \xi_1^2+\eta_1^2+\zeta_1^2=\rho_1\ ,$$

saranno

$$(20)\qquad K=-\frac{1}{\rho^2}\ ,\quad K_1=-\frac{1}{\rho_1^2}$$

le curvature di S, S_1.

Si ha per ipotesi

$$\xi\,(x_1-x)+\eta\,(y_1-y)+\zeta\,(z_1-z)=0$$
$$\xi_1\,(x_1-x)+\eta_1\,(y_1-y)+\zeta_1\,(z_1-z)=0$$

e potremo quindi porre, indicando con m un conveniente fattore di proporzionalità

$$(21)\ x_1-x=m\begin{vmatrix} \eta_1 & \zeta_1 \\ \eta & \zeta\end{vmatrix},\ y_1-y=m\begin{vmatrix} \zeta_1 & \xi_1 \\ \zeta & \xi\end{vmatrix},\ z_1-z=m\begin{vmatrix} \xi_1 & \eta_1 \\ \xi & \eta\end{vmatrix}.$$

Derivando queste ultime rispetto ad u e moltiplicando le equazioni ottenute ordinatamente per ξ, η, ζ, indi per ξ_1, η_1, ζ_1 e sommando, si ottiene:

$$(a)\ -\begin{vmatrix} \xi & \eta & \zeta \\ \xi_1 & \eta_1 & \zeta_1 \\ \frac{\partial \xi_1}{\partial u} & \frac{\partial \eta_1}{\partial u} & \frac{\partial \zeta_1}{\partial u}\end{vmatrix}=m\begin{vmatrix} \xi & \eta & \zeta \\ \xi_1 & \eta_1 & \zeta_1 \\ \frac{\partial \xi}{\partial u} & \frac{\partial \eta}{\partial u} & \frac{\partial \zeta}{\partial u}\end{vmatrix},\ -\begin{vmatrix} \xi & \eta & \zeta \\ \xi_1 & \eta_1 & \zeta_1 \\ \frac{\partial \xi}{\partial u} & \frac{\partial \eta}{\partial u} & \frac{\partial \zeta}{\partial u}\end{vmatrix}=m\begin{vmatrix} \xi & \eta & \zeta \\ \xi_1 & \eta_1 & \zeta_1 \\ \frac{\partial \xi_1}{\partial u} & \frac{\partial \eta_1}{\partial u} & \frac{\partial \zeta_1}{\partial u}\end{vmatrix}.$$

Similmente operando rispetto a v, segue

$$(b)\ \begin{vmatrix} \xi & \eta & \zeta \\ \xi_1 & \eta_1 & \zeta_1 \\ \frac{\partial \xi_1}{\partial v} & \frac{\partial \eta_1}{\partial v} & \frac{\partial \zeta_1}{\partial v}\end{vmatrix}=m\begin{vmatrix} \xi & \eta & \zeta \\ \xi_1 & \eta_1 & \zeta_1 \\ \frac{\partial \xi}{\partial v} & \frac{\partial \eta}{\partial v} & \frac{\partial \zeta}{\partial v}\end{vmatrix},\ \begin{vmatrix} \xi & \eta & \zeta \\ \xi_1 & \eta_1 & \zeta_1 \\ \frac{\partial \xi}{\partial v} & \frac{\partial \eta}{\partial v} & \frac{\partial \zeta}{\partial v}\end{vmatrix}=m\begin{vmatrix} \xi & \eta & \zeta \\ \xi_1 & \eta_1 & \xi_1 \\ \frac{\partial \xi_1}{\partial v} & \frac{\partial \eta_1}{\partial v} & \frac{\partial \zeta_1}{\partial v}\end{vmatrix}.$$

Ora non possono essere simultaneamente nulli i due determinanti

$$\begin{vmatrix} \xi & \eta & \zeta \\ \xi_1 & \eta_1 & \zeta_1 \\ \frac{\partial \xi}{\partial u} & \frac{\partial \eta}{\partial u} & \frac{\partial \zeta}{\partial u} \end{vmatrix} , \quad \begin{vmatrix} \xi & \eta & \zeta \\ \xi_1 & \eta_1 & \zeta_1 \\ \frac{\partial \xi}{\partial v} & \frac{\partial \eta}{\partial v} & \frac{\partial \zeta}{\partial v} \end{vmatrix} ,$$

chè altrimenti si avrebbe

$$\begin{cases} \xi_1 \dfrac{\partial x}{\partial u} + \eta_1 \dfrac{\partial y}{\partial u} + \zeta_1 \dfrac{\partial z}{\partial u} = 0 \\ \xi_1 \dfrac{\partial x}{\partial v} + \eta_1 \dfrac{\partial y}{\partial v} + \zeta_1 \dfrac{\partial z}{\partial v} = 0 , \end{cases}$$

indi la proporzione:

$$\xi_1 : \eta_1 : \zeta_1 = \xi : \eta : \zeta$$

e, le normali in punti corrispondenti a S, S_1 essendo parallele, queste due superficie coinciderebbero, ciò che escludiamo. Le (a), (b) danno conseguentemente

$$m^2 = 1$$

e possiamo fare senz'altro

$$m = 1 ,$$

cangiando nel caso contrario i segni di ξ_1, η_1, ζ_1.

Così avremo le formole

$$(22) \quad x_1 = x + \begin{vmatrix} \eta_1 & \zeta_1 \\ \eta & \zeta \end{vmatrix} , \quad y_1 = y + \begin{vmatrix} \zeta_1 & \xi_1 \\ \zeta & \xi \end{vmatrix} , \quad z_1 = z + \begin{vmatrix} \xi_1 & \eta_1 \\ \xi & \zeta \end{vmatrix} ,$$

le quali derivate rapporto ad u, v, osservando le (18), (19), danno le proporzioni

$$\frac{\partial (\xi + \xi_1)}{\partial u} : \frac{\partial (\eta + \eta_1)}{\partial u} : \frac{\partial (\zeta + \zeta_1)}{\partial u} = \xi - \xi_1 : \eta - \eta_1 : \zeta - \zeta_1$$

$$\frac{\partial (\xi - \xi_1)}{\partial v} : \frac{\partial (\eta - \eta_1)}{\partial v} : \frac{\partial (\zeta - \zeta_1)}{\partial v} = \xi + \xi_1 : \eta + \eta_1 : \zeta + \zeta_1 .$$

Possiamo quindi porre, indicando con α, β due convenienti funzioni di u, v

$$(23) \begin{cases} \dfrac{\partial (\xi + \xi_1)}{\partial u} = \alpha (\xi - \xi_1) , \dfrac{\partial (\eta + \eta_1)}{\partial u} = \alpha (\eta - \eta_1) , \dfrac{\partial (\zeta + \zeta_1)}{\partial u} = \alpha (\zeta - \zeta_1) \\ \dfrac{\partial (\xi - \xi_1)}{\partial v} = \beta (\xi + \xi_1) , \dfrac{\partial (\eta - \eta_1)}{\partial v} = \beta (\eta + \eta_1) , \dfrac{\partial (\zeta - \zeta_1)}{\partial v} = \beta (\zeta + \zeta_1) . \end{cases}$$

Derivando le tre prime rispetto a v e sommandole colle corrispondenti della 2.ª linea derivate rapporto a v, ricordando che ξ, η, ζ sono soluzioni di una medesima equazione di Laplace

$$\frac{\partial^2\theta}{\partial u\,\partial v} = \mathrm{M}\,\theta\,, \tag{24}$$

otteniamo

$$\left(2\,\mathrm{M} - 2\,\alpha\,\beta - \frac{\partial\alpha}{\partial v} - \frac{\partial\beta}{\partial u}\right)\xi = \left(\frac{\partial\alpha}{\partial v} - \frac{\partial\beta}{\partial u}\right)\xi_1$$

$$\left(2\,\mathrm{M} - 2\,\alpha\,\beta - \frac{\partial\alpha}{\partial v} - \frac{\partial\beta}{\partial u}\right)\eta = \left(\frac{\partial\alpha}{\partial v} - \frac{\partial\beta}{\partial u}\right)\eta_1$$

$$\left(2\,\mathrm{M} - 2\,\alpha\,\beta - \frac{\partial\alpha}{\partial v} - \frac{\partial\beta}{\partial u}\right)\zeta = \left(\frac{\partial\alpha}{\partial v} - \frac{\partial\beta}{\partial u}\right)\zeta_1$$

e quindi, non sussistendo la proporzione $\xi_1 : \eta_1 : \zeta_1 = \xi : \eta : \zeta$, si avrà

$$\frac{\partial\alpha}{\partial v} - \frac{\partial\beta}{\partial u} = 0$$

$$2\,\mathrm{M} = 2\,\alpha\,\beta + \frac{\partial\alpha}{\partial v} + \frac{\partial\beta}{\partial u}\,.$$

Indicando con R una nuova funzione di u, v, possiamo dunque porre

$$\alpha = \frac{\partial \log \mathrm{R}}{\partial u}\quad,\quad \beta = \frac{\partial \log \mathrm{R}}{\partial v}$$

e la 2.ª delle precedenti diventando

$$\frac{\partial^2\mathrm{R}}{\partial u\,\partial v} = \mathrm{M}\,\mathrm{R}\,,$$

dimostra che R è soluzione della (24). Ed ora le (23) si riducono alle (13) del numero precedente e il teorema risulta così dimostrato.

169. Le formole precedenti conducono subito alla dimostrazione di un teorema che estende a tutte le congruenze W la proprietà segnalata da Halphen per le congruenze normali W (n. 127, c. IX, formola (17)).

Indicando con σ l'angolo dei due piani focali in una congruenza W di cui S, S_1 siano le due falde della superficie focale, abbiamo

$$\xi\,\xi_1 + \eta\,\eta_1 + \zeta\,\zeta_1 = \sqrt{\rho\,\rho_1}\,\cos\sigma\,,$$

avendo ρ, ρ_1 il significato dato dalle (20). Ne risulta per le (14)

$$(x_1-x)^2 + (y_1-y)^2 + (z_1-z)^2 = \rho\,\rho_1\,\mathrm{sen}^2\,\sigma$$

e poichè

$$\delta = \sqrt{(x_1-x)^2 + (y_1-y)^2 + (z_1-z)^2}$$

rappresenta la distanza dei due fuochi e conseguentemente

$$\frac{\delta}{\operatorname{sen}\sigma} = \sqrt{\rho\,\rho_1}$$

quella dei punti limiti, dalla (20) risulta la formola

$$\text{(24)} \qquad KK_1 = \left(\frac{\operatorname{sen}\sigma}{\delta}\right)^4,$$

da cui l'accennato teorema:

In ogni congruenza W il prodotto delle curvature delle due falde della superficie focale in due punti corrispondenti eguaglia l'inversa della quarta potenza della distanza dei punti limiti (*).

I risultati dei numeri precedenti danno del teorema di Moutard (n. 165) una semplice interpretazione geometrica. Presa infatti un'equazione di Moutard (1), sia R una sua soluzione particolare mediante la quale la (1) si trasformi coll'indicato processo nella nuova equazione (1*). Se con ξ, η, ζ indichiamo tre soluzioni particolari della (1), possiamo costruire colle formole di Lelieuvre (9) una corrispondente superficie S riferita alle sue linee assintotiche u, v; la (1) è per la S la equazione delle deformazioni infinitesime. Corrispondentemente alla soluzione scelta R, per passare dalla (1) alla (1*), abbiamo una deformazione infinitesima della S, per la quale, col teorema del n. 167, costruiamo una corrispondente congruenza W. Per la 2.ª falda S_1 della superficie focale l'equazione delle deformazioni infinitesime è precisamente la trasformata (1*) secondo il metodo di Moutard. Risulta di qui: *Per le due falde di una congruenza W i problemi della ricerca delle loro deformazioni infinitesime sono problemi equivalenti.*

Osserviamo ora che ogni trasformazione proiettiva dello spazio cangia evidentemente una congruenza W in un'altra congruenza W e poichè il problema delle deformazioni infinitesime di una superficie S equivale alla ricerca delle congruenze W, di cui S è una falda della superficie focale, si vede che: *Se si conoscono tutte le deformazioni infinitesime di una superficie* S, *lo stesso può dirsi di tutte le trasformate proiettive di* S. Ciò risulta altresì dall'osservazione al n. 159, c. XI, secondo la quale il detto problema equivale alla ricerca dei sistemi coniugati ad invarianti eguali sopra S; ora i sistemi coniugati ad invarianti eguali si conservano nelle trasformazioni proiettive.

(*) Questo teorema segue subito del resto anche dalle formole (34), (35) pagine 267-68 tanto nel caso delle assintotiche reali come in quello delle assintotiche immaginarie. Se si applicano infatti queste formole ad una congruenza W, sussisterà la proporzione:

$$D_1 : D_1'' = D_2 : D_2''$$

e, per le (34), le (35) daranno subito:

$$K_1\,K_2 = \left(\frac{\operatorname{sen}\Omega}{2\rho}\right)^4.$$

170. Dimostriamo ora come anche il teorema di Weingarten sulle evolute delle superficie W ed il suo inverso seguano dal teorema di Ribaucour (c. IX, n. 127) e dalla costruzione generale data nei numeri precedenti per le congruenze W. Inseriamo per ciò una ricerca preliminare, i cui risultati ci saranno utili fra breve, proponendoci il problema: *Quali superficie* S *ammettono una deformazione infinitesima in sè medesime?*

La direzione dello spostamento di ciascun punto di S avvenendo tangenzialmente alla superficie, prendiamo a linee u quelle inviluppate sopra S da queste direzioni e a linee v le traiettorie ortogonali, talchè l'elemento lineare di S sarà dato da

$$ds^2 = \mathrm{E}\, du^2 + \mathrm{G}\, dv^2 .$$

Indicando, come al n. 153, c. XI, con

$$\varepsilon \bar{x}\ ,\quad \varepsilon \bar{y}\ ,\quad \varepsilon \bar{z}$$

le componenti dello spostamento, avremo per ipotesi

$$\bar{x} = \lambda \frac{1}{\sqrt{\mathrm{G}}} \frac{\partial x}{\partial v}\ ,\quad \bar{y} = \lambda \frac{1}{\sqrt{\mathrm{G}}} \frac{\partial y}{\partial v}\ ,\quad \bar{z} = \lambda \frac{1}{\sqrt{\mathrm{G}}} \frac{\partial z}{\partial v}\ ,$$

essendo λ un conveniente fattore di proporzionalità. Ora le condizioni

$$\sum \frac{\partial \bar{x}}{\partial u} \frac{\partial x}{\partial u} = 0\ ,\quad \sum \frac{\partial \bar{x}}{\partial v} \frac{\partial x}{\partial v} = 0\ ,\quad \sum \left(\frac{\partial \bar{x}}{\partial u} \frac{\partial x}{\partial v} + \frac{\partial \bar{x}}{\partial v} \frac{\partial x}{\partial u} \right) = 0$$

danno

$$\frac{\partial \mathrm{E}}{\partial v} = 0\ ,\quad \frac{\partial \lambda}{\partial v} = 0\ ,\quad \frac{1}{\lambda} \frac{\partial \lambda}{\partial u} = \frac{1}{\sqrt{\mathrm{G}}} \frac{\partial \sqrt{\mathrm{G}}}{\partial u} .$$

Da queste formole risulta che si può fare

$$\mathrm{E} = 1\ ,\quad \lambda = \sqrt{\mathrm{G}} = r\ ,$$

essendo r funzione della sola u. Ne risulta: *Le superficie richieste sono soltanto quelle applicabili sopra superficie di rotazione.*

Se inoltre si calcola il valore della funzione caratteristica φ di Weingarten:

$$\varphi = \frac{1}{2r} \left(\sum \frac{\partial \bar{x}}{\partial v} \frac{\partial x}{\partial u} - \sum \frac{\partial \bar{x}}{\partial u} \frac{\partial x}{\partial v} \right)\ ,$$

si trova subito $\varphi = -r'$. Dunque: *Per ogni superficie* S *applicabile sopra una superficie di rotazione di elemento lineare*

$$du^2 = du^2 + r^2\, dv^2$$

il valore della funzione caratteristica φ, *che dà lo strisciamento della superficie in sè medesima, è proporzionale a* $\dfrac{dr}{du}$.

Ciò premesso, si abbia una superficie W, le cui normali formano adunque una congruenza W. Pel teorema al n. 168, ciascuna falda dell'evoluta ammette una deformazione infinitesima in sè stessa e però è applicabile sopra una superficie di rotazione (teorema di Weingarten).

Inversamente, se S è una superficie applicabile sopra una superficie di rotazione, le tangenti alle deformate dei meridiani formano, pel teorema al n. 167, una congruenza (normale) W, onde segue il teorema inverso di Weingarten.

171. Diamo ora alcuni notevoli esempî di congruenze W, che ci faranno conoscere importanti risultati dovuti a Darboux (*).

Prendiamo per equazione fondamentale di Moutard la equazione

$$\frac{\partial^2\theta}{\partial u\,\partial v}=0\,, \tag{25}$$

di cui assumiamo tre soluzioni particolari

$$\xi=f_1(u)+\varphi_1(v)\,,\quad \eta=f_2(u)+\varphi_2(v)\,,\quad \zeta=f_3(u)+\varphi_3(v)\,, \tag{26}$$

mediante le quali costruiamo colle formole di Lelieuvre

$$\left\{\begin{aligned}\frac{\partial x}{\partial u}&=-\begin{vmatrix} f_2(u)+\varphi_2(v)\,, & f_3(u)+\varphi_3(v)\\ f'_2(u) & f'_3(u)\end{vmatrix}\\ \frac{\partial x}{\partial v}&=\begin{vmatrix} f_2(u)+\varphi_2(v)\,, & f_3(u)+\varphi_2(v)\\ \varphi'_2(v) & \varphi'_3(v)\end{vmatrix}\end{aligned}\right.$$

la corrispondente superficie S, di cui le u, v sono le linee assintotiche. Applichiamo alla (25) la trasformazione di Moutard, adoperando la soluzione particolare R=1, sicchè la trasformata coincide colla (25) stessa. Se colle formole del n. 166 costruiamo la corrispondente congruenza W, di cui la S è una falda della superficie focale, per la 2.ª falda S_1 le (13) (pag. 298) danno

$$\xi_1=\varphi_1(v)-f_1(u)\,,\quad \eta_1=\varphi_2(v)-f_2(u)\,,\quad \zeta_1=\varphi_3(v)-f_3(u) \tag{26*}$$

e conseguentemente si ha

$$x_1=x+\begin{vmatrix}\varphi_2(v)-f_2(u)\,, & \varphi_3(v)-f_3(u)\\ \varphi_2(v)+f_2(u)\,, & \varphi_3(v)+f_3(u)\end{vmatrix}$$

$$y_1=y+\begin{vmatrix}\varphi_3(v)-f_3(u)\,, & \varphi_1(v)-f_1(u)\\ \varphi_3(v)+f_3(u)\,, & \varphi_1(v)+f_1(u)\end{vmatrix}$$

$$z_1=z+\begin{vmatrix}\varphi_1(v)-f_1(u)\,, & \varphi_2(v)-f_2(u)\\ \varphi_1(v)+f_1(u)\,, & \varphi_2(v)+f_2(u)\end{vmatrix}.$$

(*) Leçons etc. t. III, pag. 372 ss.

Indichiamo ora con S_0 la superficie media di questa congruenza W, con x_0, y_0, z_0 le coordinate del punto medio sopra ogni raggio. Dalle formole

$$x_0 = \frac{1}{2}(x_1 + x) \; , \quad y_0 = \frac{1}{2}(y_1 + y) \; , \quad z_0 = \frac{1}{2}(z_1 + z)$$

e dalle precedenti risulta

$$(27) \qquad \frac{\partial x_0}{\partial u} = - \begin{vmatrix} f_2(u) \, , & f_3(u) \\ f'_2(u) \, , & f'_3(u) \end{vmatrix} \; , \quad \frac{\partial x_0}{\partial v} = \begin{vmatrix} \varphi_2(v) \, , & \varphi_3(v) \\ \varphi'_2(v) \, , & \varphi'_3(v) \end{vmatrix} \; ,$$

colle formole analoghe per y_0, z_0. Come si vede, la superficie media S_0 di questa congruenza W è una superficie di traslazione, di cui le linee u, v sono le curve generatrici (c. IV, n. 59). Inoltre si vede subito che f_1, f_2, f_3 sono proporzionali ai coseni di direzione della binormale alla curva v sopra S_0 e φ_1, φ_2, φ_3 a quelli della binormale alla curva u, onde risulta che ciascun raggio della congruenza W, uscente da un punto P di S_0, è l'intersezione dei due piani osculatori delle linee u, v che passano per P.

Inversamente prendiamo una superficie S_0 di traslazione arbitraria, definita dalle formole

$$(28) \quad x_0 = F_1(u) + \Phi_1(v) \; , \quad y_0 = F_2(u) + \Phi_2(v) \; , \quad z_0 = F_3(u) + \Phi_3(v) \; ,$$

e dimostriamo che, assumendo convenientemente le funzioni

$$f_1, \, f_2, \, f_3 \; ; \quad \varphi_1, \, \varphi_2, \, \varphi_3 \; ,$$

si può fare coincidere la (27) colla (28). Per semplicità prendiamo a parametri u, v sopra S_0 gli archi delle linee coordinate, cioè supponiamo

$$F'^2_1(u) + F'^2_2(u) + F'^2_3(u) = 1$$
$$\Phi'^2_1(v) + \Phi'^2_2(v) + \Phi'^2_3(v) = 1 \, .$$

Per le linee u, v sopra S_0 tenendo le solite notazioni della teoria delle curve, apponendo alle quantità relative l'indice u, o v secondo che si riferiscono alle curve u=cost[te] o v=cost[te], basterà porre infatti

$$(29) \quad \begin{cases} f_1 = \sqrt{T_v} \cos \lambda_v \; , & f_2 = \sqrt{T_v} \cos \mu_v \; , \quad f_3 = \sqrt{T_v} \cos \nu_v \\ \varphi_1 = \sqrt{-T_u} \cos \lambda_u \; , & \varphi_2 = \sqrt{-T_u} \cos \mu_u \; , \quad \varphi_3 = \sqrt{-T_u} \cos \nu_u \end{cases}$$

per far coincidere le (28) colle (27).

Abbiamo dunque il teorema di Darboux: *Se per ogni punto di una superficie* S_0 *di traslazione si conduce il raggio intersezione dei due piani osculatori delle curve generatrici che vi passano, si forma una congruenza* W, *sulle cui falde della superficie focale le assintotiche corrispondono alle curve generatrici di* S_0.

Si osserverà per altro che le torsioni delle due curve generatrici dovranno essere, per dar luogo ad una costruzione reale, di segno contrario.

172. Ricerchiamo ora se fra le congruenze W, costruite secondo il teorema precedente, vi sono delle congruenze normali. È per ciò necessario e sufficiente che si abbia

$$\xi\,\xi_1 + \eta\,\eta_1 + \zeta\,\zeta_1 = 0\,,$$

ossia

$$f_1^2(u) + f_2^2(u) + f_3^2(u) = \varphi_1^2(v) + \varphi_2^2(v) + \varphi_3^2(v)\,,$$

il che dà, per le (29)

$$T_v = - T_u$$

e siccome T_v è funzione della sola u e T_u della sola v, abbiamo il risultato: *Le superficie di traslazione richieste sono quelle, le cui curve generatrici hanno le torsioni costanti eguali e di segno contrario.*

Dimostriamo ora che le superficie ortogonali ai raggi della congruenza sono quelle di Weingarten (c. IX, n. 134), i cui raggi principali di curvatura sono legati dalla relazione

$$k\,(r_2 - r_1) = \text{sen}\,[k\,(r_2 + r_1)]\ , \quad (k \text{ cost}^{\text{te}})\,.$$

Per ciò osserviamo che le due falde della superficie focale corrispondono alla equazione di Moutard

$$\frac{\partial^2\theta}{\partial u\,\partial v} = 0$$

e la soluzione di questa, che dà lo strisciamento della superficie in sè medesima, è $R=1$, quindi il corrispondente valore della funzione caratteristica φ di Weingarten è dato, per le formole al n. 157, da

$$\varphi = \frac{1}{\sqrt{\rho}}\,,$$

essendo $K = -\dfrac{1}{\rho^2}$ la curvatura della falda S considerata. D'altra parte, se con

$$ds^2 = d\alpha^2 + r^2\,d\beta^2$$

indichiamo l'elemento lineare di S riferito alle deformate dei meridiani e dei paralleli, si ha per l'osservazione al n. 170

$$\varphi = k\,\frac{dr}{d\alpha}\,,$$

e siccome

$$K = -\frac{1}{\rho^2} = -\frac{1}{r}\,\frac{d^2r}{d\alpha^2}\,,$$

ne risulta, per determinare r in funzione di α, l'equazione

$$\frac{d^2 r}{d\alpha^2} = k^4\, r \left(\frac{dr}{d\alpha}\right)^4,$$

ovvero

$$\frac{d}{d\alpha}\left(\frac{1}{\left(\frac{dr}{d\alpha}\right)^2}\right) = -\, k^4\, 2\, r\, \frac{dr}{d\alpha},$$

da cui

$$\left(\frac{dr}{d\alpha}\right)^2 = \frac{1}{a^2 - k^4 r^2} \quad (a \text{ cost}^{\text{te}}).$$

Abbiamo dunque

$$ds^2 = (a^2 - k^4 r^2)\, dr^2 + r^2\, d\beta^2$$

e ponendo

$$k^2 r = a \text{ sen } \frac{\omega}{2},$$

ne risulta

$$ds^2 = \frac{a^4}{4\, k^4}\left(\cos^4 \frac{\omega}{2}\, d\omega^2 + \frac{4}{a^2} \text{ sen}^2 \frac{\omega}{2}\, d\beta^2\right) (*),$$

che è appunto la forma dell'elemento lineare trovata al n. 134 (pag. 241) per l'una falda dell'evoluta delle indicate superficie W.

Inversamente ogni superficie coll'elemento lineare precedente ammette per funzione caratteristica φ dello strisciamento in sè medesima

$$\varphi = \frac{1}{\sqrt{\rho}}$$

e quindi R=1 per soluzione dell'equazione corrispondente di Moutard, la quale è adunque

$$\frac{\partial^2 \theta}{\partial u\, \partial v} = 0.$$

Ne risulta che la costruzione precedente dà tutte le superficie W, le cui immagini sferiche delle linee di curvatura sono ellissi ed iperbole confocali. Abbiamo così stabilito il bel teorema di Darboux:

Per costruire tutte le superficie W *i cui raggi principali di curvatura sono legati dalla relazione*

$$k(r_2 - r_1) = \text{sen } k(r_2 + r_1),$$

(*) Il calcolo diretto di questa formola non offre difficoltà, ma qui rimandiamo per tale verifica diretta al luogo citato nel Darboux.

si consideri una superficie S_0 *di traslazione, le cui curve generatrici abbiano torsioni costanti eguali e di segno contrario. Per ogni punto* P *di* S_0 *si conduca il raggio intersezione dei due piani osculatori delle curve generatrici uscenti da* P; *questo sistema di raggi è un sistema normale e le sue superficie ortogonali sono le più generali superficie* W *richieste.*

173. Prendiamo in secondo luogo l'equazione

$$\text{(A)} \qquad \frac{\partial^2\theta}{\partial u^2}+\frac{\partial^2\theta}{\partial v^2}=0$$

e siano ξ, η, ζ tre soluzioni particolari, colle quali costruiamo mediante le formole

$$\text{(30)} \qquad \frac{\partial x}{\partial u}=\begin{vmatrix} \eta & \zeta \\ \frac{\partial \eta}{\partial v} & \frac{\partial \zeta}{\partial v} \end{vmatrix}, \quad \frac{\partial x}{\partial v}=-\begin{vmatrix} \eta & \zeta \\ \frac{\partial \eta}{\partial u} & \frac{\partial \zeta}{\partial u} \end{vmatrix}$$

e le analoghe in y, z, una superficie S su cui il sistema u, v è isotermo coniugato. Consideriamo di questa superficie S la deformazione infinitesima corrispondente alla soluzione R=1 della (A) e costruiamo la corrispondente congruenza W. La 2.ª superficie focale S_1 è definita dalle formole

$$\text{(31)} \quad x_1=x+\begin{vmatrix} \eta_1 & \zeta_1 \\ \eta & \zeta \end{vmatrix}, \quad y_1=y+\begin{vmatrix} \zeta_1 & \xi_1 \\ \zeta & \xi \end{vmatrix}, \quad z_1=z+\begin{vmatrix} \xi_1 & \eta_1 \\ \xi & \eta \end{vmatrix},$$

dove ξ_1, η_1, ζ_1 sono le soluzioni coniugate di ξ, η, ζ della (A), che soddisfano alle equazioni (17) n. 167

$$\frac{\partial \xi_1}{\partial u}=\frac{\partial \xi}{\partial v}, \quad \frac{\partial \xi_1}{\partial v}=-\frac{\partial \xi}{\partial u} \quad \text{etc.}$$

Le coordinate del punto medio x_0, y_0, z_0 sopra un raggio di questa congruenza W soddisfano alla loro volta alla equazione stessa (A).

Per ottenere congruenze W di questa specie *normali,* basterà porre la condizione

$$\xi\,\xi_1+\eta\,\eta_1+\zeta\,\zeta_1=0,$$

cioè: *La congruenza* W *definita dalle* (30), (31) *sarà una congruenza normale, se le tre funzioni*

$$\xi_1+i\,\xi, \quad \eta_1+i\,\eta, \quad \zeta_1+i\,\zeta$$

della variabile complessa $u+i\,v$ *hanno la somma dei loro quadrati eguale ad una costante reale:*

$$\text{(32)} \qquad (\xi_1+i\,\xi)^2+(\eta_1+i\,\eta)^2+(\zeta_1+i\,\zeta)^2=a.$$

In particolare, se $a=0$, riuscirà

$$\xi_1^2+\eta_1^2+\zeta_1^2=\xi^2+\eta^2+\zeta^2,$$

cioè

$$K_1 = K \ (*),$$

essendo K, K_1 le curvature delle due falde focali S, S_1. Questa ultima osservazione, combinata con quella della nota al n. 128, pag. 234, basta già per dimostrare che, nel caso $a=0$, la congruenza W sarà formata dalle normali ad una superficie ad area minima, che è la superficie media S_0 del sistema e le superficie S, S_1 non sono altro che le due falde dell'evoluta della superficie minima S_0 (**).

Per ricercare, per qualsiasi valore della costante a nel 2.° membro della (32), su quale superficie di rotazione sarà applicabile la S e analogamente per la S_1, basterà procedere come al precedente numero, osservando che per la nostra superficie S il valore della funzione caratteristica, che dà lo strisciamento della superficie in sè medesima, è

$$\varphi = \frac{1}{\sqrt{\rho}},$$

essendo

$$K = \frac{1}{\rho^2}$$

la curvatura. Per determinare r in funzione di α (n. 172), abbiamo qui adunque l'equazione

$$\frac{d^2 r}{d\alpha^2} = -k^4 r \left(\frac{dr}{d\alpha}\right)^4 \quad (k \text{ costante}),$$

onde

$$\frac{1}{\left(\frac{dr}{d\alpha}\right)^2} = b + k^4 r^2,$$

con b costante, e quindi per l'elemento lineare di S

$$ds^2 = (b + k^4 r^2)\, dr^2 + r^2\, d\beta^2. \tag{33}$$

Inversamente per ogni superficie S con questo elemento lineare è $\varphi = \frac{1}{\sqrt{\rho}}$ il valore corrispondente della funzione caratteristica e quindi la

(*) Si osserverà che, se invece di prendere le costante a del 2.° membro della (32) nulla, si assumesse a puramente immaginaria nella corrispondente congruenza W, le falde della superficie focale avrebbero ancora eguale curvatura.

(**) A questo proposito non sarà inutile osservare che ad ogni sistema ortogonale sopra l'evolvente S_0 corrisponde sopra le falde S, S_1 dell'evoluta un sistema coniugato, in particolare ad ogni sistema isotermo ortogonale di S_0 un sistema isotermo coniugato sopra S, S_1. Questa proprietà, come facilmente si vede dalle formole del n. 127, appartiene a tutte le superficie a curvatura media costante.

corrispondente equazione di Moutard, avendo per soluzione R=1, è

$$\frac{\partial^2\theta}{\partial u^2}+\frac{\partial^2\theta}{\partial v^2}=0 .$$

Si vede adunque che le nostre congruenze W ci danno nelle loro superficie focali tutte le superficie coll'elemento lineare (33).

174. Ora per riconoscere la forma della superficie di rotazione, su cui la S è applicabile, conviene distinguere a seconda del segno di b nella (33) che corrisponde, come ora si vedrà, al segno di $-a$ nella (32).

1.° Se $b=0$, l'elemento lineare (33) diviene

$$ds^2=du^2+u\,d\beta^2$$

e appartiene alle evolute delle superficie d'area minima (n. 134, pag. 240, *nota*). È il caso che superiormente abbiamo già visto contraddistinto dal valore $a=0$ della costante nella (32).

2.° Sia $b>0$; allora possiamo fare, senza alterare la generalità, $b=1$

$$ds^2=(1+k^4\,r^2)\,dr^2+r^2\,d\beta^2$$

e la superficie di rotazione corrispondente è il *paraboloide di rotazione*

$$z=\psi\,(r)=\frac{k^2\,r^2}{2} .$$

Se d'altronde poniamo, introducendo una funzione ausiliaria ω:

$$k^2\,r=\operatorname{senh}\left(\frac{\omega}{2}\right)$$

risulta

$$ds^2=c^2\left\{\cosh^4\frac{\omega}{2}\,d\omega+\operatorname{senh}^2\frac{\omega}{2}\,dv^2\right\},\quad c=\frac{1}{k^2} . \tag{34}$$

Ora, esprimendo i raggi principali di curvatura r_1, r_2 della evolvente, troviamo facilmente colle formole del n. 133, pag. 240

$$r_2=c\,\frac{\omega-\operatorname{senh}\omega}{2},\quad r_1=c\,\frac{\omega+\operatorname{senh}\omega}{2}, \tag{35}$$

onde per la 2.ª falda S_1

$$ds_1^2=c^2\left(\operatorname{senh}^4\frac{\omega}{2}\,d\omega^2+\cosh^2\frac{\omega}{2}\,dv^2\right), \tag{34*}$$

che corrisponde, come subito si vede, alla forma (33) dell'elemento lineare con b negativo.

D'altronde, calcolando le curvature K, K_1 degli elementi lineari (34), (35), risulta

$$K = \frac{1}{4\,c^2 \cosh^4 \frac{\omega}{2}}\ ,\quad K_1 = \frac{1}{4\,c^2 \operatorname{senh}^4 \frac{\omega}{2}}$$

$$\rho = 2\,c \cosh^2 \frac{\omega}{2}\ ,\quad \rho_1 = 2\,c \operatorname{senh}^2 \frac{\omega}{2}$$

$$\rho - \rho_1 = 2\,c > 0\,,$$

onde la costante della (32)

$$a = (\xi_1^2 + \eta_1^2 + \zeta_1^2) - (\xi^2 + \eta^2 + \zeta^2) = \rho_1 - \rho$$

avrà un valore negativo.

Di qui si vede che è inutile considerare il caso $b < 0$, il quale corrisponde ad assumere a nella (32) positivo e possiamo enunciare sotto la forma seguente il risultato conseguito da Darboux:

Se $\xi_1 + i\,\xi$, $\eta_1 + i\,\eta$, $\zeta_1 + i\,\zeta$ *sono tre funzioni qualunque della variabile complessa* $u + i\,v$ *legate dalla relazione*

$$\text{(B)}\qquad (\xi_1 + i\,\xi)^2 + (\eta_1 + i\,\eta)^2 + (\zeta_1 + i\,\zeta)^2 = \text{cost}^{\text{te}}\,,$$

le formole (30) *danno per quadrature la più generale superficie applicabile sul paraboloide di rotazione, se la costante nel 2.º membro della* (B) *è negativa, e le loro superficie complementari nel caso opposto. Se poi la detta costante è nulla, si ottengono dalle* (30) *tutte le evolute delle superficie d'area minima.*

In fine osserviamo che l'elemento lineare sferico, riferito alle immagini sferiche delle linee di curvatura della superficie evolvente, prende la forma caratteristica (n. 133, c. IX)

$$\text{(36)}\qquad ds'^2 = \frac{du^2}{\operatorname{senh}^2\left(\frac{\omega}{2}\right)} + \frac{dv^2}{\cosh^2\left(\frac{\omega}{2}\right)}\,.$$

Vediamo dunque che si può risolvere per quadrature il problema di ridurre l'elemento lineare sferico a questa forma.

175. Consideriamo ancora una seconda classe di congruenze W, di cui le congruenze pseudosferiche (n. 151, c. X) sono un caso particolare. Proponiamoci per ciò la ricerca di quelle congruenze W, le cui falde della superficie focale hanno in punti corrispondenti eguale curvatura, *limitandoci per altro al caso in cui le linee assintotiche sulla superficie focale sono reali.*

Assumendole a linee coordinate u, v, utilizziamo per la ricerca le formole di Guichard al n. 160. Essendo per ipotesi

$$K = K_1,$$

si ha

$$\xi^2 + \eta^2 + \zeta^2 = \xi_1^2 + \eta_1^2 + \zeta_1^2 = \rho \tag{37}$$

e inoltre, se σ indica l'angolo dei piani focali,

$$\xi\,\xi_1 + \eta\,\eta_1 + \zeta\,\zeta_1 = \rho\cos\sigma. \tag{38}$$

Ora prendiamo le tre prime equazioni (13) pag. 298, moltiplichiamole ordinatamente per ξ, η, ζ; indi per ξ_1, η_1, ζ_1 ed ogni volta sommiamo; otteniamo così, avendo riguardo alle (37), (38):

$$\rho\,(1-\cos\sigma)\frac{\partial R}{\partial u} = R\left[\frac{1}{2}\frac{\partial\rho}{\partial u} + \sum \xi\,\frac{\partial \xi_1}{\partial u}\right]$$

$$-\rho\,(1-\cos\sigma)\frac{\partial R}{\partial u} = R\left[\frac{1}{2}\frac{\partial\rho}{\partial u} + \sum \xi_1\,\frac{\partial \xi}{\partial u}\right],$$

da cui sommando

$$\frac{\partial\cos\sigma}{\partial u} = -\,(1+\cos\sigma)\frac{\partial\log\rho}{\partial u}. \tag{39}$$

Similmente operando colle tre ultime (13), troviamo

$$\frac{\partial\cos\sigma}{\partial v} = (1-\cos\sigma)\frac{\partial\log\rho}{\partial v} \;(*). \tag{39*}$$

Da queste risulta

$$\frac{\partial}{\partial v}\left[(1+\cos\sigma)\frac{\partial\log\rho}{\partial u}\right] + \frac{\partial}{\partial u}\left[(1-\cos\sigma)\frac{\partial\log\rho}{\partial v}\right] = 0,$$

(*) Esprimendo $\frac{\partial\log\rho}{\partial u}$, $\frac{\partial\log\rho}{\partial v}$ pei simboli $\begin{Bmatrix}12\\1\end{Bmatrix}'$, $\begin{Bmatrix}12\\2\end{Bmatrix}'$ dell'elemento lineare sferico, queste formole si scrivono

$$(a)\quad\begin{cases} \dfrac{\partial\cos\sigma}{\partial u} = 2\,(1+\cos\sigma)\begin{Bmatrix}12\\2\end{Bmatrix}' \\[2ex] \dfrac{\partial\cos\sigma}{\partial v} = -2\,(1-\cos\sigma)\begin{Bmatrix}12\\1\end{Bmatrix}' \end{cases}$$

e fra i valori di $\begin{Bmatrix}12\\1\end{Bmatrix}'$, $\begin{Bmatrix}12\\2\end{Bmatrix}'$ risulta l'identità

$$(b)\quad \frac{\partial}{\partial u}\begin{Bmatrix}12\\1\end{Bmatrix}' = \frac{\partial}{\partial v}\begin{Bmatrix}12\\2\end{Bmatrix}' = 2\begin{Bmatrix}12\\1\end{Bmatrix}'\begin{Bmatrix}12\\2\end{Bmatrix}'.$$

ovvero, per le (39), (39*) stesse

$$\frac{\partial^2 \rho}{\partial u\, \partial v} = 0,$$

quindi

$$K = -\frac{1}{[\varphi(u) + \psi(v)]^2}, \tag{40}$$

indicando con $\varphi(u)$ una funzione della sola u, con $\psi(v)$ una funzione della sola v. Dunque: *Se in una congruenza* W *le due falde focali hanno in punti corrispondenti eguale curvatura, la curvatura stessa, espressa pei parametri u, v delle assintotiche, assumerà la forma caratteristica* (40).

Dimostreremo nel prossimo numero che la condizione qui trovata come necessaria è pur sufficiente e più precisamente che:

Ogni superficie della classe (40) *appartiene come 1.ª falda della superficie focale ad* ∞^2 *congruenze* W *della specie richiesta, la cui ricerca dipende dall' integrazione di un' equazione di Riccati.*

Qui osserviamo ancora che le superficie caratterizzate dalla relazione (40) comprendono come caso particolare le superficie pseudosferiche, che corrispondono al caso in cui $\varphi(u)$, $\psi(v)$ sono ambedue costanti.

Se una sola delle funzioni $\varphi(u)$, $\psi(v)$, p. e. $\psi(v)$, è costante le linee di *egual curvatura* K=cost[te] sono le assintotiche u, ciascuna delle quali è adunque (pel teorema di Enneper) una curva a torsione costante. Viceversa tutte le superficie le cui assintotiche in un sistema sono curve a torsione costante appartengono a questa classe. Il più semplice esempio di queste superficie è l'elicoide rigata ad area minima.

In fine osserviamo che alla classe generale (40) appartengono tutte le superficie conoidali rette (n. 68, c. V).

176. Per dimostrare l'enunciato teorema, prendiamo una superficie S della classe (40) e determiniamo l'angolo σ dalle (39), (39*), che integrate danno

$$\operatorname{tang} \frac{\sigma}{2} = \sqrt{\frac{\varphi(u) + k}{\psi(v) - k}}, \tag{41}$$

ove k è una costante arbitraria. Fissato in questa formola il valore di k, dimostriamo che si possono costruire ∞^1 congruenze W, di cui S è una falda della superficie focale, tali che la seconda falda S' abbia la stessa curvatura di S in ogni punto corrispondente.

In queste congruenze, per la formola (24) al n. 170, sarà

$$\delta = \rho \operatorname{sen} \sigma$$

la distanza focale. Consideriamo ora in ogni punto di S le direzioni delle linee di curvatura, i cui coseni di direzione indichiamo con X_1, Y_1, Z_1;

X_2, Y_2, Z_2. Sulla sfera rappresentativa queste due direzioni sono le bisettrici delle linee coordinate (u, v) e valgono quindi le formole stabilite al n. 149, (pag. 265), che per maggiore chiarezza qui riportiamo: (*)

$$(42)\quad \left\{\begin{aligned} &\frac{\partial X}{\partial u} = \sqrt{e}\left(\operatorname{sen}\frac{\Omega}{2}X_1 + \cos\frac{\Omega}{2}X_2\right), \quad \frac{\partial X}{\partial v} = \sqrt{g}\left(-\operatorname{sen}\frac{\Omega}{2}X_1 + \cos\frac{\Omega}{2}X_2\right) \\ &\frac{\partial X_1}{\partial u} = -A X_2 - \sqrt{e}\operatorname{sen}\frac{\Omega}{2}X, \quad \frac{\partial X_1}{\partial v} = B X_2 + \sqrt{g}\operatorname{sen}\frac{\Omega}{2}X \\ &\frac{\partial X_2}{\partial u} = A X_1 - \sqrt{e}\cos\frac{\Omega}{2}X, \quad \frac{\partial X_2}{\partial v} = -B X_1 - \sqrt{g}\cos\frac{\Omega}{2}X \end{aligned}\right.$$

$$(43)\quad \left\{\begin{aligned} A &= \frac{1}{2}\frac{\partial\Omega}{\partial u} + \sqrt{\frac{e}{g}}\begin{Bmatrix}12\\1\end{Bmatrix}'\operatorname{sen}\Omega = -\frac{\sqrt{e}}{\rho_v} - \frac{1}{2}\frac{\partial\Omega}{\partial u} \\ B &= \frac{1}{2}\frac{\partial\Omega}{\partial v} + \sqrt{\frac{g}{e}}\begin{Bmatrix}12\\2\end{Bmatrix}'\operatorname{sen}\Omega = -\frac{\sqrt{g}}{\rho_u} - \frac{1}{2}\frac{\partial\Omega}{\partial v}\ . \end{aligned}\right.$$

Per le coordinate x, y, z di un punto F di S le formole (13) n. 64, pag. 122 danno quindi:

$$(44)\quad \left\{\begin{aligned} \frac{\partial x}{\partial u} &= \rho\sqrt{e}\left\{\cos\frac{\Omega}{2}X_1 - \operatorname{sen}\frac{\Omega}{2}X_2\right\} \\ \frac{\partial x}{\partial v} &= -\rho\sqrt{g}\left\{\cos\frac{\Omega}{2}X_1 + \operatorname{sen}\frac{\Omega}{2}X_2\right\}. \end{aligned}\right.$$

Se indichiamo con φ l'angolo incognito d'inclinazione del segmento focale F F' sulla direzione $(X_1\, Y_1\, Z_1)$ uscente da F sopra S, per le coordinate x', y', z' di F' avremo evidentemente:

$$(45)\quad \left\{\begin{aligned} x' &= x + \rho\operatorname{sen}\sigma(\cos\varphi X_1 + \operatorname{sen}\varphi X_2) \\ y' &= y + \rho\operatorname{sen}\sigma(\cos\varphi Y_1 + \operatorname{sen}\varphi Y_2) \\ z' &= z + \rho\operatorname{sen}\sigma(\cos\varphi Z_1 + \operatorname{sen}\varphi Z_2) \end{aligned}\right.$$

ed ora dobbiamo assoggettare φ alle condizioni richieste dal nostro problema. Per ciò cominciamo dal dimostrare che si può determinare φ in

(*) Le formole scritte nel testo si riferiscono all'elemento lineare sferico rappresentativo

$$ds'^2 = e\,du^2 + 2\cos\Omega\sqrt{eg}\,du\,dv + g\,dv^2$$

e con $\frac{1}{\rho_u}, \frac{1}{\rho_v}$ si indicano le curvature geodetiche delle linee sferiche u, v.

guisa che la normale in F' alla superficie S' luogo dei punti (x', y', z') dati dalle (45) abbia i coseni di direzione

$$(46)\quad \begin{cases} X' = \cos\sigma\, X + \operatorname{sen}\sigma\,(\cos\varphi\, X_2 - \operatorname{sen}\varphi\, X_1) \\ Y' = \cos\sigma\, Y + \operatorname{sen}\sigma\,(\cos\varphi\, Y_2 - \operatorname{sen}\varphi\, Y_1) \\ Z' = \cos\sigma\, Z + \operatorname{sen}\sigma\,(\cos\varphi\, Z_2 - \operatorname{sen}\varphi\, Z_1)\,, \end{cases}$$

dopo di che la superficie S' sarà evidentemente la 2.ª falda della superficie focale della congruenza così costruita. Ora, costruendo le due equazioni

$$\sum X' \frac{\partial x'}{\partial u} = 0$$

$$\sum X' \frac{\partial x'}{\partial v} = 0\,,$$

che esprimono appunto essere la direzione (X', Y', Z') normale alla superficie S', troviamo facendo uso delle formole precedenti

$$(47)\quad \begin{cases} \dfrac{\partial\varphi}{\partial u} = A + \sqrt{e}\,\dfrac{1+\cos\sigma}{\operatorname{sen}\sigma}\operatorname{sen}\left(\varphi + \dfrac{\Omega}{2}\right) \\ \dfrac{\partial\varphi}{\partial v} = -B - \sqrt{g}\,\dfrac{1-\cos\sigma}{\operatorname{sen}\sigma}\operatorname{sen}\left(\varphi - \dfrac{\Omega}{2}\right). \end{cases}$$

Se si tien conto della identità

$$\frac{\partial A}{\partial v} + \frac{\partial B}{\partial u} = -\sqrt{eg}\,\operatorname{sen}\Omega\,,$$

che segue dalla formola di Liouville per la curvatura (n. 77, pag. 147), nonchè delle due formole

$$\begin{cases} \dfrac{\partial}{\partial u}\left(\sqrt{g}\,\dfrac{1-\cos\sigma}{\operatorname{sen}\sigma}\right) = \sqrt{e}\cos\Omega\,\dfrac{1-\cos\sigma}{\operatorname{sen}\sigma}\begin{Bmatrix}12\\1\end{Bmatrix}' - \sqrt{g}\,\dfrac{1+\cos\sigma}{\operatorname{sen}\sigma}\begin{Bmatrix}12\\2\end{Bmatrix}' \\ \dfrac{\partial}{\partial v}\left(\sqrt{e}\,\dfrac{1+\cos\sigma}{\operatorname{sen}\sigma}\right) = \sqrt{g}\cos\Omega\,\dfrac{1+\cos\sigma}{\operatorname{sen}\sigma}\begin{Bmatrix}12\\2\end{Bmatrix}' - \sqrt{e}\,\dfrac{1-\cos\sigma}{\operatorname{sen}\sigma}\begin{Bmatrix}12\\1\end{Bmatrix}', \end{cases}$$

che seguono facilmente dalle (a) (pag. 314), si trova che la condizione d'integrabilità per le (47) è identicamente soddisfatta.

Le equazioni (47), a cui si può dare la forma di un'equazione ai differenziali totali per $\operatorname{tang}\dfrac{\varphi}{2}$ del tipo di Riccati, ammettono dunque un integrale φ con una costante arbitraria.

Resta a dimostrarsi che, per uno qualsiasi dei valori di φ che vi soddisfano, la congruenza costruita appartiene alla classe W, dopo di che dal teorema a pagina 304 risulterà subito che la curvatura di S' eguaglia quella di S. Basta dunque verificare che anche sulla S' le linee u, v sono assintotiche, cioè sussistono le due equazioni

$$\sum \frac{\partial X'}{\partial u}\frac{\partial x'}{\partial u} = 0 \qquad \sum \frac{\partial X'}{\partial v}\frac{\partial x'}{\partial v} = 0 .$$

Effettuando il calcolo, si trova che esse si riducono appunto alle due equazioni (a) n. 175, che determinano σ.

Osserviamo in fine che, per le note proprietà dell'equazione di Riccati, basterà conoscere una soluzione particolare delle (47) per trovare l'integrale generale con quadrature. Dopo di ciò, per le nuove superficie S' derivate della classe (40) ci troveremo nelle medesime condizioni che per la iniziale e basteranno quadrature per applicare illimitamente il processo. Inoltre, se della superficie iniziale S sappiamo determinare tutte le deformazioni infinitesime, altrettanto avverrà, pel teorema di Moutard, per tutte le superficie derivate. Questo è appunto il caso se per superficie iniziale S prendiamo la pseudosfera, o l'elicoide rigata ad area minima, o il paraboloide iperbolico equilatero come rappresentanti dei tre tipi di superficie (40) sopra considerati (*).

177. Le superficie associate di quelle considerate ai due numeri precedenti godono di una notevole proprietà caratteristica scoperta da Cosserat (**). Per ritrovarla proponiamoci la questione seguente: *Quali superficie possono flettersi in guisa da conservare coniugato un sistema attualmente coniugato* (u, v)? Prendiamo sulla superficie supposta S a linee coordinate il sistema coniugato (u, v); avendosi $D'=0$, le equazioni di Codazzi diventano

$$(48) \qquad \left\{ \begin{aligned} &\frac{\partial D}{\partial v} + \begin{Bmatrix}11\\2\end{Bmatrix} D'' - \begin{Bmatrix}12\\1\end{Bmatrix} D = 0 \\ &\frac{\partial D''}{\partial u} + \begin{Bmatrix}22\\1\end{Bmatrix} D - \begin{Bmatrix}12\\2\end{Bmatrix} D'' = 0 . \end{aligned} \right.$$

Dopo la deformazione è ancora $D'=0$ e, il prodotto $D\,D''$ dovendo mantenersi invariato, potremo indicare con

$$\lambda D, \quad \frac{D''}{\lambda}$$

i nuovi valori di D, D''. Sostituendoli nelle (48), avendo riguardo alle

(*) Per l'ulteriore sviluppo veggasi la mia memoria nel t. XVIII, s. 2.ª (1890) degli *Annali di matematiche.*

(**) Comptes Rendus de l'Académie 12 et 19 octobre 1891.

equazioni stesse, troviamo per la funzione incognita λ le due equazioni

$$\frac{\partial}{\partial u}\left(\frac{1}{\lambda}\right)=\begin{Bmatrix}22\\1\end{Bmatrix}\frac{D}{D''}\left(\frac{1}{\lambda}-\lambda\right),\quad \frac{\partial\lambda}{\partial v}=\begin{Bmatrix}11\\2\end{Bmatrix}\frac{D''}{D}\left(\lambda-\frac{1}{\lambda}\right).$$

Cangiamo la funzione incognita λ, ponendo

$$\lambda^2=1+\frac{1}{\nu}$$

e ricordando le formole (25), pag. 132

$$\begin{Bmatrix}22\\1\end{Bmatrix}\frac{D}{D''}=-\begin{Bmatrix}12\\2\end{Bmatrix}',\quad \begin{Bmatrix}11\\2\end{Bmatrix}\frac{D''}{D}=-\begin{Bmatrix}12\\1\end{Bmatrix}',$$

ove i simboli dei secondi membri sono costruiti per l'elemento lineare sferico, troviamo

$$\text{(49)}\qquad \frac{\partial\nu}{\partial u}=2\begin{Bmatrix}12\\2\end{Bmatrix}'(\nu+1),\quad \frac{\partial\nu}{\partial v}=2\begin{Bmatrix}12\\1\end{Bmatrix}'\nu.$$

Ogni soluzione ν di queste equazioni dà una soluzione del problema; ma, poichè queste sono lineari in ν, non possono ammettere più di una soluzione senza essere illimitatamente integrabili e quindi ammetterne infinite. Perchè quest' ultimo caso si verifichi, è necessario e sufficiente che si abbia

$$\text{(50)}\qquad \frac{\partial}{\partial u}\begin{Bmatrix}12\\1\end{Bmatrix}'=\frac{\partial}{\partial v}\begin{Bmatrix}12\\2\end{Bmatrix}'=2\begin{Bmatrix}12\\1\end{Bmatrix}'\begin{Bmatrix}12\\2\end{Bmatrix}',$$

cioè la superficie S è associata di una superficie della classe considerata al numero precedente. Abbiamo dunque il risultato:

Se una superficie S *ammette più di una deformazione che conservi coniugato un sistema attualmente coniugato, ne ammette una serie continua. Queste superficie* S *sono tutte e sole le superficie associate di quelle la cui curvatura* K *espressa pei parametri delle assintotiche ha la forma* (40)

$$K=-\frac{1}{[\varphi(u)+\psi(v)]^2}.$$

Per quanto si è visto ai numeri precedenti, siamo in grado di trovare con sole quadrature quante si vogliano superficie suscettibili delle deformazioni qui considerate.

178. Applichiamo questi risultati generali a tre esempî.

1.° Il sistema formato sulla sfera dai meridiani e dai paralleli soddisfa alle condizioni (50); quindi tutte le superficie modanate a sviluppabile direttrice cilindrica (n. 74, c. V) sono suscettibili di una serie continua di deformazioni nelle quali le loro linee di curvatura restano linee di curvatura. Viceversa è facile dimostrare, servendosi delle (50), che esse sono le uniche superficie suscettibili di tali deformazioni. La superficie cui sono associate è la superficie d'area minima di rotazione, cioè il catenoide.

2.° Consideriamo il paraboloide iperbolico equilatero, che appartiene alla classe (40).

Le immagini sferiche delle sue generatrici essendo circoli massimi (geodetiche), si ha

$$\begin{Bmatrix} 11 \\ 2 \end{Bmatrix}' = 0 \,, \quad \begin{Bmatrix} 22 \\ 1 \end{Bmatrix}' = 0 \,,$$

quindi per le superficie associate al paraboloide (n. 69, c. V)

$$\begin{Bmatrix} 12 \\ 1 \end{Bmatrix} = 0 \,, \quad \begin{Bmatrix} 12 \\ 2 \end{Bmatrix} = 0 \,.$$

Queste sono dunque superficie di traslazione, le quali, come facilmente si vede, hanno le curve generatrici piane in piani perpendicolari. Viceversa ogni superficie di traslazione di questa specie è superficie associata del paraboloide iperbolico equilatero. Queste superficie di traslazione ammettono quindi una serie ∞^1 di superficie della medesima classe applicabili sopra di esse.

3.° Da ultimo consideriamo una superficie pseudosferica S qualunque. Le sue superficie associate sono superficie di Voss, sulle quali le immagini delle assintotiche di S formano un sistema coniugato di geodetiche. Ogni superficie di Voss può quindi flettersi in modo continuo conservando coniugato il sistema geodetico coniugato. In questo caso la funzione indicata con λ al numero precedente è una costante, onde si vede che la prima e la seconda curvatura delle geodetiche di un sistema si moltiplicano nella deformazione per una costante e quelle dell'altro sistema per la sua inversa.

Capitolo XIII.

I sistemi ciclici.

Condizione perchè un sistema ∞^2 di curve ammetta una serie di superficie ortogonali — Sistemi ∞^2 normali di circoli — Teoremi fondamentali di Ribaucour — Sistema triplo di superficie ortogonali corrispondente ad un sistema ∞^2 normale di circoli — Congruenze (cicliche) degli assi di un sistema ciclico — Condizioni perchè una congruenza sia ciclica — Le congruenze infinite volte cicliche — Sistema ciclico in cui i raggi dei circoli sono tutti eguali — Forma dell'elemento lineare dello spazio riferito ad un sistema ciclico — Determinazione delle immagini sferiche delle sviluppabili di una congruenza ciclica.

179. Una teoria intimamente legata con quella delle congruenze rettilinee e delle deformazioni infinitesime delle superficie è la teoria, che andiamo a trattare nel presente capitolo, relativa ai *sistemi* ∞^2 *di circoli che ammettono una serie di superficie ortogonali.*

Un tale sistema di circoli si dirà brevemente un *sistema normale di circoli* od anche, secondo la denominazione di Ribaucour, al quale è dovuta questa teoria, *un sistema ciclico.*

Al nostro studio premettiamo la ricerca della condizione cui deve soddisfare un sistema ∞^2 di curve nello spazio (congruenza), perchè esista una serie di superficie ortogonali a queste curve (*). Scriviamo le equazioni delle curve della congruenza sotto la forma

$$(1) \qquad \xi = \xi\,(u, v, t)\ , \quad \eta = \eta\,(u, v, t)\ , \quad \zeta = \zeta\,(u, v, t)\ ,$$

essendo u, v due parametri arbitrarii, i cui singoli valori u_0, v_0 individuano una curva C_0 del sistema, la variabile t definendo poi i punti della curva.

Supponiamo che esista una superficie Σ ortogonale alle curve, e sia

$$(2) \qquad t = t\,(u, v)$$

la funzione di u, v, che occorre sostituire nelle (1), per ottenere la Σ. Per

(*) Cf Beltrami. — *Ricerche di analisi applicata alla geometria.* — Giornale di matematiche, vol. II.

un punto (ξ, η, ζ) di questa superficie, corrispondente ai valori u_0, v_0 di u, v, passa la curva

$$\xi = \xi\,(u_0, v_0, t) \ , \quad \eta = \eta\,(u_0, v_0, t) \ , \quad \zeta = \zeta\,(u_0, v_0, t)$$

del sistema e la sua tangente ha i coseni di direzione proporzionali a

$$\frac{\partial \xi}{\partial t} \, , \ \frac{\partial \eta}{\partial t} \, , \ \frac{\partial \zeta}{\partial t} \, .$$

Dovremo quindi avere per ipotesi

$$\frac{\partial \xi}{\partial t}\, d\xi + \frac{\partial \eta}{\partial t}\, d\eta + \frac{\partial \zeta}{\partial t}\, d\zeta = 0 \, , \tag{3}$$

calcolando $d\xi$, $d\eta$, $d\zeta$ dalle (1) e sostituito per t il valore (2). Ora poniamo

$$\mathrm{T} = \sum \left(\frac{\partial \xi}{\partial t}\right)^2 \quad , \quad \mathrm{U} = \sum \frac{\partial \xi}{\partial t}\frac{\partial \xi}{\partial u} \quad , \quad \mathrm{V} = \sum \frac{\partial \xi}{\partial t}\frac{\partial \xi}{\partial v}$$

e la (3) prenderà la forma

$$\mathrm{T}\, dt + \mathrm{U}\, du + \mathrm{V}\, dv = 0. \tag{4}$$

Il valore cercato t di u, v deve soddisfare questa equazione a differenziali totali. Perchè esista dunque una serie di superficie Σ ortogonali alle curve, è necessario e sufficiente che la (4) sia illimitatamente integrabile, cioè sia soddisfatta per tutti i valori di t, u, v la condizione d'integrabilità

$$\mathrm{T}\left(\frac{\partial \mathrm{U}}{\partial v} - \frac{\partial \mathrm{V}}{\partial u}\right) + \mathrm{U}\left(\frac{\partial \mathrm{V}}{\partial t} - \frac{\partial \mathrm{T}}{\partial v}\right) + \mathrm{V}\left(\frac{\partial \mathrm{T}}{\partial u} - \frac{\partial \mathrm{U}}{\partial t}\right) = 0 \, . \tag{5}$$

Se tale condizione non è verificata, potranno soltanto esistere delle singole superficie ortogonali alle curve, il che accadrà quando la (5) dia per t uno o più valori che verifichino l'equazione differenziale (4).

180. Supponiamo ora che la congruenza (1) sia formata di circoli. Per definirla analiticamente, basterà dare in funzione di u, v le coordinate

$$x_1 \, , \ y_1 \, , \ z_1$$

del centro del circolo, il suo raggio R (u, v) e la giacitura del suo piano, cioè i coseni di direzione, che indicheremo con

$$\alpha \, , \ \beta \, , \ \gamma \, ,$$

della normale al piano del circolo. Immaginando questa normale condotta pel centro del circolo, la diremo l'*asse* del circolo, e, come fra breve si vedrà, converrà associare alla considerazione del sistema normale di circoli quella della congruenza rettilinea formata dai loro assi.

Nel piano del circolo (u, v) tracciamo due diametri ortogonali del resto arbitrarii e indichiamo con $\alpha_1, \beta_1, \gamma_1$; $\alpha_2, \beta_2, \gamma_2$ i loro rispettivi coseni di direzione. Se con t indichiamo l'angolo d'inclinazione di un raggio del circolo (u, v) sulla direzione $(\alpha_1, \beta_1, \gamma_1)$, le (1) diverranno nel nostro caso

$$(6) \qquad \xi = x_1 + \mathrm{R}\,(\alpha_1 \cos t + \alpha_2 \operatorname{sen} t)\,, \quad \eta = y_1 + \mathrm{R}\,(\beta_1 \cos t + \beta_2 \operatorname{sen} t)\,,$$
$$\zeta = z_1 + \mathrm{R}\,(\gamma_1 \cos t + \gamma_2 \operatorname{sen} t)$$

e, tenendo conto delle relazioni

$$\sum \alpha_1^2 = 1 \;, \quad \sum \alpha_2^2 = 1 \;, \quad \sum \alpha_1 \alpha_2 = 0\,,$$

per l'equazione (4) a differenziali totali troveremo

$$(7) \qquad \mathrm{R}\, dt + \left[\cos t \sum \alpha_2 \frac{\partial x_1}{\partial u} - \operatorname{sen} t \sum \alpha_1 \frac{\partial x_1}{\partial u} + \mathrm{R} \sum \alpha_2 \frac{\partial \alpha_1}{\partial u}\right] du +$$
$$+ \left[\cos t \sum \alpha_2 \frac{\partial x_1}{\partial v} - \operatorname{sen} t \sum \alpha_1 \frac{\partial x_1}{\partial v} + \mathrm{R} \sum \alpha_2 \frac{\partial \alpha_1}{\partial v}\right] dv = 0\,.$$

La condizione d'integrabilità assume qui la forma

$$(8) \qquad \mathrm{A} + \mathrm{B} \operatorname{sen} t + \mathrm{C} \cos t = 0\,,$$

dove A, B, C sono funzioni di u, v soltanto. Esisterà una serie ∞^1 di superficie ortogonali ai circoli, se si ha identicamente

$$\mathrm{A} = 0 \;, \quad \mathrm{B} = 0 \;, \quad \mathrm{C} = 0\,.$$

Queste, calcolate effettivamente, danno le tre equazioni fondamentali

$$(\mathrm{I}) \quad \mathrm{R}^2\left[\frac{\partial}{\partial v} \sum \alpha_2 \frac{\partial \alpha_1}{\partial u} - \frac{\partial}{\partial u} \sum \alpha_2 \frac{\partial \alpha_1}{\partial v}\right] + \sum \alpha_1 \frac{\partial x_1}{\partial u} \cdot \sum \alpha_2 \frac{\partial x_1}{\partial v} -$$
$$- \sum \alpha_1 \frac{\partial x_1}{\partial v} \cdot \sum \alpha_2 \frac{\partial x_1}{\partial u} = 0$$

$$(\mathrm{II}) \quad \mathrm{R}\left[\sum \alpha_2 \frac{\partial \alpha_1}{\partial v} \cdot \sum \alpha_2 \frac{\partial x_1}{\partial u} - \sum \alpha_2 \frac{\partial \alpha_1}{\partial u} \cdot \sum \alpha_2 \frac{\partial x_1}{\partial v} +\right.$$
$$\left. + \frac{\partial}{\partial u} \sum \alpha_1 \frac{\partial x_1}{\partial v} - \frac{\partial}{\partial v} \sum \alpha_1 \frac{\partial x_1}{\partial u}\right] + \sum \alpha_1 \frac{\partial x_1}{\partial u} \cdot \frac{\partial \mathrm{R}}{\partial v} - \sum \alpha_1 \frac{\partial x_1}{\partial v} \cdot \frac{\partial \mathrm{R}}{\partial u} = 0$$

$$(\mathrm{III}) \quad \mathrm{R}\left[\sum \alpha_2 \frac{\partial \alpha_1}{\partial v} \cdot \sum \alpha_1 \frac{\partial x_1}{\partial u} - \sum \alpha_2 \frac{\partial \alpha_1}{\partial u} \cdot \sum \alpha_1 \frac{\partial x_1}{\partial v} +\right.$$
$$\left. + \frac{\partial}{\partial v} \sum \alpha_2 \frac{\partial x_1}{\partial u} - \frac{\partial}{\partial u} \sum \alpha_2 \frac{\partial x_1}{\partial v}\right] - \sum \alpha_2 \frac{\partial x_1}{\partial u} \frac{\partial \mathrm{R}}{\partial v} + \sum \alpha_2 \frac{\partial x_1}{\partial v} \frac{\partial \mathrm{R}}{\partial u} = 0 \;(*).$$

(*) Risolvendo le due ultime rapporto a $\frac{\partial \mathrm{R}}{\partial u}$, $\frac{\partial \mathrm{R}}{\partial v}$, sarebbe facile dare a queste tre equazioni una forma, in cui comparirebbero soltanto i coseni α, β, γ dell'asse del circolo.

Se non sono identicamente soddisfatte, la (8) fornirà al massimo due superficie ortogonali ai circoli, onde si ha il teorema di Ribaucour:

Se i circoli di un sistema ∞^2 sono normali a tre diverse superficie, lo sono ad una intera serie ∞^1 di superficie.

È importante poi osservare che la (7), introducendo per incognita

$$\Lambda = \operatorname{tang} \frac{t}{2},$$

assume la forma di Riccati

$$d\Lambda = (a\,\Lambda^2 + b\,\Lambda + c)\,du + (a'\,\Lambda^2 + b'\,\Lambda + c')\,dv,$$

essendo $a, b, c; a', b', c'$ funzioni note di u, v. Basterà dunque conoscere una delle superficie ortogonali ai circoli per trovarle tutte con quadrature.

La proprietà dell' equazione di Riccati che il rapporto anarmonico di quattro soluzioni particolari $\Lambda_1, \Lambda_2, \Lambda_3, \Lambda_4$ è costante (indipendente da u, v) trova qui il significato geometrico corrispondente nel teorema di Ribaucour:

Quattro superficie della serie ortogonale ai circoli determinano su tutti i circoli del sistema un gruppo di quattro punti, il cui rapporto anarmonico è costante (*).

181. Consideriamo un sistema normale di circoli e prendiamo a superficie di partenza S una delle superficie ortogonali. Riferiamo questa superficie S alle sue linee di curvatura, mantenendo le nostre solite notazioni (n. 49, c. IV), ponendo

$$X_1 = \frac{1}{\sqrt{E}}\frac{\partial x}{\partial u}, \quad X_2 = \frac{1}{\sqrt{G}}\frac{\partial x}{\partial v} \text{ etc.}$$

Avremo le formole

$$(9)\begin{cases} \dfrac{\partial X}{\partial u} = \dfrac{\sqrt{E}}{r_2} X_1, & \dfrac{\partial X_1}{\partial u} = -\dfrac{1}{\sqrt{G}}\dfrac{\partial \sqrt{E}}{\partial v} X_2 - \dfrac{\sqrt{E}}{r_2} X, & \dfrac{\partial X_2}{\partial u} = \dfrac{1}{\sqrt{G}}\dfrac{\partial \sqrt{E}}{\partial v} X_1 \\ \dfrac{\partial X}{\partial v} = \dfrac{\sqrt{G}}{r_1} X_2, & \dfrac{\partial X_1}{\partial v} = \dfrac{1}{\sqrt{E}}\dfrac{\partial \sqrt{G}}{\partial u} X_2, & \dfrac{\partial X_2}{\partial v} = -\dfrac{1}{\sqrt{E}}\dfrac{\partial \sqrt{G}}{\partial u} X_1 - \dfrac{\sqrt{G}}{r_1} X. \end{cases}$$

Da ogni punto P di S esce un circolo (u, v) del sistema normalmente ad S; per individuarlo basterà dare il suo raggio R e l'angolo φ, che la traccia del suo piano sul piano tangente fa colla direzione (X_1, Y_1, Z_1).

Per le coordinate x_1, y_1, z_1 del centro avremo allora:

(*) E infatti $\Lambda = \operatorname{tang} \frac{t}{2}$ è il parametro del fascio, che dall'estremo del raggio di direzione $(\alpha_1, \beta_1, \gamma_1)$ proietta i punti del circolo.

$$(10)\qquad \begin{cases} x_1 = x + \mathrm{R}\,(\cos\varphi\,\mathrm{X}_1 + \operatorname{sen}\varphi\,\mathrm{X}_2) \\ y_1 = y + \mathrm{R}\,(\cos\varphi\,\mathrm{Y}_1 + \operatorname{sen}\varphi\,\mathrm{Y}_2) \\ z_1 = z + \mathrm{R}\,(\cos\varphi\,\mathrm{Z}_1 + \operatorname{sen}\varphi\,\mathrm{Z}_2)\,. \end{cases}$$

Assumiamo per direzione $(\alpha_1, \beta_1, \gamma_1)$ quella della traccia anzidetta e quindi per direzione $(\alpha_2, \beta_2, \gamma_2)$ quella della normale (X, Y, Z) a S; avremo:

$$(11)\qquad \alpha_1 = \cos\varphi\,\mathrm{X}_1 + \operatorname{sen}\varphi\,\mathrm{X}_2\;,\quad \alpha_2 = \mathrm{X}\,.$$

Calcolando per mezzo di queste formole e delle (9) le somme che figurano nella equazione a differenziali totali (7), troviamo:

$$\sum \alpha_1 \frac{\partial x_1}{\partial u} = \sqrt{\mathrm{E}}\cos\varphi + \frac{\partial \mathrm{R}}{\partial u}\,,\quad \sum \alpha_1 \frac{\partial x_1}{\partial v} = \sqrt{\mathrm{G}}\operatorname{sen}\varphi + \frac{\partial \mathrm{R}}{\partial v}$$

$$\sum \alpha_2 \frac{\partial x_1}{\partial u} = -\frac{\mathrm{R}\sqrt{\mathrm{E}}}{r_2}\cos\varphi\,,\quad \sum \alpha_2 \frac{\partial x_1}{\partial v} = -\frac{\mathrm{R}\sqrt{\mathrm{G}}}{r_1}\operatorname{sen}\varphi$$

$$\sum \alpha_2 \frac{\partial \alpha_1}{\partial u} = -\sum \alpha_1 \frac{\partial \alpha_2}{\partial u} = -\frac{\sqrt{\mathrm{E}}\cos\varphi}{r_2}\,,\quad \sum \alpha_2 \frac{\partial \alpha_1}{\partial v} = -\sum \alpha_1 \frac{\partial \alpha_2}{\partial v} = -\frac{\sqrt{\mathrm{G}}\operatorname{sen}\varphi}{r_1}\,,$$

onde l'equazione a differenziali totali diventa:

$$(12)\quad dt = \left[\operatorname{sen} t\left(\frac{1}{\mathrm{R}}\frac{\partial \mathrm{R}}{\partial u} + \frac{\sqrt{\mathrm{E}}\cos\varphi}{\mathrm{R}}\right) + \frac{\sqrt{\mathrm{E}}\cos\varphi}{r_2}(1+\cos t)\right] du +$$

$$+ \left[\operatorname{sen} t\left(\frac{1}{\mathrm{R}}\frac{\partial \mathrm{R}}{\partial v} + \frac{\sqrt{\mathrm{G}}\operatorname{sen}\varphi}{\mathrm{R}}\right) + \frac{\sqrt{\mathrm{G}}\operatorname{sen}\varphi}{r_1}(1+\cos t)\right] dv\,,$$

e le condizioni d'integrabilità (I), (II), (III) si riducono alle due seguenti

$$(\mathrm{IV})\quad \begin{cases} \dfrac{\partial}{\partial u}\left(\dfrac{\sqrt{\mathrm{G}}\operatorname{sen}\varphi}{\mathrm{R}}\right) - \dfrac{\partial}{\partial v}\left(\dfrac{\sqrt{\mathrm{E}}\cos\varphi}{\mathrm{R}}\right) = 0 \\ \dfrac{\partial}{\partial u}\left(\dfrac{\sqrt{\mathrm{G}}\operatorname{sen}\varphi}{\mathrm{R}}\cdot\dfrac{1}{r_1}\right) - \dfrac{\partial}{\partial v}\left(\dfrac{\sqrt{\mathrm{E}}\cos\varphi}{\mathrm{R}}\cdot\dfrac{1}{r_2}\right) + \dfrac{\sqrt{\mathrm{EG}}}{\mathrm{R}^2}\operatorname{sen}\varphi\cos\varphi\left(\dfrac{1}{r_2} - \dfrac{1}{r_1}\right) = 0. \end{cases}$$

182. Se la superficie S è una sfera, le due equazioni (IV) coincidono e i sistemi ciclici corrispondenti si ottengono facilmente, in base al teorema del n. 180, prendendo un'altra superficie arbitraria S′ e conducendo il sistema ∞^2 di circoli normali contemporaneamente alla sfera S ed alla superficie S′. Siccome la sfera figura due volte come superficie normale ai circoli, questo sistema, ammettendo tre superficie ortogonali, sarà un sistema normale. La stessa considerazione vale evidentemente pel caso

in cui alla sfera S si sostituisca un piano, come risulta anche dall'applicare un'inversione per raggi vettori reciproci.

Supponiamo che la S non sia una sfera e giovandoci delle formole (n. 123, c. IX (1))

$$(a) \qquad \frac{\partial}{\partial u}\left(\frac{\sqrt{G}}{r_1}\right)=\frac{1}{r_2}\frac{\partial\sqrt{G}}{\partial u}\,,\quad \frac{\partial}{\partial v}\left(\frac{\sqrt{E}}{r_2}\right)=\frac{1}{r_1}\frac{\partial\sqrt{E}}{\partial v}\,,$$

risolviamo le (IV) rapporto a $\frac{\partial R}{\partial u}$, $\frac{\partial R}{\partial v}$. Otteniamo così le formole

$$(IV^*) \qquad \begin{cases} \dfrac{\partial R}{\partial u}=R\cot\varphi\left(\dfrac{\partial\varphi}{\partial u}-\dfrac{1}{\sqrt{G}}\dfrac{\partial\sqrt{E}}{\partial v}\right)-\sqrt{E}\cos\varphi \\[2ex] \dfrac{\partial R}{\partial v}=-R\,\mathrm{tg}\,\varphi\left(\dfrac{\partial\varphi}{\partial v}+\dfrac{1}{\sqrt{E}}\dfrac{\partial\sqrt{G}}{\partial u}\right)-\sqrt{G}\,\mathrm{sen}\,\varphi\,. \end{cases}$$

Per la prima delle (IV) deve essere

$$\frac{\sqrt{E}\cos\varphi}{R}\,du+\frac{\sqrt{G}\,\mathrm{sen}\,\varphi}{R}\,dv$$

un differenziale esatto e, indicando con ψ una funzione incognita ausiliaria, possiamo quindi porre

$$\frac{\sqrt{E}\cos\varphi}{R}=-\frac{1}{\psi}\frac{\partial\psi}{\partial u}\,,\quad \frac{\sqrt{G}\,\mathrm{sen}\,\varphi}{R}=-\frac{1}{\psi}\frac{\partial\psi}{\partial v}\,,$$

dopo di che la 2.ª delle (IV), avendo riguardo alle formole ora citate (a), dà per la ψ l'equazione di Laplace

$$(V) \qquad \frac{\partial^2\psi}{\partial u\,\partial v}=\frac{\partial\log\sqrt{E}}{\partial v}\frac{\partial\psi}{\partial u}+\frac{\partial\log\sqrt{G}}{\partial u}\frac{\partial\psi}{\partial v}\,.$$

Viceversa, se ψ è una soluzione di questa equazione, si avrà un sistema ciclico corrispondente dalle formole

$$(13) \qquad \begin{cases} \dfrac{1}{R^2}=\dfrac{1}{E}\left(\dfrac{\partial\log\psi}{\partial u}\right)^2+\dfrac{1}{G}\left(\dfrac{\partial\log\psi}{\partial v}\right)^2=\Delta_1\log\psi \\[2ex] \cos\varphi=-\dfrac{R}{\sqrt{E}}\dfrac{\partial\log\psi}{\partial u}\,,\quad \mathrm{sen}\,\varphi=-\dfrac{R}{\sqrt{G}}\dfrac{\partial\log\psi}{\partial v}\,. \end{cases}$$

Colla introduzione della funzione ψ, l'equazione a differenziali totali (12), ponendo

$$\mathrm{tang}\,\frac{t}{2}=\Lambda\,,$$

diventa

$$d\Lambda = \left(\Lambda \frac{\partial}{\partial u} \log\left(\frac{R}{\psi}\right) - \frac{R}{r_2} \frac{\partial \log \psi}{\partial u}\right) du + \left(\Lambda \frac{\partial}{\partial v} \log\left(\frac{R}{\psi}\right) - \frac{R}{r_1} \frac{\partial \log \psi}{\partial v}\right) dv$$

e dà con una quadratura

$$\text{(VI)} \quad \text{tang}\frac{t}{2} = \frac{R}{\psi}\left\{C - \int\left(\frac{1}{r_2}\frac{\partial \psi}{\partial u} du + \frac{1}{r_1}\frac{\partial \psi}{\partial v} dv\right)\right\} \quad (\text{C cost}^{\text{te}} \text{ arbitraria}).$$

La equazione (V) di Laplace è altresì quella da cui dipende la ricerca delle superficie che hanno la stessa immagine sferica delle linee di curvatura della superficie S, onde si vede che: *Il problema di determinare i sistemi ciclici normali ad una determinata superficie* S *equivale alla ricerca delle superficie, che hanno a comune con* S *l'immagine sferica delle linee di curvatura* (*).

Si osserverà che della equazione (V) sono soluzioni particolari

$$x,\ y,\ z\ ,\quad x^2 + y^2 + z^2\ ;$$

i corrispondenti sistemi ciclici sono quelli sopra considerati formati dai circoli normali alla superficie S e ad un piano o ad una sfera fissa.

183. Essendo P un punto della superficie S, tiriamo in P le tangenti PA, PB alle linee di curvatura v=cost^{te}, u=cost^{te} e siano A, B i punti ove esse incontrano l'asse del circolo C uscente da P. Se con ξ_1, η_1, ζ_1; ξ_2, η_2, ζ_2 indichiamo le coordinate di A, B rispettivamente, troveremo subito

$$\xi_1 = x + \frac{R}{\cos\varphi} X_1\ ,\quad \eta_1 = y + \frac{R}{\cos\varphi} Y_1\ ,\quad \zeta_1 = z + \frac{R}{\cos\varphi} Z_1$$

$$\xi_2 = x + \frac{R}{\operatorname{sen}\varphi} X_2\ ,\quad \eta_2 = y + \frac{R}{\operatorname{sen}\varphi} Y_2\ ,\quad \zeta_2 = z + \frac{R}{\operatorname{sen}\varphi} Z_2\ .$$

Derivando le prime rapporto a v le seconde rapporto ad u, coll'osservare le (9) e (IV*), risulta

---

(*) L'equazione, da cui abbiamo fatto dipendere il problema di trovare le superficie con assegnata immagine sferica delle linee di curvatura, è propriamente la seguente (v. pag. 138):

$$\frac{\partial^2 W}{\partial v\,\partial u} = \frac{\partial \log\sqrt{E'}}{\partial v}\frac{\partial W}{\partial u} + \frac{\partial \log\sqrt{G'}}{\partial u}\frac{\partial W}{\partial v}\ ,$$

essendo E', G' i coefficienti dell'elemento lineare sferico; ma le soluzioni di questa equazione sono legate a quelle della equazione (V) del testo dalle formole semplici

$$\frac{\partial W}{\partial u} = \frac{1}{r_2}\frac{\partial \psi}{\partial u}\ ,\quad \frac{\partial W}{\partial v} = \frac{1}{r_1}\frac{\partial \psi}{\partial v}\ .$$

$$\frac{\partial \xi_1}{\partial v} : \frac{\partial \eta_1}{\partial v} : \frac{\partial \zeta_1}{\partial v} = \frac{\partial \xi_2}{\partial u} : \frac{\partial \eta_2}{\partial u} : \frac{\partial \zeta_2}{\partial u} = \cos\varphi\, X_2 - \operatorname{sen}\varphi\, X_1$$
$$: \cos\varphi\, Y_2 - \operatorname{sen}\varphi\, Y_1$$
$$: \cos\varphi\, Z_2 - \operatorname{sen}\varphi\, Z_1 .$$

I tre ultimi termini essendo i coseni di direzione dell'asse del circolo, si vede che i due punti A, B sono i fuochi di questo asse nella congruenza degli assi dei circoli; le sviluppabili della congruenza sono dunque reali e corrispondono alle linee di curvatura della superficie S.

Consideriamo tutte le superficie Σ ortogonali ai circoli e le due serie di superficie, che indicheremo con Σ_1, Σ_2, luogo dei circoli

$$u = \text{cost}^{\text{te}} , \quad v = \text{cost}^{\text{te}} .$$

Possiamo ora facilmente dimostrare il teorema di Ribaucour: *Le tre serie di superficie Σ, Σ_1, Σ_2, formano un sistema triplo ortogonale.*

E invero, se consideriamo una superficie Σ_1 (u=cost^{te}), essa taglia tutte le superficie Σ ortogonalmente lungo linee di curvatura, che sono per conseguenza linee di curvatura anche per Σ_1; ne segue che sulla Σ_1 le linee di curvatura sono i circoli C e le loro traiettorie ortogonali. La normale in P alla superficie Σ_1 è dunque la tangente P A alla linea di curvatura (v) di Σ e similmente la normale a Σ_2 la tangente PB alla u sopra Σ, onde risulta evidente il teorema.

Osserviamo poi che se con 2ρ indichiamo la distanza A B dei fuochi, fra la distanza δ del centro del circolo dal punto medio dell'asse e il raggio R del circolo passa la relazione

$$R^2 + \delta^2 = \rho^2 ,$$

onde potremo porre, indicando con σ un angolo reale

$$\delta = \rho \cos\sigma , \quad R = \rho \operatorname{sen}\sigma .$$

184. Per quanto precede, la congruenza formata dagli assi di un sistema ciclico è sempre a sviluppabili reali e queste corrispondono alle linee di curvatura delle superficie ortogonali ai circoli. Diremo che una congruenza rettilinea è *ciclica,* quando esiste un sistema ciclico di cui i raggi della congruenza sono assi. Ci proponiamo ora di trovare la condizione affinchè una congruenza rettilinea assegnata sia ciclica. Come si vedrà, questa condizione dipende unicamente dalla immagine sferica delle sviluppabili della congruenza e noi qui, restando nel caso generale, supporremo che le immagini sferiche delle sviluppabili formino due sistemi distinti di linee u, v.

Riprendendo le relative formole di Guichard (n. 148 ss., c. X), che danno le congruenze con assegnata immagine sferica delle sviluppabili

$$ds'^2 = E\, du^2 + 2\, F\, du\, dv + G\, dv^2 , \tag{14}$$

ricorderemo che la semidistanza focale ρ soddisfa l'equazione di Laplace

$$(15)\qquad \frac{\partial^2\rho}{\partial u\,\partial v}+\begin{Bmatrix}12\\1\end{Bmatrix}\frac{\partial\rho}{\partial u}+\begin{Bmatrix}12\\2\end{Bmatrix}\frac{\partial\rho}{\partial v}+\left[\frac{\partial}{\partial u}\begin{Bmatrix}12\\1\end{Bmatrix}+\frac{\partial}{\partial v}\begin{Bmatrix}12\\2\end{Bmatrix}+F\right]\rho=0$$

e viceversa ad ogni soluzione ρ di questa equazione corrisponde una congruenza della specie richiesta, le coordinate del punto medio x, y, z essendo date per quadrature dalle formole (32) pag. 266:

$$(16)\begin{cases}\dfrac{\partial x}{\partial u}=\left[\dfrac{\partial\rho}{\partial u}+2\begin{Bmatrix}12\\2\end{Bmatrix}\rho\right]X-\sqrt{E}\,\mathrm{sen}\,\dfrac{\Omega}{2}\,\rho\,X_1-\sqrt{E}\cos\dfrac{\Omega}{2}\,\rho\,X_2\\[2ex] \dfrac{\partial x}{\partial v}=-\left[\dfrac{\partial\rho}{\partial v}+2\begin{Bmatrix}12\\1\end{Bmatrix}\rho\right]X-\sqrt{G}\,\mathrm{sen}\,\dfrac{\Omega}{2}\,\rho\,X_1+\sqrt{G}\cos\dfrac{\Omega}{2}\,\rho\,X_2.\end{cases}$$

Indicando, come sopra, con

$$\delta=\rho\cos\sigma\ ,\quad R=\rho\,\mathrm{sen}\,\sigma$$

la distanza del centro (x_1, y_1, z_1) del circolo dal punto medio (x, y, z) e il raggio R, dovremo porre nelle nostre formole generali (n. 190)

$$x_1=x+\rho\cos\sigma\,X\ ,\quad y_1=y+\rho\cos\sigma\,Y\ ,\quad z_1=z+\rho\cos\sigma\,Z\,,$$

indi potremo fare senz'altro:

$$\alpha_1=X_1\ ,\quad \beta_1=Y_1\ ,\quad \gamma_1=Z_1$$
$$\alpha_2=X_2\ ,\quad \beta_2=Y_2\ ,\quad \gamma_2=Z_2\,.$$

Calcolando ora l'equazione a differenziali totali (7), servendosi delle (30) pag. 265, troviamo dapprima

$$(17)\begin{cases}\dfrac{\partial x_1}{\partial u}=\left[\dfrac{\partial}{\partial u}\Big\{\rho\,(1+\cos\sigma)\Big\}+2\begin{Bmatrix}12\\2\end{Bmatrix}\rho\right]X-\sqrt{E}\,\mathrm{sen}\,\dfrac{\Omega}{2}\,\rho\,(1-\cos\sigma)\,X_1-\\ \qquad\qquad -\sqrt{E}\cos\dfrac{\Omega}{2}\,\rho\,(1-\cos\sigma)\,X_2\\[2ex] \dfrac{\partial x_1}{\partial v}=-\left[\dfrac{\partial}{\partial v}\Big\{\rho\,(1-\cos\sigma)\Big\}+2\begin{Bmatrix}12\\1\end{Bmatrix}\rho\right]X-\sqrt{G}\,\mathrm{sen}\,\dfrac{\Omega}{2}\,\rho\,(1+\cos\sigma)\,X_1+\\ \qquad\qquad +\sqrt{G}\cos\dfrac{\Omega}{2}\,\rho\,(1+\cos\sigma)\,X_2\,,\end{cases}$$

indi per l'equazione a differenziali totali

$$(18)\qquad dt=\left[\sqrt{E}\,\mathrm{tang}\,\frac{\sigma}{2}\cos\left(t+\frac{\Omega}{2}\right)+A\right]du-$$
$$-\left[\sqrt{G}\,\cot\frac{\sigma}{2}\cos\left(t-\frac{\Omega}{2}\right)+B\right]dv\,,$$

essendo (n. 149)

$$\left\{\begin{aligned} A &= \frac{1}{2}\frac{\partial\Omega}{\partial u} + \sqrt{\frac{E}{G}}\begin{Bmatrix}12\\1\end{Bmatrix}\operatorname{sen}\Omega = -\frac{\sqrt{E}}{\rho_v} - \frac{1}{2}\frac{\partial\Omega}{\partial u} \\ B &= \frac{1}{2}\frac{\partial\Omega}{\partial v} + \sqrt{\frac{G}{E}}\begin{Bmatrix}12\\2\end{Bmatrix}\operatorname{sen}\Omega = -\frac{\sqrt{G}}{\rho_u} - \frac{1}{2}\frac{\partial\Omega}{\partial v}\,. \end{aligned}\right.$$

Questa equazione ai differenziali totali offre la notevole particolarità di dipendere unicamente dalla immagine sferica delle sviluppabili della congruenza; onde segue: *Tutte le congruenze, che hanno a comune con una congruenza ciclica le immagini sferiche delle sviluppabili, sono altresì cicliche.*

Ora, se scriviamo le condizioni d'integrabilità per la (18), osservando che

$$\frac{\partial A}{\partial v} + \frac{\partial B}{\partial u} = -\sqrt{EG}\,\operatorname{sen}\Omega \quad (\text{Cf. n. } 176)\,,$$

troviamo per le condizioni richieste

$$\left\{\begin{aligned} \frac{\partial}{\partial u}\left(\sqrt{G}\cot\frac{\sigma}{2}\right) &= \sqrt{E}\begin{Bmatrix}12\\1\end{Bmatrix}\cot\frac{\sigma}{2}\cos\Omega - \sqrt{G}\begin{Bmatrix}12\\2\end{Bmatrix}\operatorname{tg}\frac{\sigma}{2} \\ \frac{\partial}{\partial v}\left(\sqrt{E}\operatorname{tg}\frac{\sigma}{2}\right) &= \sqrt{G}\begin{Bmatrix}12\\2\end{Bmatrix}\operatorname{tg}\frac{\sigma}{2}\cos\Omega - \sqrt{E}\begin{Bmatrix}12\\1\end{Bmatrix}\cot\frac{\sigma}{2}\,, \end{aligned}\right.$$

che, esprimendo le derivate dei coefficienti pei simboli di Christoffel, si scrivono

$$(19)\qquad \left\{\begin{aligned} \frac{\partial\cos\sigma}{\partial u} &= 2(\cos\sigma - 1)\begin{Bmatrix}12\\2\end{Bmatrix} \\ \frac{\partial\cos\sigma}{\partial v} &= 2(\cos\sigma + 1)\begin{Bmatrix}12\\1\end{Bmatrix}. \end{aligned}\right.$$

Segue da queste

$$(20)\qquad \left(\frac{\partial\begin{Bmatrix}12\\2\end{Bmatrix}}{\partial v} - \frac{\partial\begin{Bmatrix}12\\1\end{Bmatrix}}{\partial u}\right)\cos\sigma = \frac{\partial\begin{Bmatrix}12\\1\end{Bmatrix}}{\partial u} + \frac{\partial\begin{Bmatrix}12\\2\end{Bmatrix}}{\partial v} - 4\begin{Bmatrix}12\\1\end{Bmatrix}\begin{Bmatrix}12\\2\end{Bmatrix},$$

onde (a meno che questa non sia un'identità) ne dedurremo per $\cos\sigma$ un valore unico e determinato e la congruenza sarà ciclica (reale), se questo valore di $\cos\sigma$ risulterà in valore assoluto minore dell'unità e soddisferà le (19). Dunque: *Ad una congruenza ciclica si può in generale associare uno ed un solo sistema ciclico, di cui i raggi della congruenza sono gli assi.*

185. Il risultato ultimamente ottenuto soffre un'eccezione molto notevole, quando la (20) sia un'identità, cioè si abbia

$$\frac{\partial}{\partial u}\begin{Bmatrix}12\\1\end{Bmatrix} = \frac{\partial}{\partial v}\begin{Bmatrix}12\\2\end{Bmatrix} = 2\begin{Bmatrix}12\\1\end{Bmatrix}\begin{Bmatrix}12\\2\end{Bmatrix}.$$

Queste relazioni caratterizzano le linee sferiche (u, v) come immagini delle superficie, studiate ai numeri 175 ss., c. XII, per le quali la curvatura K ha l'espressione

$$\text{(A)} \quad K = -\frac{1}{[\varphi(u) + \psi(v)]^2} .$$

Vediamo dunque che: *Le uniche congruenze che siano più d'una volta e quindi infinite volte cicliche, sono le congruenze di Ribaucour, che hanno per superficie generatrice una superficie della classe* (A).

Dalla (20) risulta d'altronde che esse sono le uniche congruenze di Ribaucour *cicliche*. Fra queste congruenze cicliche le più notevoli sono quelle di Guichard, che hanno per superficie generatrice una superficie pseudosferica e le cui sviluppabili tagliano in conseguenza le due superficie focali secondo le linee di curvatura (n. 152, c. X). Per queste congruenze, essendo $\begin{Bmatrix} 12 \\ 1 \end{Bmatrix} = 0$, $\begin{Bmatrix} 12 \\ 2 \end{Bmatrix} = 0$, l'angolo σ può avere un valore costante qualsiasi (*). In particolare se si fa $\sigma = \frac{\pi}{2}$, ogni circolo del sistema ha il centro nel punto medio dell'asse ed il suo raggio eguaglia la semidistanza focale.

Un' ulteriore proprietà di queste congruenze segue dal teorema generale di Ribaucour:

Sulla superficie inviluppo dei piani dei circoli di un sistema ciclico alle sviluppabili della congruenza corrisponde un sistema coniugato.

È facile verificare questo teorema mediante le formole generali dei numeri precedenti. Se indichiamo infatti con W la distanza del piano del circolo (u, v) dall'origine, abbiamo

$$W = \sum X x + \rho \cos \sigma$$

e, tenendo conto delle formole indicate, si verifica appunto che W soddisfa alla equazione di Laplace

$$\frac{\partial^2 W}{\partial u \, \partial v} = \begin{Bmatrix} 12 \\ 1 \end{Bmatrix} \frac{\partial W}{\partial u} + \begin{Bmatrix} 12 \\ 2 \end{Bmatrix} \frac{\partial W}{\partial v} - F\, W ,$$

onde risulta la proprietà enunciata.

In particolare negli infiniti sistemi ciclici derivati da una congruenza di Ribaucour, la cui superficie generatrice S appartiene alla classe (A), le superficie inviluppi dei piani dei circoli saranno le superficie associate delle S

(*) Per le proprietà delle superficie ortogonali ai circoli veggasi la mia citata memoria nel t. XVIII, s. 2.ª degli *Annali di matematica*.

considerate al n. 177. Più in particolare, se la S è pseudosferica, le superficie inviluppi corrispondenti saranno altrettante superficie di Voss.

186. Un'altra classe molto notevole di sistemi ciclici è quella, scoperta da Ribaucour, in cui i raggi dei circoli sono tutti eguali fra loro. Per costruirli prendiamo una superficie pseudosferica S di raggio R e in ogni piano tangente di essa col centro nel punto di contatto descriviamo un cerchio di raggio R. Dalle proprietà delle evolute risulta che le ∞^1 superficie pseudosferiche luogo dei centri di curvatura geodetica dei sistemi di oricicli paralleli sopra S (Cf. n. 135, c. IX) sono appunto traiettorie ortogonali di questi circoli, i quali costituiscono adunque un sistema ciclico.

Volendo inversamente ricercare se questi sono i più generali sistemi ciclici di raggio costante basta ricorrere alle formole (IV*) (pag. 326), supponendovi R=cost^{te}. Lasciando da parte il caso in cui φ sia eguale a 0 o $\frac{\pi}{2}$ (*), queste danno

$$\left\{\begin{aligned} \frac{\partial\varphi}{\partial u} &= \frac{\sqrt{E}\,\mathrm{sen}\,\varphi}{R} + \frac{1}{\sqrt{G}}\frac{\partial\sqrt{E}}{\partial v} \\ \frac{\partial\varphi}{\partial v} &= -\frac{\sqrt{G}\cos\varphi}{R} - \frac{1}{\sqrt{E}}\frac{\partial\sqrt{G}}{\partial u} \end{aligned}\right.$$

e, formando la condizione d'integrabilità, troviamo

$$-\frac{1}{R^2} = -\frac{1}{\sqrt{EG}}\left\{\frac{\partial}{\partial u}\left(\frac{1}{\sqrt{E}}\frac{\partial\sqrt{G}}{\partial u}\right) + \frac{\partial}{\partial v}\left(\frac{1}{\sqrt{G}}\frac{\partial\sqrt{E}}{\partial v}\right)\right\},$$

onde si conclude che le superficie normali ai circoli sono superficie pseudosferiche di raggio R. È facile ora completare la ricerca dimostrando che la superficie inviluppo dei piani dei circoli è una nuova superficie pseudosferica e i centri ne sono i punti di contatto. E invero da queste equazioni e dalle (9), (10) (pag. 324-325) seguono subito le formole

$$\sum(\cos\varphi\,X_2 - \mathrm{sen}\,\varphi\,X_1)\frac{\partial x_1}{\partial u} = 0\,,\quad \sum(\cos\varphi\,X_2 - \mathrm{sen}\,\varphi\,X_1)\frac{\partial x_1}{\partial v} = 0\,.$$

Dunque la superficie luogo dei centri dei circoli ha per normale l'asse del circolo e perciò con ogni superficie pseudosferica del sistema ortogonale forma l'evoluta completa di una congruenza normale, che ha

(*) I sistemi ciclici di raggio costante corrispondenti a questo caso, la cui discussione viene qui omessa, si ottengono nel modo seguente. Sopra un piano si tracci una serie ∞^1 di circoli eguali, indi si faccia rotolare il piano sopra una sviluppabile qualunque. Il sistema ∞^2 di circoli ottenuto è quello richiesto. (Cf. le mie due note sui sistemi ciclici nei volumi XXI, XXII del *Giornale di matematiche*).

costante $=$ R la distanza dei fuochi, onde essa stessa è una superficie pseudosferica di raggio R (Cf. pag. 234). Da quanto si è detto ora risulta che le normali ad una superficie pseudosferica costituiscono una congruenza ciclica; ne segue pel teorema generale del n. 184 che per qualunque superficie, avente la stessa rappresentazione sferica delle linee di curvatura di una superficie pseudosferica, la congruenza delle normali sarà ciclica. È facile vedere che sono queste le uniche congruenze normali cicliche. E infatti se nelle formole generali supponiamo

$$\Omega = \frac{\pi}{2},$$

risulta

$$\begin{Bmatrix} 12 \\ 1 \end{Bmatrix} = \frac{\partial \log \sqrt{E}}{\partial v}, \quad \begin{Bmatrix} 12 \\ 2 \end{Bmatrix} = \frac{\partial \log \sqrt{G}}{\partial u},$$

onde le (19) diventano

$$\frac{\partial \log \operatorname{sen} \frac{\sigma}{2}}{\partial u} = \frac{\partial \log \sqrt{G}}{\partial u}$$

$$\frac{\partial \log \cos \frac{\sigma}{2}}{\partial v} = \frac{\partial \log \sqrt{E}}{\partial v}$$

e, cangiando i parametri $u, v,$ si può fare senz'altro

$$\sqrt{E} = \cos \frac{\sigma}{2}, \quad \sqrt{G} = \operatorname{sen} \frac{\sigma}{2}.$$

Ora le linee $u, v,$ che danno all'elemento lineare sferico la forma

$$ds'^2 = \cos^2\left(\frac{\sigma}{2}\right) du^2 + \operatorname{sen}^2\left(\frac{\sigma}{2}\right) dv^2,$$

sono appunto le immagini delle linee di curvatura di una superficie pseudosferica, come risulta dal teorema C) n. 133, pag. 239. Dunque: *Le superficie, le cui normali formano una congruenza ciclica, sono tutte e sole quelle che hanno a comune colle superficie pseudosferiche le immagini delle linee di curvatura.*

Si osserverà poi che tanto le superficie ortogonali ai circoli, come l'inviluppo dei piani di questi circoli, appartengono nuovamente alla classe stessa.

187. Ritorniamo ora ai sistemi ciclici generali (n. 184). Essendo t una

soluzione qualunque dell'equazione (18), le formole

$$(21)\quad \begin{cases} \xi = x + \rho\cos\sigma\, X + \rho\,\mathrm{sen}\,\sigma\,(X_1\cos t + X_2\,\mathrm{sen}\, t) \\ \eta = y + \rho\cos\sigma\, Y + \rho\,\mathrm{sen}\,\sigma\,(Y_1\cos t + Y_2\,\mathrm{sen}\, t) \\ \zeta = z + \rho\cos\sigma\, Z + \rho\,\mathrm{sen}\,\sigma\,(Z_1\cos t + Z_2\,\mathrm{sen}\, t) \end{cases}$$

danno le superficie ortogonali ai circoli.

Ora indichiamo con w la costante arbitraria, che entra in t, e riguardiamo le coordinate ξ, η, ζ di un punto dello spazio come funzioni delle tre variabili u, v, w. Derivando le (21), coll'osservare le formole già sopra usate (pag. 265), troviamo:

$$(21^*)\quad \begin{cases} \dfrac{\partial\xi}{\partial u} = A X + B X_1 + C X_2 \\ \dfrac{\partial\xi}{\partial v} = A' X + B' X_1 + C' X_2 \\ \dfrac{\partial\xi}{\partial w} = \alpha X_1 + \beta X_2\,, \end{cases}$$

dove ponendo

$$(22)\quad \begin{cases} L = \dfrac{\partial\rho}{\partial u} - \sqrt{E}\,\mathrm{tang}\,\dfrac{\sigma}{2}\,\mathrm{sen}\left(t + \dfrac{\Omega}{2}\right).\rho + \dfrac{2\cos\sigma}{1+\cos\sigma}\begin{Bmatrix}12\\2\end{Bmatrix}\rho \\ M = \dfrac{\partial\rho}{\partial v} + \sqrt{G}\,\cot\dfrac{\sigma}{2}\,\mathrm{sen}\left(t - \dfrac{\Omega}{2}\right)\rho - \dfrac{2\cos\sigma}{1-\cos\sigma}\begin{Bmatrix}12\\1\end{Bmatrix}\rho\,, \end{cases}$$

si ha

$$\begin{cases} A = (\cos\sigma + 1)\,L\,, \quad B = \cos t\,\mathrm{sen}\,\sigma\,L\,, \quad C = \mathrm{sen}\,t\,\mathrm{sen}\,\sigma\,L \\ A' = (\cos\sigma - 1)\,M\,, \quad B' = \cos t\,\mathrm{sen}\,\sigma\,M\,, \quad C' = \mathrm{sen}\,t\,\mathrm{sen}\,\sigma\,M \\ \alpha = -\rho\,\mathrm{sen}\,t\,\mathrm{sen}\,\sigma\,\dfrac{\partial t}{\partial w}\,, \quad \beta = \rho\cos t\,\mathrm{sen}\,\sigma\,\dfrac{\partial t}{\partial w}\,. \end{cases}$$

Da queste formole risultano le altre

$$\sum\left(\frac{\partial\xi}{\partial u}\right)^2 = 4\cos^2\frac{\sigma}{2}\,.\,L^2\,,\quad \sum\left(\frac{\partial\xi}{\partial v}\right)^2 = 4\,\mathrm{sen}^2\frac{\sigma}{2}\,.\,M^2$$

$$\sum\left(\frac{\partial\xi}{\partial w}\right)^2 = \rho^2\,\mathrm{sen}^2\sigma\left(\frac{\partial t}{\partial w}\right)^2$$

$$\sum\frac{\partial\xi}{\partial u}\frac{\partial\xi}{\partial v} = 0\,,\quad \sum\frac{\partial\xi}{\partial v}\frac{\partial\xi}{\partial w} = 0\,,\quad \sum\frac{\partial\xi}{\partial u}\frac{\partial\xi}{\partial w} = 0\,.$$

Ne segue nuovamente il teorema di Ribaucour:

Le superficie $u = cost^{te}$, $v = cost^{te}$, $w = cost^{te}$ formano un sistema triplo ortogonale.

Inoltre per la forma dell'elemento lineare $ds = \sqrt{d\xi^2 + d\eta^2 + d\zeta^2}$ dello spazio otteniamo:

$$(23) \qquad ds^2 = 4\cos^2\frac{\sigma}{2}\,L^2\,du^2 + 4\,\mathrm{sen}^2\frac{\sigma}{2}\,M^2\,dv^2 + \rho^2\,\mathrm{sen}^2\sigma\left(\frac{\partial t}{\partial w}\right)^2 dw^2 .$$

188. La ricerca dei sistemi ciclici si può decomporre in due problemi successivi e cioè:

1.° Trovare tutti i sistemi di linee sferiche u, v, che sono immagini delle sviluppabili di una congruenza ciclica.

2.° Costruire le congruenze con assegnata immagine sferica delle sviluppabili.

Il secondo problema è già stato trattato al n. 148, c. X; esso si riduce, come si è visto, alla integrazione della equazione (15) di Laplace.

Quanto al primo possiamo risolverlo completamente, facendo uso del teorema seguente:

Fra le congruenze cicliche, che hanno a comune l'immagine sferica delle sviluppabili, se ne possono sempre scegliere infinite, i cui circoli corrispondenti passino per un punto fisso dello spazio.

Essendo infatti fissate le linee sferiche u, v, indichiamo con t_0 una soluzione particolare qualunque della (18), corrispondente al valore w_0 di w. Determiniamo ρ dalle due equazioni simultanee

$$L = 0 \;, \quad M = 0 \,,$$

cioè

$$\left\{\begin{aligned} \frac{\partial \log\rho}{\partial u} &= \sqrt{E}\,\mathrm{tg}\,\frac{\sigma}{2}\,\mathrm{sen}\left(t_0 + \frac{\Omega}{2}\right) - \frac{2\cos\sigma}{\cos\sigma + 1}\begin{Bmatrix}12\\2\end{Bmatrix} \\ \frac{\partial \log\rho}{\partial v} &= -\sqrt{G}\cot\frac{\sigma}{2}\,\mathrm{sen}\left(t_0 - \frac{\Omega}{2}\right) + \frac{2\cos\sigma}{1 - \cos\sigma}\begin{Bmatrix}12\\1\end{Bmatrix}, \end{aligned}\right.$$

le quali, per le formole al n. 184, soddisfano alla condizione d'integrabilità e danno per ρ una soluzione della (15). Nel corrispondente sistema ciclico avremo, a causa delle (21*):

$$\left.\begin{aligned} \frac{\partial \xi}{\partial u} = 0 \;, \quad \frac{\partial \eta}{\partial u} = 0 \;, \quad \frac{\partial \zeta}{\partial u} = 0 \\ \frac{\partial \xi}{\partial v} = 0 \;, \quad \frac{\partial \eta}{\partial v} = 0 \;, \quad \frac{\partial \zeta}{\partial v} = 0 \end{aligned}\right\} \text{per } w = w_0 \,,$$

onde la superficie $w = w_0$ si riduce ad un punto (ξ_0, η_0, ζ_0), pel quale vengono a passare tutti i circoli del sistema ciclico.

Per determinare le immagini sferiche delle sviluppabili di tutte le congruenze cicliche otteniamo dunque la costruzione seguente:

Prendasi una superficie S *arbitraria e per un punto fisso* O *dello spazio si conducano i circoli normali ad* S. *Questi costituiscono un sistema ciclico* (*) *e le immagini sferiche delle sviluppabili della congruenza dei loro assi danno le linee più generali richieste.*

(*) Con un' inversione per raggi vettori reciproci rispetto al punto fisso O questo sistema di circoli si cangia nel sistema delle normali alla superficie trasformata.

Capitolo XIV.

Le superficie d'area minima.

Cenno storico — Formole di Weierstrass — Superficie minime algebriche — Superficie doppie — Deformazioni delle superficie minime per le quali si conservano ad area minima — Superficie minime associate — Superficie coniugate in applicabilità — Superficie minima a linee di curvatura piane — Superficie minime applicabili sopra superficie di rotazione — Elicoidi ad area minima — Formole di Schwarz — Risoluzione del problema di costruire una superficie minima assegnata che ne sia una striscia — Casi particolari — Criterio per riconoscere se una superficie può deformarsi per flessione in una superficie minima.

189. La teoria delle superficie d'area minima forma oggidì uno dei capitoli più completi ed estesi della geometria differenziale. Le sue molteplici relazioni colla teoria delle funzioni di variabile complessa e col calcolo delle variazioni danno a questo studio un grande interesse. I limiti imposti al presente trattato non ci consentono che di far conoscere i risultati principali della teoria; il lettore, che desidera approfondire l'argomento, ne troverà nelle belle lezioni di Darboux un' esposizione completa. Ivi pure e nella memoria di Beltrami (*) troverà le notizie storiche relative allo sviluppo di questa teoria. Pel nostro scopo ci atterremo specialmente alla breve esposizione data da Schwarz nelle *Miscellen aus dem Gebiete der Minimalflächen.*

I principii della teoria delle superficie minime rimontano alla celebre memoria di Lagrange, ove sono posti i fondamenti del calcolo delle variazioni (**). Consideriamo un contorno chiuso C ed una superficie S terminata a questo contorno; la S dicesi *ad area minima,* se essa ha la più piccola area rispetto a tutte le superficie infinitamente vicine terminate al medesimo contorno C.

Se l'equazione ordinaria della S è

$$z = z(x, y) ,$$

(*) *Sulle proprietà generali delle superficie ad area minima* (Memorie dell'Accademia di Bologna, t. VII, 1868).

(**) Miscellanea Taurinensia, t. II, 1760-61.

l'area di S è data dall' integrale doppio

$$\int\int\sqrt{1+p^2+q^2}\,dx\,dy$$

e basta applicare i principii del calcolo delle variazioni per ottenere l'equazione a derivate parziali per z:

$$\frac{\partial}{\partial x}\left(\frac{p}{\sqrt{1+p^2+q^2}}\right)+\frac{\partial}{\partial y}\left(\frac{q}{\sqrt{1+p^2+q^2}}\right)=0,$$

ovvero

$$(1)\qquad (1+q^2)\,r-2\,p\,q\,s+(1+p^2)\,t=0\,.$$

L'interpretazione geometrica della (1) è stata data da Meusnier (1776), il quale osservò che essa esprime la proprietà della S di avere in ogni punto i raggi principali di curvatura eguali e di segno contrario. A tutte le superficie, che soddisfano a quest'ultima condizione, si dà il nome di superficie d' area minima o superficie minime. La denominazione è in effetto giustificata da ciò che a ciascuna di esse, per un contorno convenientemente scelto, compete la proprietà di minimo da cui siamo partiti.

A Meusnier è pure dovuta la scoperta delle due prime superficie d'area minima che si conobbero e cioè del catenoide e dell'elicoide rigata; esse si ottengono immediatamente, cercando le soluzioni della (1) della forma

$$z=f(x^2+y^2)\quad\text{o}\quad z=f\left(\frac{y}{x}\right).$$

190. Monge fu il primo a dare l'integrale completo della (1) (1784); ma la forma poco appropriata alle applicazioni, sotto cui le equazioni integrali eran date, per lungo tempo non permise di conoscere altre superficie minime reali oltre le due citate di Meusnier. Nel 1834 Scherk trovò le superficie minime elicoidali e la superficie di traslazione (*)

$$z=\frac{1}{a}\left\{\log\cos(a\,x)-\log\cos(a\,y)\right\}.$$

I progressi più importanti della nostra teoria datano di poi dalla pubblicazione dei lavori di O. Bonnet (1853-60), il quale riconobbe la proprietà fondamentale delle superficie minime che la loro rappresentazione sferica è una rappresentazione conforme, e diede le equazioni in-

---

(*) Questa notevole superficie minima si trova subito, cercando le soluzioni della (1) della forma

$$z=f(x)+\varphi(y).$$

tegrali sotto una forma, che permetteva di ottenere tutte le superficie minime reali e infinite superficie minime algebriche.

Nel 1866 comparvero le importanti memorie di Weierstrass, ove le formole di Monge vengono poste sotto una forma semplice ed elegante, che permette di risolvere varie questioni fondamentali. In queste memorie vengono pure enunciati importanti risultati relativi al così detto problema di Plateau (vedi capitolo seguente). Questo celebre problema è pure trattato in una memoria postuma di Riemann e in una serie di importantissimi lavori di Schwarz, ora raccolti nel primo volume delle opere di questo geometra.

In un altro ordine di ricerche ci restano da menzionare fra le più importanti pubblicazioni sull' argomento quelle di Lie (*) (1877-78), il quale si è occupato specialmente delle superficie minime algebriche.

191. Cominciamo dallo stabilire le formole di Weierstrass fondandoci sul risultato del n. 134, c. IX, secondo il quale ad ogni forma isoterma dell' elemento lineare sferico corrisponde una superficie minima, che si ottiene per quadrature.

Sia (u, v) un sistema ortogonale isotermo sulla sfera e indichiamo con

$$ds'^2 = \frac{1}{r_2}(du^2 + dv^2) \tag{2}$$

la forma dell' elemento lineare. Note le coordinate X, Y, Z di un punto della sfera in funzione di u, v, si avranno per quadrature le coordinate x, y, z del punto corrispondente della superficie minima S dalle formole

$$\left\{\begin{aligned} dx &= r_2\left(\frac{\partial X}{\partial u}\,du - \frac{\partial X}{\partial v}\,dv\right) \\ dy &= r_2\left(\frac{\partial Y}{\partial u}\,du - \frac{\partial Y}{\partial v}\,dv\right) \\ dz &= r_2\left(\frac{\partial Z}{\partial u}\,du - \frac{\partial Z}{\partial v}\,dv\right), \end{aligned}\right. \tag{3}$$

indi per l' elemento lineare di S si avrà

$$ds^2 = r_2(du^2 + dv^2) \tag{4}$$

e i raggi principali di curvatura di S saranno

$$r_2 \ , \quad r_1 = -r_2 \ .$$

Riferiamo ora la sfera nel solito modo ai meridiani ed ai paralleli, ponendo

$$X = \operatorname{sen}\theta\cos\omega \ , \quad Y = \operatorname{sen}\theta\operatorname{sen}\omega \ , \quad Z = \cos\theta$$

(*) Archiv for Mathematik og Naturvidenskab t. II e III. Mathematische Annalen, t. XIV.

e introduciamo la variabile complessa τ sulla sfera (o sul piano dell'equatore):

$$\tau = \cot \frac{\theta}{2}\, e^{i\omega}$$

insieme colla coniugata

$$\tau_0 = \cot \frac{\theta}{2}\, e^{-i\omega} \quad \text{(Cf. n. 43, c. III)}.$$

Esprimendo X, Y, Z per τ, τ_0, abbiamo

$$(5) \qquad X = \frac{\tau + \tau_0}{\tau\tau_0 + 1}, \quad Y = \frac{1}{i}\, \frac{\tau - \tau_0}{\tau\tau_0 + 1}, \quad Z = \frac{\tau\tau_0 - 1}{\tau\tau_0 + 1}$$

e per l'elemento lineare sferico ds':

$$(6) \qquad ds'^2 = \frac{4\, d\tau\, d\tau_0}{(\tau\tau_0 + 1)^2}.$$

Ora la variabile complessa

$$\sigma = u + i\, v$$

è una funzione di τ ovvero della coniugata τ_0, ma l'un caso non differisce essenzialmente dall'altro e potremo per ciò supporre σ *funzione di* τ, indi σ_0 di τ_0. La (2)

$$ds'^2 = \frac{1}{r_2}\, \frac{d\sigma}{d\tau}\, \frac{d\sigma_0}{d\tau_0}\, d\tau\, d\tau_0,$$

confrontata colla (6), dà quindi

$$r_2 = \frac{(\tau\tau_0 + 1)^2}{4}\, \frac{d\sigma}{d\tau}\, \frac{d\sigma_0}{d\tau_0}$$

e la (4) diventa

$$ds^2 = \frac{(\tau\tau_0 + 1)^2}{4} \left(\frac{d\sigma}{d\tau}\right)^2 \left(\frac{d\sigma_0}{d\tau_0}\right)^2 d\tau\, d\tau_0.$$

Ora esprimiamo le (3) per τ, τ_0, osservando che per una funzione qualunque $\Phi\ (u, v)$, considerata come funzione di τ, τ_0, si hanno le formole

$$\left\{\begin{aligned} \frac{d\sigma}{d\tau}\, \frac{d\sigma_0}{d\tau_0} \left(\frac{1}{2}\, \frac{\partial\Phi}{\partial u} + \frac{i}{2}\, \frac{\partial\Phi}{\partial v}\right) &= \frac{d\sigma}{d\tau}\, \frac{\partial\Phi}{\partial\tau_0} \\ \frac{d\sigma}{d\tau}\, \frac{d\sigma_0}{d\tau_0} \left(\frac{1}{2}\, \frac{\partial\Phi}{\partial u} - \frac{i}{2}\, \frac{\partial\Phi}{\partial v}\right) &= \frac{d\sigma_0}{d\tau_0}\, \frac{\partial\Phi}{\partial\tau}, \end{aligned}\right.$$

e otterremo:

$$(6^*)\quad \begin{cases} dx = \frac{1}{4}(1-\tau^2)\left(\frac{d\sigma}{d\tau}\right)^2 d\tau + \frac{1}{4}(1-\tau_0^2)\left(\frac{d\sigma_0}{d\tau_0}\right)^2 d\tau_0 \\ dy = \frac{i}{4}(1+\tau^2)\left(\frac{d\sigma}{d\tau}\right)^2 d\tau - \frac{i}{4}(1+\tau_0^2)\left(\frac{d\sigma_0}{d\tau_0}\right)^2 d\tau_0 \\ dz = \frac{1}{2}\tau\left(\frac{d\sigma}{d\tau}\right)^2 d\tau + \frac{1}{2}\tau_0\left(\frac{d\sigma_0}{d\tau_0}\right)^2 d\tau_0 . \end{cases}$$

Ora ponendo

$$\frac{1}{2}\left(\frac{d\sigma}{d\tau}\right)^2 = \mathrm{F}(\tau),$$

e introducendo il simbolo $\mathrm{R}\,\psi$ per indicare la parte reale di una quantità complessa ψ, avremo le formole

$$(7)\quad x = \mathrm{R}\int(1-\tau^2)\,\mathrm{F}(\tau)\,d\tau,\quad y = \mathrm{R}\int i\,(1+\tau^2)\,\mathrm{F}(\tau)\,d\tau,\quad z = \mathrm{R}\int 2\,\tau\,\mathrm{F}(\tau)\,d\tau,$$

nelle quali gli integrali dei secondi membri s'intendono presi lungo lo stesso cammino curvilineo sul piano complesso τ.

Sono queste le formole di Weierstrass. Viceversa si vede subito che, presa per $\mathrm{F}(\tau)$ una funzione della variabile complessa τ, le (7) danno per quadrature una corrispondente superficie minima S. L'elemento lineare della S ed il raggio principale di curvatura (positivo) r_2 sono dati dalle formole

$$(8)\quad ds^2 = (\tau\tau_0+1)^2\,\mathrm{F}(\tau)\,\mathrm{F}_0(\tau_0)\,d\tau\,d\tau_0$$

$$(9)\quad r_2 = \frac{(\tau\tau_0+1)^2}{2}\sqrt{\mathrm{F}(\tau)\,\mathrm{F}_0(\tau_0)}\,.$$

Le linee di curvatura u, v si ottengono poi, eguagliando a costanti la parte reale ed il coefficiente dell'immaginario dell'integrale

$$\sigma = \int\sqrt{2\,\mathrm{F}(\tau)}\,d\tau\,;$$

esse hanno cioè per equazioni

$$(10)\quad \mathrm{R}\int\sqrt{\mathrm{F}(\tau)}\,d\tau = \mathrm{cost}^{\mathrm{te}},\quad \mathrm{R}\int i\sqrt{\mathrm{F}(\tau)}\,d\tau = \mathrm{cost}^{\mathrm{te}}.$$

192. Alle formole (7) di Weierstrass si può dare un'altra forma molto utile specialmente per la ricerca delle superficie minime algebriche. Consideriamo per ciò la $\mathrm{F}(\tau)$ come la derivata terza $\varphi'''(\tau)$ di una funzione $\varphi(\tau)$, che resterà essa stessa arbitraria, e le (7), liberate da ogni segno

di quadratura, diventeranno:

$$(11)\quad \begin{cases} x = \mathrm{R}\left[(1-\tau^2)\,\varphi''(\tau) + 2\,\tau\,\varphi'(\tau) - 2\,\varphi(\tau)\right] \\ y = \mathrm{R}\left[i\,(1+\tau^2)\,\varphi''(\tau) - 2\,i\tau\,\varphi'(\tau) - 2i\varphi(\tau)\right] \\ z = \mathrm{R}\left[2\,\tau\,\varphi''(\tau) - 2\,\varphi'(\tau)\right]. \end{cases}$$

Ora, se si suppone che $\varphi(\tau)$ sia una funzione *algebrica* di τ, è chiaro che queste formole ci definiscono una superficie minima algebrica. Ma è importante osservare che inversamente ogni superficie minima algebrica si ottiene in questo modo. Weierstrass dimostra la proprietà enunciata come segue. Sia

$$w = u + i\,v = f\,(x + i\,y)$$

una funzione della variabile complessa $x+i\,y$; allora *se in un determinato campo sussiste una relazione algebrica fra x, y e la parte reale u di w sarà w funzione algebrica di $x+i\,y$.*

Nell'intorno di un punto, che per semplicità situiamo in $x=0$, $y=0$, sia w sviluppato in serie di Taylor

$$w = a_0 + i\,b_0 + (a_1 + i\,b_1)\,(x+i\,y) + (a_2 + i\,b_2)\,(x+i\,y)^2 + \ldots,$$

essendo le a e le b costanti reali, e sia r il raggio del cerchio di convergenza; avremo u sviluppata per potenze di x, y colla formola

$$(12)\quad \begin{aligned} u = a_0 &+ \tfrac{1}{2}\,(a_1+i\,b_1)\,(x+i\,y) + \tfrac{1}{2}\,(a_2+i\,b_2)\,(x+i\,y)^2 + \ldots \\ &+ \tfrac{1}{2}\,(a_1-i\,b_1)\,(x-i\,y) + \tfrac{1}{2}\,(a_2-i\,b_2)\,(x-i\,y)^2 + \ldots \end{aligned}$$

Per ipotesi si ha

$$(13)\qquad \mathrm{G}\,(u,x,y) = 0\,,$$

essendo G funzione razionale intera di u, x, y.

Sviluppando quest'ultima relazione per potenze di x, y, i coefficienti di ogni singolo termine saranno identicamente nulli e rimarranno nulli se in luogo di x, y poniamo quantità complesse $\overline{x}$, $\overline{y}$, purchè dopo la sostituzione lo sviluppo rimanga convergente. Ora, per il modo di convergenza delle serie di potenze, ciò avviene certamente della serie (12) per u se i moduli di $\overline{x}$, $\overline{y}$ rimangono inferiori a $\frac{r}{2}$. Poniamo adunque

$$\overline{x} = \frac{x+i\,y}{2}\,,\quad \overline{y} = \frac{x+i\,y}{2\,i}\,,$$

dopo di che la (12) diventa

$$\overline{u} = a_0 + \frac{1}{2}\,(w - w_0)\,,\quad w_0 = a_0 + i\,b_0$$

e la (13) si cangia in una relazione algebrica fra w e $x+i\,y$ c. d. d.

Ciò premesso, se si suppone che la superficie minima definita dalle (11) sia algebrica, fra le quantità

$$\frac{X}{1-Z} = \frac{\tau + \tau_0}{2}\,, \quad \frac{Y}{1-Z} = \frac{\tau - \tau_0}{2i}$$

e ciascuna delle quantità x, y, z sussisteranno relazioni algebriche e pel teorema dimostrato ciascuna delle tre funzioni

$$f_1(\tau) = (1-\tau^2)\,\varphi''(\tau) + 2\,\tau\,\varphi'(\tau) - 2\,\varphi(\tau)$$
$$f_2(\tau) = i\,(1+\tau^2)\,\varphi''(\tau) - 2i\tau\,\varphi'(\tau) - 2i\varphi(\tau)$$
$$f_3(\tau) = 2\,\tau\,\varphi''(\tau) - 2\,\varphi'(\tau)$$

sarà quindi funzione algebrica di τ e però anche

$$\frac{1}{4}(\tau^2-1)\,f_1(\tau) - \frac{i}{4}(\tau^2+1)\,f_2(\tau) - \frac{1}{2}\,\tau\,f_3(\tau) = \varphi(\tau)$$

sarà funzione algebrica di τ.

Abbiamo dunque il risultato:

Tutte le superficie minime algebriche si ottengono dalle (11), *ponendovi per* $\varphi(\tau)$ *una funzione algebrica di* τ.

193. Le formole (7) o (11) di Weierstrass stabiliscono nel modo più semplice il legame fra le funzioni di variabile complessa e le superficie minime, dimostrando che ad ogni funzione $F(\tau)$ di variabile complessa corrisponde una superficie minima determinata, a meno di una traslazione nello spazio. Però, come ora si vedrà, ad una medesima superficie minima corrispondono in generale due diverse forme della funzione $F(\tau)$.

Osserviamo prima un semplice teorema, che risulta subito dalla forma lineare delle (7) rapporto a $F(\tau)$. Sostituiamo nelle (7) per $F(\tau)$ successivamente due funzioni $\varphi_1(\tau)$, $\varphi_2(\tau)$ indi la funzione

$$\frac{m\,\varphi_2(\tau) + n\,\varphi_1(\tau)}{m+n} \quad (m, n \text{ costanti})\,.$$

Avremo il risultato osservato da Weierstrass:

Se fra i punti di due superficie minime S, S′ *si stabilisce una corrispondenza al modo di Gauss, colla legge di parallelismo delle normali in due punti* P, P′ *corrispondenti, e su ciascun segmento* P P′ *si sceglie un punto* M *che lo divida nel rapporto costante* $\frac{m}{n}$, *il luogo del punto* M *sarà una nuova superficie minima, che corrisponderà alle* S, S′ *per parallelismo delle normali.*

Esaminiamo ora la questione sopra indicata, se ad una medesima superficie minima corrispondono una o più forme per la $F(\tau)$. Siano $F(\tau)$, $f(\tau)$ due funzioni di τ che danno luogo a due superficie minime coincidenti e siano τ, τ' i valori degli argomenti per F, f che corrispondono al medesimo punto della superficie. La direzione della normale corrispondente a τ o coincide con quella della normale corrispondente a τ' o coll'opposta e in conseguenza si ha

$$\tau' = \tau$$

nel 1.° caso e

$$\tau' = -\frac{1}{\tau_0}$$

nel secondo, come risulta subito dall'osservare che, per le (5), X, Y, Z cangiano di segno mutando τ in $-\frac{1}{\tau_0}$. Nella prima ipotesi le formole (7) di Weierstrass danno

$$f(\tau) = F(\tau)$$

e nella 2.ª

$$F(\tau) = -\frac{1}{\tau^4} f_0\left(-\frac{1}{\tau}\right)^{(*)},$$

ovvero

$$f(\tau) = -\frac{1}{\tau^4} F_0\left(-\frac{1}{\tau}\right).$$

Si vede adunque che le due funzioni in generale diverse

$$F(\tau)\,,\quad -\frac{1}{\tau^4} F_0\left(-\frac{1}{\tau}\right)$$

danno, sostituite nelle formole di Weierstrass, la medesima superficie minima, giacchè i differenziali delle coordinate risultano nei due casi gli stessi.

Particolarmente interessante è il caso in cui le due funzioni

$$F(\tau)\,,\quad -\frac{1}{\tau^4} F_0\left(-\frac{1}{\tau}\right)$$

coincidano; allora, per quanto precede, la regione della superficie nell'intorno del punto $-\frac{1}{\tau_0}$ o è congruente per traslazione con quella dell'intorno di τ o coincide assolutamente con questa. Nel 1.° caso la superficie, ammettendo una traslazione in sè medesima, è di necessità periodica, quindi

(*) Essendo $f(\tau)$ una funzione *analitica* di τ, definita inizialmente da una serie di potenze, convergente entro un certo cerchio, denotiamo con $f_0(\tau)$ la funzione analitica definita dalla serie che si ottiene, cangiando nella primitiva i coefficienti nei loro coniugati, serie che ha il medesimo cerchio di convergenza. La relazione fra $f(\tau)$, $f_0(\tau)$ è indipendente dalla serie iniziale scelta.

trascendente; ciò sarà p. e. senz'altro escluso se la superficie è algebrica. Nel 2.° caso, segnando sulla sfera rappresentativa un cammino che dal punto τ conduca al punto diametralmente opposto $-\frac{1}{\tau_0}$, il cammino corrispondente sulla superficie parte da un punto P di questa e vi ritorna, ma al ritorno il senso della normale si è cambiato con continuità nell'opposto. Si può dunque passare con continuità sulla superficie da una faccia di essa all'opposta; la superficie è cioè ad una sola faccia o, secondo la denominazione di Lie, una *superficie minima doppia*.

Come esempio citeremo la superficie minima di Henneberg, che corrisponde al valore F (τ)

$$F(\tau) = 1 - \frac{1}{\tau^4}$$

ed è evidentemente algebrica e doppia.

È questa la più semplice superficie minima doppia; essa è della 5.ª classe e del 15.° ordine.

194. Ogni superficie ad area minima è suscettibile di una deformazione continua, nella quale si conserva ad area minima. Per ricercare queste interessanti deformazioni, facciamo uso delle considerazioni seguenti. Siano S, S' due superficie d'area minima applicabili l'una sull'altra; nei punti corrispondenti la curvatura dell'una eguaglia la curvatura dell'altra e però i valori assoluti dei corrispondenti raggi principali di curvatura sono eguali. Ne risulta che le due immagini sferiche di S, S' saranno eguali direttamente o inversamente. Ma il secondo caso si riduce al primo, cangiando il senso positivo della normale ad una delle due superficie, e resta d'altronde escluso, se dalla configurazione S si passa alla configurazione S' per deformazione continua. Possiamo quindi muovere una delle due superficie p. e. S' nello spazio in guisa che le due immagini sferiche si sovrappongano e però i punti corrispondenti di S, S' siano dati da un medesimo valore di τ. Ciò premesso, siano F (τ), $f(\tau)$ i corrispondenti valori della funzione F nelle formole di Weierstrass. Gli elementi lineari delle due superficie dovendo essere eguali, si avrà dalla (8)

$$F(\tau)\, F_0(\tau_0) = f(\tau)\, f_0(\tau_0),$$

cioè

$$\text{mod}\, \frac{f(\tau)}{F(\tau)} = 1$$

e quindi $\frac{f(\tau)}{F(\tau)}$ sarà una costante col modulo eguale a 1. Avremo dunque

$$f(\tau) = e^{i\alpha}\, F(\tau)$$

con α costante reale; siccome poi la (8) ci dimostra inversamente che l'elemento lineare non varia se si cangia F (τ) in $e^{i\alpha}$ F (τ), qualunque valore si attribuisca alla costante reale α, abbiamo il risultato:

La deformazione più generale di una superficie ad area minima, per cui si conserva ad area minima, si ottiene cangiando nelle formole (7) *di Weierstrass* F (τ) *in* $e^{i\alpha}$ F (τ), *con* α *costante arbitraria reale.*

Così da una superficie minima si ottiene per deformazione continua una serie ∞^1 di superficie minime; queste prendono il nome di superficie minime *associate.*

195. Esaminiamo ora più da vicino le proprietà di queste deformazioni. Le equazioni delle linee di curvatura per la S sono

$$u = \text{cost}^{\text{te}} \quad , \quad v = \text{cost}^{\text{te}} ,$$

posto

$$\sigma = u + i\,v = \int \sqrt{2\,\mathrm{F}(\tau)}\, d\tau \text{ (n. 191)} .$$

Per la superficie minima associata S_α corrispondente al valore α del parametro, le linee di curvatura hanno quindi le equazioni

$$\mathrm{R}\left(e^{\frac{i\alpha}{2}}\sigma\right) = \text{cost}^{\text{te}} \quad , \quad \mathrm{R}\left(i\,e^{\frac{i\alpha}{2}}\sigma\right) = \text{cost}^{\text{te}},$$

cioè

$$u \cos\frac{\alpha}{2} - v \operatorname{sen}\frac{\alpha}{2} = \text{cost}^{\text{te}} \quad , \quad u \operatorname{sen}\frac{\alpha}{2} + v \cos\frac{\alpha}{2} = \text{cost}^{\text{te}} ;$$

dunque: *Alle linee di curvatura della superficie minima* S_α *associata alla* S *corrispondono su questa le traiettorie isogonali sotto l'angolo* $\frac{\alpha}{2}$ *delle antiche linee di curvatura.*

Particolarmente interessante è il caso $\alpha = \frac{\pi}{2}$; allora le linee di curvatura della S si cangiano sulla $S_{\frac{\pi}{2}}$ in linee assintotiche e inversamente le assintotiche di S nelle linee di curvatura di $S_{\frac{\pi}{2}}$. Due tali superficie minime associate si dicono, secondo Bonnet, che per primo studiò queste deformazioni, *superficie coniugate in applicabilità.*

Indicando con x_0, y_0, z_0 le coordinate dei punti della superficie coniugata in applicabilità colla S, avremo dalle (7), cangiando F (τ) in i F (τ):

$$(14) \quad x_0 = \mathrm{R}\int i(1-\tau^2)\mathrm{F}(\tau)\,d\tau,\ y_0 = -\mathrm{R}\int(1+\tau^2)\mathrm{F}(\tau)\,d\tau,\ z_0 = \mathrm{R}\int 2\,i\,\tau\,\mathrm{F}(\tau)\,d\tau.$$

Facendo variare α con continuità, la superficie si deformerà con continuità e indicando con x_α, y_α, z_α le coordinate del punto (x, y, z), dopo la deformazione, avremo evidentemente

$$(15) \quad x_\alpha = x\cos\alpha + x_0 \operatorname{sen}\alpha\,,\ y_\alpha = y\cos\alpha + y_0 \operatorname{sen}\alpha\,,\ z_\alpha = z\cos\alpha + z_0 \operatorname{sen}\alpha\,.$$

Se si prendono gli integrali nelle (7), (14) fra gli stessi limiti 0 e τ, rimarrà fisso durante la deformazione il punto (0, 0, 0) della superficie e il piano tangente in esso: ciascun punto (x, y, z) descriverà durante la deformazione una ellisse col centro nel punto fisso.

Se esprimiamo, per mezzo delle (15), che l'elemento lineare della S_α eguaglia quello della S, otteniamo la relazione

$$dx\, dx_0 + dy\, dy_0 + dz\, dz_0 = 0\,, \tag{16}$$

che è facile verificare direttamente. Essa esprime che: *Due superficie minime coniugate in applicabilità si corrispondono altresì per ortogonalità d'elementi.*

Nello stesso tempo le due superficie sono associate nel senso del cap. XI. Si osserverà che, corrispondentemente a questa doppia relazione della superficie minima S colla coniugata in applicabilità, si avranno della S due deformazioni infinitesime, nella prima delle quali S conserva invariati i suoi raggi principali di curvatura e nella seconda le sue linee di curvatura (cap. XI).

Si osservi in fine che l'angolo formato da due elementi lineari corrispondenti della superficie minima S e della associata S_α è costante eguale ad α.

196. Due superficie minime associate sono applicabili e godono inoltre delle due proprietà seguenti: 1.ª nei punti corrispondenti hanno normali parallele: 2.ª due elementi lineari corrispondenti formano fra loro un angolo costante. Dimostriamo inversamente che, se per due superficie applicabili si presenta l'una o l'altra delle descritte proprietà, esse sono necessariamente superficie minime associate (*).

Per dimostrare la prima cosa ricorriamo alle formole generali di rappresentazione sferica (cap. V) e indicando con S, S_0 le due superficie applicabili, osserviamo che S, S_0 hanno per ipotesi la medesima immagine sferica, quindi per la formola (2) pag. 116, si ha

$$H\,(D\,du^2 + 2\,D'\,du\,dv + D''dv^2) = H_0\,(D_0\,du^2 + 2\,D'_0\,du\,dv + D''_0\,dv^2)\,,$$

indicando coll'indice 0 le quantità relative a S_0. Ne segue subito che si avrà

$$H = H_0 = 0\,,$$

cioè S, S_0 saranno superficie minime associate, ovvero risulterà

$$D_0 = \lambda\,D\quad,\quad D'_0 = \lambda\,D'\quad,\quad D''_0 = \lambda\,D''\quad,\quad \lambda = \frac{H}{H_0}\,.$$

(*) Darboux t. I, pag. 326, ss.

Ma la condizione $K = K_0$ dà immediatamente (escluso il caso delle superficie sviluppabili che è facile trattare direttamente)

$$\lambda = \pm 1 ;$$

quindi S, S_0 sono eguali o simmetriche.

Per dimostrare anche la seconda parte del teorema enunciato, cominciamo dal provare che: *Se due superficie applicabili si corrispondono altresì per ortogonalità d'elementi, esse sono superficie minime coniugate in applicabilità.* Ricorriamo per ciò alle formole del cap. XI e precisamente a quelle del n. 157. Se S, S_0 sono a curvature opposte, riferiamole alle loro linee assintotiche ed osserviamo le (13) pag. 281. Avendo S, S_0 eguale elemento lineare, ne segue

$$\left(\frac{\partial\varphi}{\partial u}\right)^2 = (1-\varphi^2)\,e \ , \ \frac{\partial\varphi}{\partial u}\frac{\partial\varphi}{\partial v} = (1-\varphi^2)\,f \ , \ \left(\frac{\partial\varphi}{\partial v}\right)^2 = (1-\varphi^2)\,g \ ,$$

indi $\varphi = \pm 1$ e però, per la (12) pag. 280, S è una superficie minima, quindi S_0 la coniugata in applicabilità. Quanto al caso che le S, S_0 siano a curvatura positiva, resta subito escluso dalle formole del n. 157, giacchè ne seguirebbe

$$\varphi = \pm 1 \quad , \quad e + g = 0 \, .$$

Dimostrato il teorema in questo caso particolare, risulta altresì dimostrato nel caso generale e invero, se si suppone

$$dx_0^2 + dy_0^2 + dz_0^2 = dx^2 + dy^2 + dz^2$$

$$dx_0\,dx + dy_0\,dy + dz_0\,dz = \cos\alpha\,(dx^2 + dy^2 + dz^2)$$

con α costante, ponendo

$$\bar{x} = \frac{x_0 - x\cos\alpha}{\operatorname{sen}\alpha} \ , \ \bar{y} = \frac{y_0 - y\cos\alpha}{\operatorname{sen}\alpha} \ , \ \bar{z} = \frac{z_0 - z\cos\alpha}{\operatorname{sen}\alpha} \ ,$$

ne risultano le formole

$$d\bar{x}^2 + d\bar{y}^2 + d\bar{z}^2 = dx^2 + dy^2 + dz^2$$

$$d\bar{x}\,dx + d\bar{y}\,dy + d\bar{z}\,dz = 0 \, .$$

197. Studiamo ora alcune classi speciali di superficie minime, cominciando da quelle a linee di curvatura piane. Partiamo dall'osservazione che ogni linea di curvatura piana di una superficie ha per immagine sferica un circolo ed inversamente. Per trovare le superficie con un sistema di linee di curvatura piane, basta dunque scegliere sulla sfera un sistema ∞^1 di circoli e trovare le superficie, che hanno per immagini sferiche delle

loro linee di curvatura questi circoli e le loro traiettorie ortogonali. La corrispondente equazione di Laplace (38) n. 73 ha allora nullo uno degli invarianti e s'integra completamente. Ma nel caso particolare delle superficie minime il sistema sferico rappresentativo dovendo essere isotermo, anche il 2.° sistema è composto di circoli (n. 91).

Ne risulta che anche le linee di curvatura del 2.° sistema sono necessariamente piane. Secondo il risultato del n. 44, pag. 81, i sistemi doppi ortogonali di circoli sulla sfera si ottengono intersecando la sfera con due fasci di piani, aventi per assi due rette polari reciproche rispetto alla sfera. Cominciamo dallo studiare il caso limite, in cui queste due rette sono tangenti coniugate (ortogonali) della sfera. Se riprendiamo le nostre formole (5) pag. 340, e poniamo

$$\tau = \alpha + i\beta ,$$

indi

$$X = \frac{2\alpha}{\alpha^2+\beta^2+1} , \quad Y = \frac{2\beta}{\alpha^2+\beta^2+1} , \quad Z = \frac{\alpha^2+\beta^2-1}{\alpha^2+\beta^2+1} ,$$

vediamo che le linee α, β sono appunto i circoli di intersezione della sfera coi piani dei due fasci

$$x + \alpha (z-1) = 0$$
$$y + \beta (z-1) = 0 ,$$

i cui assi sono le tangenti alla sfera condotte pel punto (0, 0, 1) parallelamente agli assi Oy, Ox. Volendo la superficie minima corrispondente, dovremo dunque porre nelle formole (7) di Weierstrass $F(\tau)$ eguale a una costante reale. Il valore di questa costante influisce solo sulla grandezza della superficie e ponendo

$$F(\tau) = 3 ,$$

avremo per la superficie corrispondente

$$(17) \qquad \left\{ \begin{aligned} x &= 3\alpha + 3\alpha\beta^2 - \alpha^3 \\ y &= \beta^3 - 3\beta - 3\alpha^2\beta \\ z &= 3(\alpha^2 - \beta^2) . \end{aligned} \right.$$

Questa singolare superficie minima è stata trovata da Enneper. Essa è del 9.° ordine; le sue linee di curvatura sono cubiche piane di genere zero e le sue linee assintotiche

$$\alpha - \beta = \text{cost}^{\text{te}} , \quad \alpha + \beta = \text{cost}^{\text{te}}$$

cubiche gobbe.

198. L'elemento lineare della superficie d'Enneper è dato da

$$ds^2 = 9\,(\alpha^2+\beta^2+1)^2\,(d\alpha^2+d\beta^2)$$

e si riscontra subito che le linee di egual curvatura

$$\alpha^2 + \beta^2 = \text{cost}^{\text{te}}$$

sono geodeticamente parallele e a curvatura geodetica costante, onde la superficie è applicabile sopra una superficie di rotazione. Si verificherà inoltre che tutte le superficie associate della superficie d'Enneper coincidono di forma con questa e se ne ottengono, facendo rotare la superficie d'Enneper attorno all'asse z. Queste proprietà risulteranno del resto, nel numero seguente, come casi particolari di proprietà più generali.

Darboux (*) ha fatto conoscere una singolare generazione della superficie d'Enneper, come inviluppo di piani, che andiamo brevemente a indicare. La distanza del piano tangente alla superficie d'Enneper (17) dall'origine è data da

$$W = Xx + Yy + Zz = \frac{\alpha^4 - \beta^4 + 3\,(\alpha^2 - \beta^2)}{\alpha^2 + \beta^2 + 1}$$

e però l'equazione di questo piano si scrive

$$(18) \qquad 2\,\alpha\,x + 2\,\beta\,y + (\alpha^2+\beta^2-1)\,z + 3\,(\beta^2-\alpha^2) + \beta^4 - \alpha^4 = 0\,.$$

Consideriamo ora le due parabole focali l'una dell'altra, definite dalle formole

$$x = 4\,\alpha\,, \quad y = 0\,, \quad z = 2\,\alpha^2 - 1$$
$$x = 0\,, \quad y = -4\beta\,, \quad z = -2\beta^2+1\,;$$

se si congiunge un punto arbitrario dell'una con un punto arbitrario dell'altra e pel punto medio della congiungente si conduce il piano normale a questa congiungente si ottiene appunto il piano (18). Ne segue:

La superficie d' Enneper è l' inviluppo dei piani normali nel punto di mezzo delle corde, che uniscono i punti di una parabola coi punti della parabola focale.

199. Resta ora che diamo le equazioni di quelle superficie minime a linee di curvatura piane, che hanno per immagini di queste linee due fasci di circoli sulla sfera, i cui assi sono rette reciproche r, r' non tangenti alla sfera.

Prendiamo per semplicità per asse delle z la normale comune a r, r' e gli assi Ox, Oy paralleli rispettivamente a r, r'. Supponiamo per fissare le idee che la r sia esterna alla sfera, quindi r' interna; allora le coordinate

(*) Leçons, t. I, pag. 318.

dei punti ove r, r', incontrano l'asse z saranno

$$\left(0,\ 0,\ \frac{1}{a}\right)\ ,\quad (0,\ 0,\ a),$$

essendo a una costante < 1. Le equazioni dei due fasci di circoli si scrivono allora

$$x = \lambda\ (z - a)$$
$$y = \mu\left(z - \frac{1}{a}\right),$$

essendo λ, μ i parametri dei due fasci. Ora introduciamo due nuovi parametri u, v ponendo

$$\lambda = \frac{1}{\sqrt{1-a^2}}\ \mathrm{tg}\, u\ ,\quad \mu = \frac{a}{\sqrt{1-a^2}}\ \mathrm{tgh}\, v$$

e per le espressioni di X, Y, Z in funzione di u, v troveremo

$$\text{(19)}\quad X = \frac{\sqrt{1-a^2}\ \mathrm{sen}\, u}{\cosh v + a \cos u},\ Y = -\frac{\sqrt{1-a^2}\ \mathrm{senh}\, v}{\cosh v + a \cos u},\ Z = \frac{\cos u + a \cosh v}{\cosh v + a \cos u}.$$

L'elemento lineare sferico

$$ds'^2 = dX^2 + dY^2 + dZ^2\ ,$$

espresso pei parametri u, v, prende la forma

$$\text{(20)}\qquad ds'^2 = \frac{du^2 + dv^2}{(\cosh v + a \cos u)^2}$$

e calcolando per quadrature la corrispondente superficie minima dalle (3) n. 191, troviamo le formole

$$\text{(21)}\qquad \begin{cases} x = a\ u + \mathrm{sen}\, u \cosh v \\ y = v + a \cos u\ \mathrm{senh}\, v \\ z = \sqrt{1-a^2} \cos u \cosh v\ . \end{cases}$$

Per $a=0$ si ha il catenoide; per a diverso da zero la sezione della superficie col piano $\widehat{xy}$ consta d'infinite catenarie eguali colle direttrici parallele all'asse Oy.

200. Risolviamo ora il problema di trovare tutte le superficie minime applicabili sopra superficie di rotazione. Facciamo perciò uso delle considerazioni seguenti dovute a Schwarz. Sia S una superficie minima applicabile sopra una superficie di rotazione; essa ammette una deformazione

continua in sè stessa, in particolare una deformazione infinitesima, nella quale le linee L deformate dei paralleli scorrono sopra sè stesse. L'immagine sferica di S resta congruente a sè medesima (n. 194) e, durante la detta deformazione, subisce una rotazione infinitesima attorno a un diametro della sfera. Se ne deduce che le immagini sferiche delle L sono circoli in piani perpendicolari all'asse di rotazione ed anche per una deformazione *finita* di S in sè medesima la sua immagine sferica ruoterà attorno allo stesso asse (*). Prendiamo questo asse per asse z; una rotazione attorno ad esso equivale a cangiare τ in $e^{i\alpha}\tau$, essendo α l'ampiezza della rotazione e poichè

$$ds^2 = (\tau\tau_0 + 1)^2 \, F(\tau) \, F_0(\tau_0) \, d\tau \, d\tau_0$$

non deve variare per questo cangiamento, risulterà

$$\text{mod } F(\tau) = \text{mod } f(\tau e^{i\alpha}),$$

cioè

$$(a) \quad F(\tau e^{i\alpha}) = e^{i\beta} F(\tau),$$

con β costante reale. Derivando logaritmicamente, si ottiene

$$(b) \quad \tau e^{i\alpha} \frac{F'(\tau e^{i\alpha})}{F(\tau e^{i\alpha})} = \tau \frac{F'(\tau)}{F(\tau)};$$

la funzione $\tau \dfrac{F'(\tau)}{F(\tau)}$ essendo quindi costante lungo ogni circolo nel piano complesso τ col centro in $\tau = 0$ è necessariamente una costante.

Si ha dunque

$$\frac{F'(\tau)}{F(\tau)} = \frac{k}{\tau}, \quad F(\tau) = C\tau^k,$$

dove C, k sono due costanti, delle quali la seconda reale a causa della (a). Ne concludiamo:

Le superficie minime applicabili sopra superficie di rotazione si ottengono dalle formole (7) *di Weierstrass, ponendo*

$$F(\tau) = C\tau^k,$$

dove k è una costante reale e C *una costante qualunque.*

(*) Se restasse qualche dubbio riguardo alla esattezza di questa conclusione, si consideri invece una deformazione finita di S in sè medesima e sia α l'ampiezza della rotazione sferica corrispondente; α varierà con continuità al variare continuo della deformazione e potremo quindi scegliere una tale deformazione che α sia in rapporto *incommensurabile con* 2π. Si proceda allora come nel testo e si otterrà la formola (b) stessa, ove α avrà un valore fisso incommensurabile con 2π. Se la funzione $\tau \dfrac{F'(\tau)}{F(\tau)}$ non fosse costante essa riprenderebbe quindi nell'intorno di ogni punto del piano infinite volte lo stesso valore, il che è assurdo.

201. Se si osserva che per le superficie ora trovate si ha

$$\sigma = \sqrt{2} \int \tau^{\frac{k}{2}} \, d\tau \, ,$$

se ne deduce che, *escluso il caso* $k = -2$, risulta

$$\sigma = u + iv = \sqrt{2} \, \frac{\tau^{\frac{k}{2}} + 1}{\frac{k}{2} + 1} \, ,$$

quindi per l'elemento lineare si ha

$$(b) \quad ds^2 = f\,(u^2 + v^2)\,(du^2 + dv^2) \, .$$

Considerando ora che per le superficie associate le linee di curvatura sono

$$\left\{ \begin{aligned} & u \cos \frac{\alpha}{2} - v \operatorname{sen} \frac{\alpha}{2} = \text{cost}^{\text{te}} \\ & u \operatorname{sen} \frac{\alpha}{2} + v \cos \frac{\alpha}{2} = \text{cost}^{\text{te}} \, , \end{aligned} \right.$$

mentre colle sostituzioni

$$\left\{ \begin{aligned} u' &= u \cos \frac{\alpha}{2} - v \operatorname{sen} \frac{\alpha}{2} \\ v' &= u \operatorname{sen} \frac{\alpha}{2} + v \cos \frac{\alpha}{2} \end{aligned} \right.$$

l'elemento lineare (b) non muta, vediamo che le superficie in considerazione sono identiche di forma alle loro associate. Queste se ne ottengono, come facilmente si vede, facendo rotare la superficie primitiva attorno all'asse.

Nel caso escluso $k = -2$, si ottiene

$$x = \mathrm{R} \left\{ \mathrm{C} \left(\frac{1}{\tau} + \tau \right) \right\} , \quad y = \mathrm{R} \left\{ i\mathrm{C} \left(\frac{1}{\tau} - \tau \right) \right\} , \quad z = -\mathrm{R} \left\{ 2\,\mathrm{C} \log \tau \right\}$$

e siccome, mutando τ in $\tau e^{i\alpha}$, z aumenta di una costante e x, y si cangiano in

$$x \cos \alpha - y \operatorname{sen} \alpha \, , \quad x \operatorname{sen} \alpha + y \cos \alpha \, ,$$

si vede che queste superficie sono elicoidi, aventi l'asse z per asse. Risulta altresì dalle nostre considerazioni che esse sono le uniche superficie minime elicoidali, giacchè una tale superficie è applicabile sopra una superficie di rotazione e non coincide di forma colle sue associate (*).

(*) In caso contrario la superficie non cangierebbe di linee di curvatura deformandosi.

Dunque: *Le superficie minime elicoidali si ottengono, ponendo nelle formole di Weierstrass* $F(\tau) = \frac{C}{\tau^2}$.

Per scrivere esplicitamente le formole relative alle elicoidi minime, poniamo

$$C = \frac{m}{2} e^{i\beta}, \quad \tau = e^{-v+i\omega},$$

indicando con $\frac{m}{2}$, e^{-v} i moduli e con β, ω gli argomenti di C e τ, troveremo:

$$(22) \qquad \begin{cases} x = m(\cos\beta \cosh v \cos\omega + \operatorname{sen}\beta \operatorname{senh} v \operatorname{sen}\omega) \\ y = m(\cos\beta \cosh v \operatorname{sen}\omega - \operatorname{sen}\beta \operatorname{senh} v \cos\omega) \\ z = m(v \cos\beta + \omega \operatorname{sen}\beta). \end{cases}$$

La superficie corrispondente a $\beta=0$ è il *catenoide* e la sua coniugata in applicabilità, corrispondente a $\beta = \frac{\pi}{2}$, l'elicoide rigata ad area minima (Cf. n. 105, c. VII):

$$z = m \operatorname{arctg} \frac{y}{x}.$$

Aggiungiamo in fine che: *L'unica superficie rigata ad area minima è questa elicoide* (teorema di Catalan). Infatti in una tale superficie rigata le traiettorie ortogonali delle generatrici sono assintotiche e le loro normali principali coincidono quindi colle generatrici stesse. Tale proprietà, come si è visto al n. 19, c. I, è caratteristica appunto della superficie delle normali principali dell'elica circolare.

202. Alle formole (7) di Weierstrass si può dare un'altra forma, che importa notare. Ponendo

$$u = \int (1-\tau^2) F(\tau), \quad v = i\int (1+\tau^2) F(\tau)\, d\tau, \quad w = \int 2\tau F(\tau)\, d\tau,$$

e cangiando la variabile complessa τ col porre $\tau = \varphi(t)$, saranno u, v, w funzioni di t legate dalla relazione

$$(23) \qquad \left(\frac{du}{dt}\right)^2 + \left(\frac{dv}{dt}\right)^2 + \left(\frac{dw}{dt}\right)^2 = 0,$$

e le formole di Weierstrass diventano

$$(24) \qquad x = R(u), \quad y = R(v), \quad z = R(w).$$

Inversamente: *Se u, v, w sono funzioni della variabile complessa t legate dalla relazione* (23), *le* (24) *daranno una superficie minima* (*).

E invero, cangiando convenientemente la variabile t, si torna alle formole di Weierstrass.

Ciò del resto si verifica anche subito colle osservazioni seguenti, che possono inversamente servire a stabilire in modo diretto le formole attuali.

Scindendo t, u, v, w nelle loro parti reali ed immaginarie col porre

$$t = \alpha + i\beta$$

$$u = x + i x_1 \ , \quad v = y + i y_1 \ , \quad w = z + i z_1 \ ,$$

ed osservando le formole

$$\frac{\partial x}{\partial \alpha} = \frac{\partial x_1}{\partial \beta} \ , \quad \frac{\partial x}{\partial \beta} = -\frac{\partial x_1}{\partial \alpha} \ ,$$

che per le (23) danno

$$\sum \left(\frac{\partial x}{\partial \alpha}\right)^2 = \sum \left(\frac{\partial x}{\partial \beta}\right)^2 \ , \quad \sum \frac{\partial x}{\partial \alpha} \frac{\partial x}{\partial \beta} = 0 \ ,$$

segue

$$ds^2 = dx^2 + dy^2 + dz^2 = \lambda\,(d\alpha^2 + d\beta^2) \ , \quad \lambda = \sum \left(\frac{\partial x}{\partial \alpha}\right)^2 .$$

La formola di Beltrami (A) n. 60, pag. 114 dimostra allora che la superficie (24) è ad area minima.

Ricordiamo che la proprietà, caratteristica per le superficie minime, data dalla formola citata si enuncia; *In ogni superficie minima le sezioni fatte con una serie di piani paralleli appartengono ad un sistema isotermo; la distanza di un piano variabile della serie da un piano fisso è parametro d' isometria.*

Sopra ciascuno dei piani complessi u, v, w abbiamo una rappresentazione conforme della superficie (24) ad area minima e poichè

$$ds^2 = \frac{1}{2}\,(du\,du_0 + dv\,dv_0 + dw\,dw_0) \ ,$$

(*) Queste formole si possono scrivere

$$x = \frac{1}{2}\,(u + u_0) \ , \quad y = \frac{1}{2}\,(v + v_0) \ , \quad z = \frac{1}{2}\,(w + w_0)$$

e la superficie minima può quindi riguardarsi come una superficie di traslazione, che ha per curve generatrici la curva immaginaria

$$x = \frac{1}{2}\,u(t) \ , \quad y = \frac{1}{2}\,v(t) \ , \quad z = \frac{1}{2}\,w(t)$$

e la sua coniugata. È questa la proprietà che serve di base ai citati lavori di Lie.

dove u_0, v_0, w_0 sono le coniugate di u, v, w, si vede che il quadrato dell'elemento lineare della superficie eguaglia la semisomma dei quadrati degli elementi lineari corrispondenti sui piani u, v, w. Riemann ne ha dedotto un'interessante conseguenza, osservando che in una rappresentazione conforme le aree elementari stanno fra loro appunto come i quadrati degli elementi lineari. Ne risulta il teorema:

L'area di una porzione di superficie minima (24) *è eguale alla semisomma delle aree corrispondenti sui piani complessi u, v, w.*

203. Dalle formole del numero precedente Schwarz ha dedotto altre formole importanti, nel modo che andiamo ad indicare. Posto come sopra

$$u = x + i\,x_1\ ,\quad v = y + i\,y_1\ ,\quad w = z + i\,z_1\ ,$$

si ha

$$dx\,dx_1 + dy\,dy_1 + dz\,dz_1 = 0$$

e inoltre

$$\mathrm{X}\,dx_1 + \mathrm{Y}\,dy_1 + \mathrm{Z}\,dy_1 = 0\ ,$$

onde

$$dx_1 : dy_1 : dz_1 = \mathrm{Z}\,dy - \mathrm{Y}\,dz : \mathrm{X}\,dz - \mathrm{Z}\,dx : \mathrm{Y}\,dx - \mathrm{X}\,dy\ .$$

Essendo poi

$$dx_1^2 + dy_1^2 + dz_1^2 = dx^2 + dy^2 + dz^2\ ,$$

ne segue

$$dx_1 = \pm(\mathrm{Z}\,dy - \mathrm{Y}\,dz)\ ,\quad dy_1 = \pm(\mathrm{X}\,dz - \mathrm{Z}\,dx)\ ,\quad dz_1 = \pm(\mathrm{Y}\,dx - \mathrm{X}\,dy)\ .$$

L'incertezza del segno si toglie, ricorrendo alle espressioni di u, v, w per τ e alle formole (5) n. 191; invero si ha

$$du = (1-\tau^2)\,\mathrm{F}(\tau)\,d\tau\ ,\quad dv = i\,(1+\tau^2)\,\mathrm{F}(\tau)\,d\tau\ ,\quad dw = 2\,\tau\,\mathrm{F}(\tau)\,d\tau$$

$$dx = \frac{1}{2}(du_0 + du)\ ,\quad dy = \frac{1}{2}\,dv_0 + dv)\ ,\quad dz = \frac{1}{2}(dw_0 + dw)$$

$$dx_1 = \frac{i}{2}(du_0 - du)\ ,\quad dy_1 = \frac{i}{2}(dv_0 - dv)\ ,\quad dz_1 = \frac{i}{2}(dw_0 - dw)$$

e se si forma p. e. l'espressione

$$\mathrm{Y}\,dx - \mathrm{X}\,dy\ ,$$

si trova che coincide con dz_1. Abbiamo dunque le formole

$$dx_1 = \mathrm{Z}\,dy - \mathrm{Y}\,dz\ ,\quad dy_1 = \mathrm{X}\,dz - \mathrm{Z}\,dx\ ,\quad dz_1 = \mathrm{Y}\,dx - \mathrm{X}\,dy\ (*)\ ,$$

(*) Esprimendo che $\mathrm{Y}\,dx - \mathrm{X}\,dy$ è un differenziale esatto, si trova nuovamente l'equazione a derivate parziali (1) delle superficie minime (n. 189).

per cui i valori di u, v, w possono scriversi

$$(25)\qquad \begin{cases} u = x + i\int (Z\,dy - Y\,dz) \\ v = y + i\int (X\,dz - Z\,dx) \\ w = z + i\int (Y\,dx - X\,dy)\,. \end{cases}$$

Sono queste le formole di Schwarz, che si applicano nel modo più elegante alla risoluzione del problema seguente: *Costruire la superficie minima, che passa per una curva* C *data ed ha lungo di essa normali assegnate.*

Osserviamo che gli elementi dei piani tangenti lungo la curva data C costituiscono una *striscia* della superficie e possiamo enunciare il problema proposto così: *Costruire una superficie minima, conoscendone una striscia.* Questo non è che un caso particolare del problema di Cauchy per le equazioni a derivate parziali del 2.° ordine; nel caso attuale, sotto le condizioni che ora diremo, esso si risolve per quadrature.

204. Supponiamo che la striscia assegnata sia *analitica,* cioè lungo di essa

$$x, y, z \;;\quad X, Y, Z$$

siano funzioni analitiche della variabile *reale* t, cioè estendibili anche ai valori complessi di t. Eseguiamo le quadrature nelle (25) ed estendiamo le funzioni u, v, w nel piano complesso; esse saranno costantemente legate dalla relazione

$$\left(\frac{du}{dt}\right)^2 + \left(\frac{dv}{dt}\right)^2 + \left(\frac{dw}{dt}\right)^2 = 0\,,$$

che ha luogo lungo l'asse reale. Le (24) ci definiscono quindi una superficie minima la quale, come subito si vede, passa per la curva assegnata ed ha ivi i piani tangenti prescritti (*).

Ora è importante osservare che la superficie ad area minima, definita da una sua striscia, è unica e determinata. Se infatti introduciamo nuovamente la variabile complessa (n. 191)

$$\tau = \cot\frac{\theta}{2}\cdot e^{i\omega} = \frac{X + iY}{1 - Z}\,,$$

mentre il punto mobile percorre la curva C assegnata, la sua immagine sferica τ percorrerà sulla sfera complessa una curva C′ perfettamente de-

---

(*) E infatti per t reale le parti reali di u, v, w si riducono alle coordinate dei punti di C e i coefficienti degli immaginarii a

$$\int (Z\,dy - Y\,dz)\,,\quad \int (X\,dz - Z\,dx)\,,\quad \int (Y\,dx - X\,dy)\,.$$

terminata dalla direzione prescritta della normale. Lungo C′ le (25) danno u, v, w a meno di costanti additive e queste funzioni non possono quindi continuarsi sulla sfera complessa che in un sol modo. Dunque: *Una superficie minima è individuata da una sua striscia.*

Due casi particolari di questo teorema meritano speciale attenzione e cioè:

1.° *Ogni retta giacente sopra una superficie minima è asse di simmetria per la superficie.*

E infatti se si fa girare di π intorno a questa retta la superficie, nella nuova posizione avrà lungo questa retta le medesime normali e coinciderà quindi colla superficie primitiva.

Questa interessante proposizione risulta direttamente dalle formole (25), prendendo la retta supposta per asse delle z e ponendo quindi

$$x = 0 \quad , \quad y = 0 \quad , \quad z = t$$

$$\mathrm{X} = \cos\sigma \; , \; \mathrm{Y} = \operatorname{sen}\sigma \; , \; \mathrm{Z} = 0 ,$$

ove σ è funzione (analitica) di t. Avremo allora per le (25)

$$u = -i\int \operatorname{sen}\sigma\, dt \quad , \quad v = i\int \cos\sigma\, dt \quad , \quad w = t$$

e poichè le funzioni u, v sono puramente immaginarie per t reale, per valori coniugati di t avranno eguali le parti immaginarie ed eguali ma di segno contrario le parti reali; ne segue che ad ogni punto (x, y, z) situato sulla superficie ne corrisponde uno simmetrico $(-x, -y, z)$ rispetto all'asse z.

La seconda conseguenza importante del teorema generale, che volevamo notare, è la seguente:

2.° *Se un piano taglia ortogonalmente una superficie minima, esso è piano di simmetria per la superficie.*

205. Applichiamo le formole generali di Schwarz ad alcuni casi particolari.

a) Supponiamo che di una superficie minima sia assegnata una linea geodetica C. Ritenendo per questa curva le solite notazioni del capitolo I, porremo

$$t = s \quad , \quad \mathrm{X} = \cos\xi \quad , \quad \mathrm{Y} = \cos\eta \quad , \quad \mathrm{Z} = \cos\zeta$$

e le formole di Schwarz (25) ci daranno

$$u = x + i\int \cos\lambda\, ds \, , \; v = y + i\int \cos\mu\, ds \, , \; w = z + i\int \cos\nu\, ds . \tag{26}$$

Se consideriamo la curva C′ corrispondente della superficie minima coniugata in applicabilità, avremo

$$x' = \int \cos\lambda\, ds \quad , \quad y' = \int \cos\mu\, ds \quad , \quad z' = \int \cos\nu\, ds .$$

Queste formole, secondo i risultati del n. 20, c. I, dimostrano che la C' ha in ogni punto la 1.ª e 2.ª curvatura eguali rispettivamente alla 2.ª e 1.ª curvatura della C, cioè: *Se si considerano due linee geodetiche corrispondenti sopra due superficie minime coniugate in applicabilità, la 1.ª curvatura di una di esse in ogni punto è eguale alla 2.ª curvatura dell'altra nel punto corrispondente* (*).

Più in generale, se si osserva che

$$x = \int \cos\alpha\, ds \ , \quad y = \int \cos\beta\, ds \ , \quad z = \int \cos\gamma\, ds \ ,$$

si vedrà che in ogni deformazione della superficie minima, che la lascia ad area minima, le due curvature rimangono funzioni lineari omogenee delle curvature iniziali (n. 20).

Se la curva C è piana e si prende il suo piano per piano xy, dovremo fare

$$x = 0 \ , \quad \cos\lambda = 0 \ , \quad \cos\mu = 0 \ , \quad \cos\nu = 1$$

e le (26) diventano semplicemente

$$u = x \ , \quad v = y \ , \quad w = is \, .$$

Per valori coniugati di s le parti reali di

$$u \, , \ v \, ,$$

conservano il medesimo valore e però la superficie è simmetrica rispetto al piano xy, come è stato osservato anche alla fine del numero precedente.

b) Se la curva assegnata C in luogo che geodetica dovesse essere assintotica, avremmo

$$X = \cos\lambda \ , \quad Y = \cos\mu \ , \quad Z = \cos\nu$$

e però le formole di Schwarz diventerebbero

$$u = x - i\int \cos\xi\, ds \ , \quad v = y - i\int \cos\eta\, ds \ , \quad w = z - i\int \cos\zeta\, ds \, .$$

206. Terminiamo questo primo capitolo sulle superficie minime, col dare la soluzione del problema seguente: *Riconoscere se una superficie data può per flessione ridursi ad area minima.*

La risposta risulta molto semplicemente dall'osservare che l'elemento lineare di una superficie minima, riferita alle sue linee di curvatura, è dato da

$$ds^2 = \lambda\,(du^2 + dv^2) \, ,$$

(*) È facile dimostrare che le superficie minime sono le uniche, che ammettono una deformazione, per la quale risultano invertite le due curvature di ogni linea geodetica.

mentre per la curvatura K si ha

$$K = -\frac{1}{\lambda^2}$$

e però la forma differenziale

$$\sqrt{-K}\, ds^2 = du^2 + dv^2$$

è a curvatura nulla. Viceversa supponiamo che per una superficie (a curvature opposte) il cui elemento lineare sia

$$ds^2 = E\, du^2 + 2\, F\, du\, dv + G\, dv^2,$$

la forma differenziale

$$\sqrt{-K}\, (E\, du^2 + 2\, F\, du\, dv + G\, dv^2)$$

risulti a curvatura nulla, talchè si abbia per convenienti variabili α, β (che si troveranno con quadrature)

$$\sqrt{-K}\, (E\, du^2 + 2\, F\, du\, dv + G\, dv^2) = d\alpha^2 + d\beta^2 .$$

Ponendo $K = -\frac{1}{\lambda^2}$, risulterà

$$E\, du^2 + 2\, F\, du\, dv + G\, dv^2 = \lambda\, (d\alpha^2 + d\beta^2) \tag{27}$$

e però (n. 35)

$$K = -\frac{1}{\lambda^2} = -\frac{1}{2\,\lambda} \left(\frac{\partial^2 \log \lambda}{\partial \alpha^2} + \frac{\partial^2 \log \lambda}{\partial \beta^2} \right),$$

cioè

$$\frac{\partial^2 \log \lambda}{\partial \alpha^2} + \frac{\partial^2 \log \lambda}{\partial \beta^2} = \frac{2}{\lambda} .$$

L'elemento lineare

$$\frac{1}{\lambda}\, (d\alpha^2 + d\beta^2)$$

appartiene in conseguenza alla sfera e quindi l'elemento lineare (27) ad una superficie d'area minima che, note le coordinate X, Y, Z di un punto della sfera in funzione di α, β, si avrà con quadrature. Dunque: *La condizione necessaria e sufficiente, affinchè una superficie sia applicabile sopra una superficie minima, è che la forma differenziale, che ne rappresenta il quadrato dell'elemento lineare, moltiplicata per* $\sqrt{-K}$, *ove* K *è la curvatura della superficie, dia una forma a curvatura nulla.*

In altro modo possiamo esprimere la stessa condizione colla formola

$$\Delta_2 \log (-K) = 4\, K .$$

Sotto questa forma venne data dal Ricci, che primo osservò il risultato ora indicato.

Come esempio, cerchiamo se vi sono superficie rigate applicabili sopra superficie d'area minima. Ponendo l'elemento lineare della superficie rigata sotto la forma (n. 116, c. VIII)

$$ds^2 = du^2 + \{(u-\alpha)^2 + \beta^2\} dv^2,$$

si ha

$$K = -\frac{\beta^2}{\{(u-\alpha)^2 + \beta^2\}^2}$$

e la condizione superiore si verifica solo per α, β costanti, onde si vede che le uniche superficie rigate della classe richiesta sono quelle applicabili sull'elicoide rigata d'area minima, cioè le superficie luogo delle binormali delle curve a torsione costante.

Capitolo XV.

Il problema di Plateau e la superficie minima di Schwarz.

Enunciato del problema di Plateau — Considerazioni fondamentali relative alle due rappresentazioni conformi della superficie minima sulla sfera di Gauss e sul piano della variabile complessa σ — Caso di un contorno a tratti rettilinei o più in generale di un contorno di Schwarz — Caso del quadrilatero sghembo formato da due coppie di spigoli opposti di un tetraedro regolare (superficie di Schwarz) — Rete ottaedrica sulla sfera — Rappresentazione analitica del gruppo di 24 rotazioni della rete ottaedrica — Determinazione di $F(\tau)$ per la superficie di Schwarz: $F(\tau) = \dfrac{1}{\sqrt{1-14\tau^4+\tau^8}}$ — Verifiche relative al contorno — Studio del gruppo di movimenti dello spazio che lascia invariata la superficie di Schwarz — Proprietà della continuazione analitica — Superficie coniugata in applicabilità e gruppo corrispondente di movimenti — Teoremi di Schwarz sulla variazione seconda dell'area di una porzione di superficie minima.

207. Formuliamo la questione fondamentale, che ha dato origine alla teoria delle superficie minime, nel modo preciso seguente:

Dato un contorno chiuso, costruire una porzione continua di superficie minima terminata a questo contorno e priva nell'interno di punti singolari.

Sono celebri le esperienze di Plateau, colle quali questo fisico ha risoluto sperimentalmente il problema immergendo il contorno, realizzato fisicamente, nel liquido che porta il suo nome. La lamina fluida, che resta sospesa al contorno, si conforma appunto a superficie d'area minima.

L'analisi è ben lungi dal saper risolvere in generale il *problema di Plateau;* però, nel caso in cui il contorno è formato da tratti rettilinei, e in un altro caso più generale, che verrà fra breve indicato, si conosce una serie di importanti risultati dovuti a Riemann, Weierstrass e Schwarz.

Noi ci limiteremo qui ad esporre un primo metodo, che si offre spontaneamente in questa ricerca ed è fondato sulla teoria delle rappresentazioni conformi; questo metodo è sufficiente nei casi più semplici, in particolare nel caso della superficie minima di Schwarz limitata al quadrilatero sghembo formato da quattro costole, due a due opposte, di un tetraedro regolare. Allo studio di questo caso particolare, tanto interessante sotto molti rapporti, è principalmente dedicato il presente capitolo.

Il metodo delle rappresentazioni conformi basta del resto, come sopra è avvertito, solo in alcuni casi più semplici. Il lettore potrà vedere nel libro di Darboux (t. I, p. 453 ss.) l'esposizione di un secondo metodo più generale e di molto maggiore efficacia, che qui siamo costretti a menzionare soltanto.

208. Consideriamo una porzione A di superficie minima limitata ad un contorno chiuso C e la sua immagine sferica B che, per la proprietà fondamentale delle superficie minime, dà una rappresentazione conforme dell'area A. Ammettiamo inoltre che quest'area sferica B sia ad un solo strato. Riprendendo poi per la superficie minima S le notazioni del capitolo precedente, introduciamo nuovamente la variabile complessa

$$\sigma = \int \sqrt{2\,\mathrm{F}(\tau)}\,d\tau\,,$$

la cui parte reale u e il coefficiente v dell'immaginario danno, eguagliate a costanti, le linee di curvatura di S (n. 191).

Se, come supporremo, la funzione σ è finita continua e monodroma sull'area A, distendendo i valori di σ nel suo piano complesso, avremo dell'area A una nuova immagine conforme B'. Così l'area sferica B e l'area piana B' saranno rappresentate in modo conforme l'una sull'altra e nota la legge di corrispondenza dei loro punti si conoscerà completamente la superficie S in quanto, essendo allora nota σ in funzione di τ, conosceremo la funzione di Weierstrass

$$\mathrm{F}(\tau) = \frac{1}{2}\left(\frac{d\sigma}{d\tau}\right)^2,$$

che individua la superficie.

Ove dunque il contorno assegnato C sia tale che ne risulti determinata tanto l'area sferica B quanto l'area piana B', il problema di Plateau si ridurrà, per quel contorno, al ben noto problema di analisi di rappresentare in modo conforme un'area data sopra un'altra.

La circostanza ora accennata si presenta appunto, almeno con un certo grado di indeterminazione, quando il contorno C si compone di tratti rettilinei. Riguardo all'immagine sferica B, avremo infatti che ad ogni tratto rettilineo r del contorno C corrisponderà nel contorno di B un arco di cerchio massimo in un piano normale ad r, quindi l'area sferica B sarà un poligono sferico, il cui contorno verrà costituito da archi di circolo massimo perfettamente individuati di posizione. In secondo luogo se consideriamo l'area piana B', siccome ogni tratto rettilineo del contorno C è un'assintotica per la superficie, il corrispondente tratto del contorno di B' sarà pure rettilineo e parallelo all'una o all'altra delle bisettrici

$$u - v = 0 \quad , \quad u + v = 0$$

degli assi coordinati sul piano B. Il problema di Plateau si convertirà quindi nel caso considerato nell'altro: *Rappresentare in modo conforme il poligono sferico* B *sul poligono piano rettilineo* B'.

209. Le considerazioni stesse valgono ancora in un caso più generale, formulato da Schwarz nelle *Fortgesetzte Untersuchungen über Minimalflächen* (*), nel modo seguente:

Sia data una catena continua chiusa formata di tratti rettilinei e di piani; si vuole determinare una porzione semplicemente connessa di superficie minima limitata dai tratti rettilinei e dai piani della catena, in guisa che la superficie tagli ad angolo retto questi ultimi.

I tratti rettilinei del contorno C sono assintotiche e i tratti curvilinei linee di curvatura in piani normali alla superficie. Le immagini sferiche di questi ultimi tratti sono quindi ancora archi di circolo massimo in piani paralleli ai piani della catena. Sul piano σ la loro immagine è quindi un tratto rettilineo parallelo all'uno o all'altro degli assi coordinati. Anche in questo caso generale la soluzione del problema di Plateau dipende adunque dalle formole, che danno la rappresentazione conforme di un poligono sferico sopra un poligono piano rettilineo.

Consideriamo p. e. il caso più semplice in cui la catena sia costituita da due tratti rettilinei AB, AC terminati in B, C ad un piano, che la superficie debba tagliare ortogonalmente. Il settore ABC di superficie minima, come viene realizzato dall'esperienza, ha per immagine sulla sfera un triangolo sferico perfettamente determinato. La sua immagine piana B' è un triangolo rettangolo isoscele coll'ipotenusa parallela ad uno degli assi coordinati.

Il corrispondente problema di rappresentazione conforme si risolve, come è ben noto, per mezzo delle serie ipergeometriche.

Supponiamo ora di essere riusciti a risolvere per un assegnato contorno di Schwarz il problema di Plateau. La porzione Σ di superficie minima richiesta si otterrà dalle formole di Weierstrass, facendo muovere la variabile complessa τ entro il poligono sferico B; ma esaminiamo, servendoci dei teoremi di simmetria dimostrati alla fine del n. 204, ciò che accade quando si consideri la continuazione analitica di questa porzione di superficie, continuando analiticamente la funzione F (τ). Se τ traversa un lato l del poligono B, cui corrisponda un tratto rettilineo r del contorno di Schwarz, sulla superficie passeremo dalla porzione Σ alla sua simmetrica rispetto al tratto rettilineo r e in questa rimarremo, finchè τ resta entro il poligono sferico simmetrico di B rapporto al lato l. Se al lato l di B corrisponde un tratto curvilineo del contorno di Schwarz, in un piano della catena normale a Σ, la conclusione è del tutto simile; si passa allora da Σ a una nuova porzione Σ' simmetrica rapporto a que-

(*) *Monatsberichte der Berliner Akademie*, 1872 — Werke Band. I, p. 126 ss.

sto piano. Così, nella continuazione analitica della superficie minima, alla porzione Σ di superficie troviamo aderenti per ciascun lato altrettante nuove porzioni simmetriche di Σ.

Su ciascuna di queste può ripetersi il ragionamento stesso e la continuazione analitica della nostra superficie consterà di infinite porzioni alternatamente simmetriche e congruenti. In generale avverrà che una regione finita di spazio conterrà infinite di quelle porzioni. Per convincersene basta considerare il caso in cui due tratti rettilinei del contorno si taglino sotto un angolo incommensurabile con π. La questione qui toccata si collega coll'altra dei *gruppi di movimenti* e può trattarsi senza la effettiva conoscenza della porzione di superficie minima limitata al contorno assegnato di Schwarz. Basta infatti osservare se i ribaltamenti attorno ai lati rettilinei del contorno e le simmetrie rapporto ai piani generano un gruppo continuo o discontinuo (*).

Il più semplice caso, in cui la superficie minima corrispondente presenta una regolare diffusione per lo spazio, è quello appunto che passiamo ormai a trattare, ove il contorno di Schwarz è un quadrilatero sghembo formato da quattro spigoli due a due opposti di un tetraedro regolare.

210. Dei sei spigoli di un tetraedro regolare $ABCD$ sopprimiamone due opposti AD, BC e consideriamo la porzione Σ di superficie minima, limitata al quadrilatero sghembo $ABDC$.

Questa superficie, come viene realizzata nella corrispondente esperienza di Plateau, è simmetrica rispetto ai piani condotti per gli spigoli soppressi AD, BC normalmente allo spigolo opposto BC o AD; essa giace tutta nell'interno del tetraedro fondamentale $ABCD$. I piani tangenti nei quattro vertici sono appunto le faccie del tetraedro e le loro pagine positive sono quelle interne per due vertici opposti e quelle esterne per gli altri due.

Ne risulta che l'immagine sferica di Σ è un quadrilatero sferico $A'B'C'D'$ cogli angoli di $120°$. Per ottenere un tale quadrilatero sulla sfera, basta inscrivere in questa il cubo e i quattro vertici di una faccia del cubo danno appunto i vertici del detto quadrilatero. Ora osserviamo che il piano bisettore del triedro BC, tagliando normalmente Σ, la scinde in due settori simmetrici ABC, DBC, che hanno per immagine sferica i due triangoli sferici $A'B'C'$, $D'B'C'$, in cui la diagonale $B'C'$ scinde il quadrilatero sopra considerato.

Possiamo dunque sostituire al nostro problema l'altro più semplice della determinazione del settore minimo ABC, limitato da due tratti rettilinei AB, AC e dalla curva BC in un piano normale alla superficie. L'immagine sferica di questo settore è il triangolo sferico $A'B'C'$ con

(*) Veggansi gli sviluppi del testo ai numeri 221-222 relativi alla superficie di Schwarz.

angoli di 120°, 60°, 60° in A′, B′, C′ rispettivamente. Ora l'immagine piana sul piano complesso σ (n. 208) del medesimo settore è un triangolo rettangolo isoscele $a\,b\,c$ coll'ipotenusa $b\,c$ parallela ad uno degli assi sul piano σ.

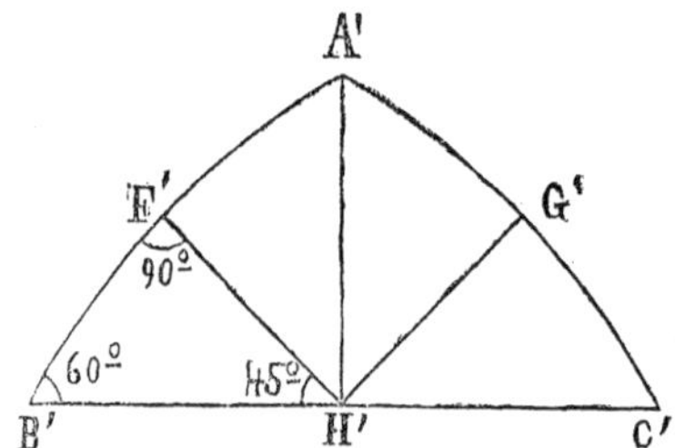

Fig. 7.ª

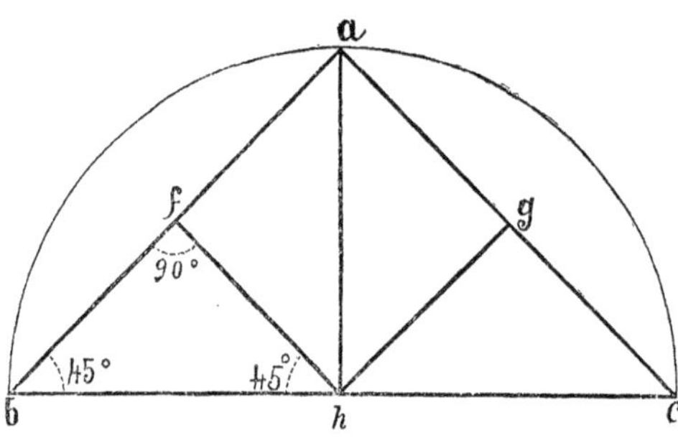

Fig. 8.ª

Per trovare la funzione F (τ) di Weierstrass, conveniente alla nostra superficie, bisogna adunque esprimere σ in funzione di τ, in guisa che il triangolo sferico A′ B′ C′ venga rappresentato in modo conforme sul triangolo piano $a\,b\,c$. Ora caliamo da A′ l'altezza A′ H′, dividendo così il triangolo A′ B′ C′ in due triangoli simmetrici A′ B′ H′, A′ C′ H′ e decomponiamo nuovamente ciascuno di questi due mediante le rispettive altezze H′ F′, H′ G′ calate da H′ in due triangoli simmetrici minori.

Se una decomposizione del tutto analoga effettuiamo sul triangolo piano $a\,b\,c$, è chiaro che basterà rappresentare in modo conforme il triangolo sferico B′ H′ F′ coi rispettivi angoli di 60°, 45, 90° sul triangolo piano $b\,h\,f$ cogli angoli di 45°, 45°, 90° rispettivamente, in guisa che i vertici si corrispondano nell'ordine indicato. La funzione σ (τ) che dà questa rappresentazione, rappresenta altresì, estesa a tutto il triangolo A′ B′ C′, questo triangolo sopra $a\,b\,c$.

Per effettuare questa rappresentazione, noi rappresenteremo l'uno e l'altro triangolo B′ F′ H′, $b\,f\,h$ in modo conforme sul semipiano di una variabile complessa ausiliaria z, in guisa che al contorno di ciascuno corrisponda l'asse reale. In ciò potremo ancora fissare ad arbitrio i tre punti dell'asse reale sul piano z, che corrispondono ai vertici, e noi converremo di fissare che si abbia

$$z = 0 \text{ in } B', \ b$$
$$z = 1 \text{ in } F', \ f$$
$$z = \infty \text{ in } H', \ h\,.$$

211. La funzione $z(\tau)$, che dà la rappresentazione del triangolo sferico $B'\,F'\,H'$ sul semipiano z, è semplicemente una funzione razionale τ di 24° grado; la sua inversa $\tau\,(z)$ è la così detta *irrazionalità dell'ottaedro*. Noi andiamo rapidamente a stabilire quelle formole fondamentali relative alla irrazionalità dell'ottaedro che servono al nostro scopo, rimandando per uno studio più dettagliato al libro di Klein *Ueber das Ikosaeder*.

Inscriviamo nella sfera complessa l'ottaedro regolare e proiettiamo le faccie di questo sulla sfera dal centro; avremo così la sfera decomposta in 8 triangoli sferici trirettangoli. Decomponiamo poi ciascuno di questi triangoli colle tre mediane in 6 triangoli parziali, ciascuno dei quali si dirà un *triangolo elementare*.

La sfera è così decomposta in una rete di 48 triangoli elementari alternativamente simmetrici e congruenti; ciascuno di essi, come il triangolo $B'\,H'\,F'$ del numero precedente, ha gli angoli di 60°, 45°, 90°.

Diremo questa rete la *rete ottaedrica* e, per distinguere la congruenza diretta dall'inversa, immagineremo *tratteggiati* i 24 triangoli della rete, che sono inversamente congruenti a quello da cui partiamo.

Conviene ora che diamo alla rete ottaedrica un'orientazione fissa sulla sfera

$$\xi^2 + \eta^2 + \zeta^2 = 1\,.$$

Poniamo due vertici dell'ottaedro ai poli $(0, 0, \pm 1)$ e situiamo il quadrato, formato sul piano dell'equatore $\zeta = 0$ dagli altri quattro vertici, coi lati paralleli agli assi $O\xi$, $O\eta$. Proiettiamo stereograficamente dal polo $\tau = \infty$ la rete ottaedrica sul piano dell'equatore e tratteggiando i triangoli piani che sono immagini dei triangoli tratteggiati della rete, otterremo la figura qui appresso:

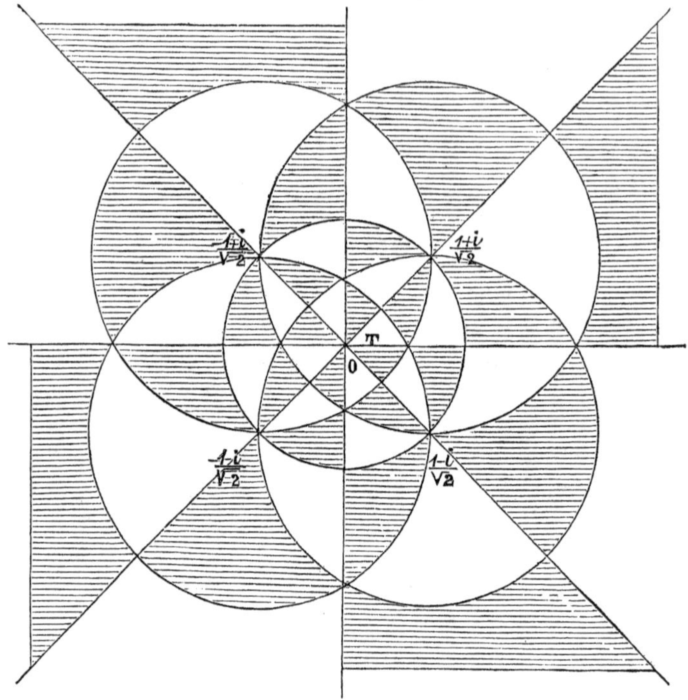

FIG. 9.ª — (Rete ottaedrica).

I triangoli (tratteggiati) della rete ottaedrica si riuniscono quattro a quattro attorno ai vertici dell'ottaedro, tre a tre attorno ai punti medii delle faccie (proiettati sulla sfera) e due a due attorno ai punti medii delle costole. La considerazione diretta, o una semplice ispezione della figura, dimostra subito che i valori della variabile complessa τ in questi punti sono:

$a)$ $\tau = \infty \ , \ 0 \ , \ \frac{1 \pm i}{\sqrt{2}} \ , \ \frac{\pm 1 + i}{\sqrt{2}} \ldots$ nei vertici dell'ottaedro

$b)$ $\tau = \frac{1 \pm \sqrt{3}}{\sqrt{2}} \ , \ \frac{-1 \pm \sqrt{3}}{2} \ , \ \frac{1 \pm \sqrt{3}}{\sqrt{2}} i \ , \ \frac{-1 \pm \sqrt{3}}{\sqrt{2}} i \ldots$ nei punti medii delle faccie

$c)$ $\tau = \pm 1 \ , \ \pm i \ , \ (1 \pm \sqrt{2}) \frac{1+i}{\sqrt{2}} \ , \ (1 \pm \sqrt{2}) \frac{1-i}{\sqrt{2}} \ , \ -(1 \pm \sqrt{2}) \frac{1+i}{\sqrt{2}} \ , \ -(1 \pm \sqrt{2}) \frac{1-i}{\sqrt{2}}$ nei punti medii delle costole.

Costruiamo ora tre polinomii in τ dei rispettivi gradi 5, 8, 12, dei quali il primo ω si annulli del 1.° ordine nei punti $a)$ eccetto in $\tau = \infty$, il secondo w nei punti b) e il terzo χ nei punti c). Troviamo subito, col calcolo effettivo:

(1) $\omega = \tau(1+\tau^4)$, $w = 1 - 14\tau^4 + \tau^8$, $\chi = 1 + 33\tau^4 - 33\tau^8 - \tau^{12}$.

212. Ciò premesso, supponiamo che la funzione $z(\tau)$ dia la rappresentazione conforme del triangolo elementare T della nostra rete, che ha i vertici nei punti (v. figura):

$$\tau = 0 \quad , \quad \tau = \frac{\sqrt{3}-1}{\sqrt{2}} \quad , \quad \tau = (\sqrt{2}-1)\frac{1+i}{\sqrt{2}} \, ,$$

coi rispettivi angoli di

$$45^0 \quad , \quad 60^0 \quad , \quad 90^0 \, ,$$

sul semipiano (positivo) z in guisa che, mentre τ percorre il perimetro del detto triangolo, z percorra l'asse reale, ai valori scritti di τ nei vertici corrispondendo ordinatamente

$$z = \infty \quad , \quad z = 0 \quad , \quad z = 1 \, .$$

Estendiamo z a tutto il piano complesso τ o meglio a tutta la sfera complessa τ, secondo le note leggi della continuazione analitica, fissando quanto segue. Ogni punto τ' della sfera complessa appartiene ad uno dei 48 triangoli della rete; a τ' corrisponde nel triangolo fondamentale un punto omologo τ e per valore di z in τ' dobbiamo assumere il valore stesso che ha in τ, o il valore coniugato, secondo che il triangolo in cui trovasi τ' è direttamente o inversamente congruente col fondamentale. La funzione $z(\tau)$ è così estesa a tutta la sfera complessa, sulla quale è uniforme, ed ha unicamente per punti singolari i punti a) (vertici dell'ottaedro) che sono per $z(\tau)$ poli del 4.° ordine. La $z(\tau)$ è quindi razionale in τ e poichè i suoi infinitesimi sono negli 8 punti b), ove si annulla w, e sono del 3.° ordine, si deduce subito

$$z = C\frac{w^3}{\omega^4} \, ,$$

ove C è un fattore costante. Il valore di C si ottiene immediatamente, osservando che per $\tau = 1$ si ha

$$w = -12 \quad , \quad \omega = 2 \quad , \quad z = 1 \, ,$$

onde

$$C = -\frac{1}{2^2\,3^3} = -\frac{1}{108}$$

e però la formola richiesta sarà

(2) $$z = -\frac{(1 - 14\tau^4 + \tau^8)^3}{108\,\tau^4(1+\tau^4)^4} = -\frac{w^3}{108\,\omega^4} \, .$$

Conviene inoltre osservare le formole seguenti. La funzione $z-1$ diventa infinita come z e s'annulla del 2.° ordine nei punti c) ove $\chi=0$; si ha per conseguenza

$$z-1=C'\frac{\chi^2}{\omega^4},$$

ove C' è una costante. Confrontando colla (2), si ha l'identità

$$108\,\omega^4+w^3+108\,C'\chi^2=0,$$

dalla quale, facendo p. e. $\tau=0$, risulta

$$C'=-\frac{1}{108}$$

e però fra i polinomii (1) ω, w, χ ha luogo l' identità

$$108\,\omega^4+w^3-\chi^2=0, \tag{3}$$

che si verifica anche subito direttamente. Abbiamo dunque la formola

$$z-1=-\frac{(1+33\,\tau^4-33\,\tau^8-\tau^{12})^2}{108\,\tau^4(1+\tau^4)^4}=-\frac{\chi^2}{108\,\omega^4}. \tag{4}$$

Le formole (2), (4) dimostrano che la derivata di z

$$\frac{dz}{d\tau}$$

diventa infinitesima del 2.° ordine ove $w=0$ e del 1.° ove $\chi=0$ e, poichè essa è infinita del 5.° ordine ove $\omega=0$ e del 3.° per $\tau=\infty$, non ha altri infinitesimi che quelli indicati. Ne risulta, a meno di un fattore costante A:

$$\frac{dz}{d\tau}=A\,\frac{\chi\,w^2}{\omega^5}.$$

Per determinare A, si osservi che dalla (2) segue

$$\lim_{\tau=0}\left(\tau^5\frac{dz}{d\tau}\right)=\frac{1}{3^3}$$

e però $A=\frac{1}{27}$. Si ha adunque

$$\frac{dz}{d\tau}=\frac{1}{27}\,\frac{\chi\,w^2}{\omega^5}, \tag{5}$$

la quale formola si constata subito direttamente, osservando l'identità

$$4\,w\,\frac{d\omega}{d\tau}-3\,\omega\,\frac{dw}{d\tau}=4\,\chi.$$

213. Ottenuta la formola (2) per la nostra rappresentazione, potremo facilmente verificare che essa dà la rappresentazione conforme voluta.

È utile per ciò premettere le considerazioni seguenti. La rete ottaedrica può portarsi a coincidere con sè medesima, sovrapponendo un triangolo elementare della rete ad uno qualunque dei 23 triangoli ad esso congruenti. Ciascuna di queste rotazioni della sfera complessa in sè medesima è analiticamente rappresentata, per la formola di Cayley (cap. III, n. 45), da una sostituzione lineare sulla variabile complessa τ. Le 24 sostituzioni lineari, compresa l'identità, corrispondenti alle rotazioni che riportano in sè medesima la rete ottaedrica, formano evidentemente un *gruppo;* questo dicesi il gruppo dell'ottaedro (o cubo). Determiniamo in primo luogo le effettive espressioni delle sostituzioni del gruppo. Osserviamo anzi tutto la rotazione di $\frac{\pi}{2}$ attorno al diametro dell'ottaedro che congiunge i punti $\tau = 0$, $\tau = \infty$ (asse polare); essa ha l'espressione

$$\tau' = i\,\tau$$

e ripetuta dà luogo alle 4 sostituzioni (compresa l'identità):

$$\tau' = i^r\,\tau \quad , \quad (r = 0, 1, 2, 3)\,.$$

Il ribaltamento dell'ottaedro attorno all'asse $O\xi$ permuta fra loro i punti $\tau = 0$, $\tau = \infty$ e lascia fissi i due punti $\tau = +1$, $\tau = -1$; esso è rappresentato per ciò dalla sostituzione

$$\tau' = \frac{1}{\tau}\,,$$

la quale, combinata colle quattro precedenti, dà luogo alle 8 sostituzioni

$$\tau' = i^r\,\tau \quad , \quad \tau' = \frac{i^r}{\tau} \quad (r = 0, 1, 2, 3),$$

che nel gruppo dell'ottaedro formano un sottogruppo (del diedro). Consideriamo poi una rotazione d'ampiezza $\frac{2\pi}{3}$ attorno alla congiungente i punti medii di due faccie (parallele) opposte dell'ottaedro, rotazione che appartiene evidentemente al gruppo. Scegliamo ad esempio quella rotazione di questa specie, che scambia fra loro ciclicamente i tre vertici dell'ottaedro

$$\tau = \infty \quad , \quad \tau = \frac{1+i}{\sqrt{2}}\,, \quad \tau = \frac{1-i}{\sqrt{2}}$$

nell'ordine indicato, e quindi i diametralmente opposti

$$\tau = 0 \quad , \quad \tau = -\frac{1+i}{\sqrt{2}}\,, \quad \tau = \frac{-1+i}{\sqrt{2}}\,.$$

Scrivendo la sua espressione analitica, secondo la formola di Cayley

$$\tau' = \frac{\alpha\,\tau + \beta}{-\beta_0\,\tau + \alpha_0}\,, \quad \alpha\,\alpha_0 + \beta\,\beta_0 = 1\,,$$

troviamo subito

$$\alpha = \frac{-1+i}{2}\,, \quad \beta = \frac{i}{\sqrt{2}}\,,$$

onde

$$\tau' = \frac{(1+i)\,\tau + \sqrt{2}}{\sqrt{2}\,\tau - (1-i)}\,.$$

Combinando questa colle 8 precedenti, si hanno le 24 sostituzioni del gruppo dell'ottaedro sotto la forma normale:

$$(6)\quad \left\{\begin{array}{l} \tau' = i^r\,\tau\,,\ \tau' = \dfrac{i^r}{\tau}\,,\ \tau' = i^r\,\dfrac{(1+i)\,\tau + \sqrt{2}}{\sqrt{2}\,\tau - (1-i)}\,,\ \tau' = i^r\,\dfrac{(1-i)\,\tau + \sqrt{2}}{\sqrt{2}\,\tau - (1+i)} \\ \tau' = i^r\,\dfrac{\sqrt{2}\,\tau - (1-i)}{(1+i)\,\tau + \sqrt{2}}\,,\quad \tau' = i^r\,\dfrac{\sqrt{2}\,\tau - (1+i)}{(1-i)\,\tau + \sqrt{2}} \\ r = 0\,,\ 1\,,\ 2\,,\ 3\,. \end{array}\right.$$

214. Verifichiamo ora direttamente che la formola (2) ci dà la rappresentazione conforme domandata. Per ciò osserviamo in primo luogo che questa funzione $z\,(\tau)$ rimane invariata, effettuando sull'argomento τ una qualunque delle 24 sostituzioni (6) del gruppo dell'ottaedro (*). Ad ogni valore di z corrispondono quindi 24 valori di τ legati ad uno di essi dalle sostituzioni (6) del gruppo; la funzione algebrica $\tau\,(z)$, i cui 24 rami si deducono da uno fisso colle sostituzioni lineari (6), prende, secondo Klein, il nome di *irrazionalità dell' ottaedro.*

Sul contorno di ogni triangolo elementare la funzione $z\,(\tau)$ è reale, il che basterà verificare per un determinato triangolo, sul contorno di ogni

(*) Ciò risulta dal calcolo diretto, la proprietà enunciata essendo evidente per le prime 8 sostituzioni (6) e per l'altra

$$\tau' = \frac{(1+i)\,\tau + \sqrt{2}}{\sqrt{2} - (1-i)}$$

verificandosi facilmente; ma risulta anche semplicemente dall'osservare che le dette sostituzioni permutano fra loro i vertici dell'ottaedro, come pure i punti medii delle faccie.

altro riprendendo $z(\tau)$ gli stessi valori. Ora sui due lati rettilinei del triangolo fondamentale T coi vertici in

$$(a) \quad \tau = 0 \ , \quad \tau = \frac{\sqrt{3}-1}{\sqrt{2}} \ , \quad \tau = (\sqrt{2}-1)\frac{1+i}{\sqrt{2}}$$

(n. 212) $z(\tau)$ è evidentemente reale, essendo già τ^4 reale. Sul terzo lato curvilineo, $z(\tau)$ prende gli stessi valori che sul lato rettilineo da $\tau = \frac{\sqrt{3}-1}{\sqrt{2}}$ a $\tau = 1$ del triangolo omologo, coi vertici in

$$\tau = \frac{\sqrt{3}-1}{\sqrt{2}} \ , \quad \tau = 1 \ , \quad \tau = \frac{1+i}{\sqrt{2}}$$

e però è ancora reale. Percorrendo τ il contorno del triangolo T, nel senso positivo, z percorre l'asse reale da $-\infty$ a $+\infty$ sempre nello stesso senso, poichè altrimenti ad un valore reale di z corrisponderebbero più di 24 valori per τ. Facciamo ora muovere τ nell'*interno* di T; z si muoverà nell'*interno* di uno dei due semipiani e poichè inversamente ad ogni valore di z corrisponde, o nel triangolo T, o nel suo simmetrico rapporto all'asse reale, un valore di τ (*), si vede che ad ogni punto z in quel semipiano E corrisponde un punto τ nel triangolo T. Poichè inoltre, per la (5), $\frac{dz}{d\tau}$ non s'annulla mai nè diventa infinita in T, salvo nei vertici, si vede che la rappresentazione di T sopra E è appunto conforme (**).

215. Per determinare la superficie minima di Schwarz, rimane ora da rappresentare in modo conforme il triangolo rettangolo isoscele bfh (n. 210) nel piano σ coll'ipotenusa bh parallela ad uno degli assi, supponiamo all'asse reale, sul semipiano positivo z, in guisa che si abbia

$$z = 0 \text{ in } b \ , \quad z = 1 \text{ in } f \ , \quad z = \infty \text{ in } h.$$

La nota formola di Schwarz-Christoffel per la rappresentazione conforme di un poligono rettilineo sopra un mezzo piano dà

$$\left(\frac{d\sigma}{dz}\right)^2 \doteq \frac{C}{z^{\frac{3}{2}}(z-1)}$$

e poichè, per z reale negativo, deve essere $\left(\frac{d\sigma}{dz}\right)^2$ reale positivo, risulta

$$C = i\, A^2 ,$$

(*) Invero dei 24 indici di τ, che corrispondono a un valore di z, se ne trova uno in ciascuno dei 24 triangoli congruenti della rete ottaedrica.

(**) Il semipiano E è quello in cui il coefficiente dell'immaginario in z è positivo, giacchè, percorrendo l'asse reale da $-\infty$ a $+\infty$, deve restare alla sinistra.

essendo A reale; dunque (*)

$$\left(\frac{d\sigma}{dz}\right)^2 = i\,A^2\,\frac{1}{z^{\frac{3}{2}}(z-1)}\quad,\quad \sigma = A\,e^{\frac{\pi i}{4}}\int\frac{dz}{(z-1)^{\frac{1}{2}}z^{\frac{3}{4}}}\,.$$

La funzione F (τ) di Weierstrass per la superficie minima di Schwarz si otterrà dalla formola

$$F(\tau) = \frac{1}{2}\left(\frac{d\sigma}{d\tau}\right)^2 = \frac{i\,A^2}{2}\,\frac{1}{z^{\frac{3}{2}}(z-1)}\left(\frac{dz}{d\tau}\right)^2,$$

nella quale, sostituendo a

$$z\ ,\quad z-1\ ,\quad \frac{dz}{d\tau}$$

i loro valori in funzione di τ dati dalle formole (2), (4), (5) n. 212, otteniamo, a meno di un fattore costante reale (**), che influisce solo sulla grandezza assoluta della superficie:

$$F(\tau) = \frac{1}{w^{\frac{1}{2}}} = \frac{1}{\sqrt{1-14\,\tau^4+\tau^8}}\,.$$

La superficie minima di Schwarz è dunque definita dalle formole

$$(7)\qquad x = R\int\frac{1-\tau^2}{\sqrt{1-14\,\tau^4+\tau^8}}\,d\tau\ ,\quad y = R\int\frac{i\,(1+\tau^2)}{\sqrt{1-14\,\tau^4+\tau^8}}\,d\tau\ ,$$

$$z = R\int\frac{2\,\tau\,d\tau}{\sqrt{1-14\,\tau^4+\tau^8}}\,.$$

(*) Ponendo $z = t^2$, si ha

$$\sigma = 2\,A\sqrt{i}\int\frac{dt}{\sqrt{t^3-t}}\,.$$

La quadratura porta alle funzioni ellittiche lemniscatiche e precisamente, nelle notazioni di Weierstrass, si ha

$$t = \wp\left(\frac{a\,\sigma}{\sqrt{i}}\right)$$

con a costante reale, gli invarianti g_2, g_3 di $\wp$ avendo i valori

$$g_2 = 4\quad,\quad g_3 = 0\,.$$

(**) Si osservi, che se τ percorre il tratto rettilineo da $\tau = 0$ a $\tau = \frac{\sqrt{3}-1}{\sqrt{2}}$, sono reali tanto $\left(\frac{d\sigma}{d\tau}\right)^2$ quanto $\sqrt{1-14\,\tau^4+\tau^8}$.

Ed ora andremo appunto a verificare che, se manteniamo l'indice di τ sulla sfera complessa entro uno dei 6 quadrilateri sferici con angoli di 120°, che corrispondono alle faccie del cubo inscritto, avremo una porzione di superficie minima, limitata a quattro spigoli due a due opposti di un tetraedro regolare.

216. Il terzo integrale, che figura nelle formole (7), si riduce subito ad un integrale ellittico (di 1.ª specie) colla sostituzione

$$\tau^2 = t;$$

gli altri due sono apparentemente iperellittici, ma si riducono nuovamente a integrali ellittici con convenienti sostituzioni, come ora vedremo.

Conviene anzi tutto per ciò girare gli assi coordinati attorno all'asse z di 45° e ciò faremo, sostituendo a

$$\frac{x-y}{\sqrt{2}}, \quad \frac{x+y}{\sqrt{2}}$$

nuovamente x, y; avremo per tal modo

$$x = \mathrm{R}\int \frac{1-i}{\sqrt{2}} \frac{1-i\tau^2}{\sqrt{1-14\tau^4+\tau^8}}\, d\tau\,, \quad y = \mathrm{R}\int \frac{1+i}{\sqrt{2}} \frac{1+i\tau^2}{\sqrt{1-14\tau^4+\tau^8}}\, d\tau\,,$$

$$z = \mathrm{R}\int \frac{2\tau\, d\tau}{\sqrt{1-14\tau^4+\tau^8}}\,.$$

Inoltre fisseremo che τ si muova entro il quadrilatero sferico con angoli di 120°, che ha i vertici nei punti corrispondenti ai valori di τ

$$a = \frac{\sqrt{3}-1}{\sqrt{2}}\,, \quad b = i\,\frac{\sqrt{3}-1}{\sqrt{2}}\,, \quad c = -\frac{\sqrt{3}-1}{\sqrt{2}}\,, \quad d = -i\,\frac{\sqrt{3}-1}{\sqrt{2}}\,,$$

e fisseremo altresì il limite inferiore comune dei tre integrali nel punto

$$c = -a = -\frac{\sqrt{3}-1}{\sqrt{2}}\,,$$

talchè le formole che definiscono la porzione di superficie minima, sulla quale dovremo fare le indicate verifiche, sono le seguenti:

$$(8) \quad x = \mathrm{R}\int_{-a}^{\tau} \frac{1-i}{\sqrt{2}} \frac{1-i\tau^2}{\sqrt{1-14\tau^4+\tau^8}}\, d\tau\,, \quad y = \mathrm{R}\int_{-a}^{\tau} \frac{1+i}{\sqrt{2}} \frac{1+i\tau^2}{\sqrt{1-14\tau^4+\tau^8}}\, d\tau\,,$$

$$z = \mathrm{R}\int_{-a}^{\tau} \frac{2\tau\, d\tau}{\sqrt{1-14\tau^4+\tau^8}}\,.$$

Converrà nello stesso tempo tener presente che, avendo rotato attorno all'asse z di 45°, le formole (5) pag. 340 danno pei coseni di direzione della normale alla superficie

$$(8^*) \qquad X = \frac{\tau + \tau_0 + i(\tau - \tau_0)}{\sqrt{2}\,(\tau\tau_0 + 1)}\,, \quad Y = \frac{\tau + \tau_0 - i(\tau - \tau_0)}{\sqrt{2}\,(\tau\tau_0 + 1)}\,, \quad Z = \frac{\tau\tau_0 - 1}{\tau\tau_0 + 1}\,.$$

Da queste formole, limitando nel modo anzidetto il corso di τ, ogni ambiguità è sparita, se fissiamo il valore del radicale in un punto e noi, ponendo

$$F(\tau) = \frac{1}{\sqrt{1 - 14\tau^4 + \tau^8}}\,,$$

fisseremo senz'altro che sia

$$F(0) = +1\,.$$

Notiamo poi che gli 8 punti di diramazione del radicale essendo nei vertici del cubo

$$\pm a\,, \quad \pm \frac{1}{a}\,, \quad \pm ia\,, \quad \pm \frac{i}{a}\,,$$

basterà eseguire nel piano complesso τ quattro tagli da a fino ad $\frac{1}{a}$, da $-a$ fino a $-\frac{1}{a}$, da ia fino a $\frac{i}{a}$ e in fine da $-ia$ fino a $-\frac{i}{a}$ e nel piano così tagliato la $F(\tau)$ diventerà una funzione continua e monodroma, dappertutto finita salvo che agli 8 punti indicati.

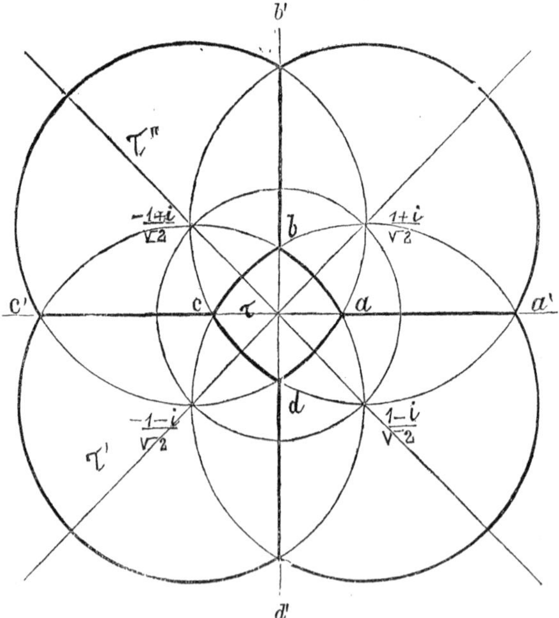

Fig. 10.ª

217. Cominciamo le nostre verifiche dal ricercare le linee, che corrispondono sulla porzione di superficie minima considerata all'asse reale ed immaginario del piano τ ed alle loro bisettrici.

1.° Indichiamo con ρ una variabile reale; avremo lungo l'asse reale

$$\tau = \rho \quad , \quad -a \lesseqgtr \rho \leq a\,,$$

indi

$$(9) \quad x = \frac{1}{\sqrt{2}} \int_{-a}^{\rho} (1-\rho^2)\, F(\rho)\, d\rho \quad , \quad y = \frac{1}{\sqrt{2}} \int_{-a}^{\rho} (1-\rho^2)\, F(\rho)\, d\rho\,,$$

$$z = \int_{-a}^{\rho} 2\,\rho\, F(\rho)\, d\rho$$

e però

$$x - y = 0\,.$$

D'altronde, lungo questa linea, si ha per le (8*)

$$X - Y = 0\,;$$

dunque: *il piano* $x=y$ *taglia normalmente* Σ, *cioè è un piano di simmetria per* Σ.

2.° Lungo l'asse immaginario è

$$\tau = i\,\rho \quad , \quad d\tau = i\, d\rho$$

e indicando con x_0, y_0, z_0 i valori di x, y, z in $\tau = 0$, mentre τ percorre l'asse immaginario, avremo

$$(9^*) \quad \left\{ \begin{aligned} x - x_0 &= \frac{1}{\sqrt{2}} \int_0^{\rho} (1-\rho^2)\, F(\rho)\, d\rho \\ y - y_0 &= -\frac{1}{\sqrt{2}} \int_0^{\rho} (1-\rho^2)\, F(\rho)\, d\rho \qquad -a \lesseqgtr \rho \leq a \\ z - z_0 &= -\int_0^{\rho} 2\,\rho\,.\, F(\rho)\, d\rho \end{aligned} \right.$$

e però

$$x + y = x_0 + y_0\,.$$

Lungo questa linea di Σ, è, per le (8*), $X + Y = 0$, cioè il piano $x + y = x_0 + y_0$ è piano di simmetria per Σ.

3.° Lungo la bisettrice dell'angolo formato dalle direzioni positive degli assi, si ha

$$\tau = \sqrt{i}\,\rho \quad , \quad d\tau = \sqrt{i}\, d\rho,$$

intendendo per $\sqrt{i}$ il valore

$$\sqrt{i} = \frac{1+i}{\sqrt{2}}$$

e risulta quindi

$$x = x_0 + \int_0^\rho \frac{(1+\rho^2)\,d\rho}{\sqrt{1+14\rho^4+\rho^8}} \quad , \quad y = y_0 \quad , \quad z = z_0 \, ,$$

per ρ compreso fra $-a$ e $+a$. Il punto corrispondente sulla superficie descrive un tratto rettilineo parallelo all'asse Ox.

4.° Lungo la seconda bisettrice si ha

$$\tau = \sqrt{-i}\,\rho \quad , \quad \sqrt{-i} = \frac{1-i}{\sqrt{2}} \, ,$$

indi

$$x = x_0 \quad , \quad y = y_0 + \int_0^\rho \frac{(1-\rho^2)\,d\rho}{\sqrt{1+14\rho^4+\rho^8}} \quad , \quad z = z_0$$

e il punto (x, y, z) descrive un tratto rettilineo parallelo all'asse Oy. La porzione Σ di superficie minima possiede adunque intanto i due piani di simmetria

$$x - y = 0 \quad , \quad x + y = x_0 + y_0$$

e due assi di simmetria, che sono le parallele condotte per (x_0, y_0, z_0) agli assi Ox, Oy.

Poniamo

$$A = \frac{1}{\sqrt{2}} \int_{-a}^{0} (1-\rho^2)\,F(\rho)\,d\rho = \frac{1}{\sqrt{2}} \int_0^a (1-\rho^2)\,F(\rho)\,d\rho \, ,$$

$$B = \int_{-a}^{0} 2\,\rho\,F(\rho)\,d\rho = -\int_0^a 2\,\rho\,F(\rho)\,d\rho \, ,$$

ed avremo

$$x_0 = y_0 = A \quad , \quad z_0 = B .$$

Risulterà poi dal seguente numero $B = -A$; per ora osserviamo che le (9), (9*) permettono di calcolare i valori di x, y, z ai quattro vertici a, b, c, d in funzione di A, B. Designando questi valori coll'apposizione degli indici a, b, c, d, troviamo infatti

$$(10) \qquad \begin{cases} x_a = 2A \; , & y_a = 2A \; , & z_a = 0 \\ x_b = 2A \; , & y_b = 0 \; , & z_b = 2B \\ x_c = 0 \; , & y_c = 0 \; , & z_c = 0 \\ x_d = 0 \; , & y_d = 2A \; , & z_d = 2B . \end{cases}$$

218. Come abbiamo avvertito, i due primi integrali nelle formole (8) si possono ridurre essi pure ellittici e precisamente, come ora vedremo, alla forma stessa del terzo. Osserviamo per ciò dapprima in generale che il differenziale

$$\frac{a+b\tau+c\tau^2}{\sqrt{1-14\tau^4+\tau^8}}\,d\tau\,,$$

essendo a, b, c costanti, ove si operi una delle 24 sostituzioni

$$\tau=\frac{\alpha\tau'+\beta}{\gamma\tau'+\delta}$$

del gruppo dell'ottaedro (n. 213), si trasforma nel differenziale omologo

$$\frac{a'+b'\tau'+c'\tau'^2}{\sqrt{1-14\tau'^2+\tau'^8}}\,d\tau'\,,$$

dove il polinomio $a'+b'\tau'+c'\tau'^2$, eguagliato a zero, ha per radici i valori di τ' che corrispondono, secondo la sostituzione eseguita, alle radici di

$$a+b\tau+c\tau^2=0\,.$$

Ora nei due differenziali

$$\sqrt{-i}\,\frac{1-i\tau^2}{\sqrt{1-14\tau^4+\tau^8}}\,d\tau \quad , \quad \sqrt{i}\,\frac{1+i\tau^2}{\sqrt{1-14\tau^4+\tau^8}}\,d\tau$$

le radici dei numeratori, eguagliati a zero, sono in ciascuno gli indici di due vertici opposti dell'ottaedro che, con convenienti sostituzioni del gruppo dell'ottaedro, possiamo trasportare in $0, \infty$, onde il primo e secondo integrale nelle (8) si ridurranno (salvo un fattore) al terzo. Scegliamo per prima sostituzione quella che produce sui vertici dell'ottaedro le permutazioni circolari

$$(0, -\sqrt{i}\,, -\sqrt{-i}) \quad , \quad (\infty\,, \sqrt{i}\,, \sqrt{-i})\ (*)$$

e per la seconda l'inversa di questa. Avremo per la 1.ª sostituzione

$$\tau=\frac{\sqrt{-i}\,\tau'+1}{\tau'-\sqrt{i}}\quad , \quad \tau'=\frac{\sqrt{i}\,\tau+1}{\tau-\sqrt{-i}} \tag{11}$$

(*) S'intende sempre che $\sqrt{i}$, $\sqrt{-i}$ abbiamo i significati

$$\sqrt{i}=\frac{1+i}{\sqrt{2}}\,,\quad \sqrt{-i}=\frac{1-i}{\sqrt{2}}\,.$$

e quindi per la seconda

$$(11^*) \qquad \tau = \frac{\sqrt{i}\,\tau''+1}{\tau''-\sqrt{-i}}\;,\quad \tau'' = \frac{\sqrt{-i}\,\tau+1}{\tau-\sqrt{i}}\,.$$

Per queste rispettive sostituzioni risulta, eseguendo il calcolo:

$$\sqrt{-i}\;\frac{(1-i\,\tau^2)\,d\tau}{\sqrt{1-14\tau^4+\tau^8}} = \frac{2\,\tau'\,d\tau'}{\sqrt{1-14\tau'^4+\tau'^8}}$$

$$\sqrt{i}\;\frac{(1+i\,\tau^2)\,d\tau}{\sqrt{1-14\tau^4+\tau^8}} = \frac{2\,\tau''\,d\tau''}{\sqrt{1-14\tau''^4+\tau''^8}}\,,$$

ove soltanto rimarrà ben da fissare quale è il ramo del radicale da scegliersi nel secondo membro.

Se l'indice di τ resta, come sopra, nel quadrilatero $abcd$, gli indici di τ', τ'' si muoveranno rispettivamente nei quadrilateri adiacenti $cdd'c'$, $cbb'c'$ (fig. 10ª). Avendo ora F(τ'), F(τ'') il significato preciso del n. 16, importa decidere quale è il segno da scegliersi nelle formole

$$(a)\quad \begin{cases} \sqrt{-i}\,(1-i\,\tau^2)\,\mathrm{F}(\tau)\,d\tau = \pm\, 2\,\tau'\,\mathrm{F}(\tau')\,d\tau' \\ \sqrt{i}\;(1+i\,\tau^2)\,\mathrm{F}(\tau)\,d\tau = \pm\, 2\,\tau''\,\mathrm{F}(\tau'')\,d\tau''. \end{cases}$$

Basta per ciò osservare quello che accade nell'intorno del punto $\tau=0$, trascurando le potenze superiori di τ. Abbiamo

$$\tau = 0 \quad , \quad \tau' = -\sqrt{i}$$

$$\mathrm{F}(0) = +1 \quad , \quad \mathrm{F}(-\sqrt{i}) = +\frac{1}{4}\ (*)$$

$$d\tau' = -\,2\,i\,d\tau\,,$$

onde risulta

$$\sqrt{-i}\,(1-i\,\tau^2)\,\mathrm{F}(\tau)\,d\tau = \sqrt{-i}\,d\tau$$

$$2\,\tau'\,\mathrm{F}(\tau)\,d\tau' = i\sqrt{i}\,d\tau = -\sqrt{-i}\,d\tau.$$

Similmente

$$\tau'' = -\sqrt{-i}\quad ,\quad \mathrm{F}(\tau'') = +\frac{1}{4}\quad ,\quad d\tau'' = 2\,i\,d\tau$$

$$\sqrt{i}\,(1+i\,\tau^2)\,\mathrm{F}(\tau)\,d\tau = \sqrt{i}\,d\tau$$

$$2\,\tau''\,\mathrm{F}(\tau'')\,d\tau = -\sqrt{i}\,d\tau$$

(*) E invero sul tratto rettilineo da 0 a $-\sqrt{i}$, F(τ) è sempre reale e non s'annulla.

e però in ambedue le formole vale il segno inferiore. Le formole (8), che definiscono Σ, possono quindi scriversi nel modo seguente:

$$(12)\quad x = -R\int_{-a}^{\tau'} 2\,\tau'\,F(\tau)\,d\tau\ ,\quad y = -R\int_{-a}^{\tau''} 2\,\tau''\,F(\tau'')\,d\tau\ ,$$

$$z = R\int_{-a}^{\tau} 2\,\tau\,F(\tau)\,d\tau\,,$$

ove s'intende che τ si muova entro il quadrilatero $abcd$, partendo dal punto c, e τ', τ'' seguano i cammini corrispondenti nei quadrilateri adiacenti $cc'\,d'd$, $cc'\,b'b$.

219. Indicando con τ'_0, τ''_0 le coniugate di τ', τ'', scriviamo le (12) così:

$$(12^*)\quad \begin{cases} x = -\displaystyle\int_{-a}^{\tau'} \tau'\,F(\tau')\,d\tau' - \int_{-a}^{\tau'_0} \tau'_0\,F_0(\tau'_0)\,d\tau'_0 \\ y = -\displaystyle\int_{-a}^{\tau''} \tau''\,F(\tau'')\,d\tau'' - \int_{-a}^{\tau''_0} \tau''_0\,F_0(\tau''_0)\,d\tau''_0 \\ z = \displaystyle\int_{-a}^{\tau} \tau\,F(\tau)\,d\tau + \int_{-a}^{\tau_0} \tau_0\,F_0(\tau_0)\,d\tau_0\,. \end{cases}$$

Possiamo ora vedere facilmente quale è il contorno di Σ, corrispondente al contorno $abcd$ del quadrilatero, in cui si muove τ. E infatti, se τ descrive il tratto $\overline{cb}$, vediamo che

τ_0 .... descrive $\overline{cd}$

τ' . . . . . $\overline{cd}$

τ'_0 . . . . . $\overline{cb}$

τ'' . . . . . $\overline{cc'}$

τ''_0 . . . . . $\overline{cc'}$.

Ora $F(\tau)$ è puramente immaginario lungo $\overline{cc'}$ e però dalle (12*) risulta

$$y = 0\ ,\quad x + z = 0 \quad \text{lungo } \overline{cb}.$$

Similmente si vede che si ha

$$x = 0\ ,\quad y + z = 0 \quad \text{lungo } \overline{cd}.$$

I due tratti corrispondenti del contorno di Σ sono dunque due segmenti rettilinei d'uguale lunghezza, inclinati l'uno sull'altro di 60°.

Basta ora riferirsi alle proprietà di simmetria osservate al n. 217, per concluderne che il contorno di Σ è formato da quattro segmenti rettilinei d'eguale lunghezza, inclinati ciascuno sui due adiacenti di 60°. Inoltre segue dal numero citato che Σ contiene altre due rette, cioè le congiungenti i punti medii dei lati opposti; queste sono normali fra loro e si tagliano nel centro del tetraedro regolare. Poichè inoltre, per quanto precede, si ha:

$$x_b + z_b = 0 \quad , \quad y_d + z_d = 0 \, ,$$

dalle (10) risulta, come si era affermato:

$$\mathrm{B} = - \mathrm{A};$$

la lunghezza l degli spigoli del tetraedro è quindi data da

$$l = 2 \, \mathrm{A} \sqrt{2} \, .$$

220. L'integrale

$$\int_{-a}^{\tau} 2 \, \tau \, \mathrm{F}(\tau) \, d\tau \, ,$$

dal quale dipende la nostra superficie, colla sostituzione

$$\tau^2 = t$$

si riduce all'integrale ellittico

$$u = \int_{2-\sqrt{3}}^{t} \frac{dt}{\sqrt{1 - 14 \, t^2 + t^4}} \, ,$$

ovvero

$$u = \int_{2-\sqrt{3}}^{t} \frac{dt}{\sqrt{[(2-\sqrt{3})^2 - t^2] \, [(2+\sqrt{3})^2 - t^2]}} \, ,$$

che definisce t come funzione ellittica di u col modulo

$$k = (2-\sqrt{3})^2 ;$$

invero risulta

$$t = (2-\sqrt{3}) \ \mathrm{sn} \left[(2+\sqrt{3}) \, u + \mathrm{K} \right] .$$

Introducendo così nelle (12) le funzioni ellittiche, possono studiarsi varie interessanti questioni relative alla superficie minima di Schwarz, in particolare quelle che ne riguardano la continuazione analitica. Noi rimandiamo per questo studio alla memoria di Schwarz, dalla quale abbiamo tolto gli sviluppi precedenti (*), e qui ci limitiamo soltanto a constatare

(*) *Bestimmung einer speciellen Minimalfläche Werke*, Band. I, pag. 6, ss.

come i teoremi di simmetria relativi alle superficie minime, insieme a considerazioni elementari sui *gruppi di movimenti*, permettano di seguire la continuazione analitica, in particolare di osservare la tripla periodicità della superficie di Schwarz nelle direzioni dei tre assi coordinati.

La continuazione analitica di Σ si ottiene ribaltando successivamente Σ attorno a ciascuno dei suoi lati e medesimamente operando sulle porzioni contigue ottenute.

Ora, proponendoci di studiare la costituzione del gruppo G di movimenti dello spazio, che lascia invariata, nella sua totalità, la superficie di Schwarz, osserviamo che per ogni tale movimento la porzione fondamentale Σ andrà in una congruente Σ', alla quale possiamo pure arrivare per successivi ribaltamenti attorno ai lati di porzioni congruenti a Σ, via a via contigue. Per ciò il movimento più generale del gruppo G, che porta Σ in Σ', si ottiene combinando il movimento ottenuto per gli indicati ribaltamenti con un movimento che trasforma Σ in sè medesima. Questi ultimi movimenti sono evidentemente (oltre l'identità) tre soltanto e cioè i ribaltamenti attorno alle tre congiungenti i punti medii delle costole opposte del tetraedro regolare da cui siamo partiti.

Ricordiamo ora che due movimenti dello spazio A, B si compongono in un terzo movimento, che indichiamo con

$$BA,$$

ponendo a destra quello eseguito prima. Se con A^{-1} indichiamo il movimento inverso di A, il movimento

$$B' = A B A^{-1}$$

dicesi *il trasformato di* B *per mezzo di* A e, secondo un teorema di Jordan, esso non è altro che il movimento stesso B, eseguito attorno all'asse, in cui si trasporta l'asse centrale di B pel movimento A.

(*) Jordan. — *Sur les groupes de mouvements* (Annali di matematica, serie II, t. II, pag. 167).

Ricordiamo brevemente la dimostrazione di questo teorema essenziale pel nostro scopo. — Sia r l'asse centrale di A, r' quello di B ed r'' la posizione che r' acquista, dopo eseguito A. Essendo P un punto qualunque dello spazio, P' la nuova posizione di P dopo eseguito A, e Q il punto ove P si trasporta pel movimento B, osserviamo l'effetto di ABA^{-1} sopra P' che è evidentemente un punto arbitrario dello spazio. Pel movimento BA^{-1} il punto P', si trasporta in Q e se consideriamo i due punti P, Q e l'asse r' vediamo che A trasporta P in P', r' in r'' e Q in un punto Q' che giace rapporto a P', r'' come Q rapporto a P, r'. Ora si passa da P a Q col movimento elicoidale B attorno all'asse centrale r' e però lo stesso movimento, eseguito attorno a r'', trasporta P' in Q'.

Il gruppo G si genera adunque, combinando i ribaltamenti elementari attorno ai lati del quadrilatero, che limita Σ, coi tre ribaltamenti sopra indicati. Una proprietà essenziale di questo gruppo, che ora andremo a riscontrare, è quella di essere *discontinuo*, cioè di non contenere movimenti infinitesimi (*). Esso contiene, come sottogruppo eccezionale d'indice 24, un gruppo di traslazione, generato da tre traslazioni elementari di eguale ampiezza secondo tre direzioni ortogonali.

221. Prendiamo il quadrilatero fondamentale $a\ b\ c\ d$, appunto orientato come risultava nei numeri 217, 218, talchè ponendo

$$k = 2\,A = -2\,B\ ,$$

per le coordinate dei vertici avremo

$$a \equiv (k, k, 0)\ ,\quad b \equiv (k, 0, -k)\ ,\quad c \equiv (0, 0, 0)\ ,\quad d \equiv (0, k, -k)\ .$$

Numerando poi i lati $\overline{ab}$, $\overline{bc}$, $\overline{cd}$, $\overline{da}$ successivamente con 1, 2, 3, 4, indichiamo con S_1, S_2, S_3, S_4 i movimenti dello spazio che consistono in un ribaltamento attorno ai lati 1, 2, 3, 4. Di più indichiamo con S_5, S_6 i rispettivi ribaltamenti attorno alle congiungenti i punti medii dei lati opposti $\overline{ab}$, $\overline{cd}$, e $\overline{ad}$, $\overline{bc}$ del quadrilatero, infine con S_7 il ribaltamento che risulta dal combinare S_5, S_6, ribaltamento che avviene attorno alla congiungente i punti medii dei due spigoli soppressi $\overline{ac}$, $\overline{bd}$ del tetraedro.

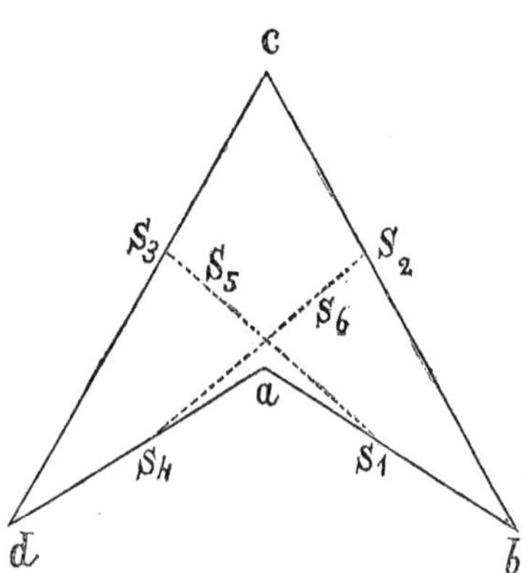

Fig. 11.ª

Le sostituzioni elementari del gruppo G saranno appunto

$$S_1\ ,\ S_2\ ,\ S_3\ ,\ S_4\ ,\ S_5\ ,\ S_6\ ,\ S_7$$

(*) I gruppi discontinui di movimenti sono stati studiati da Schönfliess (*Math. Annalen* Bd. 28, 29).

e, per le loro espressioni analitiche, troveremo

$$\begin{array}{llll}
S_1) & x'=2k-x\,, & y'=k+z\,, & z'=-k+y \\
S_2) & x'=-z\,, & y'=-y\,, & z'=-x \\
S_3) & x'=-x\,, & y'=-z\,, & z'=-y \\
S_4) & x'=k+z\,, & y'=2k-y\,, & z'=-k+x \\
S_5) & x'=x\,, & y'=k-y\,, & z'=-k-z \\
S_6) & x'=k-x\,, & y'=y\,, & z'=-k-z \\
S_7) & x'=k-x\,, & y'=k-y\,, & z'=z\,,
\end{array}$$

dove ogni volta, x, y, z indicando le coordinate di un punto P qualunque dello spazio, con x', y', z' si denotano quelle del punto P', in cui va P dopo il corrispondente movimento.

Ciò premesso, consideriamo i due movimenti del gruppo G:

$$T = S_5\,S_1\,S_3\,, \quad T' = S_6\,S_4\,S_2\,;$$

per le loro espressioni analitiche troviamo

$$\begin{array}{llll}
T = S_5\,S_1\,S_3) & x'=x+2k\,, & y'=y\,, & z'=z \\
T' = S_6\,S_4\,S_2) & x'=x\,, & y'=y+2k\,, & z'=z\,,
\end{array}$$

onde si vede che T, T' sono due traslazioni d'ampiezza $2k$ parallele rispettivamente agli assi Ox, Oy. Formiamo inoltre la sostituzione (a periodo 3)

$$U = S_2\,S_1)\quad x'=k-y\,,\quad y'=-k-z\,,\quad z'=x-2k$$

e la sua inversa

$$U' = S_1\,S_2)\quad x'=2k+z\,,\quad y'=k-x\,,\quad z'=-k-y\,,$$

e trasformiamo T per mezzo di U, cioè consideriamo il movimento

$$T'' = U\,T\,U^{-1}.$$

Vediamo che T'' ha l'espressione

$$T'')\quad x'=x\,,\quad y'=y\,,\quad z'=z+2k\,,$$

cioè T'' è una traslazione della medesima ampiezza $2k$ parallela all'asse delle z. Le tre traslazioni T, T', T'' generano il gruppo *di traslazione*, che indicheremo con Γ, le cui operazioni hanno la forma generale

$$x'=x+2mk\,,\quad y'=y+2nk\,,\quad z'=z+2pk\,,$$

dove m, n, p sono numeri interi qualunque positivi o negativi.

Il gruppo Γ è evidentemente un sottogruppo di G; di più esso *è eccezionale* in G, cioè permutabile con tutte le operazioni di G, il che si constata subito osservando che ciascuna delle operazioni elementari

$$S_1 \,,\, S_2 \,,\, \ldots\ldots\, S_7$$

di G trasforma una traslazione di Γ in un'altra traslazione di Γ.

222. Vogliamo ora dimostrare che l'indice di Γ rapporto a G è finito e precisamente eguale a 24, dopo di che la discontinuità di G sarà accertata.

Per ciò introduciamo, per brevità di linguaggio, alcune denominazioni; diciamo che due operazioni A, B di G sono *equivalenti* rapporto a Γ, se si ha

$$A = t\,B\,,$$

indi

$$B = t^{-1}A\,,$$

essendo t una traslazione in Γ, e per significare questa equivalenza scriviamo

$$A \equiv B\,.$$

Ora osserviamo che, se fra quattro movimenti di G hanno luogo le relazioni d'equivalenza

$$A \equiv B \quad , \quad A' \equiv B'\,,$$

per la permutabilità di Γ con ogni operazione di G, risulterà

$$A\,A' \equiv B\,B'\,.$$

Ciò premesso, e posto come sopra

$$U = S_2\,S_1 \quad , \quad U^{-1} = S_1\,S_2\,,$$

consideriamo le 12 operazioni di G

$$\alpha)\ \left\{\begin{array}{llll} 1\,, & S_5\,, & S_6\,, & S_7 \\ U\,, & U\,S_5\,, & U\,S_6\,, & U\,S_7 \\ U^{-1}, & U^{-1}S_5\,, & U^{-1}S_6\,, & U^{-1}S_7\,, \end{array}\right.$$

due qualunque delle quali non sono equivalenti rapporto a Γ, come ci accertiamo costruendo le loro espressioni effettive, che sono le seguenti:

$$\left\{\begin{array}{llll} 1) & x' = x & ,\; y' = y & ,\; z' = z \\ S_5) & x' = x & ,\; y' = k - y & ,\; z' = -k - z \\ S_6) & x' = k - x & ,\; y' = y & ,\; z' = -k - z \\ S_7) & x' = k - x & ,\; y' = k - y & ,\; z' = z \end{array}\right.$$

$$\left\{\begin{array}{llll} \text{U)} & x'=k-y & , \ y'=-k-z & , \ z'=-2k+x \\ \text{U S}_5) & x'=y & , \ y'=z & , \ z'=-2k+x \\ \text{U S}_6) & x'=k-y & , \ y'=z & , \ z'=-k-x \\ \text{U S}_7) & x'=y & , \ y'=-k-z & , \ z'=-k-x \end{array}\right.$$

$$\left\{\begin{array}{llll} \text{U}^{-1}) & x'=2k+z & , \ y'=k-x & , \ z'=-k-y \\ \text{U}^{-1}\text{S}_5) & x'=k-z & , \ y'=k-x & , \ z'=-2k+y \\ \text{U}^{-1}\text{S}_6) & x'=k-z & , \ y'=x & , \ z'=-k-y \\ \text{U}^{-1}\text{S}_7) & x'=2k+z & , \ y'=x & , \ z'=-2k+y\,. \end{array}\right.$$

Al contrario, se componiamo due qualunque delle 12 operazioni di questa tabella, il loro prodotto risulta equivalente ad una delle 12 operazioni stesse, ciò che si vede semplicemente osservando le equivalenze elementari:

$$S_5\,U \equiv U\,S_6 \quad , \quad S_6\,U \equiv U\,S_7 \quad , \quad S_7\,U \equiv U\,S_5$$

$$S_5\,U^{-1} \equiv U^{-1}\,S_7 \; , \; S_6\,U^{-1} \equiv U^{-1}\,S_5 \; , \; S_7\,U^{-1} \equiv U^{-1}\,S_6\,.$$

Ora l'operazione S_2 di G non ha la sua equivalente nel quadro superiore e però, costruendo le 12 operazioni di G

$$\beta)\;\left\{\begin{array}{llll} S_2 & , \ S_2\,S_5 & , \ S_2\,S_6 & , \ S_2\,S_7 \\ S_2\,U & , \ S_2\,U\,S_5 & , \ S_2\,U\,S_6 & , \ S_2\,U\,S_7 \\ S_2\,U^{-1}, & \ S_2\,U^{-1}\,S_5\,, & \ S_2\,U^{-1}\,S_6\,, & \ S_2\,U^{-1}\,S_7\,, \end{array}\right.$$

esse non saranno equivalenti fra loro nè con le 12 α), mentre il prodotto di una α) per una β) è equivalente ad una β) e il prodotto di due β) ad una α), come risulta dalle equivalenze elementari

$$S_5\,S_2 \equiv S_2\,S_7 \quad , \quad S_6\,S_2 \equiv S_2\,S_6 \quad , \quad U\,S_2 \equiv S_2\,U^{-1}\,.$$

Ogni operazione di G è equivalente ad una (ed una sola) delle 24 operazioni α), β). Per dimostrarlo, basta provare la cosa per le sostituzioni elementari di G; ora si ha

$$S_1 = S_2\,U \quad , \quad S_3 \equiv S_2\,U\,S_5 \quad , \quad S_4 \equiv S_2\,S_6\,,$$

ciò che prova la proprietà enunciata.

Ogni sostituzione di G si ottiene quindi prendendo una delle 24 sostituzioni α), β) e aggiungendo ai secondi membri della sua espressione analitica multipli arbitrarii di $2k$. Così adunque è dimostrato il teorema enunciato:

Il gruppo di movimenti G è discontinuo e contiene come sottogruppo eccezionale d'indice 24 il gruppo di traslazioni Γ.

223. Conosciuta per tal modo la costituzione del gruppo G di movimenti, che lasciano invariata la superficie di Schwarz, è facile formarsi un'idea del modo come la primitiva porzione Σ si continua analiticamente, dando luogo all'intera superficie di Schwarz. Questa ammette, come si è visto, tre traslazioni elementari in sè medesima nel senso delle tre congiungenti i punti medii di due costole opposte nel tetraedro regolare primitivo e di ampiezza eguale al doppio di questa minima distanza k fra due costole opposte. Immaginando lo spazio diviso in infinite celle cubiche contigue di lato $= 2k$, è chiaro che basterà conoscere della superficie di Schwarz la porzione compresa entro uno di questi cubi, in ogni altro cubo essendovi una porzione della superficie congruente per traslazione alla iniziale.

Consideriamo, come cubo iniziale, quello compreso fra i quattro piani

$$x = \pm k \quad , \quad y = \pm k \quad , \quad z = \pm k \, .$$

Il tetraedro regolare, coi vertici nei punti (n. 221)

$$c \equiv (0, 0, 0) \; , \; a \equiv (k, k, 0) \; , \; b \equiv (k, 0, -k) \; , \; d \equiv (0, k, -k) \; ,$$

ha i tre vertici a, b, d nei punti medii delle costole del cubo, concorrenti nel vertice $(k, k, -k)$ di questo, e il quarto vertice c nel centro del cubo stesso. Soppressi i due spigoli $\overline{ca}$, $\overline{bd}$ del tetraedro, consideriamo la porzione Σ di superficie di Schwarz limitata al quadrilatero $abcd$. Ribaltiamo Σ attorno al lato $\overline{cd}$ in Σ_1, indi Σ_1 attorno alla nuova posizione di $\overline{ca}$ in Σ_2, indi Σ_2 attorno alla nuova posizione di $\overline{cd}$ e così di seguito. Otteniamo così 6 porzioni di superficie di Schwarz (Σ compresa) interne al cubo, tutte fra loro congruenti, che si riuniscono attorno al vertice comune c, ove hanno lo stesso piano tangente, mentre gli altri loro vertici sono tutti in punti medii delle costole del cubo (*). Gli effettivi valori delle coordinate dei vertici di queste 6 porzioni sono i seguenti:

$$\begin{array}{lllll}
\Sigma) & (0,0,0) \; , & (k, 0, -k) \; , & (k, k, 0) \; , & (0, k, -k) \\
\Sigma_1) & (0,0,0) \; , & (-k, k, 0) \; , & (-k, 0, -k) \; , & (0, k, -k) \\
\Sigma_2) & (0,0,0) \; , & (-k, k, 0) \; , & (0, k, k) \; , & (-k, 0, k) \\
\Sigma_3) & (0,0,0) \; , & (0, -k, k) \; , & (-k, -k, 0) \; , & (-k, 0, k) \\
\Sigma_4) & (0,0,0) \; , & (0, -k, k) \; , & (k, 0, k) \; , & (k, -k, 0) \\
\Sigma_5) & (0,0,0) \; , & (k, 0, -k) \; , & (0, -k, -k) \; , & (k, -k, 0) \, .
\end{array}$$

(*) Per riconoscere chiaramente le circostanze geometriche indicate nel testo, sarà utile al lettore un modello solido degli spigoli del cubo, nel quale mediante fili si potranno inserire i 6 quadrilateri, che limitano le porzioni considerate della superficie di Schwarz.

Ora, se si prende uno qualunque dei 6 quadrilateri curvi Σ_i, la sua continuazione analitica lungo un lato uscente da c è evidentemente fra le Σ stesse; la continuazione analitica di Σ_i lungo un lato uscente dal vertice opposto a c, si ottiene invece per traslazione d'ampiezza $2k$ da una delle altre 6 porzioni Σ_i. Per verificarlo basterà considerare la porzione Σ, le altre 5 trovandosi nelle medesime condizioni. Il ribaltamento di Σ attorno ad $\overline{ab}$ dà in effetto la porzione Σ_1 traslata di $2k$ nel senso dell'asse delle x e il ribaltamento di Σ attorno ad $\overline{ad}$ dà medesimamente la porzione Σ_5, traslata di $2k$ parallelamente all'asse delle y.

Così adunque l'intera regione di superficie di Schwarz interna al cubo è formata dalle 6 porzioni Σ_i; indi la superficie si riproduce periodicamente negli altri cubi, diffondendosi regolarmente per tutto lo spazio.

224. Diciamo ora brevemente della superficie coniugata in applicabilità, egualmente considerata da Schwarz, che gode anch'essa di proprietà notevoli, affatto analoghe a quelle della superficie studiata nei numeri precedenti (*). In particolare vedremo che anche questa nuova superficie minima S' si divide in infiniti quadrilateri curvi congruenti, a contorno rettilineo, e in ogni porzione finita dello spazio entra soltanto un numero finito di questi quadrilateri. Consideriamo sulla superficie S primitiva due dei quadrilateri curvi adiacenti a uno spigolo AB; i quattro piani di simmetria dei due quadrilateri limitano sull'esagono formato dalla loro riunione un nuovo quadrilatero, i cui lati sono archi di geodetiche opiane di eguale lunghezza e i cui angoli sono di 60° per due vertici opposti e di 90° per gli altri due. Ora sulla superficie S' coniugata in applicabilità questo quadrilatero si muta in un quadrilatero a contorno rettilineo e però: *La superficie minima S' contiene infiniti quadrilateri curvi a contorno rettilineo, i cui lati hanno eguale lunghezza, con due angoli di 60° in due vertici opposti e gli altri due di 90°* (*).

Partendo da questa osservazione, possiamo, affatto analogamente come nei numeri precedenti, determinare il gruppo di movimenti dello spazio, che riproduce la superficie S' e studiare quindi la continuazione analitica di ogni quadrilatero curvo di S'.

Sia $ABCD$ un tale quadrilatero, gli angoli in A, C essendo di 60° e quelli in B, D di 90° e numerando i lati AB, BC, CD, DA con 1, 2, 3, 4, indichiamo con

$$S_1\ ,\ S_2\ ,\ S_3\ ,\ S_4$$

i ribaltamenti attorno a questi rispettivi lati.

(*) Le sue equazioni si ottengono dalle (8) n. 216, prendendo degli integrali nei secondi membri i coefficienti dell'immaginario anzichè le parti reali.

(*) Per ottenere un tale quadrilatero, basta riunire due faccie di un ottaedro regolare aderenti per uno spigolo e sopprimere lo spigolo comune.

Combinando questi movimenti elementari, possiamo passare da questo quadrilatero ad ogni altro sulla superficie. Per avere le operazioni elementari del gruppo G, che lascia invariata la superficie, basterà dunque associarvi i movimenti, che lasciano invariato il quadrilatero A B C D.

Ora questi consistono soltanto nel ribaltamento attorno alla congiungente i punti medii di A C, B D, ribaltamento che indicheremo con S_5.

225. Se con $k\sqrt{2}$ indichiamo la lunghezza comune dei quattro spigoli, si vedrà subito che, situando convenientemente il quadrilatero A B C D rispetto agli assi, per le coordinate dei vertici si avranno le espressioni

$$A \equiv (0, 0, 0) \ , \quad B \equiv (k, 0, k) \ , \quad C \equiv (0, 0, 2k) \ , \quad D \equiv (0. k, k) .$$

Ne segue che le operazioni elementari del gruppo G sono rappresentate analiticamente dalle formole:

$$\begin{array}{llll}
S_1) & x' = z & , \ y' = -y & , \ z' = x \\
S_2) & x' = 2k - z & , \ y' = -y & , \ z' = 2k - x \\
S_3) & x' = -x & , \ y' = 2k - z & , \ z' = 2k - y \\
S_4) & x' = -x & , \ y' = z & , \ z' = y \\
S_5) & x' = y & , \ y' = x & , \ z' = 2k - z .
\end{array}$$

Se si osservano poi le relazioni

$$S_5 \, S_2 \, S_5 = S_4 \quad , \quad S_5 \, S_3 \, S_5 = S_1 \ ,$$

si vede che: *L'intero gruppo* G *si genera colle tre sostituzioni elementari* S_1, S_2, S_5.

Ora consideriamo le due sostituzioni di G

$$H = S_1 \, S_5 \quad , \quad K = S_2 \, S_5 \ ,$$

che hanno le espressioni analitiche

$$\begin{array}{llll}
H) & x' = 2k - z & , \ y' = -x & , \ z' = y \\
K) & x' = z & , \ y' = -x & , \ z' = 2k - y ;
\end{array}$$

le loro terze potenze sono le traslazioni

$$\begin{array}{llll}
H^3) & x' = 2k + x & , \ y' = -2k + y & , \ z' = -2k + z \\
K^3) & x' = 2k + x & , \ y' = -2k + y & , \ z' = 2k + z .
\end{array}$$

La trasformata di H^3 per mezzo di S_2 è la nuova traslazione

$$S_2 \, H^3 \, S_2) \quad x' = 2k + x \quad , \quad y' = 2k + y \quad , \quad z' = -2k + z$$

e combinando questa colle precedenti, si vede che esistono in G le due traslazioni

$$x' = x+4k \ , \quad y' = y \quad , \quad z' = z$$
$$x' = x \quad , \quad y' = y+4k \ , \quad z' = z \, .$$

Inoltre la trasformata di K^3 per S_1 essendo

$$S_1 K^3 S_1) \ x' = 2k+x \quad , \quad y' = 2k+y \quad , \quad z' = 2k+z \, ,$$

risulta che anche la traslazione

$$x' = x \quad , \quad y' = y \quad , \quad z' = z+4k$$

appartiene a G.

Dunque il gruppo G contiene tutte le traslazioni della forma

$$x' = x+2mk \quad , \quad y' = y+2nk \quad , \quad z' = z+2pk \, ,$$

dove m, n, p sono numeri interi tutti pari o tutti dispari, soggetti cioè alla condizione

$$m \equiv n \equiv p \pmod 2 \, .$$

Le traslazioni della forma precedente formano evidentemente un sottogruppo Γ di G, e, come ora vedremo, in G non vi sono altre traslazioni (*). Intanto verifichiamo facilmente che Γ è eccezionale in G, poichè le operazioni elementari S_1, S_2, S_5 di G trasformano Γ in sè medesimo. Come al n. 222, ripartiamo le operazioni di G in classi di operazioni equivalenti rispetto a Γ. Se poniamo

$$S_6 = S_1 S_2 \, ,$$

le tre sostituzioni S_1, S_2, S_6 coll'identità formano un gruppo *(Vierergruppe)*. Ponendo poi

$$U = S_1 S_4 \quad , \quad U^{-1} = S_4 S_1 \, ,$$

e costruendo le 24 operazioni

$$\left\{ \begin{array}{llll} 1 \ , & S_1 \ , & S_2 \ , & S_6 \\ U \ , & U S_1 \ , & U S_2 \ , & U S_6 \\ U^{-1} \ , & U^{-1} S_1 \ , & U^{-1} S_2 \ , & U^{-1} S_6 \\ S_5 \ , & S_5 S_1 \ , & S_5 S_2 \ , & S_5 S_6 \\ S_5 U \ , & S_5 U S_1 \ , & S_5 U S_2 \ , & S_5 U S_6 \\ S_2 U \ , & S_2 U S_1 \ , & S_2 U S_2 \ , & S_2 U S_6 \, , \end{array} \right.$$

(*) Per traslazioni *elementari* di Γ possono prendersi evidentemente le tre seguenti:

$$x' = x+4k \ , \quad y' = y \quad , \quad z = z$$
$$x' = x \quad , \quad y' = y+4k \ , \quad z' = z$$
$$x' = x+2k \ , \quad y' = y+2k \ , \quad z' = z+2k \, .$$

si vedrà che esse formano un sistema completo di operazioni non equivalenti rispetto a Γ, onde risulta:

Il gruppo G contiene come sottogruppo eccezionale d' indice 24 il gruppo di traslazioni Γ.

In particolare ne risulta la discontinuità del gruppo G, quindi la proprietà della superficie minima S' di diffondersi regolarmente, in modo triplamente periodico, nello spazio.

226. Chiuderemo questi studî sulle superficie d'area minima, ritornando al problema di minimo da cui siamo partiti, per far conoscere nei loro tratti fondamentali le importanti ricerche di Schwarz, sulla *variazione seconda* dell' area di un pezzo di superficie minima (*), dalle quali risulta in particolare che se una superficie ha in ogni punto nulla la somma dei raggi principali di curvatura, ogni sua porzione convenientemente ristretta gode, rispetto al contorno mantenuto fisso, della proprietà di minimo che ha servito a definirla.

Essendo S una superficie minima, riferita alle sue linee di curvatura u, v, sia

$$ds^2 = \lambda\ (du^2 + dv^2)$$

il suo elemento lineare, indi

$$ds'^2 = \frac{1}{\lambda}\ (du^2 + dv^2)$$

quello della sfera rappresentativa, e

$$r_2 = \lambda \quad , \quad r_1 = -\lambda$$

i suoi raggi principali di curvatura.

Consideriamo una porzione di S limitata ad un contorno C e una superficie S' infinitamente vicina a S, limitata allo stesso contorno. Sopra ogni normale di S la S' staccherà un segmento infinitesimo, che indicheremo con

$$\varepsilon\ \psi\,,$$

essendo ε una costante infinitesima e ψ una funzione di u, v, che riterremo finita e continua insieme alle sue derivate parziali prime in tutta la porzione di S considerata e assoggettata soltanto ad annullarsi lungo il contorno C.

Paragoniamo l' area di S racchiusa da C con quella corrispondente di S', tenendo conto soltanto dei termini colla prima e seconda potenza di ε. Per le coordinate x', y', z' del punto P' di S', corrispondente a un punto P di S, abbiamo evidentemente

$$x' = x + \varepsilon\,\psi\,X \quad , \quad y' = y + \varepsilon\,\psi\,Y \quad , \quad z' = z + \varepsilon\,\psi\,Z\,.$$

(*) Werke Bd. I, pag. 151 ss.

Calcolando i coefficienti E', F', G' dell'elemento lineare di S', osservando le formole

$$\frac{\partial X}{\partial u} = \frac{1}{\lambda}\frac{\partial x}{\partial u}, \quad \frac{\partial X}{\partial v} = -\frac{1}{\lambda}\frac{\partial x}{\partial v},$$

otteniamo

$$\begin{cases} E' = \lambda \left\{ 1 + 2\frac{\varepsilon\psi}{\lambda} + \varepsilon^2 \frac{\psi^2}{\lambda^2} \right\} + \varepsilon^2 \left(\frac{\partial\psi}{\partial u}\right)^2 \\ F' = \varepsilon^2 \frac{\partial\psi}{\partial u}\frac{\partial\psi}{\partial v} \\ G' = \lambda \left\{ 1 - 2\frac{\varepsilon\psi}{\lambda} + \varepsilon^2 \frac{\psi^2}{\lambda^2} \right\} + \varepsilon^2 \left(\frac{\partial\psi}{\partial v}\right)^2, \end{cases}$$

onde

$$\sqrt{E'G'-F'^2} = \lambda \left[1 + \frac{\varepsilon^2}{2\lambda} \left\{ \left(\frac{\partial\psi}{\partial u}\right)^2 + \left(\frac{\partial\psi}{\partial v}\right)^2 - \frac{2\psi^2}{\lambda} \right\} \right].$$

La differenza $\delta S = S' - S$ delle due aree è data quindi, a meno di infinitesimi d'ordine superiore al 2.°, da

$$\delta S = \frac{\varepsilon^2}{2} \int\int \left\{ \left(\frac{\partial\psi}{\partial u}\right)^2 + \left(\frac{\partial\psi}{\partial v}\right)^2 - \frac{2\psi^2}{\lambda} \right\} du\, dv, \tag{13}$$

l'integrale doppio essendo esteso alla regione di S considerata, o, ciò che è lo stesso, alla regione sferica corrispondente. È questa la forma data da Schwarz alla variazione (seconda) dell'area di una superficie minima, dalla quale si traggono, mediante alcune considerazioni ausiliarie, le notevoli conseguenze che passiamo ad esporre.

227. Consideriamo un'altra superficie minima arbitraria, che si faccia corrispondere a S per parallelismo delle normali e sia Σ la regione di questa nuova superficie corrispondente a quella considerata di S; le due regioni sono per conseguenza rappresentate sulla medesima regione della sfera, che indicheremo con σ. Se W indica la distanza del piano tangente a Σ dall'origine, W è una soluzione dell'equazione (n. 72)

$$\Delta'_2 W + 2W = 0, \tag{14}$$

essendo $\Delta'_2 W$ il parametro differenziale secondo di W calcolato per l'elemento lineare sferico.

Supponiamo ora che questa soluzione W dell'equazione (14), ossia

$$\frac{\partial^2 W}{\partial u^2} + \frac{\partial^2 W}{\partial v^2} + \frac{2W}{\lambda} = 0, \tag{14*}$$

non si annulli in nessun punto della regione sferica σ nè al contorno, il che equivale a dire che nessun piano tangente in un punto della regione Σ passi per l'origine. Potremo porre allora la quantità sotto il segno integrale nella (13) sotto la forma:

$$\left(\frac{\partial\psi}{\partial u}\right)^2+\left(\frac{\partial\psi}{\partial v}\right)^2-\frac{2\psi^2}{\lambda}=\left\{\left(\frac{\partial\psi}{\partial u}-\frac{\psi}{W}\frac{\partial W}{\partial u}\right)^2+\left(\frac{\partial\psi}{\partial v}-\frac{\psi}{W}\frac{\partial W}{\partial v}\right)^2\right\}$$
$$+\frac{\partial}{\partial u}\left(\frac{\psi^2}{W}\frac{\partial W}{\partial u}\right)+\frac{\partial}{\partial v}\left(\frac{\psi^2}{W}\frac{\partial W}{\partial v}\right),$$

talchè l'integrale (13) si scinderà in tre parti, delle quali le due ultime sono identicamente nulle, come si vede integrando per parti e ricordando che ψ al contorno si annulla. Resta adunque

$$\delta S=\frac{\varepsilon^2}{2}\int\int\left[\left(\frac{\partial\psi}{\partial u}-\frac{\psi}{W}\frac{\partial W}{\partial u}\right)^2+\left(\frac{\partial\psi}{\partial v}-\frac{\psi}{W}\frac{\partial W}{\partial v}\right)^2\right]du\,dv$$

e poichè, per qualsiasi scelta della funzione ψ, l'integrale del secondo membro risulta essenzialmente positivo (*) ne segue che ogni superficie S' infinitamente vicina a S e limitata al medesimo contorno ha effettivamente un'area maggiore di S. Possiamo enunciare questo risultato sotto la forma data da Schwarz:

Una porzione di superficie a curvatura media nulla possiede certamente l'area minima fra tutte le superficie infinitamente vicine ad essa, limitate al medesimo contorno, se esiste una porzione M *di superficie della stessa specie corrispondente per parallelismo delle normali alla primitiva e tale che nessun piano tangente in punti di* M *passi per un punto fissato nello spazio.*

228. In particolare, se per la nuova superficie minima si prende la superficie stessa, si vede che la porzione considerata di S godrà effettivamente della proprietà di minimo se, guardata da un punto conveniente dello spazio, presenterà per contorno apparente una linea tutta esterna alla regione considerata.

Riferendoci invece alla rappresentazione sferica σ, potremo dire che la proprietà di minimo avrà sicuramente luogo se esiste una soluzione W della (14*) positiva in tutta la regione σ, incluso il contorno. Ora, osservando p. e. che della (14*) sono soluzioni particolari

$$X\,,\ Y\,,\ Z\,,$$

(*) L'integrale potrebbe infatti soltanto annullarsi per

$$\psi = c\ W\ \ (c\ \text{costante});$$

ma allora ψ non si annullerebbe al contorno.

vediamo in particolare che se la regione σ è tutta interna a una mezza sfera, la condizione precedente è soddisfatta e conseguentemente ogni regione di superficie a curvatura media nulla, la cui immagine sferica sia interna a una metà della sfera, godrà della proprietà del minimo di area.

Osserviamo in fine che della (14*) si può dare l'integrale generale, introducendo la variabile complessa

$$\tau = \alpha + i\,\beta$$

sulla sfera (n. 191), dopo di che essa prende la forma

$$(15) \qquad \frac{\partial^2 W}{\partial \alpha^2} + \frac{\partial^2 W}{\partial \beta^2} + \frac{8\,W}{(\alpha^2 + \beta^2 + 1)^2} = 0\,.$$

Ora, essendo W la distanza del piano tangente di una superficie minima dall'origine, supponendo espresse le coordinate del punto di contatto colle formole (11) n. 192 di Weierstrass, e calcolando

$$W = X\,x + Y\,y + Z\,z\,,$$

troveremo per l'integrale generale della (15), omettendo il fattore numerico 2:

$$W = R\left[f'(\tau) - \frac{2\,\tau_0}{\tau\,\tau_0 + 1}\,f(\tau)\right],$$

ove $f(\tau)$ indica una funzione arbitraria della variabile complessa τ.

Capitolo XVI.

Geometria pseudosferica.

Rappresentazione conforme delle superficie pseudosferiche sul semipiano — Movimenti (flessioni) della superficie in sè medesima rappresentati da sostituzioni lineari sulla variabile complessa — Altra rappresentazione conforme — Geodetiche parallele e angolo di parallelismo — Trigonometria pseudosferica — Cenno sulla geometria noneuclidea — Rappresentazione di Beltrami — Superficie rappresentabili geodeticamente sul piano — Per una superficie pseudosferica nota, la integrazione della equazione delle geodetiche si riduce ad una equazione di Riccati.

229. Andiamo ora ad occuparci delle superficie a curvatura costante, cominciando il nostro studio dallo stabilire i principii fondamentali della loro geometria nel senso stabilito al n. 92, c. VII.

La geometria delle superficie a curvatura costante nulla o positiva coincide coll'ordinaria geometria piana o sferica; ci potremo dunque limitare e ci limiteremo nel presente capitolo allo studio della geometria sulle superficie pseudosferiche, o, come diremo, alla *geometria pseudosferica.*

A base delle nostre ricerche porremo una rappresentazione conforme delle superficie pseudosferiche sul mezzo piano, che ha servito molto utilmente nelle importanti ricerche analitiche di Klein e Poincarè sulle funzioni *automorfe* (Fuchsiane).

Riterremo l'elemento lineare della superficie pseudosferica definito dalla formola

$$(1)\qquad ds^2 = du^2 + e^{\frac{2u}{R}} dv^2 ,$$

dove R è il raggio della superficie pseudosferica. E in questi studî generali converrà prescindere da qualunque forma speciale di superficie che lo realizzi, riferendoli alla *moltiplicità generale* a due dimensioni a curvatura costante, per la quale la (1) assegna la legge elementare per la misura della distanza di due punti infinitamente vicini. (Cf. n. 93, c. VII). Per tutti i valori reali e finiti di u la funzione $\sqrt{G} = e^{\frac{u}{R}}$ rimane finita, continua e positiva, onde ad ogni coppia di valori finiti e reali u_0, v_0

di u, v riguarderemo come corrispondente un punto reale e a distanza finita della superficie e viceversa; valori infiniti di u, v daranno punti all'infinito della superficie.

230. Riguardando x, y come coordinate cartesiane ortogonali di un punto del piano rappresentativo, le formole

$$x = v \quad , \quad y = \mathrm{R}\, e^{-\frac{u}{\mathrm{R}}} \tag{2}$$

ci daranno la rappresentazione conforme di cui sopra è discorso. I punti reali e a distanza finita della superficie corrisponderanno univocamente ai punti del semipiano $y > 0$, che diremo il semipiano positivo; i punti all'infinito della superficie hanno per immagine i punti dell'asse delle x, che costituirà la *retta limite* (*).

Cominciamo dall'osservare quali immagini hanno sul piano rappresentativo le linee geodetiche della superficie. L'espressione dell'elemento lineare essendo data dalla (1), per l'equazione in termini finiti delle geodetiche si avrà (n. 89, pag. 168, formola (26))

$$v = \pm k \int \frac{e^{-\frac{u}{\mathrm{R}}}\, du}{\sqrt{e^{\frac{2u}{\mathrm{R}}} - k^2}} + b = \pm \frac{\mathrm{R}}{k} \sqrt{1 - k^2 e^{-\frac{2u}{\mathrm{R}}}} + b,$$

essendo k, b due costanti arbitrarie. Per le (2), la linea immagine sul piano ha per equazione

$$(x - b)^2 + y^2 = \frac{\mathrm{R}^2}{k^2}\,; \tag{3}$$

dunque: *Ogni geodetica della superficie è rappresentata da un circolo ortogonale alla retta limite e viceversa.* Si osserverà che non fanno nemmeno eccezione le geodetiche $v = \mathrm{cost}^{\mathrm{te}}$, rappresentate da rette normali all'asse delle x (circoli col centro all'infinito).

Ora, poichè per due punti del semipiano passa sempre uno ed un solo circolo ortogonale alla retta limite, ne segue l'importante risultato: *Due punti arbitrarii* M_1, M_2 *della superficie pseudosferica possono riunirsi con una geodetica ed una soltanto.*

Esaminiamo ora come viene data nel piano rappresentativo la distanza geodetica obiettiva dei due punti M_1, M_2. Per l'arco s delle geodetiche abbiamo (n. 89)

$$s = \int \frac{e^{\frac{u}{\mathrm{R}}}\, du}{\sqrt{e^{\frac{2u}{\mathrm{R}}} - k^2}} = \mathrm{R} \log \left\{ e^{\frac{u}{\mathrm{R}}} + \sqrt{e^{\frac{2u}{\mathrm{R}}} - k^2} \right\},$$

(*) Converrà riguardare il piano rappresentativo come piano complesso di Gauss, con un solo punto all'infinito, che è altresì il punto all'infinito dell'asse delle x.

cioè, per le (2)

$$s = \mathrm{R} \log \left\{ \frac{\mathrm{R}}{y} + \sqrt{\frac{\mathrm{R}^2}{y^2} - k^2} \right\} + \mathrm{C},$$

Misurando l'arco s dal punto obiettivo del punto di massima ordinata $y = \frac{\mathrm{R}}{k}$ nel cerchio, dovremo prendere $\mathrm{C} = - \mathrm{R} \log k$, cioè

$$s = \mathrm{R} \log \left\{ \frac{\mathrm{R}}{ky} + \frac{1}{k} \sqrt{\frac{\mathrm{R}^2}{y^2} - k^2} \right\}.$$

La quantità sotto il segno logaritmico, come facilmente si vede, è il rapporto anarmonico del gruppo di quattro punti sul circolo, formato dai due punti d'incontro del circolo colla retta limite, dal punto anzidetto di massima ordinata e dall'obiettivo dell'estremo dell'arco.

Ne risulta in generale: *La distanza geodetica dei due punti obiettivi* M_1, M_2 *si ottiene moltiplicando per* R *il logaritmo del rapporto anarmonico, che i due punti immagini* m_1, m_2 *fanno sul circolo immagine della geodetica* $\mathrm{M}_1 \mathrm{M}_2$ *coi due punti d'incontro di questo circolo colla retta limite.*

Se con y_1, y_2 indichiamo le ordinate di m_1, m_2, la formola che dà la distanza geodetica δ dei due punti obiettivi M_1, M_2 si scrive:

$$\delta = \mathrm{R} \log \left(\frac{\frac{\mathrm{R}}{y_1} + \sqrt{\frac{\mathrm{R}^2}{y_1^2} - k^2}}{\frac{\mathrm{R}}{y_2} \pm \sqrt{\frac{\mathrm{R}^2}{y_2^2} - k^2}} \right),$$

dove nel denominatore devesi scegliere il segno superiore o l'inferiore del radicale secondo che i due punti m_1, m_2 stanno dalla stessa parte o da parti opposte del punto di massima ordinata.

231. Poniamo

$$\omega = x + iy = v + i \mathrm{R} e^{-\frac{u}{\mathrm{R}}}$$

e riguardiamo i valori della variabile complessa ω distesi sulla superficie pseudosferica, talchè ogni valore di ω *coll' ordinata positiva* darà un punto della superficie e viceversa; potremo quindi indicare un punto della superficie col valore corrispondente ω della variabile complessa. Abbiamo visto al capitolo VII che ogni superficie pseudosferica ammette una tripla infinità di applicabilità o movimenti (con flessioni) in sè medesima ed ora, supposto che per un tale movimento il punto ω si trasporti in ω', domanderemo, come già per la sfera (c. III, n. 45), quale è l'espressione analitica del movimento. Il risultato è del tutto analogo a quello ottenuto per la sfera ed, in certo senso, più semplice.

La figura descritta da ω' essendo congruente a quella descritta da ω, sarà ω' una funzione di ω, restando escluso il caso che ω' sia funzione della coniugata ω_0, se ammettiamo che la deformazione avvenga in modo continuo e vi sia quindi conservazione *diretta* degli angoli. Così ω' è funzione di ω definita da prima solo pei valori di ω nel semipiano positivo; ma poichè ω' è reale per ω reale (i punti all'infinito della superficie restando all'infinito dopo il movimento) risulta ω' definita per tutti i valori di ω nel semipiano negativo dalla condizione che, pel valore ω_0 coniugato di ω, ω' assuma il valore coniugato ω'_0. Ora basta osservare che ad ogni valore di ω ne corrisponde uno solo per ω' e viceversa, per concluderne che ω' è funzione lineare di ω:

$$(5) \qquad \omega' = \frac{\alpha\,\omega + \beta}{\gamma\,\omega + \delta}\,.$$

Inoltre, essendo ω' reale per ω reale, saranno α, β, γ, δ reali (a meno di un fattor comune che si può sopprimere); di più, l'ordinata di ω' essendo positiva con quella di ω, il determinante $\alpha\,\delta - \beta\,\gamma$ sarà positivo e potremo senz'altro supporlo eguale a $+1$.

Esprimendo ora l'elemento lineare (1) per mezzo della variabile complessa ω e della coniugata ω_0, troviamo

$$(5^*) \qquad ds^2 = -\frac{4\,R^2}{(\omega - \omega_0)^2}\,d\omega\,d\omega_0\,.$$

Su questa formola si verifica subito che la sostituzione lineare (5), con α, β, γ, δ reali, trasforma l'elemento lineare in sè medesimo, onde abbiamo il risultato:

I movimenti della superficie pseudosferica in sè medesima sono rappresentati dalla sostituzione lineare sulla variabile complessa ω:

$$(6) \qquad \omega' = \frac{\alpha\,\omega + \beta}{\gamma\,\omega + \delta}\,, \quad \alpha\,\delta - \beta\,\gamma = 1\,,$$

a coefficienti reali.

232. Per ogni sostituzione (6) vi sono due valori di ω che rimangono fissi; questi sono le radici dell'equazione di 2.° grado

$$(7) \qquad \gamma\,\omega^2 + (\delta - \alpha)\,\omega - \beta = 0\,.$$

Ora possono presentarsi tre casi diversi, secondo il segno del discriminante

$$(\delta - \alpha)^2 + 4\,\beta\,\gamma = (\alpha + \delta)^2 - 4\,.$$

1.° $(\alpha + \delta)^2 < 4$. Le radici della (7) sono complesse coniugate; una è nel semipiano positivo, l'altra nel semipiano negativo. La prima rappresenta un punto P della superficie, reale e a distanza finita, che rimane fisso pel movimento. In tal caso il movimento, che si dice *ellittico,* consiste in una rotazione (con flessione) attorno a P.

2.° $(\alpha+\delta)^2 = 4$. Le radici della (7) sono reali e coincidenti. Allora rimane fisso un solo punto all'infinito della superficie e il movimento si dice *parabolico.*

3.° $(\alpha+\delta)^2 > 4$. Le radici della (7) sono reali e distinte. Se A, B sono i punti rappresentativi nel semipiano (sull'asse reale), al circolo descritto sopra il segmento A B come diametro corrisponde sulla superficie una geodetica, che scorre sopra sè medesima durante il movimento. In tal caso il movimento si dice *iperbolico;* esso consiste in uno strisciamento (con flessione) della superficie sopra sè medesima, pel quale una determinata geodetica scorre su sè stessa.

Un'immagine assai chiara di queste tre specie di movimenti si ha considerando il moto di rotazione attorno all'asse delle superficie pseudosferiche di rotazione dei tre tipi ellittico, parabolico ed iperbolico (n. 99, c. VI).

È bene confrontare i risultati ottenuti con quelli relativi ai movimenti in sè medesima di una superficie a curvatura costante positiva o nulla, prendendo a superficie tipica la sfera complessa o il piano complesso.

In ogni caso l'espressione analitica del movimento è una sostituzione lineare sulla variabile complessa. Per la sfera abbiamo la formola di Cayley (n. 45)

$$\tau' = \frac{\alpha\,\tau + \beta}{-\beta_0\,\tau + \alpha_0}\,, \quad \alpha\,\alpha_0 + \beta\,\beta_0 = 1\,;$$

nel movimento restano fissi due punti della sfera diametralmente opposti. Vi ha dunque una sola specie di movimenti, che sono sempre effettive rotazioni.

Per il piano complesso z i movimenti, sono rappresentati dalle sostituzioni lineari intere

$$z' = e^{i\alpha}\,z + C\,,$$

con α costante reale e C complessa. Essi si distinguono in due specie, secondo che $e^{i\alpha}$ è differente da 1 o no; i primi sono rotazioni attorno ad un centro a distanza finita, i secondi traslazioni.

233. Consideriamo ora quei movimenti della superficie pseudosferica in sè medesima, per i quali vengono permutate le due faccie, che diremo *movimenti di 2.ª specie,* mentre diremo di 1.ª specie quelli sopra considerati (*). Per trovare l'espressione analitica dei movimenti di 2.ª specie,

---

(*) Cf. KLEIN-FRICKE, — *Elliptische Modulfunctionen,* I.er Bd. pag. 196 ss.

basta osservare che il ribaltamento della superficie attorno alla geodetica $v=0$ è rappresentato semplicemente dalla formola

$$\omega' = -\omega_0 .$$

Ora, poichè dalla combinazione di due movimenti di 2.ª specie risulta un movimento di 1.ª specie, combinando la precedente colla (6), si ottiene subito il risultato: *I movimenti di 2.ª specie della superficie pseudosferica sono rappresentati dalle sostituzioni lineari*

$$\omega' = \frac{\alpha\,\omega_0 - \beta}{\gamma\,\omega_0 - \delta}, \tag{8}$$

a coefficienti reali e a determinante -1.

Un movimento (8) ripetuto dà luogo al movimento di 1.ª specie

$$\omega' = \frac{(\alpha^2 - \beta\gamma)\,\omega + \beta\,(\delta - \alpha)}{-\gamma\,(\delta - \alpha)\,\omega + (\delta^2 - \beta\gamma)}, \tag{8*}$$

che, supposto dapprima differente dall'identità, è necessariamente iperbolico, avendosi

$$(\alpha^2 + \delta^2 - 2\beta\gamma)^2 = \left[(\alpha - \delta)^2 + 2\right]^2 > 4 .$$

Volendo ricercare se, pel movimento (8), vi sono punti che rimangono fissi, si osservi dapprima che un tal punto deve pure restar fisso pel movimento ripetuto e il valore di ω in esso deve quindi esser reale.

Ora le due radici della equazione in a

$$\gamma\,a^2 - (\delta + \alpha)\,a + \beta = 0$$

essendo appunto reali e distinte, si vede che pel movimento (8) rimangono fissi due punti reali, distinti e all'infinito della superficie, che sono altresì i punti fissi del movimento iperbolico (8*). La geodetica che rimane ferma nel movimento ripetuto (8*), rimane pur fissa nel movimento (8); invece tutte le altre geodetiche cangiano di posizione.

Consideriamo ora il caso particolarmente interessante, in cui la (8) ripetuta dà luogo alla identità, il che avviene solo se $\delta=\alpha$. Allora, per la (8), rimangono fissi nel piano ω tutti i punti del circolo

$$\gamma\,(x^2 + y^2) - 2\,\alpha\,x + \beta = 0 ,$$

ovvero

$$\left(x - \frac{\alpha}{\gamma}\right)^2 + y^2 = \frac{1}{\gamma^2},$$

che è un circolo reale normale alla retta limite (*). Dunque: *Un movimento*

(*) Naturalmente, se $\gamma=0$, il circolo è sostituito dalla retta $x=\frac{\beta}{2\alpha}$ normale alla retta limite.

di 2.ª specie a periodo 2 non è altro che un ribaltamento della superficie attorno ad una geodetica reale, i cui punti rimangono tutti fissi.

Da quanto precede risulta poi subito:

Ogni altro movimento di 2.ª specie si ottiene, combinando un ribaltamento attorno ad una geodetica con uno scorrimento della superficie in sè medesima lungo questa geodetica (movimento iperbolico).

Lasciamo al lettore di confrontare questi risultati con quelli relativi ai movimenti, con inversione delle faccie, per la sfera e pel piano.

234. Della figura immagine dei punti della superficie pseudosferica, ottenuta al n. 230, facciamo ora una inversione per raggi vettori reciproci, ponendo il centro d'inversione nel semipiano negativo. La retta limite si trasforma allora in un *circolo limite;* i punti reali e a distanza finita della superficie sono rappresentati entro al cerchio limite, i punti all'infinito sulla periferìa, mentre ai punti esterni non corrisponde alcun punto reale della superficie. Le geodetiche della superficie saranno rappresentate da circoli ortogonali al cerchio limite e la distanza geodetica obiettiva di due punti si misurerà con legge perfettamente analoga a quella osservata al n. 230, pag. 398.

Fra i circoli ortogonali al cerchio limite figurano anche i diametri di questo; le geodetiche obiettive escono da un punto reale e a distanza finita della superficie. Fondandoci su questa osservazione, possiamo stabilire le formole di questa rappresentazione, partendo dalla forma ellittica

$$ds^2 = du^2 + \mathrm{R}^2 \operatorname{senh}^2\left(\frac{u}{\mathrm{R}}\right) dv^2$$

dell'elemento lineare della superficie e paragonandolo coll'elemento lineare del piano in coordinate polari

$$ds^2 = d\rho^2 + \rho^2 \, d\theta^2 .$$

Riducendo ai parametri isometrici, si vede che la formola di rappresentazione sarà

$$\log \operatorname{tgh}\left(\frac{u}{2\,\mathrm{R}}\right) + i\,v = m\,(\log \rho + i\,\theta) + a + i\,b,$$

dove m, a, b sono costanti reali. Ma, gli angoli dovendo essere conservati anche nell'intorno dell'origine $\rho=0$, dovremo prendere $m=1$.

La costante b può prendersi nulla e la k, cangiando la figura in una omotetica, può farsi eguale a 1. Così le formole di rappresentazione saranno semplicemente

$$\rho = \operatorname{tgh}\left(\frac{u}{2\,\mathrm{R}}\right) \quad , \quad \theta = v \tag{9}$$

e il circolo limite sarà di raggio $=1$, avendosi $\rho=1$ per $u=\infty$.

235. La rappresentazione ora indicata, come quella da cui siamo partiti, ha a comune colla rappresentazione stereografica polare della sfera l'importante proprietà espressa dal teorema: *Ogni linea a curvatura geodetica costante della superficie ha per immagine un circolo sul piano e viceversa.*

Per dimostrarlo, cominciamo dall'osservare che sopra ogni superficie pseudosferica (come su qualunque superficie a curvatura costante) le linee geodeticamente parallele ad una linea a curvatura geodetica costante hanno pure costante la curvatura geodetica e formano colle traiettorie ortogonali un sistema isotermo. Prendiamo infatti a linee coordinate u, v le geodetiche $v=\text{cost}^{\text{te}}$ normali a L e le loro traiettorie ortogonali $u=\text{cost}^{\text{te}}$, fra le quali la $u=0$ sia la linea L, fissando inoltre che il parametro v sia l'arco della $u=0$ contato da un punto fisso ed u sia l'arco delle geodetiche, contato da $u=0$. L'elemento lineare avrà in conseguenza la forma (n. 96, c. VII):

$$ds^2 = du^2 + \left(\varphi(v)\, e^{\frac{u}{R}} + \psi(v)\, e^{-\frac{u}{R}}\right)^2 dv^2$$

e poichè la curvatura geodetica

$$\frac{1}{\rho_0} = \frac{1}{R}\,\frac{\varphi(v) - \psi(v)}{\varphi(v) + \psi(v)}$$

della $u=0$ è per ipotesi costante, ne seguirà per l'elemento lineare una delle tre forme tipiche A), B), C) del n. 98, pag. 183, ciò che dimostra il lemma.

Ciò premesso, se L è una linea a curvatura geodetica costante della superficie, le geodetiche ad essa normali avranno per immagine un sistema di circoli, che, formando parte di un doppio sistema isotermo, sarà un fascio (n. 91) e in conseguenza tutte le traiettorie ortogonali di questi circoli, in particolare l'immagine di L, saranno circoli del fascio ortogonale.

Viceversa, se C' è un circolo del piano, insieme al cerchio limite (retta limite) determina un fascio di circoli, i cui circoli ortogonali sono immagini di geodetiche appartenenti ad un sistema isotermo; le traiettorie ortogonali di queste geodetiche sono quindi linee a curvatura geodetica costante.

236. Le linee a curvatura geodetica costante della superficie pseudosferica di raggio R si distinguono, corrispondentemente alle tre forme ora mentovate B) A) C) dell'elemento lineare, in tre specie ben distinte. Per la 1.ª specie la curvatura geodetica è $> \frac{1}{R}$, per la 2.ª $= \frac{1}{R}$, per la 3.ª $< \frac{1}{R}$. Dalla immagine piana si distinguono nel modo seguente. Prendiamo ad esempio la rappresentazione sul semipiano e sia

$$(x-a)^2 + (y-b)^2 = r^2$$

l'equazione del circolo immagine della linea L. Osservando che l'elemento lineare (5*) della superficie si scrive

$$ds^2 = \frac{R^2}{y^2}(dx^2 + dy^2),$$

e applicando la formola di Bonnet, (c. VI, pag. 145), per la curvatura geodetica della linea L, troviamo

$$\frac{1}{\rho_g} = \frac{1}{R} \cdot \frac{b}{r}.$$

Ciò conferma le nostre deduzioni superiori e ci mostra inoltre che la linea L apparterrà alla 1.ª, 2.ª o 3.ª specie, secondo che il circolo immagine è tutto interno al semipiano positivo, ovvero tocca l'asse reale, o infine lo taglia (*). Le linee L della 1.ª specie sono effettivi circoli geodetici col centro reale e a distanza finita. L'immagine del centro nel semipiano positivo è il punto del semipiano positivo, pel quale passano tutti i circoli normali alla retta limite ed al cerchio immagine di L. Nel secondo caso questo punto viene sulla retta limite e il suo punto obiettivo sulla superficie si allontana a distanza infinita; perciò le linee a curvatura geodetica costante $\frac{1}{R}$ si riguardano come circoli geodetici con centro a distanza infinita e si dicono anche *oricicli*. Estenderemo in fine la denominazione di circoli geodetici anche al 3.° caso; ma allora i punti base del fascio di circoli normali alla retta limite e al cerchio immagine sono immaginarii e però diremo che le linee L a curvatura geodetica costante $< \frac{1}{R}$ sono *circoli geodetici a centro ideale*. I circoli di quest'ultima specie possono anche definirsi come le linee geodeticamente parallele ad una geodetica.

Osserviamo da ultimo che nella seconda rappresentazione si distingueranno dalla immagine le tre specie di circoli, secondo che il cerchio immagine è tutto interno al cerchio limite, lo tocca internamente, ovvero lo taglia.

237. Consideriamo sopra la superficie pseudosferica una geodetica g e un suo punto o fuori di g e cerchiamo come si comporta il fascio di geodetiche uscenti da o rispetto alla geodetica g. Serviamoci della seconda rappresentazione conforme, eseguendola in modo che il punto o abbia per immagine il centro O del cerchio limite Γ. La geodetica g sarà rappre-

(*) In quest'ultimo caso, indicando con ψ l'angolo d'inclinazione del circolo immagine sulla retta limite, sarà evidentemente

$$\frac{1}{\rho_g} = \frac{\cos\psi}{R}.$$

sentata da un cerchio G ortogonale a Γ e il fascio di geodetiche uscenti da o dal fascio di rette di centro O. Siano A, B i punti ove G incontra Γ; le rette per O che cadono entro l'angolo $A\hat{O}B$ incontrano G in punti reali e le altre non la incontrano. Sulla superficie le geodetiche obiettive di OA, OB sono due geodetiche $\overline{oa}$, $\overline{ob}$, che diconsi *parallele* alla g, essendo i loro punti d'incontro con g all'infinito. Esse segnano il limite fra le geodetiche del fascio (o), che tagliano g in punti reali, e quelle che non la tagliano.

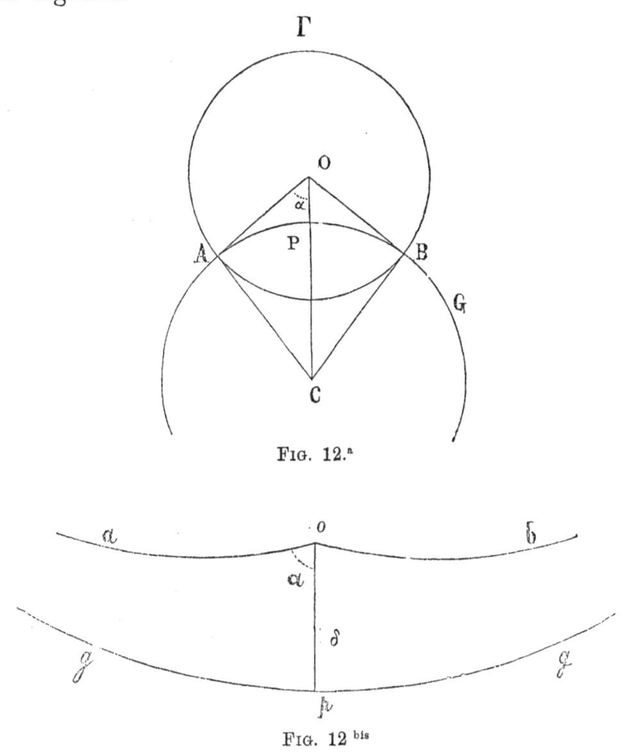

Fig. 12.a

Fig. 12 bis

Se dal punto o caliamo la geodetica $\overline{op}$ normale a g, essa avrà per immagine la minima distanza $\overline{OP}$ di O dal circolo G; gli angoli $A\hat{O}P$, $B\hat{O}P$ essendo eguali, sarà pure $a\hat{o}p = b\hat{o}p$.

Quest'angolo $\alpha = a\hat{o}p$ dicesi *angolo di parallelismo* del punto o rispetto alla geodetica g; esso dipende soltanto, come ora vedremo, dalla distanza geodetica $\delta = \overline{op}$ del punto o dalla geodetica g. Per trovare la relazione fra α e δ, osserviamo che indicando con C il centro di G (sopra OP) dal triangolo rettangolo OC'A si ricava

$$\overline{CA}^2 + \overline{OA}^2 = (\overline{CP} + \overline{OP})^2 = \overline{CA}^2 + \overline{OP}^2 + 2\,\overline{CA}\,.\,\overline{OP},$$

onde

$$\overline{CA} = \frac{\overline{OA}^2 - \overline{OP}^2}{2\,\overline{OP}}.$$

Ora si ha

$$\overline{OA} = 1 \quad , \quad \overline{CA} = \operatorname{tg} \alpha$$

e per le formole (9) di rappresentazione

$$\overline{OP} = \operatorname{tgh}\left(\frac{\delta}{2R}\right);$$

ne risulta per la formola richiesta

$$\cot \alpha = \operatorname{senh}\left(\frac{\delta}{R}\right), \tag{10}$$

che si può scrivere sotto la forma equivalente

$$\cot \frac{1}{2}\alpha = e^{\frac{\delta}{R}}. \tag{10*}$$

Dunque: *Per ogni punto **o** di una superficie pseudosferica passano due geodetiche parallele ad una geodetica fissa g; l'angolo α di parallelismo e la distanza geodetica δ di **o** da g sono legati dalla formola* (10) *o* (10*).

Quanto più piccolo è δ, tanto più α converge verso $\frac{\pi}{2}$, cioè le due geodetiche parallele tendono a confondersi in una sola, se il punto o si avvicina a g.

238. Prendiamo ora un triangolo geodetico $\overline{oab}$ della superficie ed effettuiamo la seconda rappresentazione conforme, in modo che l'immagine del vertice o cada nel centro O del cerchio limite. Il triangolo immagine OAB sarà formato da due segmenti rettilinei OA, OB e da un arco di circolo AB ortogonale al cerchio limite; se con D, E indichiamo gli ulteriori punti d'incontro di OA, OB col cerchio AB, il cui centro sia C' avremo:

$$OA\,.\,OD = 1 \quad , \quad OB\,.\,OE = 1,$$

$$\text{ang A} = A\hat{E}D \quad , \quad \text{ang B} = B\hat{D}E$$

e quindi

$$\text{ang}\,\hat{A} + \text{ang}\,\hat{B} + \text{ang}\,\hat{O} = \pi - A\hat{C'}B.$$

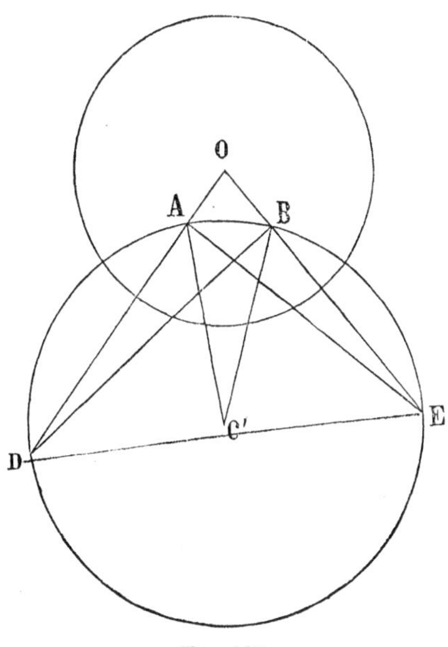

Fig. 13.ª

Conformemente al teorema di Gauss (n. 90, c. VI), si vede che *la somma dei tre angoli di un triangolo geodetico è minore di due retti;* e poichè l'eccesso è eguale all'area divisa per R^2 (ibid) e quest'eccesso nella nostra figura è dato dall'angolo $\alpha = AC'B$, sarà

$$\Delta = R^2 \alpha \text{ (*)}.$$

Osserviamo poi che ad ogni triangolo geodetico può circoscriversi, come nella geometria piana e sferica, un circolo geodetico; però questo circolo nel caso attuale può essere un effettivo circolo geodetico a centro reale, ovvero un oriciclo, o infine avere il centro ideale. Per distinguere i tre casi dall'immagine piana, basta costruire il circolo AOB ed osservare se esso è tutto interno al cerchio limite, ovvero lo tocca o lo taglia.

239. Come nella geometria sferica, così nella pseudosferica un triangolo è determinato da tre suoi elementi e vi ha quindi luogo di consi-

(*) Partendo da questa semplice formola, sarà facile al lettore dimostrare i seguenti teoremi:

1.º *Se di un triangolo geodetico d'area costante sopra una superficie pseudosferica rimane fissa la base in grandezza e posizione, il luogo del vertice è un circolo a centro ideale.*

2.º *Fra i triangoli geodetici con due lati di lunghezza assegnata ha l'area massima quello, in cui l'angolo compreso fra i due lati assegnati è eguale alla somma degli altri due.*

Su questo ultimo teorema, comune alla geometria piana ed alla sferica, può fondarsi, come è ben noto, tutta la teoria degli isoperimetri.

derare le relazioni (in numero di tre indipendenti), che legano i tre lati e i tre angoli, e cioè le formole di *trigonometria pseudosferica.* Indicando con ABC un triangolo geodetico, designiamo con A, B, C i tre angoli, con a, b, c i lati opposti; tutta la trigonometria pseudosferica è racchiusa nell'osservazione seguente:

Le formole trigonometriche delle superficie pseudosferiche di raggio R *si deducono da quelle sulla sfera di raggio* R, *cangiando in queste ultime* R *in* $R\sqrt{-1}$.

Con ciò le funzioni trigonometriche dei lati si cangiano in funzioni iperboliche.

Per dimostrare il teorema, basterà provare che sussistono le tre formole fondamentali

$$\frac{\operatorname{senh}\left(\frac{a}{R}\right)}{\operatorname{sen} A}=\frac{\operatorname{senh}\left(\frac{b}{R}\right)}{\operatorname{sen} B}=\frac{\operatorname{senh}\left(\frac{c}{R}\right)}{\operatorname{sen} C} \tag{11}$$

$$\cos A=\operatorname{sen} B \operatorname{sen} C \cosh\left(\frac{a}{R}\right)-\cos B \cos C\,, \tag{12}$$

le quali si deducono, nel modo indicato, da tre formole fondamentali di trigonometria sferica.

Rappresentiamo il triangolo CAB sul piano in modo che l'immagine del vertice C cada nel centro C del cerchio limite e prolunghiamo i lati rettilinei CA, CB del triangolo immagine ad incontrare ulteriormente in A', B' il circolo immagine del terzo lato AB (fig. 14.ª), sicchè avremo

$$\overline{CA}\,.\,\overline{CA'}=1\quad,\quad\overline{CB}\,.\,\overline{CB'}=1\,.$$

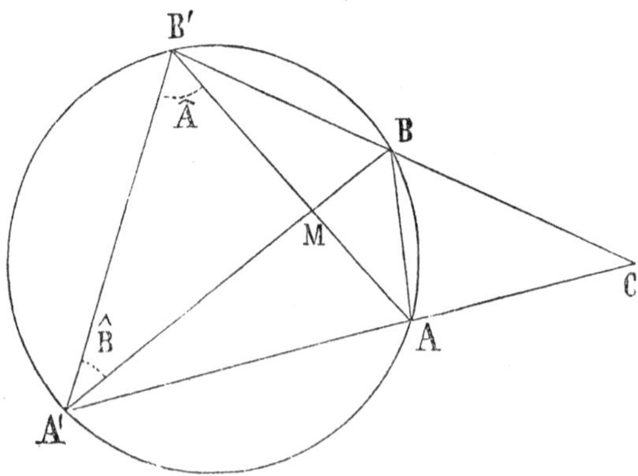

FIG. 14.ª

Se le diagonali AB', A'B del quadrilatero ABB'A' s'incontrano in M, dai triangoli simili A A′ M, B B′ M ricaviamo

$$\overline{AA'} : \overline{BB'} = \overline{MA'} : \overline{MB'} = \text{sen A} : \text{sen B} .$$

Ora, secondo le formole di rappresentazione, si ha

$$\overline{CA} = \text{tgh}\left(\frac{b}{2R}\right) \quad , \quad \overline{CB} = \text{tgh}\left(\frac{a}{2R}\right) ,$$

indi

$$\overline{AA'} = \frac{1}{\overline{CA}} - \overline{CA} = \frac{2}{\text{senh}\left(\frac{b}{R}\right)}$$

$$\overline{BB'} = \frac{1}{\overline{CB}} - \overline{CB} = \frac{2}{\text{senh}\left(\frac{a}{R}\right)} ,$$

e però

$$\frac{\text{senh}\left(\frac{a}{R}\right)}{\text{sen A}} = \frac{\text{senh}\left(\frac{b}{R}\right)}{\text{sen B}} .$$

Il valore comune di questi rapporti è chiaramente eguale anche a

$$\frac{\text{senh}\left(\frac{c}{R}\right)}{\text{sen C}} ,$$

e quindi sussistono le (11).

Per dimostrare la (12), osserviamo che si ha

$$\frac{\overline{CB'}}{\overline{CA}} = \frac{\text{sen } A'\hat{A}B'}{\text{sen } A\hat{B}'C}$$

$$\frac{\overline{CB}}{\overline{CA}} = \frac{\text{sen } A'\hat{B}'B}{\text{sen } B'\hat{A}'A} ,$$

onde

$$\frac{\overline{CB'}}{\overline{CB}} = \coth^2\left(\frac{a}{2R}\right) = \frac{\text{sen } A'\hat{A}B' \text{ sen } B'\hat{A}'A}{\text{sen } A\hat{B}'C \text{ sen } A'\hat{B}'B} .$$

Ora avendosi

$$A + B + C = \pi - 2\, A\hat{B}'C \quad , \quad -A + B + C = \pi - 2\, A'\hat{B}'B$$

$$A - B + C = \pi - 2\, B'\hat{A}'A \quad , \quad A + B - C = \pi - 2\, A'\hat{A}B' ,$$

la precedente può scriversi

$$\coth^2\left(\frac{a}{2R}\right)=\frac{\cos\frac{A+B-C}{2}\cos\frac{A-B+C}{2}}{\cos\frac{A+B+C}{2}\cos\frac{-A+B+C}{2}}=\frac{\cos A+\cos(B-C)}{\cos A+\cos(B+C)},$$

ovvero

$$\cos A+\cos B\cos C=\operatorname{sen} B\operatorname{sen} C\left\{\cosh^2\left(\frac{a}{2R}\right)+\operatorname{senh}^2\left(\frac{a}{2R}\right)\right\},$$

formola che coincide appunto colla (12).

Al medesimo risultato si potrebbe arrivare direttamente, applicando i teoremi sulle geodetiche delle superficie di rotazione all'elemento lineare

$$ds^2=du^2+R^2\operatorname{senh}^2\left(\frac{u}{R}\right)dv^2.$$

Così p. e. le (11) si deducono subito dal teorema di Clairaut (n. 89, c. VI).

Osservazione. — Nell'applicare le formole di trigonometria pseudosferica, si terrà presente che nella geometria pseudosferica possono presentarsi circostanze ben diverse da quelle dell'ordinaria geometria sferica, come p. e. che un vertice, o due vertici, o infine tutti e tre i vertici del triangolo cadono all'infinito. Così p. e., supposto il triangolo rettangolo in A, e applicando la formola

$$\operatorname{tgh}\left(\frac{b}{R}\right)=\operatorname{senh}\left(\frac{c}{R}\right)\operatorname{tg} B,$$

se si suppone che, rimanendo fissi A, B, il vertice C si allontani all'infinito, risulterà

$$\lim_{b=\infty}\operatorname{tgh}\left(\frac{b}{R}\right)=1$$

e la formola precedente si convertirà nella (10), che dà l'angolo di parallelismo.

240. Nei principali teoremi di geometria pseudosferica, sviluppati nei numeri precedenti, è visibile una stretta analogia con quelli della geometria piana e sferica. Possiamo vedere *a priori* la ragione di queste analogie, come delle differenze fra le tre geometrie. Esaminando infatti gli assiomi e i postulati fondamentali della geometria piana, come sono posti nel primo libro di Euclide, e sostituendo per le superficie pseudosferiche la geodetica alla linea retta, vediamo che, se si prescinde dal postulato XII sulle parallele, tutti i rimanenti sussistono inalterati nella geometria pseudosferica. Così è in particolare del principio di sovrapponibilità delle figure e dell'altro che una geodetica è *individuata* da due suoi punti. Quei teoremi

della geometria piana, che non dipendono dal postulato delle parallede, valgono dunque altresì per la geometria pseudosferica; gli altri si modificano in guisa da ridursi agli antichi, se il raggio R della superficie pseudosferica si fa infinitamente grande.

Le considerazioni precedenti provano già l'inutilità dei tentativi fatti per dimostrare il postulato delle parallele. Se questo potesse dedursi logicamente dagli altri principii, esso dovrebbe pure valere per le superficie pseudosferiche nello spazio Euclideo.

Effettivamente quando nella geometria piana non si ammetta il postulato d'Euclide, si è condotti ad una geometria così detta *astratta* o *non-euclidea*, i cui fondamenti furono posti da Bolyai e Lobatschewsky, e che coincide perfettamente (ammessa la retta infinita) colla geometria pseudosferica.

241. Il primo a stabilire che i teoremi della geometria non-euclidea trovano un'effettiva interpretazione sulle superficie pseudosferiche fu il Beltrami colla sua celebre memoria: *Saggio d'interpretazione della geometria non-euclidea.* A base di queste ricerche di Beltrami, sta una rappresentazione delle superficie pseudosferiche sul piano, la quale ha colle rappresentazioni sopra studiate la medesima relazione, che la proiezione *centrale* della sfera colla proiezione stereografica polare.

Noi deduciamo la rappresentazione di Beltrami da quella al n. 234 nel modo seguente, indicato da Klein. Immaginiamo una sfera tangente al piano della figura rappresentativa nel centro del cerchio limite e di diametro eguale al raggio del cerchio limite. Proiettando il piano stereograficamente sulla sfera dal polo opposto, il circolo limite verrà proiettato sull'equatore della sfera, i punti interni sull'emisfero inferiore, i punti esterni sull'emisfero superiore e i circoli ortogonali al cerchio limite (immagini delle geodetiche delle superficie) si convertiranno nei circoli, il cui piano è ortogonale al piano dell'equatore. Proiettiamo ora i punti dell'emisfero inferiore *ortogonalmente* sul piano dell'equatore; otterremo una nuova rappresentazione piana della superficie pseudosferica, in cui la regione reale verrà tutta rappresentata entro il circolo equatoriale e le geodetiche avranno per immagini le corde di questo cerchio limite. È questa la *rappresentazione di Beltrami.* Essa non conserva gli angoli, eccetto quelli intorno al centro della figura.

Le formole relative alla rappresentazione di Beltrami possono subito ottenersi, esprimendo analiticamente l'indicata costruzione di Klein. Sia a il raggio della sfera, quindi $2a$ quello del cerchio limite; per le formole di rappresentazione del n. 234, avremo

$$\rho = 2\,a\,\text{tgh}\left(\frac{u}{2R}\right) \quad , \quad \theta = v.$$

Ora diciamo x, y le coordinate cartesiane ortogonali sul piano equatoriale del punto corrispondente nella rappresentazione di Beltrami e ρ_1, θ_1 le coordinate polari; avremo

$$\rho_1 = \frac{4\,a^2\,\rho}{\rho^2+4\,a^2} = a\ \mathrm{tgh}\left(\frac{u}{\mathrm{R}}\right) \quad , \quad \theta_1 = \theta ,$$

indi

$$(13) \qquad x = a\ \mathrm{tgh}\left(\frac{u}{\mathrm{R}}\right) \cos v \quad , \quad y = a\ \mathrm{tgh}\left(\frac{u}{\mathrm{R}}\right) \mathrm{sen}\, v .$$

Se prendiamo per linee coordinate sulla superficie le linee (geodetiche) $x=\mathrm{cost}^{\mathrm{te}}$, $y=\mathrm{cost}^{\mathrm{te}}$, per l'elemento lineare della superficie

$$ds^2 = du^2 + \mathrm{R}^2\ \mathrm{senh}^2\left(\frac{u}{\mathrm{R}}\right) dv^2$$

troveremo dalle (13):

$$(14) \qquad ds^2 = \mathrm{R}^2\ \frac{(a^2-y^2)\,dx^2+2\,x\,y\,dx\,dy+(a^2-x^2)\,dy^2}{(a^2-x^2-y^2)^2} ,$$

che è la formola fondamentale di Beltrami. Per quanto sopra abbiamo detto, è chiaro che in queste coordinate x, y l'equazione di ogni geodetica sarà lineare e viceversa.

242. La formola (14) per l'elemento lineare delle superficie pseudosferiche era stata ritrovata dal Beltrami in una memoria anteriore (*) ove è proposto e risoluto il problema di cercare le superficie rappresentabili *geodeticamente* sul piano, cioè in modo che le geodetiche della superficie siano rappresentate da rette sul piano. Egli trovò che le uniche superficie suscettibili di una tale rappresentazione geodetica sono quelle a curvatura costante. Noi vogliamo qui rapidamente stabilire questo importante risultato.

Scelto sul piano rappresentativo un sistema cartesiano (u, v), sia

$$ds^2 = \mathrm{E}\,du^2 + 2\,\mathrm{F}\,du\,dv + \mathrm{G}\,dv^2$$

il corrispondente elemento lineare della superficie. Per ipotesi è

$$v = a\,u + b ,$$

con a, b costanti arbitrarie, l'integrale generale delle geodetiche; ma la loro equazione differenziale, scritta sotto la forma (10*) n. 78, c. VI, è:

$$v'' = \begin{Bmatrix}22\\1\end{Bmatrix} v'^3 + \left[2\begin{Bmatrix}12\\1\end{Bmatrix} - \begin{Bmatrix}22\\2\end{Bmatrix}\right] v'^2 + \left[\begin{Bmatrix}11\\1\end{Bmatrix} - 2\begin{Bmatrix}12\\2\end{Bmatrix}\right] v' - \begin{Bmatrix}11\\2\end{Bmatrix},$$

(*) *Annali di matematica*, t. VII, pag. 185 (1866).

onde risulteranno per E, F, G le condizioni

$$\begin{Bmatrix}11\\2\end{Bmatrix}=0 \quad , \quad \begin{Bmatrix}22\\1\end{Bmatrix}=0$$

$$\begin{Bmatrix}11\\1\end{Bmatrix}=2\begin{Bmatrix}12\\2\end{Bmatrix} , \quad \begin{Bmatrix}22\\2\end{Bmatrix}=2\begin{Bmatrix}12\\1\end{Bmatrix} .$$

Prendiamo ora le quattro formole (II) n. 29, pag. 51 per la curvatura K, che nel caso nostro diventano

$$(15) \quad \begin{cases} \mathrm{K\,E}=\begin{Bmatrix}12\\2\end{Bmatrix}^2-\dfrac{\partial}{\partial u}\begin{Bmatrix}12\\2\end{Bmatrix} , \quad \mathrm{K\,F}=\begin{Bmatrix}12\\1\end{Bmatrix}\begin{Bmatrix}12\\2\end{Bmatrix}-\dfrac{\partial}{\partial u}\begin{Bmatrix}12\\1\end{Bmatrix} \\ \mathrm{K\,F}=\begin{Bmatrix}12\\1\end{Bmatrix}\begin{Bmatrix}12\\2\end{Bmatrix}-\dfrac{\partial}{\partial v}\begin{Bmatrix}12\\2\end{Bmatrix} , \quad \mathrm{K\,G}=\begin{Bmatrix}12\\1\end{Bmatrix}^2-\dfrac{\partial}{\partial v}\begin{Bmatrix}12\\1\end{Bmatrix} . \end{cases}$$

Se deriviamo la 1.ª rapporto a v, la 2.ª rapporto a u e sottragghiamo, osservando l'identità

$$\frac{\partial \mathrm{E}}{\partial v}-\frac{\partial \mathrm{F}}{\partial u}=\begin{Bmatrix}12\\1\end{Bmatrix}\mathrm{E}-\begin{Bmatrix}12\\2\end{Bmatrix}\mathrm{F}$$

e le precedenti, troviamo

$$(16) \qquad \mathrm{E}\frac{\partial \mathrm{K}}{\partial v}-\mathrm{F}\frac{\partial \mathrm{K}}{\partial u}=0 .$$

Similmente operando sulle seconde (15), risulta

$$\mathrm{F}\frac{\partial \mathrm{K}}{\partial v}-\mathrm{G}\frac{\partial \mathrm{K}}{\partial u}=0$$

e da questa, associata alla precedente, segue

$$\frac{\partial \mathrm{K}}{\partial u}=0 \quad , \quad \frac{\partial \mathrm{K}}{\partial v}=0 ,$$

cioè $\mathrm{K}=\mathrm{cost}^{\mathrm{te}}$, come si era asserito.

Dimostrato così il teorema, basterà osservare che, se si tratta di una superficie a curvatura costante positiva, cioè della sfera, la rappresentazione domandata si otterrà combinando la proiezione centrale con una omografia del piano rappresentativo e analogamente, per la superficie pseudosferica, basterà far seguire da un'omografia la rappresentazione del n. 241.

243. Nel capitolo VII, n. 97 abbiamo già enunciato il teorema: *L'integrazione della equazione delle geodetiche per una superficie data a curvatura costante dipende da un'equazione differenziale del 1.º ordine del tipo di Riccati.* Ci limiteremo qui a dimostrarlo per le superficie pseudosferiche, nel

caso della sfera risultando già la proprietà da quanto si è detto in generale al capitolo IV, n. 50 sulla determinazione di una superficie, di cui siano assegnate le due forme quadratiche fondamentali.

Sia dunque

$$ds^2 = \mathrm{E}\, du^2 + 2\, \mathrm{F}\, du\, dv + \mathrm{G}\, dv^2$$

l'elemento lineare di una *data* superficie pseudosferica S, il cui raggio R faremo per semplicità $= 1$. Per risolvere il problema della ricerca delle geodetiche, basterà conoscere sulla superficie un sistema di oricicli paralleli e il sistema delle geodetiche normali, che escono da un punto comune all'infinito della superficie, poichè, appena noto un tale sistema, potremo fare la rappresentazione conforme del n. 230, e saranno note tutte le geodetiche.

Ora indichiamo con θ l'angolo, che le geodetiche del sistema parallelo supposto fanno colle linee $v = \mathrm{cost^{te}}$, definendolo secondo le formole fondamentali pag. 63, 64 colla formola

$$\mathrm{tg}\, \theta = \frac{\sqrt{\mathrm{E\,G} - \mathrm{F}^2}\, dv}{\mathrm{E}\, du + \mathrm{F}\, dv},$$

ove du, dv sono gli incrementi che subiscono le coordinate curvilinee u, v, spostandosi lungo una delle geodetiche parallele. Se la funzione $\theta\ (u, v)$ è nota, si avrà l'equazione in termini finiti di queste geodetiche, effettuando l'integrazione dell'equazione differenziale

$$(a) \quad \mathrm{E}\, \mathrm{sen}\, \theta\, du + (\mathrm{F}\, \mathrm{sen}\, \theta - \sqrt{\mathrm{E\,G} - \mathrm{F}^2} \cos \theta)\, dv = 0,$$

che pel teorema di Lie (n. 39, c. III) si otterrà con quadrature. E similmente con quadrature si integrerà l'equazione differenziale degli oricicli ortogonali:

$$(b) \quad \mathrm{E} \cos \theta\, du + (\mathrm{F} \cos \theta + \sqrt{\mathrm{E\,G} - \mathrm{F}^2}\, \mathrm{sen}\, \theta)\, dv = 0.$$

Esprimiamo ora, mediante la formola di Bonnet (4*) n. 76, pag. 146 che la curvatura geodetica delle linee (a) è nulla e quella delle (b) è eguale a 1; troveremo le due equazioni

$$\begin{cases} \dfrac{\partial}{\partial u}\left(\dfrac{\mathrm{F}}{\sqrt{\mathrm{E}}} \cos \theta + \dfrac{\sqrt{\mathrm{E\,G} - \mathrm{F}^2}}{\sqrt{\mathrm{E}}}\, \mathrm{sen}\, \theta\right) - \dfrac{\partial}{\partial v}(\sqrt{\mathrm{E}} \cos \theta) = 0 \\ \dfrac{\partial}{\partial u}\left(\dfrac{\sqrt{\mathrm{E\,G} - \mathrm{F}^2}}{\sqrt{\mathrm{E}}} \cos \theta - \dfrac{\mathrm{F}}{\sqrt{\mathrm{E}}}\, \mathrm{sen}\, \theta\right) + \dfrac{\partial}{\partial v}(\sqrt{\mathrm{E}}\, \mathrm{sen}\, \theta) = \sqrt{\mathrm{E\,G} - \mathrm{F}^2}. \end{cases}$$

Eseguendo le derivazioni e risolvendo rapporto a $\dfrac{\partial \theta}{\partial u}$, $\dfrac{\partial \theta}{\partial v}$, coll' introdurre i simboli di Christoffel e l'angolo ω delle linee coordinate, definito dalle formole

$$\cos \omega = \frac{F}{\sqrt{EG}}, \quad \operatorname{sen} \omega = \frac{\sqrt{EG - F^2}}{\sqrt{EG}},$$

troviamo per la funzione incognita $\theta\ (u, v)$ le due equazioni

$$\left\{\begin{aligned} \frac{\partial\theta}{\partial u} &= -\sqrt{E} \operatorname{sen} \theta - \begin{Bmatrix} 11 \\ 2 \end{Bmatrix} \frac{\sqrt{\Delta}}{E} \\ \frac{\partial\theta}{\partial v} &= -\sqrt{G} \operatorname{sen} (\theta - \omega) - \frac{\sqrt{\Delta}}{E} \begin{Bmatrix} 12 \\ 2 \end{Bmatrix}, \end{aligned}\right.$$

ovvero la equazione a differenziali totali

$$(15^*) \quad d\theta + \left[\sqrt{E} \operatorname{sen} \theta + \begin{Bmatrix} 11 \\ 2 \end{Bmatrix} \frac{\sqrt{\Delta}}{E}\right] du + \left[\sqrt{G} \operatorname{sen} (\theta - \omega) + \frac{\sqrt{\Delta}}{E} \begin{Bmatrix} 12 \\ 2 \end{Bmatrix}\right] dv = 0,$$

che, prendendo per incognita $\operatorname{tg} \frac{1}{2} \theta$, si riduce subito alla forma di Riccati. Siccome esiste una semplice infinità di geodetiche parallele, e quindi la equazione precedente ammette un integrale θ con una costante arbitraria, così è visibile *a priori* che la condizione d'integrabilità per la (15*) risulterà identicamente soddisfatta.

Ciò si potrà constatare facilmente, tenendo conto dell'ipotesi $K = -1$, e utilizzando la formola (III) pag. 52 per la curvatura.

Capitolo XVII.

Trasformazioni delle superficie a curvatura costante.

Osservazioni generali sul problema di determinare una superficie a curvatura costante K, assegnatane una striscia — Le superficie pseudosferiche riferite alle assintotiche e le loro evolute — Esistenza della superficie pseudosferica con due assegnate linee assintotiche di diverso sistema — Le congruenze pseudosferiche e la trasformazione di Bäcklund — Proprietà di questa trasformazione — Deformazioni infinitesime corrispondenti delle superficie pseudosferiche — Trasformazione complementare — Trasformazione di Lie — Teorema di permutabilità delle trasformazioni di Bäcklund e sue conseguenze — Elicoidi pseudosferiche del Dini — Superficie complementare della pseudosfera — Superficie a curvatura costante positiva — Trasformazione di Hazzidakis — Superficie a curvatura media costante — Deformazioni di queste superficie, che ne conservano i raggi principali di curvatura.

244. Dopo esserci occupati nel precedente capitolo della geometria delle superficie a curvatura costante, andiamo a studiare nel presente le loro effettive forme nello spazio.

Cominciamo da alcune osservazioni generali relative al problema (di Cauchy) della determinazione di una superficie a curvatura costante K, assegnata che ne sia una *striscia analitica*. (Cf. n. 203). Se con

$$z = z\ (x, y)$$

indichiamo l'equazione ordinaria della superficie e adottiamo per le derivate parziali di z le solite notazioni di Monge, per esprimere che la curvatura della superficie è la costante K, avremo la equazione del 2.° ordine

$$rt - s^2 = K\ (1+p^2+q^2)^2 \ (*). \tag{1}$$

Assegnare una curva C, per la quale la superficie deve passare e lungo di essa i piani tangenti, equivale a dare lungo C

$$x,\ y,\ z,\ p,\ q$$

come funzioni (che supponiamo analitiche) di un parametro, p. e. l'arco s

(*) Vedi in fondo al volume la nota al capitolo IV.

di C. I teoremi generali di Cauchy (*) assicurano che esiste una ed una sola soluzione analitica della (1), che soddisfa alle condizioni iniziali imposte, salvo il caso eccezionale in cui risulti lungo C

$$dp\, dx + dq\, dy = 0. \tag{2}$$

Ora questa esprime che le normali assegnate lungo C coincidono colle binormali della curva stessa (**).

Abbiamo dunque il risultato:

Esiste una ed una sola superficie analitica colla curvatura costante K, *che contiene una striscia analitica assegnata ad arbitrio. Fa eccezione il caso, in cui i piani tangenti della striscia coincidono coi piani osculatori della curva.*

Esaminiamo ora il caso escluso. Allora la teoria generale ci dice che il problema proposto è impossibile, se contemporaneamente alla (2) non sussiste l'altra

$$dp\, dq - K\,(1+p^2+q^2)^2\, dx\, dy = 0,$$

ovvero, per la (2) stessa:

$$dq^2 + K\,(1+p^2+q^2)^2\, dx^2 = 0 \tag{3}$$

ed è invece indeterminato, se sussistono insieme la (2) e la (3). Ma, nel caso di K positivo, la (3) non può evidentemente sussistere. Ed anche geometricamente vediamo subito che le condizioni del problema lo rendono assurdo, in quanto che la curva C dovrebbe risultare assintotica, mentre per le superficie a curvatura positiva le assintotiche sono immaginarie.

Ma se K è negativo, poniamo

$$K = -\frac{1}{R^2},$$

la (3) esprime che la torsione della curva C deve essere costante $= \frac{1}{R}$ (***), altrimenti il problema è impossibile, come risulta anche dal teorema di Enneper.

(*) Cf. Goursat. — *Leçons sur les èquations aux derivèes partielles,* pag. 22. Darboux. — Leçons, t. III, pag. 264.

(**) Invero, adoperando per la curva C le solite notazioni, l'equazione

$$p\cos\alpha + q\cos\beta - \cos\gamma = 0$$

differenziata, coll'osservare la (2), dà:

$$p\cos\xi + q\cos\eta - \cos\zeta = 0.$$

(***) Ciò si vede subito, osservando le formole

$$p = -\frac{\cos\lambda}{\cos\nu}, \quad q = -\frac{\cos\mu}{\cos\nu},$$

e tenendo conto delle formole di Frenet.

Supponendo questa condizione soddisfatta, lo sviluppo in serie, che si ottiene per la soluzione cercata della (1), presenta infiniti coefficienti indeterminati. Ma, non essendo dimostrata in questo caso la convergenza della serie corrispondente, resta dubbio se il problema ammette allora effettivamente infinite soluzioni, come appare, e quale grado d'indeterminazione presenti. Tutto ciò sarà fra breve precisato e si vedrà che il problema è veramente indeterminato, potendosi ancora dare ad arbitrio un'assintotica del 2.° sistema.

245. L'elemento lineare di una superficie pseudosferica S, la cui curvatura K poniamo per semplicità $= -1$, prende la forma (v. pag. 127)

$$ds^2 = du^2 + 2\cos(2\omega)\,du\,dv + dv^2\,, \tag{4}$$

dove ω è una soluzione dell'equazione a derivate parziali

$$\frac{\partial^2 (2\omega)}{\partial u\,\partial v} = \operatorname{sen}(2\omega)\,. \tag{5}$$

Indicando con X, Y, Z ; X', Y', Z' ; X'', Y'', Z'' rispettivamente i coseni di direzione della normale e delle tangenti alle linee di curvatura $u+v=\text{cost}^{\text{te}}$, $u-v=\text{cost}^{\text{te}}$, dalle formole (30) pag. 265 deduciamo le formole riassunte nella tabella seguente (*):

$$(a)\quad\left\{\begin{aligned}
&\left\{\begin{aligned}\frac{\partial X}{\partial u} &= \cos\omega\, X' + \operatorname{sen}\omega\, X'',\\ \frac{\partial X}{\partial v} &= -\cos\omega\, X' + \operatorname{sen}\omega\, X'',\end{aligned}\right.\\
&\left\{\begin{aligned}\frac{\partial X'}{\partial u} &= \frac{\partial\omega}{\partial u} X'' - \cos\omega\, X\,,\\ \frac{\partial X'}{\partial v} &= -\frac{\partial\omega}{\partial v} X'' + \cos\omega\, X\,,\end{aligned}\right.\\
&\left\{\begin{aligned}\frac{\partial X''}{\partial u} &= -\frac{\partial\omega}{\partial u} X' - \operatorname{sen}\omega\, X,\\ \frac{\partial X''}{\partial v} &= \frac{\partial\omega}{\partial v} X' - \operatorname{sen}\omega\, X,\end{aligned}\right.
\end{aligned}\right.$$

colle analoghe per Y, Z; Y', Z'; Y'', Z''. Indicando con x, y, z le coordinate del punto (u, v) sulla S, avremo poi

$$(b)\quad\left\{\begin{aligned}\frac{\partial x}{\partial u} &= -\operatorname{sen}\omega\, X' + \cos\omega\, X''\\ \frac{\partial x}{\partial v} &= \operatorname{sen}\omega\, X' + \cos\omega\, X''.\end{aligned}\right.$$

(*) Si avverta che nelle formole citate conviene porre

$$\Omega = \pi - 2\omega \quad,\quad X_1 = X' \quad,\quad X_2 = X''.$$

Se r_1, r_2 denotano i raggi principali di curvatura della S, relativi alle rispettive linee di curvatura $u+v=\text{cost}^{\text{te}}$, $u-v=\text{cost}^{\text{te}}$, osservando che dalle ($a$), ($b$) risulta

$$\left\{\begin{aligned} \frac{\partial x}{\partial u}-\frac{\partial x}{\partial v} &= -\operatorname{tg}\omega\left(\frac{\partial X}{\partial u}-\frac{\partial X}{\partial v}\right) \\ \frac{\partial x}{\partial u}+\frac{\partial x}{\partial v} &= \cot\omega\left(\frac{\partial X}{\partial u}+\frac{\partial X}{\partial v}\right), \end{aligned}\right.$$

dedurremo

$$(6)\qquad r_1=-\operatorname{tg}\omega\quad,\quad r_2=\cot\omega\,.$$

Segue subito da queste formole un teorema, che dovremo utilizzare più tardi. Consideriamo la congruenza (pseudosferica) delle tangenti alle linee assintotiche di un sistema, p. e. delle $u=\text{cost}^{\text{te}}$, e facciamone l'immagine sferica. Indicando con ξ, η, ζ le coordinate del punto della sfera immagine del raggio (u, v) della congruenza, avremo:

$$\left\{\begin{aligned} \xi &= \frac{\partial x}{\partial v} = \operatorname{sen}\omega\, X'+\cos\omega\, X'' \\ \eta &= \frac{\partial y}{\partial v} = \operatorname{sen}\omega\, Y'+\cos\omega\, Y'' \\ \zeta &= \frac{\partial z}{\partial v} = \operatorname{sen}\omega\, Z'+\cos\omega\, Z'', \end{aligned}\right.$$

onde derivando si avrà, per le (a):

$$\left\{\begin{aligned} \frac{\partial\xi}{\partial u} &= -\operatorname{sen}(2\omega)\, X \\ \frac{\partial\xi}{\partial v} &= 2\left(\cos\omega\,\frac{\partial\omega}{\partial v}\,X'-\operatorname{sen}\omega\,\frac{\partial\omega}{\partial v}\,X''\right), \end{aligned}\right.$$

colle analoghe per η, ζ. Per l'elemento lineare sferico ds' della rappresentazione avremo quindi

$$(7)\qquad ds'^2=d\xi^2+d\eta^2+d\zeta^2=\operatorname{sen}^2(2\omega)\,du^2+\left(\frac{\partial\,.\,2\,\omega}{\partial v}\right)^2 dv^2\,.$$

Vediamo adunque che le linee sferiche u, v corrispondenti alle assintotiche della superficie pseudosferica focale S formano un sistema ortogonale (*), che dà all'elemento lineare sferico la forma caratteristica:

(*) Si può domandare in generale quando accade che nella immagine sferica di una congruenza, a sviluppabili coincidenti, alle assintotiche della superficie focale corrisponde sulla sfera un sistema ortogonale. Si potrebbe dimostrare che ciò accade soltanto quando si assuma per superficie focale una superficie, le cui assintotiche di un sistema sono curve a torsione costante. (Cf. pag. 315).

$$ds'^2 = \operatorname{sen}^2 \Omega\, du^2 + \left(\frac{\partial \Omega}{\partial v}\right)^2 dv^2, \tag{8}$$

essendo Ω (u, v) una soluzione dell'equazione

$$\frac{\partial^2 \Omega}{\partial u \partial v} = \operatorname{sen} \Omega. \tag{8*}$$

246. Andiamo ora a verificare che le due falde dell'evoluta della superficie pseudosferica S sono applicabili sul catenoide (pag. 242), il che ci darà occasione di constatare una notevole circostanza.

Consideriamo p. e. la prima falda Σ_1 relativa al raggio r_1. Le coordinate x_1, y_1, z_1 di un punto mobile sopra Σ_1 sono date da

$$x_1 = x + \operatorname{tg} \omega\, X, \quad y_1 = y + \operatorname{tg} \omega\, Y, \quad z_1 = z + \operatorname{tg} \omega\, Z.$$

Derivando, otteniamo per le (a), (b)

$$\tag{9} \left\{ \begin{aligned} \frac{\partial x_1}{\partial u} &= \frac{1}{\cos^2 \omega} \frac{\partial \omega}{\partial u} X + \frac{1}{\cos \omega} X'' \\ \frac{\partial x_1}{\partial v} &= \frac{1}{\cos^2 \omega} \frac{\partial \omega}{\partial v} X + \frac{1}{\cos \omega} X''. \end{aligned} \right.$$

La normale a Σ_1 ha i coseni di direzione

$$X', \; Y', \; Z',$$

come risulta anche dalle formole precedenti.

Si verificano subito le formole

$$\sum \frac{\partial x_1}{\partial u} \frac{\partial X'}{\partial u} = 0, \quad \sum \frac{\partial x_1}{\partial v} \frac{\partial X'}{\partial v} = 0,$$

le quali esprimono la nota proprietà (pag. 233) che le assintotiche di Σ_1 corrispondono alle assintotiche della evolvente S.

Formiamo dalle (9) l'elemento lineare

$$ds_1^2 = dx_1^2 + dy_1^2 + dz_1^2$$

di Σ_1; troviamo

$$ds_1^2 = \frac{d\omega^2}{\cos^4 \omega} + \frac{1}{\cos^2 \omega} (du^2 + 2\, du\, dv + dv^2),$$

che ponendo

$$\operatorname{tg} \omega = \rho, \quad u + v = \sigma,$$

si riduce alla forma tipica del catenoide

$$ds_1^2 = d\rho^2 + (1 + \rho^2)\, d\sigma^2. \tag{10}$$

Ora le normali alla superficie pseudosferica S lungo un'assintotica, p. e. lungo la $v=0$, formano una superficie rigata Σ, che è alla sua volta applicabile sul catenoide, quindi sopra Σ_1. Le superficie applicabili Σ, Σ_1 si toccano lungo l'assintotica comune $v=0$ e la circostanza che vogliamo osservare consiste in ciò che: *nell'applicabilità delle due superficie* Σ, Σ_1, *i punti dell'assintotica comune* $v=0$ *corrispondono a sè stessi.*

Indicando infatti coll'apposizione dell'indice o le quantita $x, y, z;$ X, Y, Z prese sopra S lungo $v=0$, per le coordinate ξ, η, ζ di un punto qualunque di Σ avremo

$$\xi = x_0 + t\,X_0 \quad , \quad \eta = y_0 + t\,Y_0 \quad , \quad \zeta = z_0 + t\,Z_0 \,,$$

essendo t la lunghezza del segmentó di generatrice, che intercede fra (ξ, η, ζ) e (x_0, y_0, z_0). Ne risulta

$$(10^*) \qquad d\xi^2 + d\eta^2 + d\zeta^2 = dt^2 + (1+t^2)\,du^2 \,.$$

I due elementi lineari (10), (10*) si identificano ponendo

$$t = \rho \quad , \quad u = \sigma \,,$$

e però la linea, che sulla Σ corrisponde nella applicabilità alla $v=0$ di Σ_1, sarà data da

$$t = \operatorname{tg} \omega_0 \,,$$

il che dimostra la proprietà enunciata.

247. Dopo questa digressione, riprendiamo la questione alla fine del n. 244. Ad essa risponde un teorema già accennato da Lie e formulato da Bäcklund, che ne ha dato altresì una dimostrazione fondata sopra considerazioni infinitesimali (*).

Il teorema (precisato anche riguardo ai segni della torsione) si enuncia così:

Date due curve C, C' *la prima a torsione* $+1$, *la seconda a torsione* -1, *che escono da un medesimo punto* P *dello spazio, avendovi lo stesso piano osculatore ma tangenti distinte, esiste una superficie pseudosferica* S *di raggio* 1, *che le contiene ambedue come curve assintotiche.*

Osserviamo in primo luogo che, dalla forma (4) dell'elemento lineare di S, per le curvature geodetiche

$$\frac{1}{\rho_u} \,, \; \frac{1}{\rho_v}$$

delle linee assintotiche u, v (che salvo il segno coincidono colle curvature assolute delle linee stesse) abbiamo per le (5) pag. 146

$$\frac{1}{\rho_u} = -\frac{\partial\,(2\,\omega)}{\partial v} \quad , \quad \frac{1}{\rho_v} = -\frac{\partial\,(2\,\omega)}{\partial u} \,.$$

(*) *Om ytor* ecc. pag. 19. — Lund's Univ. Arrskrift, t. XIX, 1883.

Se supponiamo che le curve C, C′ coincidano rispettivamente colla $v=0$, $u=0$, l'assegnare la forma di queste assintotiche equivarrà a dare

$$\frac{\partial (2\omega)}{\partial u} \text{ per } v=0$$

in funzione di u e

$$\frac{\partial (2\omega)}{\partial v} \text{ per } u=0$$

in funzione di v.

Poichè inoltre conosciamo il valore iniziale ω_0 di ω in $u=0$, $v=0$, sarà noto ω tanto lungo la $v=0$ che lungo la $u=0$. D'altronde, dovendo essere 2ω soluzione della equazione

$$\frac{\partial^2 (2\omega)}{\partial u \, \partial v} = \text{sen}\,(2\omega),$$

vediamo che il teorema enunciato equivale, mutate le notazioni, al seguente teorema d'analisi:

L'equazione a derivate parziali

$$\frac{\partial^2 z}{\partial x \, \partial y} = \text{sen}\, z \tag{11}$$

ammette una soluzione z, che per $y=0$ si riduce ad una funzione data $\varphi(x)$ della x, e per $x=0$ ad una funzione data $\psi(y)$ della y, supponendo $\varphi(0)=\psi(0)$.

Le recenti ricerche di Picard (*) sull'integrazione delle equazioni a derivate parziali per approssimazioni successive ci danno il modo di dimostrare in tutto rigore questo teorema, come ora vedremo. Nella dimostrazione supporremo dapprima soltanto che le funzioni $\varphi(x)$, $\psi(y)$, arbitrariamente date, siano finite e continue ed ammettano le derivate prime $\varphi(x)$, $\psi(y)$ pure finite e continue.

248. Proveremo l'esistenza della soluzione cercata z in un campo qualsiasi *finito* per le due variabili indipendenti x, y, nel quale le condizioni enunciate per $\varphi(x)$, $\psi(y)$ siano soddisfatte.

Prendiamo dapprima la funzione

$$z_1 = \varphi(x) + \psi(y) - \varphi(0) = \varphi(x) + \psi(y) - \psi(0),$$

che soddisfa alle condizioni iniziali (di ridursi a $\varphi(x)$ per $y=0$ e a $\psi(y)$ per $x=0$) e inoltre alla equazione

$$\frac{\partial^2 z_1}{\partial x \, \partial y} = 0.$$

(*) *Journal de Mathèmatiques,* 1890.

Indi costruiamo la funzione z_2 che soddisfa alle medesime condizioni iniziali ed alla equazione

$$\frac{\partial^2 z_2}{\partial x\,\partial y} = \operatorname{sen} z_1 ;$$

avremo

$$z_2 = z_1 + \int_0^x \int_0^y \operatorname{sen} z_1 \, dx\, dy .$$

Poi da z_2 deduciamo una nuova funzione

$$z_3 = z_1 + \int_0^x \int_0^y \operatorname{sen} z_2 \, dx\, dy ,$$

che soddisfa alle condizioni iniziali ed alla equazione

$$\frac{\partial^2 z_3}{\partial x\,\partial y} = \operatorname{sen} z_2 .$$

Così continuiamo indefinitamente, costruendo la serie infinita di funzioni

$$(\alpha) \quad z_1 , z_2 , z_3 \ldots . z_n \ldots ,$$

ove il termine generale

$$z_n = z_1 + \int_0^x \int_0^y \operatorname{sen} z_{n-1} \, dx\, dy$$

soddisfa alle condizioni iniziali ed alla equazione

$$(\beta) \quad \frac{\partial^2 z_n}{\partial x\,\partial y} = \operatorname{sen} z_{n-1} .$$

Ora asseriamo che: *La serie*

(12) $$z = z_1 + (z_2 - z_1) + (z_3 - z_2) + \ldots + (z_n - z_{n-1}) + \ldots$$

converge in egual grado entro ogni campo finito per x, y e rappresenta la soluzione cercata della (11) (*).

249. Per provare la nostra asserzione cominciamo dall' osservare che, essendo

$$|\operatorname{sen} z_1| < 1 ,$$

(*) La possibilità di escludere così ogni limitazione pel campo di convergenza della serie (12) è dovuta ad una recente osservazione di Lindelöf sui metodi di Picard (*Comptes Rendus*, 26 fèvrier 1894), osservazione che viene appunto utilizzata nel testo.

si ha

$$(\gamma) \quad |z_2 - z_1| < |x y| .$$

Ora

$$z_3 - z_2 = \int_0^x \int_0^y 2 \operatorname{sen}\left(\frac{z_2 - z_1}{2}\right) \cos\left(\frac{z_2 + z_1}{2}\right) dx\, dy$$

e poichè

$$\left|\cos\left(\frac{z_2 + z_1}{2}\right)\right| < 1 ,$$

mentre per la (γ)

$$\left|\operatorname{sen}\left(\frac{z_2 - z_1}{2}\right)\right| < \frac{|x y|}{2} ,$$

avremo:

$$(\delta) \quad |z_3 - z_2| < \int_0^{|x|} \int_0^{|y|} |x y|\, dx\, dy < \frac{|x y|^2}{(1\,.\,2)^2} .$$

In generale, se si suppone già dimostrato che

$$(\varepsilon) \quad |z_n - z_{n-1}| < \frac{|x y|^{n-1}}{[1\,.\,2 \ldots (n-1)]^2} ,$$

si avrà

$$z_{n+1} - z_n = \int_0^x \int_0^y 2 \operatorname{sen}\left(\frac{z_n - z_{n-1}}{2}\right) \cos\left(\frac{z_n + z_{n-1}}{2}\right) dx\, dy$$

e però

$$|z_{n+1} - z_n| < \frac{1}{[1-2 \ldots (n-1)]^2} \int_0^{|x|} \int_0^{|y|} |x y|^{n-1}\, dx\, dy ,$$

cioè

$$|z_{n+1} - z_n| < \frac{|x y|^n}{[1\,.\,2\,.\,3 \ldots n]^2} .$$

Dunque la diseguaglianza (ε) sussiste in generale.

La convergenza in egual grado della serie (12) risulta dopo ciò immediatamente dal confronto colla serie

$$1 + \xi + \frac{\xi^2}{(1\,.\,2)^2} + \frac{\xi^3}{(1\,.\,2\,.\,3)^2} + \ldots + \frac{\xi^n}{(1\,.\,2\,.\,3\,.\,.\,n)^2} + \ldots ,$$

che converge in egual grado in qualsiasi campo finito per la variabile $\xi = |x y|$.

La somma dei primi n termini della (12) essendo z_n, possiamo anche dire che z_n, al crescere di n, converge in egual grado per tutti i punti del campo verso z. La funzione z è certamente finita e continua e si riduce per $y=0$ a $\varphi(x)$ e per $x=0$ a $\psi(y)$. Resta a provare che è una soluzione della (11). Ora ciascun termine della serie (12) ammette la derivata seconda rapporto ad x, y e, per la (β), la serie formata con queste derivate seconde dei termini della (12) è

(13) $\text{sen}\, z_1 + (\text{sen}\, z_2 - \text{sen}\, z_1) + (\text{sen}\, z_3 - \text{sen}\, z_2) + \ldots + (\text{sen}\, z_n - \text{sen}\, z_{n-1}) \ldots$

La somma dei primi n termini della (13) è $\text{sen}\, z_n$ e al crescere di n converge *in egual grado* verso $\text{sen}\, z$, come z_n verso z. La (13) è dunque alla sua volta convergente in egual grado e la sua somma è $\text{sen}\, z$. Dunque la funzione z, rappresentata dalla (12), ammette la derivata seconda $\frac{\partial^2 z}{\partial x\, \partial y}$ e si ha

$$\frac{\partial^2 z}{\partial x\, \partial y} = \text{sen}\, z\,,$$

il che completa la dimostrazione del teorema enunciato.

250. Supponiamo ora che $\varphi(x)$, $\psi(y)$ siano funzioni *analitiche* di x, y rispettivamente, sviluppabili in serie di Taylor per potenze di x, y. Anche $\text{sen}\, z_1$ sarà sviluppabile in serie di potenze di x e y e percorrendo la serie (α) delle funzioni z_n costruite, vediamo che ciascuna di esse sarà sviluppabile in serie di potenze di x e y. La serie (12) essendo convergente in egual grado, potremo pure convertire la nostra soluzione z in serie di potenze

$$z = \sum_{m=0}^{m=\infty} \sum_{n=0}^{n=\infty} a_{m,n}\, x^m\, y^n\,.$$

Se si osserva poi che le condizioni iniziali, cui z è assoggettata, determinano completamente, per $x=0$, $y=0$, tutte le derivate

$$\frac{\partial^{m+n} z}{\partial x^m\, \partial y^n}\,,$$

vediamo che la soluzione trovata è l'unica soluzione analitica del problema.

Possiamo quindi completare il teorema sulle superficie pseudosferiche n. 247, così:

Se le due curve assintotiche assegnate C, C′ *sono curve analitiche, vi ha una ed una sola superficie pseudosferica analitica, che le contiene.*

Ora osserviamo che il metodo esposto non esclude il caso in cui una delle due funzioni $\varphi(x)$, $\psi(y)$ od ambedue si riducono a costanti. Geometricamente ciò significa (n. 247) che una delle due curve C, C′ od ambedue possono ridursi ad una linea retta. In particolare abbiamo il risultato: *Due rette che si tagliano individuano una ed una sola superficie pseudosferica (analitica) di raggio assegnato, che le contiene.*

In questo caso si vede subito che le successive funzioni

$$z_2, z_3 \ldots z_n \ldots$$

sono funzioni del prodotto xy; lo stesso accade quindi della soluzione corrispondente z della (11).

Accenniamo in fine ad alcune conseguenze concernenti la teoria dell'applicabilità e precisamente le deformazioni per le quali un'assintotica resta rigida (*). (Cf. pag. 199). Se delle due curve C, C' si tiene fissa la C e si fa variare ad arbitrio la C', le infinite superficie pseudosferiche sono applicabili in guisa che l'assintotica C rimane rigida. Se pur facendo variare C', si tiene fisso l'angolo ω_0 che C' fa con C, allora i raggi principali di curvatura lungo C restano pure invariabili e le due falde della evoluta si deformano, restando rigida la corrispondente assintotica.

251. I teoremi generali precedenti ci assicurano bensì dell'esistenza delle superficie a curvatura costante soddisfacenti a determinate condizioni, ma non danno modo di determinare singole superficie di questa specie altro che per sviluppi in serie. Ora per le superficie a curvatura costante negativa i teoremi sulle congruenze pseudosferiche (Cf. pag. 269 e 315) conducono a particolari trasformazioni di queste superficie, che permettono di dedurre da una superficie pseudosferica nota infinite nuove. Passando ad occuparci di questa teoria, cominciamo dal riassumere i risultati ottenuti nel teorema:

Data una superficie pseudosferica S *di raggio* R *e scelto un angolo arbitrario* σ, *esistono* ∞^1 *congruenze pseudosferiche, di cui* S *è una falda della superficie focale; la distanza dei punti limiti sopra ogni raggio della congruenza è eguale ad* R *e la distanza dei fuochi a* R *cos* σ. *La seconda falda* S' *della superficie focale è una nuova superficie pseudosferica di raggio* R; *sopra* S, S' *si corrispondono le linee di curvatura e le assintotiche e gli archi di assintotiche corrispondenti sono eguali.*

Ponendo, come sopra, $R=1$ e prendendo per σ un valore arbitrario σ_1, costruiamo effettivamente una congruenza pseudosferica di cui S sia la prima falda della superficie focale e $\cos\sigma_1$ la distanza dei fuochi. Sia S_1 la seconda falda e $F \equiv (x, y, z)$, $F_1 \equiv (x_1, y_1, z_1)$ siano due fuochi corrispondenti sopra S, S_1; indicando con ω_1 l'angolo d'inclinazione del segmento $\overline{FF_1}$ sulla direzione (X'', Y'', Z'') della linea di curvatura $u-v=\text{cost}^{\text{te}}$, avremo manifestamente

$$(14)\quad \begin{cases} x_1 = x + \cos\sigma_1 (\operatorname{sen}\omega_1 \,.\, X' + \cos\omega_1 \,.\, X'') \\ y_1 = y + \cos\sigma_1 (\operatorname{sen}\omega_1 \,.\, Y' + \cos\omega_1 \,.\, Y'') \\ z_1 = z + \cos\sigma_1 (\operatorname{sen}\omega_1 \,.\, Z' + \cos\omega_1 \,.\, Z'') \,. \end{cases}$$

(*) Il lettore potrà vedere maggiormente sviluppate queste conseguenze in una mia nota inserita nei Rendiconti dei Lincei (febbraio 1894).

Per determinare la funzione incognita $\omega_1(u,v)$, esprimiamo che la congruenza così costruita è pseudosferica. Per ciò derivando le (14), osservando le (a), (b) (pag. 418), troviamo in primo luogo

$$(15)\quad \left\{\begin{aligned} \frac{\partial x_1}{\partial u} &= \left[-\operatorname{sen}\omega+\cos\sigma_1\cos\omega_1\frac{\partial(\omega_1-\omega)}{\partial u}\right]X'+\\ &+\left[\cos\omega-\cos\sigma_1\operatorname{sen}\omega_1\frac{\partial(\omega_1-\omega)}{\partial u}\right]X''-\cos\sigma_1\operatorname{sen}(\omega_1+\omega)X\\ \frac{\partial x_1}{\partial v} &= \left[\operatorname{sen}\omega+\cos\sigma_1\cos\omega_1\frac{\partial(\omega_1+\omega)}{\partial v}\right]X'+\\ &+\left[\cos\omega-\cos\sigma_1\operatorname{sen}\omega_1\frac{\partial(\omega_1+\omega)}{\partial v}\right]X''+\cos\sigma_1\operatorname{sen}(\omega_1-\omega)X.\end{aligned}\right.$$

Ora, se esprimiamo che il segmento $\overline{FF_1}$ tocca in F_1 la S_1, cioè che il determinante

$$\begin{vmatrix} x_1-x & y_1-y & z_1-z\\ \frac{\partial x_1}{\partial u} & \frac{\partial y_1}{\partial u} & \frac{\partial z_1}{\partial u}\\ \frac{\partial x_1}{\partial v} & \frac{\partial y_1}{\partial v} & \frac{\partial z_1}{\partial v}\end{vmatrix}$$

è nullo, troviamo

$$\cos\sigma_1\operatorname{sen}(\omega_1-\omega)\frac{\partial(\omega_1-\omega)}{\partial u}+\cos\sigma_1\operatorname{sen}(\omega_1+\omega)\frac{\partial(\omega_1+\omega)}{\partial v}=$$
$$=2\operatorname{sen}(\omega_1+\omega)\operatorname{sen}(\omega_1-\omega).$$

Poichè inoltre sulla S_1 le u, v sono assintotiche ed u, v sono i loro archi, dovremo avere

$$\sum\left(\frac{\partial x_1}{\partial u}\right)^2=1\quad,\quad\sum\left(\frac{\partial x_1}{\partial v}\right)^2=1,$$

onde

$$\left[\cos\sigma_1\frac{\partial(\omega_1-\omega)}{\partial u}-\operatorname{sen}(\omega_1+\omega)\right]^2=\operatorname{sen}^2\sigma_1\operatorname{sen}^2(\omega_1+\omega)$$
$$\left[\cos\sigma_1\frac{\partial(\omega_1+\omega)}{\partial v}-\operatorname{sen}(\omega_1-\omega)\right]^2=\operatorname{sen}^2\sigma_1\operatorname{sen}^2(\omega_1-\omega)$$

e confrontando colla precedente, vediamo che, senza alterare la generalità, possiamo scrivere le equazioni per ω_1 sotto la forma:

$$(16)\quad \left\{\begin{aligned} \frac{\partial(\omega_1-\omega)}{\partial u} &= \frac{1+\operatorname{sen}\sigma_1}{\cos\sigma_1}\operatorname{sen}(\omega_1+\omega)\\ \frac{\partial(\omega_1+\omega)}{\partial v} &= \frac{1-\operatorname{sen}\sigma_1}{\cos\sigma_1}\operatorname{sen}(\omega_1-\omega).\end{aligned}\right.$$

Viceversa, se ω_1 soddisfa queste due condizioni, vediamo ora facilmente che la corrispondente congruenza, costruita secondo le formole (14), è effettivamente pseudosferica. E infatti le (15) si scrivono ora:

$$(17)\quad \left\{\begin{aligned} \frac{\partial x_1}{\partial u} &= [\text{sen}\,\omega_1 \cos(\omega_1+\omega) + \text{sen}\,\sigma_1 \cos\omega_1 \,\text{sen}\,(\omega_1+\omega)]\,X' + \\ &+ [\cos\omega_1 \cos(\omega_1+\omega) - \text{sen}\,\sigma_1\,\text{sen}\,\omega_1\,\text{sen}\,(\omega_1+\omega)]\,X'' - \cos\sigma_1\,\text{sen}\,(\omega_1+\omega)\,X \\ \frac{\partial x_1}{\partial v} &= [\text{sen}\,\omega_1 \cos(\omega_1-\omega) - \text{sen}\,\sigma_1 \cos\omega_1 \,\text{sen}\,(\omega_1-\omega)]\,X' + \\ &+ [\cos\omega_1 \cos(\omega_1-\omega) + \text{sen}\,\sigma_1\,\text{sen}\,\omega_1\,\text{sen}\,(\omega_1-\omega)]\,X'' + \cos\sigma_1\,\text{sen}\,(\omega_1-\omega)\,X \end{aligned}\right.$$

e però, indicando coll'indice 1 le quantità relative alla superficie S_1, troviamo

$$(18)\quad \left\{\begin{aligned} X_1 &= -\cos\sigma_1 \cos\omega_1\,X' + \cos\sigma_1\,\text{sen}\,\omega_1\,X'' - \text{sen}\,\sigma_1\,X \\ X'_1 &= (\text{sen}\,\omega_1\,\text{sen}\,\omega - \text{sen}\,\sigma_1 \cos\omega_1 \cos\omega)\,X' + \\ &\qquad + (\cos\omega_1\,\text{sen}\,\omega + \text{sen}\,\sigma_1\,\text{sen}\,\omega_1 \cos\omega)\,X'' + \cos\sigma_1 \cos\omega\,X \\ X'_2 &= (\text{sen}\,\omega_1 \cos\omega + \text{sen}\,\sigma_1 \cos\omega_1\,\text{sen}\,\omega)\,X' + \\ &\qquad + (\cos\omega_1 \cos\omega - \text{sen}\,\sigma_1\,\text{sen}\,\omega_1\,\text{sen}\,\omega)\,X'' - \cos\sigma_1\,\text{sen}\,\omega\,X\,. \end{aligned}\right.$$

Di qui risulta

$$(19)\qquad dx_1^2 + dy_1^2 + dz_1^2 = du^2 + 2\cos 2\,\omega_1\,du\,dv + dv^2$$

$$(20)\qquad X_1 X + Y_1 Y + Z_1 Z = -\,\text{sen}\,\sigma_1\,,$$

formole che danno la verifica richiesta. (Cf. n. 150).

252. La funzione $\omega_1\,(u, v)$ ha per la superficie pseudosferica trasformata S_1 lo stesso significato che ω per la superficie primitiva; essa misura cioè la metà dell'angolo delle assintotiche sulla nuova superficie. Risulta già di qui che ω_1 sarà, come ω, una soluzione dell'equazione (5)

$$(A)\qquad \frac{\partial^2\,(2\,\theta)}{\partial u\,\partial v} = \text{sen}\,(2\,\theta)\,.$$

Ma giova ora, considerando le nostre formole dal punto di vista puramente analitico, osservare le conseguenze che ne derivano per l'integrazione dell'equazione (A).

Essendo ω una soluzione della (A), per le due equazioni simultanee (16) per ω_1 risulta identicamente soddisfatta la condizione d'integrabilità, come si osserva derivando la prima delle (16) rapporto a v, la seconda rapporto a u e sottraendo. Per ciò la soluzione generale $\omega_1\,(u, v)$ delle (16) contiene una costante arbitraria C. Possiamo compendiare le (16) nella equazione a differenziali totali per ω_1

$$(16^*)\quad d\omega_1 = \left\{\frac{1+\operatorname{sen}\sigma_1}{\cos\sigma_1}\operatorname{sen}(\omega_1+\omega)+\frac{\partial\omega}{\partial u}\right\}du+\left\{\frac{1-\operatorname{sen}\sigma_1}{\cos\sigma_1}\operatorname{sen}(\omega_1-\omega)-\frac{\partial\omega}{\partial v}\right\}dv;$$

questa, prendendo per incognita

$$\operatorname{tg}\frac{1}{2}\omega_1 = \Lambda\,,$$

si riduce ad una equazione del tipo di Riccati

$$d\Lambda = (a\,\Lambda^2 + b\,\Lambda + c)\,du + (a'\,\Lambda^2 + b'\,\Lambda + c')\,dv\,,$$

essendo a, b, c, a', b', c' funzioni note di u, v.

Basterà dunque conoscere una soluzione particolare ω_1 del sistema (16) o della (16*), per dedurne con quadrature la soluzione generale.

Se d'altronde dalle (16) si elimina ω, sommando le equazioni stesse derivate come sopra rapporto a v, u, si trova che ω_1 è alla sua volta soluzione della (A).

Così da una soluzione ω nota della (A), integrando le (16), si avrà una nuova soluzione ω_1 con una costante arbitraria. Partendo ora da ω_1 anzichè da ω (mantenendo a σ_1 lo stesso valore), avremo le nuove equazioni

$$\left\{\begin{aligned}\frac{\partial(\omega_2-\omega_1)}{\partial u} &= \frac{1+\operatorname{sen}\sigma_1}{\cos\sigma_1}\operatorname{sen}(\omega_2+\omega_1)\\ \frac{\partial(\omega_2+\omega_1)}{\partial v} &= \frac{1-\operatorname{sen}\sigma_1}{\cos\sigma_1}\operatorname{sen}(\omega_2-\omega_1),\end{aligned}\right.$$

per le quali è già nota la soluzione particolare

$$\omega_2 = \pi + \omega\,;$$

basterà quindi una nuova quadratura per trovare la soluzione generale ω_2, che conterrà una nuova costante arbitraria C′. Dopo ciò è chiaro che l'applicazione illimitata del metodo di *trasformazione* richiederà soltanto, nell'ipotesi fatte, successive quadrature. Queste osservazioni preliminari troveranno poi al n. 259 un notevole complemento.

253. La *trasformazione,* colla quale si passa dalla superficie pseudosferica S alla derivata S_1, si dirà la *trasformazione di Bäcklund* dal nome del geometra che per primo la considerò in tutta la sua generalità.

Indicheremo poi simbolicamente con B_{σ_1} la trasformazione stessa, ponendo in evidenza la costante σ_1, colla quale essa è costruita. Possiamo quindi riassumere come segue i risultati fin qui ottenuti:

La trasformazione di Bäcklund B_{σ_1} *fa nascere da una superficie pseudosferica* S *una semplice infinità di nuove superficie pseudosferiche. Basterà conoscere una delle superficie derivate per trovare con quadrature tutte le altre e, in questa ipotesi, l'applicazione della* B_{σ_1} *alle nuove superficie richiederà nuovamente soltanto quadrature.*

Osserviamo poi che se P è un punto qualunque di S, i punti corrispondenti P_1, sulle prime superficie derivate per la trasformazione di Bäcklund B_{σ_1}, sono allogati sulla circonferenza di raggio $\cos \sigma_1$ descritta col centro in P nel piano tangente. E la nota proprietà delle equazioni del tipo di Riccati, che il rapporto anarmonico di quattro soluzioni particolari è una costante, si traduce geometricamente nel teorema:

Quattro superficie derivate per trasformazione di Bäcklund B_{σ_1} *da una superficie pseudosferica* S *tagliano tutti i circoli di raggio* $= \cos \sigma_1$, *descritti nei piani tangenti di* S *col centro nel punto di contatto, in un gruppo di quattro punti di rapporto anarmonico costante.*

Si osserverà inoltre che questi circoli sono traiettorie isogonali sotto l'angolo $\frac{\pi}{2} - \sigma_1$ delle superficie derivate.

254. Una congruenza pseudosferica essendo una congruenza W (c. XII), ciascuna falda della superficie focale è suscettibile di una deformazione infinitesima, in cui ciascun punto si muove in direzione parallela alla normale nel punto corrispondente dell'altra falda. Ne risulta: *Ogni superficie pseudosferica* S *è suscettibile di* ∞^1 *deformazioni infinitesime, nelle quali la direzione dello spostamento di ciascun punto è inclinata di un angolo costante arbitrario* σ_1 *sulla superficie.*

La deformazione verrà fissata, se per un punto della superficie si fissa arbitrariamente la direzione dello spostamento. Diciamo inoltre, lasciando la dimostrazione al lettore, che le deformazioni qui considerate di una superficie pseudosferica S sono le uniche per le quali le direzioni degli spostamenti pei singoli punti di questa superficie sono inclinate di un angolo costante sul piano tangente. Qui ricerchiamo l'ampiezza infinitesima $\varepsilon \rho$ dello spostamento, dove ρ è una funzione di u, v ed ε una costante infinitesima. Le condizioni

$$\sum \frac{\partial x}{\partial u} \frac{\partial (\rho X_1)}{\partial u} = 0 \quad , \quad \sum \frac{\partial x}{\partial v} \frac{\partial (\rho X_1)}{\partial v} = 0$$

$$\sum \frac{\partial x}{\partial u} \frac{\partial (\rho X_1)}{\partial v} + \sum \frac{\partial x}{\partial v} \frac{\partial (\rho X_1)}{\partial u} = 0$$

danno concordemente, per le (b) e per le (18)

$$(21) \qquad \left\{ \begin{aligned} \frac{\partial \log \rho}{\partial u} &= -\frac{1+\operatorname{sen} \sigma_1}{\cos \sigma_1} \cos (\omega_1 + \omega) \\ \frac{\partial \log \rho}{\partial v} &= -\frac{1-\operatorname{sen} \sigma_1}{\cos \sigma_1} \cos (\omega_1 - \omega) . \end{aligned} \right.$$

La condizione d'integrabilità si trova, per le (16), identicamente soddisfatta, cioè l'espressione

$$(1+\operatorname{sen}\sigma_1)\cos(\omega_1+\omega)\,du+(1-\operatorname{sen}\sigma_1)\cos(\omega_1-\omega)\,dv$$

è un differenziale esatto e risulta dalle (21) stesse (come segue anche facilmente dalle formole del capitolo XI) che ρ è una soluzione della equazione per le deformazioni infinitesime

$$\frac{\partial^2\rho}{\partial u\,\partial v}=\rho\cos 2\,\omega. \tag{22}$$

D'altronde dalle (21) risulta anche

$$\frac{\partial^2}{\partial u\,\partial v}\left(\frac{1}{\rho}\right)=\frac{1}{\rho}\cos 2\,\omega_1,$$

onde si vede che la soluzione ρ della (22) è precisamente quella che nella trasformazione di Moutard (pag. 296) serve a passare dall'equazione di Laplace

$$\frac{\partial^2 z}{\partial u\,\partial v}=\cos 2\,\omega\,.\,z \tag{23}$$

all'altra

$$\frac{\partial^2 z}{\partial u\,\partial v}=\cos 2\,\omega_1\,.\,z, \tag{23*}$$

cioè dalla superficie S alla sua trasformata di Bäcklund S_1, poichè la trasformazione di Moutard cangia appunto gli integrali X, Y, Z della (23) negli integrali X_1, Y_1, Z_1 della (23*). Si osservi in fine che, mentre i punti della superficie S nella deformazione considerata subiscono spostamenti proporzionali a ρ, i punti della S_1 subiscono, nella deformazione analoga, spostamenti proporzionali alla inversa $\frac{1}{\rho}$.

255. Consideriamo il caso particolarmente interessante, in cui l'angolo $\sigma_1=0$. In tal caso la superficie S ed una superficie S_1 sono le due falde dell'evoluta di una superficie W, i cui raggi di curvatura sono legati dalla relazione

$$r_1-r_2=\text{cost}^{\text{te}};$$

allora la S_1 è la *complementare* della S rispetto ad un sistema di geodetiche uscenti da un punto fisso all'infinito di S (geodetiche parallele) e la corrispondente trasformazione B_0 di Bäcklund si dirà la *trasformazione complementare*. (Cf. pag. 242 e 332). Le ∞^1 superficie pseudosferiche S_1, che la trasformazione complementare fa derivare da S hanno per traiettorie ortogonali i circoli di raggio $=1$ tracciati nei piani tangenti della S col centro nel punto di contatto; si ha cioè il sistema ciclico di Ribaucour (n. 186). Le formole (16) diventano semplicemente in questo caso

$$(24)\qquad \left\{\begin{aligned} \frac{\partial(\omega_1-\omega)}{\partial u} &= \operatorname{sen}(\omega_1+\omega) \\ \frac{\partial(\omega_1+\omega)}{\partial v} &= \operatorname{sen}(\omega_1-\omega)\,. \end{aligned}\right.$$

Per l'equazione differenziale delle geodetiche parallele, inviluppate sopra S dai raggi della congruenza pseudosferica, si trova subito

$$(25)\qquad \operatorname{sen}(\omega_1+\omega)\,du+\operatorname{sen}(\omega_1-\omega)\,dv=0$$

e quindi per l'equazione degli oricicli normali (paralleli)

$$(26)\qquad \cos(\omega_1+\omega)\,du+\cos(\omega_1-\omega)\,dv=0\,.$$

Il 1.° membro della (26) è un differenziale esatto; come già si è osservato al numero precedente. Ponendo

$$\psi=\int\left\{\cos(\omega_1+\omega)\,du+\cos(\omega_1-\omega)\,dv\right\},$$

si ha

$$\Delta_1\psi=1\quad,\quad\Delta_2\psi=1\,,$$

i parametri differenziali essendo calcolati rispetto all'elemento lineare di S. Ne risulta (n. 39, pag. 73) che e^{ψ} è un fattore integrante del 1.° membro della (25) e indicando con τ la funzione, di cui diventa allora il differenziale esatto, avremo:

$$\left\{\begin{aligned} d\psi &= \cos(\omega_1+\omega)\,du+\cos(\omega_1-\omega)\,dv \\ e^{-\psi}\,d\tau &= \operatorname{sen}(\omega_1+\omega)\,du+\operatorname{sen}(\omega_1-\omega)\,dv\,, \end{aligned}\right.$$

onde

$$(27)\qquad du^2+2\cos 2\omega\,du\,dv+dv^2=d\psi^2+e^{-2\psi}\,d\tau^2\,,$$

formola che mostra l'elemento lineare di S ridotto alla forma geodetica normale della pseudosfera.

Sulla complementare S_1 l'equazione differenziale delle geodetiche parallele inviluppate dai raggi della congruenza è invece:

$$\operatorname{sen}(\omega_1+\omega)\,du-\operatorname{sen}(\omega_1-\omega)\,dv=0$$

ed è $e^{-\psi}$ un fattore integrante del 1.° membro di questa equazione. Ponendo

$$d\tau_1=e^{-\psi}\left\{\operatorname{sen}(\omega_1+\omega)\,du-\operatorname{sen}(\omega_1-\omega)\,dv\right\},$$

risulterà similmente

$$du^2 + 2 \cos 2\,\omega_1\, du\, dv + dv^2 = d\psi^2 + e^{2\psi}\, d\tau_1^2. \tag{28}$$

In fine osserviamo che, indicando con

$$\xi\,,\;\eta\,,\;\zeta$$

i coseni di direzione del raggio della congruenza, cioè ponendo

$$\xi = x_1 - x\;,\quad \eta = y_1 - y\;,\quad \zeta = z_1 - z\;,\quad (\xi^2 + \eta^2 + \zeta^2 = 1)\,,$$

si trova

$$d\xi^2 + d\eta^2 + d\zeta^2 = e^{-2\psi}\, d\tau^2 + e^{2\psi}\, d\tau_1^2. \tag{29}$$

Le linee τ, τ_1 sono sulla sfera le immagini delle sviluppabili della congruenza e dividono la sfera in rettangoli infinitesimi d'area costante.

Le formole del presente numero sono tutte dovute a Darboux, che le ha ottenute quale espressione analitica della trasformazione complementare.

256. Insieme alla trasformazione complementare e di Bäcklund delle superficie pseudosferiche, vi ha luogo di considerare una trasformazione di diversa natura, la *trasformazione di Lie*. Questa è fondata sulla semplice osservazione che da una soluzione nota $\omega\,(u, v)$ della equazione fondamentale (5)

$$\frac{\partial^2 \omega}{\partial u\, \partial v} = \operatorname{sen} \omega \cos \omega$$

se ne può dedurre una nuova $\Omega\,(u, v)$ con una costante arbitraria k, ponendo

$$\Omega\,(u, v) = \omega \left(k u\;,\; \frac{v}{k}\right) \text{(*)}.$$

Alla soluzione $\omega\,(u, v)$ corrispondeva una superficie pseudosferica S; alla nuova soluzione Ω corrisponderà una nuova superficie pseudosferica Σ, perfettamente determinata di forma, che si dirà la *trasformata di Lie* della S. Per ottenere la Σ, converrà integrare un'equazione di Riccati onde ridurre effettivamente l'elemento lineare sferico alla forma

$$ds'^2 = du^2 - 2 \cos (2\,\Omega)\, du\, dv + dv^2.$$

Posto per miglior confronto colle formole dei numeri precedenti:

$$k = \frac{1 + \operatorname{sen} \sigma}{\cos \sigma}\,,$$

(*) È evidente che l'osservazione utilizzata vale per tutte le equazioni della forma

$$\frac{\partial^2 \omega}{\partial u\, \partial v} = \mathrm{F}\,(\omega).$$

indicheremo simbolicamente con L_σ la trasformazione di Lie, che cangia la superficie corrispondente alla soluzione $\omega(u, v)$ in quella corrispondente a

$$\Omega(u, v) = \omega\left(\frac{1+\operatorname{sen}\sigma}{\cos\sigma}u\ ,\ \frac{1-\operatorname{sen}\sigma}{\cos\sigma}v\right)$$

e la trasformazione corrispondente al passaggio inverso, ossia la inversa L_σ^{-1}, sarà semplicemente $L_{-\sigma}$.

Ora, se ω, ω_1 sono due soluzioni della equazione fondamentale legate fra loro dalle (24), cioè se appartengono a due superficie pseudosferiche complementari, e con Ω, Ω_1 indichiamo le nuove soluzioni, che si deducono da ω, ω_1 colla trasformazione L_σ di Lie, troveremo subito

$$\left\{\begin{aligned} \frac{\partial(\Omega_1-\Omega)}{\partial u} &= \frac{1+\operatorname{sen}\sigma}{\cos\sigma}\operatorname{sen}(\Omega_1+\Omega) \\ \frac{\partial(\Omega_1+\Omega)}{\partial v} &= \frac{1-\operatorname{sen}\sigma}{\cos\sigma}\operatorname{sen}(\Omega_1-\Omega)\ , \end{aligned}\right.$$

che sono le formole (16) (pag. 427) della trasformazione di Bäcklund. Ora si passa da Ω a ω colla trasformazione inversa di Lie L_σ^{-1}, da ω a ω_1 colla trasformazione complementare B_0, da ω_1 ad Ω_1 colla L_σ e però da Ω ad Ω_1 colla trasformazione composta

$$L_\sigma\ B_0\ L_\sigma^{-1}\ ;$$

e poichè si passa altresì da Ω ad Ω_1 colla trasformazione B_σ di Bäcklund, potremo scrivere simbolicamente

$$B_\sigma = L_\sigma\ B_0\ L_\sigma^{-1}.$$

Così adunque la trasformazione di Bäcklund, come Lie ha osservato, può comporsi con trasformazioni di Lie ed una trasformazione complementare. Ciò non toglie però importanza alla trasformazione di Bäcklund; questa, come la complementare, si può realizzare con una costruzione geometrica nello spazio, mentre per la trasformazione di Lie nulla di simile avviene.

Osservazione. — Vi ha una classe di superficie pseudosferiche, che non sono fino ad ora studiate, e qui segnaliamo di passaggio. Ogni superficie della classe in discorso gode della proprietà di coincidere con tutte le sue trasformate di Lie. Per ottenere queste superficie, basta cercare quelle soluzioni ω della equazione fondamentale che sono funzioni del prodotto uv. Posto

$$2\omega = f(\tau)\quad ,\quad \tau = uv\ ,$$

è da determinarsi f dalla equazione differenziale

$$\tau f'' + f' = \operatorname{sen} f,$$

che, ponendo $\tau = e^x$, prende la forma

$$\frac{d^2 f}{dx^2} = e^x \, . \, \mathrm{sen}\, f \, .$$

Fra queste superficie vi sono pur quelle che contengono due rette concorrenti (n. 250).

257. Per l'applicazione successiva dei metodi di trasformazione delle superficie pseudosferiche riesce molto utile un teorema, che ho denominato *teorema di permutabilità* (*).

Esso si enuncia nel modo seguente:

Se S_1, S_2 *sono due superficie pseudosferiche legate alla medesima superficie pseudosferica* S *da due trasformazioni di Bäcklund* B_{σ_1}, B_{σ_2} *con costanti diverse* σ_1, σ_2, *esiste una quarta superficie pseudosferica* S_3, *legata rispettivamente alle* S_1, S_2 *da trasformazioni di Bäcklund* B'_{σ_2}, B'_{σ_1} *colle costanti invertite* σ_2, σ_1.

È chiaro che da S si perviene alla S_3, sia facendo prima B_{σ_1} indi B'_{σ_2}, sia facendo prima B_{σ_2} indi B'_{σ_1}; in simboli

$$B'_{\sigma_2} B_{\sigma_1} = B'_{\sigma_1} B_{\sigma_2} \, ,$$

onde il nome di *teorema di permutabilità*.

Per dimostrarlo, riprendiamo le formole del n. 251 applicate alle due superficie S_1, S_2 e cioè:

$$\text{(30)} \qquad \left\{ \begin{aligned} x_1 &= x + \cos \sigma_1 (\mathrm{sen}\, \omega_1 X' + \cos \omega_1 X'') \\ x_2 &= x + \cos \sigma_2 (\mathrm{sen}\, \omega_2 X' + \cos \omega_2 X'') \, , \end{aligned} \right.$$

colle analoghe in y, z, ove fra ω_1, ω; ω_2, ω sussistono le relazioni

$$\text{(31)} \qquad \left\{ \begin{aligned} \frac{\partial (\omega_1 - \omega)}{\partial u} &= \frac{1 + \mathrm{sen}\, \sigma_1}{\cos \sigma_1} \mathrm{sen}\, (\omega_1 + \omega) \\ \frac{\partial (\omega_1 + \omega)}{\partial v} &= \frac{1 - \mathrm{sen}\, \sigma_1}{\cos \sigma_1} \mathrm{sen}\, (\omega_1 - \omega) \end{aligned} \right.$$

$$\text{(31*)} \qquad \left\{ \begin{aligned} \frac{\partial (\omega_2 - \omega)}{\partial u} &= \frac{1 + \mathrm{sen}\, \sigma_2}{\cos \sigma_2} \mathrm{sen}\, (\omega_2 + \omega) \\ \frac{\partial (\omega_2 + \omega)}{\partial v} &= \frac{1 - \mathrm{sen}\, \sigma_2}{\cos \sigma_2} \mathrm{sen}\, (\omega_2 - \omega) \, . \end{aligned} \right.$$

Ammessa l'esistenza della quarta superficie S_3, secondo l'enunciato del teorema, indichiamo le quantità relative a S_3 coll'apposizione dell'indice 3. Poichè S_3 è legata ad S_1 da una trasformazione B'_{σ_2}, dovremo avere per le (14), (18) n. 251:

(*) Veggasi la mia nota: *Sulla trasformazione di Bäcklund* nei Rendiconti dell'Accademia dei Lincei, serie 5ª, vol. I, 2.° semestre.

$$x_3 = x_1 + \cos\sigma_2 \operatorname{sen}\omega_3 \left\{ (\operatorname{sen}\omega_1 \operatorname{sen}\omega - \operatorname{sen}\sigma_1 \cos\omega_1 \cos\omega)\, X' + \right.$$

$$\left. + (\cos\omega_1 \operatorname{sen}\omega + \operatorname{sen}\sigma_1 \operatorname{sen}\omega_1 \cos\omega)\, X'' + \cos\sigma_1 \cos\omega\, X \right\} +$$

$$+ \cos\sigma_2 \cos\omega_3 \left\{ \operatorname{sen}\omega_1 \cos\omega + \operatorname{sen}\sigma_1 \cos\omega_1 \operatorname{sen}\omega)\, X' + \right.$$

$$\left. + (\cos\omega_1 \cos\omega - \operatorname{sen}\sigma_1 \operatorname{sen}\omega_1 \operatorname{sen}\omega)\, X'' - \cos\sigma_1 \operatorname{sen}\omega\, X \right\}.$$

D' altronde, essendo S_3 legata a S_2 da B'_{σ_1}, sarà altresì

$$x_3 = x_2 + \cos\sigma_1 \operatorname{sen}\omega_3 \left\{ (\operatorname{sen}\omega_2 \operatorname{sen}\omega - \operatorname{sen}\sigma_2 \cos\omega_2 \cos\omega)\, X' + \right.$$

$$\left. + (\cos\omega_2 \operatorname{sen}\omega + \operatorname{sen}\sigma_2 \operatorname{sen}\omega_2 \cos\omega)\, X'' + \cos\sigma_2 \cos\omega\, X \right\} +$$

$$+ \cos\sigma_1 \cos\omega_3 \left\{ (\operatorname{sen}\omega_2 \cos\omega + \operatorname{sen}\sigma_2 \cos\omega_2 \operatorname{sen}\omega)\, X' + \right.$$

$$\left. + (\cos\omega_2 \cos\omega - \operatorname{sen}\sigma_2 \operatorname{sen}\omega_2 \operatorname{sen}\omega)\, X'' - \cos\sigma_2 \operatorname{sen}\omega\, X \right\}.$$

Dal paragone delle due espressioni di x_3, tenendo conto delle (30), deduciamo:

$$\cos\sigma_1 \operatorname{sen}\omega_1 + \cos\sigma_2 \operatorname{sen}\omega_3 (\operatorname{sen}\omega_1 \operatorname{sen}\omega - \operatorname{sen}\sigma_1 \cos\omega_1 \cos\omega) +$$

$$+ \cos\sigma_2 \cos\omega_3 (\operatorname{sen}\omega_1 \cos\omega + \operatorname{sen}\sigma_1 \cos\omega_1 \operatorname{sen}\omega) = \cos\sigma_2 \operatorname{sen}\omega_2 +$$

$$+ \cos\sigma_1 \operatorname{sen}\omega_3 (\operatorname{sen}\omega_2 \operatorname{sen}\omega - \operatorname{sen}\sigma_2 \cos\omega_2 \cos\omega) +$$

$$+ \cos\sigma_1 \cos\omega_3 (\operatorname{sen}\omega_2 \cos\omega + \operatorname{sen}\sigma_2 \cos\omega_2 \operatorname{sen}\omega),$$

$$\cos\sigma_1 \cos\omega_1 + \cos\sigma_2 \operatorname{sen}\omega_3 (\cos\omega_1 \operatorname{sen}\omega + \operatorname{sen}\sigma_1 \operatorname{sen}\omega_1 \cos\omega) +$$

$$+ \cos\sigma_2 \cos\omega_3 (\cos\omega_1 \cos\omega - \operatorname{sen}\sigma_1 \operatorname{sen}\omega_1 \operatorname{sen}\omega) = \cos\sigma_2 \cos\omega_2 +$$

$$+ \cos\sigma_1 \operatorname{sen}\omega_3 (\cos\omega_2 \operatorname{sen}\omega + \operatorname{sen}\sigma_2 \operatorname{sen}\omega_2 \cos\omega) +$$

$$+ \cos\sigma_1 \cos\omega_3 (\cos\omega_2 \cos\omega - \operatorname{sen}\sigma_2 \operatorname{sen}\omega_2 \operatorname{sen}\omega).$$

Queste, moltiplicate una prima volta per sen ω_1, cos ω_1, una seconda per sen ω_2, cos ω_2 e ogni volta sommate, danno le due equazioni:

$$\left\{ \begin{aligned} &\cos\sigma_1 \operatorname{sen}\sigma_2 \operatorname{sen}(\omega_2 - \omega_1) \operatorname{sen}(\omega_3 - \omega) + \\ &+ [\cos\sigma_1 \cos(\omega_2 - \omega_1) - \cos\sigma_2] \cos(\omega_3 - \omega) = \cos\sigma_1 - \cos\sigma_2 \cos(\omega_2 - \omega_1), \\ &- \cos\sigma_2 \operatorname{sen}\sigma_1 \operatorname{sen}(\omega_2 - \omega_1) \operatorname{sen}(\omega_3 - \omega) + \\ &+ [\cos\sigma_2 \cos(\omega_2 - \omega_1) - \cos\sigma_1] \cos(\omega_3 - \omega) = \cos\sigma_2 - \cos\sigma_1 \cos(\omega_2 - \omega_1). \end{aligned} \right.$$

Risolvendo queste ultime rapporto a sen $(\omega_3 - \omega)$, cos $(\omega_3 - \omega)$, si ottengono le due formole:

$$(32)\quad \begin{cases} \operatorname{sen}(\omega_3-\omega)=\dfrac{(\operatorname{sen}\sigma_1-\operatorname{sen}\sigma_2)\operatorname{sen}(\omega_2-\omega_1)}{\cos\sigma_1\cos\sigma_2\cos(\omega_2-\omega_1)+\operatorname{sen}\sigma_1\operatorname{sen}\sigma_2-1} \\[2ex] \cos(\omega_3-\omega)=\dfrac{\cos\sigma_1\cos\sigma_2+(\operatorname{sen}\sigma_1\operatorname{sen}\sigma_2-1)\cos(\omega_2-\omega_1)}{\cos\sigma_1\cos\sigma_2\cos(\omega_2-\omega_1)+\operatorname{sen}\sigma_1\operatorname{sen}\sigma_2-1}, \end{cases}$$

le quali sono compatibili, essendo la somma dei quadrati dei secondi membri eguali a 1.

Possiamo sostituirle coll'unica formola seguente

$$(33)\qquad \operatorname{tang}\left(\frac{\omega_3-\omega}{2}\right)=\frac{\cos\left(\dfrac{\sigma_1+\sigma_2}{2}\right)}{\operatorname{sen}\left(\dfrac{\sigma_1-\sigma_2}{2}\right)}\operatorname{tang}\left(\frac{\omega_1-\omega_2}{2}\right).$$

258. L'analisi precedente, nell'ipotesi dell'esistenza della quarta superficie S_3, ci ha fornito la formola (33) (o le (32)) che la individua. Ora possiamo facilmente verificare che la superficie S_3, così individuata, soddisfa effettivamente a tutte le condizioni del teorema di permutabilità. Per ciò basterà provare che la funzione ω_3, definita dalla (33), è da una parte legata ad ω_1 dalle formole

$$(c)\quad \begin{cases} \dfrac{\partial(\omega_3-\omega_1)}{\partial u}=\dfrac{1+\operatorname{sen}\sigma_2}{\cos\sigma_2}\operatorname{sen}(\omega_3+\omega_1) \\[2ex] \dfrac{\partial(\omega_3+\omega_1)}{\partial v}=\dfrac{1-\operatorname{sen}\sigma_2}{\cos\sigma_2}\operatorname{sen}(\omega_3-\omega_1), \end{cases}$$

le quali esprimono che da S_1 si passa a S_3 colla trasformazione di Bäcklund B'_{σ_2} e similmente ω_3 è legata ad ω_2 dalle altre

$$(d)\quad \begin{cases} \dfrac{\partial(\omega_3-\omega_2)}{\partial u}=\dfrac{1+\operatorname{sen}\sigma_1}{\cos\sigma_1}\operatorname{sen}(\omega_3+\omega_2) \\[2ex] \dfrac{\partial(\omega_3+\omega_2)}{\partial v}=\dfrac{1-\operatorname{sen}\sigma_1}{\cos\sigma_1}\operatorname{sen}(\omega_3-\omega_2), \end{cases}$$

le quali esprimono, alla loro volta, che da S_2 si passa a S_3 con una trasformazione B'_{σ_1}.

Ora, per dimostrare ad esempio le (*c*), basta derivare rapporto ad u, v la (33) ed osservando le (32), combinando opportunamente colle (31), si troveranno le (*c*) identicamente verificate. Similmente dicasi per le (*d*).

Dimostrato così il teorema di permutabilità, osserveremo che quattro punti corrispondenti sulle quattro superficie pseudosferiche S, S_1, S_2, S_3 segnano i vertici di un quadrilatero sghembo, di cui due lati opposti serbano la lunghezza costante $\cos \sigma_1$ e gli altri due la lunghezza $\cos \sigma_2$. Il quadrilatero, serbando inalterate le lunghezze dei lati, si muove nello spazio in guisa che i suoi quattro vertici descrivono le quattro superficie pseudosferiche e i due lati concorrenti in un vertice giacciono nel piano tangente della corrispondente superficie.

259. Supponiamo che di una superficie pseudosferica S, corrispondente alla soluzione ω della equazione fondamentale (5), si conoscano *tutte* le trasformate di Bäcklund, cioè si sappia integrare per ogni valore della costante σ il sistema

$$(34)\qquad \left\{\begin{aligned} \frac{\partial(\varphi-\omega)}{\partial u} &= \frac{1+\operatorname{sen}\sigma}{\cos\sigma}\operatorname{sen}(\varphi+\omega)\\ \frac{\partial(\varphi+\omega)}{\partial v} &= \frac{1-\operatorname{sen}\sigma}{\cos\sigma}\operatorname{sen}(\varphi-\omega), \end{aligned}\right.$$

per cui si conosca la soluzione

$$\varphi\,(u, v, \sigma, C)$$

della equazione fondamentale (5) colle due costanti arbitrarie σ, C. Segue allora dal teorema di permutabilità: *Per ciascuna delle superficie pseudosferiche derivate da* S *si potranno determinare con soli calcoli algebrici e di derivazione tutte le trasformate di Bäcklund.*

Sia infatti S_1 una trasformata di Bäcklund di S corrispondente alla soluzione della (5)

$$\omega_1 = \varphi\,(u, v, \sigma_1, C_1)$$

e Σ la trasformata di S_1 per la trasformazione generica B_σ. Indicando con Ω la soluzione della (5) corrispondente, e facendo uso della (33) avremo:

$$(35)\qquad \operatorname{tang}\left(\frac{\Omega-\omega}{2}\right) = \frac{\cos\left(\dfrac{\sigma_1+\sigma}{2}\right)}{\operatorname{sen}\left(\dfrac{\sigma_1-\sigma}{2}\right)}\operatorname{tang}\left(\frac{\omega_1-\varphi\,(u, v, \sigma, C)}{2}\right),$$

formola che ci determina Σ in termini finiti, *escluso il caso* $\sigma_1=\sigma$.

Ma, considerando il caso escluso come caso limite, è facile trovare anche per esso la formola corrispondente. Immaginiamo per ciò che nella funzione

$$\varphi\,(u, v, \sigma, C)$$

si faccia convergere σ verso σ_1 e si assuma per C una funzione arbitraria di σ_1, che si riduca a C_1 per $\sigma=\sigma_1$.

Al limite, per $\sigma = \sigma_1$, la (35) si presenta sotto forma indeterminata, ma se si sostituisce nel 2.° membro al quoziente

$$\frac{\operatorname{tang}\left(\frac{\omega_1 - \varphi}{2}\right)}{\operatorname{sen}\left(\frac{\sigma_1 - \sigma}{2}\right)},$$

che assume la forma $\frac{0}{0}$, il quoziente delle derivate rapporto a σ si ottiene:

$$\operatorname{tang}\left(\frac{\Omega - \omega}{2}\right) = \cos\sigma_1 \left[\frac{\partial\varphi}{\partial\sigma} + \frac{\partial\varphi}{\partial C}\frac{dC}{d\sigma}\right]_{\sigma = \sigma_1},$$

ovvero

$$(35^*) \qquad \operatorname{tang}\frac{\Omega - \omega}{2} = \cos\sigma_1 \left[\frac{\partial\varphi}{\partial\sigma} + C'\frac{\partial\varphi}{\partial C}\right]_{\sigma = \sigma_1}$$

con C' nuova costante arbitraria. Ed è ora facile verificare direttamente che questa formola ci dà appunto le trasformate di Bäcklund della S_1 per mezzo della B_{σ_1}. Basta per ciò derivare le (34) rapporto a σ, facendovi poi $\sigma = \sigma_1$, e confrontare le formole così ottenute con quelle che risultano, derivando la (35*) rapporto ad u, v.

Il risultato conseguito si può anche enunciare dicendo che: *Nella applicazione successiva ed illimitata delle trasformazioni di Bäcklund ad una superficie pseudosferica ed alle sue successive derivate, basta avere integrata la prima equazione di Riccati, relativa alla trasformazione generica* B_σ, *e le successive equazioni di Riccati, che si presentano, saranno senza altro integrate colla prima.*

Risulta dalle ricerche di Lie, relative alla successiva applicazione della trasformazione complementare, che le superficie derivate da una iniziale formano effettivamente in ogni caso un'infinità di grado infinito. Ora sembra assai notevole che, compiuta la prima trasformazione generale di Bäcklund, che introduce due costanti arbitrarie, l'introduzione delle successive, in numero illimitato, richieda soltanto calcoli algebrici e di derivazione.

260. Ferma rimanendo l'ipotesi fatta al principio del numero precedente, dimostriamo ora che: *Sopra ogni superficie* S_n *del gruppo derivato da* S *si può determinare, senza alcun calcolo d'integrazione, l'equazione in termini finiti delle linee geodetiche.* E infatti, se con ω_n indichiamo la soluzione della (5) corrispondente a S_n, potremo, per quanto precede, determinare con soli calcoli algebrici e di derivazione la soluzione più generale φ del sistema

$$(36) \qquad \frac{\partial(\varphi - \omega_n)}{\partial u} = \operatorname{sen}(\varphi + \omega_n), \quad \frac{\partial(\varphi + \omega_n)}{\partial v} = \operatorname{sen}(\varphi - \omega_n).$$

Questa è una funzione $\varphi(u, v, C)$ con una costante arbitraria C e se deriviamo le precedenti rapporto a C, ponendo

$$\psi = \log \frac{\partial \varphi}{\partial C},$$

troviamo

$$\frac{\partial \psi}{\partial u} = \cos(\varphi + \omega_n) \quad , \quad \frac{\partial \psi}{\partial v} = \cos(\varphi - \omega_n),$$

onde segue che la funzione ψ contenente la costante *non additiva* C è un integrale della equazione

$$\Delta_1 \psi = 1,$$

essendo $\Delta_1 \psi$ il parametro differenziale primo di ψ rapporto alla forma

$$ds^2 = du^2 + 2 \cos 2\, \omega_n \, du \, dv + dv^2,$$

che dà l'elemento lineare di S_n. Per il teorema B) n. 86, pag. 165 abbiamo quindi il risultato in questione: *L'equazione in termini finiti delle geodetiche sopra* S_n *è data dalla equazione*

$$(37) \qquad \frac{\partial^2 \varphi}{\partial C^2} = C' \frac{\partial \varphi}{\partial C},$$

essendo C' *una nuova costante arbitraria.*

261. Applichiamo i risultati precedenti a far conoscere un gruppo (infinito) di superficie pseudosferiche, le coordinate correnti di un cui punto si esprimono per funzioni ordinarie, circolari ed esponenziali, dei parametri u, v delle assintotiche.

Otteniamo questo gruppo di superficie, nel modo più semplice, partendo dalla soluzione evidente $\omega = 0$ della equazione fondamentale (5). È chiaro che le formole per la trasformazione di Bäcklund resteranno ancora applicabili in questo caso, ove si prenda

$$\begin{array}{lll} x = 0 & , \; y = 0 & , \; z = u + v \\ X = \cos(u-v) & , \; Y = \operatorname{sen}(u-v) & , \; Z = 0 \\ X' = -\operatorname{sen}(u-v) & , \; Y' = \cos(u-v) & , \; Z' = 0 \\ X'' = 0 & , \; Y'' = 0 & , \; Z'' = 1, \end{array}$$

coi quali valori si soddisfano le equazioni fondamentali (a), (b) pag. 418; soltanto si presenta qui la particolarità che la superficie iniziale S si riduce all'asse z.

Se applichiamo a questa soluzione $\omega = 0$ la trasformazione generale di Bäcklund B_σ per passare a una nuova soluzione φ, questa sarà definita dalle equazioni simultanee (16) n. 251

$$\frac{\partial\varphi}{\partial u} = \frac{1+\operatorname{sen}\sigma}{\cos\sigma}\operatorname{sen}\varphi \quad , \quad \frac{\partial\varphi}{\partial v} = \frac{1-\operatorname{sen}\sigma}{\cos\sigma}\operatorname{sen}\varphi \, ,$$

che integrate danno

$$\text{(38)} \qquad \operatorname{tang}\frac{\varphi}{2} = C\, e^{\frac{u+v+\operatorname{sen}\sigma(u-v)}{\cos\sigma}} \, ,$$

ove la costante arbitraria C, proveniente dall'integrazione, si può fare senza alterare la superficie eguale all'unità.

Esaminiamo quali sono le superficie corrispondenti. Dalle formole (14) n. 251, osservando che si ha

$$\operatorname{sen}\varphi = \frac{1}{\cosh\alpha} \quad , \quad \cos\varphi = -\operatorname{tangh}\alpha \quad , \quad \alpha = \frac{u+v+\operatorname{sen}\sigma(u-v)}{\cos\sigma}$$

deduciamo per le nostre superficie S_1:

$$x_1 = -\cos\sigma\frac{\operatorname{sen}(u-v)}{\cosh\alpha} \, , \; y_1 = \cos\sigma\frac{\cos(u-v)}{\cosh\alpha} \, , \; z' = u+v-\cos\sigma\operatorname{tangh}\alpha .$$

Se introduciamo i parametri U, V delle linee di curvatura, ponendo

$$u+v = U \quad , \quad u-v = V \, ,$$

possiamo scrivere le precedenti così:

$$\text{(39)} \quad x_1 = -\cos\sigma\frac{\operatorname{sen}V}{\cosh\alpha} \quad , \quad y_1 = \cos\sigma\frac{\cos V}{\cosh\alpha} \quad ,$$

$$z_1 = U - \cos\sigma\operatorname{tangh}\alpha = \cos\sigma(\alpha - \operatorname{tgh}\alpha) - \operatorname{sen}\sigma\, V$$

$$\alpha = \frac{U+V\operatorname{sen}\sigma}{\cos\sigma} \, ,$$

262. Queste ci mostrano che le superficie in discorso sono superficie elicoidali; il profilo meridiano $V=0$ essendo definito dalle formole

$$y_1 = \frac{\cos\sigma}{\cosh\alpha} \quad , \quad z_1 = \cos\sigma(\alpha - \operatorname{tgh}\alpha) \, ,$$

è una *trattrice* avente l'asse per assintoto, la lunghezza costante della tangente essendo *cos* σ e il parametro del moto elicoidale *sen* σ. Sono queste le singolari superficie elicoidali pseudosferiche trovate la prima volta dal Dini (*).

Fig. 15.ª — Elicoidi del Dini.

Le loro linee di curvatura V=cost^{te} sono i profili meridiani (trattrici) e le linee di curvatura dell'altro sistema U=cost^{te}, a causa della formola

$$x_1^2 + y_1^2 + (z_1 - U)^2 = \cos^2 \sigma ,$$

sono descritte sopra sfere di raggio cos σ col centro sull'asse. Se si osserva che i coseni di direzione della normale all'elicoide S_1 sono (n. 251, formola (18))

$$\begin{cases} X_1 = \cos\sigma \operatorname{tgh}\alpha \operatorname{sen} V - \operatorname{sen}\sigma \cos V \\ Y_1 = -\cos\sigma \operatorname{tgh}\alpha \cos V - \operatorname{sen}\sigma \operatorname{sen} V \\ Z_1 = \dfrac{\cos\sigma}{\cosh\alpha} , \end{cases}$$

ne deduciamo le due formole

$$-(X_1 \cos V + Y_1 \operatorname{sen} V) = \operatorname{sen}\sigma$$

$$X_1 x_1 + Y_1 y_1 + Z_1 (z_1 - U) = 0 .$$

La prima di queste esprime che la normale al piano del profilo fa colla normale alla superficie l'angolo $\frac{\pi}{2} - \sigma$; la seconda che le sfere che contengono le linee di curvatura U=cost^{te} tagliano ortogonalmente l'elicoide.

(*) Lasciando da parte la condizione che il raggio R della superficie pseudosferica sia $=1$, possiamo enunciare il risultato così: *Se ad una trattrice di parametro h si dà attorno all'assintoto un moto elicoidale di parametro m, l'elicoide generata è una superficie pseudosferica di raggio* $R = \sqrt{h^2 + m^2}$.

Ne risulta altresì che le linee $U = \text{cost}^{te}$ sono *lossodromiche* della sfera su cui sono descritte e ne tagliano i meridiani, in piani per l'asse, sotto l'angolo $\frac{\pi}{2} - \sigma$. Inoltre queste linee U sono circoli geodetici di raggio $\cos\sigma < 1$ e però a centro reale. L'elemento lineare dell'elicoide è dato da

$$ds^2 = 4\,(\cos^2\varphi\, dU^2 + \text{sen}^2\varphi\, dV^2)\,,$$

cioè

$$ds^2 = 4 \left\{ \text{tgh}^2 \alpha\, dU^2 + \frac{dV^2}{\cosh^2 \alpha} \right\}.$$

Si vedrà facilmente che le eliche $\alpha = \text{cost}^{te}$ sono circoli geodeticamente paralleli a centro ideale e perciò l'elicoide è applicabile sulla superficie pseudosferica di rotazione del tipo iperbolico, in guisa che le eliche si distendono sui paralleli.

I teoremi dei numeri precedenti ci assicurano che: *L'applicazione del processo illimitato di trasformazioni di Bäcklund alle elicoidi pseudosferiche del Dini, in particolare alla pseudosfera* ($\sigma = 0$), *richiederà soltanto calcoli algebrici e di derivazione.*

Così p. e., se prendiamo una particolare elicoide del Dini corrispondente alla formola:

$$\text{tang}\,\frac{\omega_1}{2} = e^{\alpha_1}\,, \quad \alpha_1 = \frac{u + v + \text{sen}\,\sigma_1\,(u - v)}{\cos\sigma_1}\,,$$

ne otterremo per la (35) la trasformata generica di Bäcklund a costante σ colla formola

$$\text{tang}\,\frac{\Omega}{2} = \frac{\cos\left(\frac{\sigma_1 + \sigma}{2}\right)}{\text{sen}\left(\frac{\sigma_1 - \sigma}{2}\right)}\,\frac{e^{\alpha_1} - e^{\alpha}}{1 + e^{\alpha_1 + \alpha}}\,, \tag{40}$$

essendo $\alpha = \frac{u + v + \text{sen}\,\sigma\,(u - v)}{\cos\sigma}$. Nel caso particolare $\sigma = \sigma_1$ dovremo invece usare la (35*) che ci dà

$$\text{tang}\,\frac{\Omega}{2} = \frac{u - v + \text{sen}\,\sigma_1\,(u + v) + C'}{\cos\sigma_1\,\cosh\alpha_1}\,. \tag{40*}$$

263. Consideriamo più in particolare la superficie complementare della pseudosfera, che corrisponde nell'ultima formola a fare $\sigma_1 = 0$ e, siccome il valore di C' non influisce sulla forma della superficie, potremo fare senz'altro $C' = 0$, indi

$$\text{tang}\,\frac{\Omega}{2} = \frac{u - v}{\cosh\,(u + v)} = \frac{V}{\cosh U}$$

$$\text{sen}\,\Omega = \frac{2\,V\cosh U}{\cosh^2 U + V^2}\,, \quad \cos\Omega = \frac{\cosh^2 U - V^2}{\cosh^2 U + V^2}\,.$$

Si vedrà geometricamente che il sistema di geodetiche della pseudosfera, rispetto alle quali la complementare è costruita, è quello delle geodetiche parallele ad un meridiano nel verso che si allontana dall'assintoto.

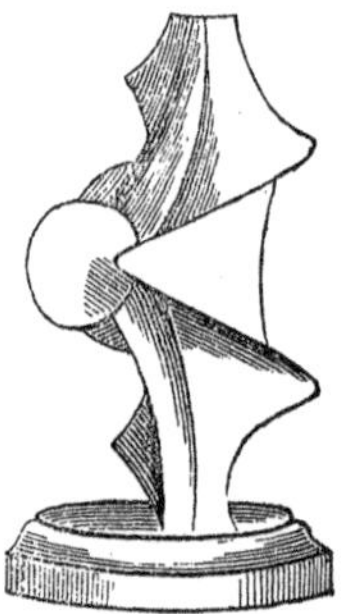

Fig. 16.ª — Superficie complementare della pseudosfera (*).

Applicando le formole dei numeri precedenti, troveremo per definire questa superficie:

$$\left\{\begin{aligned} x &= \frac{2\cosh \mathrm{U}}{\cosh^2 \mathrm{U} + \mathrm{V}^2}(\mathrm{V}\cos \mathrm{V} - \mathrm{sen}\,\mathrm{V}) \\ y &= \frac{2\cosh \mathrm{U}}{\cosh^2 \mathrm{U} + \mathrm{V}^2}(\mathrm{V}\,\mathrm{sen}\,\mathrm{V} + \cos \mathrm{V}) \\ z &= \mathrm{U} - \frac{2\,\mathrm{senh}\,\mathrm{U}\cosh \mathrm{U}}{\cosh^2 \mathrm{U} + \mathrm{V}^2}\,. \end{aligned}\right.$$

Avendosi

$$(\mathrm{V}\,\mathrm{sen}\,\mathrm{V} + \cos \mathrm{V})\,x - (\mathrm{V}\cos \mathrm{V} - \mathrm{sen}\,\mathrm{V})\,y = 0\,,$$

si vede che le linee di curvatura $\mathrm{V} = \mathrm{cost}^{\mathrm{te}}$ sono in piani per l'asse z. Poichè inoltre, se si fa ruotare questa superficie attorno all'asse, si ottengono le ∞^1 superficie pseudosferiche del sistema ciclico derivato dalla pseudosfera, risulta che le linee di curvatura $\mathrm{U} = \mathrm{cost}^{\mathrm{te}}$ sono tracciate sopra sfere ortogonali alla superficie col centro sull'asse.

Se si osserva che i raggi principali di curvatura sono

$$r_2 = \cot \Omega = \frac{\cosh^2 \mathrm{U} - \mathrm{V}^2}{2\,\mathrm{V}\cosh \mathrm{U}}\,,\quad -r_1 = \mathrm{tg}\,\Omega = \frac{2\,\mathrm{V}\cosh \mathrm{U}}{\cosh^2 \mathrm{U} - \mathrm{V}^2}\,,$$

si vede che si hanno sulla superficie le due linee singolari

$$\mathrm{V} = 0 \quad , \quad \mathrm{V} = \cosh \mathrm{U}\,,$$

che sono per la superficie linee cuspidali. La prima è una curva piana

(*) Questa, come la precedente figura, è tolta dal catalogo dei modelli di *L. Brill* a Darmstadt.

che si ottiene dalla trattrice meridiana della pseudosfera, staccando sulla tangente a partire dal punto di contatto, nel verso che si allontana dall'assintoto, un segmento eguale a 1 e prendendo il luogo degli estremi; la seconda è una curva gobba.

In fine osserviamo, senza sviluppare i calcoli, che si compiono con sole derivazioni secondo i risultati del teorema di reciprocità, che l'elemento lineare della superficie essendo dato da

$$ds^2 = \left(\frac{\cosh^2 U - V^2}{\cosh^2 U + V^2}\right)^2 dU^2 + \frac{4\, V^2 \cosh^2 U}{(\cosh^2 U + V^2)^2}\, dV^2\,,$$

esso si riduce alla forma tipica

$$ds^2 = d\alpha^2 + e^{2\alpha}\, d\beta^2\,,$$

ponendo

$$\alpha = \log \frac{\cosh U}{\cosh^2 U + V^2} \quad , \quad \beta = U - V^2 \operatorname{tangh} U\,.$$

La superficie qui considerata non è che un caso particolare delle superficie pseudosferiche di Enneper con un sistema di linee di curvatura piane, che dipendono dalle funzioni ellittiche. Appartengono pure a questa classe le complementari delle superficie pseudosferiche di rotazione dei tipi ellittico ed iperbolico. Per tutte le superficie di Enneper a curvatura costante negativa o positiva i piani delle linee di curvatura di un sistema passano per una retta fissa (asse della superficie) e le linee di curvatura del secondo sistema sono tracciate sopra sfere, che tagliano ortogonalmente la superficie ed hanno il centro sull'asse.

264. Andiamo ora a dare qualche cenno sulle superficie *a curvatura costante positiva,* la cui teoria è finora ben poco sviluppata. In particolare non si conosce per queste superficie alcuna trasformazione, analoga alla trasformazione di Bäcklund per le superficie pseudosferiche. E le superficie note di questa classe si limitano alle superficie di rotazione, alle elicoidali ed alle superficie di Enneper.

Cominciamo dal ricercare la forma dell'elemento lineare delle superficie a curvatura $K = +1$, riferito alle linee di curvatura (u, v):

$$ds^2 = E\, du^2 + G\, dv^2\,.$$

Servendoci per ciò dei risultati generali del capitolo IX, osserviamo che si ha

$$r_1\, r_2 = 1$$

e quindi, supponendo che sia $r_1 > 1$, $r_2 < 1$, potremo porre, indicando con θ una funzione ausiliaria di u, v

$$r_1 = \coth \theta \quad , \quad r_2 = \operatorname{tgh} \theta\,.$$

Le formole fondamentali (1) n. 123, c. IX ci danno allora

$$\frac{\partial \log \sqrt{E}}{\partial v} = \frac{\partial \log \operatorname{senh} \theta}{\partial v} \quad , \quad \frac{\partial \log \sqrt{G}}{\partial u} = \frac{\partial \log \cosh \theta}{\partial u}$$

e dimostrano che, cangiando i parametri u, v, si può porre

$$\sqrt{E} = \operatorname{senh} \theta \quad , \quad \sqrt{G} = \cosh \theta \, .$$

La (2) dello stesso numero dà quindi per θ l'equazione caratteristica

$$\frac{\partial^2 \theta}{\partial u^2} + \frac{\partial^2 \theta}{\partial v^2} = - \operatorname{senh} \theta \cosh \theta \, .$$

Mentre l'elemento lineare della superficie ha la forma

$$ds^2 = \operatorname{senh}^2 \theta \, du^2 + \cosh^2 \theta \, dv^2 \, ,$$

quello della sfera rappresentativa è dato da

$$ds'^2 = \cosh^2 \theta \, du^2 + \operatorname{senh}^2 \theta \, dv^2 \, .$$

D'altronde, mantenendo a θ lo stesso valore, si soddisfano ancora le citate equazioni fondamentali, ponendo invece

$$\sqrt{E} = \cosh \theta \quad , \quad \sqrt{G} = \operatorname{senh} \theta$$

$$r_1 = \operatorname{tgh} \theta \quad , \quad r_2 = \coth \theta \, ,$$

con che vengono scambiati l'elemento lineare della superficie e quello della sfera rappresentativa. Possiamo dunque enunciare il teorema: *La determinazione delle superficie a curvatura costante positiva* $K = +1$ *dipende dalla equazione a derivate parziali*

$$\frac{\partial^2 \theta}{\partial u^2} + \frac{\partial^2 \theta}{\partial v^2} = - \operatorname{senh} \theta \cos \theta \, . \tag{41}$$

Ad ogni soluzione θ *di questa equazione corrispondono due diverse superficie* S, S' *a curvatura* $K = +1$ *(che diremo coniugate) i cui elementi lineari ds, ds', riferiti alle linee di curvatura u, v, sono dati dalle formole*

$$ds^2 = \operatorname{senh}^2 \theta \, du^2 + \cosh^2 \theta \, dv^2$$

$$ds'^2 = \cosh^2 \theta \, du^2 + \operatorname{senh}^2 \theta \, dv^2$$

mentre pei raggi principali di curvatura si ha

$$r_1 = \coth \theta \quad , \quad r_2 = \operatorname{tgh} \theta \, ,$$

$$r'_1 = \operatorname{tgh} \theta \quad , \quad r'_2 = \coth \theta \, ,$$

L' elemento lineare dell' una è eguale all' elemento lineare sferico rappresentativo dell' altra.

Tanto la S quanto la S' sono applicabili sulla sfera rappresentativa (di raggio 1) e l' applicazione può farsi in guisa che le linee di curvatura di S si distendano sulle immagini sferiche delle linee di curvatura della S' e viceversa.

Le geodetiche di S distendendosi sui circoli massimi della sfera, e ognuno di questi essendo la immagine della linea di contatto di un cilindro circoscritto ad S', vediamo che: *alle geodetiche di* S *corrispondono sulla coniugata* S' *le linee d' ombra.*

Questa trasformazione (involutoria) delle superficie a curvatura costante positiva è stata data da Hazzidakis *(Crelle 's Journal, 88).*

265. Una semplice osservazione di Bonnet collega le superficie a curvatura costante a positiva con quelle a curvatura media costante, mediante il teorema:

Le due superficie parallele ad una superficie S *a curvatura* $K=+1$, *e distanti da questa di un tratto* $=\pm 1$, *sono a curvatura media costante* $H=\pm 1$.

E infatti, se r_1, r_2 sono i raggi di curvatura di S, sicchè

$$r_1 r_2 = 1$$

e si considera una superficie Σ parallela a S e distante da questa di l, saranno

$$\rho_1 = r_1 + l \quad , \quad \rho_2 = r_2 + l$$

i raggi principali di curvatura di Σ, onde

$$(\rho_1 - l)\ (\rho_2 - l) = 1$$

e, facendo $l=\pm 1$, risulterà

$$\frac{1}{\rho_1} + \frac{1}{\rho_2} = \pm\ 1 .$$

Inversamente una superficie a curvatura media costante ± 1 ne ha *una* parallela a curvatura totale $+ 1$ alla distanza ± 1.

Dal teorema del numero precedente deduciamo subito il seguente:

L' elemento lineare di ogni superficie a curvatura media costante ± 1, *riferito alle linee di curvatura u, v, assume la forma*

$$ds^2 = e^{\pm 2\theta}\ (du^2 + dv^2) \tag{42}$$

dove θ *è una funzione di u, v che soddisfa la* (41). *Viceversa se* θ *è una soluzione della* (41), *vi corrispondono due coppie di superficie parallele a cur-*

vatura media costante ± 1. *Per i raggi principali di curvatura della prima coppia valgono le formole*

$$(43) \qquad r_1 = \frac{e^{\pm\theta}}{\operatorname{senh}\theta} \quad , \quad r_2 = \frac{\pm e^{\pm\theta}}{\cosh\theta} \,,$$

mentre per la seconda coppia si trovano permutati r_1, r_2.

Ne segue in particolare: *Le linee di curvatura delle superficie a curvatura media costante formano un sistema isotermo.*

Si osserverà poi che ciascuna superficie di una delle due coppie è applicabile sopra una dell'altra coppia in guisa che le linee di curvatura si corrispondono, mentre i raggi principali di curvatura sono permutati. Le formole (1) n. 123, C. IX

$$\begin{cases} \left(\dfrac{1}{r_1} - \dfrac{1}{r_2}\right) \dfrac{\partial \log \sqrt{E}}{\partial v} - \dfrac{\partial \dfrac{1}{r_2}}{\partial v} = 0 \\[2ex] \left(\dfrac{1}{r_1} - \dfrac{1}{r_2}\right) \dfrac{\partial \log \sqrt{G}}{\partial u} + \dfrac{\partial \dfrac{1}{r_1}}{\partial u} = 0 \end{cases}$$

dimostrano che soltanto le superficie a curvatura media costante ammettono deformazioni di questa natura, giacchè se esiste una tale deformazione, insieme alle precedenti sussistono le altre

$$\begin{cases} \left(\dfrac{1}{r_1} - \dfrac{1}{r_2}\right) \dfrac{\partial \log \sqrt{E}}{\partial v} + \dfrac{\partial \dfrac{1}{r_1}}{\partial v} = 0 \\[2ex] \left(\dfrac{1}{r_1} - \dfrac{1}{r_2}\right) \dfrac{\partial \log \sqrt{G}}{\partial u} - \dfrac{\partial \dfrac{1}{r_2}}{\partial u} = 0 , \end{cases}$$

che sottratte dalle precedenti danno

$$\frac{\partial}{\partial u}\left(\frac{1}{r_1} + \frac{1}{r_2}\right) = 0 \quad , \quad \frac{\partial}{\partial v}\left(\frac{1}{r_1} + \frac{1}{r_2}\right) = 0 \,.$$

266. Per le superficie a curvatura costante positiva esiste una trasformazione analoga alla trasformazione di Lie per le superficie pseudosferiche. Essa si ottiene, osservando che, se $\theta\,(u, v)$ è una soluzione della (41), la funzione

$$\Theta\,(u, v) = \theta\,(u \cos\sigma - v \operatorname{sen}\sigma \quad , \quad u \operatorname{sen}\sigma + v \cos\sigma)$$

ne è una nuova soluzione, qualunque valore si attribuisca alla costante σ.

Il significato geometrico di questa trasformazione si ottiene nel modo più semplice, riferendola anzichè alle superficie a curvatura costante positiva, alle loro parallele a curvatura media costante. Se infatti trasformiamo l'elemento lineare (32), ponendo

$$u = u_1 \cos\sigma - v_1 \operatorname{sen}\sigma \quad , \quad v = u_1 \operatorname{sen}\sigma + v_1 \cos\sigma \tag{44}$$

e indichiamo con θ_1 la funzione di u_1, v_1, in cui si cangia $\theta(u, v)$ per la sostituzione, l'elemento lineare trasformato

$$ds^2 = e^{\pm 2\theta_1}(du_1^2 + dv_1^2),$$

soddisfacendo θ_1 alla equazione

$$\frac{\partial^2\theta_1}{\partial u_1^2} + \frac{\partial^2\theta_1}{\partial v_1^2} = -\operatorname{senh}\theta_1 \cosh\theta_1,$$

apparterrà, pel teorema del numero precedente, ad una superficie a curvatura media costante ± 1, le cui linee di curvatura saranno le $u_1 = \mathrm{cost}^{\mathrm{te}}$, $v_1 = \mathrm{cost}^{\mathrm{te}}$. La nuova superficie è evidentemente applicabile sulla primitiva e, le formole di corrispondenza dei loro punti essendo le (44), si può enunciare il teorema:

Ogni superficie a curvatura media costante può deformarsi, serbando la medesima curvatura media, in guisa che le nuove linee di curvatura siano le traiettorie sotto angolo costante arbitrario delle antiche.

È chiaro che in queste deformazioni, affatto analoghe a quelle delle superficie minime (n. 194, c. XIV), rimangono invariati i singoli raggi di curvatura. Bonnet, al quale è dovuta la scoperta di queste singolari deformazioni, ha dimostrato che, salvo una classe di superficie W applicabili sopra superficie di rotazione, non esistono altre superficie suscettibili di deformazioni in cui restino invariati i singoli raggi di curvatura (*).

(*) *Journal de l'École Polytechnique,* XLII Cahier.

CAPITOLO XVIII.

Generalità sui sistemi tripli di superficie ortogonali.

Coordinate curvilinee nello spazio — Teorema di Darboux-Dupin relativo ai sistemi tripli ortogonali e sue conseguenze — Forma dell' elemento lineare dello spazio $ds^2 = H_1^2 d\rho_1^2 + H_2^2 d\rho_2^2 + H_3^2 d\rho_3^2$ — Formole di Lamé per H_1, H_2, H_3 e determinazione del sistema triplo ortogonale corrispondente — Teorema di Liouville sulle rappresentazioni conformi dello spazio — Raggi principali di curvatura delle superficie di un sistema triplo; flessioni e torsioni delle curve coordinate — Linee di equidistanza — Equazione del Cayley — Trasformazione di Combescure.

267. Come per individuare la posizione di un punto sopra una determinata superficie abbiamo immaginato sopra di questa tracciato un doppio sistema di curve (u, v), di guisa che per ogni punto della superficie (o di una sua conveniente regione) passi *una* curva di ciascun sistema, così potremo individuare la posizione di un punto nello spazio per mezzo delle intersezioni di tre superficie, ciascuna delle quali varii in un sistema semplicemente infinito. Basterà immaginare lo spazio (o una regione di spazio) solcato da tre sistemi ∞^1 di superficie, in guisa che per ogni punto dello spazio passi una sola superficie di ciascuno dei tre sistemi; facendo corrispondere ciascuna superficie di uno dei tre sistemi univocamente ai valori di un parametro ρ_1, ρ_2, ρ_3, se conosceremo i valori

$$\rho_1 = a_1 \quad , \quad \rho_2 = a_2 \quad , \quad \rho_3 = a_3$$

dei parametri delle tre superficie, che s'incrociano in un punto P dello spazio, risulterà determinato il punto. Diremo a_1, a_2, a_3 le *coordinate curvilinee* di P e le superficie dei tre sistemi

$$\rho_1 = \text{cost}^{\text{te}} \quad , \quad \rho_2 = \text{cost}^{\text{te}} \quad , \quad \rho_3 = \text{cost}^{\text{te}}$$

le *superficie coordinate.* Se

$$(1) \qquad \rho_1(x, y, z) = \rho_1 \ , \ \rho_2(x, y, z) = \rho_2 \ , \ \rho_3(x, y, z) = \rho_3$$

sono le equazioni delle superficie dei tre sistemi, risolvendo queste tre equazioni rapporto a x, y, z (ciò che deve essere possibile almeno nella regione di spazio che consideriamo) avremo

$$x = x(\rho_1, \rho_2, \rho_3) \ , \quad y = y(\rho_1, \rho_2, \rho_3) \ , \quad z = z(\rho_1, \rho_2, \rho_3) \tag{2}$$

e le formole (1) serviranno a calcolare le coordinate curvilinee di un punto, note che siano le sue coordinate cartesiane, le (2) al passaggio inverso. È chiaro che per stabilire un sistema di coordinate curvilinee, basterà porre le variabili x, y, z eguali a tre funzioni indipendenti di tre nuove variabili ρ_1, ρ_2, ρ_3.

Un' equazione

$$F(\rho_1, \rho_2, \rho_3) = 0 \tag{3}$$

fra le coordinate curvilinee di un punto rappresenterà evidentemente una superficie, la cui equazione ordinaria si otterrà sostituendo nella (3) per ρ_1, ρ_2, ρ_3 le loro espressioni (1) in funzione di x, y, z. Due equazioni simultanee, come la (3), rappresenteranno una curva. Per altro più spesso converrà rappresentare analiticamente una curva, ponendo le coordinate curvilinee ρ_1, ρ_2, ρ_3 di un punto mobile eguali a tre funzioni di un medesimo parametro t. Supposta rappresentata in tal modo una curva C e indicando con ds il suo elemento lineare, risulta

$$\begin{aligned} ds^2 = & \left(\frac{\partial x}{\partial \rho_1} d\rho_1 + \frac{\partial x}{\partial \rho_2} d\rho_2 + \frac{\partial x}{\partial \rho_3} d\rho_3\right)^2 + \\ & + \left(\frac{\partial y}{\partial \rho_1} d\rho_1 + \frac{\partial y}{\partial \rho_2} d\rho_2 + \frac{\partial y}{\partial \rho_3} d\rho_3\right)^2 \\ & + \left(\frac{\partial z}{\partial \rho_1} d\rho_1 + \frac{\partial z}{\partial \rho_2} d\rho_2 + \frac{\partial z}{\partial \rho_3} d\rho_3\right)^2 . \end{aligned}$$

Ponendo

$$H_1^2 = \sum \left(\frac{\partial x}{\partial \rho_1}\right)^2 \ , \quad H_2^2 = \sum \left(\frac{\partial x}{\partial \rho_2}\right)^2 \ , \quad H_3^2 = \sum \left(\frac{\partial x}{\partial \rho_3}\right)^2$$

$$h_{12} = \sum \frac{\partial x}{\partial \rho_1} \frac{\partial x}{\partial \rho_2} \ , \quad h_{13} = \sum \frac{\partial x}{\partial \rho_1} \frac{\partial x}{\partial \rho_3} \ , \quad h_{23} = \sum \frac{\partial x}{\partial \rho_2} \frac{\partial x}{\partial \rho_3} \ ,$$

avremo

$$ds^2 = H_1^2 \, d\rho_1^2 + H_2^2 \, d\rho_2^2 + H_3^2 \, d\rho_3^2 + 2\, h_{12} \, d\rho_1 \, d\rho_2 + 2\, h_{13} \, d\rho_1 \, d\rho_3 + 2\, h_{23} \, d\rho_2 \, d\rho_3 \tag{4}$$

e questa diremo l'espressione dell'elemento lineare dello spazio. Essa non è altro che la forma differenziale quadratica

$$dx^2 + dy^2 + dz^2 ,$$

trasformata colle sostituzioni (2).

Supponiamo ora che ciascuna superficie di uno dei tre sistemi sia ortogonale a tutte quelle degli altri due sistemi. Le condizioni necessarie e sufficienti, perchè questo accada, sono espresse dalle equazioni

$$h_{12}=0 \quad , \quad h_{13}=0 \quad , \quad h_{23}=0\,;$$

in tal caso il sistema triplo di superficie ρ_1, ρ_2, ρ_3 dicesi un *sistema triplo ortogonale.*

Abbiamo dunque: *L'elemento lineare dello spazio, riferito ad un sistema triplo ortogonale, assume la forma*

$$ds^2 = \mathrm{H}_1^2\, d\rho_1^2 + \mathrm{H}_2^2\, d\rho_2^2 + \mathrm{H}_3^2\, d\rho_3^2\,.$$

268. Intraprendendo ora lo studio dei sistemi tripli ortogonali, cominciamo dallo stabilire il teorema fondamentale di Dupin, completato da Darboux (*).

Supponiamo che due sistemi di superficie

$$\rho_1\,(x, y, z) = \rho_1 \quad , \quad \rho_2\,(x, y, z) = \rho_2$$

siano ortogonali fra loro e cerchiamo quali condizioni dovranno essere verificate, affinchè esista un terzo sistema

$$\rho_3\,(x, y, z) = \rho_3$$

ortogonale ad ambedue. Per l'ipotesi fatta, si ha

$$(5) \qquad \frac{\partial\rho_1}{\partial x}\frac{\partial\rho_2}{\partial x} + \frac{\partial\rho_1}{\partial y}\frac{\partial\rho_2}{\partial y} + \frac{\partial\rho_1}{\partial z}\frac{\partial\rho_2}{\partial z} = 0$$

e, se il terzo sistema esiste, la funzione incognita $\rho_3\,(x, y, z)$ dovrà soddisfare le due equazioni

$$\frac{\partial\rho_3}{\partial x}\frac{\partial\rho_1}{\partial x} + \frac{\partial\rho_3}{\partial y}\frac{\partial\rho_1}{\partial y} + \frac{\partial\rho_3}{\partial z}\frac{\partial\rho_1}{\partial z} = 0$$

$$\frac{\partial\rho_3}{\partial x}\frac{\partial\rho_2}{\partial x} + \frac{\partial\rho_3}{\partial y}\frac{\partial\rho_2}{\partial y} + \frac{\partial\rho_3}{\partial z}\frac{\partial\rho_2}{\partial z} = 0\,,$$

cioè dovrà sussistere la proporzione

$$\frac{\partial\rho_3}{\partial x} : \frac{\partial\rho_3}{\partial y} : \frac{\partial\rho_3}{\partial z} = \begin{vmatrix} \frac{\partial\rho_1}{\partial y} & \frac{\partial\rho_1}{\partial z} \\ \frac{\partial\rho_2}{\partial y} & \frac{\partial\rho_2}{\partial z} \end{vmatrix} : \begin{vmatrix} \frac{\partial\rho_1}{\partial z} & \frac{\partial\rho_1}{\partial x} \\ \frac{\partial\rho_2}{\partial z} & \frac{\partial\rho_2}{\partial x} \end{vmatrix} : \begin{vmatrix} \frac{\partial\rho_1}{\partial x} & \frac{\partial\rho_1}{\partial y} \\ \frac{\partial\rho_2}{\partial x} & \frac{\partial\rho_2}{\partial y} \end{vmatrix}.$$

(*) *Annales de l'École Normale supérieure,* t. III, 1866 — Le considerazioni nel testo del presente e del seguente numero sono tolte integralmente dalla memoria di Darboux (p. 110 ss.).

È adunque necessario e sufficiente che per l'equazione a differenziali totali:

$$\begin{vmatrix} \frac{\partial \rho_1}{\partial y} & \frac{\partial \rho_1}{\partial z} \\ \frac{\partial \rho_2}{\partial y} & \frac{\partial \rho_2}{\partial z} \end{vmatrix} dx + \begin{vmatrix} \frac{\partial \rho_1}{\partial z} & \frac{\partial \rho_1}{\partial x} \\ \frac{\partial \rho_2}{\partial z} & \frac{\partial \rho_2}{\partial x} \end{vmatrix} dy + \begin{vmatrix} \frac{\partial \rho_1}{\partial x} & \frac{\partial \rho_1}{\partial y} \\ \frac{\partial \rho_2}{\partial x} & \frac{\partial \rho_2}{\partial y} \end{vmatrix} dz = 0$$

sia soddisfatta la condizione d'integrabilità:

$$(6) \qquad \sum \begin{vmatrix} \frac{\partial \rho_1}{\partial y} & \frac{\partial \rho_1}{\partial z} \\ \frac{\partial \rho_2}{\partial y} & \frac{\partial \rho_2}{\partial z} \end{vmatrix} \left\{ \frac{\partial}{\partial z} \begin{vmatrix} \frac{\partial \rho_1}{\partial z} & \frac{\partial \rho_1}{\partial x} \\ \frac{\partial \rho_2}{\partial z} & \frac{\partial \rho_2}{\partial x} \end{vmatrix} - \frac{\partial}{\partial y} \begin{vmatrix} \frac{\partial \rho_1}{\partial x} & \frac{\partial \rho_1}{\partial y} \\ \frac{\partial \rho_2}{\partial x} & \frac{\partial \rho_2}{\partial y} \end{vmatrix} \right\} = 0,$$

gli altri due termini del segno sommatorio deducendosi da quello scritto permutando ciclicamente x, y, z.

Aggiungendo al primo membro della (6) la somma identicamente nulla

$$\sum \begin{vmatrix} \frac{\partial \rho_1}{\partial y} & \frac{\partial \rho_1}{\partial z} \\ \frac{\partial \rho_2}{\partial y} & \frac{\partial \rho_2}{\partial z} \end{vmatrix} \left\{ \frac{\partial \rho_1}{\partial x} \sum \frac{\partial^2 \rho_2}{\partial x^2} - \frac{\partial \rho_2}{\partial x} \sum \frac{\partial^2 \rho_1}{\partial x^2} \right\},$$

essa può scriversi

$$(6^*) \qquad \sum \begin{vmatrix} \frac{\partial \rho_1}{\partial y} & \frac{\partial \rho_1}{\partial z} \\ \frac{\partial \rho_2}{\partial y} & \frac{\partial \rho_2}{\partial z} \end{vmatrix} \cdot \left\{ \frac{\partial \rho_1}{\partial x} \frac{\partial^2 \rho_2}{\partial x^2} + \frac{\partial \rho_1}{\partial y} \frac{\partial^2 \rho_2}{\partial x \partial y} + \frac{\partial \rho_1}{\partial z} \frac{\partial^2 \rho_2}{\partial x \partial z} - \right.$$
$$\left. - \frac{\partial \rho_2}{\partial x} \frac{\partial^2 \rho_1}{\partial x^2} - \frac{\partial \rho_2}{\partial y} \frac{\partial^2 \rho_1}{\partial x \partial y} - \frac{\partial \rho_2}{\partial z} \frac{\partial^2 \rho_1}{\partial x \partial z} \right\} = 0.$$

Ma dalla (5), derivando rispetto ad x, segue

$$\left\{ \frac{\partial \rho_2}{\partial x} \frac{\partial^2 \rho_1}{\partial x^2} + \frac{\partial \rho_2}{\partial y} \frac{\partial^2 \rho_1}{\partial x \partial y} + \frac{\partial \rho_2}{\partial z} \frac{\partial^2 \rho_1}{\partial x \partial z} \right\} = - \left\{ \frac{\partial \rho_1}{\partial x} \frac{\partial^2 \rho_2}{\partial x^2} + \frac{\partial \rho_1}{\partial y} \frac{\partial^2 \rho_2}{\partial x \partial y} + \frac{\partial \rho_1}{\partial z} \frac{\partial^2 \rho_2}{\partial x \partial z} \right\}$$

e però la condizione d'integrabilità (6*) equivale alla seguente

$$(7) \qquad \sum \begin{vmatrix} \frac{\partial \rho_1}{\partial y} & \frac{\partial \rho_1}{\partial z} \\ \frac{\partial \rho_2}{\partial y} & \frac{\partial \rho_2}{\partial z} \end{vmatrix} \left\{ \frac{\partial \rho_1}{\partial x} \frac{\partial^2 \rho_2}{\partial x^2} + \frac{\partial \rho_1}{\partial y} \frac{\partial^2 \rho_2}{\partial x \partial y} + \frac{\partial \rho_1}{\partial z} \frac{\partial^2 \rho_2}{\partial x \partial z} \right\} = 0.$$

Ora possiamo dare a questa formola il significato geometrico seguente. Se ci spostiamo lungo la linea d'intersezione di due superficie dei sistemi ρ_1, ρ_2:

$$\rho_1(x, y, z) = \rho_1 \quad , \quad \rho_2(x, y, z) = \rho_2 ,$$

e col simbolo δ indichiamo i differenziali corrispondenti a questo spostamento, avremo

$$\delta x : \delta y : \delta z = \begin{vmatrix} \frac{\partial \rho_1}{\partial y} & \frac{\partial \rho_1}{\partial z} \\ \frac{\partial \rho_2}{\partial y} & \frac{\partial \rho_2}{\partial z} \end{vmatrix} : \begin{vmatrix} \frac{\partial \rho_1}{\partial z} & \frac{\partial \rho_1}{\partial x} \\ \frac{\partial \rho_2}{\partial z} & \frac{\partial \rho_2}{\partial x} \end{vmatrix} : \begin{vmatrix} \frac{\partial \rho_1}{\partial x} & \frac{\partial \rho_1}{\partial y} \\ \frac{\partial \rho_2}{\partial x} & \frac{\partial \rho_2}{\partial y} \end{vmatrix} ,$$

onde la (6) diventa

$$\frac{\partial \rho_1}{\partial x} \delta \left(\frac{\partial \rho_2}{\partial x}\right) + \frac{\partial \rho_1}{\partial y} \delta \left(\frac{\partial \rho_2}{\partial y}\right) + \frac{\partial \rho_1}{\partial z} \delta \left(\frac{\partial \rho_2}{\partial z}\right) = 0 .$$

Ma, se con X, Y, Z indichiamo i coseni di direzione della normale alla superficie

$$\rho_2(x, y, z) = \rho_2 ,$$

si ha

$$X : Y : Z = \frac{\partial \rho_2}{\partial x} : \frac{\partial \rho_2}{\partial y} : \frac{\partial \rho_2}{\partial z}$$

e la precedente, per la (5), si scrive

$$\frac{\partial \rho_1}{\partial x} \delta X + \frac{\partial \rho_1}{\partial y} \delta Y + \frac{\partial \rho_1}{\partial z} \delta Z = 0 .$$

D'altronde si ha identicamente

$$\frac{\partial \rho_2}{\partial x} \delta X + \frac{\partial \rho_2}{\partial y} \delta Y + \frac{\partial \rho_2}{\partial z} \delta Z = 0$$

e però la condizione d'integrabilità equivale alla proporzione

$$\delta x : \delta y : \delta z = \delta X : \delta Y : \delta Z ,$$

la quale esprime (pag. 98) che la linea d'intersezione di due superficie ρ_1, ρ_2 è linea di curvatura per la seconda superficie, quindi anche per la prima.

Abbiamo dunque il teorema di Darboux:

La condizione necessaria e sufficiente perchè a due sistemi di superficie, ortogonali fra loro, possa associarsene un terzo ortogonale ad ambedue è che i due primi s'incontrino lungo linee di curvatura.

In esso è contenuto il celebre teorema di Dupin:

In ogni sistema triplo di superficie ortogonali la linea d'intersezione di due superficie di diverso sistema è linea di curvatura per ambedue.

269. Dai teoremi precedenti risulta che, preso ad arbitrio un sistema ∞^1 di superficie

$$\rho_1(x, y, z) = \rho_1,$$

esso non apparterrà, in generale, ad un sistema triplo ortogonale. E infatti questo sistema ∞^1 di superficie determina univocamente il sistema ∞^2 di curve, che le intersecano tutte ortogonalmente (*). Ora, se il sistema $\rho_1(x, y, z) = \rho_1$ appartiene ad un sistema triplo ortogonale e sopra una superficie ρ_1 consideriamo una linea L di curvatura, quelle traiettorie ortogonali del sistema, che escono dai punti di L, costituiranno una superficie Σ, che dovrà incontrare tutte le rimanenti superficie del sistema lungo linee di curvatura.

È assai notevole che questa condizione geometrica, cui deve soddisfare il sistema $\rho_1(x, y, z) = \rho_1$, si traduce per la funzione ρ_1 in *una equazione alle derivate parziali terze.* Per stabilire questo importante risultato, che, nella forma qui enunciata, è dovuto a Darboux (**), procediamo nel modo seguente.

Consideriamo le linee di curvatura di un medesimo sistema sopra tutte le superficie ρ_1; questo sistema ∞^2 di curve dovrà ammettere una serie ∞^1 di superficie ortogonali e viceversa, se ciò accade, il sistema ρ_1 apparterrà ad un sistema triplo ortogonale (n. 268). Se dunque X_1, Y_1, Z_1 indicano i coseni di direzione delle tangenti a quelle linee, dovrà essere integrabile l'equazione a differenziali totali (n. 179, c. XIII)

$$X_1\,dx + Y_1\,dy + Z_1\,dz = 0,$$

cioè dovrà aversi identicamente

$$(8)\quad X_1\left(\frac{\partial Y_1}{\partial z} - \frac{\partial Z_1}{\partial y}\right) + Y_1\left(\frac{\partial Z_1}{\partial x} - \frac{\partial X_1}{\partial z}\right) + Z_1\left(\frac{\partial X_1}{\partial y} - \frac{\partial Y_1}{\partial x}\right) = 0.$$

Ma dalle formole fondamentali della teoria delle superficie (capitolo IV) risulta che X_1, Y_1, Z_1 si esprimono per le derivate prime e seconde della

(*) Si troverebbero queste curve, integrando il sistema simultaneo di equazioni differenziali ordinarie

$$\frac{dx}{\frac{\partial \rho_1}{\partial x}} = \frac{dy}{\frac{\partial \rho_1}{\partial y}} = \frac{dz}{\frac{\partial \rho_1}{\partial z}}.$$

(**) l. c. La riduzione della ricerca dei sistemi tripli ortogonali ad una equazione a tre variabili alle derivate terze parziali era stata ottenuta per altra via da Bonnet.

funzione $\rho_1(x, y, z)$ e però la (8) è per ρ_1 un'equazione alle derivate parziali terze, che al n. 275 impareremo a formare effettivamente. La integrazione di questa equazione farebbe conoscere tutti i sistemi tripli ortogonali.

Notiamo subito, come immediate conseguenze di questi risultati generali, alcuni casi semplici di sistemi tripli ortogonali. Consideriamo un sistema qualunque ∞^1 di piani o di sfere e le loro traiettorie ortogonali. Se sopra una sfera o piano iniziale si fissa una linea arbitraria L, quelle traiettorie ortogonali che escono dai punti di L, formano una superficie Σ, la quale viene intersecata da tutte le sfere (piani) del sistema ortogonalmente e perciò lungo linee di curvatura. Dunque:

Ogni sistema ∞^1 di sfere o piani appartiene ad infiniti sistemi tripli ortogonali.

Per ottenerne uno, basta tracciare ad arbitrio sopra una sfera iniziale (piano) due sistemi di curve ortogonali L, L'; le corrispondenti superficie Σ, Σ' completano il sistema triplo ortogonale. In particolare, se per piani del sistema si prendono i piani di un fascio, le superficie Σ, Σ' saranno superficie di rotazione attorno all'asse del fascio.

In fine osserviamo che:

Ogni sistema di superficie parallele appartiene ad un sistema triplo ortogonale; le superficie degli altri due sistemi sono le sviluppabili luogo delle normali lungo le linee di curvatura delle superficie parallele.

270. Supponiamo di avere un sistema triplo ortogonale (ρ_1, ρ_2, ρ_3) che, assunto a sistema di coordinate curvilinee, dia all'elemento lineare ds dello spazio la forma

$$(9) \qquad ds^2 = dx^2 + dy^2 + dz^2 = H_1^2\, d\rho_1^2 + H_2^2\, d\rho_2^2 + H_3^2\, d\rho_3^2 .$$

A scanso di equivoci, premettiamo le osservazioni seguenti. Le funzioni H_1^2, H_2^2, H_3^2, come somme di quadrati, sono sempre positive e tutto al più nulle in punti o in linee isolate. Noi supporremo sempre limitato il campo di variabilità di ρ_1, ρ_2, ρ_3 in guisa che esse siano da per tutto positive e *diverse da zero* e supponendole inoltre finite, continue e ad un sol valore insieme alle loro derivate prime e seconde, indicheremo con H_1, H_2, H_3 i valori *positivi* delle loro radici quadrate.

Se ds_1, ds_2, ds_3 indicano gli archi elementari positivi di quelle linee (di curvatura) del sistema triplo, lungo le quali varia solo ρ_1 o ρ_2 o ρ_3, e se ne fissa il verso positivo nella direzione del rispettivo parametro crescente, si avrà:

$$ds_1 = H_1\, d\rho_1 \quad , \quad ds_1 = H_2\, d\rho_2 \quad , \quad ds_3 = H_3\, d\rho_3 .$$

Ponendo poi:

$$(10) \quad \begin{cases} X_1 = \dfrac{1}{H_1} \dfrac{\partial x}{\partial \rho_1}, & Y_1 = \dfrac{1}{H_1} \dfrac{\partial y}{\partial \rho_1}, & Z_1 = \dfrac{1}{H_1} \dfrac{\partial z}{\partial \rho_1} \\ X_2 = \dfrac{1}{H_2} \dfrac{\partial x}{\partial \rho_2}, & Y_2 = \dfrac{1}{H_2} \dfrac{\partial y}{\partial \rho_2}, & Z_2 = \dfrac{1}{H_2} \dfrac{\partial z}{\partial \rho_2} \\ X_3 = \dfrac{1}{H_3} \dfrac{\partial x}{\partial \rho_3}, & Y_3 = \dfrac{1}{H_3} \dfrac{\partial y}{\partial \rho_3}, & Z_3 = \dfrac{1}{H_3} \dfrac{\partial z}{\partial \rho_3}, \end{cases}$$

saranno X_1, Y_1, Z_1 i coseni di direzione positiva della tangente alla linea ρ_1, cioè della normale alla superficie $\rho_1 = \text{cost}^{\text{te}}$ e similmente per le superficie degli altri due sistemi.

Supponendo poi le direzioni positive degli assi Ox, Oy, Oz orientate come le direzioni (X_1, Y_1, Z_1), (X_2, Y_2, Z_2), (X_3, Y_3, Z_3), avremo:

$$\begin{vmatrix} X_1 & Y_1 & Z_1 \\ X_2 & Y_2 & Z_2 \\ X_3 & Y_3 & Z_3 \end{vmatrix} = +1.$$

Le funzioni H_1, H_2, H_3 di ρ_1, ρ_2, ρ_3, per essere suscettibili di dare colla (9) l'elemento lineare dello spazio, debbono soddisfare, come Lamé pel primo ha dimostrato, a sei equazioni caratteristiche alle derivate parziali del 2.° ordine. Queste risultano immediatamente dalla teoria generale delle forme differenziali quadratiche (capitolo II), eguagliando a zero i simboli a quattro indici costruiti per la forma differenziale $H_1^2\, d\rho_1^2 + H_2^2\, d\rho_2^2 + H_3^2\, d\rho_3^2$ (n. 27, c. II). D'altronde queste sei condizioni, cui debbono soddisfare H_1, H_2, H_3, sono altresì sufficienti, come ora vedremo, perchè esista un sistema triplo ortogonale corrispondente, il quale risulterà pienamente determinato, prescindendo da movimenti dello spazio.

Prima di andare ad eseguire i calcoli relativi, avvertiamo che le considerazioni stesse si applicano, senza alcuna maggiore difficoltà, al problema dei sistemi ortogonali ad n variabili espresso dalla formola:

$$dx_1^2 + dx_2^2 + \ldots + dx_n^2 = H_1^2\, d\rho_1^2 + H_2^2\, d\rho_1^2 + \ldots + H_n^2\, d\rho_n^2.$$

271. Applichiamo le formole di Christoffel (I) n. 24, pag. 44 alla formola (9). Indicando con

$$\begin{Bmatrix} i\,k \\ l \end{Bmatrix}'$$

i simboli di Christoffel a tre indici per la forma

$$H_1^2\, d\rho_1^2 + H_2^2\, d\rho_2^2 + H_3^2\, d\rho_3^2,$$

vediamo subito che, se $i\,k\,l$ indica una permutazione dei tre indici 1, 2, 3, si ha

$$\begin{Bmatrix} i\,k \\ l \end{Bmatrix}' = 0 \,, \begin{Bmatrix} i\,k \\ k \end{Bmatrix}' = \begin{Bmatrix} k\,i \\ k \end{Bmatrix}' = \frac{1}{H_k}\frac{\partial H_k}{\partial \rho_i} \,, \begin{Bmatrix} k\,k \\ k \end{Bmatrix}' = \frac{1}{H_k}\frac{\partial H_k}{\partial \rho_k} \,, \begin{Bmatrix} k\,k \\ l \end{Bmatrix}' = -\frac{H_k}{H_l^2}\frac{\partial H_k}{\partial \rho_l} \,,$$

onde le citate formole (I) diventano

$$\begin{cases} \dfrac{\partial^2 x}{\partial \rho_i \partial \rho_k} = \dfrac{1}{H_i}\dfrac{\partial H_i}{\partial \rho_k}\dfrac{\partial x}{\partial \rho_i} + \dfrac{1}{H_k}\dfrac{\partial H_k}{\partial \rho_i}\dfrac{\partial x}{\partial \rho_k} \\[2ex] \dfrac{\partial^2 x}{\partial \rho_k^2} = \dfrac{1}{H_k}\dfrac{\partial H_k}{\partial \rho_k}\dfrac{\partial x}{\partial \rho_k} - \dfrac{H_k}{H_i^2}\dfrac{\partial H_k}{\partial \rho_i}\dfrac{\partial x}{\partial \rho_i} - \dfrac{H_k}{H_l^2}\dfrac{\partial H_k}{\partial \rho_l}\dfrac{\partial x}{\partial \rho_l} \end{cases}$$

e alle stesse equazioni soddisfano y e z. Ma, se introduciamo i coseni di direzione

$$X_k = \frac{1}{H_k}\frac{\partial x}{\partial \rho_k} \,,$$

queste si scrivono

$$(11) \qquad \begin{cases} \dfrac{\partial X_k}{\partial \rho_i} = \dfrac{1}{H_k}\dfrac{\partial H_i}{\partial \rho_k} X_i \,, \quad \dfrac{\partial X_k}{\partial \rho_l} = \dfrac{1}{H_k}\dfrac{\partial H_l}{\partial \rho_k} X_l \\[2ex] \dfrac{\partial X_k}{\partial \rho_k} = -\dfrac{1}{H_i}\dfrac{\partial H_k}{\partial \rho_i} X_i - \dfrac{1}{H_l}\dfrac{\partial H_k}{\partial \rho_l} X_l \,. \end{cases}$$

Esprimiamo le condizioni d'integrabilità di questo sistema, scrivendo

$$\frac{\partial}{\partial \rho_l}\left(\frac{1}{H_k}\frac{\partial H_i}{\partial \rho_k} X_i\right) = \frac{\partial}{\partial \rho_i}\left(\frac{1}{H_k}\frac{\partial H_l}{\partial \rho_k} X_l\right)$$

$$\frac{\partial}{\partial \rho_i}\left(\frac{1}{H_i}\frac{\partial H_k}{\partial \rho_i} X_i\right) + \frac{\partial}{\partial \rho_i}\left(\frac{1}{H_l}\frac{\partial H_k}{\partial \rho_l} X_l\right) + \frac{\partial}{\partial \rho_k}\left(\frac{1}{H_k}\frac{\partial H_i}{\partial \rho_k} X_i\right) = 0 \,.$$

Eseguendo le derivazioni e sostituendo per le derivate delle X le loro espressioni date dalle (11), coll'osservare che alle relazioni stesse ottenute debbono anche soddisfare le Y e le Z, ne seguono per le H le equazioni che si deducono dalle due seguenti, permutando gli indici:

$$(a) \qquad \frac{\partial^2 H_l}{\partial \rho_i \partial \rho_k} = \frac{1}{H_k}\frac{\partial H_k}{\partial \rho_i}\frac{\partial H_l}{\partial \rho_k} + \frac{1}{H_i}\frac{\partial H_i}{\partial \rho_k}\frac{\partial H_l}{\partial \rho_i}$$

$$(b) \qquad \frac{\partial}{\partial \rho_i}\left(\frac{1}{H_i}\frac{\partial H_k}{\partial \rho_i}\right) + \frac{\partial}{\partial \rho_k}\left(\frac{1}{H_k}\frac{\partial H_i}{\partial \rho_k}\right) + \frac{1}{H_l^2}\frac{\partial H_i}{\partial \rho_l}\frac{\partial H_k}{\partial \rho_l} = 0 \,,$$

Scrivendo per disteso queste sei equazioni, che sono le equazioni accennate di Lamé, abbiamo la tabella seguente:

$$
(\mathrm{A})\left\{\begin{aligned}
\frac{\partial^2 H_1}{\partial\rho_2\,\partial\rho_3} &= \frac{1}{H_2}\frac{\partial H_2}{\partial\rho_3}\frac{\partial H_1}{\partial\rho_2} + \frac{1}{H_3}\frac{\partial H_3}{\partial\rho_2}\frac{\partial H_1}{\partial\rho_3}\\
\frac{\partial^2 H_2}{\partial\rho_3\,\partial\rho_1} &= \frac{1}{H_3}\frac{\partial H_3}{\partial\rho_1}\frac{\partial H_2}{\partial\rho_3} + \frac{1}{H_1}\frac{\partial H_1}{\partial\rho_3}\frac{\partial H_2}{\partial\rho_1}\\
\frac{\partial^2 H_3}{\partial\rho_1\,\partial\rho_2} &= \frac{1}{H_1}\frac{\partial H_1}{\partial\rho_2}\frac{\partial H_3}{\partial\rho_1} + \frac{1}{H_2}\frac{\partial H_2}{\partial\rho_1}\frac{\partial H_3}{\partial\rho_2}
\end{aligned}\right.
$$

$$
(\mathrm{B})\left\{\begin{aligned}
&\frac{\partial}{\partial\rho_1}\left(\frac{1}{H_1}\frac{\partial H_2}{\partial\rho_1}\right) + \frac{\partial}{\partial\rho_2}\left(\frac{1}{H_2}\frac{\partial H_1}{\partial\rho_2}\right) + \frac{1}{H_3^2}\frac{\partial H_1}{\partial\rho_3}\frac{\partial H_2}{\partial\rho_3} = 0\\
&\frac{\partial}{\partial\rho_2}\left(\frac{1}{H_2}\frac{\partial H_3}{\partial\rho_2}\right) + \frac{\partial}{\partial\rho_3}\left(\frac{1}{H_3}\frac{\partial H_2}{\partial\rho_3}\right) + \frac{1}{H_1^2}\frac{\partial H_2}{\partial\rho_1}\frac{\partial H_3}{\partial\rho_1} = 0\\
&\frac{\partial}{\partial\rho_3}\left(\frac{1}{H_3}\frac{\partial H_1}{\partial\rho_3}\right) + \frac{\partial}{\partial\rho_1}\left(\frac{1}{H_1}\frac{\partial H_3}{\partial\rho_1}\right) + \frac{1}{H_2^2}\frac{\partial H_3}{\partial\rho_2}\frac{\partial H_1}{\partial\rho_2} = 0\,.
\end{aligned}\right.
$$

Esse non sono altro, come si è detto, che le equazioni

$$(i\,k,\,r\,s)' = 0$$

sviluppate.

272. Le equazioni (A), (B) di Lamè, cui debbono soddisfare le H e che qui abbiamo trovato come necessarie, sono altresì sufficienti per l'esistenza del corrispondente sistema triplo ortogonale. Per dimostrarlo osserviamo che, supposte date le H, le (11) ci danno per le terne di funzioni incognite (X_1, X_2, X_3) (Y_1, Y_2, Y_3) (Z_1, Z_2, Z_3) il sistema di equazioni lineari omogenee ai differenziali totali

$$
(12)\left\{\begin{aligned}
&d\xi_1 + \left(\frac{1}{H_2}\frac{\partial H_1}{\partial\rho_2}\xi_2 + \frac{1}{H_3}\frac{\partial H_1}{\partial\rho_3}\xi_3\right)d\rho_1 - \frac{1}{H_1}\frac{\partial H_2}{\partial\rho_1}\xi_2\,d\rho_2 - \frac{1}{H_1}\frac{\partial H_3}{\partial\rho_1}\xi_3\,d\rho_3 = 0\,,\\
&d\xi_2 - \frac{1}{H_2}\frac{\partial H_1}{\partial\rho_2}\xi_1\,d\rho_1 + \left(\frac{1}{H_3}\frac{\partial H_2}{\partial\rho_3}\xi_3 + \frac{1}{H_1}\frac{\partial H_2}{\partial\rho_1}\xi_1\right)d\rho_2 - \frac{1}{H_2}\frac{\partial H_3}{\partial\rho_2}\xi_3\,d\rho_3 = 0\,,\\
&d\xi_3 - \frac{1}{H_3}\frac{\partial H_1}{\partial\rho_3}\xi_1\,d\rho_1 - \frac{1}{H_3}\frac{\partial H_2}{\partial\rho_2}\xi_2\,d\rho_2 + \left(\frac{1}{H_1}\frac{\partial H_3}{\partial\rho_1}\xi_1 + \frac{1}{H_2}\frac{\partial H_3}{\partial\rho_2}\xi_2\right)d\rho_3 = 0\,,
\end{aligned}\right.
$$

alle quali cioè, se il sistema cercato esiste, si soddisferà ponendo

$$
\begin{aligned}
\xi_1 &= X_1\,, & \xi_2 &= X_2\,, & \xi_3 &= X_3\\
\xi_1 &= Y_1\,, & \xi_2 &= Y_2\,, & \xi_3 &= Y_3\\
\xi_1 &= Z_1\,, & \xi_2 &= Z_2\,, & \xi_3 &= Z_3\,.
\end{aligned}
$$

Ora, supposte soddisfatte le equazioni di Lamé (A), (B), il sistema (12) è *illimitatamente integrabile,* le condizioni di illimitata integrabilità coincidendo appunto colle (A), (B). Per la forma di queste equazioni (12), si vede subito che, se

$$\xi_1 \, , \, \xi_2 \, , \, \xi_3$$

$$\eta_1 \, , \, \eta_2 \, , \, \eta_3$$

sono due sistemi integrali distinti o coincidenti, si ha identicamente

$$d\,(\xi_1 \eta_1 + \xi_2 \eta_2 + \xi_3 \eta_3) = 0\,,$$

cioè

$$\xi_1 \eta_1 + \xi_2 \eta_2 + \xi_3 \eta_3 = \text{cost}^{\text{te}}.$$

Ciò premesso, precisamente come al n. 50, C. IV, si vedrà che si possono trovare tre sistemi integrali (X_1, X_2, X_3), (Y_1, Y_2, Y_3), (Z_1, Z_2, Z_3), che formino i coefficienti di una sostituzione ortogonale

$$\begin{vmatrix} X_1 \, , & X_2 \, , & X_3 \\ Y_1 \, , & Y_2 \, , & Y_3 \\ Z_1 \, , & Z_2 \, , & Z_3 \end{vmatrix}.$$

Allora le tre espressioni

$$\Sigma\, H_i X_i \, d\rho_i \quad , \quad \Sigma\, H_i Y_i \, d\rho_i \quad , \quad \Sigma\, H_i Z_i \, d\rho_i$$

sono differenziali esatti, in virtù delle equazioni (12) cui soddisfano le X, le Y e le Z, e però, ponendo

$$dx = \Sigma\, H_i X_i \, d\rho_i \quad , \quad dy = \Sigma\, H_i Y_i \, d\rho_i \quad , \quad dz = \Sigma\, H_i Z_i \, d\rho_i \,,$$

si avrà effettivamente

$$dx^2 + dy^2 + dz^2 = H_1^2 \, d\rho_1^2 + H_2^2 \, d\rho_2^2 + H_3^2 \, d\rho_3^2 \,.$$

Esiste dunque il sistema triplo cercato e la dimostrazione stessa prova (Cf., n. 50) che esso è individuato, a meno di movimenti nello spazio. Dunque:

Se le equazioni di Lamé sono soddisfatte, esiste uno ed un solo sistema triplo ortogonale corrispondente.

Per trovarlo, occorre integrare il sistema (12) di equazioni ai differenziali totali, al quale può sostituirsi un'unica equazione del tipo di Riccati.

273. Le formole di Lamé sono state applicate da Liouville a ricercare se è possibile rappresentare lo spazio sopra sè stesso, in modo che gli angoli siano conservati. Egli ha ottenuto l'importante teorema: *Le uniche*

rappresentazioni conformi dello spazio sopra sè medesimo sono la similitudine e l'inversione per raggi vettori reciproci, congiunte con movimenti.

Per dimostrarlo, supponiamo che x, y, z siano le coordinate di un punto qualunque dello spazio (o regione di spazio) e ξ, η, ζ quelle del punto corrispondente nella rappresentazione conforme supposta, di guisa che ξ, η, ζ saranno determinate funzioni di x, y, z. Perchè la rappresentazione conservi gli angoli, occorre che il rapporto

$$\frac{d\xi^2 + d\eta^2 + d\zeta^2}{dx^2 + dy^2 + dz^2}$$

sia indipendente dagli accrescimenti dx, dy, dz, cioè che si abbia

$$d\xi^2 + d\eta^2 + d\zeta^2 = \frac{1}{\lambda^2}(dx^2 + dy^2 + dz^2),$$

dove λ è una funzione di x, y, z. Le equazioni di Lamé (A), (B), ponendovi

$$x = \rho_1 \ , \quad y = \rho_2 \ , \quad z = \rho_3 \ , \quad H_1 = H_2 = H_3 = \frac{1}{\lambda} \ ,$$

danno ora

$$(\alpha) \quad \frac{\partial^2 \lambda}{\partial y \, \partial z} = 0 \ , \quad \frac{\partial^2 \lambda}{\partial z \, \partial x} = 0 \ , \quad \frac{\partial^2 \lambda}{\partial x \, \partial y} = 0$$

$$(\beta) \ \frac{\partial^2 \lambda}{\partial x^2} + \frac{\partial^2 \lambda}{\partial y^2} = \frac{\partial^2 \lambda}{\partial y^2} + \frac{\partial^2 \lambda}{\partial z^2} = \frac{\partial^2 \lambda}{\partial z^2} + \frac{\partial^2 \lambda}{\partial x^2} = \frac{1}{\lambda}\left[\left(\frac{\partial \lambda}{\partial x}\right)^2 + \left(\frac{\partial \lambda}{\partial y}\right)^2 + \left(\frac{\partial \lambda}{\partial z}\right)^2\right]$$

Ora le (α) danno

$$\lambda = X + Y + Z \ ,$$

dove X è funzione della sola x, Y della sola y, Z della sola z. Sostituendo nelle (β), deduciamo

$$(\gamma) \ X'' = Y'' = Z'' = \frac{1}{2(X + X + Z)}\{X'^2 + Y'^2 + Z'^2\} = k \, ,$$

essendo k una costante. Se $k = 0$, ne risulta $\lambda = \text{cost}^{\text{te}}$ e però la trasformazione è semplicemente una similitudine. In caso contrario poniamo $k = \frac{2}{c}$ e integrando avremo:

$$X = \frac{1}{c}\left\{(x - a)^2 + b\right\} ,$$

$$Y = \frac{1}{c}\left\{(y - a_1)^2 + b_1\right\} ,$$

$$Z = \frac{1}{c}\left\{(z - a_2)^2 + b_2\right\} ,$$

dove $a, b; \ a_1, b_1; \ a_2, b_2$ sono nuove costanti.

Ma, dovendo aversi per la (γ)

$$\left\{(x-a)^2+(y-a_1)^2+(z-a_2)^2+b+b_1+b_2\right\}=(x-a)^2+(y-a_1)^2+(z-a_2)^2,$$

ne risulta $b+b_1+b_2=0$ e, dando alla figura descritta dal punto (x,y,z) una traslazione, possiamo quindi fare semplicemente:

$$\lambda=\frac{x^2+y^2+z^2}{c},$$

cioè

$$d\xi^2+d\eta^2+d\zeta^2=\frac{c^2}{(x^2+y^2+z^2)^2}(dx^2+dy^2+dz^2).$$

Si soddisfa a quest'ultima equazione prendendo

$$\xi=\frac{cx}{x^2+y^2+z^2},\quad \eta=\frac{cy}{x^2+y^2+z^2},\quad \zeta=\frac{cz}{x^2+y^2+z^2},$$

che sono appunto le formole d'inversione per raggi vettori reciproci rispetto alla sfera

$$x^2+y^2+z^2=c^2.$$

Il teorema di Liouville è così dimostrato (*).

Si osserverà che l'inversione per raggi vettori reciproci cangia un sistema triplo ortogonale in un nuovo sistema della medesima specie. Applicando questa osservazione al caso di un sistema di superficie parallele, si ritrova nuovamente la proprietà dimostrata al n. 58, che cioè *l'inversione per raggi vettori reciproci conserva le linee di curvatura.*

274. Come abbiamo visto, il sistema triplo ortogonale è perfettamente determinato di forma note le funzioni H_1, H_2, H_3 e tutte le quantità dipendenti dal sistema debbono quindi potersi esprimere per H_1, H_2, H_3 e le loro derivate. Cerchiamo in particolare le espressioni dei raggi principali di curvatura delle superficie coordinate. Essendo al solito $i\ k\ l$ una permutazione degli indici 1, 2, 3, indichiamo con r_{ik} il raggio principale di curvatura della superficie $\rho_i=\text{cost}^{\text{te}}$ lungo la sua linea d'intersezione (linea di curvatura) colla superficie $\rho_l=\text{cost}^{\text{te}}$, cioè lungo la linea per la quale varia soltanto ρ_k, e rispetto al segno di r_{ik} manteniamo ferma la convenzione fatta al Cap. IV. La formola (11)

$$\frac{\partial X_i}{\partial\rho_k}=\frac{1}{H_i}\frac{\partial H_k}{\partial\rho_i}X_k=\frac{1}{H_iH_k}\frac{\partial H_k}{\partial\rho_i}\frac{\partial x}{\partial\rho_k}$$

(*) Una dimostrazione geometrica è stata data da Capelli nel t. XIV, serie 2.ª degli *Annali di Matematica.*

ci dà

$$\frac{1}{r_{ik}} = \frac{1}{H_i H_k} \frac{\partial H_k}{\partial \rho_i}$$

e scrivendo per disteso le sei formole corrispondenti (date da Lamé) avremo

$$(13) \quad \begin{cases} \dfrac{1}{r_{12}} = \dfrac{1}{H_1 H_2} \dfrac{\partial H_2}{\partial \rho_1}, & \dfrac{1}{r_{23}} = \dfrac{1}{H_2 H_3} \dfrac{\partial H_3}{\partial \rho_2}, & \dfrac{1}{r_{31}} = \dfrac{1}{H_3 H_1} \dfrac{\partial H_1}{\partial \rho_3} \\ \dfrac{1}{r_{13}} = \dfrac{1}{H_1 H_3} \dfrac{\partial H_3}{\partial \rho_1}, & \dfrac{1}{r_{21}} = \dfrac{1}{H_2 H_1} \dfrac{\partial H_1}{\partial \rho_2}, & \dfrac{1}{r_{32}} = \dfrac{1}{H_3 H_2} \dfrac{\partial H_2}{\partial \rho_3}. \end{cases}$$

In generale indicheremo col nome di *curve coordinate* ρ_i le curve intersezioni delle superficie

$$\rho_k = \text{cost}^{\text{te}} \quad , \quad \rho_l = \text{cost}^{\text{te}} ,$$

e ritenendo le notazioni del Cap. I, denoteremo con $(\cos \alpha_i, \cos \beta_i, \cos \gamma_i)$, $(\cos \xi_i, \cos \eta_i, \cos \zeta_i)$, $(\cos \lambda_i, \cos \mu_i, \cos \nu_i)$ i coseni di direzione della sua tangente, normale principale e binormale con $\frac{1}{R_i}$, $\frac{1}{T_i}$ la 1ª e 2ª curvatura, ferme restando le convenzioni del Cap. I riguardo ai segni.

Avremo immediatamente:

$$(14) \qquad \cos \alpha_i = X_i \; , \quad \cos \beta_i = Y_i \; , \quad \cos \gamma_i = Z_i$$

ed osservando che l'arco elementare della curva ρ_i è

$$ds_i = H_i \, d\rho_i ,$$

derivando le precedenti rapporto a ρ_i, coll'osservare le formole di Frenet e le (11), otterremo

$$(15) \quad \frac{\cos \xi_i}{R_i} = -\frac{X_k}{r_{ki}} - \frac{X_l}{r_{li}}, \quad \frac{\cos \eta_i}{R_i} = -\frac{Y_k}{r_{ki}} - \frac{Y_l}{r_{li}}, \quad \frac{\cos \zeta_i}{R_i} = -\frac{Z_k}{r_{ki}} - \frac{Z_l}{r_{li}},$$

da cui quadrando e sommando risulta

$$\frac{1}{R_i^2} = \frac{1}{r_{ki}^2} + \frac{1}{r_{li}^2} .$$

Dalle (14), (15) segue poi:

$$(16) \; \cos \lambda_i = \pm R_i \frac{X_k}{r_{li}} \mp R_i \frac{X_l}{r_{ki}}, \cos \mu_i = \pm R_i \frac{Y_k}{r_{li}} \mp R_i \frac{Y_l}{r_{ki}}, \cos \nu = \pm R_i \frac{Z_k}{r_{li}} \mp R_i \frac{Z_l}{r_{ki}},$$

il segno superiore valendo se la permutazione $i\,k\,l$ degli indici 1, 2, 3 è pari, l'inferiore nel caso contrario. Ora abbiamo, per le formole di Frenet:

$$\frac{1}{T_i} = \sum \frac{1}{H_i} \cos \xi_i \frac{\partial \cos \lambda_i}{\partial \rho_i} ,$$

il che dà, tenuto conto delle precedenti e delle (11):

$$\frac{1}{T_i}=\pm\frac{R_i}{H_i}\left\{\frac{1}{r_{li}}\frac{\partial}{\partial\rho_i}\left(\frac{R_i}{r_{ki}}\right)-\frac{1}{r_{ki}}\frac{\partial}{\partial\rho_i}\left(\frac{R_i}{r_{li}}\right)\right\}$$

$$\frac{1}{T_i}=\pm\frac{1}{H_i}\frac{\partial}{\partial\rho_i}\,arctg\left(\frac{r_{li}}{r_{ki}}\right).$$

Supponiamo senz'altro la permutazione ikl pari, come è lecito, e ponendo

$$\cos\omega_i=-\frac{R_i}{r_{li}}\ ,\quad \operatorname{sen}\omega_i=-\frac{R_i}{r_{ki}}\ ,$$

avremo

$$\left\{\begin{aligned}&\cos\xi_i=\cos\omega_i X_l+\operatorname{sen}\omega_i X_k\ ,\quad \cos\eta_i=\cos\omega_i Y_l+\operatorname{sen}\omega_i Y_k\ ,\\&\qquad\qquad\qquad\qquad\qquad\qquad \cos\zeta_i=\cos\omega_i Z_l+\operatorname{sen}\omega_i Z_h\\&\cos\lambda_i=\operatorname{sen}\omega_i X_l-\cos\omega_i X_k\ ,\quad \cos\mu_i=\operatorname{sen}\omega_i Y_l-\cos\omega_i Y_k\ ,\\&\qquad\qquad\qquad\qquad\qquad\qquad \cos\nu_i=\operatorname{sen}\omega_i Z_l-\cos\omega_i Z_k\ .\end{aligned}\right.$$

Il significato geometrico dell'angolo ω_i è per queste formole il seguente: esso indica l'angolo che la normale principale della curva ρ_i, nel verso positivo, forma colla curva ρ_l e si ha

$$\frac{1}{T_i}=\frac{1}{H_i}\frac{\partial\omega_i}{\partial\rho_i}.$$

Riepilogando abbiamo dunque, oltre le (13), le formole

$$(17)\qquad \frac{1}{R_1^2}=\frac{1}{r_{21}^2}+\frac{1}{r_{31}^2}\ ,\quad \frac{1}{R_2^2}=\frac{1}{r_{32}^2}+\frac{1}{r_{12}^2}\ ,\quad \frac{1}{R_3^2}=\frac{1}{r_{13}^2}+\frac{1}{r_{23}^2}$$

$$(18)\qquad \frac{1}{T_1}=\frac{1}{H_1}\frac{\partial\omega_1}{\partial\rho_1}\ ,\quad \frac{1}{T_2}=\frac{1}{H_2}\frac{\partial\omega_2}{\partial\rho_2}\ ,\quad \frac{1}{T_3}=\frac{1}{H_3}\frac{\partial\omega_3}{\partial\rho_3}$$

$$(19)\qquad \operatorname{tang}\omega_1=\frac{r_{31}}{r_{21}}\ ,\quad \operatorname{tang}\omega_2=\frac{r_{12}}{r_{32}}\ ,\quad \operatorname{tang}\omega_3=\frac{r_{23}}{r_{13}}\ .$$

275. L'elemento d'arco

$$ds_3=H_3\,d\rho_3$$

delle curve coordinate ρ_3 può anche riguardarsi come la porzione infinitesima di normale alla superficie ρ_3, intercetta dalla successiva $\rho_3+d\rho_3$ del medesimo sistema. Sulla superficie ρ_3 le linee H_3=cost[te] sono dunque quelle, lungo le quali è costante questa porzione infinitesima di normale; esse si diranno perciò *le linee di equidistanza* della superficie ρ_3=cost[te] (*).

(*) Soltanto nel caso in cui fosse costante H_3 (o funzione di ρ_3 soltanto) ogni linea dovrebbe considerarsi come linea di equidistanza. Ma allora sarebbe

$$\frac{1}{r_{13}}=\frac{1}{r_{23}}=0\ ,\quad \frac{1}{R_3}=0,$$

cioè le linee ρ_3 sarebbero rette e le superficie ρ_3 = cost[te] parallele.

Ora osserviamo che i coseni di direzione della tangente alla linea di equidistanza $H_3 = \text{cost}^{\text{te}}$ sono proporzionali ai binomii

$$\frac{\partial H_3}{\partial \rho_2}\frac{\partial x}{\partial \rho_1} - \frac{\partial H_3}{\partial \rho_1}\frac{\partial x}{\partial \rho_2}\,,\quad \frac{\partial H_3}{\partial \rho_2}\frac{\partial y}{\partial \rho_1} - \frac{\partial H_3}{\partial \rho_1}\frac{\partial y}{\partial \rho_2}\,,\quad \frac{\partial H_3}{\partial \rho_2}\frac{\partial z}{\partial \rho_1} - \frac{\partial H_3}{\partial \rho_1}\frac{\partial z}{\partial \rho_2}\,,$$

cioè (n. 274) a $\cos\lambda_3$, $\cos\mu_3$, $\cos\nu_3$, onde si trae il teorema:

Il piano normale ad una linea d'equidistanza in un punto, sulle superficie $\rho_3 = \text{cost}^{\text{te}}$, coincide col piano osculatore della traiettoria ortogonale ρ_3 delle dette superficie, uscente da quel punto.

La formola (17)

$$\frac{1}{R_3^2} = \frac{1}{H_3^2}\left\{\frac{1}{H_1^2}\left(\frac{\partial H_3}{\partial \rho_1}\right)^2 + \frac{1}{H_2^2}\left(\frac{\partial H_3}{\partial \rho_2}\right)^2\right\},$$

che dà la flessione di questa traiettoria ortogonale, si può scrivere inoltre

$$\text{(20)}\qquad \frac{1}{R_3} = \sqrt{\Delta_1 \log H_3} = \sqrt{\Delta_1 \log n}\,,$$

essendo Δ_1 il parametro differenziale primo, calcolato rispetto all'elemento lineare della superficie $\rho_3 = \text{cost}^{\text{te}}$ ed εn, dove ε è una costante infinitesima e n una funzione di ρ_1, ρ_2, indicando la porzione infinitesima di normale alla superficie $\rho_3 = \text{cost}^{\text{te}}$, intercetta dalla successiva. È da osservarsi che tanto il teorema superiore, quanto la formola (20), valgono in generale per un sistema *qualunque* di superficie e per le loro traiettorie ortogonali (*).

Ma nel caso nostro dei sistemi tripli ortogonali, la funzione n deve inoltre soddisfare, per la 3.ª delle formole (A) di Lamè, alla equazione

$$\frac{\partial^2 n}{\partial \rho_1 \partial \rho_2} = \frac{1}{H_1}\frac{\partial H_1}{\partial \rho_2}\frac{\partial n}{\partial \rho_1} + \frac{1}{H_2}\frac{\partial H_2}{\partial \rho_1}\frac{\partial n}{\partial \rho_2}\,,$$

ovvero, nelle notazioni delle derivate *covarianti* rispetto alla superficie $\rho_3 = \text{cost}^{\text{te}}$

$$n_{12} = 0\,.$$

Questa equazione, che già abbiamo incontrato in diverse ricerche e in particolare nel problema relativo ai sistemi ciclici, di cui fa parte una assegnata superficie è stata data nel significato attuale da Cayley e si dirà *l'equazione di Cayley*. Le proprietà delle derivate covarianti (capitolo II) dimostrano subito che per una superficie qualunque S, in un sistema generale di coordinate curvilinee u, v, l'equazione di Cayley si scrive:

$$\text{(21)}\qquad \begin{vmatrix} n_{11} & n_{12} & n_{22} \\ E & F & G \\ D & D' & D'' \end{vmatrix} = 0\,,$$

(*) Vedi Morera. — *Sui sistemi di superficie e le loro traiettorie ortogonali.* (Rendiconti del R. Istituto Lombardo, 4 marzo 1886).

essendo

$$\mathrm{E}\, du^2 + 2\,\mathrm{F}\, du\, dv + \mathrm{G}\, dv^2,$$
$$\mathrm{D}\, du^2 + 2\,\mathrm{D}'\, du\, dv + \mathrm{D}''\, dv^2$$

le due forme differenziali fondamentali di S (*). Ora se

$$\lambda\,(x, y, z) = \lambda$$

è l'equazione di un sistema ∞^1 di superficie, appartenente ad un sistema triplo ortogonale, si può porre

$$n = \frac{1}{\sqrt{\left(\frac{\partial\lambda}{\partial x}\right)^2 + \left(\frac{\partial\lambda}{\partial y}\right)^2 + \left(\frac{\partial\lambda}{\partial z}\right)^2}}$$

e, sostituendo nella (21), si avrà manifestamente un'equazione alle derivate parziali terze per λ, che sarà precisamente l'equazione di Darboux, di cui è parola al n. 269.

Di qui sarebbe facile concludere:

Perchè un sistema ∞^1 di superficie appartenga ad un sistema triplo ortogonale, è necessario e sufficiente che la distanza normale infinitesima di ogni superficie del sistema dalla successiva soddisfi alla equazione (21) *di Cayley.*

276. Combescure ha fatto conoscere un'importante trasformazione dei sistemi tripli ortogonali (**), che venne poi ritrovata indipendentemente da Darboux pel caso generale dei sistemi ortogonali a n variabili (***).

Limitato al caso nostro, il problema che conduce alla trasformazione di Combescure è il seguente: *Dato un sistema triplo ortogonale, definito*

(*) Si consideri come esempio una superficie S applicabile sopra una superficie di rotazione e sia

$$ds^2 = du^2 + r^2\, dv^2 \quad , \quad r = \varphi\,(u);$$

se si pone

$$n = \int r\, du,$$

si trova subito

$$n_{11}\, du^2 + 2\, n_{12}\, du\, dv + n_{22}\, dv^2 = r'\,(du^2 + r^2\, dv^2),$$

onde risulta: *Per la superficie* S *la funzione* $n = \int r\, du$ *è un integrale dell'equazione di Cayley.*

Più in particolare, se S è un elicoide, la superficie successiva S' è una nuova elicoide collo stesso asse e del medesimo passo. Questa osservazione conduce a riconoscere l'esistenza di sistemi tripli ortogonali contenenti una serie di elicoidi aventi a comune l'asse ed il passo. (Cf. la mia memoria negli *Annali di matematica,* 1885).

(**) *Annales de l'École Normale Supèrieure,* t. IV (1.e sèrie).

(***) Ibid., t. VII (2.me sèrie).

dalle formole

$$x = x(\rho_1, \rho_2, \rho_3), \quad y = y(\rho_1, \rho_2, \rho_3), \quad z = z(\rho_1, \rho_2, \rho_3),$$

trovarne un secondo

$$x' = x'(\rho_1, \rho_2, \rho_3), \quad y' = y'(\rho_1, \rho_2, \rho_3), \quad z' = z'(\rho_1, \rho_2, \rho_3),$$

tale che in ogni punto (x, y, z) dello spazio le normali alle tre superficie del 1.° sistema siano parallele alle corrispondenti nel punto (x', y', z') del 2.° sistema.

È chiaro che pei due sistemi, dovendo rimanere gli stessi i coseni di direzione del *triedro principale* (X_1, Y_1, Z_1), (X_2, Y_2, Z_2), (X_3, Y_3, Z_3), per le formole (11) n. 271, dovranno pure rimanere le stesse le quantità

$$\frac{1}{H_k} \frac{\partial H_i}{\partial \rho_k}.$$

Se introduciamo con Darboux (l. c.) la notazione

$$\beta_{ki} = \frac{1}{H_k} \frac{\partial H_i}{\partial \rho_k},$$

dopo di che le formole (11) prendono la forma:

$$(22) \quad \begin{cases} \dfrac{\partial X_k}{\partial \rho_i} = \beta_{ki} X_i \\[2ex] \dfrac{\partial X_k}{\partial \rho_k} = -\beta_{ik} X_i - \beta_{lk} X_l, \end{cases}$$

le formole di Lamé, espresse per le β, prenderanno la forma seguente:

$$(A^*) \quad \frac{\partial \beta_{ki}}{\partial \rho_l} = \beta_{kl} \beta_{li}$$

$$(B^*) \quad \frac{\partial \beta_{ik}}{\partial \rho_i} + \frac{\partial \beta_{ki}}{\partial \rho_k} + \beta_{il} \beta_{kl} = 0,$$

dove al solito $i\ k\ l$ indica una permutazione degli indici 1, 2, 3 (*). Il problema proposto equivale adunque alla questione seguente:

Essendo le β_{ki} $(i, k = 1, 2, 3)$ tre funzioni di ρ_1, ρ_2, ρ_3, che soddisfano le (A*), (B*), esiste uno o più sistemi di valori per H_1, H_2, H_3, legati alle β dalle relazioni

$$(23) \quad \begin{cases} \beta_{12} = \dfrac{1}{H_1} \dfrac{\partial H_2}{\partial \rho_1}, \quad \beta_{23} = \dfrac{1}{H_2} \dfrac{\partial H_3}{\partial \rho_2}, \quad \beta_{31} = \dfrac{1}{H_3} \dfrac{\partial H_1}{\partial \rho_3} \\[2ex] \beta_{21} = \dfrac{1}{H_2} \dfrac{\partial H_1}{\partial \rho_2}, \quad \beta_{32} = \dfrac{1}{H_3} \dfrac{\partial H_2}{\partial \rho_3}, \quad \beta_{13} = \dfrac{1}{H_1} \dfrac{\partial H_3}{\partial \rho_1} \; ? \end{cases}$$

(*) Le (A*) danno luogo a sei equazioni fra le β e le (B*) a tre.

Eliminando p. e. H_1, H_2 da queste, troviamo le tre equazioni simultanee per H_3

$$
(24)\qquad \left\{
\begin{aligned}
\frac{\partial^2 H_3}{\partial\rho_1\,\partial\rho_2} &= \frac{\beta_{12}\,\beta_{23}}{\beta_{13}}\frac{\partial H_3}{\partial\rho_1} + \frac{\beta_{21}\,\beta_{13}}{\beta_{23}}\frac{\partial H_3}{\partial\rho_2}\\
\frac{\partial^2 H_3}{\partial\rho_1\,\partial\rho_3} &= \frac{1}{\beta_{13}}\frac{\partial\beta_{13}}{\partial\rho_3}\cdot\frac{\partial H_3}{\partial\rho_1} + \beta_{13}\,\beta_{31}\,H_3\\
\frac{\partial^2 H_3}{\partial\rho_2\,\partial\rho_3} &= \frac{1}{\beta_{23}}\frac{\partial\beta_{23}}{\partial\rho_3}\frac{\partial H_3}{\partial\rho_2} + \beta_{23}\,\beta_{32}\,H_3\,;
\end{aligned}
\right.
$$

viceversa, se H_3 è una soluzione di questo sistema simultaneo, prendendo poi

$$
H_1 = \frac{1}{\beta_{13}}\frac{\partial H_3}{\partial\rho_1}\ ,\quad H_2 = \frac{1}{\beta_{23}}\frac{\partial H_3}{\partial\rho_2}\,,
$$

si soddisfano tutte le (23). Ora, se si derivano le (24) ordinatamente rispetto a ρ_3, ρ_2, ρ_1 e, tenendo conto delle (24) stesse, si eguagliano i tre valori che ne risultano per

$$
\frac{\partial^3 H}{\partial\rho_1\,\partial\rho_2\,\partial\rho_3}\,,
$$

si trovano, in forza della (A*), altrettante identità. I teoremi generali sulle equazioni a derivate parziali assicurano quindi che: *la soluzione più generale* H_3 *delle* (24) *contiene tre funzioni arbitrarie di una sola variabile ciascuna.*

Dunque: *Ad ogni sistema triplo ortogonale ne corrispondono infiniti, contenenti tre funzioni arbitrarie, pei quali in ogni punto corrispondente ad un punto del primo l'orientazione del triedro principale è la stessa.*

I nuovi sistemi tripli ortogonali si diranno ottenuti dal primitivo per *trasformazione di Combescure;* il problema analitico della loro determinazione consiste nella integrazione del sistema (24), dopo di che si avranno con quadrature i sistemi derivati dalle formole

$$
dx' = \Sigma\, H_i\, X_i\, d\rho_i\ ,\quad dy' = \Sigma\, H_i\, Y_i\, d\rho_i\ ,\quad dz' = \Sigma\, H_i\, Z_i\, d\rho_i\,,
$$

conservando le X_i, Y_i, Z_i i valori primitivi.

È chiaro che nei sistemi derivati ogni singola superficie ha a comune colla superficie corrispondente nel sistema primitivo l'immagine sferica delle linee di curvatura.

Capitolo XIX.

Studio di alcuni sistemi tripli ortogonali particolari.

Sistemi che contengono una serie di superficie di rotazione — Sistemi ciclici osculatori — Trasformazione di Combescure applicata ai sistemi ciclici — I sistemi derivati sono i più generali, che abbiano una serie di curve coordinate piane — Elementi caratteristici di questi sistemi e loro determinazione per quadrature — Sistema triplo ortogonale delle quadriche a centro confocali — Coordinate ellittiche — Geodetiche delle quadriche a centro — Teoremi di Chasles e Liouville — Geodetiche dell'ellissoide — Teorema di Ioachimsthal — Geodetiche uscenti dagli ombelichi — Le linee di curvatura come ellissi ed iperbole geodetiche, aventi i fuochi negli ombelichi — Teoremi di Roberts e di Hart.

277. Nel presente capitolo applicheremo i teoremi generali del capitolo precedente ad alcune semplici classi di sistemi tripli ortogonali. Cominciamo dal ricercare: *i sistemi tripli ortogonali, che contengono una serie di superficie di rotazione.*

Supponiamo che nel sistema triplo ortogonale, definito dalla forma dell'elemento lineare dello spazio:

$$ds^2 = H_1^2\, d\rho_1^2 + H_2^2\, d\rho_2^2 + H_3^2\, d\rho_3^2\,,$$

le superficie $\rho_2 = \mathrm{cost}^{te}$ siano superficie di rotazione e precisamente le linee $\rho_3 = \mathrm{cost}^{te}$ ne siano le curve meridiane. Poichè queste sono geodetiche delle superficie $\rho_2 = \mathrm{cost}^{te}$, sarà

$$\frac{\partial H_1}{\partial \rho_3} = 0$$

e la 1.ª delle equazioni (A) di Lamé, pag. 459, darà

$$\frac{\partial H_2}{\partial \rho_3} = 0\ , \quad \text{o} \quad \frac{\partial H_1}{\partial \rho_2} = 0\,.$$

Nel 2.° caso sarebbe, per le (13) pag. 463:

$$\frac{1}{r_{21}} = 0\ , \quad \frac{1}{r_{31}} = 0$$

e però le superficie di rotazione $\rho_2 = \text{cost}^{\text{te}}$ sarebbero sviluppabili, cioè coni o cilindri (di rotazione), caso che escludiamo (*). Restano le ipotesi

$$\frac{\partial H_1}{\partial \rho_3} = 0 \quad , \quad \frac{\partial H_2}{\partial \rho_3} = 0 \, ,$$

ove avendosi

$$\frac{1}{r_{31}} = 0 \quad , \quad \frac{1}{r_{32}} = 0 \, ,$$

le superficie $\rho_3 = \text{cost}^{\text{te}}$ saranno piani, cioè i piani delle curve meridiane delle superficie $\rho_2 = \text{cost}^{\text{te}}$. Dunque: le superficie di rotazione $\rho_2 = \text{cost}^{\text{te}}$ hanno il medesimo asse e il sistema triplo ortogonale si ottiene tracciando in un piano un doppio sistema (arbitrario) di curve ortogonali e facendolo rotare attorno ad un asse fisso nel piano; il doppio sistema di superficie di rotazione così generate, insieme coi piani meridiani, formano il sistema triplo domandato. È chiaro (e si può dedurre anche dalle formole di Lamé) che nel caso attuale, prendendo convenientemente il parametro ρ_3, si può rendere anche H_3 indipendente da ρ_3. Possiamo dunque dire: *La proprietà caratteristica dei sistemi tripli ortogonali qui considerati consiste in ciò, che nell' espressione dell' elemento lineare*

$$ds^2 = H_1^2 \, d\rho_1^2 + H_2^2 \, d\rho_2^2 + H_3^2 \, d\rho_3^2 \, ,$$

i coefficienti H_1, H_2, H_3 *sono funzioni di due sole delle variabili* ρ_1, ρ_2.

L'applicazione della trasformazione di Combescure offre in questo caso poco interesse; i sistemi derivati contengono ancora infatti evidentemente una serie di piani e coincidono coi sistemi considerati al n. 269.

278. Una notevole classe di sistemi tripli ortogonali è quella dei *sistemi ciclici* di Ribaucour, che abbiamo già studiato al capitolo XIII e pei quali in particolare al n. 187, pag. 335, abbiamo determinato la forma dell'elemento lineare dello spazio. Un bel teorema di Ribaucour permette di dedurre da ogni sistema triplo ortogonale infiniti sistemi ciclici. Esso si enuncia:

Se in un sistema triplo ortogonale si considera una superficie S *di uno dei tre sistemi e nei punti di essa si costruiscono i circoli osculatori delle traiettorie ortogonali delle superficie, appartenenti al medesimo sistema, la doppia infinità di circoli costruiti appartiene ad un sistema ciclico.*

(*) Si osservi che, essendo allora H_1 funzione di ρ_1 soltanto, si può fare $H_1 = 1$ e le linee coordinate ρ_1 sono rette. Per ciò le superficie $\rho_1 = \text{cost}^{\text{te}}$ sono superficie parallele e precisamente piani paralleli nel caso dei cilindri e superficie parallele con un sistema di linee di curvatura circolari nel caso nei coni. Il lettore verificherà facilmente che in quest' ultimo caso gli assi di rotazione dei coni sono le tangenti alla curva luogo dei vertici. Questa curva può prendersi del resto arbitraria, come pure restano arbitrarie le aperture dei coni.

Diremo che questo sistema ciclico è il sistema *osculatore* del sistema dato lungo la superficie S.

Per dimostrare questo teorema, basterà paragonare le formole generali del capitolo precedente con quelle del n. 182, c. XIII relative alla determinazione dei sistemi ciclici, i cui circoli sono normali ad una superficie assegnata. E infatti se (ρ_1, ρ_2, ρ_3) è un sistema triplo ortogonale, che dà all'elemento lineare dello spazio la forma

$$ds^2 = H_1^2\, d\rho_1^2 + H_2^2\, d\rho_2^2 + H_3^2\, d\rho_3^2$$

e consideriamo in esso una determinata superficie $\rho_3 = \text{cost}^{\text{te}}$, la funzione H_3 è una soluzione dell'equazione di Cayley:

$$\frac{\partial^2 H_3}{\partial \rho_1\, \partial \rho_2} = \frac{1}{H_1} \frac{\partial H_1}{\partial \rho_2} \frac{\partial H_3}{\partial \rho_1} + \frac{1}{H_2} \frac{\partial H_2}{\partial \rho_1} \frac{\partial H_3}{\partial \rho_2}\,.$$

Indicando con R_3 il raggio del circolo osculatore delle curve coordinate ρ_3 e con ω_3 l'angolo che la loro normale principale, nel verso positivo, forma colla linea ρ_1, si ha (n. 274)

$$\frac{1}{R_3^2} = \frac{1}{H_1^2}\left(\frac{\partial \log H_3}{\partial \rho_1}\right)^2 + \frac{1}{H_2^2}\left(\frac{\partial \log H_3}{\partial \rho_2}\right)^2$$

$$\left\{\begin{aligned} \cos\omega_3 &= -\frac{R_3}{r_{13}} = -\frac{R_3}{H_1}\frac{\partial \log H_3}{\partial \rho_1} \\ \text{sen}\,\omega_3 &= -\frac{R_3}{r_{23}} = -\frac{R_3}{H_2}\frac{\partial \log H_3}{\partial \rho_2}\,. \end{aligned}\right.$$

Queste formole, confrontate colle (V), (13) del numero ora citato (pag. 326) dimostrano appunto il teorema di Ribaucour.

279. La trasformazione di Combescure, applicata ai sistemi ciclici, dà una classe interessante di sistemi tripli ortogonali. È chiaro intanto che in ogni sistema derivato da un sistema ciclico, per trasformazione di Combescure, le curve che corrispondono ai circoli sono piane, perchè le tangenti di ciascuna di esse sono parallele alle tangenti del circolo corrispondente. Così adunque:

Nei sistemi tripli ortogonali, derivati per trasformazione di Combescure dai sistemi ciclici, le traiettorie ortogonali delle superficie di uno dei tre sistemi sono curve piane.

È facile dimostrare che inversamente ogni sistema triplo ortogonale, nel quale le traiettorie ortogonali delle superficie di uno dei tre sistemi sono curve piane (nel quale cioè le superficie degli altri due sistemi hanno un sistema di linee di curvatura piane), deriva per trasformazione di Combescure da un sistema ciclico. Sia infatti (ρ_1, ρ_2, ρ_3) un sistema triplo ortogonale, nel quale le curve coordinate ρ_3 siano piane. Consideriamo una superficie S_3 del sistema ρ_3 e il sistema ciclico osculatore lungo di essa del numero precedente.

Si vedrà subito che le superficie a linee di curvatura circolari del sistema ciclico hanno le stesse immagini sferiche delle linee di curvatura delle superficie $\rho_1=\text{cost}^{\text{te}}$, $\rho_2=\text{cost}^{\text{te}}$ del sistema primitivo, onde risulta che fra i due sistemi tripli ortogonali si può stabilire precisamente la corrispondenza di Combescure; dunque: *Se in un sistema triplo ortogonale* (ρ_1, ρ_2, ρ_3) *le curve* ρ_3 *sono piane, i sistemi ciclici osculatori lungo le superficie* $\rho_3=\text{cost}^{\text{te}}$ *derivano dal primitivo per trasformazione di Combescure.*

Per trovare tutti i sistemi (ρ_1, ρ_2, ρ_3) in discorso, basterà dunque cercare quelli, che hanno un sistema ciclico assegnato per sistema osculatore. Ora quest'ultimo problema si risolve, come ora dimostreremo, con sole quadrature (*).

Dobbiamo per ciò richiamare le formole del capitolo XIII relative ai sistemi ciclici, in particolare quelle del n. 187, dove per l'elemento lineare dello spazio, riferito ad un sistema ciclico (u, v, w), abbiamo ottenuto la formola ivi segnata (23):

$$ds^2 = h_1^2\, du^2 + h_2^2\, dv^2 + h_3^2\, dw^2, \tag{1}$$

dove h_1, h_2, h_3 hanno i valori seguenti:

$$\left\{\begin{aligned} h_1 &= 2\cos\frac{\sigma}{2}\left[\frac{\partial\rho}{\partial u} - \sqrt{E}\,\operatorname{tang}\frac{\sigma}{2}\,\operatorname{sen}\left(t+\frac{\Omega}{2}\right)\rho + \frac{2\cos\sigma}{1+\cos\sigma}\begin{Bmatrix}12\\2\end{Bmatrix}\rho\right] \\ h_2 &= 2\,\operatorname{sen}\frac{\sigma}{2}\left[\frac{\partial\rho}{\partial v} + \sqrt{G}\,\cot\frac{\sigma}{2}\,\operatorname{sen}\left(t-\frac{\Omega}{2}\right)\rho - \frac{2\cos\sigma}{1-\cos\sigma}\begin{Bmatrix}12\\1\end{Bmatrix}\rho\right] \\ h_3 &= \rho\,\operatorname{sen}\sigma\,\frac{\partial t}{\partial w}, \end{aligned}\right. \tag{2}$$

le quantità E, G, Ω, σ, ρ, t avendo il significato stabilito al n. 184. Rammentiamo che E, G, Ω sono le tre funzioni di $u, v,$ che figurano nell'espressione dell'elemento lineare sferico

$$ds'^2 = E\,du^2 + 2\cos\Omega\sqrt{E\,G}\,du\,dv + G\,dv^2,$$

riferito alle linee (u, v) immagini delle sviluppabili della congruenza, i cui raggi sono gli assi dei circoli, mentre

$$\begin{Bmatrix}12\\1\end{Bmatrix}, \quad \begin{Bmatrix}12\\2\end{Bmatrix}$$

sono i simboli di Christoffel, costruiti per l'elemento lineare sferico.

(*) Cf. la mia memoria nel t. XIX (1890) degli *Annali di Matematica.*

L'angolo σ è definito dalla formola (*)

$$(a)\quad \cos^2\left(\frac{\sigma}{2}\right)\frac{\partial}{\partial u}\begin{Bmatrix}12\\1\end{Bmatrix}+\operatorname{sen}^2\left(\frac{\sigma}{2}\right)\frac{\partial}{\partial v}\begin{Bmatrix}12\\2\end{Bmatrix}=2\begin{Bmatrix}12\\1\end{Bmatrix}\begin{Bmatrix}12\\2\end{Bmatrix}$$

e soddisfa alle equazioni

$$(3)\quad \frac{\partial\cos\sigma}{\partial u}=2\,(\cos\sigma-1)\begin{Bmatrix}12\\2\end{Bmatrix},\quad \frac{\partial\cos\sigma}{\partial v}=2\,(\cos\sigma+1)\begin{Bmatrix}12\\1\end{Bmatrix},$$

che è bene scrivere anche sotto la forma

$$(3^*)\quad \frac{\partial\log\operatorname{sen}\sigma}{\partial u}=\frac{2\cos\sigma}{1+\cos\sigma}\begin{Bmatrix}12\\2\end{Bmatrix},\quad \frac{\partial\log\operatorname{sen}\sigma}{\partial v}=-\frac{2\cos\sigma}{1-\cos\sigma}\begin{Bmatrix}12\\1\end{Bmatrix}.$$

La funzione $\rho\,(u, v)$ è una soluzione (qualunque) dell'equazione di Laplace:

$$(4)\quad \frac{\partial^2\rho}{\partial u\,\partial v}+\begin{Bmatrix}12\\1\end{Bmatrix}\frac{\partial\rho}{\partial u}+\begin{Bmatrix}12\\2\end{Bmatrix}\frac{\partial\rho}{\partial v}+\left[\frac{\partial}{\partial u}\begin{Bmatrix}12\\1\end{Bmatrix}+\frac{\partial}{\partial v}\begin{Bmatrix}12\\2\end{Bmatrix}+\cos\Omega\sqrt{\mathrm{E}\,\mathrm{G}}\right]\rho=0\,.$$

Infine la t è la soluzione generale dell'equazione a differenziali totali, illimitatamente integrabile

$$(5)\quad dt=\left[\sqrt{\mathrm{E}}\operatorname{tang}\frac{\sigma}{2}\cos\left(t+\frac{\Omega}{2}\right)+\frac{1}{2}\frac{\partial\Omega}{\partial u}+\sqrt{\frac{\mathrm{E}}{\mathrm{G}}}\begin{Bmatrix}12\\1\end{Bmatrix}\operatorname{sen}\Omega\right]du-\left[\sqrt{\mathrm{G}}\cot\frac{\sigma}{2}\cos\left(t-\frac{\Omega}{2}\right)+\frac{1}{2}\frac{\partial\Omega}{\partial v}+\sqrt{\frac{\mathrm{G}}{\mathrm{E}}}\begin{Bmatrix}12\\2\end{Bmatrix}\operatorname{sen}\Omega\right]dv.$$

Questa soluzione generale t contiene una costante arbitraria, indicata con w, la quale figura, come terza variabile, soltanto in t.

280. Ricordate le formole superiori, costruiamo per il sistema ciclico le quantità β_{ik} del n. 276; troviamo:

(*) Nel caso in cui la equazione (a) del testo sia identica, cioè

$$\frac{\partial}{\partial u}\begin{Bmatrix}12\\1\end{Bmatrix}=\frac{\partial}{\partial v}\begin{Bmatrix}12\\2\end{Bmatrix}=2\begin{Bmatrix}12\\1\end{Bmatrix}\begin{Bmatrix}12\\2\end{Bmatrix},$$

conviene ricorrere alle seguenti (3) o (3*), che definiscono σ a meno di una costante (Cf. n. 185).

$$(5^*)\begin{cases} \beta_{12} = \dfrac{1}{h_1}\dfrac{\partial h_2}{\partial u} = \left[\sqrt{G}\,\mathrm{sen}\left(t-\dfrac{\Omega}{2}\right) - \cot\dfrac{\sigma}{2}\begin{Bmatrix}12\\1\end{Bmatrix}\right], \quad \beta_{23} = \dfrac{1}{h_2}\dfrac{\partial h_3}{\partial v} = \cos\dfrac{\sigma}{2}\cdot\dfrac{\partial t}{\partial w}, \\[2ex] \qquad \beta_{31} = \dfrac{1}{h_3}\dfrac{\partial h_1}{\partial w} = -\dfrac{\sqrt{E}\cos\left(t+\dfrac{\Omega}{2}\right)}{\cos\dfrac{\sigma}{2}} \\[2ex] \beta_{21} = \dfrac{1}{h_2}\dfrac{\partial h_1}{\partial v} = -\left[\sqrt{E}\,\mathrm{sen}\left(t+\dfrac{\Omega}{2}\right) + \mathrm{tang}\dfrac{\sigma}{2}\begin{Bmatrix}12\\2\end{Bmatrix}\right], \beta_{32} = \dfrac{1}{h_3}\dfrac{\partial h_2}{\partial w} = \dfrac{\sqrt{G}\cos\left(t-\dfrac{\Omega}{2}\right)}{\mathrm{sen}\dfrac{\sigma}{2}}, \\[2ex] \qquad \beta_{12} = \dfrac{1}{h_1}\dfrac{\partial h_3}{\partial w} = \mathrm{sen}\,\dfrac{\sigma}{2}\dfrac{\partial t}{\partial w}. \end{cases}$$

Ora applichiamo la trasformazione di Combescure, costruendo, per determinare i coefficienti H_1, H_2, H_3 del sistema trasformato definito dalla formola

$$ds^2 = H_1^2\,du^2 + H_2^2\,dv^2 + H_3^2\,dw^2,$$

le formole (24) pag. 468, che servono a trovare H_3. Se mutiamo in queste la funzione incognita H_3, ponendo

$$H_3 = R\,\mathrm{sen}\,\sigma\,\frac{\partial t}{\partial w},$$

essendo $R\ (u, v, w)$ la nuova funzione incognita, troviamo per determinare R le tre equazioni simultanee:

$$(6)\begin{cases} \dfrac{\partial^2 R}{\partial u\,\partial w} = \left[\sqrt{E}\ \mathrm{tg}\,\dfrac{\sigma}{2}\,\mathrm{sen}\left(t+\dfrac{\Omega}{2}\right) - \dfrac{2\cos\sigma}{1+\cos\sigma}\begin{Bmatrix}12\\2\end{Bmatrix}\right]\dfrac{\partial R}{\partial w} \\[2ex] \dfrac{\partial^2 R}{\partial v\,\partial w} = \left[-\sqrt{G}\cot\dfrac{\sigma}{2}\,\mathrm{sen}\left(t-\dfrac{\Omega}{2}\right) + \dfrac{2\cos\sigma}{1-\cos\sigma}\begin{Bmatrix}12\\1\end{Bmatrix}\right]\dfrac{\partial R}{\partial w} \\[2ex] \dfrac{\partial^2 R}{\partial u\,\partial v} + \begin{Bmatrix}12\\1\end{Bmatrix}\dfrac{\partial R}{\partial u} + \begin{Bmatrix}12\\2\end{Bmatrix}\dfrac{\partial R}{\partial v} + \left[\dfrac{\partial}{\partial u}\begin{Bmatrix}12\\1\end{Bmatrix} + \dfrac{\partial}{\partial v}\begin{Bmatrix}12\\2\end{Bmatrix} + \cos\Omega\sqrt{EG}\right]R = 0. \end{cases}$$

Ma le prime due, in forza delle (3*) e delle (5), possono scriversi

$$\frac{\partial}{\partial u}\log\left(\frac{\partial R}{\partial w}\right) = -\frac{\partial}{\partial u}\log\left(\mathrm{sen}\,\sigma\,\frac{\partial t}{\partial w}\right)$$

$$\frac{\partial}{\partial v}\log\left(\frac{\partial R}{\partial w}\right) = -\frac{\partial}{\partial v}\log\left(\mathrm{sen}\,\sigma\,\frac{\partial t}{\partial w}\right),$$

onde risulta intanto integrando

$$\frac{\partial R}{\partial w} = \frac{W}{\operatorname{sen}\sigma \dfrac{\partial t}{\partial w}},$$

essendo W una funzione arbitraria di w. Una nuova integrazione rapporto a w dà

$$\text{(7)} \qquad R = \frac{1}{\operatorname{sen}\sigma} \int_{w_0}^{w} \frac{W\, dw}{\dfrac{\partial t}{\partial w}} + \psi(u, v),$$

dove w_0 indica un valore fisso di w e $\psi(u, v)$ una funzione di u, v soltanto; questa resterà da determinarsi in guisa che il valore (7) di R soddisfi anche la 3ª delle (6). Ora si verifica subito che la funzione

$$\frac{1}{\operatorname{sen}\sigma \dfrac{\partial t}{\partial w}}$$

soddisfa alla equazione ora citata e, poichè i coefficienti di questa equazione lineare omogenea non contengono w, vi soddisferà pure

$$\frac{1}{\operatorname{sen}\sigma} \int_{w_0}^{v} \frac{W\, dw}{\dfrac{\partial t}{\partial w}}.$$

Dunque: *Si soddisferà a tutte le condizioni* (6), *assumendo nella* (7) *per* $\psi(u, v)$ *una soluzione arbitraria dell'equazione di Laplace*

$$\frac{\partial^2\psi}{\partial u \partial v} + \begin{Bmatrix}12\\1\end{Bmatrix} \frac{\partial\psi}{\partial u} + \begin{Bmatrix}12\\2\end{Bmatrix} \frac{\partial\psi}{\partial v} + \left[\frac{\partial}{\partial u}\begin{Bmatrix}12\\1\end{Bmatrix} + \frac{\partial}{\partial v}\begin{Bmatrix}12\\2\end{Bmatrix} + \cos\Omega\sqrt{EG}\right]\psi = 0,$$

da cui dipende la ricerca delle congruenze (*cicliche*) *aventi per immagini delle sviluppabili le linee sferiche* (u, v).

Se questa equazione si sa integrare completamente, si sapranno trovare del sistema ciclico assegnato tutti i derivati per trasformazione di Combescure. Ma il problema che ci siamo proposti al n. 279, di costruire cioè quei sistemi derivati di Combescure, che hanno il sistema ciclico assegnato per sistema osculatore lungo la superficie $w = w_0$, si risolve semplicemente, come ora faremo vedere, ponendo nella (7)

$$\psi = \rho.$$

281. Avendo H_3 il valore

$$H_3 = R \operatorname{sen}\sigma \frac{\partial t}{\partial w},$$

dove R è dato dalla (7), le formole (n. 276)

$$H_1 = \frac{1}{\beta_{13}} \frac{\partial H_3}{\partial u}, \quad H_2 = \frac{1}{\beta_{23}} \frac{\partial H_3}{\partial v}$$

daranno per le (5), (5*)

$$(8) \quad \begin{cases} H_1 = 2\cos\frac{\sigma}{2}\left[\frac{\partial R}{\partial u} - \sqrt{E}\,\mathrm{tg}\,\frac{\sigma}{2}\,\mathrm{sen}\left(t + \frac{\Omega}{2}\right)R + \frac{2\cos\sigma}{1+\cos\sigma}\begin{Bmatrix}12\\2\end{Bmatrix}R\right] \\ H_2 = 2\,\mathrm{sen}\frac{\sigma}{2}\left[\frac{\partial R}{\partial v} + \sqrt{G}\cot\frac{\sigma}{2}\,\mathrm{sen}\left(t - \frac{\Omega}{2}\right)R - \frac{2\cos\sigma}{1-\cos\sigma}\begin{Bmatrix}12\\1\end{Bmatrix}R\right] \\ H_3 = R\,\mathrm{sen}\,\sigma\,\frac{\partial\theta}{\partial w}, \end{cases}$$

$$ds^2 = H_1^2\,du^2 + H_2^2\,dv^2 + H_3^2\,dw^2$$

e per le curvature principali

$$\frac{1}{r_{13}} = \frac{\beta_{13}}{H_3}, \quad \frac{1}{r_{22}} = \frac{\beta_{23}}{H_3},$$

troveremo quindi

$$\frac{1}{r_{13}} = \frac{1}{2R\cos\frac{\sigma}{2}}, \quad \frac{1}{r_{23}} = \frac{1}{2R\,\mathrm{sen}\frac{\sigma}{2}},$$

onde per le quantità ρ_3, ω_3, $\frac{1}{T_3}$ del n. 274

$$\rho_3 = R\,\mathrm{sen}\,\sigma, \quad \omega_3 = \frac{\sigma}{2}, \quad \frac{1}{T_3} = 0.$$

Dalle formole superiori per ρ_3, ω_3 osservando altresì le (8), risulta appunto che per ottenere il sistema derivato, di cui il sistema ciclico dato è osculatore lungo la $w = w_0$, conviene fare nella (7), come si era asserito $\psi = \rho$, cioè assumere

$$(7^*) \qquad R = \frac{1}{\mathrm{sen}\,\sigma}\int_{w_0}^{w} \frac{W\,dw}{\frac{\partial t}{\partial w}} + \rho(u, v).$$

La presenza della funzione arbitraria W in questa formola permette di dare ad una delle curve coordinate piane w una forma prestabilita e l'intero sistema ne risulta allora individuato. Riassumendo, abbiamo dunque il teorema:

Per determinare un sistema triplo ortogonale, in cui le traiettorie ortogonali delle superficie di uno dei sistemi (Σ) *siano curve piane* C, *si possono dare ad arbitrio i seguenti elementi: 1.° una superficie* Σ_0 *del sistema* Σ, *2.° una curva* C_0 *fra le* C, *3.° il sistema ciclico osculatore lungo* Σ_0. *Questi elementi individuano il sistema, che si otterrà con sole quadrature, se le linee di curvatura di* Σ_0 *sono note.*

Fra i sistemi precedenti ve ne ha una classe, degna di speciale menzione. L'angolo $\frac{\sigma}{2}$ misura, per le formole superiori, l'inclinazione dei piani delle curve C sulle superficie $u = \text{cost}^{\text{te}}$. Cerchiamo fra i sistemi tripli ortogonali considerati quelli, in cui l'angolo σ è costante. Essendo allora, per le (3)

$$\begin{Bmatrix} 12 \\ 1 \end{Bmatrix} = 0 \,, \quad \begin{Bmatrix} 12 \\ 2 \end{Bmatrix} = 0 \,,$$

le linee (u, v) sono le immagini delle assintotiche di una superficie pseudosferica, per l'elemento lineare sferico si ha

$$ds'^2 = du^2 + 2 \cos \Omega \, du \, dv + dv^2 \,,$$

dove Ω è una soluzione dell'equazione

$$\frac{\partial^2 \Omega}{\partial u \partial v} + \operatorname{sen} \Omega = 0 \,,$$

e l'equazione (4) per R diventa l'equazione delle deformazioni infinitesime delle superficie pseudosferiche.

$$\frac{\partial^2 R}{\partial u \partial v} + R \cos \Omega = 0 \,.$$

Così adunque la determinazione di questi speciali sistemi dipende dal problema delle deformazioni infinitesime delle superficie pseudosferiche (*).

282. Andiamo ora ad occuparci di uno dei più semplici ed importanti sistemi tripli ortogonali, del sistema di quadriche confocali. Esso dà luogo alle coordinate ellittiche, introdotte nell'analisi da Lamé.

Consideriamo il sistema di quadriche a centro confocali, definito dall'equazione

$$\text{(9)} \qquad \frac{x^2}{a^2 + \rho} + \frac{y^2}{b^2 + \rho} + \frac{z^2}{c^2 + \rho} = 1 \,,$$

dove ρ è un parametro variabile e supponiamo

$$a^2 > b^2 > c^2 \,.$$

(*) Per ulteriori notizie veggasi la mia memoria succitata.

La superficie (9) è reale soltanto quando ρ giace fra $+\infty$ e $-a^2$, e più precisamente essa è

un ellissoide . . . . . . quando $+\infty > \rho > -c^2$

un iperboloide ad una falda " $-c^2 > \rho > -b^2$

un iperboloide a due falde . " $-b^2 > \rho > -a^2$.

Per $\rho = +\infty$ si ha una sfera di raggio infinito; variando ρ da $+\infty$ a $-c^2$, la superficie rimane sempre un ellissoide, il cui asse minore $\sqrt{c^2+\rho}$ va sempre e continuamente diminuendo, l'ellissoide riducendosi al limite per $\rho = -c^2$ alla porzione di piano xy (contata due volte) interna all' ellisse focale

$$\frac{x^2}{a^2-c^2} + \frac{y^2}{b^2-c^2} = 1 .$$

Appena è $\rho < -c^2$, la superficie è un iperboloide ad una falda e se si pone $\lambda = -c^2 - \varepsilon$ con ε positivo, poi si fa tendere ε a zero, si riconosce che per $\varepsilon = 0$ l'iperboloide si riduce alla porzione di piano xy esterna all'ellisse focale; questa ellisse forma adunque il passaggio dalle serie degli ellissoidi a quella degli iperboloïdi ad una falda.

Medesimamente si vedrà che il passaggio da questa serie di iperboloidi a quella degli iperboloidi a due falde avviene attraversando l'iperbola focale

$$\frac{x^2}{a^2-b^2} - \frac{z^2}{b^2-c^2} = 1 .$$

Per ogni punto (ξ, η, ζ) dello spazio passano tre superficie del sistema (1), corrispondenti ai tre valori di λ radici dell'equazione di 3.° grado

$$f(\rho) = (a^2+\rho)(b^2+\rho)(c^2+\rho) - (b^2+\rho)(c^2+\rho)\xi^2 - (c^2+\rho)(a^2+\rho)\eta^2 - \\ - (a^2+\rho)(b^2+\rho)\zeta^2 = 0 ,$$

e poichè

$$f(+\infty) > 0 \;,\; f(-c^2) < 0 \;,\; f(-b^2) > 0 \;,\; f(-a^2) < 0 ,$$

l'equazione avrà le tre radici reali ρ_1, ρ_2, ρ_3 giacenti rispettivamente negli intervalli

$$+\infty > \rho_1 > -c^2 \quad , \quad -c^2 > \rho_2 > -b^2 \quad , \quad -b^2 > \rho_3 > -a^2$$

e le tre superficie corrispondenti del sistema (9):

$$(10)\quad \begin{cases} \dfrac{x^2}{a^2+\rho_1}+\dfrac{y^2}{b^2+\rho_1}+\dfrac{z^2}{c^2+\rho_1}=1 \\[2ex] \dfrac{x^2}{a^2+\rho_2}+\dfrac{y^2}{b^2+\rho_2}+\dfrac{z^2}{c^2+\rho_2}=1 \\[2ex] \dfrac{x^2}{a^2+\rho_3}+\dfrac{y^2}{b^2+\rho_3}+\dfrac{z^2}{c^2+\rho_3}=1, \end{cases}$$

che passano per (ξ, η, ζ) saranno rispettivamente un ellissoide, un iperboloide ad una falda ed un iperboloide a due falde.

Possiamo definire la posizione di un punto $P \equiv (x, y, z)$ dello spazio per mezzo dei parametri ρ_1, ρ_2, ρ_3 delle tre quadriche del sistema (9) che vi passano; in tal caso ρ_1, ρ_2, ρ_3 diconsi le *coordinate ellittiche* del punto P. Esse sono legate alle coordinate cartesiane x, y, z del medesimo punto dalle relazioni (10).

283. Per calcolare l'elemento lineare dello spazio in coordinate ellittiche ρ_1, ρ_2, ρ_3, osserviamo (*) che, essendo ρ_1, ρ_2, ρ_3 le radici dell'equazione di 3.° grado in ρ

$$\frac{x^2}{a^2+\rho}+\frac{y^2}{b^2+\rho}+\frac{z^2}{c^2+\rho}-1=0,$$

si avrà identicamente, qualunque sia ρ:

$$(11)\quad \frac{x^2}{a^2+\rho}+\frac{y^2}{b^2+\rho}+\frac{z^2}{c^2+\rho}-1=\frac{(\rho_1-\rho)\,(\rho_2-\rho)\,(\rho_3-\rho)}{(a^2+\rho)\,(b^2+\rho)\,(c^2+\rho)}.$$

Moltiplicando da ambo le parti per

$$(a^2+\rho)\,(b^2+\rho)\,(c^2+\rho),$$

indi facendo successivamente

$$\rho=-a^2\quad,\quad \rho=-b^2\quad,\quad \rho=-c^2,$$

otteniamo:

$$(12)\quad x^2=\frac{(a^2+\rho_1)\,(a^2+\rho_2)\,(a^2+\rho_3)}{(a^2-b^2)\,(a^2-c^2)}\,,\quad y^2=\frac{(b^2+\rho_1)\,(b^2+\rho_2)\,(b^2+\rho_3)}{(b^2-c^2)\,(b^2-a^2)}\,,$$

$$z^2=\frac{(c^2+\rho_1)\,(c^2+\rho_2)\,(c^2+\rho_3)}{(c^2-a^2)\,(c^2-b^2)}\,,$$

formole che danno le coordinate cartesiane, espresse per le coordinate ellittiche.

(*) Vedi KIRCHOFF. — Mechanik 17.ª Vorlasung.

Da queste formole, derivate logaritmicamente rispetto a ρ_1, ρ_2, ρ_3, seguono le altre

$$(13)\quad \frac{\partial x}{\partial \rho_i} = \frac{1}{2}\frac{x}{a^2+\rho_i}\,, \quad \frac{\partial y}{\partial \rho_i} = \frac{1}{2}\frac{y}{b^2+\rho_i}\,, \quad \frac{\partial z}{\partial \rho_i} = \frac{1}{2}\frac{z}{c^2+\rho_i} \quad \text{per } i = 1, 2, 3$$

e dalle (10), sottraendole due a due e osservando le (13):

$$\sum \frac{\partial x}{\partial \rho_1}\frac{\partial x}{\partial \rho_2} = 0\,, \quad \sum \frac{\partial x}{\partial \rho_2}\frac{\partial x}{\partial \rho_3} = 0\,, \quad \sum \frac{\partial x}{\partial \rho_3}\frac{\partial x}{\partial \rho_1} = 0\,,$$

i segni sommatorii riferendosi ad una permutazione di x, y, z. Segue già di qui:

Il sistema (9) *di quadriche a centro confocali è un sistema triplo ortogonale.*

Ora, derivando la (11) rispetto a ρ, e ponendo poi successivamente $\rho = \rho_1, \rho_2, \rho_3$ si ottiene per le (13)

$$(13^*)\quad \sum\left(\frac{\partial x}{\partial \rho_1}\right)^2 = \frac{1}{4}\frac{(\rho_1-\rho_2)(\rho_1-\rho_3)}{(a^2+\rho_1)(b^2+\rho_1)(c^2+\rho_1)}\,, \quad \sum\left(\frac{\partial x}{\partial \rho_2}\right)^2 = \frac{1}{4}\frac{(\rho_2-\rho_3)(\rho_2-\rho_1)}{(a^2+\rho_2)(b^2+\rho_2)(c^2+\rho_2)}\,,$$

$$\sum\left(\frac{\partial x}{\partial \rho_3}\right)^2 = \frac{1}{4}\frac{(\rho_3-\rho_1)(\rho_3-\rho_2)}{(a^2+\rho_3)(b^2+\rho_3)(c^2+\rho_3)}$$

e quindi: *per l'elemento lineare dello spazio in coordinate ellittiche* ρ_1, ρ_2, ρ_3

$$(14)\quad ds^2 = \frac{1}{4}\left\{\frac{(\rho_1-\rho_2)(\rho_1-\rho_3)}{(a^2+\rho_1)(b^2+\rho_1)(c^2+\rho_1)}\,d\rho_1^2 + \frac{(\rho_2-\rho_3)(\rho_2-\rho_1)}{(a^2+\rho_2)(b^2+\rho_2)(c^2+\rho_2)}\,d\rho_2^2 + \right.$$
$$\left. + \frac{(\rho_3-\rho_1)(\rho_3-\rho_2)}{(a^2+\rho_3)(b^2+\rho_3)(c^2+\rho_3)}\,d\rho_3^2\right\}.$$

Di qui vediamo che nel presente sistema triplo ortogonale le linee di curvatura di ciascuna superficie di uno dei tre sistemi formano un sistema isotermo. Esiste però un sistema triplo ortogonale più generale, scoperto da Darboux (*), al quale appartiene la medesima proprietà. Le superficie di questo sistema sono ancora algebriche e del 4.° ordine.

284. Il sistema isotermo delle linee di curvatura di una quadrica gode altresì della proprietà di essere costituito da ellissi e da iperbole geodetiche, come risulta dalla forma (14) dell'elemento lineare. (Cf. n. 88). Le quadriche appartengono cioè alla classe di superficie di Liouville, sulle quali le linee geodetiche si hanno con quadrature. E qui appunto vogliamo studiare le proprietà delle geodetiche sulle quadriche a centro e in particolare sull'ellissoide. Ma anzichè riferirci alle proprietà generali delle superficie di Liouville, procederemo in un modo geometrico diretto, che

(*) Annales etc. t. III 1886.

utilizza le proprietà delle quadriche confocali e confronteremo poi i risultati così ottenuti con quelli che seguono dalle formole generali del n. 88, c. VI (*).

Il teorema fondamentale, dovuto a Chasles, che conduce geometricamente alla determinazione delle linee geodetiche, è il seguente:

Se si considerano due quadriche omofocali, la congruenza di raggi formata dalle loro tangenti comuni è una congruenza normale.

Siano infatti ρ', ρ'' i valori del parametro ρ nella (9) per le due quadriche confocali che si considerano e siano x', y', z'; x'', y'', z'' le coordinate dei due punti di contatto di un raggio della congruenza colle rispettive quadriche (ρ'), (ρ''); avremo

$$(15) \qquad \left\{ \begin{aligned} &\frac{x'^2}{a^2+\rho'}+\frac{y'^2}{b^2+\rho'}+\frac{z'^2}{c^2+\rho'}=1 \\ &\frac{x''^2}{a^2+\rho''}+\frac{y''^2}{b^2+\rho''}+\frac{z''^2}{c^2+\rho''}=1. \end{aligned} \right.$$

Le normali alle due quadriche (ρ'), (ρ'') nei punti (x', y', z'), (x'', y'', z'') avendo per le (13) i coseni di direzione rispettivamente proporzionali a

$$\frac{x'}{a^2+\rho'}, \quad \frac{y'}{b^2+\rho'}, \quad \frac{z'}{c^2+\rho'}$$

$$\frac{x''}{a^2+\rho''}, \quad \frac{y''}{b^2+\rho''}, \quad \frac{z''}{c^2+\rho''},$$

ne risulta per ipotesi

$$\left\{ \begin{aligned} &\frac{x'(x''-x')}{a^2+\rho'}+\frac{y'(y''-y')}{b^2+\rho'}+\frac{z'(z''-z')}{c^2+\rho'}=0 \\ &\frac{x''(x''-x')}{a^2+\rho''}+\frac{y''(y''-y')}{b^2+\rho''}+\frac{z''(z''-z')}{c^2+\rho''}=0, \end{aligned} \right.$$

ossia per le (15)

$$\left\{ \begin{aligned} &\frac{x'x''}{a^2+\rho'}+\frac{y'y''}{b^2+\rho'}+\frac{z'z''}{c^2+\rho'}=1 \\ &\frac{x'x''}{a^2+\rho''}+\frac{y'y''}{b^2+\rho''}+\frac{z'z''}{c^2+\rho''}=1. \end{aligned} \right.$$

Queste ultime sottratte danno

$$\frac{x'x''}{(a^2+\rho')(a^2+\rho'')}+\frac{y'y''}{(b^2+\rho')(b^2+\rho'')}+\frac{z'z''}{(c^2+\rho')(c^2+\rho'')}=0,$$

(*) Darboux. — T. II, pag. 295 ss.

onde segue che le due normali considerate sono perpendicolari fra loro e però il teorema enunciato risulta dimostrato. (Cf. n. 143, c. X).

Ciò premesso, le linee inviluppate sulla 1.ª superficie focale (ρ') dai raggi della congruenza daranno un sistema ∞^1 di geodetiche su questa quadrica e se, tenendo fissa la quadrica (ρ'), facciamo variare l'altra (ρ''), otterremo tutte le linee geodetiche della prima.

285. Liouville ha dato il modo di formare effettivamente, nelle coordinate ellittiche ρ_1, ρ_2, ρ_3, l'equazione del sistema di superficie parallele Σ, le cui normali sono i raggi della congruenza sopra considerata, che ha per superficie focali le quadriche (ρ'), (ρ'') (*).

Per stabilire il risultato di Liouville, cominciamo dall'osservare che se la funzione

$$\Theta\ (x, y, z)$$

soddisfa all'equazione

$$\Delta_1\ \Theta = \left(\frac{\partial\Theta}{\partial x}\right)^2 + \left(\frac{\partial\Theta}{\partial y}\right)^2 + \left(\frac{\partial\Theta}{\partial z}\right)^2 = 1\,,$$

le superficie

$$\Theta\ (x, y, z) = \text{cost}^{\text{te}}$$

costituiranno un sistema di superficie parallele (n. 275). Ora l'equazione

$$\Delta_1\ \Theta = 1$$

in coordinate curvilinee ρ_1, ρ_2, ρ_3, che diano all'elemento lineare dello spazio ds la forma ortogonale

$$ds^2 = \text{H}_1^2\, d\rho_1^2 + \text{H}_2^2\, d\rho_2^2 + \text{H}_3^2\, d\rho_3^2$$

prende la forma (n. 23, c. II)

$$\frac{1}{\text{H}_1^2}\left(\frac{\partial\Theta}{\partial\rho_1}\right)^2 + \frac{1}{\text{H}_2^2}\left(\frac{\partial\Theta}{\partial\rho_2}\right)^2 + \frac{1}{\text{H}_3^2}\left(\frac{\partial\Theta}{\partial\rho_3}\right)^2 = 1\,. \tag{16}$$

Introduciamo le coordinate ellittiche, ponendo per abbreviare

$$f\ (\rho) = 4\,(a^2 + \rho)\ (b^2 + \rho)\ (c^2 + \rho) \tag{17}$$

$$\varphi\ (\rho) = (\rho - \rho_1)\ (\rho - \rho_2)\ (\rho - \rho_3)\,; \tag{18}$$

la formola (14) si scriverà

$$ds^2 = \sum_i \frac{\varphi'\ (\rho_i)}{f\,(\rho_i)}\ d\rho_i{}^2 \tag{19}$$

(*) Queste due quadriche confocali sono adunque le due falde dell'evoluta delle superficie Σ.

e la (16) diventerà

$$\sum_i \frac{f(\rho_i)}{\varphi'(\rho_i)} \left(\frac{\partial\Theta}{\partial\rho_i}\right)^2 = 1 .$$

A questa si soddisfa ponendo

$$\Theta = \sum_i \int \sqrt{\frac{(\rho_i-\alpha)(\rho_i-\beta)}{f(\rho_i)}}\, d\rho_i , \tag{20}$$

dove α, β sono costanti arbitrarie, giacchè si ha identicamente

$$\sum_i \frac{(\rho_i-\alpha)(\rho_i-\beta)}{\varphi'(\rho_i)} = 1 ,$$

come risulta dalle note formole di decomposizione della frazione

$$\frac{(\rho-\alpha)(\rho-\beta)}{(\rho-\rho_1)(\rho-\rho_2)(\rho-\rho_3)}$$

in frazioni semplici.

L'equazione

$$\Theta(\rho_1, \rho_2, \rho_3) = \text{cost}^{\text{te}},$$

Θ avendo il valore dato dalla (20), rappresenta adunque un sistema di superficie parallele ed ora andiamo a verificare che le due falde della evoluta di queste superficie sono appunto le due superficie coordinate, corrispondenti ai valori α, β di ρ.

286. L'equazione

$$\Delta_1 \Theta = 1$$

valendo qualunque siano le costanti α, β, se la deriviamo rapporto ad α, β otteniamo:

$$(a) \quad \nabla\left(\Theta, \frac{\partial\Theta}{\partial\alpha}\right) = 0 \quad , \quad \nabla\left(\Theta, \frac{\partial\Theta}{\partial\beta}\right) = 0 ,$$

essendo ∇ il simbolo del parametro differenziale misto (c. II, n. 23). D'altronde, in forza della identità

$$\sum \frac{1}{\varphi'(\rho_i)} = 0 ,$$

si ha anche

$$(b) \quad \nabla\left(\frac{\partial\Theta}{\partial\alpha}, \frac{\partial\Theta}{\partial\beta}\right) = 0 .$$

Le tre relazioni (a), (b) esprimono che i sistemi di superficie

$$\frac{\partial\Theta}{\partial\alpha} = \text{cost}^{\text{te}} \quad , \quad \frac{\partial\Theta}{\partial\beta} = \text{cost}^{\text{te}} \tag{21}$$

completano colle superficie parallele

$$\Theta = \text{cost}^{\text{te}}$$

un sistema triplo ortogonale. Dunque le superficie (21) sono le sviluppabili formate colle normali delle superficie $\Theta = \text{cost}^{\text{te}}$.

Ora basta osservare che la prima delle (21) differenziata dà

$$\sum \sqrt{\frac{\rho_i - \beta}{(\rho_i - \alpha) f(\rho_i)}}\, d\rho_i = 0$$

e per conseguenza, facendo $\rho_i = \alpha$, ne risulta

$$d\rho_i = 0 ,$$

per concludere che le sviluppabili

$$\frac{\partial \Theta}{\partial \alpha} = \text{cost}^{\text{te}}$$

sono tangenti alla superficie del sistema confocale di parametro α. Similmente le sviluppabili

$$\frac{\partial \Theta}{\partial \beta} = \text{cost}^{\text{te}}$$

sono tangenti alla quadrica di parametro β. Dunque le due quadriche di parametri α, β sono le due falde dell'evoluta delle superficie

$$\Theta = \text{cost}^{\text{te}}.$$

Possiamo ora facilmente scrivere l'equazione delle linee geodetiche sulla quadrica di parametro α, supponendo per fissare le idee che sia p. e. un ellissoide (*). Facendo $\rho_1 = \alpha$ nella

$$\frac{\partial \Theta}{\partial \beta} = \text{cost}^{\text{te}} ,$$

avremo per l'equazione richiesta

$$(22) \qquad \int \sqrt{\frac{\rho_2 - \alpha}{(\rho_2 - \beta) f(\rho_2)}}\, d\rho_2 + \int \sqrt{\frac{\rho_3 - \alpha}{(\rho_3 - \beta) f(\rho_3)}}\, d\rho_3 = \text{cost}^{\text{te}} ,$$

che rappresenterà sull'ellissoide $\rho_1 = \alpha$ le geodetiche inviluppate dalle tangenti comuni a questo ellissoide e alla quadrica di parametro β. Perchè queste geodetiche siano reali, bisogna che β sia il parametro di un iper-

(*) La determinazione delle linee geodetiche sull'ellissoide è stata effettuata la prima volta da Jacobi (*Crelle's Journal,* t. XIX).

boloide ad una o a due falde e facendo nel 1.° caso nella (22) $\rho_2=\beta$, nel 2.° $\rho_3=\beta$, ne risulta rispettivamente $d\rho_2=0$ o $d\rho_3=0$. Le geodetiche (22), che si ottengono tenendo fisso β e facendo variare la costante del secondo membro sono dunque tutte tangenti alla linea di curvatura

$$\rho_2=\beta \quad \text{o} \quad \rho_3=\beta$$

sull'ellissoide. Facendo poi variare nella (22) anche la costante β, si avranno tutte le geodetiche dell' ellissoide.

287. Applicando le formole generali dei numeri precedenti al caso dell' ellissoide $\rho_1=0$, che ha per equazione

$$\frac{x^2}{a^2}+\frac{y^2}{b^2}+\frac{z^2}{c^2}=1,$$

assumiamo per parametri u, v delle linee di curvatura i rispettivi assi primarii degli iperboloidi confocali ad una e due falde, che tagliano appunto l' ellissoide secondo le linee di curvatura. Poniamo adunque

$$u^2=a^2+\rho_2 \quad , \quad v^2=a^2+\rho_3$$

e facciamo inoltre per brevità

$$a^2-b^2=h^2 \quad , \quad a^2-c^2=k^2 .$$

I parametri u, v varieranno entro i limiti segnati dalle diseguaglianze

$$k^2 \geq u^2 \geq h^2 \quad , \quad h^2 \geq v^2 \geq 0 ,$$

l' elemento lineare dell' ellissoide prenderà la forma

$$(23) \quad ds^2=(u^2-v^2)\left\{\frac{a^2-u^2}{(u^2-h^2)(k^2-u^2)}\,du^2+\frac{a^2-v^2}{(h^2-v^2)(k^2-v^2)}\,dv^2\right\},$$

che colle sostituzioni

$$\int\frac{\sqrt{a^2-u^2}}{\sqrt{(u^2-h^2)(k^2-u^2)}}\,du=u_1$$

$$\int\frac{\sqrt{a^2-v^2}}{\sqrt{(h^2-v^2)(k^2-v^2)}}\,dv=v_1$$

si riduce subito alla forma di Liouville (n. 88) e l' equazione (22) in termini finiti delle geodetiche diventerà:

$$(24) \int\frac{\sqrt{a^2-u^2}}{\sqrt{(u^2-C)\,(u^2-h^2)\,(k^2-u^2)}}\,du \pm \int\frac{\sqrt{a^2-v^2}}{\sqrt{(C-v^2)(h^2-v^2)(k^2-v^2)}}\,dv=\text{cost}^{\text{te}},$$

essendo C una costante arbitraria, come risulterebbe altresì dalle formole del numero ora citato. Per l'arco σ delle geodetiche (24), contato da una traiettoria ortogonale fissa, avremo secondo il n. 88:

$$\sigma = \int \sqrt{\frac{(a^2-u^2)(u^2-C)}{(u^2-h^2)(k^2-u^2)}}\, du \mp \int \sqrt{\frac{(a^2-v^2)(C-v^2)}{(h^2-v^2)(k^2-v^2)}}\, dv, \tag{25}$$

il segno superiore od inferiore valendo in concordanza colla (24). Indicando poi con ψ l'angolo delle geodetiche (24) colle linee di curvatura $v = \text{cost}^{\text{te}}$, avremo l'integrale primo

$$u^2 \operatorname{sen}^2 \psi + v^2 \cos^2 \psi = C. \tag{26}$$

Queste formole (25), (26) sono del resto semplici conseguenze della (24).

L'ultima formola è suscettibile di un'elegante interpretazione geometrica, dovuta a Joachimsthal, che ora andiamo a stabilire, avvertendo che alla (26) soddisfano non solo le geodetiche ma anche le linee di curvatura.

Qui osserviamo ancora che le linee geodetiche reali dell'ellissoide si possono distinguere in tre specie, a seconda del valore della costante C nella (24). Perchè la geodetica (24) sia reale, occorre che C giaccia nell'intervallo

$$k^2 > C > 0.$$

Ora, se si dà a C un valore fisso compreso fra k^2 e h^2, le geodetiche (24) saranno (n. 286) tutte tangenti alla linea di curvatura

$$u^2 = C;$$

questa si compone di due parti chiuse diametralmente opposte descritte attorno a due ombelichi dell'ellissoide come un'ellisse attorno ai due fuochi. (Cf. il seguente numero). La linea geodetica svolge tutto il suo corso entro la zona ellissoidale compresa fra queste due curve chiuse passando dall'una all'altra e toccandole nel retrocedere sulla zona, sulla quale gira in generale infinite volte senza chiudersi. Se la costante C giace nell'intervallo fra h^2 e 0, lo stesso accade rispetto alla linea di curvatura

$$v^2 = C.$$

In fine se $C = h^2$, si ha il caso notevole delle geodetiche uscenti da un ombelico, che vanno a passare per l'ombelico diametralmente opposto. Ciò si riconosce già osservando che la quadrica del sistema confocale, a cui sono tangenti le tangenti delle geodetiche (24) per $C = h^2$, avendo il parametro $\rho = -b^2$, si riduce all'iperbola focale, alla quale si appoggiano dunque le dette tangenti. La medesima proprietà risulterà anche dalle discussioni seguenti.

288. Per stabilire il teorema di Joachimsthal sopra accennato, cominciamo dalle osservazioni seguenti. In un punto qualunque (x, y, z) dell'ellissoide conduciamo il piano tangente e per il centro il piano parallelo; la sezione ellittica prodotta avrà per assi i diametri paralleli alle direzioni delle linee di curvatura uscenti da (x, y, z). E infatti, indicando con $\cos\alpha$, $\cos\beta$, $\cos\gamma$; $\cos\alpha'$, $\cos\beta'$, $\cos\gamma'$ i coseni di direzione di questi diametri, abbiamo

$$\cos\alpha : \cos\beta : \cos\gamma = \frac{\partial x}{\partial\rho_3} : \frac{\partial y}{\partial\rho_3} : \frac{\partial z}{\partial\rho_3} = \frac{x}{a^2+\rho_3} : \frac{y}{b^2+\rho_3} : \frac{z}{c^2+\rho_3}$$

$$\cos\alpha' : \cos\beta' : \cos\gamma' = \frac{\partial x}{\partial\rho_2} : \frac{\partial y}{\partial\rho_2} : \frac{\partial z}{\partial\rho_2} = \frac{x}{a^2+\rho_2} : \frac{y}{b^2+\rho_2} : \frac{z}{c^2+\rho_2}$$

e da queste segue subito, sottraendo le due formole (n. 283)

$$(a)\quad \left\{\begin{aligned} &\frac{x^2}{(a^2+\rho_1)(a^2+\rho_3)} + \frac{y^2}{(b^2+\rho_1)(b^2+\rho_3)} + \frac{z^2}{(c^2+\rho_1)(c^2+\rho_3)} = 0 \\ &\frac{x^2}{(a^2+\rho_1)(a^2+\rho_2)} + \frac{y^2}{(b^2+\rho_1)(b^2+\rho_2)} + \frac{z^2}{(c^2+\rho_1)(c^2+\rho_2)} = 0, \end{aligned}\right.$$

nelle quali si faccia $\rho_1 = 0$:

$$\frac{\cos\alpha\cos\alpha'}{a^2} + \frac{\cos\beta\cos\beta'}{b^2} + \frac{\cos\gamma\cos\gamma'}{c^2} = 0.$$

Questa esprime che i due diametri in considerazione sono coniugati e poichè sono anche ortogonali, coincidono appunto cogli assi della sezione centrale.

Ciò posto, se R_1, R_2 indicano le lunghezze dei semi-assi paralleli rispettivamente alle tangenti alle linee $u=\text{cost}^{\text{te}}$, $v=\text{cost}^{\text{te}}$, avremo

$$\left\{\begin{aligned} \frac{1}{R_1^2} &= \frac{\cos^2\alpha}{a^2} + \frac{\cos^2\beta}{b^2} + \frac{\cos^2\gamma}{c^2} \\ \frac{1}{R_2^2} &= \frac{\cos^2\alpha'}{a^2} + \frac{\cos^2\beta'}{b^2} + \frac{\cos^2\gamma'}{c^2}, \end{aligned}\right.$$

ossia per le formole precedenti

$$\frac{1}{R_1^2} = \left\{\frac{x^2}{a^2(a^2+\rho_3)^2} + \frac{y^2}{b^2(b^2+\rho_3)^2} + \frac{z^2}{c^2(c^2+\rho_3)^2}\right\} \times$$

$$\times \frac{1}{\dfrac{x^2}{(a^2+\rho_3)^2} + \dfrac{y^2}{(b^2+\rho_3)^2} + \dfrac{z^2}{(c^2+\rho_3)^2}}.$$

Ora dalla 1.ª delle (a) segue

$$\frac{x^2}{a^2(a^2+\rho_3)}+\frac{y^2}{b^2(b^2+\rho_3)}+\frac{z^2}{c^2(c^2+\rho_3)}=0,$$

indi

$$\frac{x^2}{(a^2+\rho_3)^2}+\frac{y^2}{(b^2+\rho_3)^2}+\frac{z^2}{(c^2+\rho_3)^2}=-\rho_3\left\{\frac{x^2}{a^2(a^2+\rho_3)^2}+\frac{y^2}{b^2(b^2+\rho_3)^2}+\frac{z^2}{c^2(c^2+\rho_3)^2}\right\}$$

e perciò $R_1^2=-\rho_3$ e similmente $R_2^2=-\rho_2$, cioè

$$R_1^2=a^2-v^2\quad,\quad R_2^2=a^2-u^2. \tag{27}$$

Queste ci dimostrano che R_1 è il semi-asse maggiore, R_2 il minore.

Nella sezione centrale tiriamo ora il semi diametro parallelo a quella tangente nel punto (x, y, z) all'ellissoide che fa colle $v=\text{cost}^{\text{te}}$ l'angolo ψ e indichiamo con R la sua lunghezza; avremo

$$\frac{1}{R^2}=\frac{\cos^2\psi}{a^2-u^2}+\frac{\text{sen}^2\psi}{a^2-v^2}.$$

Se poi con δ indichiamo la distanza del centro dal piano tangente in (x, y, z), abbiamo

$$\frac{1}{\delta^2}=\frac{x^2}{a^4}+\frac{y^2}{b^4}+\frac{z^2}{c^4},$$

cioè per la 1.ª delle (13) pag. 480, ove si faccia $\rho_1=0$

$$\frac{1}{\delta^2}=\frac{(a^2-u^2)(a^2-v^2)}{a^2b^2c^2}\ (*).$$

Ne deduciamo

$$\frac{a^2b^2c^2}{\delta^2R^2}=a^2-(u^2\,\text{sen}^2\psi+v^2\cos^2\psi)$$

e, confrontando coll'integrale primo (26) delle geodetiche, otteniamo il teorema di Joachimsthal:

(*) A questa formola si può legare l'osservazione seguente. La curvatura totale K dell'ellissoide è data da

$$K=\frac{a^2b^2c^2}{(a^2-u^2)^2(a^2-v^2)^2},$$

onde segue

$$K=\frac{\delta^4}{a^2b^2c^2}.$$

Dunque: *Le linee di egual curvatura dell'ellissoide sono le linee inviluppate dai piani tangenti comuni all'ellissoide ed alle sfere concentriche.*

Per ogni linea geodetica tracciata sopra un ellissoide è costante il prodotto della distanza del centro dal piano tangente in un punto della geodetica per la lunghezza del diametro parallelo alla tangente della geodetica nel medesimo punto.

Per quanto si è osservato al n. 28, la medesima proprietà appartiene oltre che alle geodetiche, anche alle linee di curvatura. Segue di qui nuovamente che per le geodetiche tangenti ad una medesima linea di curvatura la costante δ R, ovvero la costante C della (24), serba il medesimo valore.

289. Consideriamo ora i quattro ombelichi reali dell'ellissoide. Essi giacciono sulla ellisse principale dell'asse massimo e minimo ed hanno per coordinate

$$x = \pm a \frac{\sqrt{a^2-b^2}}{\sqrt{a^2-c^2}} = \pm \frac{ah}{k}\ ,\quad y = 0\ ,\quad z = \pm c \frac{\sqrt{b^2-c^2}}{\sqrt{a^2-b^2}} = \pm c \frac{\sqrt{k^2-h^2}}{k}\ .$$

Il piano tangente in ogni ombelico è distante dal centro della lunghezza $\delta = \frac{a c}{b}$ e qualunque semidiametro della sezione centrale fatta con un piano parallelo è eguale a b. Dunque:

Per ogni geodetica uscente da un ombelico il prodotto δ R *ha il valore costante* $a c$. Il valore corrispondente della costante C nella (26) è quindi eguale a h^2, come si è già osservato al n. 287.

Da questa osservazione possono dedursi conseguenze notevoli, segnalate da Roberts. Consideriamo un punto M dell'ellissoide e congiungiamolo per archi geodetici M F, M F_1 a due ombelichi F, F_1 non diametralmente opposti. Il valore della costante δ R è lo stesso per le due geodetiche e siccome in M anche δ è la stessa, i due diametri condotti parallelamente alle tangenti in M alle due geodetiche dovranno avere eguale lunghezza e faranno quindi angoli eguali cogli assi della sezione centrale; e poichè questi sono paralleli alle direzioni delle linee di curvatura in M, ne segue:

Le direzioni delle linee di curvatura in M *sono le bisettrici dell'angolo interno e dell'angolo esterno formato dagli archi geodetici* M F, M F_1.

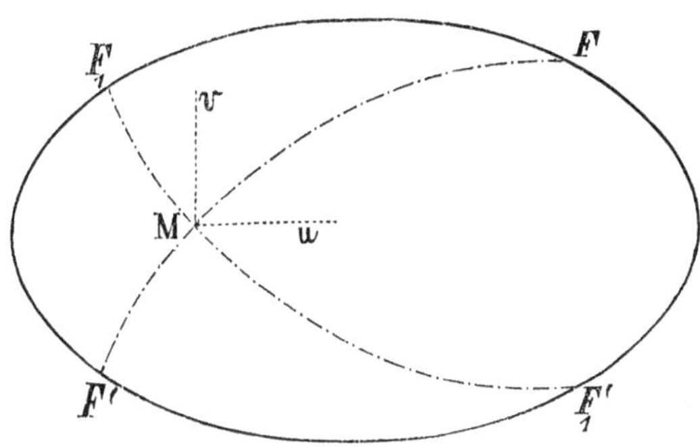

FIG. 17.ª

Ne risulta che l'arco geodetico M F' che riunisce M all'ombelico F', diametralmente opposto ad F, è il prolungamento dell'arco geodetico F M e quindi:

Ogni geodetica uscente da un ombelico passa per l'ombelico diametralmente opposto. Come due punti diametralmente opposti della sfera, così due ombelichi opposti dell'ellissoide possono riunirsi con infiniti archi geodetici, i quali avranno tutti eguale lunghezza, poichè per la definizione stessa di geodetica, passando da una di queste geodetiche alla infinitamente vicina la variazione prima di tale lunghezza è nulla.

Già da questi teoremi segue che le linee di curvatura dell'ellissoide sono ellissi ed iperbole geodetiche aventi i fuochi negli ombelichi dell'ellissoide, ma più chiaramente apparirà dai numeri seguenti.

290. Le equazioni (24), (25) in termini finiti delle geodetiche danno per le geodetiche uscenti dagli ombelichi ($C=h^2$):

$$(28)\qquad \int\sqrt{\frac{a^2-u^2}{k^2-u^2}}\,\frac{du}{u^2-h^2}\mp\int\sqrt{\frac{a^2-v^2}{k^2-v^2}}\,\frac{dv}{h^2-v^2}=\text{cost}^{\text{te}}$$

e pel loro arco

$$(29)\qquad \sigma=\int\sqrt{\frac{a^2-u^2}{k^2-u^2}}\,du\pm\int\sqrt{\frac{a^2-v^2}{k^2-v^2}}\,dv.$$

Le quadrature nelle formole generali (24), (25) portano evidentemente ad integrali iperellitici, le attuali invece ad integrali ellittici. Per eseguirle assumiamo per semplicità il semi-asse maggiore dell'ellissoide per unità lineare $a=1$ e potremo prendere la quantità $k=\sqrt{1-c^2}<1$ come modulo di una classe di funzioni ellittiche di Jacobi, per le quali le quantità K, K' saranno reali. In luogo dei parametri $u, v,$ introduciamone due nuovi τ, τ_1, ponendo

$$u=k\,\text{sn}\,\tau\quad,\quad v=k\,\text{sn}\,\tau_1$$

ed essendo $h<k$, poniamo

$$h=k\,\text{sn}\,\alpha,$$

dove α è una quantità reale compresa fra 0 e K; avremo così

$$a=1\ ,\ b=\text{dn}\,\alpha\ ,\ c=k'\ ,\ h=k\,\text{sn}\,\alpha$$

e le formole (12) pag. 479, che danno le coordinate dei punti dell'ellissoide, diventano

$$(30)\quad x=\frac{\text{sn}\,\tau\,\text{sn}\,\tau_1}{\text{sn}\,\alpha},\ y=\frac{\text{dn}\,\alpha}{\text{sn}\,\alpha\,\text{cn}\,\alpha}\sqrt{(\text{sn}^2\tau-\text{sn}^2\alpha)\,(\text{sn}^2\alpha-\text{sn}^2\tau_1)}\ ,\ z=k'\frac{\text{cn}\,\tau\,\text{cn}\,\tau_1}{\text{cn}\,\alpha},$$

dove, adottando pel radicale il segno positivo e dovendo restare $k^2 \geq u^2 \geq h^2$, $h^2 \geq v^2 \geq 0$, cioè

$$1 > \mathrm{sn}^2 \tau \geq \mathrm{sn}^2 \alpha \quad , \quad \mathrm{sn}^2 \alpha \geq \mathrm{sn}^2 \tau_1 \geq 0 \, ,$$

faremo variare τ, τ_1 negli intervalli

$$\alpha \leq \tau \leq 2\,\mathrm{K} - \alpha \, , \quad -\alpha \leq \tau_1 \leq \alpha .$$

Le (30) ci danno allora i punti del semi ellissoide

$$y > 0$$

e i quattro ombelichi

$$\mathrm{F} \equiv (\mathrm{sn}\,\alpha\,,\ 0\,,\ k'\,\mathrm{cn}\,\alpha) \quad , \quad \mathrm{F}' \equiv (-\mathrm{sn}\,\alpha,\, 0,\, -k'\,\mathrm{cn}\,\alpha)$$

$$\mathrm{F}_1 \equiv (-\,\mathrm{sn}\,\alpha,\, 0\,,\, k'\,\mathrm{cn}\,\alpha) \quad , \quad \mathrm{F}'_1 \equiv (\mathrm{sn}\,\alpha\,,\ 0\,,\ -\,k'\,\mathrm{cn}\,\alpha)$$

riceveranno le coordinate curvilinee τ, τ_1:

$$\mathrm{F} \equiv (\alpha, \alpha) \ , \ \mathrm{F}' \equiv (2\,\mathrm{K} - \alpha, -\,\alpha) \ , \ \mathrm{F}_1 \equiv (\alpha, -\,\alpha) \ , \ \mathrm{F}'_1 \equiv (2\,\mathrm{K} - \alpha, \alpha).$$

L'equazione (28) delle geodetiche è data da

$$\int \frac{\mathrm{dn}^2 \tau}{\mathrm{sn}^2 \tau - \mathrm{sn}^2 \alpha}\, d\tau \mp \int \frac{\mathrm{dn}^2 \tau_1 \, d\tau_1}{\mathrm{sn}^2 \alpha - \mathrm{sn}^2 \tau_1} = \mathrm{cost}^{\mathrm{te}}$$

e il loro arco da

$$\sigma = \int \mathrm{dn}^2 \tau \pm \int \mathrm{dn}^2 \tau_1 \, d\tau_1 .$$

Se prendiamo un punto M sul semiellissoide $y > 0$ ed applichiamo queste formole all'arco geodetico F M, osservando che mentre τ cresce τ_1 decresce, vediamo che debbono adottarsi i segni inferiori e perciò sarà

$$\sigma = \int_\alpha^\tau \mathrm{dn}^2 \tau \, d\tau - \int_\alpha^{\tau_1} \mathrm{dn}^2 \tau_1 \, d\tau_1$$

la lunghezza dell'arco geodetico F M contato da F, cioè

$$\sigma = \frac{\mathrm{E}}{\mathrm{K}} (\tau - \tau_1) + \mathrm{Z}(\tau) - \mathrm{Z}(\tau_1) \, , \tag{31}$$

essendo $\mathrm{Z}(\tau)$ la funzione di Jacobi ed E la lunghezza di un quadrante della ellisse principale nel piano xz.

Per l'arco geodetico F_1 M al contrario valgono i segni opposti e la sua lunghezza σ_1 è data da

$$\sigma_1 = \frac{\mathrm{E}}{\mathrm{K}} (\tau + \tau_1) + \mathrm{Z}(\tau) + \mathrm{Z}(\tau_1). \tag{31*}$$

Facendo nella (31) $\tau = 2\,\mathrm{K} - \alpha$, $\tau_1 = -\alpha$ o nella (31*) $\tau = 2\,\mathrm{K} - \alpha$, $\tau_1 = \alpha$, si vede che tutti gli archi geodetici F F' o $\mathrm{F}_1\,\mathrm{F}'_1$ hanno la lunghezza comune 2 E. Sommando e sottraendo segue poi

$$\sigma + \sigma_1 = 2\frac{\mathrm{E}}{\mathrm{K}}\,\tau + 2\,\mathrm{Z}\,(\tau)$$

$$\sigma_1 - \sigma = 2\frac{\mathrm{E}}{\mathrm{K}}\,\tau_1 + 2\,\mathrm{Z}\,(\tau_1).$$

Dunque le linee di curvatura $\tau = \mathrm{cost}^{\mathrm{te}}$, $\tau_1 = \mathrm{cost}^{\mathrm{te}}$ sono ellissi geodetiche le prime rispetto ai fuochi F, F_1 e le seconde iperbole geodetiche rispetto ai medesimi fuochi. Ma se ad uno dei fuochi si sostituisce il diametralmente opposto p. e. a F_1, F'_1, allora le $\tau_1 = \mathrm{cost}^{\mathrm{te}}$ diventano ellissi geodetiche rispetto ai fuochi F, F'_1 e le $\tau = \mathrm{cost}^{\mathrm{te}}$ iperbole. Ogni linea di curvatura di un ellissoide può quindi descriversi fissando un filo di lunghezza costante coi due capi a due ombelichi non diametralmente opposti e per mezzo di uno stilo in M tendendo il filo sull'ellissoide: la estremità M dello stilo descriverà una linea di curvatura.

291. Cerchiamo la forma dell'elemento lineare dell'ellissoide, riferito alle geodetiche uscenti da un ombelico e alle loro traiettorie ortogonali. Se prendiamo p. e. le geodetiche uscenti dall'ombelico F e ritorniamo alle formole (28), (29), ponendo:

$$\int\sqrt{\frac{a^2-u^2}{k^2-u^2}}\,\frac{du}{u^2-h^2} - \int\sqrt{\frac{a^2-v^2}{k^2-v^2}}\,\frac{dv}{v^2-h^2} = \Phi, \tag{28*}$$

$$\int\sqrt{\frac{a^2-u^2}{k^2-u^2}}\,du - \int\sqrt{\frac{a^2-v^2}{k^2-v^2}}\,dv = \sigma, \tag{29*}$$

saranno le linee $\Phi = \mathrm{cost}^{\mathrm{te}}$ le geodetiche e $\sigma = \mathrm{cost}^{\mathrm{te}}$ le loro traiettorie ortogonali.

Ora si ha

$$\Delta_1\,\Phi = \frac{1}{(u^2-h^2)\,(h^2-v^2)}\ ,\quad \Delta_1\sigma = 1$$

$$\nabla\,(\Phi,\sigma) = 0$$

e quindi per l'elemento lineare dell'ellissoide in coordinate σ, Φ (n. 36 c. III).

$$ds^2 = d\sigma^2 + (u^2-h^2)\,(h^2-v^2)\,d\Phi^2. \tag{32}$$

La costante del secondo membro nella equazione (28*) delle geodetiche uscenti da F dipende unicamente dalla direzione che la geodetica ha in F. Se con ω indichiamo l'angolo, che l'arco geodetico da F verso

M forma colla direzione F F_1 della ellisse principale $y = 0$, sarà Φ una funzione di ω, la cui espressione effettiva importa di trovare. Fissiamo per ciò la costante additiva in Φ, scrivendo

$$(33) \qquad \Phi = \int_k^u \sqrt{\frac{a^2 - u^2}{k^2 - u^2}} \frac{du}{u^2 - h^2} - \int_0^v \sqrt{\frac{a^2 - v^2}{k^2 - v^2}} \frac{dv}{v^2 - h^2} .$$

Ora se uniamo M con F_1 e con φ indichiamo l'angolo esterno F_1 M F' in M del triangolo geodetico M F F_1 sarà evidentemente ω il limite di φ, quando M muovendosi sull'arco geodetico M F considerato si avvicina indefinitamente a F.

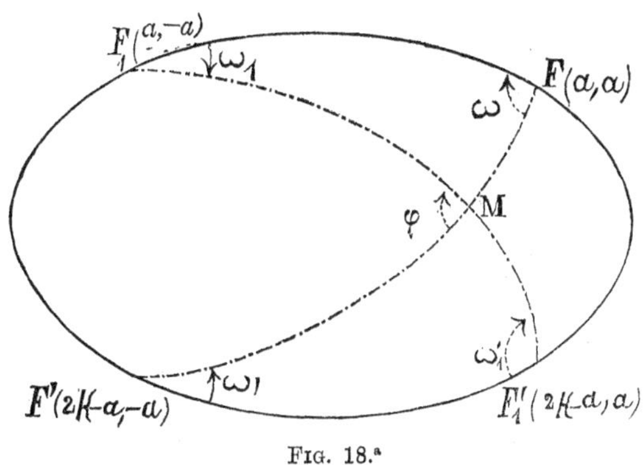

Fig. 18.ª

Ora la linea di curvatura $v = \text{cost}^{\text{te}}$ uscente da M divide per metà l'angolo F_1 M F e forma coll'arco geodetico F M l'angolo ψ definito dalla (26), ove $C = h^2$; si ha quindi

$$\varphi = \pi - 2\psi$$

e però

$$\text{tg}^2 \left(\frac{\varphi}{2}\right) = \cot^2 \psi = \frac{u^2 - h^2}{h^2 - v^2} ,$$

onde

$$(34) \qquad \text{tg}^2 \left(\frac{\omega}{2}\right) = \lim_{u=h,\, v=h} \frac{u^2 - h^2}{h^2 - v^2} = \lim_{u=h,\, v=h} \frac{u - h}{h - v} .$$

Ora, se scriviamo le (33) nel modo seguente

$$\Phi = \left[\int_k^u \left(\sqrt{\frac{a^2 - u^2}{k^2 - u^2}} - \sqrt{\frac{a^2 - h^2}{k^2 - h^2}}\right) \frac{du}{u^2 - h^2} - \int_0^v \left(\sqrt{\frac{a^2 - v^2}{k^2 - v^2}} - \sqrt{\frac{a^2 - h^2}{k^2 - h^2}}\right) \frac{dv}{v^2 - h^2}\right] +$$
$$+ \sqrt{\frac{a^2 - h^2}{k^2 - h^2}} \int_k^u \left[\frac{du}{u^2 - h^2} - \int_0^v \frac{dv}{v^2 - h^2}\right],$$

vediamo che la differenza dei due primi integrali, convergendo u e v verso h, converge verso un limite determinato e finito, che dipende solo dalle costanti a, h, k, mentre la seconda parte di Φ può scriversi

$$\frac{1}{2h}\sqrt{\frac{a^2-h^2}{k^2-h^2}}\left\{\log\frac{(u-h)(v+h)}{(h-v)(u+h)}-\log\frac{k-h}{k+h}\right\}$$

e al limite per $u=h$, $v=h$ converge, per la (34), verso

$$\frac{1}{h}\sqrt{\frac{a^2-h^2}{k^2-h^2}}\log\operatorname{tg}\frac{\omega}{2}-\frac{1}{2h}\sqrt{\frac{a^2-h^2}{k^2-h^2}}\log\frac{k-h}{h+h}.$$

Si ha adunque

$$\Phi=\frac{1}{h}\sqrt{\frac{a^2-h^2}{k^2-h^2}}\log\operatorname{tg}\frac{\omega}{2}+\mathrm{A},$$

essendo A una costante e la (32), cangiando il parametro Φ in ω, diventa

$$ds^2=d\sigma^2+\frac{(a^2-h^2)}{h^2(k^2-h^2)}(u^2-h^2)(h^2-v^2)\frac{d\omega^2}{\operatorname{sen}^2\omega},$$

ovvero

$$ds^2=d\sigma^2+\frac{y^2}{\operatorname{sen}^2\omega}d\omega^2, \tag{35}$$

dove y è la distanza del punto M dal piano xz degli ombelichi. È questa la formola notevole dovuta a Roberts.

292. Se uniamo il medesimo punto M all'ombelico F_1, e con σ_1 indichiamo l'arco geodetico MF_1, con ω_1 l'angolo MF_1F, avremo per la (35) stessa

$$ds^2=d\sigma_1^2+\frac{y^2}{\operatorname{sen}^2\omega_1}d\omega_1^2,$$

da cui

$$(d\sigma-d\sigma_1)(d\sigma+d\sigma_1)=y^2\left(\frac{d\omega}{\operatorname{sen}\omega}-\frac{d\omega_1}{\operatorname{sen}\omega_1}\right)\left(\frac{d\omega}{\operatorname{sen}\omega}+\frac{d\omega_1}{\operatorname{sen}\omega_1}\right).$$

Lungo le linee di curvatura

$$u=\mathrm{cost^{te}}\quad,\quad v=\mathrm{cost^{te}},$$

è rispettivamente

$$d\sigma+d\sigma_1=0\quad,\quad d\sigma-d\sigma_1=0$$

e però

$$\operatorname{tg}\frac{\omega}{2}\operatorname{tg}\frac{\omega_1}{2}=\text{cost}^{\text{te}}\,,\ \text{ovvero}\ \frac{\operatorname{tg}\frac{\omega}{2}}{\operatorname{tg}\frac{\omega_1}{2}}=\text{cost}^{\text{te}}\ (*)\,.$$

Prolunghiamo ora l'arco geodetico F M sino a passare per l'ombelico opposto e sia ω' l'angolo che l'arco geodetico F' M da F' verso M fa coll'arco F' F'$_1$ dell'ellisse principale, mentre con σ' denotiamo la lunghezza dell'arco F' M; per la (35) avremo

$$d\sigma^2+\frac{y^2}{\operatorname{sen}^2\omega}\,d\omega^2=d\sigma'^2+\frac{y^2}{\operatorname{sen}^2\omega'}\,d\omega'^2$$

e poichè

$$d\sigma'^2=d\sigma^2\,,$$

risulterà

$$\frac{d\omega^2}{\operatorname{sen}^2\omega}=\frac{d\omega'^2}{\operatorname{sen}^2\omega'}\,.$$

Se si osserva che ω' è decrescente per ω crescente, ne risulta

$$\frac{d\omega}{\operatorname{sen}\omega}+\frac{d\omega'}{\operatorname{sen}\omega'}=0\,,$$

quindi

$$\operatorname{tg}\left(\frac{\omega}{2}\right)\operatorname{tg}\left(\frac{\omega'}{2}\right)=\text{cost}^{\text{te}}.$$

Il valore della costante del 2.° membro si esprime facilmente per l'angolo Ω, corrispondente all'arco geodetico che unisce F coll'estremità dell'asse medio; in tal caso è infatti

$$\omega=\omega'=\Omega$$

e però

$$\operatorname{tg}\left(\frac{\omega}{2}\right)\operatorname{tg}\left(\frac{\omega'}{2}\right)=\operatorname{tg}^2\left(\frac{\Omega}{2}\right)\,. \tag{36}$$

Per mezzo di questa formola possiamo facimente seguire l'ulteriore corso delle geodetiche. L'arco geodetico F M F' traversa in F' il piano xz e descrive un nuovo arco F' N F sopra l'altro semi-ellissoide $y<0$, ritornando in F. Quivi però non si chiude, come nel caso della sfera, ma uscendo di nuovo da F forma coll'arco FF$_1$ un nuovo angolo $\omega^{(1)}$ dif-

(*) Dell'esattezza di questa corrispondenza ci si persuade facilmente, osservando che lungo la ellisse (di curvatura) $z=0$, ω è crescente per ω_1 decrescente e invece lungo l'ellisse $x=0$, ω, ω_1 crescono o decrescono insieme.

ferente da ω. E infatti, se al nuovo arco F′ N F applichiamo la (36), osservando che i nuovi valori di ω, ω' sono $\pi-\omega'$, $\pi-\omega^{(1)}$, otteniamo:

$$\cot\left(\frac{\omega'}{2}\right)\cot\left(\frac{\omega^{(1)}}{2}\right)=\operatorname{tg}^2\left(\frac{\Omega}{2}\right).$$

Questa formola, confrontata colla (36), dà

$$\operatorname{tg}\left(\frac{\omega^{(1)}}{2}\right)=\lambda\operatorname{tg}\left(\frac{\omega}{2}\right), \quad \lambda=\cot^4\left(\frac{\Omega}{2}\right)$$

e poichè l'angolo Ω è acuto e in conseguenza $\lambda>1$ ne risulta

$$\omega^{(1)}>\omega.$$

In generale, indicando con $\omega^{(n)}$ il valore di ω dopo n giri della geodetica sull'ellissoide, avremo

$$\operatorname{tg}\left(\frac{\omega^{(n)}}{2}\right)=\lambda^n\operatorname{tg}\left(\frac{\omega}{2}\right).$$

Dunque l'angolo $\omega^{(n)}$, al crescere di n, si avvicina indefinitamente a π e la geodetica converge sempre più verso l'ellisse principale, che contiene gli ombelichi.

Capitolo XX.

Sistemi tripli ortogonali pseudosferici.

Forma dell'elemento lineare dello spazio riferito ad un sistema triplo ortogonale pseudosferico — Corrispondenza delle assintotiche — Esempii — Trasformazione di Bäcklund pei sistemi pseudosferici — Teorema di permutabilità e sue conseguenze — Sistemi di Weingarten (sistemi pseudosferici a curvatura costante) — Le linee di equidistanza sono circoli geodetici paralleli — Sistemi di Weingarten a flessione costante — Sistemi ciclici — Sistema triplo elicoidale — Invariabilità dell'espressione $\frac{1}{\cos^2\omega}\left(\frac{\partial^2\omega}{\partial\rho_1\,\partial\rho_3}\right)^2+\frac{1}{\operatorname{sen}^2\omega}\left(\frac{\partial^2\omega}{\partial\rho_2\,\partial\rho_3}\right)^2-\left(\frac{\partial\omega}{\partial\rho_3}\right)^2$ per trasformazione di Bäcklund — La trasformazione complementare pei sistemi di Weingarten — Teorema generale di esistenza dei sistemi di Weingarten — Sistemi pseudosferici di raggio $=1$ contenenti una sfera di raggio $=1$ — Sistemi di Weingarten a curvatura positiva.

293. I sistemi ciclici di Ribaucour a raggio costante. (Cf. pag. 332 e 432) ci danno un primo esempio di sistemi tripli ortogonali, nei quali le superficie di uno dei tre sistemi sono a curvatura costante. Nel presente capitolo andiamo a studiare in generale i sistemi tripli ortogonali che contengono una serie di superficie a curvatura costante, attenendoci particolarmente al caso in cui queste superficie sono pseudosferiche di raggio costante o variabile, poichè soltanto in questo caso abbiamo, nella trasformazione di Bäcklund, un metodo geometrico che ci permetterà di trovare un numero illimitato di questi sistemi.

Escluderemo senz'altro il caso in cui le superficie a curvatura costante del sistema triplo sono di rotazione. Questo caso è ben noto (n. 277), e pei sistemi tripli ortogonali corrispondenti non varrebbero *in generale* le formole, che andiamo ora a sviluppare.

Supponiamo che nel sistema triplo ortogonale, definito dalla forma

$$ds^2=H_1^2\,d\rho_1^2+H_2^2\,d\rho_2^2+H_3^2\,d\rho_3^2$$

dell'elemento lineare dello spazio, le superficie $\rho_3=\text{cost}^{\text{te}}$ siano superficie pseudosferiche, il cui raggio R sia una funzione di ρ_3 soltanto. Dalle formole (pag. 463)

$$\frac{1}{r_{31}}=\frac{1}{H_1H_3}\,\frac{\partial H_1}{\partial\rho_3}\,,\quad \frac{1}{r_{32}}=\frac{1}{H_2H_3}\,\frac{\partial H_2}{\partial\rho_3}\,,$$

per l'ipotesi

$$\frac{1}{r_{31}} \cdot \frac{1}{r_{32}} = -\frac{1}{R^2},$$

risulta che si può porre

$$(1) \qquad \left\{ \begin{aligned} \frac{1}{H_1 H_3} \frac{\partial H_1}{\partial \rho_3} &= -\frac{\operatorname{tg} \omega}{R} \\ \frac{1}{H_2 H_3} \frac{\partial H_2}{\partial \rho_3} &= \frac{\cot \omega}{R}, \end{aligned} \right.$$

dove l'angolo 2ω misura la mutua inclinazione delle due assintotiche, uscenti da un punto delle superficie pseudosferiche $\rho_3 = \text{cost}^{\text{te}}$.

Sostituendo i valori di $\frac{\partial H_1}{\partial \rho_3}, \frac{\partial H_2}{\partial \rho_3}$, che si traggono dalle precedenti, nelle due prime equazioni di Lamé del gruppo (A), pag. 459, risulta

$$\frac{1}{H_1} \frac{\partial H_1}{\partial \rho_2} = -\frac{\operatorname{sen} \omega}{\cos \omega} \frac{\partial \omega}{\partial \rho_2}, \quad \frac{1}{H_2} \frac{\partial H_2}{\partial \rho_1} = \frac{\cos \omega}{\operatorname{sen} \omega} \frac{\partial \omega}{\partial \rho_1},$$

onde integrando

$$(2) \qquad H_1 = \cos \omega \,.\, \psi(\rho_1, \rho_3) \quad , \quad H_2 = \operatorname{sen} \omega \,.\, \varphi(\rho_2, \rho_3),$$

essendo ψ funzione di ρ_1, ρ_3 soltanto e φ di ρ_2, ρ_3.

Dimostriamo ora, ciò che è essenziale per la nostra ricerca, che φ, ψ sono indipendenti da ρ_3, cioè:

$$(3) \qquad \frac{\partial \varphi}{\partial \rho_3} = 0 \quad , \quad \frac{\partial \psi}{\partial \rho_3} = 0.$$

Ricaviamo per ciò dalle (1), (2)

$$(3^*) \quad H_3 = R \operatorname{tg} \omega \left\{ \cot \omega \frac{\partial \omega}{\partial \rho_3} + \frac{\partial \log \varphi}{\partial \rho_3} \right\} = -R \cot \omega \left\{ -\operatorname{tg} \omega \frac{\partial \omega}{\partial \rho_3} + \frac{\partial \log \psi}{\partial \rho_3} \right\},$$

da cui

$$\operatorname{tg} \omega \frac{\partial \log \varphi}{\partial \rho_3} + \cot \omega \frac{\partial \log \psi}{\partial \rho_3} = 0.$$

Questa, se non sussistono le (3), dà

$$(4) \qquad \operatorname{tg} \omega = \frac{M(\rho_1, \rho_3)}{N(\rho_2, \rho_3)},$$

dove M è funzione di ρ_1, ρ_3 e N di ρ_2, ρ_3. Ora, se consideriamo una speciale superficie pseudosferica $\rho_3 = c$ e cangiamo i parametri ρ_1, ρ_2 rispettivamente in

$$\int \psi(\rho_1, c)\, d\rho_1 \quad , \quad \int \varphi(\rho_2, c)\, d\rho_2 ,$$

per l'elemento lineare della $\rho_3 = c$ avremo dalle (2)

(5) $$ds^2 = \cos^2 \omega \, d\rho_1^2 + \operatorname{sen}^2 \omega \, d\rho_2^2 ,$$

dove per la (4)

(6) $$\operatorname{tg} \omega = \frac{U(\rho_1)}{V(\rho_2)} ,$$

essendo U funzione di ρ_1 soltanto e V di ρ_2.

Ma, poichè l'elemento lineare (5) appartiene ad una superficie pseudosferica di raggio R, dovrà ω soddisfare all'equazione a derivate parziali

(6*) $$\frac{\partial^2 \omega}{\partial \rho_1^2} - \frac{\partial^2 \omega}{\partial \rho_2^2} = \frac{\operatorname{sen} \omega \cos \omega}{R^2} .$$

Per la forma (6) di ω, ciò è possibile soltanto se la funzione U, o la V, si riduce ad una costante, nel qual caso le superficie $\rho_3 = c$ sarebbero superficie di rotazione, contro l'ipotesi (*).

(*) Gli apici indicando derivate, le (6), (6*) darebbero infatti

$$(a) \quad \left(\frac{U''}{U} + \frac{V''}{V}\right)(U^2 + V^2) = \frac{U^2 + V^2}{R^2} + 2\,U'^2 + 2\,V'^2.$$

Di questa facendo la derivata seconda rapporto a ρ_1, ρ_2, risulta

$$\left(\frac{U''}{U}\right)' V V' + \left(\frac{V''}{V}\right)' U U' = 0 ,$$

da cui

$$\left(\frac{U''}{U}\right)' = k\, U U' \quad , \quad \left(\frac{V''}{V}\right)' = -k\, V V' \; (k \text{ cost}^{\text{te}}).$$

Integrando, segue

$$\frac{U''}{U} = \frac{kU^2}{2} + C \quad , \quad \frac{V''}{V} = -\frac{kV^2}{2} + C'$$

$$2\,U'^2 = \frac{kU^4}{2} + 2\,C\,U^2 + C_1 \quad , \quad 2\,V'^2 = -\frac{kV^4}{2} + 2\,C'\,V^2 + C'_1 ,$$

con C, C', C_1, C'_1 nuove costanti. Dopo di ciò, la (a) diventa

$$\left(C' - C - \frac{1}{R^2}\right) U^2 + \left(C - C' - \frac{1}{R^2}\right) V^2 = C_1 + C'_1$$

e non può essere soddisfatta che per U o V costanti c. d. d.

Sussistono dunque le (3), e cangiando i parametri ρ_1, ρ_2 in $\int \psi\, d\rho_1$, $\int \varphi\, d\rho_2$ rispettivamente, avremo dalle (2), (3*)

$$(7) \qquad H_1 = \cos\omega \ , \ H_2 = \operatorname{sen}\omega \ , \ H_3 = R\frac{\partial\omega}{\partial\rho_3} \, .$$

294. Con questi valori di H_1, H_2, H_3 le due prime equazioni (A) di Lamé pag. 459 sono identicamente soddisfatte e le quattro rimanenti si traducono nelle seguenti:

$$(8) \quad \begin{cases} \dfrac{\partial^2\omega}{\partial\rho_1^2} - \dfrac{\partial^2\omega}{\partial\rho_2^2} = \dfrac{\operatorname{sen}\omega\cos\omega}{R^2} \\[2ex] \dfrac{\partial}{\partial\rho_1}\left(\dfrac{1}{\cos\omega}\dfrac{\partial^2\omega}{\partial\rho_1\,\partial\rho_3}\right) = \dfrac{1}{R}\dfrac{\partial}{\partial\rho_3}\left(\dfrac{\operatorname{sen}\omega}{R}\right) + \dfrac{1}{\operatorname{sen}\omega}\dfrac{\partial\omega}{\partial\rho_2}\dfrac{\partial^2\omega}{\partial\rho_2\,\partial\rho_3} \\[2ex] \dfrac{\partial}{\partial\rho_2}\left(\dfrac{1}{\operatorname{sen}\omega}\dfrac{\partial^2\omega}{\partial\rho_2\,\partial\rho_3}\right) = -\dfrac{1}{R}\dfrac{\partial}{\partial\rho_3}\left(\dfrac{\cos\omega}{R}\right) - \dfrac{1}{\cos\omega}\dfrac{\partial\omega}{\partial\rho_1}\dfrac{\partial^2\omega}{\partial\rho_1\,\partial\rho_3} \\[2ex] \dfrac{\partial^3\omega}{\partial\rho_1\,\partial\rho_2\,\partial\rho_3} = \cot\omega\,\dfrac{\partial\omega}{\partial\rho_1}\dfrac{\partial^2\omega}{\partial\rho_2\,\partial\rho_3} - \operatorname{tg}\omega\,\dfrac{\partial\omega}{\partial\rho_2}\dfrac{\partial^2\omega}{\partial\rho_1\,\partial\rho_3}, \end{cases}$$

delle quali la terza può omettersi come semplice conseguenza delle prime due. Gioverà per altro scrivere l'ultima delle (8) sotto l'una o l'altra delle due forme equivalenti

$$(8^*) \quad \begin{cases} \dfrac{\partial}{\partial\rho_1}\left(\dfrac{1}{\operatorname{sen}\omega}\dfrac{\partial^2\omega}{\partial\rho_2\,\partial\rho_3}\right) = -\dfrac{1}{\cos\omega}\dfrac{\partial\omega}{\partial\rho_2}\dfrac{\partial^2\omega}{\partial\rho_1\,\partial\rho_3} \\[2ex] \dfrac{\partial}{\partial\rho_2}\left(\dfrac{1}{\cos\omega}\dfrac{\partial^2\omega}{\partial\rho_1\,\partial\rho_3}\right) = \dfrac{1}{\operatorname{sen}\omega}\dfrac{\partial\omega}{\partial\rho_1}\dfrac{\partial^2\omega}{\partial\rho_2\,\partial\rho_3} \, . \end{cases}$$

Abbiamo dunque il risultato: *L'elemento lineare dello spazio, riferito ad un sistema triplo ortogonale pseudosferico* (ρ_1, ρ_2, ρ_3), *prende la forma*

$$(9) \qquad ds^2 = \cos^2\omega\, d\rho_1^2 + \operatorname{sen}^2\omega\, d\rho_2^2 + R^2\left(\frac{\partial\omega}{\partial\rho_3}\right)^2 d\rho_3^2,$$

dove R, *funzione della sola* ρ_3, *è il raggio delle superficie pseudosferiche* $\rho_3 = cost^{te}$ *e la funzione* $\omega\,(\rho_1, \rho_2, \rho_3)$ *soddisfa il sistema* (8).

Viceversa ad ogni soluzione $\omega\,(\rho_1, \rho_2, \rho_3)$ *di questo sistema corrisponde un sistema triplo ortogonale pseudosferico, che dà all' elemento lineare dello spazio la forma* (9).

Vedremo in seguito come esistano infinite soluzioni del sistema (8), dipendenti da *cinque* funzioni arbitrarie, e daremo il modo di trovarne effettivamente quante se ne vogliano. Per ora, ammettendo l'esistenza di questi sistemi, osserviamone subito un'importante proprietà. Questa risulta dall'osservare che le equazioni delle linee assintotiche su tutte le superficie pseudosferiche $\rho_3 = \text{cost}^{\text{te}}$ sono

$$\rho_1 - \rho_2 = \text{cost}^{\text{te}} \quad , \quad \rho_1 + \rho_2 = \text{cost}^{\text{te}}$$

e ponendo

$$\rho_1 - \rho_2 = 2\,\alpha \quad , \quad \rho_1 + \rho_2 = 2\,\beta\,,$$

la (9) diventa

$$(9^*) \qquad ds^2 = d\alpha^2 + 2\cos 2\,\omega\, d\alpha\, d\beta + d\beta^2 + R^2 \left(\frac{\partial \omega}{\partial \rho_3}\right)^2 d\rho_3^2\,.$$

Se riguardiamo adunque come punti corrispondenti su due superficie pseudosferiche del sistema ρ_3 i loro due punti d'incontro con una curva coordinata ρ_3, abbiamo il risultato:

Sopra due superficie pseudosferiche del sistema si corrispondono, oltre le linee di curvatura, le linee assintotiche e gli archi corrispondenti di queste sono eguali (*).

Segue di qui che sulle superficie luogo delle assintotiche corrispondenti queste sono linee geodetiche, come si vede subito anche dalla (9*), ove facendo p. e. $\beta = \text{cost}^{\text{te}}$, risulta

$$ds^2 = d\alpha^2 + R^2 \left(\frac{\partial \omega}{\partial \rho_3}\right)^2 d\rho_3^2\,.$$

Le superficie dei due sistemi $\alpha = \text{cost}^{\text{te}}$, $\beta = \text{cost}^{\text{te}}$ hanno quindi un sistema di linee geodetiche a torsione costante (**).

295. Cominciamo dal ricercare alcuni esempî di sistemi tripli ortogonali pseudosferici.

1.° Cerchiamo le soluzioni ω del sistema (8), che sono indipendenti da ρ_2. Allora il sistema (8) si riduce all'unica equazione

$$\left(\frac{\partial \omega}{\partial \rho_1}\right)^2 + \frac{\cos^2 \omega}{R^2} = \text{cost}^{\text{te}},$$

che si integra colle funzioni ellittiche di Jacobi a modulo variabile k, mediante le formole

$$(10) \qquad \cos\omega = \operatorname{sn}(\tau, k) \quad , \quad \operatorname{sen}\omega = \operatorname{cn}(\tau, k)\,,$$

(*) Si può anche dire evidentemente che sopra due superficie pseudosferiche del sistema si corrispondono i sistemi coniugati e, sotto questa forma, il teorema si applica anche al caso, in cui le superficie (ρ_3) sono a curvatura costante positiva.

(**) Le superficie qui indicate incidentalmente sono state studiate direttamente dal *Fibbi* nella sua tesi di abilitazione. (*Annali della R. Scuola Normale Superiore* di Pisa, v.^{e} X, 1888.

essendo

$$(10^*)\qquad \tau = \frac{\rho_1}{\lambda} + \psi(\rho_3) \quad , \quad k = \frac{\lambda}{R}$$

con λ costante arbitraria e $\psi(\rho_3)$, $R(\rho_3)$ restando funzioni arbitrarie di ρ_3. Le superficie pseudosferiche $\rho_3 = \text{cost}^{\text{te}}$ sono di rotazione.

2.° Consideriamo un sistema ∞^1 di elicoidi pseudosferiche del Dini (pag. 441) col medesimo asse ed aventi per profilo meridiano la medesima trattrice, ma differenti fra loro per il passo e quindi per la curvatura. Poichè le sfere di raggio eguale al segmento costante di tangente alla trattrice intercetto dall'assintoto, coi centri distribuiti sull'asse, tagliano le elicoidi del Dini ortogonalmente secondo linee di curvatura (ibid.), risulta dal teorema di Darboux (n. 268) che ai due sistemi ∞^1 di elicoidi e di sfere può associarsi un terzo sistema di superficie ortogonale ad ambedue; abbiamo dunque un sistema triplo ortogonale pseudosferico.

Ponendo per semplicità eguale a 1 il segmento costante di tangente, intercetto fra la trattrice e l'assintoto, si troverà facilmente, per definire il corrispondente sistema triplo ortogonale pseudosferico:

$$(11)\qquad \cos\omega = \text{tgh}\,\tau \quad , \quad \text{sen}\,\omega = \frac{1}{\cosh\tau} ,$$

dove

$$(11^*)\qquad \tau = \rho_1 + \rho_2\,\text{tgh}\,\rho_3 + \psi(\rho_3) ,$$

essendo $\psi(\rho_3)$ funzione arbitraria di ρ_3 e $R = \cosh\rho_3$.

Osservazione. — Il sistema pseudosferico ora considerato, di cui è facile dare esplicitamente le formole che lo definiscono, non è che un caso particolare di quelli che contengono una serie di superficie pseudosferiche di Enneper. Queste superficie più generali delle elicoidi del Dini hanno infatti, come già è stato avvertito a pag. 445, un sistema di linee di curvatura tracciate sopra sfere che tagliano ortogonalmente la superficie, coi centri in linea retta. Possiamo quindi applicare le medesime considerazioni geometriche ora utilizzate per le elicoidi del Dini.

296. Ora andiamo a dimostrare che nella trasformazione di Bäcklund, applicata simultaneamente alle ∞^1 superficie pseudosferiche di un sistema triplo ortogonale pseudosferico noto, abbiamo un mezzo per dedurne ∞^2 nuovi sistemi tripli ortogonali della medesima specie.

Per ciò è necessario anzitutto dare l'espressione analitica della trasformazione di Bäcklund, applicata ad *una* superficie pseudosferica

$$\rho_3 = c$$

del sistema, di raggio $R(c)$. Indichiamo con k la distanza costante dei fuochi nella corrispondente congruenza pseudosferica e con σ il complemento dell'angolo dei piani focali (n. 251, ss.), sicchè

$$k = \mathrm{R} \cos \sigma ,$$

e sia φ l'angolo d'inclinazione del raggio della congruenza sopra le linee di curvatura $\rho_2=\text{cost}^{\text{te}}$. Trasformando le formole fondamentali (16) pag. 427 dalle coordinate assintotiche

$$\rho_1-\rho_2 = 2\,u \quad , \quad \rho_1+\rho_2 = 2\,v$$

alle attuali ρ_1, ρ_2, riferite alle linee di curvatura, avremo le formole:

$$(12)\qquad \begin{cases} \dfrac{\partial\varphi}{\partial\rho_1} + \dfrac{\partial\omega}{\partial\rho_2} = \dfrac{\operatorname{sen}\varphi \cos\omega + \operatorname{sen}\sigma \cos\varphi \operatorname{sen}\omega}{k} \\[2ex] \dfrac{\partial\varphi}{\partial\rho_2} + \dfrac{\partial\omega}{\partial\rho_1} = -\dfrac{\cos\varphi \operatorname{sen}\omega + \operatorname{sen}\sigma \operatorname{sen}\varphi \cos\omega}{k} , \end{cases}$$

Ciò premesso, applichiamo a ciascuna superficie pseudosferica ρ_3 del sistema una trasformazione di Bäcklund, definita dalle (12), mantenendo a k un valore costante arbitrario e assumendo σ funzione di ρ_3 data dalla formola

$$(13)\qquad \cos\sigma = \frac{k}{\mathrm{R}} .$$

Prendiamo una determinata funzione $\varphi\,(\rho_1, \rho_2, \rho_3)$, che soddisfi le (12), e domandiamo:

A quali ulteriori condizioni dovremo assoggettare la funzione $\varphi\,(\rho_1, \rho_2, \rho_3)$, *affinchè le* ∞^1 *superficie pseudosferiche derivate facciano parte di un nuovo sistema triplo ortogonale?* Poichè la trasformazione di Bäcklund conserva le linee di curvatura, sarà per ciò necessario e sufficiente, secondo il teorema di Darboux-Dupin, che le nuove curve ρ_3 siano le traiettorie ortogonali delle superficie pseudosferiche derivate (*).

Siano x, y, z le coordinate di un punto dello spazio, riferito al sistema primitivo, x', y', z' quelle del punto corrispondente per la trasformazione; avremo

$$(14)\qquad \begin{cases} x' = x + k\,(\cos\varphi\,\mathrm{X}_1 + \operatorname{sen}\varphi\,\mathrm{X}_2) \\ y' = y + k\,(\cos\varphi\,\mathrm{Y}_1 + \operatorname{sen}\varphi\,\mathrm{Y}_2) \\ z' = z + k\,(\cos\varphi\,\mathrm{Z}_1 + \operatorname{sen}\varphi\,\mathrm{Z}_2) , \end{cases}$$

essendo $\mathrm{X}_1, \mathrm{Y}_1, \mathrm{Z}_1$; $\mathrm{X}_2, \mathrm{Y}_2, \mathrm{Z}_2$ i rispettivi coseni di direzione delle tangenti alle curve coordinate ρ_1, ρ_2.

(*) È visibile per queste considerazioni la necessità che il segmento k sia costante. E invero una curva coordinata ρ_3 e la sua derivata debbono essere traiettorie ortogonali dei segmenti k, che ne congiungono i punti corrispondenti.

297. Dalle formole (12) pag. 459 deduciamo pel caso attuale:

$$\left\{\begin{aligned}
&\frac{\partial X_1}{\partial \rho_1} = \frac{\partial \omega}{\partial \rho_2} X_2 + \frac{\operatorname{sen}\omega}{R} X_3 , \quad \frac{\partial X_1}{\partial \rho_2} = \frac{\partial \omega}{\partial \rho_1} X_2 , \quad \frac{\partial X_1}{\partial \rho_3} = \frac{R}{\cos\omega} \frac{\partial^2 \omega}{\partial \rho_1 \partial \rho_3} X_3 \\
&\frac{\partial X_2}{\partial \rho_1} = -\frac{\partial \omega}{\partial \rho_2} X_1 , \quad \frac{\partial X_2}{\partial \rho_2} = -\frac{\partial \omega}{\partial \rho_1} X_1 - \frac{\cos\omega}{R} X_3 , \quad \frac{\partial X_2}{\partial \rho_3} = \frac{R}{\operatorname{sen}\omega} \frac{\partial^2 \omega}{\partial \rho_2 \partial \rho_3} X_3 ,
\end{aligned}\right.$$

colle analoghe in Y, Z, onde derivando le (14), col tener conto delle (12), troviamo:

$$(14^*)\quad \left\{\begin{aligned}
\frac{\partial x'}{\partial \rho_1} &= (\cos\omega \cos^2\varphi - \operatorname{sen}\sigma \operatorname{sen}\varphi \cos\varphi \operatorname{sen}\omega)\, X_1 + \\
&\quad + \cos\varphi\, (\operatorname{sen}\varphi \cos\omega + \operatorname{sen}\sigma \cos\varphi \operatorname{sen}\omega)\, X_2 + \frac{k \cos\varphi \operatorname{sen}\omega}{R} X_3 \\
\frac{\partial x'}{\partial \rho_2} &= \operatorname{sen}\varphi\, (\cos\varphi \operatorname{sen}\omega + \operatorname{sen}\sigma \operatorname{sen}\varphi \cos\omega)\, X_1 + \\
&\quad + (\operatorname{sen}\omega \operatorname{sen}^2\varphi - \operatorname{sen}\sigma \operatorname{sen}\varphi \cos\varphi \cos\omega)\, X_2 - \frac{k \operatorname{sen}\varphi \cos\omega}{R} X_3 \\
\frac{\partial x'}{\partial \rho_3} &= -k \operatorname{sen}\varphi \frac{\partial \varphi}{\partial \rho_3} X_1 + k \cos\varphi \frac{\partial \varphi}{\partial \rho_3} X_2 + \\
&\quad + R \left(\frac{k\cos\varphi}{\cos\omega} \frac{\partial^2\omega}{\partial \rho_1 \partial \rho_3} + \frac{k \operatorname{sen}\varphi}{\operatorname{sen}\omega} \frac{\partial^2 \omega}{\partial \rho_2 \partial \rho_3} + \frac{\partial \omega}{\partial \rho_3} \right) X_3 .
\end{aligned}\right.$$

Ne segue

$$\sum \frac{\partial x'}{\partial \rho_1} \frac{\partial x'}{\partial \rho_2} = 0 ,$$

$$\sum \frac{\partial x'}{\partial \rho_1} \frac{\partial x'}{\partial \rho_3} = k \cos\varphi \operatorname{sen}\omega \left\{ \operatorname{sen}\sigma \frac{\partial \varphi}{\partial \rho_3} + \frac{k\cos\varphi}{\cos\omega} \frac{\partial^2\omega}{\partial\rho_1\partial\rho_3} + \frac{k\operatorname{sen}\varphi}{\operatorname{sen}\omega} \frac{\partial^2\omega}{\partial\rho_2\partial\rho_3} + \frac{\partial\omega}{\partial\rho_3} \right\} ,$$

$$\sum \frac{\partial x'}{\partial \rho_2} \frac{\partial x'}{\partial \rho_3} = -k \operatorname{sen}\varphi \cos\omega \left\{ \operatorname{sen}\sigma \frac{\partial \varphi}{\partial \rho_3} + \frac{k\cos\varphi}{\cos\omega} \frac{\partial^2\omega}{\partial\rho_1\partial\rho_3} + \frac{k\operatorname{sen}\varphi}{\operatorname{sen}\omega} \frac{\partial^2\omega}{\partial\rho_2\partial\rho_3} + \frac{\partial\omega}{\partial\rho_3} \right\} .$$

Basterà dunque assoggettare φ a soddisfare l'ulteriore condizione

$$(15)\qquad \operatorname{sen}\sigma \frac{\partial \varphi}{\partial \rho_3} + \frac{k\cos\varphi}{\cos\omega} \frac{\partial^2\omega}{\partial\rho_1\,\partial\rho_3} + \frac{k\operatorname{sen}\varphi}{\operatorname{sen}\omega} \frac{\partial^2\omega}{\partial\rho_2\,\partial\rho_3} + \frac{\partial\omega}{\partial\rho_3} = 0 ,$$

perchè le formole (14) definiscano le coordinate x', y', z' di un punto dello spazio espresse pei parametri ρ_1, ρ_2, ρ_3 di un nuovo sistema triplo ortogonale (pseudosferico). Supposto che φ soddisfi effettivamente le (12), (15), le verifiche si fanno con molta facilità.

Le (14*) si scrivono infatti

$$\left\{\begin{aligned}
\frac{1}{\cos\varphi}\frac{\partial x'}{\partial\rho_1} &= (\cos\omega\cos\varphi - \operatorname{sen}\sigma\operatorname{sen}\varphi\operatorname{sen}\omega)\,X_1 + \\
&\quad + (\operatorname{sen}\varphi\cos\omega + \operatorname{sen}\sigma\cos\varphi\operatorname{sen}\omega)\,X_2 + \cos\sigma\operatorname{sen}\omega\,X_3 \\
\frac{1}{\operatorname{sen}\varphi}\frac{\partial x'}{\partial\rho_2} &= (\cos\varphi\operatorname{sen}\omega + \operatorname{sen}\sigma\operatorname{sen}\varphi\cos\omega)\,X_1 + \\
&\quad + (\operatorname{sen}\varphi\operatorname{sen}\omega - \operatorname{sen}\sigma\cos\varphi\cos\omega) - \cos\sigma\cos\omega\,X_3 \\
\frac{1}{R\dfrac{\partial\varphi}{\partial\rho_3}}\frac{\partial x'}{\partial\rho_3} &= -\cos\sigma\operatorname{sen}\varphi\,X_1 + \cos\sigma\cos\varphi\,X_2 - \operatorname{sen}\sigma\,X_3
\end{aligned}\right.$$

e danno immediatamente

$$(16)\qquad dx'^2 + dy'^2 + dz'^2 = \cos^2\varphi\,d\rho_1^2 + \operatorname{sen}^2\varphi\,d\rho_2^2 + R^2\left(\frac{\partial\varphi}{\partial\rho_3}\right)^2 d\rho_3^2,$$

formola che ci mostra l'elemento lineare dello spazio, riferito ad un sistema triplo ortogonale pseudosferico, l'angolo ω del sistema primitivo essendo sostituito dall'angolo φ.

298. Resta che dimostriamo come si possano soddisfare con convenienti funzioni $\varphi(\rho_1, \rho_2, \rho_3)$ le tre equazioni simultanee (12), (15). A queste possiamo dare la forma di una equazione ai differenziali totali per la funzione incognita φ e cioè (*):

$$(17)\qquad \begin{aligned}
d\varphi = &\left(\frac{\operatorname{sen}\varphi\cos\omega + \operatorname{sen}\sigma\cos\varphi\operatorname{sen}\omega}{k} - \frac{\partial\omega}{\partial\rho_2}\right)d\rho_1 - \\
&- \left(\frac{\cos\varphi\operatorname{sen}\omega + \operatorname{sen}\sigma\operatorname{sen}\varphi\cos\omega}{k} + \frac{\partial\omega}{\partial\rho_1}\right)d\rho_2 - \\
&- \frac{1}{\operatorname{sen}\sigma}\left(\frac{k\cos\varphi}{\cos\omega}\frac{\partial^2\omega}{\partial\rho_1\,\partial\rho_3} + \frac{k\operatorname{sen}\varphi}{\operatorname{sen}\omega}\frac{\partial^2\omega}{\partial\rho_2\,\partial\rho_3} + \frac{\partial\omega}{\partial\rho_3}\right)d\rho_3.
\end{aligned}$$

Questa, o il sistema equivalente delle (12), (15), è *illimitatamente integrabile,* poichè le condizioni d'integrabilità, in forza delle (8), (8*) soddisfatte da ω e della relazione

$$\cos\sigma = \frac{k}{R},$$

sono identicamente soddisfatte. Fissato quindi il valore di k, la (17) am-

(*) Scrivendo l'equazione per φ sotto la forma del testo, escludiamo naturalmente il valore $\sigma = 0$, che nel caso generale di R variabile non può aver luogo. Per R costante al contrario il valore $\sigma = 0$ è ammissibile e dà luogo alla trasformazione complementare pei sistemi pseudosferici, che sarà studiata più avanti (v. n. 306).

mette una soluzione generale φ, contenente una costante arbitraria C. Per fissare il valore di C, basta fissare la trasformata di Bäcklund di *una* superficie pseudosferica iniziale ρ_3, ossia la direzione di uno dei segmenti k, che potrà del resto essere data ad arbitrio, purchè normale alla curva coordinata ρ_3.

Osserviamo che la (17), ponendo

$$\operatorname{tg} \frac{\varphi}{2} = \Lambda ,$$

dà per Λ un'equazione ai differenziali totali del tipo di Riccati, della quale basterà dunque conoscere una soluzione particolare, per avere con quadrature l'integrale generale. Pei nuovi sistemi pseudosferici derivati conosciamo già una soluzione particolare della corrispondente equazione (17), fornita dal sistema pseudosferico iniziale e però, mantenendo alla costante k il medesimo valore, basteranno successive quadrature per applicare illimitatamente la trasformazione di Bäcklund. Ma, come per le superficie pseudosferiche isolate, così nel caso attuale il metodo può ricevere una notevole semplificazione, facendo uso del teorema di permutabilità, che è altresì applicabile, come ora andiamo a dimostrare, ai sistemi tripli ortogonali pseudosferici.

299. Cangiando un poco la notazione adoperata per le superficie pseudosferiche isolate (capitolo XVII), indichiamo simbolicamente con B_k la trasformazione di Bäcklund applicata ad un sistema triplo ortogonale pseudosferico Σ, quando la distanza costante fra un punto di Σ e il punto corrispondente del sistema derivato Σ' è eguale a k. Dimostriamo che sussiste il teorema di permutabilità:

Se Σ', Σ'' sono due sistemi tripli ortogonali pseudosferici legati al medesimo sistema Σ da due trasformazioni di Bäcklund B_k, $B_{k'}$, a costanti k, k' diverse, esiste un quarto sistema pseudosferico Σ''', legato rispettivamente a Σ', Σ'' da trasformazioni di Bäcklund colle costanti invertite k', k.

Siano S, S', S'' tre superficie pseudosferiche corrispondenti nei tre sistemi Σ, Σ', Σ''; pel teorema di permutabilità relativo alle superficie pseudosferiche isolate (n. 257) esiste una quarta superficie pseudosferica S''' perfettamente determinata, legata rispettivamente a S', S'' dalle trasformazioni di Bäcklund $B'_{k'}$, B'_k a costanti invertite. Dobbiamo soltanto provare che le ∞^1 superficie pseudosferiche S''' appartengono a un quarto sistema triplo ortogonale Σ'''. Ora, se P, P', P'', P''' sono quattro punti corrispondenti di S, S', S'', S''' e a P facciamo descrivere una delle curve C traiettorie ortogonali delle S nel sistema Σ, per le proprietà della trasformazione di Bäcklund, osservate ai numeri precedenti, P', P'' descriveranno due curve C', C'' traiettorie ortogonali delle rispettive serie S', S''. Indicando con C''' la curva descritta da P''', basta osservare che i segmenti P' P''', P'' P''' sono costanti e normali rispettivamente a C', C'' per dedurne che essi sono normali in P''' a C'''; ma questi due segmenti sono tangenti in P''' alla S''' e però le curve C''' sono traiettorie ortogonali delle superficie pseudosferiche S'''. Se infine ricordiamo che la trasformazione di Bäcklund conserva le linee di curvatura, vediamo che effettivamente le S''' appartengono, come si è asserito, ad un nuovo sistema triplo ortogonale pseudosferico Σ'''.

Noti i tre sistemi Σ, Σ', Σ'', definiti dalle rispettive forme dell'elemento lineare

$$ds^2 = \cos^2\omega\, d\rho_1^2 + \operatorname{sen}^2\omega\, d\rho_2^2 + R^2\left(\frac{\partial\omega}{\partial\rho_3}\right)^2 d\rho_3^2,$$

$$ds'^2 = \cos^2\omega'\, d\rho_1^2 + \operatorname{sen}^2\omega'\, d\rho_2^2 + R^2\left(\frac{\partial\omega'}{\partial\rho_3}\right)^2 d\rho_3^2,$$

$$ds''^2 = \cos^2\omega''\, d\rho_1^2 + \operatorname{sen}^2\omega''\, d\rho_2^2 + R^2\left(\frac{\partial\omega''}{\partial\rho_3}\right)^2 d\rho_3^2,$$

il quarto sistema Σ''', pel quale indichiamo con ω''' il corrispondente valore di ω, si otterrà con operazioni algebriche dalla formola (33) pag. 437

$$\operatorname{tg}\left(\frac{\omega'''-\omega}{2}\right) = \frac{\cos\left(\frac{\sigma+\sigma'}{2}\right)}{\operatorname{sen}\left(\frac{\sigma-\sigma'}{2}\right)}\operatorname{tg}\left(\frac{\omega'-\omega''}{2}\right), \tag{18}$$

ove $\cos\sigma = \frac{k}{R}$, $\cos\sigma' = \frac{k'}{R}$.

Applicando le considerazioni stesse del n. 259, otteniamo quindi l'importante conseguenza:

Se di un sistema pseudosferico Σ conosciamo tutti i ∞^2 sistemi derivati di Bäcklund, per ciascuno di questi ultimi potremo determinare con soli calcoli algebrici e di derivazione i nuovi sistemi derivati.

In altre parole basterà saper integrare, per tutti i valori di k, l'equazione (17), perchè le successive equazioni del tipo di Riccati, che si presentano nella applicazione illimitata della trasformazione di Bäcklund, siano senz'altro integrate insieme colla prima.

Nelle condizioni del teorema ora enunciato si trovano appunto i sistemi tripli pseudosferici composti con elicoidi del Dini, corrispondenti alla formola (11) pag. 502. Senza compiere i calcoli relativi, ci limitiamo qui a constatarlo nel modo seguente. Il sistema (8) ammette la soluzione evidente $\omega = 0$, alla quale applicando la trasformazione di Bäcklund, a costante k, per ottenere una nuova soluzione φ, vediamo facilmente che φ deve unicamente soddisfare le due equazioni (12), che diventano attualmente

$$\frac{\partial\varphi}{\partial\rho_1} = \frac{\operatorname{sen}\varphi}{k}, \quad \frac{\partial\varphi}{\partial\rho_2} = -\frac{\operatorname{sen}\sigma}{k}\operatorname{sen}\varphi$$

e integrate danno

$$\operatorname{tg} \frac{1}{2} \varphi = e^{\frac{\rho_1 - \operatorname{sen} \sigma \rho_2}{k}} + \psi(\rho_3)$$

essendo ψ funzione arbitraria di ρ_3. Basta fare in questa

$$k = 1 \quad , \quad \operatorname{sen} \sigma = -\operatorname{tgh} \rho_3 ,$$

per trovare appunto le (11). Della soluzione $\omega = 0$ conosciamo adunque *tutte* le trasformate di Bäcklund e possiamo quindi applicare il teorema superiore. Ne risulta anche qui l'esistenza di una serie infinita di sistemi tripli pseudosferici, dipendenti dalle funzioni ordinarie. (Cf. n. 261).

300. Andiamo ora ad occuparci del caso particolare in cui le superficie pseudosferiche del sistema triplo ortogonale hanno tutte il medesimo raggio. Il primo a riconoscere l'esistenza di questi sistemi pseudosferici è stato Weingarten, che ha notato la possibilità del passaggio da una superficie a curvatura costante ad una *infinitamente vicina* colla medesima curvatura, in guisa che la distanza normale infinitesima fra le due superficie sia una soluzione dell'equazione del Cayley.

Questi speciali sistemi pseudosferici si diranno per ciò, come nelle mie memorie sopra citate, *sistemi di Weingarten.*

Per questi sistemi faremo semplicemente $R = 1$ e le equazioni fondamentali (8), cui ω deve soddisfare diventeranno

$$(19) \quad \begin{cases} \dfrac{\partial^2 \omega}{\partial \rho_1^2} - \dfrac{\partial^2 \omega}{\partial \rho_2^2} = \operatorname{sen} \omega \cos \omega , \\[2ex] \dfrac{\partial}{\partial \rho_1} \left(\dfrac{1}{\cos \omega} \dfrac{\partial^2 \omega}{\partial \rho_1 \partial \rho_3} \right) = \cos \omega \dfrac{\partial \omega}{\partial \rho_3} + \dfrac{1}{\operatorname{sen} \omega} \dfrac{\partial \omega}{\partial \rho_2} \dfrac{\partial^2 \omega}{\partial \rho_2 \partial \rho_3} , \\[2ex] \dfrac{\partial}{\partial \rho_2} \left(\dfrac{1}{\operatorname{sen} \omega} \dfrac{\partial^2 \omega}{\partial \rho_2 \partial \rho_3} \right) = \operatorname{sen} \omega \dfrac{\partial \omega}{\partial \rho_3} - \dfrac{1}{\cos \omega} \dfrac{\partial \omega}{\partial \rho_1} \dfrac{\partial^2 \omega}{\partial \rho_1 \partial \rho_3} , \\[2ex] \dfrac{\partial^3 \omega}{\partial \rho_1 \partial \rho_2 \partial \rho_3} = \cot \omega \dfrac{\partial \omega}{\partial \rho_1} \dfrac{\partial^2 \omega}{\partial \rho_2 \partial \rho_3} - \operatorname{tg} \omega \dfrac{\partial \omega}{\partial \rho_2} \dfrac{\partial^2 \omega}{\partial \rho_1 \partial \rho_3} , \end{cases}$$

alle quali aggiungeremo, per comodità dei calcoli seguenti, le due

$$(19^*) \quad \begin{cases} \dfrac{\partial}{\partial \rho_1} \left(\dfrac{1}{\operatorname{sen} \omega} \dfrac{\partial^2 \omega}{\partial \rho_2 \partial \rho_3} \right) = - \dfrac{1}{\cos \omega} \dfrac{\partial \omega}{\partial \rho_2} \dfrac{\partial^2 \omega}{\partial \rho_1 \partial \rho_3} \\[2ex] \dfrac{\partial}{\partial \rho_2} \left(\dfrac{1}{\cos \omega} \dfrac{\partial^2 \omega}{\partial \rho_1 \partial \rho_3} \right) = \dfrac{1}{\operatorname{sen} \omega} \dfrac{\partial \omega}{\partial \rho_1} \dfrac{\partial^2 \omega}{\partial \rho_2 \partial \rho_3} . \end{cases}$$

L'elemento lineare dello spazio, riferito al sistema di Weingarten, essendo dato da

$$ds^2 = \cos^2 \omega \, d\rho_1^2 + \operatorname{sen}^2 \omega \, d\rho_2^2 + \left(\frac{\partial \omega}{\partial \rho_3} \right)^2 d\rho_3^2 ,$$

sulle superficie pseudosferiche ρ_3 le linee $\frac{\partial\omega}{\partial\rho_3} = \text{cost}^{\text{te}}$ sono le linee di *equidistanza* e noi cominciamo dallo stabilire il teorema:

In un sistema triplo ortogonale di Weingarten le linee di equidistanza sulle superficie pseudosferiche sono circoli geodetici paralleli.

Poniamo per un momento

$$\Lambda = \left(\frac{1}{\cos\omega}\frac{\partial^2\omega}{\partial\rho_1\,\partial\rho_3}\right)^2 + \left(\frac{1}{\operatorname{sen}\omega}\frac{\partial^2\omega}{\partial\rho_2\,\partial\rho_3}\right)^2 - \left(\frac{\partial\omega}{\partial\rho_3}\right)^2$$

e le (19), (19*) ci danno

$$\frac{\partial\Lambda}{\partial\rho_1} = 0 \quad , \quad \frac{\partial\Lambda}{\partial\rho_2} = 0\,,$$

onde

$$\left(\frac{1}{\cos\omega}\frac{\partial^2\omega}{\partial\rho_1\,\partial\rho_3}\right)^2 + \left(\frac{1}{\operatorname{sen}\omega}\frac{\partial^2\omega}{\partial\rho_1\,\partial\rho_3}\right)^2 - \left(\frac{\partial\omega}{\partial\rho_3}\right)^2 = \mathrm{F}\,(\rho_3)\,,$$

essendo F funzione di ρ_3 soltanto. Ora, posto

$$n = \frac{\partial\omega}{\partial\rho_3}\,,$$

abbiamo

$$\Delta_1\,n = \frac{1}{\cos^2\omega}\left(\frac{\partial n}{\partial\rho_1}\right)^2 + \frac{1}{\operatorname{sen}^2\omega}\left(\frac{\partial n}{\partial\rho_2}\right)^2,$$

essendo $\Delta_1\,n$ il parametro differenziale primo di n calcolato rispetto all'elemento lineare

$$ds^2 = \cos^2\omega\,d\rho_1^2 + \operatorname{sen}^2\omega\,d\rho_2^2$$

della superficie pseudosferica $\rho_3 = \text{cost}^{\text{te}}$. Essendo adunque

$$(20) \qquad \Delta_1\,n = \mathrm{F}\,(\rho_3) + n^2\,,$$

segue (n. 81) che le linee di equidistanza $n = \text{cost}^{\text{te}}$ sulle superficie pseudosferica $\rho_3 = \text{cost}^{\text{te}}$ sono geodeticamente parallele. Calcoliamo ora, colla formola (4) n. 76 di Bonnet, la curvatura geodetica $\frac{1}{\rho_n}$ delle linee di equidistanza

$$\frac{1}{\rho_n} = \frac{1}{\operatorname{sen}\omega\cos\omega}\left[\frac{\partial}{\partial\rho_1}\left\{\frac{\operatorname{sen}\omega}{\sqrt{\Delta_1\,n}}\,\frac{1}{\cos\omega}\,\frac{\partial n}{\partial\rho_1}\right\} + \frac{\partial}{\partial\rho_2}\left\{\frac{\cos\omega}{\sqrt{\Delta_1\,n}}\,\frac{1}{\operatorname{sen}\omega}\,\frac{\partial n}{\partial\rho_2}\right\}\right]$$

e facendo uso delle formole:

$$\frac{\partial}{\partial\rho_1}\left(\frac{1}{\cos\omega}\frac{\partial n}{\partial\rho_1}\right)=\cos\omega\, n+\frac{1}{\operatorname{sen}\omega}\frac{\partial n}{\partial\rho_2}\frac{\partial\omega}{\partial\rho_2}$$

$$\frac{\partial}{\partial\rho_2}\left(\frac{1}{\operatorname{sen}\omega}\frac{\partial n}{\partial\rho_2}\right)=\operatorname{sen}\omega\, n-\frac{1}{\cos\omega}\frac{\partial n}{\partial\rho_1}\frac{\partial\omega}{\partial\rho_1},$$

che seguono dalle (19) e delle altre

$$\frac{\partial\Delta_1 n}{\partial\rho_1}=2n\frac{\partial n}{\partial\rho_1},\quad \frac{\partial\Delta_1 n}{\partial\rho_2}=2n\frac{\partial n}{\partial\rho_2},$$

che si deducono dalla (20), troviamo

$$(21)\qquad \frac{1}{\rho_n}=\frac{n}{\sqrt{\Delta_1 n}}=\frac{n}{\sqrt{F(\rho_3)+n^2}}.$$

Dunque le linee di equidistanza $n=\text{cost}^{\text{te}}$ sono altresì a curvatura geodetica costante e però circoli geodetici.

Ne segue (n. 39):

Sulle superficie pseudosferiche di un sistema di Weingarten noto le geodetiche si determinano con quadrature.

301. Osserviamo che nel caso attuale *il sistema* (19) *è perfettamente equivalente al seguente*

$$(\text{A})\quad\begin{cases}\dfrac{\partial^2\omega}{\partial\rho_1^2}-\dfrac{\partial^2\omega}{\partial\rho_2^2}=\operatorname{sen}\omega\cos\omega\\[2ex] \dfrac{1}{\cos^2\omega}\left(\dfrac{\partial^2\omega}{\partial\rho_1\,\partial\rho_3}\right)^2+\dfrac{1}{\operatorname{sen}^2\omega}\left(\dfrac{\partial^2\omega}{\partial\rho_2\,\partial\rho_3}\right)^2-\left(\dfrac{\partial\omega}{\partial\rho_3}\right)^2=F(\rho_3).\end{cases}$$

Abbiamo visto infatti che dal sistema (19) segue quest'ultimo; ma inversamente da quest'ultimo seguono le (19). Pongasi infatti

$$M=\frac{1}{\cos\omega}\frac{\partial^2\omega}{\partial\rho_1\,\partial\rho_3},\quad N=\frac{1}{\operatorname{sen}\omega}\frac{\partial^2\omega}{\partial\rho_2\,\partial\rho_3}$$

e si derivi la 1.ª delle (A) rapporto a ρ_3 e la 2.ª una volta rapporto a ρ_1 ed una seconda rapporto a ρ_2. Le tre equazioni ottenute, insieme colla quarta

$$\frac{\partial(M\cos\omega)}{\partial\rho_2}=\frac{\partial(N\operatorname{sen}\omega)}{\partial\rho_1},$$

si risolvano rapporto alle derivate

$$\frac{\partial M}{\partial\rho_1},\ \frac{\partial M}{\partial\rho_2},\ \frac{\partial N}{\partial\rho_1},\ \frac{\partial N}{\partial\rho_2}$$

e si otterranno appunto le (19). Si presenterebbe un caso d'eccezione, quando il determinante:

$$\begin{vmatrix} \cos\omega & 0 & 0 & -\operatorname{sen}\omega \\ 0 & \cos\omega & -\operatorname{sen}\omega & 0 \\ M & 0 & N & 0 \\ 0 & M & 0 & N \end{vmatrix} = N^2\cos^2\omega - M^2\operatorname{sen}^2\omega$$

fosse nullo. Ma allora ne seguirebbe

$$\left\{\begin{aligned} \frac{\partial^2\omega}{\partial\rho_1\,\partial\rho_3} &= \varepsilon\cos^2\omega\sqrt{F(\rho_3)+\left(\frac{\partial\omega}{\partial\rho_3}\right)^2}\ , \quad \varepsilon=\pm 1 \\ \frac{\partial^2\omega}{\partial\rho_2\,\partial\rho_3} &= \varepsilon'\operatorname{sen}^2\omega\sqrt{F(\rho_3)+\left(\frac{\partial\omega}{\partial\rho_3}\right)^2}\ , \quad \varepsilon'=\pm 1 \end{aligned}\right.$$

e derivando la 1.ª rapporto a ρ_2 e la 2.ª rapporto a ρ_1 seguirebbe

$$\frac{\partial\omega}{\partial\rho_1} = \pm\frac{\partial\omega}{\partial\rho_2}\,,$$

onde

$$\frac{\partial^2\omega}{\partial\rho_1^2} = \frac{\partial^2\omega}{\partial\rho_2^2}\,,$$

ciò che contraddice alla 1.ª delle (A).

Ciò premesso, conviene distinguere tre casi secondo che i circoli geodetici paralleli di equidistanza $n = \text{cost}^{\text{te}}$ sono a centro ideale, a centro reale e a distanza finita, ovvero oricicli. Corrispondentemente si ha

$$\frac{1}{\rho_n} < 1 \ , \ \frac{1}{\rho_n} > 1 \ , \ \frac{1}{\rho_n} = 1$$

e, per la (21), i tre casi sono contrassegnati dal segno di $F(\rho_3)$, cioè si ha rispettivamente

$$F(\rho_3) > 0 \ , \ F(\rho_3) < 0 \ , \ F(\rho_3) = 0\,.$$

Cangiando il parametro ρ_3, potremo fare evidentemente nei primi due casi rispettivamente

$$F(\rho_3) = +1 \ , \ F(\rho_3) = -1\,.$$

Ora osserviamo che, indicando con θ l'angolo che la direzione positiva della normale principale alla curva coordinata ρ_3 forma sulla superficie pseudosferica colla linea $\rho_2 = \text{cost}^{\text{te}}$, secondo le formole del n. 274, abbiamo

$$\text{(22)} \qquad \cos\theta = -\frac{R_3}{r_{13}} \ , \ \operatorname{sen}\theta = -\frac{R_3}{r_{23}}\,,$$

essendo R_3 il raggio di 1.ª curvatura di queste curve, che è dato da

$$(23) \qquad \frac{1}{R_3} = \sqrt{\frac{1}{r_{13}^2} + \frac{1}{r_{23}^2}} = \frac{\sqrt{\Delta_1 n}}{n} = \rho_n .$$

La flessione $\frac{1}{R_3}$ delle traiettorie ortogonali delle superficie pseudosferiche si dirà per brevità la *flessione del sistema di Weingarten* nel punto dello spazio che si considera. Abbiamo dunque:

Le equazioni caratteristiche per la funzione ω *in un sistema di Weingarten si possono scrivere*

$$(\mathrm{A}^*) \left\{ \begin{aligned} &\frac{\partial^2 \omega}{\partial \rho_1^2} - \frac{\partial^2 \omega}{\partial \rho_2^2} = \operatorname{sen} \omega \cos \omega \\ &\frac{1}{\cos^2 \omega}\left(\frac{\partial^2 \omega}{\partial \rho_1 \partial \rho_3}\right)^2 + \frac{1}{\operatorname{sen}^2 \omega}\left(\frac{\partial^2 \omega}{\partial \rho_2 \partial \rho_3}\right)^2 - \left(\frac{\partial \omega}{\partial \rho_3}\right)^2 = \pm 1 \end{aligned} \right.$$

secondo che la flessione del sistema è > 1 ovvero < 1.

302. Il caso intermedio, in cui la flessione del sistema è $= 1$, è particolarmente interessante. Basta che *una* delle curve ρ_3 sia a flessione costante $= 1$ ed allora sopra ogni superficie pseudosferica del sistema, per le (21), (23), le linee di equidistanza $n = \mathrm{cost}^{te}$ sono oricicli paralleli ed in conseguenza tutte le altre curve ρ_3 sono a flessione costante $= 1$. Diremo in questo caso che il sistema di Weingarten è a *flessione costante.* Esso è caratterizzato dal valore $F(\rho_3) = 0$ e in conseguenza dalle equazioni per ω:

$$(\mathrm{B}) \left\{ \begin{aligned} &\frac{\partial^2 \omega}{\partial \rho_1^2} - \frac{\partial^2 \omega}{\partial \rho_2^2} = \operatorname{sen} \omega \cos \omega \\ &\frac{1}{\cos^2 \omega}\left(\frac{\partial^2 \omega}{\partial \rho_1 \partial \rho_3}\right)^2 + \frac{1}{\operatorname{sen}^2 \omega}\left(\frac{\partial^2 \omega}{\partial \rho_2 \partial \rho_3}\right)^2 = \left(\frac{\partial \omega}{\partial \rho_3}\right)^2 . \end{aligned} \right.$$

Introduciamo l'angolo θ definito dalle (22); essendo $R_3 = 1$, possiamo sostituire al sistema (B) il seguente:

$$(\mathrm{B}^*) \left\{ \begin{aligned} &\frac{\partial^2 \omega}{\partial \rho_1^2} - \frac{\partial^2 \omega}{\partial \rho_2^2} = \operatorname{sen} \omega \cos \omega , \\ &\frac{\partial^2 \omega}{\partial \rho_1 \partial \rho_3} = -\cos \theta \cos \omega \frac{\partial \omega}{\partial \rho_3} , \\ &\frac{\partial^2 \omega}{\partial \rho_2 \partial \rho_3} = -\operatorname{sen} \theta \operatorname{sen} \omega \frac{\partial \omega}{\partial \rho_3} . \end{aligned} \right.$$

Le formole (19), che seguono da queste, danno allora

$$(24) \left\{ \begin{aligned} &\frac{\partial \theta}{\partial \rho_1} + \frac{\partial \omega}{\partial \rho_2} = \operatorname{sen} \theta \cos \omega \\ &\frac{\partial \theta}{\partial \rho_2} + \frac{\partial \omega}{\partial \rho_2} = -\cos \theta \operatorname{sen} \omega , \end{aligned} \right.$$

dalle quali, eliminando ω, si ha

$$(25) \qquad \frac{\partial^2\theta}{\partial\rho_1^2} - \frac{\partial^2\theta}{\partial\rho_2^2} = \operatorname{sen}\theta\cos\theta\,.$$

E derivando le (24) rapporto a ρ_3, risulta

$$(26) \qquad \begin{cases} \dfrac{\partial^2\theta}{\partial\rho_1\,\partial\rho_3} = \cos\theta\cos\omega\,\dfrac{\partial\theta}{\partial\rho_3} \\[2ex] \dfrac{\partial^2\theta}{\partial\rho_2\,\partial\rho_3} = \operatorname{sen}\theta\operatorname{sen}\omega\,\dfrac{\partial\theta}{\partial\rho_3}\,, \end{cases}$$

onde

$$(27) \qquad \frac{1}{\cos^2\theta}\left(\frac{\partial^2\theta}{\partial\rho_1\,\partial\rho_3}\right)^2 + \frac{1}{\operatorname{sen}^2\theta}\left(\frac{\partial^2\theta}{\partial\rho_2\,\partial\rho_3}\right)^2 = \left(\frac{\partial\theta}{\partial\rho_3}\right)^2.$$

Dalle (25), (27) risulta che θ soddisfa al sistema (B) e però definisce un sistema di Weingarten a flessione costante, corrispondente alla formola

$$ds^2 = \cos^2\theta\,d\rho_1^2 + \operatorname{sen}^2\theta\,d\rho_2^2 + \left(\frac{\partial\theta}{\partial\rho_3}\right)^2 d\rho_3^2.$$

La relazione geometrica di questo nuovo sistema di Weingarten a flessione costante col primitivo si vedrà chiaramente più avanti (n. 306).

303. Fra i sistemi di Weingarten a flessione costante noi conosciamo già i sistemi ciclici di Ribaucour a raggio costante. Per vedere come la loro esistenza risulti altresì dalle formole generali del numero precedente, osserviamo che, se con $\frac{1}{T_3}$ indichiamo la torsione delle curve ρ_3 in un sistema di Weingarten a flessione costante, abbiamo (n. 274)

$$\frac{1}{T_3} = \frac{\dfrac{\partial\theta}{\partial\rho_3}}{\dfrac{\partial\omega}{\partial\rho_3}}$$

e però, se θ è indipendente da ρ_3, sarà $\frac{1}{T_3} = 0$, cioè le curve ρ_3 saranno circoli di raggio 1. Per ottenere questi sistemi basta, secondo il numero precedente, partire da una superficie pseudosferica arbitraria S, il cui elemento lineare riferito alle linee di curvatura sia

$$ds^2 = \cos^2\theta\,d\rho_1^2 + \operatorname{sen}^2\theta\,d\rho_2^2\,,$$

e, determinando ω dal sistema illimitatamente integrabile

$$\left\{\begin{aligned} \frac{\partial\omega}{\partial\rho_1} + \frac{\partial\theta}{\partial\rho_2} &= -\cos\theta \operatorname{sen}\omega \\ \frac{\partial\omega}{\partial\rho_2} + \frac{\partial\theta}{\partial\rho_1} &= \operatorname{sen}\theta \cos\omega , \end{aligned}\right.$$

e indicando con ρ_3 la costante arbitraria, che entra in ω, avremo appunto le (B), che pongono in evidenza un sistema ciclico di Ribaucour. Questo è formato dalle ∞^1 superficie pseudosferiche complementari della S.

È bene osservare che dalle formole generali (26) del numero precedente, confrontate colle due ultime (B), segue

$$\frac{\partial\theta}{\partial\rho_3}\frac{\partial\omega}{\partial\rho_3} = \psi(\rho_3) ,$$

essendo $\psi(\rho_3)$ funzione di ρ_3 soltanto, e però, se $\frac{\partial\theta}{\partial\rho_3} = 0$ per un sistema particolare di valori di ρ_1, ρ_2 (qualunque sia ρ_3), lo sarà per tutti. Dunque: *Se in un sistema di Weingarten a flessione costante* $=1$ *una delle traiettorie ortogonali delle superficie pseudosferiche è un circolo di raggio* $=1$, *tutte le altre saranno circoli dello stesso raggio e il sistema coinciderà con un sistema ciclico di Ribaucour.*

304. Per vedere in un effettivo esempio l'esistenza di sistemi di Weingarten a flessione costante, all'infuori dei sistemi ciclici, ricerchiamo se si può soddisfare al sistema fondamentale (A), assumendo per ω una funzione di una combinazione lineare

$$\tau = \frac{\rho_1}{a} + \frac{\rho_2}{b} + \rho_3 \ (a, b \text{ costanti})$$

delle variabili. Poniamo

$$\omega = f(\tau)$$

e la 1.ª della (A) darà

$$f'' = \frac{a^2 b^2 \operatorname{sen} f \cos f}{b^2 - a^2} ,$$

da cui integrando

$$f'^2 = C - \frac{a^2 b^2}{a^2 - b^2} \operatorname{sen}^2 f$$

e la 2.ª delle (A) risulterà quindi identicamente soddisfatta. Prendiamo

$$a > b \quad , \quad C = 1$$

e avremo

$$\tau = \int \frac{df}{\sqrt{1 - \frac{a^2 b^2}{a^2 - b^2} \operatorname{sen}^2 f}} ,$$

onde

$$\operatorname{sen} \omega = \operatorname{sn} (\tau, k) \quad , \quad \cos \omega = \operatorname{cn} (\tau, k) \quad , \quad k = \frac{a\, b}{\sqrt{a^2 - b^2}}$$

e per la forma dell'elemento lineare dello spazio risulterà la formola notevole

$$ds^2 = \operatorname{cn}^2 \tau\, d\rho_1^2 + \operatorname{sn}^2 \tau\, d\rho_2^2 + \operatorname{dn}^2 \tau\, d\rho_3^2 ,$$

ove

$$\tau = \frac{\rho_1}{a} + \frac{\rho_2}{b} + \rho_3 ,$$

rimanendo il modulo k e la costante a arbitrarii, con

$$\frac{1}{b} = \sqrt{\frac{1}{a^2} + \frac{1}{k^2}} .$$

Per i raggi principali di curvatura delle superficie dei tre sistemi troviamo (n. 268):

$$\frac{1}{r_{12}} = \frac{1}{a} \frac{\operatorname{dn} \tau}{\operatorname{sn} \tau} , \quad \frac{1}{r_{23}} = -\frac{k^2}{b} \frac{\operatorname{cn} \tau}{\operatorname{dn} \tau} , \quad \frac{1}{r_{31}} = -\frac{\operatorname{sn} \tau}{\operatorname{cn} \tau}$$

$$\frac{1}{r_{13}} = -\frac{k^2}{a} \frac{\operatorname{sn} \tau}{\operatorname{dn} \tau} , \quad \frac{1}{r_{21}} = -\frac{1}{b} \frac{\operatorname{dn} \tau}{\operatorname{cn} \tau} , \quad \frac{1}{r_{32}} = \frac{\operatorname{cn} \tau}{\operatorname{sn} \tau} ,$$

quindi per le rispettive curvature

$$K_1 = -\frac{k^2}{a^2} , \quad K_2 = +\frac{k^2}{b^2} , \quad K_3 = -1 .$$

Si potrebbe vedere facilmente che le superficie dei tre sistemi sono elicoidi col medesimo asse e in ciascuna famiglia le elicoidi sono tutte congruenti fra loro; quelle del 1.° e del 3.° sistema sono a curvatura costante negativa e quelle del sistema intermedio a curvatura costante positiva (*). Un' elicoide qualunque a curvatura costante dà luogo ad un sistema di Weingarten della specie superiore.

(*) Si ha così nello stesso tempo un esempio dei sistemi di Weingarten a curvatura positiva, dei quali da ultimo tratteremo (n. 314).

Ora osserviamo che per la flessione $\frac{1}{R_3}$ delle curve ρ_3 abbiamo

$$\frac{1}{R_3^2} = \frac{1}{r_{13}^2} + \frac{1}{r_{23}^2} = 1 + \frac{k^4 - b^2}{b^2 \, \mathrm{dn}^2 \tau},$$

onde, prendendo in particolare

$$b = k^2 \quad , \quad a = \frac{k^2}{k'} \, ,$$

avremo un sistema di Weingarten a flessione costante. Ma esso non degenera in un sistema ciclico di Ribaucour, giacchè per la torsione $\frac{1}{T_3}$ delle curve ρ_3 troviamo

$$\frac{1}{T_3} = \frac{k'}{\mathrm{dn}^2 \tau},$$

che è un valore non nullo.

305. Applicando ad un sistema di Weingarten la trasformazione di Bäcklund (n. 296 ss.), otterremo nuovi sistemi di Weingarten. La formola (17) dà nel caso attuale, essendo $k = \cos\sigma$, $R = 1$:

$$\left\{\begin{aligned} &\frac{\partial\varphi}{\partial\rho_1} + \frac{\partial\omega}{\partial\rho_2} = \frac{\operatorname{sen}\varphi\cos\omega + \operatorname{sen}\sigma\cos\varphi\operatorname{sen}\omega}{\cos\sigma} \\ &\frac{\partial\varphi}{\partial\rho_2} + \frac{\partial\omega}{\partial\rho_1} = -\frac{\cos\varphi\operatorname{sen}\omega + \operatorname{sen}\sigma\operatorname{sen}\varphi\cos\omega}{\cos\sigma} \\ &\operatorname{sen}\sigma\frac{\partial\varphi}{\partial\rho_3} + \cos\sigma\frac{\cos\varphi}{\cos\omega}\frac{\partial^2\omega}{\partial\rho_1\,\partial\rho_3} + \cos\sigma\frac{\operatorname{sen}\varphi}{\operatorname{sen}\omega}\frac{\partial^2\omega}{\partial\rho_2\,\partial\rho_3} + \frac{\partial\omega}{\partial\rho_3} = 0 . \end{aligned}\right.$$

La funzione φ, che definisce il sistema trasformato, soddisferà alle equazioni

$$\frac{\partial^2\varphi}{\partial\rho_1^2} - \frac{\partial^2\varphi}{\partial\rho_2^2} = \operatorname{sen}\varphi\cos\varphi$$

$$\frac{1}{\cos^2\varphi}\left(\frac{\partial^2\varphi}{\partial\rho_1\,\partial\rho_3}\right)^2 + \frac{1}{\operatorname{sen}^2\varphi}\left(\frac{\partial^2\varphi}{\partial\rho_2\,\partial\rho_3}\right)^2 - \left(\frac{\partial\varphi}{\partial\rho_3}\right)^2 = f(\rho_3) .$$

Ora importa osservare che il valore della funzione $f(\rho_3)$ combina precisamente coll'omologo di $F(\rho_3)$ nelle formole (A), cui soddisfa ω. E infatti dalle (28), osservando le (19), si trae:

$$\left\{\begin{aligned}\frac{\cos\sigma}{\cos\varphi}\frac{\partial^2\varphi}{\partial\rho_1\,\partial\rho_3} &= \cos\omega\frac{\partial\varphi}{\partial\rho_3}+\operatorname{sen}\sigma\cos\omega\frac{\partial\omega}{\partial\rho_3}+\\ &+\cos\sigma\operatorname{sen}\varphi\operatorname{sen}\omega\frac{1}{\cos\omega}\frac{\partial^2\omega}{\partial\rho_1\,\partial\rho_3}-\cos\sigma\cos\varphi\operatorname{sen}\omega\frac{1}{\operatorname{sen}\omega}\frac{\partial^2\omega}{\partial\rho_2\,\partial\rho_3}\\ \frac{\cos\sigma}{\operatorname{sen}\varphi}\frac{\partial^2\varphi}{\partial\rho_2\,\partial\rho_3} &= \operatorname{sen}\omega\frac{\partial\varphi}{\partial\rho_3}+\operatorname{sen}\sigma\operatorname{sen}\omega\frac{\partial\omega}{\partial\rho_3}-\\ &-\cos\sigma\operatorname{sen}\varphi\cos\omega\frac{1}{\cos\omega}\frac{\partial^2\omega}{\partial\rho_1\,\partial\rho_3}+\cos\sigma\cos\varphi\cos\omega\frac{1}{\operatorname{sen}\omega}\frac{\partial^2\omega}{\partial\rho_2\,\partial\rho_3},\end{aligned}\right.$$

da cui quadrando e sommando, coll'aver riguardo alla 3.ª delle (28), risulta appunto la formola

$$(29)\quad \frac{1}{\cos^2\varphi}\left(\frac{\partial^2\varphi}{\partial\rho_1\,\partial\rho_3}\right)^2+\frac{1}{\operatorname{sen}^2\varphi}\left(\frac{\partial^2\varphi}{\partial\rho_2\,\partial\rho_3}\right)^2-\left(\frac{\partial\varphi}{\partial\rho_3}\right)^2=$$
$$=\frac{1}{\cos^2\omega}\left(\frac{\partial^2\omega}{\partial\rho_1\,\partial\rho_3}\right)^2+\frac{1}{\operatorname{sen}^2\omega}\left(\frac{\partial^2\omega}{\partial\rho_2\,\partial\rho_3}\right)^2-\left(\frac{\partial\omega}{\partial\rho_3}\right)^2.$$

Di qui segue che la flessione del sistema derivato sarà >1, o $=1$, o <1, secondo che accade l'uno dei tre casi pel sistema primitivo.

In particolare: *Ogni sistema di Weingarten a flessione costante si cangia per trasformazione di Bäcklund in sistemi della stessa specie.*

Ponendo poi in questo ultimo caso (n. 301):

$$\cos\theta=-\frac{\dfrac{\partial^2\omega}{\partial\rho_1\,\partial\rho_3}}{\cos\omega\dfrac{\partial\omega}{\partial\rho_3}},\quad \operatorname{sen}\theta=-\frac{\dfrac{\partial^2\omega}{\partial\rho_2\,\partial\rho_3}}{\operatorname{sen}\omega\dfrac{\partial\omega}{\partial\rho_3}}$$

$$\cos\psi=-\frac{\dfrac{\partial^2\varphi}{\partial\rho_1\,\partial\rho_3}}{\cos\varphi\dfrac{\partial\varphi}{\partial\rho_3}},\quad \operatorname{sen}\psi=-\frac{\dfrac{\partial^2\varphi}{\partial\rho_2\,\partial\rho_3}}{\operatorname{sen}\varphi\dfrac{\partial\varphi}{\partial\rho_3}},$$

risulta

$$\cos\psi=\frac{\cos\omega\cos(\varphi-\theta)-\operatorname{sen}\sigma\operatorname{sen}\omega\operatorname{sen}(\varphi-\theta)-\cos\sigma\cos\omega}{1-\cos\sigma\cos(\varphi-\theta)}$$

$$\operatorname{sen}\psi=\frac{\operatorname{sen}\omega\cos(\varphi-\theta)+\operatorname{sen}\sigma\cos\omega\operatorname{sen}(\varphi-\theta)-\cos\sigma\operatorname{sen}\omega}{1-\cos\sigma\cos(\varphi-\theta)}$$

e, derivando rapporto a ρ_3, ne segue

$$\frac{\partial\psi}{\partial\rho_3}+\frac{\operatorname{sen}\sigma}{1-\cos\sigma\cos(\varphi-\theta)}\frac{\partial\theta}{\partial\rho_3}=0\,.$$

Dunque se $\frac{\partial\theta}{\partial\rho_3}=0$, anche $\frac{\partial\psi}{\partial\rho_3}=0$, cioè (n. 303):

I sistemi ciclici di Ribaucour si cangiano per trasformazione di Bäcklund in nuovi sistemi ciclici (*).

Da questi teoremi e dai risultati del numero precedente è visibile che esistono infiniti sistemi di Weingarten a flessione costante, diversi dai sistemi ciclici di Ribaucour.

306. Nell'applicare la trasformazione di Bäcklund ai sistemi di Weingarten è ammissibile il caso speciale notevole, in cui l'angolo σ sia eguale a zero e quindi la trasformazione di Bäcklund si cangi nella *trasformazione complementare,* ciò che nel caso generale dei sistemi pseudosferici a raggio R variabile non poteva aver luogo.

Allora la 3.ª delle (28) diventa

$$\text{(30)}\qquad \frac{\cos\varphi}{\cos\omega}\frac{\partial^2\omega}{\partial\rho_1\,\partial\rho_3}+\frac{\operatorname{sen}\varphi}{\operatorname{sen}\omega}\frac{\partial^2\omega}{\partial\rho_2\,\partial\rho_3}+\frac{\partial\omega}{\partial\rho_3}=0\,;$$

questa, per le (22), essendo

$$\frac{1}{r_{13}}=\frac{1}{\cos\omega}\frac{\dfrac{\partial^2\omega}{\partial\rho_1\,\partial\rho_3}}{\dfrac{\partial\omega}{\partial\rho_3}}\,,\quad \frac{1}{r_{23}}=\frac{1}{\operatorname{sen}\omega}\frac{\dfrac{\partial^2\omega}{\partial\rho_2\,\partial\rho_3}}{\dfrac{\partial\omega}{\partial\rho_3}}\,,$$

può scriversi

$$\text{(30*)}\qquad \cos(\varphi-\theta)=R_3\,.$$

(*) La dimostrazione di questo teorema e del precedente si potrebbe fare direttamente, osservando la legge geometrica, secondo la quale la trasformazione di Bäcklund cangia una curva C traiettoria ortogonale delle superficie pseudosferiche di un sistema di Weingarten nella corrispondente curva C' del sistema trasformato. Il segmento $\overline{PP'}$, che unisce due punti corrispondenti P, P' di C, C' è costante $=\cos\sigma$ e l'angolo che formano le rispettive tangenti in P, P' a C, C' è il complemento di σ. Trattando direttamente una tale trasformazione per una curva arbitraria C, se si indica con θ l'angolo d'inclinazione del segmento $\overline{PP'}$ sulla normale principale in P alla C, si trova nelle solite notazioni:

$$\frac{d\theta}{ds}=\frac{1}{T}+\frac{1}{\operatorname{sen}\sigma}\left(\frac{\cos\sigma\cos\theta}{\rho}-1\right).$$

Se la C è a flessione costante $=1$, lo stesso accade della C'; se di più C è un circolo, anche C' è un circolo.

Osserviamo ancora che se C è tracciata sopra una sfera di raggio $=\cos\sigma$, prendendo

$$\cos\theta=\frac{\rho}{\cos\sigma}\,,\quad \frac{d\theta}{ds}=\frac{1}{T}\,,$$

la C' si riduce ad un punto, il centro della sfera.

Essa dà quindi due valori reali e distinti di φ pei sistemi di Weingarten a flessione

$$\frac{1}{R_3} > 1$$

e l'unico valore $\varphi = \theta$ pei sistemi a flessione costante $\frac{1}{R_3} = 1$. Ora basta derivare la (30) una volta rispetto a ρ_1, una seconda rispetto a ρ_2 col tener conto delle (19), per accertarsi che i valori di φ da essa definiti soddisfano effettivamente alle due prime (28).

Per interpretare geometricamente il risultato precedente, assumiamo a linee coordinate $\alpha = \text{cost}^{te}$, $\beta = \text{cost}^{te}$ sopra una superficie pseudosferica del sistema, supposto a flessione $\frac{1}{R_3} > 1$, i circoli geodetici di equidistanza e le geodetiche ortogonali. L'elemento lineare della superficie prenderà la forma iperbolica:

$$ds^2 = d\alpha^2 + \cosh^2\alpha\, d\beta^2.$$

Ora, se con Ω indichiamo l'angolo che la direzione definita dalla (30) forma colla geodetica $\beta = \text{cost}^{te}$, avremo

$$\Omega = \varphi - \theta$$

e la (30*), essendo per la (23)

$$\frac{1}{R_3} = \rho_n = \coth\alpha,$$

diventa

$$\cos\Omega = \text{tgh}\,\alpha,$$

dove α è la distanza geodetica del punto P che si considera sulla superficie dalla geodetica $\alpha = 0$. Ma, per la formola che dà *l'angolo di parallelismo* sulle superficie pseudosferiche (pag. 406), l'angolo Ω è appunto l'angolo di parallelismo relativo al punto P ed alla geodetica $\alpha = 0$.

Abbiamo dunque il risultato seguente:

Dato un sistema Σ *di Weingarten a flessione* $\frac{1}{R_3} > 1$, *si consideri sopra ogni superficie pseudosferica* S *del sistema quella determinata geodetica* **g**, *che appartiene alle linee di equidistanza e sopra* S *si traccino le geodetiche parallele nell'uno o nell'altro senso alla* **g**. *Se della* S *si prende la superficie complementare* $S^{(1)}$ *o* $S^{(-1)}$ *rispetto all'uno o all'altro dei due sistemi di geodetiche parallele, le* ∞^1 *superficie* $S^{(1)}$ *o le* $S^{(-1)}$ *daranno luogo a due nuovi sistemi di Weingarten.*

Questi due nuovi sistemi di Weingarten $\Sigma^{(1)}$ e $\Sigma^{(-1)}$ si diranno i *complementari* di Σ e, come Σ stesso, saranno pel numero precedente a flessione > 1.

Potremo quindi nuovamente applicare tanto a $\Sigma^{(1)}$ che a $\Sigma^{(-1)}$ la trasformazione complementare; ma, poichè uno dei due sistemi complementari è in ogni caso il primitivo, si vede che il sistema noto Σ darà luogo *con sole operazioni di derivazione* ad una catena di sistemi di Weingarten:

$$\ldots\Sigma^{(-2)}\ ,\ \Sigma^{(-1)}\ ,\ \Sigma\ ,\ \Sigma^{(1)}\ ,\ \Sigma^{(2)}\ldots$$

estendentesi all'infinito nei due sensi; ciascuno dei sistemi ha per complementari i due contigui nella catena.

Però, se il sistema Σ è a flessione costante $\frac{1}{R_3}=1$, allora si ha un unico sistema complementare $\Sigma^{(1)}$, che è esso stesso a flessione costante. Per le proprietà della trasformazione complementare, è chiaro che in questo caso le traiettorie ortogonali delle superficie pseudosferiche di $\Sigma^{(1)}$ sono i luoghi dei centri di curvatura delle corrispondenti traiettorie ortogonali nel primitivo sistema Σ.

307. Fino ad ora la esistenza di infiniti sistemi tripli ortogonali pseudosferici risultava per noi soltanto dall'applicare la trasformazione di Bäcklund a sistemi pseudosferici iniziali noti. Ma questo metodo non ci dà il modo di valutare il grado di arbitrarietà dei sistemi stessi, nè potremmo applicarlo ai sistemi tripli ortogonali, contenenti una serie di superficie *a curvatura costante positiva,* che pure esistono, come da ultimo accenneremo, nello stesso grado di arbitrarietà.

Dedichiamo appunto questi ultimi paragrafi del libro alla dimostrazione generale *del teorema d'esistenza* dei nostri sistemi, deducendola dai teoremi fondamentali di Cauchy sugli sviluppi in serie degli integrali delle equazioni a derivate parziali. Ci limiteremo, per brevità, al caso dei sistemi di Weingarten, al caso cioè in cui la curvatura è la stessa per tutte le superficie del sistema $\rho_3=\text{cost}^{\text{te}}$; ma il lettore vedrà che il metodo è applicabile in generale.

A fondamento delle nostre ricerche porremo l'osservazione seguente. Un sistema di Weingarten (ρ_1, ρ_2, ρ_3), nel quale le superficie a curvatura costante siano le $\rho_3=\text{cost}^{\text{te}}$, è pienamente determinato quando sia data *una* superficie dell'uno o dell'altro dei sistemi $\rho_1=\text{cost}^{\text{te}}$, $\rho_2=\text{cost}^{\text{te}}$. E infatti, se è data p. e. una superficie S_0 del sistema $\rho_1=\text{cost}^{\text{te}}$, ciascuna superficie pseudosferica di raggio $=1$ del sistema ρ_3 dovrà essere condotta per una linea di curvatura $\rho_3=\text{cost}^{\text{te}}$ di S_0 e tagliare ortogonalmente la S_0, il che individua la superficie pseudosferica. (Cf. pag. 417).

Ciò premesso, la via che terremo per risolvere la questione sarà la seguente. Studieremo dapprima le proprietà caratteristiche delle superficie indicate, la cui ricerca dipende in generale da un'unica equazione a derivate parziali del 4.° ordine per una funzione incognita di due variabili e dimostreremo poi inversamente che ogni superficie, dotata di quelle proprietà, individua un sistema di Weingarten. Il grado di arbitrarietà dei sistemi di Weingarten è quindi lo stesso che si presenta nell'integrale della equazione accennata, il quale contiene quattro funzioni arbitrarie.

308. In un sistema pseudosferico di Weingarten (ρ_1, ρ_2, ρ_3) consideriamo una superficie S_0 del sistema ρ_1 p. e. la $\rho_1 = 0$. Se poniamo

$$\omega\,(0, \rho_2, \rho_3) = \omega_0\,(\rho_2, \rho_3)\,,$$

il suo elemento lineare, riferito alle linee di curvatura (ρ_2, ρ_3), prenderà la forma

$$ds_0^2 = \operatorname{sen}^2\omega_0\, d\rho_2^2 + \left(\frac{\partial\omega_0}{\partial\rho_3}\right)^2 d\rho_3^2\,. \tag{31}$$

Se poniamo inoltre

$$\left(\frac{\partial\omega}{\partial\rho_1}\right)_{\rho_1 = 0} = \psi_0\,,$$

per i raggi principali di curvatura R_1, R_2 della S_0, relativi alle linee $\rho_2 = \text{cost}^{\text{te}}$, $\rho_3 = \text{cost}^{\text{te}}$ rispettivamente, avremo

$$\frac{1}{R_1} = \frac{\dfrac{\partial\psi_0}{\partial\rho_3}}{\cos\omega_0 \dfrac{\partial\omega_0}{\partial\rho_3}}\,,\quad \frac{1}{R_2} = \frac{\psi_0}{\operatorname{sen}\omega_0}\,. \tag{32}$$

Le due ultime (19) pag. 508 ci danno poi fra le due funzioni ω_0, ψ_0 di ρ_2, ρ_3 le relazioni seguenti:

$$\left\{\begin{aligned} \frac{\partial^3\omega_0}{\partial\rho_2^2\,\partial\rho_3} &= \operatorname{sen}^2\omega_0 \,.\, \frac{\partial\omega_0}{\partial\rho_3} - \operatorname{tg}\omega_0 \,.\, \psi_0 \frac{\partial\psi_0}{\partial\rho_3} + \cot\omega_0 \,.\, \frac{\partial\omega_0}{\partial\rho_2}\,\frac{\partial^2\omega_0}{\partial\rho_2\,\partial\rho_3} \\ \frac{\partial^2\psi_0}{\partial\rho_2\,\partial\rho_3} &= \cot\omega_0 \,.\, \psi_0 \frac{\partial^2\omega_0}{\partial\rho_2\,\partial\rho_3} - \operatorname{tg}\omega_0 \frac{\partial\omega_0}{\partial\rho_2}\,\frac{\partial\psi_0}{\partial\rho_3}\,. \end{aligned}\right. \tag{33}$$

Viceversa importa notare che: *Se le funzioni* ω_0, ψ_0 *di* ρ_2, ρ_3 *soddisfano le* (33), *esiste una superficie* S_0, *che riferita alle linee di curvatura* ρ_2, ρ_3, *ha l'elemento lineare* (31) *e i cui raggi principali di curvatura sono dati dalle* (32). E infatti le equazioni di Gauss e Codazzi si riducono appunto, per le (31), (32), alle (33).

Osserviamo che le (33) traggono seco l'altra

$$\left(\frac{1}{\cos\omega_0}\,\frac{\partial\psi_0}{\partial\rho_3}\right)^2 + \left(\frac{1}{\operatorname{sen}\omega_0}\,\frac{\partial^2\omega_0}{\partial\rho_2\,\partial\rho_3}\right)^2 - \left(\frac{\partial\omega_0}{\partial\rho_3}\right)^2 = F\,(\rho_3)\,, \tag{33*}$$

dove $F(\rho_3)$ indica una funzione della sola ρ_3. Inversamente al sistema (33) possiamo sostituire la prima di esse associata alla (33*), che ci dà un sistema equivalente (*).

Ora, lasciando da parte il caso

$$F(\rho_3) = 0,$$

che trattiamo al numero seguente, col cangiare convenientemente il parametro ρ_3, potremo fare

$$F(\rho_3) = \pm 1$$

e la ricerca delle nostre superficie S_0 dipenderà dal sistema simultaneo

$$(34) \quad \left\{ \begin{aligned} &\frac{\partial^3 \omega_0}{\partial \rho_2^2 \, \partial \rho_3} = \operatorname{sen}^2 \omega_0 \, . \, \frac{\partial \omega_0}{\partial \rho_3} - \operatorname{tg} \omega_0 \, . \, \psi_0 \frac{\partial \psi_0}{\partial \rho_3} + \cot \omega_0 \, . \, \frac{\partial \omega_0}{\partial \rho_2} \, \frac{\partial^2 \omega_0}{\partial \rho_2 \, \partial \rho_3} \\ &\left(\frac{1}{\cos \omega_0} \, \frac{\partial \psi_0}{\partial \rho_3} \right)^2 + \left(\frac{1}{\operatorname{sen} \omega_0} \, \frac{\partial^2 \omega_0}{\partial \rho_2 \, \partial \rho_3} \right)^2 - \left(\frac{\partial \omega_0}{\partial \rho_3} \right)^2 = \pm 1 . \end{aligned} \right.$$

È chiaro che l'eliminazione di ψ_0 fra queste due porta ad un'unica equazione alle derivate parziali quarte per la funzione incognita ω_0. Le nostre superficie S_0 dipendono quindi da quattro funzioni arbitrarie.

309. Esaminiamo ora il caso escluso

$$F(\rho_3) = 0,$$

ove potremo caratterizzare perfettamente le superficie S_0 dalla proprietà geometrica che le loro linee di curvatura $\rho_2 = \text{cost}^{\text{te}}$ sono curve a flessione costante $= 1$. La curvatura normale di queste linee essendo

$$\frac{1}{R_1} = \frac{\dfrac{\partial \psi_0}{\partial \rho_3}}{\cos \omega_0 \dfrac{\partial \omega_0}{\partial \rho_3}},$$

mentre la curvatura geodetica $\dfrac{1}{\rho_g}$ è data da

$$\frac{1}{\rho_g} = \frac{\dfrac{\partial^2 \omega_0}{\partial \rho_2 \, \partial \rho_3}}{\operatorname{sen} \omega_0 \dfrac{\partial \omega_0}{\partial \rho_3}},$$

(*) Farebbe eccezione il caso in cui $\dfrac{\partial \psi_0}{\partial \rho_3} = 0$; ma allora dalle (33) seguirebbe pure $\dfrac{\partial \omega_0}{\partial \rho_3} = 0$ e la superficie S_0 si ridurrebbe ad una linea.

si ha infatti

$$\frac{1}{R_1^2} + \frac{1}{\rho_g^2} = 1 .$$

Ora, indicando con θ l'angolo che la normale principale della curva $\rho_2 = \text{cost}^{\text{te}}$ fa colla normale alla superficie, avremo

$$\frac{1}{R_1} = \cos\theta \quad , \quad \frac{1}{\rho_g} = \operatorname{sen}\theta ,$$

ovvero

$$\frac{\partial\psi_0}{\partial\rho_3} = \cos\theta \cos\omega_0 \frac{\partial\omega_0}{\partial\rho_3} \; , \; \frac{\partial^2\omega_0}{\partial\rho_2\,\partial\rho_3} = \operatorname{sen}\theta \operatorname{sen}\omega_0 \frac{\partial\omega_0}{\partial\rho_3} .$$

Eliminando ψ_0 dalle (34) per mezzo di queste ultime, si ottengono fra θ, ω_0 le equazioni caratteristiche

$$(35) \qquad \begin{cases} \dfrac{\partial^2\omega_0}{\partial\rho_2\,\partial\rho_3} = \operatorname{sen}\theta \operatorname{sen}\omega_0 \dfrac{\partial\omega_0}{\partial\rho_3} \\[2ex] \dfrac{\partial^2\theta}{\partial\rho_2\,\partial\rho_3} = -\operatorname{sen}\theta \operatorname{sen}\omega_0 \dfrac{\partial\theta}{\partial\rho_3} . \end{cases}$$

Ad ogni coppia di funzioni θ, ω_0, che soddisfino queste due equazioni simultanee, corrisponde inversamente una superficie S_0, le cui linee di curvatura $\rho_2 = \text{cost}^{\text{te}}$ sono a flessione costante $= 1$. È facile dimostrare che le superficie S_0, corrispondenti a queste formole, sono le più generali con un sistema di linee di curvatura a flessione costante $= 1$; ma qui rimanderò, per la dimostrazione, alla mia memoria nel t. XIII degli *Annali di matematica.*

Osserviamo ancora che dalle (35) segue

$$\frac{\partial}{\partial\rho_2}\left\{\frac{\partial\theta}{\partial\rho_3}\,\frac{\partial\omega_0}{\partial\rho_3}\right\} = 1$$

e, cangiando il parametro ρ_3, potremo fare semplicemente

$$(35^*) \qquad \frac{\partial\theta}{\partial\rho_3}\,\frac{\partial\omega_0}{\partial\rho_3} = 1 ;$$

questa ultima equazione potrà sostituirsi nel sistema (35) alla 2.ª di esse.

Eliminando θ, si ha evidentemente, per determinare ω_0, un'equazione a derivate parziali del *terzo ordine.* Ad un'equazione del terzo ordine si è pure condotti, scrivendo l'equazione ordinaria

$$z = z(x, y)$$

di queste superficie.

310. Il nostro oggetto è ora di dimostrare il teorema seguente, che è appunto l'accennato teorema di esistenza:

Presa una superficie S_0, *corrispondente alle formole* (31), (32), (33), *se per ogni sua linea di curvatura* $\rho_3 = cost^{te}$ *si fa passare la superficie pseudosferica, di raggio* $= 1$, *che taglia ortogonalmente la superficie* S_0, *lungo la detta linea, le superficie pseudosferiche così costruite apparterranno ad un sistema di Weingarten.* Per dimostrare questo teorema, riprendiamo le equazioni fondamentali (19) pag. 508, cui deve soddisfare la funzione caratteristica $\omega\,(\rho_1, \rho_2, \rho_3)$ di un sistema di Weingarten, e scriviamole qui nel modo seguente:

$$(A) \quad \frac{\partial^2 \omega}{\partial \rho_1^2} - \frac{\partial^2 \omega}{\partial \rho_2^2} = \operatorname{sen} \omega \cos \omega$$

$$(B) \quad \left\{ \begin{aligned} \frac{\partial^3 \omega}{\partial \rho_1^2\, \partial \rho_3} &= -\operatorname{tg} \omega \frac{\partial \omega}{\partial \rho_1} \frac{\partial^2 \omega}{\partial \rho_1\, \partial \rho_3} + \cot \omega \frac{\partial \omega}{\partial \rho_2} \frac{\partial^2 \omega}{\partial \rho_2\, \partial \rho_3} + \cos^2 \omega \,.\, \frac{\partial \omega}{\partial \rho_3} \\ \frac{\partial^3 \omega}{\partial \rho_1\, \partial \rho_2\, \partial \rho_3} &= -\operatorname{tg} \omega \frac{\partial \omega}{\partial \rho_2} \frac{\partial^2 \omega}{\partial \rho_1\, \partial \rho_3} + \cot \omega \frac{\partial \omega}{\partial \rho_1} \frac{\partial^2 \omega}{\partial \rho_2\, \partial \rho_3} \\ \frac{\partial^3 \omega}{\partial \rho_2^2\, \partial \rho_3} &= -\operatorname{tg} \omega \frac{\partial \omega}{\partial \rho_1} \frac{\partial^2 \omega}{\partial \rho_1\, \partial \rho_3} + \cot \omega \frac{\partial \omega}{\partial \rho_2} \frac{\partial^2 \omega}{\partial \rho_2\, \partial \rho_3} + \operatorname{sen}^2 \omega \frac{\partial \omega}{\partial \rho_3} \,. \end{aligned} \right.$$

Sarà provato il nostro teorema, se dimostriamo l'esistenza di una soluzione ω del sistema simultaneo (A), (B), che soddisfi alle condizioni iniziali

$$(C) \quad \omega = \omega_0 \quad , \quad \frac{\partial \omega}{\partial \rho_1} = \psi_0 \ , \ \text{per } \rho_1 = 0 \,.$$

Ora, pel teorema di Cauchy, esiste certamente una soluzione della (A) che soddisfa alle condizioni iniziali (C), le quali individuano la soluzione stessa (*). Tutto si riduce dunque a provare che la soluzione ω della (A), così individuata, soddisfa altresì le (B). Cominciamo intanto dall'osservare che, *per* $\rho_1 = 0$, le (B) sono certamente soddisfatte, poichè, a causa delle (C), le due ultime si riducono alle (33), che supponiamo verificate, e d'altronde la prima delle (B) deducesi dall'ultima combinata colla (A), derivata rapporto a ρ_3. Se dimostriamo che per $\rho_1 = 0$ sono verificate anche tutte le equazioni che risultano dalle (B), derivando le (B) stesse quante volte si voglia rapporto a ρ_1, la nostra asserzione sarà interamente provata.

311. La proprietà che ci resta da dimostrare è intimamente legata ad una proprietà generale dell'elemento lineare di una superficie a curvatura costante, osservata da Weingarten, che qui brevemente stabiliremo.

(*) Vedi p. e. GOURSAT. — *Équations aux derivées partielles,* pag. 23.

Essendo

$$(36) \qquad a_{11}\, dx_1^2 + 2\, a_{12}\, dx_1\, dx_2 + a_{22}\, dx_2^2$$

una forma differenziale quadratica, a discriminante non nullo, di cui K indica la curvatura, cerchiamo se esiste una funzione ψ di x_1, x_2 che soddisfi alle equazioni simultanee

$$\psi_{11} + K\, a_{11}\, \psi = 0 \;, \quad \psi_{12} + K\, a_{12}\, \psi = 0 \;, \quad \psi_{22} + K\, a_{22}\, \psi = 0 \,,$$

denotando ψ_{11}, ψ_{12}, ψ_{22} le derivate seconde covarianti di ψ.

Scrivendo per disteso queste tre equazioni, abbiamo:

$$(D) \quad \left\{ \begin{aligned} \frac{\partial^2 \psi}{\partial x_1^2} &= \begin{Bmatrix} 11 \\ 1 \end{Bmatrix} \frac{\partial \psi}{\partial x_1} + \begin{Bmatrix} 11 \\ 2 \end{Bmatrix} \frac{\partial \psi}{\partial x_2} - K\, a_{11}\, \psi \\ \frac{\partial^2 \psi}{\partial x_1 \partial x_2} &= \begin{Bmatrix} 12 \\ 1 \end{Bmatrix} \frac{\partial \psi}{\partial x_1} + \begin{Bmatrix} 12 \\ 2 \end{Bmatrix} \frac{\partial \psi}{\partial x_2} - K\, a_{12}\, \psi \\ \frac{\partial^2 \psi}{\partial x_2^2} &= \begin{Bmatrix} 22 \\ 1 \end{Bmatrix} \frac{\partial \psi}{\partial x_1} + \begin{Bmatrix} 22 \\ 2 \end{Bmatrix} \frac{\partial \psi}{\partial x_2} - K\, a_{22}\, \psi . \end{aligned} \right.$$

Eguagliamo i due valori che risultano per $\dfrac{\partial^3 \psi}{\partial x_1^2 \partial x_2}$, derivando la prima rapporto a x_2, la seconda rapporto a x_1 e similmente i due valori per $\dfrac{\partial^3 \psi}{\partial x_1 \partial x_2^2}$ che provengono dal derivare la seconda rapporto a x_2, la terza rapporto a x_1. Se ricorriamo alle formole (II) del capitolo II (pag. 51), e teniamo conto delle altre

$$\left\{ \begin{aligned} \frac{\partial a_{11}}{\partial x_2} - \frac{\partial a_{12}}{\partial x_1} &= \begin{Bmatrix} 12 \\ 1 \end{Bmatrix} a_{11} + \left(\begin{Bmatrix} 12 \\ 2 \end{Bmatrix} - \begin{Bmatrix} 11 \\ 1 \end{Bmatrix} \right) a_{12} - \begin{Bmatrix} 11 \\ 2 \end{Bmatrix} a_{22} \\ \frac{\partial a_{22}}{\partial x_1} - \frac{\partial a_{12}}{\partial x_2} &= \begin{Bmatrix} 12 \\ 2 \end{Bmatrix} a_{22} + \left(\begin{Bmatrix} 12 \\ 1 \end{Bmatrix} - \begin{Bmatrix} 22 \\ 2 \end{Bmatrix} \right) a_{12} - \begin{Bmatrix} 22 \\ 1 \end{Bmatrix} a_{11} \,, \end{aligned} \right.$$

troviamo

$$a_{11} \frac{\partial K}{\partial x_2} - a_{12} \frac{\partial K}{\partial x_1} = 0$$

$$a_{12} \frac{\partial K}{\partial x_2} - a_{22} \frac{\partial K}{\partial x_1} = 0 \,,$$

escludendo la soluzione $\psi = 0$. Ne segue $K = \text{cost}^{\text{te}}$ e in tal caso il sistema (D) è *illimitatamente integrabile* ed ammette quindi tre soluzioni linearmente indipendenti. Dunque: *Affinchè il sistema* (D) *ammetta una soluzione* ψ *diversa da zero, è necessario e sufficiente che la forma diffe-*

renziale (36) *sia a curvatura costante; allora il sistema* (D) *è illimitatamente integrabile.*

Se la forma (36) è definita, essa rappresenta il ds^2 di una superficie S a curvatura costante K e l'osservazione al n. 275, pag. 466 ci mostra che, riducendo l'elemento lineare di S alla forma

$$ds^2 = d\alpha^2 + r^2\, d\beta^2 \quad , \quad r = \varphi\,(\alpha)$$

di superficie di rotazione, sarà

$$\psi = \int r\, d\alpha$$

la soluzione generale del sistema (D).

È chiaro che, derivando le equazioni del sistema (D), potremo esprimere le successive derivate terze, quarte etc. di ψ linearmente per

$$\frac{\partial\psi}{\partial x_1}\ ,\ \frac{\partial\psi}{\partial x_2}\ ,\ \psi$$

e, in forza dell'illimitata integrabilità del sistema, le successive derivazioni non potranno mai introdurre alcuna relazione fra ψ e le sue derivate prime, cioè, in qualunque modo si formi una derivata di ordine superiore, si troverà sempre la medesima espressione in funzione di

$$\frac{\partial\psi}{\partial x_1}\ ,\ \frac{\partial\psi}{\partial x_2}\ ,\ \psi\,.$$

312. Ciò premesso, ritorniamo al sistema (B), che per $\rho_1=0$ abbiamo visto soddisfatto, e dimostriamo che, derivando le (B) ciascuna n volte rispetto a ρ_1 e poi facendovi $\rho_1=0$, esse saranno ancora soddisfatte. Per ciò osserviamo che, essendo $\omega\,(\rho_1, \rho_2, \rho_3)$ una soluzione della (A), e quindi l'elemento lineare

$$ds^2 = \cos^2\omega\, d\rho_1^2 + \operatorname{sen}^2\omega\, d\rho_2^2$$

appartenendo ad una superficie pseudosferica (K = − 1), se nel sistema (B) in luogo di $\dfrac{\partial\omega}{\partial\rho_3}$ si pone Φ, esso si può scrivere:

$$\left\{\begin{aligned}
\frac{\partial^2\Phi}{\partial\rho_1^2} &= \begin{Bmatrix}11\\1\end{Bmatrix}\frac{\partial\Phi}{\partial\rho_1} + \begin{Bmatrix}11\\2\end{Bmatrix}\frac{\partial\Phi}{\partial\rho_2} + \cos^2\omega\,.\,\Phi\\
\frac{\partial^2\Phi}{\partial\rho_1\,\partial\rho_2} &= \begin{Bmatrix}12\\1\end{Bmatrix}\frac{\partial\Phi}{\partial\rho_1} + \begin{Bmatrix}12\\2\end{Bmatrix}\frac{\partial\Phi}{\partial\rho_2}\\
\frac{\partial^2\Phi}{\partial\rho_2^2} &= \begin{Bmatrix}22\\1\end{Bmatrix}\frac{\partial\Phi}{\partial\rho_1} + \begin{Bmatrix}22\\2\end{Bmatrix}\frac{\partial\Phi}{\partial\rho_2} + \operatorname{sen}^2\omega\,.\,\Phi
\end{aligned}\right.$$

ed ha quindi la forma del sistema (D) del numero precedente. Ne segue che, in qualunque modo si formi dalle (B) una derivata d'ordine superiore di $\dfrac{\partial\omega}{\partial\rho_3}$, il risultato sarà sempre il medesimo.

Ora, se supponiamo che la proprietà da dimostrarsi sia vera fino alla derivazione d'ordine $n-1$ rapporto a ρ_1, cioè fino a

$$\frac{\partial^{n+2}\omega}{\partial\rho_1^{n+1}\partial\rho_3}\,,\quad \frac{\partial^{n+2}\omega}{\partial\rho_1^{n}\,\partial\rho_2\,\partial\rho_3}\,,\quad \frac{\partial^{n+2}\omega}{\partial\rho_1^{n-1}\partial\rho_2^2\partial\rho_3}\,, \tag{37}$$

lo stesso accadrà per una nuova derivazione cioè per

$$\frac{\partial^{n+3}\omega}{\partial\rho_1^{n+2}\partial\rho_3}\,,\quad \frac{\partial^{n+3}\omega}{\partial\rho_1^{n+1}\partial\rho_2\,\partial\rho_3}\,,\quad \frac{\partial^{n+3}\omega}{\partial\rho_1^{n}\,\partial\rho_2^2\,\partial\rho_3}\,. \tag{37*}$$

Ma la prima delle derivate (37*) si esprime, per mezzo della (A), per l'ultima e basta quindi verificare la proprietà per la 2ª e la 3ª. Ora la 2ª può scriversi

$$\frac{\partial^{n+3}\omega}{\partial\rho_1^{n+1}\partial\rho_2\,\partial\rho_3}=\frac{\partial}{\partial\rho_2}\left(\frac{\partial^{n+2}\omega}{\partial\rho_1^{n+1}\,\partial\rho_3}\right)$$

e poichè per $\frac{\partial^{n+2}\omega}{\partial\rho_1^{n+1}\,\partial\rho_3}$, che è la prima della (37), supponiamo verificata la proprietà, basterà derivare la relazione in discorso rapporto a ρ_2 per trovarla verificata anche per $\frac{\partial^{n+3}\omega}{\partial\rho_1^{n+1}\partial\rho_2\,\partial\rho_3}$. Similmente si ha

$$\frac{\partial^{n+3}\omega}{\partial\rho_1^{n}\,\partial\rho_2^2\,\partial\rho_3}=\frac{\partial^2}{\partial\rho_2^2}\cdot\frac{\partial^{n+1}\omega}{\partial\rho_1^{n}\partial\rho_3}$$

e la proprietà, già supposta per $\frac{\partial^{n+1}\omega}{\partial\rho_1^{n}\partial\rho_3}$, si verifica anche per $\frac{\partial^{n+3}\omega}{\partial\rho_1^{n}\,\partial\rho_2^2\,\partial\rho_3}$.

Così il teorema enunciato al n. 310 è completamente dimostrato. Non sarà ora inutile far seguire alcune considerazioni complementari.

La soluzione ω del sistema fondamentale (A), (B), ottenuta col teorema di Cauchy, è una funzione analitica degli argomenti ρ_1, ρ_2, ρ_3; essa è quindi sviluppabile in serie di potenze per ρ_3

$$\omega=\omega_0+\omega_1\,.\,\rho_3+\omega_2\,\rho_3^2+\ldots+\omega_n\,\rho_3^n\ldots,$$

i coefficienti

$$\omega_0\;,\;\omega_1\;,\;\omega_2\ldots\omega_n\ldots$$

essendo funzioni di ρ_1, ρ_2. Il primo coefficiente ω_0 è una soluzione della equazione

$$\frac{\partial^2\omega_0}{\partial\rho_1^2}-\frac{\partial^2\omega_0}{\partial\rho_2^2}=\operatorname{sen}\omega_0\cos\omega_0$$

e dipende dalla superficie pseudosferica iniziale $\rho_3=0$. I coefficienti successivi

$$\omega_1\;,\;\omega_2\;,\;\ldots\;\omega_n\;,\;\ldots$$

risultano perfettamente determinati, se si dà una delle curve traiettorie ortogonali delle superficie pseudosferiche. Un sistema pseudosferico di Weingarten è quindi individuato, quando sia data una superficie pseudosferica del sistema e una delle curve traiettorie ortogonali delle superficie pseudosferiche (*).

313. Facciamo alcune applicazioni del teorema d'esistenza, ricercando quei sistemi pseudosferici di Weingarten a curvatura $K = -1$, nei quali fra le superficie dei due sistemi ρ_1 o ρ_2 figura una sfera di raggio $= 1$.

Bisogna perciò ricercare quando la superficie S_0 del n. 308 può essere una sfera di raggio $= 1$.

Secondo le formole (32), dobbiamo per ciò porre

$$\psi_0 = \operatorname{sen} \omega_0 ,$$

dopo di che le (33) si riducono all'unica equazione

$$\frac{\partial^2 \omega_0}{\partial \rho_2 \, \partial \rho_3} = F(\rho_3) \operatorname{sen} \omega_0 .$$

Se $F(\rho_3) = 0$, si può fare, cangiando il parametro ρ_3:

$$\omega_0 = \rho_3 + \varphi(\rho_2)$$

e l'elemento lineare (31)

$$ds_0^2 = \operatorname{sen}^2 [\rho_3 + \varphi(\rho_2)] \, d\rho_2^2 + d\rho_3^2$$

appartiene alla sfera di raggio 1 ed ha la forma geodetica più generale, cioè le le linee $\rho_3 = \text{cost}^{\text{te}}$ sono sulla sfera un sistema qualunque di linee geodeticamente parallele.

Se $F(\rho_3) \lesseqgtr 0$, cangiando il parametro ρ_3, si può fare $F(\rho_3) = 1$, indi

$$ds_0^2 = \operatorname{sen}^2 \omega_0 \, d\rho_2^2 + \left(\frac{\partial \omega_0}{\partial \rho_3}\right)^2 d\rho_3^2 , \tag{38}$$

essendo ω_0 una soluzione dell'equazione

$$\frac{\partial^2 \omega_0}{\partial \rho_2 \, \partial \rho_3} = \operatorname{sen} \omega_0 ,$$

Per il risultato al n. 245, pag. 419, le linee sferiche $\rho_2 = \text{cost}^{\text{te}}$, corrispondenti alla forma (38) dell'elemento lineare sferico, si ottengono come indicatrici sferiche delle tangenti per le assintotiche di un sistema di una superficie pseudosferica. Dunque: *I sistemi pseudosferici di Weingarten a curvatura* $K = -1$, *che fra le superficie ortogonali ammettono una*

(*) Cf. la mia memoria negli *Atti della R. Accademia dei Lincei* (vol. IV, s. 4ª, 1887).

sfera di raggio $= 1$, *appartengono a due classi distinte, che si ottengono colle costruzioni seguenti: 1.ª Sulla sfera si tracci un sistema arbitrario di linee* L *geodeticamente parallele e per ciascuna di queste si faccia passare una superficie pseudosferica* ($K = -1$) *ortogonale alla sfera. 2.ª Delle assintotiche di un sistema di una superficie pseudosferica si costruiscano le indicatrici sferiche* L' *delle tangenti e alle linee* L *della costruzione precedente si sostituiscano le traiettorie ortogonali delle* L'.

La 1.ª classe, è composta di sistemi ciclici di Ribaucour, perchè le linee sferiche $\rho_2 = \text{cost}^{\text{te}}$ sono circoli di raggio $= 1$ e la loro esistenza poteva anche dedursi dalle proprietà di questi sistemi ciclici. I sistemi della 2.ª classe hanno al contrario una flessione > 1; ad essi sarà quindi applicabile la trasformazione complementare.

Più in generale, se si vuole che la superficie S_0 sia una sfera di raggio R, dovremo fare nelle (32)

$$\psi_0 = \frac{1}{R} \operatorname{sen} \omega_0$$

e per determinare ω_0 avremo l'equazione a derivate parziali del 2.° ordine

$$\left(\frac{1}{\operatorname{sen} \omega_0} \frac{\partial^2 \omega_0}{\partial \rho_2 \, \partial \rho_3}\right)^2 + \left(\frac{1}{R^2} - 1\right) \left(\frac{\partial \omega_0}{\partial \rho_3}\right)^2 = \text{cost}^{\text{te}}.$$

Come caso particolare, si può anche prendere per superficie S_0 un piano, facendo

$$\frac{1}{R} = 0 \; (*).$$

314. Le considerazioni relative al teorema d'esistenza, svolte negli ultimi numeri, si applicano anche al caso dei sistemi tripli ortogonali contenenti una serie di superficie *a curvatura costante positiva,* come ora andiamo da ultimo rapidamente a dimostrare.

Limitiamoci al caso, in cui la curvatura K delle superficie $\rho_3 = \text{cost}^{\text{te}}$ nel sistema triplo ortogonale sia la stessa per tutte queste superficie e facciamo, per semplicità, $K = +1$ (**).

Intendiamo esclusi dalle nostre ricerche i sistemi pei quali le $\rho_3 = \text{cost}^{\text{te}}$ sono superficie di rotazione, ovvero sfere di raggio $= 1$. Allora, proce-

(*) Se la sfera è di raggio $R < 1$, si può fare una tale trasformazione di Bäcklund che una delle curve C traiettorie ortogonali del sistema di Weingarten, abbia per trasformata il centro della sfera. (Cf. la nota a pag. 518). Ne segue che: *Esistono infiniti sistemi di Weingarten pei quali le superficie pseudosferiche passano per un punto fisso dello spazio.*

(**) Come già è detto al n. 307, lo stesso metodo è applicabile anche al caso più generale in cui K varia con ρ_3.

dendo come al n. 293, si riconoscerà che all'elemento lineare dello spazio, riferito al sistema di Weingarten (ρ_1, ρ_2, ρ_3), si può dare la forma

$$(39) \qquad ds^2 = \cosh^2\omega\, d\rho_1^2 + \operatorname{senh}^2\omega\, d\rho_2^2 + \left(\frac{\partial\omega}{\partial\rho_3}\right)^2 d\rho_3^2,$$

dove ω è una funzione di ρ_1, ρ_2, ρ_3, che soddisfa alle equazioni seguenti:

$$(\alpha) \qquad \frac{\partial^2\omega}{\partial\rho_1^2} + \frac{\partial^2\omega}{\partial\rho_2^2} + \operatorname{senh}\omega\cosh\omega = 0$$

$$(\beta) \quad \begin{cases} \dfrac{\partial^3\omega}{\partial\rho_1^2\,\partial\rho_3} = \operatorname{tgh}\omega\,.\,\dfrac{\partial\omega}{\partial\rho_1}\,\dfrac{\partial^2\omega}{\partial\rho_1\,\partial\rho_3} - \coth\omega\,.\,\dfrac{\partial\omega}{\partial\rho_2}\,\dfrac{\partial^2\omega}{\partial\rho_2\,\partial\rho_3} - \cosh^2\omega\,.\,\dfrac{\partial\omega}{\partial\rho_3} \\[2ex] \dfrac{\partial^3\omega}{\partial\rho_1\,\partial\rho_2\,\partial\rho_3} = \operatorname{tgh}\omega\,.\,\dfrac{\partial\omega}{\partial\rho_2}\,\dfrac{\partial^2\omega}{\partial\rho_1\,\partial\rho_3} + \coth\omega\,.\,\dfrac{\partial\omega}{\partial\rho_1}\,\dfrac{\partial^2\omega}{\partial\rho_2\,\partial\rho_3} \\[2ex] \dfrac{\partial^3\omega}{\partial\rho_2^2\,\partial\rho_3} = -\operatorname{tgh}\omega\,.\,\dfrac{\partial\omega}{\partial\rho_1}\,\dfrac{\partial^2\omega}{\partial\rho_1\,\partial\rho_3} + \coth\omega\,.\,\dfrac{\partial\omega}{\partial\rho_2}\,\dfrac{\partial^2\omega}{\partial\rho_2\,\partial\rho_3} - \operatorname{senh}^2\omega\,.\,\dfrac{\partial\omega}{\partial\rho_3}, \end{cases}$$

le quali non sono altro che le equazioni di Lamé per l'elemento lineare (39). Applicando al sistema (α), (β) i risultati del n. 311, come sopra abbiamo fatto pel sistema (A), (B), troviamo: *Esistono infinite soluzioni* ω *del sistema* (α), (β), *dipendenti da quattro funzioni arbitrarie. Ad ogni tale soluzione* ω *corrisponde un sistema di Weingarten* (39), *a curvatura* $K = +1$.

Dalle (β) segue che l'espressione

$$\left(\frac{1}{\cosh\omega}\,\frac{\partial^2\omega}{\partial\rho_1\,\partial\rho_3}\right)^2 + \left(\frac{1}{\operatorname{senh}\omega}\,\frac{\partial^2\omega}{\partial\rho_2\,\partial\rho_3}\right)^2 + \left(\frac{\partial\omega}{\partial\rho_3}\right)^2$$

è una funzione della sola ρ_3 e, cangiando il parametro ρ_3, si può fare

$$(\gamma) \quad \left(\frac{1}{\cosh\omega}\,\frac{\partial^2\omega}{\partial\rho_1\,\partial\rho_3}\right)^2 + \left(\frac{1}{\operatorname{senh}\omega}\,\frac{\partial^2\omega}{\partial\rho_2\,\partial\rho_3}\right)^2 + \left(\frac{\partial\omega}{\partial\rho_3}\right)^2 = 1\,.$$

Viceversa l'equazione (γ) trae seco le tre (β). (Cf. n. 301) e può a queste sostituirsi.

Procedendo come al n. 300, si stabilisce il teorema: *Sulle superficie a curvatura costante positiva di un sistema di Weingarten, le linee di equidistanza sono circoli geodetici paralleli.*

Riguardiamo sopra due superficie $\rho_3 = \text{cost}^{\text{te}}$ come corrispondenti i punti, ove sono incontrate da una medesima curva coordinata ρ_3; allora, come al n. 294, si vede che le assintotiche (immaginarie) si corrispondono sulle due superficie. E, se vogliamo enunciare il risultato sotto forma reale, potremo dire: *Sopra due superficie* $\rho_3 = \text{cost}^{\text{te}}$ *del sistema di Weingarten si corrispondono i sistemi coniugati* (*).

(*) Questa 2.ª proprietà vale in generale anche se K è variabile con ρ_3. (Cf. pag. 501).

Da ultimo osserviamo una proprietà delle curve coordinate ρ_3 del sistema di Weingarten, che segue subito dalla (γ). Conduciamo le tangenti ad una tale curva e stacchiamo sopra di queste, a partire dal punto di contatto nell'uno o nell'altro verso, un segmento $=1$; il luogo degli estremi è una curva il cui arco è precisamente ρ_3. Dunque le curve luogo dei detti estremi si corrispondono per archi eguali.

Non lascieremo di osservare che, combinando questa proprietà col teorema di Bonnet a pag. 447, si ottiene una singolare proprietà del sistema ∞^1 di superficie Σ' a curvatura media costante, parallele alle superficie $\rho_3 = \text{cost}^{\text{te}}$ del sistema di Weingarten e distanti da queste di una lunghezza $=\pm 1$, Così, se indichiamo con x', y', z' le coordinate di un punto di una superficie Σ', corrispondente al punto (x, y, z) della superficie a curvatura costante $K = +1$, avremo

$$x' = x \pm X_3 \ , \quad y' = y \pm Y_3 \ , \quad z' = z \pm Z_3 .$$

Adottando p. e. il segno superiore e formando $dx'^2 + dy'^2 + dz'^2$, troviamo

$$dx'^2 + dy'^2 + dz'^2 = e^{2\omega}(d\rho_1^2 + d\rho_2^2) - \frac{2\, e^{\omega}}{\cosh\omega}\frac{\partial^2\omega}{\partial\rho_1\partial\rho_3}\, d\rho_1\, d\rho_3 - \frac{2\, e^{\omega}}{\operatorname{senh}\omega}\frac{\partial^2\omega}{\partial\rho_2\partial\rho_3}\, d\rho_2\, d\rho_3 + d\rho_3^2.$$

Considerando la superficie Σ' a curvatura media costante, variabile con ρ_3, vediamo che essa varia in guisa da serbare la similitudine nelle parti infinitesime, mentre tutti i suoi punti descrivono archi di curve di eguale lunghezza.

FINE.

NOTA AL CAPITOLO IV.

Ripariamo in questa nota ad un' omissione del capitolo IV, dando le formole relative ai raggi principali di curvatura, alle linee di curvatura ed alle linee assintotiche di una superficie, quando ne sia assegnata l' equazione ordinaria

$$z = z\,(x, y)\,,$$

riferita ad assi cartesiani ortogonali. Facciamo per ciò nelle nostre formole generali

$$u = x \quad , \quad v = y$$

e ponendo, nelle solite notazioni di Monge:

$$p = \frac{\partial z}{\partial x} \quad , \quad q = \frac{\partial z}{\partial y}$$

$$r = \frac{\partial^2 z}{\partial x^2} \quad , \quad s = \frac{\partial^2 z}{\partial x\,\partial y} \quad , \quad t = \frac{\partial^2 z}{\partial y^2}\,,$$

pei coefficienti E, F, G della prima forma fondamentale avremo:

$$\text{(1)} \qquad E = 1 + p^2 \quad , \quad F = p\,q \quad , \quad G = 1 + q^2 .$$

Pei coseni di direzione della normale risulta:

$$\text{(2)} \qquad X = -\frac{p}{\sqrt{1+p^2+q^2}} \;,\; Y = -\frac{q}{\sqrt{1+p^2+q^2}} \;,\; Z = \frac{1}{\sqrt{1+p^2+q^2}}\,,$$

indi pei coefficienti D, D', D'' della seconda forma fondamentale:

$$\text{(3)} \qquad D = \frac{r}{\sqrt{1+p^2+q^2}} \;,\; D' = \frac{s}{\sqrt{1+p^2+q^2}} \;,\; D'' = \frac{t}{\sqrt{1+p^2+q^2}}\,.$$

La curvatura media H e la curvatura totale K della superficie sono date per conseguenza dalle formole:

$$\text{(4)} \qquad H = \frac{2\,p\,q\,s - (1+p^2)\,t - (1+q^2)\,r}{(1+p^2+q^2)^{\frac{3}{2}}}$$

$$\text{(5)} \qquad K = \frac{r\,t - s^2}{(1+p^2+q^2)^2}\,.$$

In fine notiamo che l' equazione differenziale delle linee assintotiche diventa:

$$\text{(6)} \qquad r\,dx^2 + 2\,s\,dx\,dy + t\,dy^2 = 0\,,$$

e quella delle linee di curvatura:

$$\text{(7)} \quad \left\{(1+p^2)\,s - p\,q\,r\right\} dx^2 + \left\{(1+p^2)\,t - (1+q^2)\,r\right\} dx\,dy + \left\{p\,q\,t - (1+q^2)\,s\right\} dy^2 = 0.$$

INDICE DELLE MATERIE

ELENCO DELLE OPERE CONSULTATE

BÄCKLUND . — *Om ytor med konstant negativ krökning*. (Lunds Univ. Àrsskrift, t. XIX, 1883).

BELTRAMI . — *Ricerche di analisi applicata alla geometria*. (Giornale di matematiche di Napoli, t. II, III, 1864-65).

BELTRAMI . — *Sulla flessione delle superficie rigate*. (Annali di matematica, t. VII, 1865).

BELTRAMI . — *Saggio di interpretazione della geometria non-euclidea*. (Giornale di matematiche, t. VI, 1868).

BELTRAMI . — *Sulle proprietà generali delle superficie d' area minima*. (Atti dell' Accademia di Bologna, t. VII, 1868).

BELTRAMI . — *Sulla teorica generale dei parametri differenziali*. (Atti dell'Accademia di Bologna, Febbraio 1869).

BONNET . . — *Mémoire sur les surfaces applicables*. (Journal de l' École Polytéchnique Cahier XLI et XLII, 1865-67).

BOUR . . . — *Théorie de la déformation des surfaces*. (Journal de l' École Polytéchnique Cahier XXXIX, 1862).

CHRISTOFFEL. — *Ueber die Transformation der homogenen Differentialausdrücke zweiten Grades*. (Crelle 's Journal, t. 70).

COSSERAT . . — *Sur les congruences des droites et sur la théorie des surfaces*. (Annales de la Faculté des Sciences de Toulouse, t. VII, 1893).

DARBOUX . . — *Leçons sur la théorie générale des surfaces*. (Paris-Willars 1887, t. I, II e i due primi fascicoli del t. III fino a pag. 444).

DARBOUX . . — *Mémoire sur la théorie des coordonnéés curvilignes et des systémes orthogonaux*. (Annales scientifiques de l' École Normale Supérieure 2me, série t. VII, 1878).

DINI . . . — *Sopra alcuni punti della teoria delle superficie*. (Atti dell'Accademia dei XL, serie 3[a], t. I, 1868).

DINI . . . — *Ricerche sopra la teoria delle superficie*. (Atti dell'Accademia dei XL, t. II, 1869).

DUPIN. . . — *Dévéloppements de géométrie.* (Paris-Courcier, 1813).

DUPIN. . . — *Applications de géométrie et de mécanique.* (Paris-Bachelier, 1822).

GAUSS. . . — *Disquisitiones generales circa superficies curvas.* (Werke, Bd. 4).

GUICHARD . — *Surfaces rapportées à leurs lignes asymptotiques et congruences rapportées à leurs dévéloppables.* (Annales de l'École Normale 3me sério, t. VI, 1889).

GUICHARD . — *Recherches sur les surfaces à courbure totale constante et certaines surfaces qui s' y rattachent.* (Annales de l'École Normale 3me série, t. VII, 1890).

GUICHARD . — *Détermination des congruences telles que les lignes asymptotiques se correspondent sur les deux nappes de la surface focale.* (Comptes Rendus, t. CX, 1890).

JOACHIMSTHAL — *Anwendung der Differential und Integralrechnung auf die algemeine Theorie der Flächen und der Linien doppelter Krümmung.* (Leipzig-Teubner, 1872).

KLEIN. . . — *Vorlesungen über das Ikosaeder.* (Leipzig-Teub, 1884).

KNOBLAUCH . — *Einleitung an die allgemeine Theorie der krummen Flächen.* (Leipzig-Teubner, 1888).

KUMMER . . — *Allgemeine Theorie der geradlinigen Strahlensysteme.* (Journal von Crelle, Bd. 57).

LELIEUVRE . — *Sur les lignes de courbure et les lignes asymptotiques des surfaces.* (Comptes Rendus, t. CXI, pag. 183).

LIE . . . — *Zur Theorie der Flächen constanter Krümmung.* (Archiv for Mathematik og Naturvidenskab-Christiania, 1881).

MONGE . . — *Application de l'Analyse à la géométrie.* (Paris-Bachelier, 1850).

MINDING . . — *Ueber die Biegung gewisser Flächen.* (Journal von Crelle, Bd. XVIII).

NEOVIUS . . — *Bestimmung zweier speciellen periodischen Minimalflächen auf welchen unendlich viele gerade Linien und unendlich viele ebene geodätische Linien liegen* (Helsingfors-Frenckell 1884).

PADOVA . . — *Sulla teoria generale delle superficie.* (Atti dell'Accademia di Bologna, serie IV, t. X, 1890).

RIBAUCOUR . — *Étude des élassoides ou surfaces à courbure moyenne nulle.* (Mémoires couronnés par l'Académie de Belgique, t. XLIV, 1881).

RIBAUCOUR . — *Mémoire sur la Théorie générale des surfaces courbes.* (Journal de Mathématiques, 4me série, t. VII, 1891).

RICCI . . . — *Sui parametri e gli invarianti delle forme quadratiche differenziali.* (Annali di matematica, serie 2[a], t. XIV, 1886).

RICCI . . . — *Delle derivazioni covarianti e contravarianti e del loro uso nell' analisi applicata.* (Volume III degli Studî offerti dalla Università Padovana alla Bolognese nell' VIII centenario etc, Padova 1888).

ROBERTS (M) — *Sur quelques proprietés des lignes géodésiques et des lignes de courbure de l'ellipsoide.* (Journal de Liouville, t. XI e t. XIII).

SCHELL . . — *Allgemeine Theorie der Curven doppelter Krümmung.* (Leipzig Teubner, 1859).

SCHWARZ . . — Werke, Bd. I. (Berlin-Springer, 1890).

SERRET (PAUL) — *Théorie nouvelle géométrique et mécanique des lignes à double courbure.* (Paris-Bachelier, 1860).

VOSS . . . — *Ueber diejenigen Flächen, auf denen zwei Schaaren geodätischer Linien ein conjugirtes System bilden.* (Sitzungsberichte der K. Akademie zu München, 3 März 1888).

WEIERSTRASS — *Ueber die Flächen deren mittlere Krümmung überall gleich Null ist.* (Sitzungsberichte der Berliner Akademie 1886, pag. 612, 855).

WEINGARTEN — *Ueber eine Classe auf einander abwickelbarer Flächen.* (Crelle 's Journal, LIX).

WEINGARTEN — *Ueber die Oberflächen für welche einer der beiden Hauptkrümmungshalbmesser eine Function des anderen ist.* (Crelle 's Journal, LXII).

WEINGARTEN — *Ueber die Theorie der auf einander abwickelbaren Oberflächen.* (Festschrift der Technischen Hochschule zu Berlin 1884).

WEINGARTEN — *Ueber die Deformationen einer biegsamen unausdehnbaren Fläche.* (Crelle 's Journal 100).

ERRATA.

Pag. 5 linea 5 dal basso, in luogo di $\frac{dy}{ds}$ *leggi:* $\left(\frac{dy}{ds}\right)^2$.

„ 12 ultima formola *leggi:* $\frac{d}{ds}(\cos\alpha\cos\alpha' + \cos\xi\cos\xi' + \cos\lambda\cos\lambda') = 0$.

„ 13 linea 5 *leggi:* $\cos\alpha\cos\alpha' + \cos\xi\cos\xi' + \cos\lambda\cos\lambda' = 1$.

„ 13 ultima formola della nota *in luogo di* $\cos\lambda - \cos\lambda$ *leggi:* $\cos\lambda' - \cos\lambda$.

„ 15 la formola (12) *si legga:* $\frac{d\sigma}{ds} = -\frac{i\,\sigma^2}{2\mathrm{T}} - \frac{i\,\sigma}{\rho} + \frac{i}{2\mathrm{T}}$.

„ 26 linea 4 dal basso *leggi:* $(\mathrm{X}-x_0)^2 + (\mathrm{Y}-y_0)^2 + (\mathrm{Z}-z_0)^2 = \mathrm{R}^2$.

„ 28 formola (27) *in luogo di* $\cos\alpha', \cos\alpha', \cos\beta'$ *leggi:* $\cos\alpha', \cos\beta', \cos\gamma'$.

„ 32 linea 15 *in luogo di* $\cos\eta' = \pm\cos\mu$ *leggi:* $\cos\eta' = \pm\cos\eta$.

„ 32 linea 19 *in luogo dì* $\cos\gamma$ *leggi:* $\cos\lambda$.

„ 32 nella 2.ª delle formole (32) *leggi ......:* $\frac{1}{\mathrm{T}'} = \frac{\cos\sigma}{\mathrm{T}} - \frac{\operatorname{sen}\sigma}{\rho}$.

„ 46 linea 16 *in luogo di* che f *leggi:* f che.

„ 46 linea 18 *in luogo di* forma covariante di 4.° grado *leggi:* forma covariante quadrilineare in quattro sistemi di differenziali.

„ 48 formola (30*) *leggi:* $\sum_{\alpha,\beta,\gamma,\delta} (\alpha\,\delta,\ \beta\,\gamma)'\, dx'_\alpha\, d^{(1)}x'_\beta\, d^{(2)}x'_\gamma\, d^{(3)}x'_\delta =$ $= \sum_{r,k,i,h} (rk,\ ih)\, dx_r\, d^{(1)}x_k\, d^{(2)}x_i\, d^{(3)}x_h$, essendo $d,\ d^{(1)},\ d^{(2)},\ d^{(3)}$ i simboli di quattro sistemi di differenziali diversi.

„ 48 dopo la formola (30*) *leggi:* Nella forma quadrilineare $\varphi = \sum_{r,k,i,h} (rk,\ ih)\, dx_r\, d^{(1)}x_k\, d^{(2)}x_i\, d^{(3)}x_h$ abbiamo etc.

„ 67 linea 9 dal basso comincia il n. 36.

„ 75 linea 6 *leggi:* $\frac{\mathrm{M}_1\left(\frac{\partial \mathrm{N}}{\partial u} - \frac{\partial \mathrm{M}}{\partial v}\right) - \mathrm{M}\left(\frac{\partial \mathrm{N}_1}{\partial u} - \frac{\partial \mathrm{M}_1}{\partial v}\right)}{\mathrm{M}\,\mathrm{N}_1 - \mathrm{M}_1\,\mathrm{N}}\, du + \frac{\mathrm{N}_1\left(\frac{\partial \mathrm{N}}{\partial u} - \frac{\partial \mathrm{M}}{\partial v}\right) - \mathrm{N}\left(\frac{\partial \mathrm{N}_1}{\partial u} - \frac{\partial \mathrm{M}_1}{\partial v}\right)}{\mathrm{M}\,\mathrm{N}_1 - \mathrm{M}_1\,\mathrm{N}}\, dv$.

„ 85 formole (1) nella formola per Z *in luogo di* $\sqrt{\mathrm{E\,G} - \mathrm{F}^3}$ *leggi:* $\sqrt{\mathrm{E\,G} - \mathrm{F}^2}$.

„ 91 linea 6 *in luogo di* la forma covariante cubica *leggi:* la forma covariante trilineare.

„ 145 linea 11 si ponga $\Delta_1\,\varphi$ sotto il segno radicale.

„ 161 linea 9 comincia il n. 85.

„ 233 linea 9 nel 4.° elemento del determinante *in luogo di* L'_1 *leggi* D'_1.

„ 342 formola (11), nel 2.° membro dell' espressione di y si cangi di segno l' ultimo termine.

„ 343 linea 7, la stessa correzione al 2.° membro di $f_2(\tau)$.

„ 459 nella 3.ª delle formole (12) *in luogo di* $-\frac{1}{\mathrm{H}_3}\frac{\partial \mathrm{H}_2}{\partial \rho_2}\xi_2\, d\rho_2$ *leggi:* $-\frac{1}{\mathrm{H}_3}\frac{\partial \mathrm{H}_2}{\partial \rho_3}\xi_2\, d\rho_2$.

„ 512 ultima formola *in luogo di* $\frac{\partial \omega}{\partial \rho_2}$ *leggi:* $\frac{\partial \omega}{\partial \rho_1}$.

Pisa, Tipografia T. Nistri e C. 1894.

www.ingramcontent.com/pod-product-compliance
Lightning Source LLC
LaVergne TN
LVHW011252110826
845149LV00001B/112

* 9 7 8 1 4 1 8 1 8 5 3 0 5 *